# 牡丹江水质综合保障技术及工程示范研究

MUDANJIANG SHUIZHI ZONGHE BAOZHANG JISHU
JI GONGCHENG SHIFAN YANJIU

宋男哲　于晓英　杜慧玲　等 编著

化学工业出版社
·北京·

## 内 容 简 介

本书基于牡丹江流域水环境特征，系统分析了流域主要水环境问题和技术需求，着重阐述了关键技术研发进展及工程示范区建设，对研究成果进行了总结概括。关键技术研发主要包括：基于水质改善的牡丹江流域经济发展模式，典型城市内河水质保障技术研究与示范，面源污染型河流综合整治关键技术研究与示范，梯级电站建设的生态补偿关键技术研究以及牡丹江水环境质量监测预警体系研究等。

本书可为寒冷地区水质保障提供理论和技术支持，对相关科研人员、技术人员和环境管理人员具有重要参考价值。

**图书在版编目（CIP）数据**

牡丹江水质综合保障技术及工程示范研究 / 宋男哲等编著. —北京：化学工业出版社，2020.9

ISBN 978-7-122-37047-1

Ⅰ.①牡… Ⅱ.①宋… Ⅲ.①流域-水质管理-研究-牡丹江市 Ⅳ.①X321.353

中国版本图书馆 CIP 数据核字（2020）第 090116 号

责任编辑：左晨燕　　装帧设计：韩　飞

责任校对：王佳伟

出版发行：化学工业出版社（北京市东城区青年湖南街 13 号　邮政编码 100011）

印　　装：北京盛通商印快线网络科技有限公司

787mm×1092mm　1/16　印张 27¼　彩插 2　字数 700 千字　2021 年 1 月北京第 1 版第 1 次印刷

购书咨询：010-64518888　　售后服务：010-64518899

网　　址：http：//www.cip.com.cn

凡购买本书，如有缺损质量问题，本社销售中心负责调换。

**定　　价：180.00 元**

# 前言

牡丹江是松花江汇入中俄界河黑龙江之前的最大支流，流域内既存在多座梯级电站引发的水文型水生态退化问题，又有典型的工业源、城镇生活源以及农业源排放造成的水质下降问题，是松花江流域水环境问题的典型代表。“十二五”期间，随着牡丹江流域经济的快速发展，环境污染负荷加大，增加了流域水质保障的压力和难度，社会经济发展面临着如何保障水质安全的严峻挑战。

本书以保障松花江支流水质安全为目标，以最终保障松花江下游和国际界河黑龙江水质安全为出发点，依照“以支促干”的治污理念、“一河一策”的治污模式、统筹治理方式、流域发展模式以及监管方式的研究思路，研发并构建寒冷地区水质综合保障体系。研究成果已应用于《牡丹江市水污染防治工作方案》《重点流域水污染防治规划》（“松花江流域”部分）、《牡丹江市生态环境保护“十三五”规划》（“水污染防治规划”部分）等，使牡丹江全流域“十二五”时期水质持续改善，同时也支撑了牡丹江市水生态文明试点城市建设，保障了敏感型跨界河流松花江支流牡丹江的水生态安全。

本书是在国家水体污染控制与治理科技重大专项“牡丹江水质综合保障技术及工程示范研究”课题（课题编号 2012ZX07201—002）研究成果基础上，加以凝练、补充和完善而成的，是课题组集体智慧的结晶。本书其他编著者还包括王凤鹭、刘昭伟、吴越、邱珊、潘保原、马鸿志、董彭旭、高明、侯文华、赵文茹、赫俊国、汪群慧、李晶、孙伟光、左彦东、范元国、冯广明、郭春生、王飞、苑庆伟、黄炳辉、李广来、曲茉莉、刘侨博、耿峰、孙准天、赵文靓、叶珍、于振波、周军、邢佳、李冬茹、张茹松。

本课题的研究和专著撰写过程得到了中国环境科学研究院周岳溪研究员、孟凡生博士，中国科学院生态环境研究中心单保庆研究员，北京林业大学孙德智教授等的精心指导及黑龙江省生态环境厅、牡丹江市生态环境局、牡丹江市环境监测中心站、牡丹江市环境宣教信息中心、牡丹江市水务局、海林农场等单位的大力支持，在此一并致谢！

本书研发的寒冷地区水质综合保障体系可为北方寒冷地区河流水质保障提供治理经验和案例，将来可推广复制到黑龙江省其他流域，供相关领域管理人员、技术人员参考。由于作者水平有限，书中难免存在不妥之处，敬请广大读者批评指正。

**编著者**

**2020 年 5 月**

# 目录

# 1

# 水质综合保障技术研究进展

## 1.1 产业结构调整优化研究进展

### 1.1.1 水环境与经济关系研究现状

当前环境与经济的协调关系是可持续发展关注的重要内容，特别是对于发展中国家来说，建立两者间的协调关系尤为重要。自从1987年布伦特兰夫人发表主题报告《我们共同的未来》、1992年在巴西里约热内卢召开的联合国环境与发展国家首脑会议上通过的《21世纪议程》以及1992年世界银行发表的世界发展报告以来，关于经济与环境协调发展条件的研究越来越受到关注。近年来，随着环境保护不断受到重视，更加激发了对环境保护与经济发展关系的研究和讨论。从目前研究的文献来看，国内外学者对经济与环境之间关系的研究大多数是理论研究，实证研究起步较晚。

(1) 国外研究现状

Junna J、Anderson D L、Baur P分别从制糖业、采矿业、纸浆造纸业对水环境的影响着手，分析各产业对水的需求以及对水造成的污染，建议加强水环境管理，进行产业结构的调整才能有效地保护水资源，实现水环境和经济社会的可持续发展。南非的纺织业对纳塔耳河沿岸的水环境造成了污染，COD等指标严重超标，因此进行纺织业的内部调整，减少污染物的排放量是解决该地区水环境问题的关键。以Sharma K D为代表的学者主张在可持续发展理论的指导下，采用水环境动力学模型对水质进行模拟，进而进行水环境影响评价，通过多目标规划和决策系统对水环境进行管理等一系列的措施减少纺织业等工业带来的污染，促进经济社会的可持续发展。印度有非常巨大的水资源量，而且2/3的人口仍然依靠农业生存，因此水在农业生产和发展中扮演着非常重要的角色，但是过度施用化肥、农药造成水环境污染的问题越来越严重，因此Singh R B等专家提出制订合理的农业发展规划，从而减少农业对水环境的破坏。澳大利亚Isaac M等专家将水管理制度的改革和现有产业结构的调整相结合，将那些对环境有影响的产业从产业链中剔除掉，从源头上杜绝污染的发生，最大限度降低由于人类的社会活动对环境产生的危害和影响，以保证经济社会可持续发展。

(2) 国内研究现状

王西琴等调查分析了关中地区工业废水排放现状及其对渭河水环境的污染状况，利用定量的系统分析方法，建立区域水环境经济系统的产业结构优化模型和工业结构优化模型。模型的建立保证了关中地区按照规划的经济发展速度发展，实现总的经济目标的同时又能够满足水环境污染控制的目标，保护水环境，从而达到水环境与经济的协调发展。王海英等分析了黄河沿岸地带产业结构等社会经济要素与水资源短缺的矛盾后，提出应优化调整高耗水型的产业结构，大力发展与生态环境友好的生态农业、生态工业、生态旅游等生态产业，并建立有利于水资源节约利用的社会经济体系，为准确把握流域产业结构现状，综合分析流域产业结构与水资源利用的内在关系提供了理论支持。苏春江等采用综合污染指数和污染负荷分担率对水质进行评价，建立了水质与产业密度数学模型。这些实践为实现水资源的优化配置、产业结构的调整提供了理论依据，也为区域经济与水资源可持续发展提供了科学依据。张文国、雷社平、倪红珍分别提出采用Fuzzy评价方法、相关分析理论和方法、水利投入产出分析方法系统地研究了产业结构调整与水资源需求变化之间的关系。陈广洲等通过对淮河安徽段各城市水质及其相应产业密度的分析，以产业密度和区域水污染综合指数分别为自变量和因变量，得到水质与产业密度的关系拟合曲线。同时将特尔菲法和层次分析法（AHP）相结合，根据淮河安徽段城市实际情况选取评价指标来评价产业结构的综合效益水平，从而为该地区的产业结构调整提供依据和策略。

综合众多专家学者的研究，可以发现日趋严重的水资源匮乏和水环境污染问题已对我国社会经济的可持续发展构成极大威胁。目前的研究多集中在污染较重且流域范围较广的长江、黄河、淮河等流域，从各种角度、理论和方法深入研究了区域经济与水环境系统，建立的模型和理论虽然在大河流域得到了较好的应用，但是关于特定区域的研究很少，相关文献资料也很少，这些模型能否进行改进用于次级河流、河网水域、城市水域，目前还缺少系统的研究。

### 1.1.2 产业结构调整模型研究进展

经济与环境协调发展的理论主要是借助一些经济增长模型进行研究，这些模型可以分为两大类：新古典增长模型和内生增长模型。而国内这方面的研究起步晚于国外，还处于引进和学习国外先进理念和模型的阶段。我国在1994年发表的《中国21世纪议程》一书中，针对环境经济协调发展问题提出了今后要走可持续发展道路。可持续发展要求协调社会经济发展与自然资源利用和生态环境之间的关系，其本质是协调人类社会与自然环境关系。在国外，20世纪90年代初才开始了经济与环境之间关系的实证研究。从这些年来的研究看，多数是结合环境库兹涅茨曲线假设来进行研究。环境库兹涅茨曲线是通过人均收入与环境污染指标之间的演变模拟，说明经济发展对环境污染程度的影响，通常在经济发展过程中，环境状况先是恶化而后得到逐步改善。国外研究都得出大致相同的结论：许多环境污染指标与人均收入间的关系呈现倒U曲线，这种曲线后来被称为环境库兹涅茨曲线（EKC）假设。

环境库兹涅茨倒U曲线假设的主要内容：环境质量随着经济增长，会出现先恶化后改善的过程，在人均GDP比较低的水平下，经济的发展带来严重的环境污染，而此时环境治理投入不高，导致环境质量持续恶化；在人均GDP比较高的水平下，产业结构已经优化升级，产生污染物较少，污染治理水平有所上升，环境质量反而得到改善和提高。经济发展与环境保护的友好和谐是可持续发展的重要内容，EKC的研究关注两者之间的动态演进关系，并在一定程度上能解释两者之间的关系，所以成为了发展中国家和发达国家研究的热点课题。

（1）国外研究进展

国外关于环境约束下社会经济发展模式优化的研究起步较早，但多是在水资源约束条件下进行研究，在水环境容量约束下研究的提法较少，对污染物的排放主要由总量控制来总体规划管理，相关文献也不是很多。20世纪70年代初，Leontief运用投入产出模型分析了环境治理的效益和经济发展对环境的影响，提出了改变经济增长模式来达到环境经济协调发展的理念，开创了环境经济新领域。80年代，Hettelingh对投入产出模型进行了改进，增加了转换矩阵，着重从能源组成入手分析了经济发展对环境的影响。Riddcll借助生态模拟和经济优化综合模型对区域生态经济结构进行优化。Arntzen、Braat和Brouweretal运用区域计划多方案模拟模型研究了社会经济发展对环境的影响。Anderson D L从制糖业对水环境污染着手，Junna J从采矿业对水资源需求着手，Baur P从纸浆造纸业对水资源需求以及水环境的污染着手，三人都建议进行产业结构的调整，推进环境经济协调发展。Sharma K D从纺织业等工业着手，通过水环境动力学模型以及多目标规划和决策系统优化管理，降低了工业污染物排放，最终实现水环境与经济社会的协调发展。澳大利亚Isaac M等从水管理角度进行产业结构的优化调整，直接剔除一些高污染行业，保证环境经济协调可持续发展。

（2）国内研究进展

我国在《中国21世纪议程》中就明确指出："产业可持续发展的总目标是根据国家社会、经济可持续发展战略要求，调整和优化产业结构和布局……"。目前，在研究环境经济协调发展问题时，对社会经济发展模式的研究多停留在区域或者城市产业结构调整上，而且大多停留在理论方面的研究，在理论与实践的结合上还有很大的差距。在水环境经济领域中，多数研究也主要集中在对工业内部的调整上，且不够完善，不够系统。在进行经济模式优化研究时多借助一些数学模型，其中有投入产出模型、线性规划模型、层次分析法和多目标规划模型。刘幼慈等和王西琴以投入产出模型为基础，并以环境资源为约束条件，分别建立化学工业和整个区域工业内部结构优化模型，并进行推广应用，取得了较好的效果。边茂新等以沈阳市工业为研究对象，以可利用水资源量为主要约束条件，并以经济发展最大化为优化目标，运用线性规划模型进行工业用水优化分配研究。陈广洲等采用层次分析法（AHP）对淮河安徽段流域内城市的产业结构和经济效益进行综合评价，得出了各产业综合效益水平，为区域产业结构调整提供了参考依据。蔡喜明建立了水资源多目标优化模型，对水资源分配开发、国民经济结构及发展速度和农业结构及种植结构进行了优化研究，模型实际应用可以解决水资源的供需问题，但是没有将水污染管理方面考虑进去，模型应用比较宏观，只是从战略方面进行了研究。曹利军等和张恒军等从水环境容量角度分别对我国工业布局和中山市工业布局和产业结构调整进行了分析，指出当前的粗放式产业结构和水环境容量直接的矛盾，结合分析，对未来产业结构调整提出了一些有效的建议。王丽婧运用多目标优化模型对四川邛海流域进行了研究，得出了产业经济结构、资源分配等生态优化结果，为邛海水污染治理规划提供了科学依据，给当地决策者提供了参考数据。周淑春等以工业生产总值最大和COD排放量最小作为优化目标，建立了水环境-经济工业结构多目标优化模型，对重庆市万州区分水镇工业结构进行优化分析。曾维华等以社会经济最大化和污染物排放最小化为目标，并基于环境承载力构建了多目标优化模型，实现了北京市通州区人口、经济结构的优化升级。

总的来说，目前关于环境-经济系统优化的研究，主要是借助一些数学模型，特别是多目标优化模型，对整个系统或者产业结构进行优化。多目标规划模型具有动态性、多目标性和综合性，可以综合有效地考虑研究复杂系统。同时，不确定性是环境、经济等复杂系统的主要特征之一，不确定性信息的处理也是决策分析中普遍关注的问题。多目标规划是多目标决策的一种方法，它是在线性规划的基础上，为适应复杂的多目标最优决策的需要而在近代发展起来的一种运筹方法。由于它的模型比较符合现代化管理决策的实际，方法灵活，有能力处理各种没有统一度量单位和互相矛盾的多目标，而且便于利用计算机技术，所以已经成为解决现代化管理中多目标决策问题的有效工具。近年来，多目标规划正受到世界各国运筹学家的重视，应用成果也日益显著。目前，在国内外已被成功地应用于流域土地规划、固体废弃物管理规划、经济开发区规划和城市旅游圈规划，且在流域综合规划应用上亦有相关探索，但涉及要素较为单一，实证研究尚不深入。

在“十二五”期间，我国的经济继续快速增长，为了确保社会经济的可持续发展，必须加强水环境保护方面的研究，有序地进行水污染的防治，调整产业结构，以提供可持续发展的环境保障体系，协调水质保护与区域经济发展的关系。因此，改进现有模型或研究方法，将其运用于城市水环境保护与产业结构调整优化的现状研究与预测是一个很有价值的课题。

## 1.2 水质综合评价研究现状

水质综合评价可以为水体进行科学管理和污染防治提供决策依据，根据各水质指标，对水体的水质等级进行的综合评定，对地区水资源可持续利用具有重要意义。其主要任务是评价水质优劣并对其进行分析得出水质变化规律。在进行水质综合评价时，要求定量反映水质优劣。评价依据为国家或地区制定的水质分级标准、水质监测资料，评价手段为数理统计、人工神经网络、模糊数学等。

国外水质评价工作最先开始于德国、美国等发达国家。早在 20 世纪初，德国的科学家发起了水环境质量评价体系的分类方法研究，主要采用的是生物学方法。而后英国科学家最先提出了使用化学性水体指标对河流的水质优劣进行分级。美国也是进行水质评价研究比较早的国家，20 世纪 60 年代 Horton 在对水环境质量进行评价过程中首次提出了质量指数的概念，随后 Rvown R M 等提出了水环境质量指数，并应用到实际水体的水质评价实例计算，得到较好的效果。水环境质量评价工作在我国起步较晚，但发展至今，在水质评价理论与方法的研究工作中已经积累了丰富经验，同时也获得一些突出的研究成果，为水质科学管理和水资源合理利用做出了巨大的贡献。

目前，国内外已存在多种多样的评价方法，主要分为单因子评价法、多因子综合评价法、数学模式计算法三个大类。其中单因子评价法计算过程方便简单，但不能综合地对水质进行评价，考虑的水质评价因子单一；多因子综合评价法主要包含有机污染物指数法、水质综合评价法、内梅罗污染指数法等，主要优点为可以进行比较简单的水质综合评价，但有些方法存在适用的评价范围较小、不够客观或对污染状况评价结果偏重等问题。目前，研究较多的主要是数学模式计算法，属于多指标综合评价范畴，而在多指标综合评价或分析的过程中，指标数量多，计算效率低，多指标间相关性复杂，是研究的主要制约问题。数学模式计算法包括主成分分析法、层次分析法、模糊水质评价法、灰色评价法、聚类分析法和 BP 人工神经网络法等。

① 主成分分析法　也称为主分量分析法，是指在尽可能保证数据丢失最少的原则下，将多维变量分析问题转化为低维综合变量分析问题的方法。其基本原理是通过数学方法将原始指标体系转变为一些相互不相关联的综合指标，这些综合指标是原来多个指标的线性组合，并根据一定原则，筛选出尽可能多的包含原始指标体系信息的少数几个新指标。

② 层次分析法　运用层次分析的理论，将定性与定量相结合的，相对系统进行有层次的分析。水质层次分析法主要遵循的是最大权重的原则，根据综合权重来确定水质级别，对

水质监测值进行分析评价。

③ 模糊水质评价法　该方法的理论基础是运用模糊数学，对水质评价中的污染程度、水质类别等模糊现象和模糊概念进行综合的、定量的评价。该评价法引用了模糊矩阵复合运算法。

④ 灰色评价法　主要原理是依据水质监测指标的浓度与各级水质标准的关联度大小，对其水质级别进行判定，主要包含了灰色聚类分析法、灰色关联分析法、灰色决策评价法等。

⑤ 聚类分析法　该方法根据对象之间的彼此相似程度达到“物以类聚”的目的，其中层次聚类分析法应用最为广泛。相似程度的计算包括样本间距离和小类间距离两类。聚类分析法在进行水质评价时，先按样本的相似程度进行聚类分组，再采用方差分析验证聚类分析结果的可靠性，最后结合采用综合水质标识指数法进行水体的综合水质评价，该方法具有简化计算、客观反映综合水质信息，分辨率高以及既可进行定性评价也可进行定量评价的特点。

⑥ BP 人工神经网络法　主要是根据人脑或神经网络一些基本特点（自学习、自适应）的抽象化与模拟，进行分布式并行信息处理的算法数学模型。应用到水质综合评价的主要步骤为数据训练、内部连接作用的权重确定、监测数据进行分类综合评价。

## 1.3 河流水生态治理技术进展

欧美等在河流整治方面经历了从工程治河到生态治理的转变，充分注重河流生态完整性、运用新的监测技术以及深化公众参与是国际河流整治的主要发展方向。发达国家从 20 世纪 50 年代开始以水质恢复为第一阶段，到 80 年代初期水污染问题得到初步控制后以河流生态恢复为第二阶段。目前，美国及欧盟等均提出了水生态良好的目标，1972 年，美国联邦水污染控制法明确要求“恢复和维持美国水体的化学、物理和生物完整性”；1987 年，美国水质法提出新战略，要求各州为其辖区内所有的水体制定水质标准，这些标准要包括：①恢复和维持水体的化学、物理和生物完整性的条款；②只要有可能，就要达到“可垂钓”和“可游泳”的水质标准的条款；③要考虑具体水体在公共用水、水生生物和野生生物的繁殖、休闲、农业和工业使用，以及航运的使用和价值。其水环境管理的核心目标就是，水体要达到免于人类活动干扰的良好状态，即人类社会经济活动不应影响自然水体的完整性。欧盟水环境治理及管理工作经过 30 多年的发展，于 2000 年颁布实施了《水框架指令》，明确了水环境保护工作的总体目标，即要求各成员国于 2015 年实现水体生态良好的目标。地表水体生态良好是指其水生态指标（包括水量、生物种类分布及数量，水生态系统结构和功能等）及化学指标达到良好状况。《水框架指令》所讲的良好状况，是指受人类活动影响程度低，接近水体自然状态的状况。日本河流整治已有较长的历史，然而直至 20 世纪 70 年代后日本河流管理政策才发生巨变，河流提供的环境完整性及舒适性才逐渐成为日本河流管理政策的中心目标。

围绕水生态良好的目标，发达国家的河流水环境均经历了先污染后治理的过程。如泰晤士河、多瑙河、莱茵河等的生态污染恢复，经过 20 多年的发展，发达国家在河流管理、生态建设、流域发展规划制定等方面均积累了丰富的经验和技术手段。目前国外大多数河流生态恢复均是按照生态系统整体恢复理念开展工程设计的，且以改善水文条件和河流地貌学特征、河流的生态系统结构和功能为目标，以提高生物群落多样性为主要特征。目前，河流生态修复已发展成为一个世界性的新兴产业。欧盟的欧洲生命计划中，重要内容之一是国际河流生态修复，这些国家一般是与河流整治工程，即与防洪、排水、疏浚、供水、城市景观等工程相结合，这些工程的效益是显而易见的。我国的河流生态修复刚刚起步，这方面已远远落后于工业发达国家，所以国际大环境要求我国加快启动河流的水质保护与生态修复。

河流水质保障，其实质在于对被破坏或被污染的水体进行污染削减和生态修复。所谓修复就是重建受损生态系统功能以及有关物理、化学和生物特征，即恢复生态系统的结构与功能，再现一个自然的、能自我调节的生态系统，使它与其所在的生态景观和城镇等建设形成一个完整的统一体。因此，河流的保护及综合整治涉及水质、水生态系统的恢复与保护，流域沿岸的生产、生活以及美学、娱乐等功能的完善与提高等，单一的恢复目标并不能满足河流生态系统良性发育的要求。发达国家在河流利用与管理的历史进程中，对“河流”的认识在不断地深化，积累了许多成功的宝贵经验，也吸取了不少失败的教训，但多在城市河流方面，对中小城镇支流尤其是中小城镇支流水质保障的研究相对较少。

国外对河流的开发利用先后经历了三个不同的发展阶段，即开发利用初期及工业化时期、污染控制与水质恢复时期、综合管理与可持续利用时期。每个时期河流概念的内涵、外延，河流的侧重功能，河流整治观念以及治河技术体系均有所不同，人类对河流的认识也在不断进步。总结不同阶段所采取的治河经验教训，发达国家转变了单纯以工程措施治理流域水污染的观念，确立了以环境治理，生态修复，河流自然化、人文化、功能多样化的治河策略，即以生态学观点为指导，采取多学科综合整治的策略。

在河流水质保障方面，一般采取工程措施、生态措施与管理措施相结合的综合治理方案。

### 1.3.1 生物-生态修复集成技术进展

生物修复是一项投资少，效益高，发展潜力大的新兴技术。从 1989 年美国阿拉斯加原油溢油事故治理开始，生物修复只有几十年历史。它是一种利用特定生物特别是微生物对水体污染物的吸收、转化或降解，达到减少或消除水体污染，恢复水体生态功能的生物措施。由于自然生物修复是完全依靠自然的修复过程，这对多数生态遭到破坏的受污染水体来说，是远远不够的，必须采用人工的生物修复技术，主要有原位生物修复技术和异位生物修复技术。对于受污染的公园、湖泊水体来说，适宜采用原位生物修复技术。这里主要介绍水生植物修复技术、水生动物的适当放养、微生物技术、微生物生态技术、人工湿地系统和岸边带生态重建。

(1) 水生植物修复技术

水生植物和藻类是湖泊生态系统的两大初级生产者。水生植物与藻类竞争营养、光照和生态位，具有较大的竞争优势，还能分泌出某些尚不知的他感物质，直接干扰藻类的生长，水生植物修复对富营养化水体来说具有极其重大的意义。它具有低投资、低能耗、有助于重建和恢复良好水生态系统等优点，日益受到人们的关注。

水生植物净化作用表现在两个方面：一方面植物的根、茎和叶吸收污染物质，另一方面根、茎、叶表面附着的微生物转化污染物质。水生植物可分为挺水植物、浮水植物和沉水植物等，不同种类的水生植物，其净化功能也存在差异。挺水植物吸收水体中污染物的主要部分是根，能从底泥中吸收营养元素，降低底泥中营养物含量，并且可通过水流阻尼作用，使悬浮物沉降，还有与其共生的生物群落共同净化水质的作用。挺水植物有很强的适应性和抗逆性，生产快，产量高，并能带来一定经济效益。常见的挺水植物有香蒲、菱白、芦苇、水葱等。需要注意的是，由于挺水植物生长较快，应对其定时收割，防止其死亡后沉积于水底，造成二次污染。浮水植物吸收污染物的主要部分是根和茎，叶处于次要位置。浮水植物大多数为喜温植物，夏季生长迅速，耐污性强，对水质有很好的净化作用，也有一定的经济价值，但扩展能力较强，易泛滥。常见的种类有凤眼莲、浮萍、睡莲等。沉水植物完全沉没于水中，部分根扎于水底，部分根悬浮于水中，其根、茎、叶对水体污染物都能发挥较好的吸收作用，而且四季常绿，是净化水体较为理想的水生植物。其种类繁多，但一般指淡水植物，常见的有金鱼藻、苦草、伊乐藻、眼子菜等。吴振斌等利用富营养浅水湖泊——武汉东湖中建立的大型实验围隔系统，对沉水植物的水质净化作用进行现场实验，结果表明重建后的沉水植物可显著改善水质。需要注意的是，尽管我国绝大多数湖泊为藻性响应型湖泊，但也要防止水生植物过度生长与发展，导致湖泊沼泽化。

(2) 水生动物的适当放养

在水体中适当放养蚌类、鱼类、螺蛳等水生动物，延长食物链，可以提高生物净化效果。蚌能不断滤水，将水中悬浮的藻类及有机碎屑滤食、转化。螺蛳主要摄食固着藻类，并能分泌促絮凝物质，使水中的悬浮物质絮凝，作为其食物，使水变清。值得注意的是，红鲤不宜投放，因为它会摄食螺蛳，影响螺蛳对水质的净化功能。草鱼在水草发展未充分时不宜投放，以免破坏水生植被。还可以在水体中适时投放鲫鱼、鲤鱼等杂食性鱼类和鲈鱼等肉食性鱼类，通过食物链的作用，调控底栖动物和其他鱼类数量的增长。还可在水面放养鸭子、鸳鸯等，既可调控水草和放养水生动物数量的增长，又能丰富水面的景观。

(3) 微生物技术

利用微生物的代谢作用在污染场所投加成品菌株或筛选驯化的现场菌株，可以迅速提高污染介质中的微生物浓度，在短期内提高污染物生物降解速率。其中投加的微生物可分为土著微生物、外来微生物和基因工程菌。目前较为成熟的投菌技术有两种：①CBS 技术是由美国公司开发研制的一种高科技生物修复技术，它能唤醒水体中原有益微生物或激活被抑制的微生物，并使其大量繁殖，进而分解水中有机污染物。它主要包括了由光合菌、乳酸菌、放线菌、酵母菌等构成的功能强大的菌团，它利用向水体河道喷洒生物菌团使淤泥脱水，让水与淤泥分离，然后消除有机污染物，消化底泥。②EM 技术是 20 世纪 80 年代开发成功的一项生物技术，为高效复合微生物菌群的总称。它是一种由酵母菌、放线菌、乳酸菌、光合菌等多种有益微生物经特殊方法培养而成的，在生长过程中，能迅速分解污水中有机物，同时依靠相互间共生繁殖及协同作用，代谢出抗氧化物质，生成稳定而复杂的生态系统，抑制有害微生物生长繁殖，激活水中具有净化功能的水生生物，通过这些生物的结合效应，达到净化与恢复水体的目的。

但是微生物技术也有一定的局限性。尤其投加外来菌种可能造成与土著微生物间的生存竞争，从而影响受污水体中的水生态系统的平衡。

(4) 微生物生态技术

主要是通过调节污染物场所微生物的生存状况（如物理、化学及生物学）从而提高土著微生物降解有机污染物的能力。与微生物技术相比，采用无毒且不含外来菌种的制剂已成为目前生物修复研究的一个发展方向。

(5) 人工湿地系统

人工湿地系统是一种就地处理模式的污水处理生态技术，其核心部分是由土壤、填料、滤料混合组成填料床，并在床体表面种植处理性能好、耐污性好、适应能力强、根系发达且美观的水生植物，或根据周围景观要求统一设计的绿草、鲜花等作物的生态模块。污水直接流经这样的生态模块内部，通过填料、填料床内部形成的微生物种群和植物三者的综合协调作用来实现对污水的高效净化。植物、微生物和床体填料是构成人工湿地的三个组分，它们在水质净化过程中分别起着不同的关键性作用。绿地上的植物扎根于床体填料中，水从填料间流过，床体填料为绿地植物提供物理支持，而植物根系的生长又将增进或稳定填料床的透水性。并且，选择具有空心管状根茎、适合于绿地生长的植物，还有利于氧通过植物向填料内部的输送和传递，从而为床体内的微生物提供适宜的生长环境。总的来说，人工湿地对水质的净化作用可归结为：悬浮固体被床体填料或植物根系截滤，或沉积到床体底部；有机物质被植物根部或填料表面的微生物分解转化；氨氮在适宜条件下可被硝化细菌转化为硝酸盐；硝酸盐可以被反硝化细菌转化为氮气，释放到大气中，或直接被植物根系吸收；磷被植物吸收或随填料床体内所含有的钙、铁、铝离子生成化合物沉淀，通过沉积或吸附于填料表面而被去除；金属及有毒化学物质等可通过氧化、沉淀以及植物的吸收而被去除；病原体在不适宜的环境中逐渐死亡或被其他生物所摄取。另外，某些植物如宽叶香蒲等能分泌出抗生素物质而将水中的病原体灭活。

人工湿地系统内微生物的好氧氧源主要来自植物的光合作用、根系输氧、土地的呼吸作用及水自流负压吸氧。系统耗能由太阳能、重力势能及生物能等供给，所以运行费用很低。通过人工湿地处理后的污水，其中的 COD、$BOD_5$、氨氮、磷等化合物都能有效地得到去除。

（6）岸边带生态重建

岸边带是水、陆之间的过渡和缓冲地带，是水系的重要组成部分。岸边带对拦截径流中的固体颗粒、吸收营养盐、减少入河污染负荷有重要作用。受北方气候季节性波动的影响，岸边带生态系统的变化非常剧烈，因此，研究岸边带生态修复对生态环境保护具有重要意义。

当前，受污染水体的修复技术主要有截污、减污和除污技术。截污主要为了控制外源性污染，从而为控制内源性污染创造有利条件。减污技术是指底泥疏浚技术、水动力循环技术和一些化学修复技术，但这些在某种程度上只能作为辅助性的措施，治标不治本，而生物-生态修复技术才是具有广阔发展空间的技术。尽管它存在一定局限性，却具有投资少，对环境影响小，永久性消除污染物等其他技术无法比拟的优点。由于景观水体是小水域系统，对于一些河流、湖泊的污染治理方法只能吸收借鉴。各种修复技术都有自身优点和缺点。依靠单一技术处理受污染水体往往效果不佳。虽然我国各景观水体污染情况不同，但是根据具体条件，扬长避短，采取以生物-生态为核心多种技术的优化组合方法将成为今后景观水体污染治理的一个较好发展方向。

### 1.3.2 河道综合整治污染物阻控集成技术进展

对于河道控污，在控制点源和强化面源管理的基础上，需要对非点源污染物进行截留，能够有效阻止丰水期初期地表径流的污染技术有污染物阻隔生态缓冲带技术、生物-生态修复技术、河岸带生态恢复及生境改善技术。

（1）污染物阻隔生态缓冲带技术

河岸生物缓冲带是指河水、陆地交界处的两边，直至河水影响消失为止的地带，是由河岸两边向岸坡爬升的由树木（乔木）及其他植被组成的，能够防止或转移由坡地地表径流、废水排放、地下径流和深层地下水流所带来的养分、沉积物、有机质、杀虫剂及其他污染物进入河溪系统。缓冲带技术的应用实践在欧洲15—16世纪就已开始，19世纪成形。20世纪30年代在美国就有规范的缓冲带设计和应用，它是美国农业部国家自然资源保护司（NRCS）向美国公众推荐的土地利用保护方式。生物缓冲带不仅具有改善水质的作用，同时设计良好的生物缓冲带可以美化环境，给人类提供优美的滨水空间。针对农业面源污染防治，1997年4月美国NRCS发出自然资源保护缓冲带的建议，到2002年帮助全美修建了$3.2\times10^{6}$km长的保护缓冲带。

缓冲带可以控制水土流失，有效过滤、吸收泥沙及化学污染，降低水温，保证水生生物生存，稳定岸坡。随着人类生态环境意识的发展，缓冲带的设计理念已从单纯的水土保持发展到在陆地生态系统中人工建立或恢复植被走廊，将自然灾害的影响或潜在的对环境质量的威胁加以缓冲，保证陆地生态系统的良性发展，提高和恢复生物的多样性。应用过程中，缓冲带在面源污染控制上发挥了重要作用。坡地等高缓冲带相当于等高植物篱，在设计上强调对面源污染的控制，合理地设置缓冲带的位置是其有效拦截雨水径流、发挥作用的先决条件。在坡地长度允许的情况下，可以沿等高线多设置几条缓冲带，以削减水流的能量和面源污染。

合理的植被配置是实现缓冲带有效控制径流和控制污染的关键，根据所在地的实际情况，进行乔、灌、草的合理搭配，既要考虑灌、草植物的阻沙、滤污作用，又要安排根系发达的乔、灌以有效保护岸坡稳定，滞水消能。植物选择时要重视本地品种的使用，兼顾经济品种，尽可能照顾缓冲带经营者的利益。植物缓冲带有效控制了农业用地对水资源的污染，保护了水源。把农场主作为建设植物缓冲带主体，通过处罚、补偿和奖励等措施在农田建立大面积的植物缓冲带，能够有效地减少农业肥料和农药对河流的污染。缓冲带有缓冲湿地、缓冲林带、缓冲草地三种类型。在三种类型中，对缓冲湿地的研究最多，湿地与流域面积之比越大，流域水质改善越强；同时湿地与河岸缓冲林结合能更有效地改善水质。人工湿地对面源污染也具有较好的面源阻隔能力。在人工湿地的基础上，为提高负荷系统、减少占地面积及填料费用，又发展出了人工复合生态床等。

（2）生物-生态修复技术

受污染水体的生物-生态修复技术的原理是利用培育的生物或培养、接种的微生物的生命活动，对水中污染物进行转移、转化及降解作用，从而使水体和水生态得到恢复。生物-生态水体修复技术，是当前水环境技术的研究开发热点。目前所开发的水体生物-生态修复技术，实质上是按照仿生学的理论对于自然界恢复能力与自净能力的强化。其中生态修复部分又分为水生植物系统和水生动物系统，其中应用较多的是水生植物系统。

水生植物系统是以生态学原理为指导，将生态系统结构与功能应用于水质净化，利用生物间的不同生态位和食物链关系有效地回收和利用污染物，取得水质净化和资源化、景观效果等结合效益。常用效果较好的挺水植物品种有风车草、芦苇、香蒲等。水生动物系统是在水体内形成菌-藻类-浮游生物-鱼的生态系统，达到控制过量繁殖的藻类，优化生态系统结构的效用。

目前生物-生态系统应用得比较成熟的模式为塘-生态组合系统，该模式国内外已进行了广泛且深入的研究，典型代表为氧化塘系统。氧化塘是好氧稳定塘的简称，该方法具有费用低、易管理等优点，多级氧化塘-人工湿地组合系统曾被用来处理高浊度的地表水，组合系统对COD、TN、TP的去除率均高于60%。在寒冷地区，氧化塘能起到冬储夏排的作用。为强化氧化塘的脱氮除磷功能，还可以在普通氧化塘内种植具有脱氮除磷功能的水生植物或培植水生动物，形成水生生物氧化塘。除了普通氧化塘外，近年来发展起来的还有高效藻类氧化塘等，结构更为复杂，使生物-生态系统的功能发挥得更加充分。

(3) 河岸带生态恢复及生境改善技术

河岸带具有滞纳颗粒物质，过滤来自高地和地表径流所带来的污染物的缓冲带功能；此外河岸带还具有廊道和护岸功能。国际上河岸带研究起步较晚，20 世纪 80 年代中期，由于全球气候变化，生物多样性损失和可持续发展研究问题的提出，特别是湿地的损失、河流生物多样性减少以及农业面源污染问题使河岸带研究的重要性凸显。

河岸水生植物带对稳定河岸，提供野生动物栖息地，维持河流生态系统的完整性发挥着重要作用。同时，可以去除河水中的营养物质，减轻河流的面源污染，对改善河水水质，提高河流自净能力有重要作用，在河道浅水处种植水生植物，恢复河岸植物带是一种重要的河流生态修复措施。

在河岸带生态恢复中，常用的植物有美人蕉、香根草、芦苇、香蒲、菱草等。水生高等植物具有生长快的特点，能够大量吸收水体中的营养物质，为水中营养物质提供了输出渠道；水生高等植物可提高水体溶解氧含量，为其他物种提供或改善生存条件；水生高等植物也可提高水体透明度，改善水体的景观效应；同时，水生植物对藻类具有克制效应，可以抑制藻类的生长，起到改善水质的作用；并且，水生植物还是水体生产力的主要物质基础，能为经济水生动物提供索饵育肥和生长繁衍的场所。国内外自 20 世纪 70 年代以来对水生植物生态系统净水技术进行了广泛研究，目前研究热点之一是组建以不同生态类型水生高等植物为优势种的人工复合生态系统。湖泊水陆交错带植物配置：在岸坡种植土著草类等，在水深较浅（一般在 0.5m 左右）的岸坡区水陆交错带种植土著挺水植物可形成沿河过滤带，对陆源营养物质起到截流作用，对地表径流流入河道中的水起过滤作用，阻拦并吸收、转化、积累输入的部分有机质及营养盐，再通过收割利用，移出水体，有利于水体自净。

廊道具有生境、传输通道、过滤和阻抑作用以及可作为能量、物质和生物（个体）的源或汇的作用。具有宽而浓密植被的河流廊道可控制来自景观基底的溶解物质，为两岸内部种提供足够的生境和通道，并能更好地减少来自周围景观的各种溶解物污染，保证水质；不间断的河岸植被廊道能维持诸如水温低、含氧高的水生条件，有利于某些鱼类生存；沿河两岸的植被顶盖可以减缓洪水影响，并为水生食物链提供有机质，为鱼类和泛滥平原稀有种提供生境。河岸缓冲带去除面源污染的有效性受许多因素的影响，包括缓冲带的大小尺度，带内植物的组成、土地利用情况，土壤类型、地貌、水文、微气候和其他农业生态系统的特性。

河岸带护岸功能，河岸植被覆盖的密度与类型对河岸侵蚀的防护作用影响较大，同时岸坡绿化的实施使河岸具有更强的涵水固土和生态净化功能，有利于改善入河水质，使整个河流生态更为稳定。从 20 世纪 70 年代中期开始，已有学者对河岸带生态系统展开了研究，这期间的研究主要侧重于河岸带生态系统的基本理论和范畴。80 年代中后期以来，由于湿地损失、生物多样性减少以及农业面源污染等问题的提出，河岸带研究在美国、日本等国家得到了进一步发展，关注的焦点开始转向对退化河岸带生态系统的恢复以及河岸植被缓冲带的管理。1997 年 *Restoration Ecology* 杂志出版专刊，主题为美国西部河流的河岸带生态系统恢复，以期为未来更大范围内的河岸带生态系统恢复提供策略和方法上的指导。在国内，近年来也已有一些研究关注退化河岸带生态系统的恢复和重建。就目前的研究而言，国外学者对河岸带生态系统恢复的研究已取得一定进展，而国内关于河岸带生态系统恢复的理论及实践研究均相对较为薄弱。

国外大量河岸带退化生态系统的恢复和重建实验研究工作主要是通过利用恢复和重建后

的湿地岸边植被，发挥河岸带生态系统功能。国内曾以皖西潜山县境内的长江支流潜水河漫滩地作为恢复和重建退化河岸带部分功能的实验地，通过植被重建后的河滩地生态功能与荒滩地对比研究表明，重建后的生态效益明显。

我国多数河流整治与水质保障可分为4阶段，即新中国成立前的原始水利用和低级防御阶段、20世纪50—70年代的河流初级开发与治理阶段、20世纪80—90年代的防洪除涝与工程治河阶段以及20世纪90年代末开始至今的环境保护和综合治理阶段。

我国传统的流域水质保障往往以污染源的控制为全部内容，而忽视了河岸生态环境的生态学功能和河流水体的自净作用，缺乏从河流乃至整个流域生态系统的角度进行综合治理的意识。国内许多河流的水质保障往往陷于“工程治河论”和“技术治河论”等被发达国家证明错误的理论中不能自拔。整治方案的设计往往侧重于利用人工措施治理工业废水和生活污水，而对利用河流水体的自净功能进行生态修复缺乏足够的重视。但近年来开始有所转变，国内河流的综合整治和水质保障也开始向污染源削减与生态修复相结合的方向转变。但我国与欧美日等发达国家或地区在次级河流方面的治理技术水平和管理水平还存在一定的差距。

河流整治和水质保障的最终目的在于恢复河流生态系统的整体生态功能，而不是仅将重点放在污染源控制上，因此在管理决策过程中，除了传统的污染因子外，还需考虑河流的生态因素。基于这一思路，欧美日等发达国家或地区将水生态良好作为流域水环境管理的最终目标，提倡在河流管理中要注重河流生态系统的完整性，将流域及其组成作为一个整体来进行管理。

## 1.4 污水厂深度处理技术进展

城市生活污水深度处理技术主要是通过一系列生化、物化手段，实现污染物进一步的深度减排。不同的深度处理技术都有相应的适用条件。这需要根据污水的水质，结合原有的处理工艺，进行统筹规划。

地处北方寒冷地区呈现低C/N特征的城市污水处理厂，低温条件下，硝化细菌受到抑制，氨氮去除率不高；低C/N条件下，碳源缺失，反硝化能力不足。这些反映在出水水质中就是：氨氮、TN均不达标。为了实现进一步的深度减排，必须改进原有工艺，提高生化系统的反硝化能力和抗温度冲击能力。因此，低C/N污水处理技术、传统$A^2/O$工艺的改进以及低温污水处理技术的研究具有重要意义。

### 1.4.1 低C/N污水处理技术研究现状

研究表明，当污水中$BOD_5/TN<5$时，脱氮效率通常不会太高，此时的污水称为低C/N污水。为了达到高效脱氮的目的，工程中往往采用向低C/N污水中投加碳源的做法，然而，这样大大增加了污水厂的运行费用。目前，在低C/N污水处理领域国内外的研究热点是如何在尽可能节约碳源的情况下实现高效脱氮。其主体思路总结起来，主要有以下几点：一是充分利用进水有机物，对常规工艺进行改良；二是利用剩余污泥发酵上清液作为反硝化碳源；三是研究新理论、新工艺。

改进常规工艺处理低C/N污水的方法比较适合原有污水厂的改造。张华等对长沙市第二污水厂的处理工艺进行了改良，将原来的低负荷氧化沟改良为高负荷Carrousel氧化沟，使得污水厂脱氮效果得以改善。金春姬等研究了将现有活性污泥工艺改造成间歇曝气生物脱氮工艺，一定程度上减少了外加碳源的投量。张娜采用 $A^2/O$ 淹没式生物膜工艺处理中小城镇低 C/N 污水，取得了较好的运行效果。此外，直接取消初沉池也可以增加三分之一左右的进水有机物，提高进入生物池的有机物总量。

利用剩余污泥发酵可产生较多的挥发性脂肪酸（VFAs），有利于增大系统的反硝化速率。高永青等利用污泥酸化液作为 $A^2/O$ 系统的补充碳源，预处理后水解酸化液的 HAC/VFAs 达到 60%，且不会产生二次污染。佟娟对剩余污泥碱性发酵产生的短链脂肪酸作为生物脱氮除磷碳源进行了研究，单独实际污水与实际污水中补充剩余污泥碱性发酵液作为碳源的两个 SBR 运行脱氮除磷工艺，前者 COD、氨氮和 TN 的去除率分别为 99.1%、63.5%和 64%，后者为 98.4%、80.9%和 93%，补充发酵液后脱氮除磷效果明显提高。李雪研究了碱预处理剩余污泥厌氧水解产酸控制条件的优化以及填料对污泥水解产酸的影响，控制污泥水解反应器内温度和在反应器内增设填料均可在一定程度上促进污泥的水解酸化，提高水解产酸量，组合填料的产酸效果优于球形填料。曹艳晓将剩余污泥厌氧发酵后的高碳上清液作为内碳源回用到水解酸化/缺氧悬浮填料移动床/好氧（H/AMBBR/O）组合工艺系统中，COD、氨氮和 TN 的平均去除率分别为 90.35%、98.24% 和 71.92%，但当水温低于 18.0℃时，剩余污泥产量降低，工艺的处理效果变差。

近年来，一些新理论、新工艺也被应用到低 C/N 污水的处理中，主要有短程硝化反硝化（SHARON）、同步硝化反硝化（SND）、厌氧氨氧化（ANAMMOX）以及反硝化除磷（DPR）。荷兰 Delft 技术大学开发了 SHARON-ANAMMOX 联合工艺，该联合工艺利用 SHARON 反应器的出水作为 ANAMMOX 反应器的进水，具有耗氧量少、污泥产量低、不需外加有机碳源等优点，应用前景很好。Robertson 和 Kuenen 于 1984 年最早提出 SND 现象，在 SBR、氧化沟等多种工艺中证实了 SND 现象的存在，近年来已成为生物脱氮领域内的一个研究重点。在同步硝化反硝化工艺中，有机物氧化、硝化和反硝化在同一反应器内进行。因此，反应速度快、水力停留时间短、建设及运行费用低，是一种简洁且高效能的工艺。

Hascoet 等在 1985 年发现了反硝化除磷现象。当把传统的厌氧/好氧交替环境改变成厌氧/缺氧交替环境时，反硝化聚磷菌将利用硝酸盐同时去除氮磷。反硝化除磷工艺已成为目前国内外的研究热点，在多种工艺中都有应用。Satoshi 等在 SBR 中实现了缺氧反硝化吸磷，研究结果表明反硝化聚磷菌的比例达 44%；Comeau 等研究了除磷过程中的电子受体，研究结果表明硝酸盐与氧气都可以作为除磷过程的电子受体，但氧气作为电子受体时除磷效率较硝酸盐作为电子受体时的效率要高；Ong S L 等也利用 SBR 研究反硝化除磷作用，研究结果表明当系统内强化反硝化聚磷作用时，除磷效果大大提高；Juhyun K 等通过 FISH 技术分析结果表明，在污泥颗粒的内、外表面均存在反硝化聚磷菌，因此可加强好氧段的脱氮效果；高延耀等考察了倒置 $A^2/O$ 工艺的反硝化除磷特性，并与常规 $A^2/O$ 工艺进行比较，结果表明系统的缺氧吸磷现象在硝酸盐投入后便会发生，但其速率没有好氧吸磷速率高；周集体等研究了气动内循环反应器的反硝化除磷特性，研究结果表明缺氧吸磷量高于好氧吸磷量，与传统工艺相比缺氧除磷可节约近一半的碳源。

### 1.4.2 以 $A^2/O$ 为基础的内部碳源利用技术进展

我国污水处理厂的工艺主要还是采用传统的脱氮除磷工艺，针对全国 1470 座污水厂进行了不完全统计，其中 SBR 的使用率约为 16.5%，氧化沟的采用率为 28.6%，A/O 和 $A^2/O$ 所占比例约为27.1%，传统活性污泥法约占27.8%。由于北方的冬季气温较低，氧化沟并不适用，SBR受制于自动化要求较高，A/O同步脱氮除磷效率较差，北方污水厂主要还是采用的$A^2/O$工艺。随着城市污水组成成分的变化，氨氮的权重越来越大，传统$A^2/O$工艺的同步脱氮除磷的效率普遍偏低。

$A^2/O$工艺主要存在着以下三个问题：一是二沉池污泥回流中存在着硝态氮，使得厌氧段存在着反硝化细菌和聚磷菌的碳源竞争问题；二是由于进水碳源大部分在厌氧段消耗，使得缺氧段反硝化碳源不足；三是聚磷菌和硝化细菌的世代长短不同，因此存在着污泥龄不同的矛盾。所以针对$A^2/O$工艺的改良，提高同步脱氮除磷效率，成为现阶段研究热点。

(1) 倒置$A^2/O$工艺

倒置$A^2/O$工艺的流程和传统$A^2/O$工艺相比有些许不同，它的缺氧段提至厌氧段之前，同时取消了好氧池到缺氧池的内回流，这样使进水碳源优先用于反硝化保证了脱氮效果，进入厌氧段的硝态氮含量降低，并不会影响厌氧段聚磷菌的释磷作用，同时节省能耗。张波等最先应用这种工艺，中试试验表明工艺的脱氮除磷效率比传统工艺分别提高了9.7%和9.8%。

(2) 并联$A^2/O$工艺

并联$A^2/O$工艺的流程和传统$A^2/O$工艺相比存在着不同，缺氧段和厌氧段并联设置，原水按比例分配进入缺氧和厌氧段，碳源合理分配，使聚磷菌和反硝化细菌的碳源竞争减小，使工艺的脱氮除磷效率提高。韩宝平等研究表明，并联$A^2/O$工艺和传统工艺相比，在碳源充足的条件下，系统的脱氮除磷效率升高，但当碳源严重不足时，脱氮除磷效果反而变差。

### 1.4.3 低温污水处理技术研究现状

低温水指温度低于15℃的水。水温的下降主要影响活性污泥的吸附性能、沉降性能、微生物增殖和种类等。建设在户外的城市污水厂，其主要处理单元微生物相受水温的干扰极大。国外一些水厂通过强化低温季节排污点源的治理技术降低水体污染，采用投加耐冷菌提高低温水处理效果。为了保证冬季低温污水的处理效果，我国寒冷地区工程中一般采用降低污泥负荷、增加污泥回流比、延长水力停留时间或将一些构筑物建于室内保证出水水质。这些措施的缺点是增加工程建设费用，而投加耐冷菌停留在实验室阶段，工程上经常采用复合工艺。

美国BROOMFIELD市政污水处理厂采用生物膜-活性污泥复合工艺去除有机物和氨氮，出水水质达到一级B标准。Christine H等在一个中试规模的连续流活性污泥系统中，研究了温度在5～20℃变化时，温度对生物除磷效果的影响。Head M A等则考察了10℃条件下，向SBR反应器中投加20℃下驯化的硝化细菌，采取不断投加的方式，可显著提高脱氮效果，但若停止投加，硝化效果急剧下降。该工艺利用流动床生物膜，载体比表面积大，反应器污泥浓度高，生长了世代时间长的硝化细菌和高营养级的原生动物，提高了脱氮效果，同时利用悬浮污泥氧化有机物。当水温5℃时，生物除磷效果依然达标，虽然厌氧释磷量减少，生物吸磷仍维持在较高的水平。

国外对微生物固定化脱氮技术进行了大量研究，日本市村等以PVA与海藻酸钠结合包埋固定硝化菌，在1.78L流化床中进行了硝化试验，氨氮容积负荷达$2kg/(m^3 \cdot d)$，而且固定化硝化细菌具有耐低温的能力，低温相对提高了硝化细菌对基质的亲和力；同时固定化载体反应受扩散控制，扩散对温度的敏感程度较低。日本下水道事业团用固定化硝化菌在流化床中进行了一年半的生产性实验，氨氮去除率达到90%以上。

东北和西北是我国寒冷地区，也是工农业重要基地，探索低温条件下强化脱氮具有重要意义。白晓慧、王宝贞等以大庆乘风庄污水厂为研究对象，通过一系列研究，摸索出低水温条件下实现高效生物硝化的运行控制条件。

吉林建筑大学采用SBR工艺处理寒冷地区污水，提出了5～10℃工艺运行效果好的操作条件，实现了温度为5℃和COD负荷高达0.35mg/L时，COD去除率达到85%，氨氮去除率达到90%以上。姜安玺、韩晓云等在低温条件下分离了耐冷菌，采用软性聚氨酯泡沫为固定载体，投到低温复合反应器中，运行30d左右，系统出水指标如下：COD＜60mg/L，TP出水＜0.5mg/L，TN出水＜15mg/L，达到一级排放标准。当季节变化时，低温生物膜中微生物群落也发生演替。温度升高时，同时出现耐冷菌和中温菌，温度再次降低时，中温菌被淘汰，耐冷菌仍为优势菌，只是数量和种群上有轻微的变化。温度的影响受到有机负荷的干扰，当有机负荷较低时，温度的影响相对较小，有机负荷较高时，温度影响较大。

## 1.5 面源污染控制研究技术进展

农业面源污染是相对于工业和城市生活点源污染而言的，是指在农业生产过程中农药、化肥、地膜等农用物资的不合理和过量使用，以及畜禽粪便等农业废弃物任意排放而造成的水体、土壤、生物和大气的污染。农业面源污染问题由来已久，尤其是近几年呈现出愈演愈烈之势。由于农业生产活动的广泛性和普遍性，加上农业面源污染涉及范围广、随机性大、隐蔽性强、不易监测、难以量化、控制难度大；因此，农业面源污染已成为目前影响农村生态环境质量的重要污染源，其发展趋势令人担忧。农业面源污染已成为我国现代农业发展的瓶颈，进而影响到农村生产生活和人居质量。为保护有限的农业发展资源，建设美好的人居环境，农业面源污染治理刻不容缓。

农业面源污染主要包括分散村镇污水及畜禽养殖废物造成的污染、农业种植污染和雨水径流污染。

### 1.5.1 村镇污水处理技术现状及进展

近年随着农民生活水平不断提高，楼房、抽水马桶、厨卫等现代化设施在农村和乡镇普及，村镇生活污水水质、水量变化很大，远远超过了自然的自净与承载能力，成为新农村建设急需关注的重大问题之一。住房和城乡建设部《村庄人居环境现状与问题》调查报告显示，全国96%的村镇没有排水渠道和污水处理系统，生活污水直接排放到附近沟渠和水塘里。另据统计，全国农村每年有超过$2.5\times10^7m^3$生活污水直接排入河流、水塘，造成河流、水塘等水环境污染，影响村民居住环境，威胁村民身体健康和生态安全，是农村重大的安全隐患。大量农村污水常年累积，污染当地饮用水水源、地表径流等，造成面源污染，致使湖泊、水库富营养化问题日趋严峻。

我国农村地区对生活污水处理不够重视，缺乏配套政策与资金。据测算，全国拥有村级污水处理设施的行政村只占2.6%，且主要分布在北京、上海、浙江、江苏、天津、福建、山东、广东等经济较发达地区。而中西部落后地区拥有生活、污水处理系统的村庄更是屈指可数。农村生活污水排量少、有机物浓度偏高、日变化系数大、间歇排放、控制困难等特点，表明了农村地区污水处理应采用规模较小、成本低、分散式的环境工程与生态技术手段，以减少和去除主要污染物（如N、P）的含量为目标，使其排放标准与当地环境自净能力接轨，维持农村生态环境平稳与和谐。因此，研究与分析未来村镇生活污水发展趋势，对推动新农村建设，维护农村人居健康，把脉农村生活污水处理设施市场化方向都具有现实意义。

农村居民分散居住，不能照搬城市集中处理的污水系统，必须选择小型简易的污水处理系统。

高效藻类塘是由美国加州大学伯克利分校的Oswald教授提出并发展的一种传统稳定塘的改进技术，有着更加丰富的生物相，最大限度地利用了藻类产生的氧气，提高了降解速率，具有投资少、运行成本低、建设容易、维护简便的特点，比较符合农村污水处理的需要。

1991年法国建立了世界第一座利用蚯蚓处理城市生活垃圾的垃圾处理厂，日处理垃圾20～30t。蚯蚓生态滤池是近年发展起来的新型生态污水处理技术，蚯蚓以污水中的悬浮物、生物污泥及微生物为食物，其产生的粪便以及磨碎的大块有机物，非常有利于微生物的生长繁殖。蚯蚓生态滤池对污水污泥具有同步高效处理的能力。该技术可高效低能地去除污水中的污染物质，流程简单、运行管理简便。

由于我国大部分村庄经济能力比较薄弱，村落零散，建设规模化村庄污水集中处理设施有一定难度，因此，国内最通用、低投入、低耗能、易维护的生活污水处理方式是厌氧沼气池。厌氧沼气池是农村家用水压式沼气池和城市化粪池的改良综合体，吸取当前污水处理工程中的先进技术，而成为一种新型的农村生活污水处理技术。厌氧沼气池一般分为3段，污水经沉砂、沉淀后进入厌氧消化池，初步降解有机污染物，然后消化液经过滤池过滤排出，或再经氧化塘好氧净化后排放。厌氧沼气池与传统的标准化粪池相比，具有安全、卫生、有机物去除能力高等优点，其中COD去除率可达85%以上，BOD去除率达到90%以上。此外，厌氧沼气池还可提供一定量的沼气用于农村居民日常做饭和取暖，深受广大农村地区居民的喜爱，是我国农村地区应用最广泛的分散式污水处理技术之一。

人工湿地主要通过基质、微生物、植物，经过物理、化学和生物作用实现污水中有机物、氮磷等污染物的去除。在经济条件不佳的村镇，可以直接将厌氧处理后的污水排入水塘，在水塘中种植水生植物如水葫芦、睡莲、浮萍等帮助进一步净化水质。在经济条件尚佳的村镇，可在水塘边挖造一个小型垂直潜流式人工湿地，基质可填埋鹅卵石、煤渣层、粗砂层和细砂层，最上方可种植水生植物，达到美化景观净化水质的作用。

短期内，随着农村现代化城镇化步伐的加快、乡镇企业的蓬勃发展，未来村镇污染源逐渐增多，污染物复杂多变，单一的污水处理设备不能获得水质达标的出水。同时由于农村生活污水水源分散、处理规模较小，加之农村难以找到专业技术人员对污水处理设施进行运行、维护和管理。因此，设计运维管理便利、运行成本低廉、多种处理模式相结合的污水处理工艺尤为重要。其中，基于我国现有的农村污水处理设施，生活污水好氧人工湿地组合处理工艺易于达到我国农村地区污水处理的要求。

### 1.5.2 畜禽粪便处置技术进展

随着我国畜牧业的发展，养殖场所排放的畜禽排泄物已经成为当下环境污染的重要因素之一。中国奶业协会最新的统计调查显示，目前我国奶牛养殖产业每年由于饲养而产生的粪污及垫料、饲料残渣等生物废弃物近 $1.8\times10^9$t。由于废弃物处理技术相对滞后，大量的粪污还没经过处理就随意排放，造成了空气污染、饮用水污染、土壤污染等问题，这已经成为引起农业生态环境恶化的主要原因，同时这也是病源增多和传染性疾病流行的重要根源之一，直接威胁到农村人口的身体健康。因此，推广、鼓励粪便无害化处理和资源化利用技术，已经成为国内的发展趋势。对粪便进行处理的目的是将其无害化、减量化和资源化，最大限度地满足环境对其的可接受性及在经济上的可行性。国内外处理粪便的方法很多，在生产中受到普遍欢迎的是那些投资少、运行成本低并能生产出高附加值产品的技术方法。

Hooda 等对新西兰和加拿大的集约化规模化养殖场研究中发现，长期施用畜禽粪肥的土壤中氮物质含量累积明显。Chee S 等研究发现许多用于畜牧业生产的抗生素难以被动物肠胃吸收，约 30%～90%以母体化合物的形态随尿液或者粪便排出，残留于有机粪肥中，并且在施用粪肥的土壤中长期存留，增加了不可估量的生态风险。畜牧业面源污染对气体的危害与其他食品生产相比，畜禽产品对温室气体的排放贡献更大。国外将粪便转化为能源主要运用两种方法：一是将牲畜粪便进行厌氧发酵，将其转化为沼气，为人们的生产生活提供燃烧能源。同时，沼渣和沼液又是很好的有机肥料和饲料。这种做法不仅可以减少对环境的污染，而且还可以节约治理成本。二是将粪便直接投入专用炉中焚烧，供应生产用热。英国在萨福克郡建立了世界著名的艾伊粪便发电站，其装机容量可达 12.5MW，每年可以把 $1.25\times10^5$t 的粪便转化为电能，可获得巨大的经济效益。

畜禽粪便属于生物质能源，是可再生能源的一种，畜禽粪便能源化利用不仅能解决环境污染问题，同时还可以解决能源短缺问题，促进资源节约型和环境保护型社会的发展。据估算，2010 年全国畜禽粪便总量折合标准煤 $7.66\times10^7$t，相当于当年天然气消费量的 50%。因此，畜禽粪便能源化是未来其资源化发展的主要方向之一。

在我国畜禽粪便处理技术中，物理化学法经济成本高、易造成二次污染，主要用于粪便预处理和深度处理。堆肥和厌氧发酵是目前应用较为广泛的方法，具有运行稳定、处理成本低、效率高等优点。但由于地域条件和清粪工艺的不同，在环境温度和粪便组分上存在较大差异，限制了上述技术和产品的市场化应用。随着畜禽饲料添加剂的使用，畜禽粪便中积累大量四环素类、抗生素、重金属等有害成分，这对当前粪便处理技术提出了新的要求，开发高效、低能耗且具有生物安全性的处理技术是今后粪便资源化利用发展方向。

### 1.5.3 化肥绿色替代技术进展

化肥污染是农田施用大量化肥而引起水体、土壤和大气污染的现象。农田施用的任何种类和形态的化肥，都不可能全部被植物吸收利用。化肥利用率，氮为 30%～60%，磷为 2%～25%，钾为 30%～60%。未被植物及时利用的氮化合物，若以不能被土壤胶体吸附的 $NH_4^+$-N 的形式存在，就会随下渗的土壤水转移至根系密集层以下而造成污染。可导致河川、湖泊和内海的富营养化；土壤受到污染，物理性质恶化；食品、饲料和饮用水中有毒成分增加。为防止污染环境，应对使用的化学肥料进行控制和管理。

长期过量而单纯施用化学肥料，会使土壤酸化。土壤溶液中和土壤微团上有机、无机复合体的铵离子量增加，并代换 $Ca^{2+}$、$Mg^{2+}$ 等，使土壤胶体分散、土壤结构破坏、土地板结，并直接影响农业生产成本和作物的产量和质量。

化学肥料中还含有其他一些杂质，如磷矿石中含镉 1～100mg/L，含铅 5～10mg/L，这些杂质也可造成环境污染。

施用于农田的氮肥，有相当数量直接从土壤表面挥发成气体，进入大气。还有相当一部分以有机或无机氮形态进入土壤，在土壤微生物作用下会从难溶态、吸附态和水溶态的氮化合物转化成氮和氮氧化物，进入大气。

为了防止环境污染，应对施用的化学肥料进行控制和管理。同时考虑用有机肥取代部分化肥。

沼液、沼渣中的有机物是经沼气菌厌氧发酵后的有机物，含有丰富的营养成分，主要包括矿物质、营养物质、活性成分三大类。矿物质包括钙、钠、氯、硫、镁、钾等常量元素和铁、锌、铜、锰、钴、钒等微量元素，这些元素在沼液、沼渣中含量很丰富，在动植物生长过程中，需求量虽然很小，但却是必不可少的，它们可渗透到种子细胞内，能够刺激发芽和生长。营养物质是由沼气微生物分解所形成的发酵原料中的大分子物质，此类大分子物质比分解前结构简单，所以更容易被植物所吸收，以此向作物提供营养元素。目前已经测出的活性物质有氨基酸、生长素、赤霉素、激动素、腐殖酸、维生素及某些抗生素类物质。它们对作物生长发育具有重要刺激作用，参与了作物种子萌发、植物生长、开花、结果的整个过程。

近几年来，随着人们对沼气认识的不断提高，同时在国家政策的大力扶持下，我国各地区沼气技术逐年发展，农村联户沼气工程数量逐年递增。农民利用沼气照明做饭，用沼气发酵残留物即沼液、沼渣进行农业生产，多数农民已开始在蔬菜生产过程中用沼渣做基肥、喷施沼液以及叶面施肥等，替代化肥和农药，以提高蔬菜营养品质。农业部门结合项目的实施，开始初步尝试推广沼气增施二氧化碳气肥、沼渣施肥、沼液追肥、沼液叶面喷肥等技术。

但是由于受气候等因素的影响，各地区发展不平衡，沼气发展还有很大的空间，沼液、沼渣应用于农业生产的技术也显得尤为重要。

### 1.5.4 雨水截流技术进展

经济社会的不断发展及进步，严重地威胁到了水资源和生态环境，矛盾不断凸显，在此过程中，人们开始总结自己的行为，对雨水资源进行利用已经迫在眉睫，也给予了雨水利用更多的含义。

湿地处理废水可追溯到20世纪初，1903年，英国约克郡Earby建造了世界上第一个用于污水处理的人工湿地，该湿地连续运行直到1992年。20世纪50年代，德国Max Planck研究所的Kathe S博士发现芦苇能去除废水中大量的有机和无机污染物质，随后开发出Max-planck Institute Process系统，之后人们开始对污水处理人工湿地进行系统研究。然而污水处理人工湿地在世界各地受到重视和应用，还是在20世纪70年代德国学者Kickuth提出根区法理论之后开始的。第一个完整的人工湿地的试验研究始于1974年的德国Othfresen，人工湿地在1980年后得到迅速发展。近年来，湿地技术在欧洲、美国及世界各国迅速发展。丹麦1997年有芦苇床湿地134个；至2002年，英国有人工湿地628个，其中用作三级处理的水平流人工湿地为463个；法国现有芦苇床湿地200多个。美国在1988—1993年间就建立了几百个人工湿地，这些湿地大多用于处理家庭污水。用于处理工业污水则始于20世纪90年代，主要用于采矿业、农业和暴雨径流、家畜处理、食品和蔬菜加工厂以及燃煤发电厂。墨西哥的一处人工湿地用于处理10万人的生活废水。人工湿地在北美通常用来为较大城市的二级处理出水提供三级处理，在欧洲一般用于小城镇和村庄的废水二级处理，而在澳大利亚与非洲则用于处理各类废水，目前，各国的研究集中在改良人工湿地的技术上，垂直流湿地采用间歇负荷和合理介质使得处理效率提高，并日益受到人们的重视。

早期人工湿地主要用于处理城市生活污水或二级污水厂出水，目前则主要用于治理农业面源污染、城市或公路径流等非点源污染。美国、德国等国的一些技术人员还将其推广应用于处理小城镇、行政事业单位的污水和垃圾渗滤液。人工湿地处理工业废水的范围仍主要集中在处理以金属离子、$BOD_5$、COD和油污染为主的废水，但其处理的浓度极限范围不断被突破，现在甚至能处理COD高达数千的工业废水。而且其应用不再局限于气候较暖和的地区，在严寒地区也能取得很好的运行效果。

国内对人工湿地的研究和应用相对较晚，直到“七五”期间才开始对人工湿地处理城市污水进行较大规模的研究。

作为人工湿地应用的一个分支，雨水径流处理人工湿地的应用和研究起步相对较晚，其具体应用出现于20世纪后期。随着城市非点源污染形势的日益严峻，城市径流处理人工湿地技术的研究需求日益紧迫。然而，现今对于雨水径流处理人工湿地的研究大多数仍然套用常规污水处理人工湿地的理论依据和试验方法，而忽略了这类人工湿地不同于常规污水处理人工湿地的重要特点和影响因素，例如径流处理人工湿地的运行特点、水文学和水力学特征等，导致研究结果“理想化”，偏离了径流处理人工湿地的实际效能，普适性不强，难以为实际工程应用提供具体的理论基础和设计参数。

华中农业大学的李科德等在1992—1993年采用人工模拟芦苇床处理生活污水并对其净化机理、效能进行了研究。结果表明，芦苇根际具有较高的氧化还原电势，为好氧微生物的活动创造了有利条件。芦苇床内根际微生物数量与污染物去除率间具有明显相关性。20世纪90年代由武钢大冶铁矿承建，湖北省环保所、大冶铁矿、黄石市环境监测站合作在大冶铁矿炸药车间建立面积为$200m^2$的中试性人工湿地，用以处理铁矿炸药车间排放的含氮污水。此后，国家环保局与中国科学院相继采用人工湿地处理污水进行过一系列试验，对人工湿地的构建与净化功能进行了阐述。中科院水生科学院水生生物研究所的成水平、夏宜铮等研究了香蒲、灯心草人工湿地对城镇污水和人工污水污染物的净化效果，植物根系实际生长深度、微生物及酶的空间分布，探讨了人工湿地对污水中污染物质的去除机制，表明香蒲、灯心草是武汉及北纬30°附近地区人工湿地较为适宜的水生植物，特别是灯心草冬季生长良好，是更为理想的净水植物；他们认为人工湿地介质、水生植物和微生物三者的综合作用是人工湿地去除污水中氮、磷和COD的主要机制。

## 1.6 梯级电站建设的生态环境效益补偿关键技术研究进展

自20世纪90年代以来，随着三峡工程等水利工程建设加速，国内一批学者开始关注水利工程的生态环境效应，并在“水坝与生态”这一命题上进行了大量的相关研究，推动了生态水力学、生态水文学和生态水工学等学科的发展。河流的水文情势、水力学特性、地形地貌等均为河流生态系统中重要的生境因子。这些生态水利学科的研究重点是探究河流各类水生生物构成的生命系统与各类栖息地环境因子（非生物因子）之间的复杂关系，其核心是通过水生态系统具有表征意义的生物群落与关键生境因子之间的耦合，研究河流生态生物因子与非生物因子之间的反馈关系。

董哲仁等提出生态水工学和生态水力学的理论框架和基本观点，认为在研究河湖系统时，除了掌握水体本身在水文循环中的作用之外，应关注水体作为淡水生态系统的重要载体对维持水生生物群落稳定性方面的重要意义。生态水工学成为融合工程学和生态学的新兴交叉学科。生态水力学是研究水生生物生命周期的生理行为或群落特性与关键栖息地水力学条件之间的相关关系，着重研究在流速、水深、湿周等水力参数变化情况下的生物响应特征，预测水生态系统的演变规律，从而通过控制改善流场特性，实现对河流栖息地质量的提升。

陈求稳等进一步完善了生态水力学理论与定量化方法，围绕水电开发的生态环境效应模拟与调控，系统而全面地量化水库调节对下游河道水文情势、水环境、底栖动物生境、岸边植被、鱼类及其生境的影响，通过建立河流水环境生态模型和生态流量过程推求方法，为水库优化运行提供科学依据和定量手段。

崔保山等以漫湾水电站为例，分析了漫湾水电站的建设对河流栖息地影响的原理以及河流栖息地的时空变化特征，提取了大坝对栖息地影响的主要因子，建立了水电大坝对上游库区和下游河道栖息地的影响评价体系。苏国欢等通过评价金沙江观音岩水电站大坝截流前后鱼类群落组成情况，对比分析截流前后大坝下游鱼类群落结构和功能多样性的变化，从而分析大坝建设的生态效应。

在水电开发运行对底栖动物的影响方面，国内学者进行了部分研究。杨青瑞等以广西漓江流域为研究实例，研究水库运行对下游大型底栖动物栖息地的影响，建立了耦合水环境模型和基于人工神经网络算法的栖息地模型的大型底栖动物空间动态模型，并对水库不同运行方式下大型底栖动物栖息地的动态变化进行了模拟。郭伟杰对云南景谷河3座电站影响下河流底栖动物的群落结构进行调查，通过对比减水段和混合段处底栖动物群落结构，研究引水式电站的生态效应。王强和陈凯等调查研究了引水式小水电站的生态环境效应及其运行对河流底栖动物多样性的影响。此外，在梯级电站运行的生态效应方面，国内学者也进行了大量工作。陈浒等研究了乌江梯级电站开发对大型底栖无脊椎动物群落结构和多样性的影响，简东等研究了红水河干流梯级电站建设运行后的底栖动物演替现象，李斌等研究了香溪河流域梯级水库大型底栖动物群落变化及其与环境的关系。

水流状态（flow regime）被很多水生态的研究者认为是决定河流和河漫滩生态质量的重要指标。水流变化可对河流及湿地生态系统产生持续性威胁。作为重要的生境因子，水流状态的改变能够影响生物物种丰度和生物密度。研究表明，激流中的底栖动物群落分布主要受流速、底质组成、食物供给的影响。其中，Williams认为流速影响最为显著，水流是底栖动物的生存介质，流速变化不但可以直接作用于底栖动物个体，也可以改变食物供给和底质组成从而间接影响群落分布。与Williams的观点相似，Ciborowski认为流速是影响底栖动物漂移和空间分布的决定性因素，并假设相似的流速分布场可能包含相似的底栖动物群落分布，不同种类的底栖动物具备不同的生物漂移和沉降特性，但对处于相似流场中的某一物种来讲，其生物密度应当是近似的。

Stuart E B根据研究尺度的不同，将水流状态变化划分为三类：流域尺度（catchment scale，例如整条河流）；河段尺度（reach scale，例如浅滩和深潭）；栖息地斑块尺度（patch scale，例如水力参数和底质）。针对河流，Lake将水体变化的扰动划分为以下三种类型：①脉冲扰动，该扰动较为迅速和突然，例如河道洪水的爆发；②压力扰动，该扰动较为缓慢，例如气候影响；③渐变扰动，该扰动随时间发生变化，例如干旱，调度。其中，脉冲扰动和渐变扰动几乎均伴随着河流水文情势、水力要素的变化。

河流中的指示物种可以在一定程度上表征河流环境特征和水生生物栖息地质量。因此，常被用来预测评价河流环境污染、水生生物种群发展变迁趋势和水生生物栖息地质量。由于河流指示物种对河流生态的评价方法相对简单、快捷，并且具备较强的说服力，因此在很多国家得到广泛应用。

常用于河流生态健康评价的水生指示物种包括浮游生物、藻类、水生植物、鱼类以及大型底栖无脊椎动物等。

鱼类被认为是水质优良和水生态系统健康的良好指示物种。在河流生态系统中，鱼类是处于水生食物链系统末端的消费者，能较全面地反映河流综合的生态条件。Karr 于 1981 年提出生物完整性指数 IBI（index of biological integrity），该指数包括鱼类丰度、数量、营养类型等 10 余项指标，用于评估水体的生态质量。一些学者运用 IBI 指数对相关流域进行生态系统健康评价。

大型底栖动物是生活在水体底部的水生无脊椎动物类群，它们对外界胁迫响应比较敏感，可通过摄食、产卵、掘穴等行为与周围栖息环境相互作用。在河流生态系统中，大型底栖动物处于食物链的中间环节，在物质交换和能量交换中起着重要作用。底栖动物作为指示物种在河流生态快速评价中有着一定优势，并越来越多地应用于水质监测和河流整体健康评价。近年来，我国一些学者在不同流域开展了底栖动物的调查研究工作，利用典范对应分析（CCA）等方法，分析论证了环境变量与底栖动物群落结构之间的相关关系，这些研究工作主要集中于水环境因子（如水化学因子、有机质等）对底栖动物的影响，涉及水动力条件、底质等其他栖息地环境因子的较少。生态系统具有复杂性，不同流域中底栖动物群落与栖息地环境因子之间并没有普适的对应关系，需要针对研究区域的特征，进行特定的生态采样和栖息地环境因子调查，通过相关分析研究底栖动物群落与栖息环境的关系，为流域生态保护和生态修复提供支撑。

## 1.7 水质预测预警技术研究进展

### 1.7.1 水质模型技术进展

地表水质模型是使用数学手段对地表水循环中水质组分发生的变化规律及其相互影响关系进行综合表征，并服务于水资源合理利用与环境保护研究工作。其主要功能是为水质模拟、水质评价、水质预报与预警预测提供理论依据，可用于指导污染物排放标准和水质规划的制定，在水环境管理与水污染防治的研究中占有重要地位。

地表水质模型产生与进步过程的主要时期分为三个：第一时期，20 世纪 20 年代中叶至 70 年代初，研究重点为一维稳态模型，集中研究水体中氧平衡，也包括一些非耗氧物质。代表性河流水质模型有：Streeter 与 Phelps 一起提出的首个水质模型，即 S-P 模型；美国环保局（USEPA）推出的 QUAL-I、QUAL-II 模型。第二时期，20 世纪 70 年代初至 80 年代中叶，地表水质模型产生突飞进展，该阶段包含多维、多介质、形态、动态模拟等特点的模型的研究。形态模型的研究与发展的动力一定程度上来自水质评价与标准的制定，其中出现的 WASP 模型是该时期较为突出的成果。第三时期，20 世纪 80 年代中叶至今，主要研究集中在加大模型的深度，对现有模型不足进行完善，并加大模型在实际工作中的应用。其主要特点：进行水质模型和面源模型耦合；增加相关的状态变量以及构成成分的数量；模型中加入大气污染物各种沉降对水质的作用；在模型研究过程中应用各种新的技术与方法。多介质箱式模型、水生食物链积累模型、一维稳态模型 CE-QUAL-R2、二维动态模型 CE-QUAL-W2 等在这一时期被提出并应用。

有大量国外学者对水质预测模型进行了深入研究，并且根据文献可知，当今普遍使用的为河网 SNSI-M 模型、河口 ES001 模型及多参数 WASP 综合水质模型等。Gurbuz 为了对水库中藻类植物的浓度进行预测，采用的训练与校正方法为初期结束法，并得到了真实、可信的结论。20世纪初期，美国提出初级氧平衡模型，被应用到俄亥俄河流主要污染源评价及对生活污水来源及影响的实际工作中；神经网络作为一种智能控制方法被Maier和Dandy应用于基本水质模型的参数预测；John H等提出的一种三维模型，动力模型与CH3D-WES和ECOM3D相似，水质变化过程是基于CE-QUAL-ICM的原理，应用范围涵盖了点源、非点源、有机污染物迁移转化各方面，目前获得了美国国家环保署（USEPA）支持。

EFDC（The Environmental Fluid Dynamics Code）模型是在美国国家环保署资助下由威廉玛丽大学海洋学院维吉尼亚海洋科学研究所（VIMS）的John H等根据多个数学模型集成开发研制的综合水质数学模型，当前由Tetra Tech，Inc。水动力咨询公司维护。经过近20年的发展和完善，模型已在一系列大学、政府机关和环境咨询公司等组织中广泛使用，作为环境评价和政策制定的有效决策工具，已成为世界上应用最广泛的水动力学模型之一。目前在我国也得到了广泛的应用。

EFDC模型是美国国家环保署（USEPA）推荐的三维地表水水动力模型，可实现河流、湖泊、水库、湿地系统、河口和海洋等水体的水动力学和水质模拟，是一个多参数有限差分模型。EFDC模型采用Mellor-Yamada 2.5阶紊流闭合方程，根据需要可以分别进行一维、二维和三维计算。模型包括水动力、水质、有毒物质、底质、风浪和泥沙模块，用于模拟水系统一维、二维和三维流场、物质输运（包括水温、盐分、黏性和非黏性泥沙的输运）、生态过程及淡水入流，可以通过控制输入文件进行不同模块的模拟。模型在水平方向采用直角坐标或正交曲线坐标，垂直方向采用$\sigma$坐标变换，可以较好地拟合固定岸边界和底部地形。在水动力计算方面，动力学方程采用有限差分法求解，水平方向采用交错网格离散，时间积分采用二阶精度的有限差分法，以及内外模式分裂技术，即采用剪切应力或斜压力的内模块和自由表面重力波或正压力的外模块分开计算。外模块采用半隐式三层时间格式计算，因传播速度快，所以允许较小的时间步长。内模块采用考虑了垂直扩散的隐式格式，传播速度慢，允许较大的时间步长，其在干湿交替带区域采用干湿网格技术。该模型提供源程序，可根据需要对源程序进行修改，从而达到最佳的模拟效果。

我国在水质预测方面起步晚，早期重视不够，而随着国家对水资源管理与水污染治理上的力度加大，也有越来越多的学者进入到水质预测的研究中来，并取得了较为丰硕的成果。马正华、王腾等阐述了BP神经网络模型的原理及优点，并将其应用到对太湖出入湖河道水质污染指数的预测工作中，预测结果相对于传统建模方法具有适应性好、预测精度高等特点。张志明针对目前机理水质模型应用存在的“异参同效”等不足，在Simulink环境下将WASP模型框架分解，将实测数据回归分析、人工神经网络、蒙特卡罗模拟法等多种技术相互耦合，对单一传统模型进行改进，更加合理地解释了水质变化规律。王亚炜、杜向群等采用QUAL2K河流水质和情景分析法，以温榆河氨氮为目标，为河流水质改善与污染防治措施提供了理论技术上的依据。郭静、陈求稳、李伟峰等抓住了SALMO湖泊水质模型中关键参数取值重要性，进行合理假设对模型进行改进，并利用2005年实测数据对模型进行求解，继而应用到2006年水质的预测研究中。在对藻类、溶解氧、硝态氮、溶解态磷的变化趋势的预测中取得了与实测值相对一致的效果，说明该模型能够很好地对藻类及富营养化物质的浓度进行预测。袁健、树锦对多元非线性回归算法的不足进行完善，并应用到黄河干流某段的水质预测研究中，在精度得到提高的同时，与普通人工神经网络法相比更加符合实情，并为水质预测深入研究提供了新的出发点。

水质预测方法在进行模拟预测过程中所依据的理论独具特点，根据这种不同将水质预测方法分为了以下几种，其基本概念简要介绍如下：

① 数理统计预测方法　单因素预测，以已有水质监测数据为基础，对水环境质量的变化情况进行预测，水质监测数据准确度需要十分苛刻；多因素综合预测，数据需要样本量较大、类别较多、因素相互关系复杂、模型表征与建立机理繁杂，对于较多因素的综合预测困难度较大。

② 灰色系统理论预测法　核心思想是将无规律转化为有规律，主要的实现方式是通过时间序列拟合，在实现过程中需要严格按照一定的规律，最终使用得到的 GM（$n$，$h$）模型对水环境质量进行预测。优点是原始资料要求不严格；缺点是只有在原始数据变化规律为指数型或趋于指数型时预测精度较高。

③ 神经网络模型预测法　主要是根据人脑或神经网络中复杂的网络系统的基本特点进行抽象化与模拟，ANN 基本组成单元为人工神经元，其优势为类似于大脑运行的高维度，自我组织与协调性突出，并且具有较为先进的学习能力，应用到水质预测的研究工作中具有很好前景。

④ 水质模拟模型预测法　在水质模拟模型的实际应用中，往往需要根据具体的水体情况选择合适维数的水质模型。零维、一维、二维和三维模型分别存在它们自身的适用条件。应对越来越复杂的水体环境，水质预测模型也时刻在进步，主要表现为从确定性到不确定性，从低维到高维度的变化，并且在不断的应用与改进中得到完善。

⑤ 混沌理论预测法　该方法是基于河流水质系统复杂性、动态多变性、影响因素冗杂、无法适用简单的水质模型进行预测的需求，以混沌理论相空间重构思想对水质进行模拟和计算。

### 1.7.2　GIS 支持下的水质预警系统研究进展

自 20 世纪 60 年代以来，随着突发性水污染事故的增加，水质监控预警方法的研究得到了广泛的重视，许多发达国家开发了具有针对性的水质监控预警系统，并在水环境保护与治理中发挥了重要作用。早在 20 世纪五六十年代，一些污染严重的河流，如莱茵河、鲁尔河、密西西比河、多瑙河等，就已经通过利用水质监控预警系统结合 GIS 数据库技术、制图技术和可视化定位展示技术，开展了流域水质保护工作并取得了良好的效果。

为保护莱茵河水环境，预防突发性水污染事故，莱茵河国际委员会（ICPR）于 1986 年安装了水质监控预警系统，对污染事故进行预警的同时还兼具调查由工业排污或者船泊泄漏引起的水污染事件功能。由于该系统实现了对水质状况的连续监测，那些未报告的污染泄漏事故可以通过水质模型或者其他相关的方法推导追踪溯源。该系统将 9 个国家紧密地联系在一起，共同管理保护莱茵河水质安全。同时该系统也有效结合了 GIS 数据管理、空间查询和互动地图技术，世界各国的人们都可以从其网站上获取水质监测和污染事件相关的数据和研究报告信息。

2000 年 12 月，欧盟各成员国实施了《欧盟水框架指令》，旨在为欧洲提供一个水环境保护框架，欧盟各国主要的河流包括莱茵河、塞纳河、多瑙河等都在该框架下开展了广泛的水质保护研究，其中就包括对水质预警技术的研发和应用。在该框架之下，2009 年成立了一个专门的 GIS 工作组（GIS-WG），目的在于更好地使用 GIS 为水环境保护提供服务。该工作组开展了一系列的研究工作，包括空间基础数据、水质监测网络、数据模型及管理系统研发等。

20 世纪 90 年代末，美国俄亥俄河开发了水质预警系统。该系统由三部分组成：①用于确定河流中污染物现状的分析模块；②用于计算污染物在水体中传播路径及污染物浓度分布的分析模块；③污染泄漏在河流中扩散时的信息传播机制功能模块。该系统运用了 WASP 模型对水污染进行模拟分析，同时运用 ArcView 相关的功能对水质监测站和水污染相关的数据进行处理和可视化分析。

美国自“9·11”事件后，因担心饮用水水源地成为恐怖犯罪的袭击目标，檀香山市供水协会委托夏威夷大学自 2002 年底开始，开展建立和实施针对恐怖分子袭击、犯罪分子恶意投毒或事故性饮用水污染的监测预警系统的研究计划。美国对全国 8000 多个水源供水系统进行易损性评价并制订了对策计划，加入了突发性污染事故风险管理方面的内容。沿河各州政府、环保局及海事部门等联合制订了可操作性强、内容翔实的突发性水污染事故应急计划。美国水源地的早期预警系统（EWS）能够提供监测数据反馈、实时数据导向以及反应和保障决策，为供水部门及应急人员构建了掌握突发水污染事故信息的决策平台。其中 GIS 的功能在数据采集、数据处理、空间信息查询和地图可视化方面都提供了强有力的支持。Peng 等于 2010 年研究了 GIS 技术和 WASP 模型进行集成的方法，构建了水动力-水质分析系统，并且应用到美国马萨诸塞州查尔斯河流域的水质分析以演示集成过程，详细讨论了 GIS 在与 WASP 和 EFDC 模型耦合支持下各个层面的作用和结合方法，但是该模型与 GIS 集成后的运行是独立模式的，不能很好地利用分布式资源。

总体上国外利用 GIS 技术研究水质预警系统起步较早，也相对比较成熟。目前欧美国家主要的河流，涉及排污口和风险源管理的都建设有监测预警信息系统，结合 GIS 的数据管理能力、制图能力和可视化展示能力，取得了较好的应用效果，但在 GIS 和分布式系统结合构建综合预警系统方面，仍然有待进一步研究。

我国的环境监测预警系统研究与应用始于 20 世纪 90 年代中期，比较有代表性的是陈国阶等对环境预警的研究与应用，并提出了状态预警和趋势预警的概念。此后水质预警预报系统得到了迅速发展和大量使用，2000 年以后已经成为水环境管理和控制的重要组成部分。

丁贤荣等根据水污染事故发生、发展具有诸多时空和污染源类型不确定性的特点，以及污染事故控制与处理的时效性和最大限度减少损失的原则，采用弹性组织出事现场信息的方法，分析污染事故的基本状况，实现河流水污染突发事故影响状况的高效模拟。将 GIS 与水污染模型技术相结合，开发了适合长江三峡水环境决策管理的水污染事故模拟子系统，系统可反映污染事件造成的水污染状况及其时空变化过程。

2005 年松花江特大水污染事件发生之后，国内学者开始纷纷投入对预警系统的研究。

辽河流域研制开发的水质预警预报系统由水质信息采集模块、水环境信息查询模块、信息传输及网络系统模块、运行管理决策支持模块组成。

李佳等开展了钱塘江水质预警预报系统研究。基于流场和水质模型及 GIS 理论，在 Visual Studio. Net 2005 环境下，采用 Mapinfor 控件、MapX 和 C＃. net 进行二次开发。该水质预警预报系统可实现污染物迁移扩散的常规预报和污染物突发事件的模拟，实现了模拟结果在系统中的实时动态可视化。王剑利等从水质模型的应用现状和存在的问题出发，总结了 GIS 与水质预测模型的几种不同的集成方式，并基于客户端/服务器模式构建了三峡库区水环境安全预警决策系统，实现了 GIS 与水质预测模型之间的半紧密式集成，最终实现了水质模拟运算结果在 GIS 上的可视化，使水质预测模型的计算结果得到更形象的表达。吴迪军等提出了一种适用于河流突发性水污染应急处理的工程化模型，采用四点隐式差分格式进行模型的数值求解，并在ArcGIS平台上实现了污染计算结果的实时动态可视化。最后，通过实例验证了该模型在公共安全应急平台中应用的有效性和合理性，但是水质模型与GIS没有一体化集成。陈蓓青等采用组件式GIS技术，基于ArcEngine开发包，结合突发性水污染事件应急管理体系对水质模型的业务需求，探讨了在空间数据库的支持下，构建基于GIS技术的突发性水污染应急响应系统的主要内容及方法。为GIS技术更好地应用于水资源管理，最大程度地减少水污染造成的危害，提供技术支持。

侯嵩基于GIS建立了跨界重大污染事件预警系统。系统的整体设计分为三个部分：预警地图制作、地图操作控制、数据管理维护。使用ArcMap完成预警专题地图的制作，为后期地图的网络发布提供了便利。利用ArcIMS网络发布组件的工具定制功能，按照系统自身特点和特殊需求，自行定制了地图操作控制的工具，设计并实现了跨界重大水污染事故地理空间数据库，利用ArcSDE作为中间件，实现矢量数据在ORACLE数据库中的传输。黄瑞等以东北某大型水库入库河流苏子河为例，围绕基础环境信息管理、污染源追溯、事故预警模拟、事故应急处理等展开关键技术研究，根据苏子河流域特征构建了水动力、水质数学模型库，研究建立了污染源信息反演技术，采Microsoft Visual basic（VB）结合MapX技术、动态演示技术实现水污染事故水质变化的时间域与空间域的可视化展示。系统可为苏子河流域突发水污染事故的应急处理提供技术支撑。Rui等利用GIS技术耦合水动力模型和水质模型，采用C＃语言将Fortran语言的水动力-水质模型和GIS以动态链接库的方式进行链接，构建了水污染预警应急系统，实现了水环境数据的空间数据库存储、空间查询和三维可视化等功能，并且成功应用到长江流域的向家坝区域。

从上述研究成果来看，这些系统中的模型计算都是单服务器运行模式，不能动态扩展服务器，不能实现分布式的服务器资源调用，以增强模型的并行多模型模拟方案运行能力，实现水质模型模拟预测的分布式计算。

### 1.7.3 寒冷地区水质预警预测研究进展

河流封冻是寒冷地区一种常见的自然现象。在中国，北纬30°以北的地区以及青藏高原区每年冬季都有可能出现封冻现象，纬度越高封冻的可能性越大，封冻期也越长，特别是在东北地区，河流的封冻期甚至长达5个月左右。河流封冻会给人类的生产生活造成诸多不利影响，如河流航运功能丧失，冰塞或冰坝造成冰凌洪水，水工建筑物冻胀破坏等。事实上，由于冰盖的影响，封冻河流的水质特征、混合能力、输移扩散特性等均发生了较大的改变。

目前国外一些学者对冰封河道的溶解氧变化规律进行了研究。Chambers等采用一维稳态水质模型对加拿大北河流域纸浆厂和城市排污在冰封时期对流域水生生物的影响进行了研究，详细分析了不同温度下冰下溶解氧在河流不同空间位置的变化情况，在研究的过程中没有使用水动力学模型对水流情况进行模拟。Prowse等分析总结了寒冷地区冰封对水体中侵蚀和沉淀过程的影响，以及对溶解氧变化过程的影响。研究中并没有构建水质模型和水动力模型对河流的水质产生的具体影响进行分析，仅总结了前人的研究成果，同时比较和讨论了河流冰封对生物条件产生的影响。Neto等通过人工曝气技术增加污水中的氧气含量对河流水质产生的影响，来研究冰封和非冰封情况下纸浆厂污水排放时，河流中溶解氧的变化情况。研究中利用了水动力模型和水质模型分析了人工曝气对河流水质在河流横向二维空间上的变化情况。该研究对于分析冰封期和非冰封期条件下，污水处理厂排污水体中的溶解氧变化具有重要参考价值。Martin等利用CE-QUAL-W2模型研究了加拿大北河流域亚大巴斯卡河冬季的溶解氧变化情况，分析中结合了水动力模型和水质模型，采用了二维模型进行分析，并且率定了水动力、气温、$NH_4^+$-N、硝酸盐和亚硝酸盐、磷酸盐和浮游藻类植物等相关参数。

在国内，通过水动力-水质模型对冰封期水体水质进行模拟的研究成果非常少。孙少晨等根据流域特点建立了松花江干流非冰封期及冰封期水动力-水质耦合一维模型。首先利用多年实测水文、水质资料，构建了非冰封期数值模型，模型中涉及的纵向扩散系数、污染物衰减系数等重要参数采用实地监测和模型率定相结合的方法来确定，并利用监测结果分析了Fischer、Elder两种纵向扩散系数经验公式在松花江的适用性。在此基础上，根据冰封期水力要素及水文监测特点，对模型进行改进，建立了适合该地区的冰封期水动力-水质模型。王志刚根据冰封河流的阻力特征和水流特性建立了适用于冰封河流的一维水流-水质模型，用于揭示牡丹江城市江段冰封期的水质特征和混合特性，并在此分析基础上研究了点源污染减排、排污口布置、背景浓度控制及上游来水流量调节等情景措施对牡丹江城市江段水质的影响。

相对于欧美等发达国家，我国在对北方寒冷地区河流冰封期和非冰封期水动力与水质过程对比研究，以及构建适用的水动力-水质模型方面仍需要加强。冰封期与非冰封期河道的水动力过程与污染物迁移转化过程有哪些差异，造成这些差异的原因是什么，主要的影响因素或指标有哪些，这些问题都非常值得研究。因此，对中国北方寒冷地区河流（湖、库）水质，特别是冰封期水质进行模拟就显得特别有意义。通过构建符合我国北方寒冷地区季节性冰封水体的水动力-水质模型，可以更好地为这些地区的水环境管理与治理服务。

# 2

# 牡丹江流域水环境特征

## 2.1 牡丹江流域自然地理和社会经济概况

### 2.1.1 基本概况

牡丹江为松花江第二大支流，发源于吉林省长白山的牡丹岭。河流呈南北走向，全长726km，河宽100～300m，水深1.0～5.0m，总落差1007m，平均坡降为0.139%。每年11月中旬至次年4月中旬为结冰期。牡丹江流域分属黑龙江、吉林两省，流域总面积为37023$km^2$，其中黑龙江省境内流域面积28543$km^2$，占总面积的77%。自南向北流经吉林省的敦化，黑龙江省的宁安、海林、牡丹江、林口、依兰等市县，最后于依兰县城西流入松花江。牡丹江河口处多年平均流量为258.5$m^3/s$，多年平均径流量5.26×$10^9m^3$，最大径流量1.49×$10^{10}m^3$，约占松花江水系总径流量的10%。

### 2.1.2 地形地貌

牡丹江市地形以山地和丘陵为主，呈中山、低山、丘陵、河谷盆地4种地貌类型，东西两侧为长白山系的老爷岭和张广才岭，中部为牡丹江河谷盆地，山势连绵起伏，河流纵横，俗称“七山一水二分田”。

区域地貌轮廓受基岩地质构造和新构造运动控制。第四纪以沉降为主的震荡运动，形成一个被第四纪堆积物填充的继承性沉降盆地。由于沉降得不均匀，基底不平坦形成了不连续的洼地和小的隆起。第四纪初期，接受了大量的冰水堆积的沙砾石层，后期沉积了较厚的黄土黏土，构成了土壤母质，形成剥蚀堆积的两种不同成因的地貌单元。第四纪以后，受流水作用的侵蚀，形成了河谷、漫滩、阶地。

牡丹江干流呈北东向展布，贯穿于张广才岭与老爷岭之间，“V”形河谷和“箱”形河谷各半，第四系以河谷冲积物为主，一级和二级阶地少见。

### 2.1.3 气象水文

牡丹江流域位于我国气候区域东北区的松嫩副区，气候类型属于寒温带大陆性季风气候，季节变化明显，据牡丹江气象监测站（北纬44.57°，东经129.6°，海拔高度为

241.4m）实测资料可知，牡丹江城市江段气温和降水量变化规律较为一致，7、8两月气温较高，最高月平均温度达到21℃以上，此时降水也较多，最大月平均降水量达到123.8mm；而在1月左右，气温较低，最低月平均气温下降到了－17.7℃，此时降水量也最少，月平均降水量5.4mm，如图2-1所示。

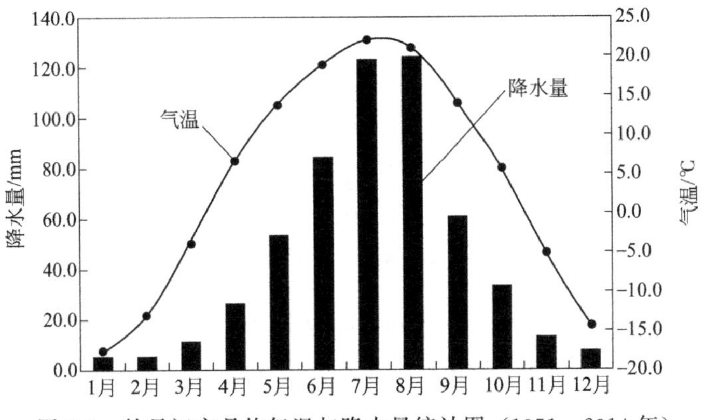


图2-1 牡丹江市月均气温与降水量统计图（1951—2014年）

通常在11月下旬至次年4月为土壤冻结期，长达150d左右，冻结深度一般在1.8～1.9m之间，最深达2.4m，并在局部有永冻层存在。因此，冬季土壤中冻结的水失去势能，无流动和淋溶能力。

## 2.1.4 水系结构

### 2.1.4.1 流域水系

牡丹江两岸支流分布较为均匀，水系呈树枝状，支流多数短而湍急。自牡丹江市以下，左岸支流与主干多呈直角汇入。支流一般不大，干流沿程纳入较大支流7条，牡丹江市以上有沙河、珠尔多河、蛤蟆河、海浪河；牡丹江市以下有五林河、三道河子、乌斯浑河。牡丹江的最大支流是海浪河，全长218km，流域面积5251km$^2$，占总流域面积的1/7，多年平均径流量约占牡丹江水系径流量的20％～30％。

牡丹江流域干流多年平均径流深变化不大，上游大而下游小，径流深为227～267mm。支流的径流深为左岸大于右岸，海浪河上游多年平均径流深为317～391mm，年径流变差系数$C_V$值0.35～0.40。

牡丹江镜泊湖以上为上游，属中高山区，敦化附近为较宽阔的谷地，敦化以下河谷狭窄；镜泊湖至牡丹江市为中游，河谷开阔，为不对称“U”形，两岸是较平缓的丘陵地带；牡丹江市以下至依兰为下游，山岭重叠，河谷深切，两岸多陡壁，相对高度较大，河谷两岸交替出现冲积台地，多已开垦为耕地。

牡丹江市水文站、石头水文站、长汀水文站1999—2008年10年的水文系列资料的分析结果显示，牡丹江属于季节性河流，5—9月汛期的流量远大于枯水期的流量。牡丹江市水文站2008年水位、流量变化曲线如图2-2所示。

从图2-2中可以看出，枯水期的流量在30～50m$^3$/s之间，而汛期流量大多在200m$^3$/s以上，很多情况下超过了400m$^3$/s；水位的变化范围为224～226m，且变化趋势和流量的变化较为一致，流量大则水位高，反之亦然。2008年，最大洪水流量为515m$^3$/s，发生在8月13日，

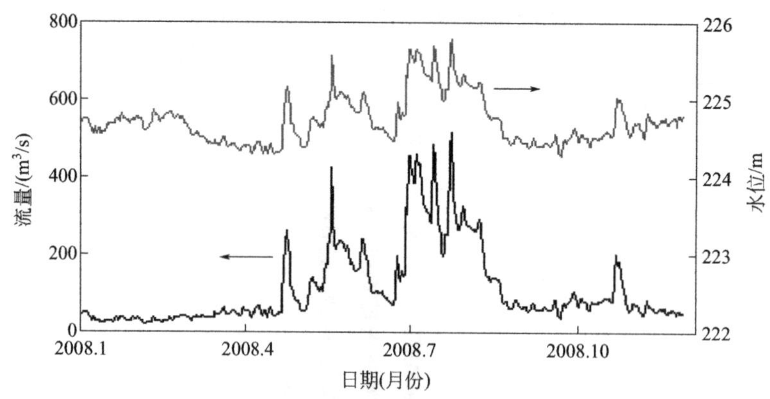


图 2-2　牡丹江市水文站 2008 年水位、流量变化

对应最高水位为 225.8m；最枯流量为 23.6$m^3/s$，发生在 2 月 8 日，对应的水位为 224.59m。

牡丹江市水文站 2008 年流量-水位关系曲线如图 2-3 所示。从图中可以看出，流量随水位的提高而增加，在中流量和大流量的情况下，其相关性很好，绝大部分点都集中在一条光滑变化的曲线上，其规律与大部分河流的变化相似。值得注意的是，在低流量时，有不少点偏离了该变化曲线，说明在低流量的部分情况下，存在不同的水位-流量变化规律。牡丹江的枯水期发生在冬春季节，气温很低，水面结冰，增加了水流的阻力。同时，所有这些偏离点均位于正常变化曲线的右下方，说明在给定水位下，过流能力有所减小；也就是通过相同的流量，需要更大的过流面积。这些偏离点的分布比较凌乱，从中难以找到明确的流量-水位关系，冰封条件下，牡丹江的水流特性极其复杂。

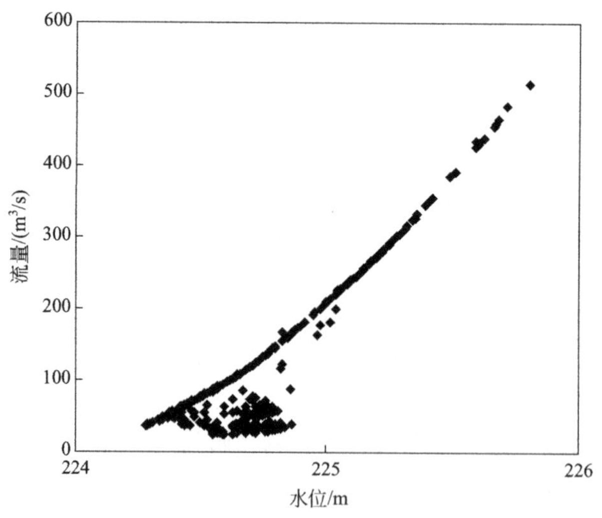


图 2-3　牡丹江水文站 2008 年流量-水位关系曲线

镜泊湖水库位于牡丹江市宁安市境内的松花江支流牡丹江中上游河段上，坝址距牡丹江市约 110km，距宁安市城区约 50km，交通便利。镜泊湖水库是在天然湖泊基础上筑坝而形成的一座以发电、防洪为主，兼顾下游灌溉、城市用水和旅游等综合利用的大型水利枢纽工程，在黑龙江省电网中担任调峰、调相、事故备用任务。大坝始建于 1938 年，全长 2633m。

镜泊湖状似蝴蝶，其西北、东南与两翼逐渐翘起，湖中大小岛屿星罗棋布、湖主体呈 NE-SW 向带状延长，局部受次级构造影响有 NW-SE 向分支，在平面上呈“3”字形湖盆形态由南向北逐渐加深，底质南部多为腐泥，北部多为砂岩，并有少量的砂、淤泥沉积；湖周围尚有30余条入湖山间河流，较大者有大夹吉河、松乙河、尔站河。湖水南浅北深，湖面海拔350m，最深处超过60m，最浅处则只有1m；湖形狭长，南北长45km，东西最宽处6km，面积约91.5$km^2$。

镜泊湖水库控制流域面积11820$km^2$，占牡丹江流域的31.0%，多年平均径流量3.14×$10^9m^3$，多年平均入库流量100$m^3/s$。水库正常蓄水位353.50m，相应库容1.63×$10^9m^3$，其正常蓄水位为坝顶高程，镜泊湖水库为坝顶溢流的泄流方式；水库死水位为341.0m，相应库容为6.8×$10^8m^3$，可调节库容为9.45×$10^8m^3$；100年一遇设计洪水位为354.65m，1000年一遇校核洪水位为355.00m，水库总库容为1.82×$10^9m^3$。镜泊湖流域多年平均降水量为647mm，6—9月降水量占全年降水量的70%以上，多年平均入库水量为3.02×$10^9m^3$，最大年入库水量为5.51×$10^9m^3$，最小年入库水量为7.3×$10^8m^3$，6—9月入库水量占全年的70%。镜泊湖水位年内变化特征为：最高水位多出现在8—9月，最低水位多出现在3—4月，多年平均水位为347.95m，最高水位为354.43m，最低水位为339.17m。2010年5月1日，镜泊湖吊水楼瀑布创造了1938年有水文记录以来的历史最高水位纪录。

镜泊湖电站总装机容量96MW，原设计多年平均发电量3.2×$10^8$kW·h。水库为不完全多年调节水库。镜泊湖水库水位-库容关系见图2-4。

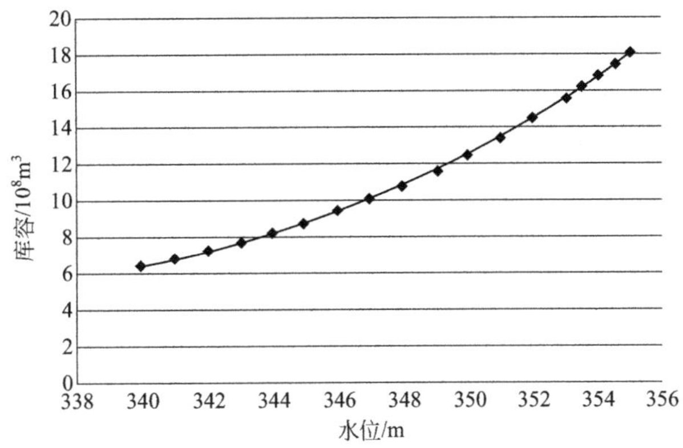


图2-4 镜泊湖水库水位-库容关系曲线

镜泊湖水库是由第四纪火山喷发的岩浆阻塞而形成的天然湖泊，为了防止冻坏大坝，年末水库水位需要控制在350.0m以下。镜泊湖水库主要特征参数见表2-1。

**表2-1 镜泊湖水库主要特征参数**

| 水库特征 | 参数值 |
|---|---|
| 大坝长度 | 2633m |
| 泄流方式 | 坝顶溢流 |
| 控制流域面积 | 11820$km^2$ |
| 水库总库容 | 1.82×$10^9m^3$ |
| 多年平均入库水量 | 3.02×$10^9m^3$ |
| 最大年入库水量 | 5.51×$10^9m^3$ |
| 最小年入库水量 | 7.3×$10^8m^3$ |

续表

| 水库特征 | 参数值 |
|---|---|
| 多年平均径流量 | $3.14\times10^9 m^3$ |
| 多年平均入库流量 | $100m^3/s$ |
| 水库正常蓄水位(坝顶高程) | 353.50m,相应库容 $1.63\times10^9 m^3$ |
| 水库死水位 | 341.0m,相应库容 $6.8\times10^8 m^3$ |
| 100 年一遇设计洪水位 | 354.65m |
| 1000 年一遇校核洪水位 | 355.00m |
| 多年平均水位 | 347.95m |
| 历史最高水位 | 354.43m |
| 历史最低水位 | 339.17m |
| 水库主要支流 | 大夹吉河、松乙河、尔站河 |

#### 2.1.4.2 流域河道水下地形

(1) 河道地形测量方法

对镜泊湖下游至石岩电站、海浪河石河电站至汇流口、柴河大桥至莲花湖的地形进行了监测，河段地形的具体监测内容和要求如下：

① 河道水下地形观测的方法、精度和成果应满足《水道观测规范》SL 257—2000 的要求。

② 量测区段：牡丹江干流柴河大桥—莲花湖大坝、镜泊湖—石岩电站大坝、海浪河的石河水文站—汇合口（共约 35km）。

③ 量测断面：断面间距 1km，具体定位需要根据实际地形确定。

④ 断面观测包括水下部分和水上部分，水下部分根据地形合理布点，能反映断面的变化特性，水上部分的宽度应覆盖 1%洪水的范围。

⑤ 记录监测当天各断面的水位。

⑥ 地形和水位的高程均以国家 85 高程给出。

(2) 流域水下地形

牡丹江的地形断面多数为抛物线形的断面，在个别较宽的断面上存在一定的浅滩。所测量江段河床的底高程随纵向距离的变化如图 2-5 所示（起点为西阁水质监测断面）。可以看出，河床变化的总体趋势从上游到下游逐渐降低，河床平均纵坡为 0.0004，牡丹江城市江段相邻断面起伏较大，变化极为不规律，深潭和浅滩交替。

### 2.1.5 土地利用

牡丹江市土地利用总体规划（2006—2020 年）显示，全市土地总面积 $3867977hm^2$，其中农用地面积 $3602037hm^2$，占 93.1%；建设用地面积 $84636hm^2$，占 2.2%；其他土地面积 $181304hm^2$，占 4.7%。在农用地中，耕地面积 $650150hm^2$，占土地总面积的 16.8%；园地面积 $9470hm^2$，占 0.2%；林地面积 $2869485hm^2$，占 74.3%；牧草地面积 $44290hm^2$，占 1.1%；其他农用地面积 $28642hm^2$，占 0.7%。在建设用地中，城乡建设用地面积

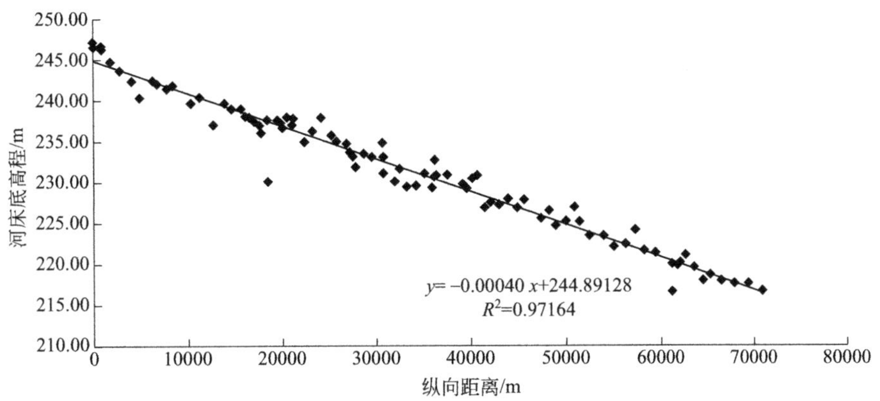


图 2-5 模拟河段河床底高程随纵向距离的变化规律

58241hm²，占土地总面积的 1.5%；交通水利用地面积 21889hm²，占 0.6%；其他建设用地面积 4506hm²，占 0.1%。在其他土地中，水域面积 41342hm²，占土地总面积的 1.1%；自然保留地面积 139962hm²，占 3.6%。

截至 2009 年 10 月 31 日，在全市 40583.20km² 的各类土地中，农用地面积为 37874.70km²，占土地总面积的 93.33%，其中耕地 6511.16km²（占土地总面积的 16.04%）、园地 96.29km²（占土地总面积的 0.23%）、林地 30537.11km²（占土地总面积的 75.25%）、牧草地 441.48km²（占土地总面积的 1.09%）、其他农用地 288.66km²（占土地总面积的 0.70%）；建设用地 870.28km²，占土地总面积的 2.14%，其中居民点工矿 646.23km²（占土地总面积的 1.59%）、交通运输用地 90.97km²（占土地总面积的 0.22%）、水利设施用地 133.09km²（占土地总面积的 0.33%）；未利用地 1838.21km²，占土地总面积的 4.53%，其中未利用土地 1402.51km²（占土地总面积的 3.46%）、其他土地 435.70km²（占土地总面积的 1.07%）。

牡丹江市区土地总面积 1353.46km²。各类用地现状为：农用地面积为 1145.5km²，占土地总面积的 84.64%，其中耕地 337.53km²（占土地总面积的 24.94%）、园地 6.48km²（占土地总面积的 0.48%）、林地 769.74km²（占土地总面积的 56.87%）、牧草地 12.58km²（占土地总面积的 0.93%）、其他农用地 19.17km²（占土地总面积的 1.42%）；建设用地 117.95km²，占土地总面积的 8.71%，其中居民点工矿 108.66km²（占土地总面积的 8.02%）、交通运输用地 7.43km²（占土地总面积的 0.55%）、水利设施用地 1.86km²（占土地总面积的 0.14%）；未利用地 90.92km²，占土地总面积的 6.65%，其中未利用土地 68.80km²（占土地总面积的 5.08%）、其他土地 21.21km²（占土地总面积的 1.57%）。

### 2.1.6 社会经济

2014 年牡丹江流域（黑龙江省境内，包括宁安市、牡丹江市、海林市和林口县 4 个市县）户籍人口为 206.5 万人。其中，牡丹江市区人口 88.94 万人，海林市 39.8 万人，宁安市 42.75 万人，林口县 35.76 万人。2014 年，4 市县地区生产总值为 803.7 亿元（按当年价格计算），其中，牡丹江市区 318.6 亿元，海林市 198.2 亿元，宁安市 188.4 亿元，林口县 98.5 亿元。从产业结构来看，第一、第二、第三产业比重分别为 17.73%、40.21%和 42.06%。

牡丹江市为黑龙江省第四大城市，从 2011—2014 年牡丹江市国民生产总值在全省的位置来看，2012 年开始，牡丹江市排名降低 1 位，但是 GDP 与第 4 名的绥化市相差不大。从污染物排放量上来看，废水排放量、COD 排放量和氨氮排放量的位置与 GDP 排名持平或者低 1～2 位，说明牡丹江市经济在全省的地位还是比较靠前的，其排放水平与经济发展相当。

## 2.2 牡丹江流域水资源利用与水功能区划

### 2.2.1 水资源开发利用现状分析

#### 2.2.1.1 水资源量

牡丹江流域的地表水与地下水主要来源于降水补给，雨水落到地面，大部分直接成为地表径流，一部分通过地表渗入地下，成为浅层地下水。由牡丹江市统计年鉴数据统计，牡丹江流域海林市多年水资源总量为 $3.27\times10^9m^3$，牡丹江市区多年水资源总量为 $2.03\times10^8m^3$，宁安市多年水资源总量为 $1.88\times10^9m^3$，林口县多年水资源总量为 $1.23\times10^9m^3$。

#### 2.2.1.2 水资源时空分布

因受大气环流和地形影响，牡丹江流域水资源时空分布有三个特点。一是地域分布差异明显，其规律是南部多、北部少，山区多、平原少；海林市降水量最大，多年平均降水量为 660mm 左右，牡丹江市区多年平均降水量为 630mm 左右，宁安市多年平均降水量为 560mm 左右，林口县多年平均降水量为 520mm 左右。二是年际变化大，1949 年以来总的趋势是由多变少，山区年际变化大，平原变化少，年际变化大小在 3～4 倍之间。三是年内分配不均，8 月降水和径流最大，8 月降水量占全年的 24%。流域内多年平均降水量自上游向下游递减，变化在 500～750mm 之间，年内降水分布不均，主要集中在夏季，6—9 月降水量占全年的 70%以上，冬季 11 月至次年 3 月降水量很少，仅为全年的 15%左右。因此，牡丹江流域水资源时空分布特征为：时间分配上很不均匀；地区分布不平衡。

① 时间分配上很不均匀　牡丹江流域由于受大陆性季风气候条件及其特定的地理位置、地形条件的影响，地表水主要靠冰雪融水和大气降水补给，地表水年际变化较大，年内不均。存在有时丰、有时枯的情况，还有连续丰水年和持续干旱年的现象，而且丰水期和枯水期呈现出一定的周期性。同时，牡丹江流域的降水量四季变化也很明显，冬季受高压控制，寒冷雪少，历时较长；春季冷高压开始北撤，东南季风入侵较晚，一般 6 月份才开始进入雨季，7—9 月为降雨全盛时期。正常年份水量主要集中在 6—9 月，占总径流量的 70%以上。丰、枯水期相差悬殊，例如：据牡丹江水文站资料统计，丰水年的 1960 年，实测径流量 $9.48\times10^9m^3$，而枯水年的 1978 年只有 $1.55\times10^9m^3$，仅为丰水年的 16.4%。

② 地区分布不平衡　牡丹江流域水资源在地区间的分布差异显著，南部的海林市、宁安市水资源量比北部的市区和林口县水资源量大得多，如图 2-6，人均水资源量海林＞宁安＞林口＞市区。同时，人均水资源量和单位 GDP 水资源占有量各县市和市区差异显著，如图 2-7，单位 GDP 水资源占有量海林＞林口＞宁安＞市区。

#### 2.2.1.3 水资源变化趋势

牡丹江流域内牡丹江市区、宁安、海林及林口 4 个控制单元 2005—2015 年水资源量统计结果见图 2-8。可以看出，“十五”和“十一五”期间，各控制单元水资源量逐年升高，“十二五”以来，流域水资源量有下降趋势，但是 2013 年，牡丹江流域遭遇百年一遇洪水，流域水资源量增加显著。2012 年水资源量比 2010 年下降了 23.19%。

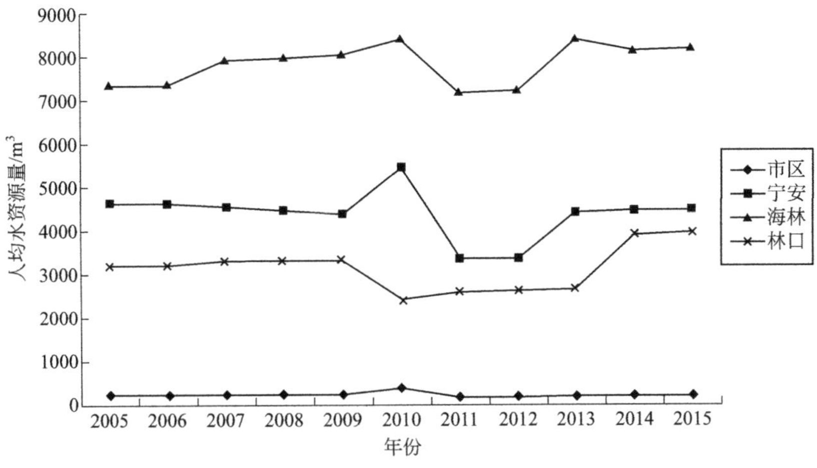


图 2-6　各控制单元人均水资源量逐年变化曲线

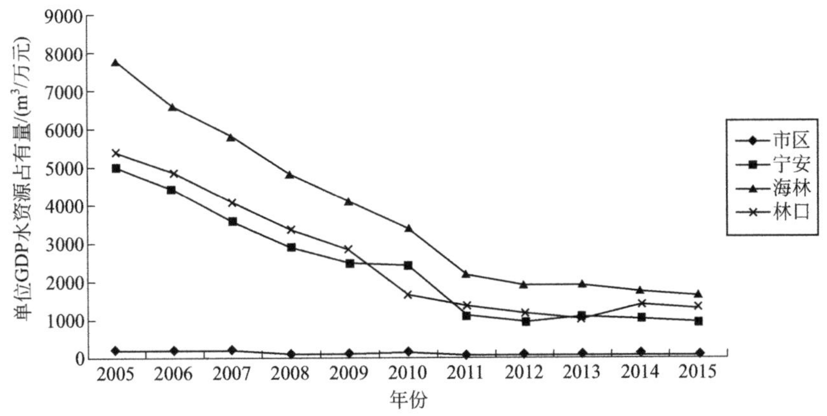


图 2-7　各控制单元单位 GDP 水资源占有量逐年变化曲线

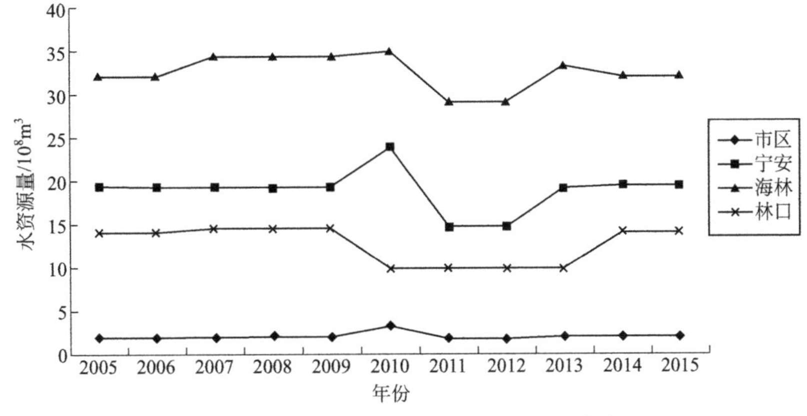


图 2-8　各控制单元水资源量历年变化曲线

#### 2.2.1.4　水资源开发利用现状分析

(1) 水资源开发利用情况

根据《牡丹江市水务发展“十二五”规划》(2010 年)，牡丹江流域大部分为山区，森林覆盖率75%。黑龙江境内行政区属宁安市、牡丹江市、海林市和林口县4个市县，现有耕地面积4.47×$10^5$hm$^2$，灌溉面积达到3.86×$10^4$hm$^2$，其中水田3.33×$10^4$hm$^2$，旱田节水灌溉面积5.3×$10^3$hm$^2$。

流域多年平均径流量为6.62×$10^9$m$^3$，保证率$p=75\%$，径流量4.53×$10^9$m$^3$。工农业及城镇、农村总用水量1.03×$10^9$m$^3$，其中农业灌溉用水4.533×$10^8$m$^3$，工业用水4.722×$10^8$m$^3$，城镇生活及农村生活用水1.052×$10^8$m$^3$，由于镜泊湖水库的调节，现状供水能力基本满足各行业用水需求。流域内4个市县共有水源工程9163处，其中，水库34座、塘坝127座、蓄水池203座、机电井8410眼、抽水站134座、拦河坝255座；流域内渠道长2399.8km，其中衬砌渠道107km。

（2）用水水平

牡丹江市区多年人均用水量90m$^3$，2005—2015年人均用水量呈逐年下降的趋势，详见图2-9。

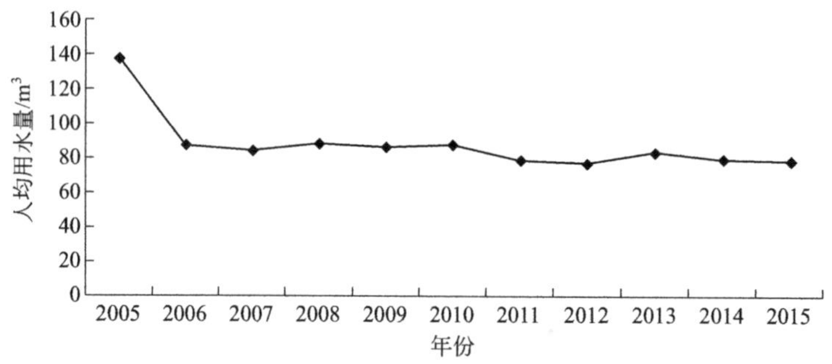


图2-9　牡丹江市区人均用水量逐年变化曲线

（3）用水组成

牡丹江流域工业行业用水组成情况见表2-2，从“十五”末开始，牡丹江流域行业用水量较大的是石化、电力和造纸。

表2-2　牡丹江流域工业行业用水组成

| 行业 | 2005年 | | 2010年 | | 2015年 | |
|---|---|---|---|---|---|---|
| | 工业用水量/t | 用水量比例/% | 工业用水量/t | 用水量比例/% | 工业用水量/t | 用水量比例/% |
| 石化 | 42393842 | 9.81 | 59011529 | 31.04 | 17955683 | 4.42 |
| 机械 | 618700 | 0.14 | 905100 | 0.48 | 1005365 | 0.25 |
| 电力 | 364857000 | 84.46 | 77202320 | 40.60 | 373005334 | 91.75 |
| 木材 | 1475000 | 0.34 | 26730 | 0.01 | 15300 | 0.00 |
| 交通运输 | 233000 | 0.05 | 223927 | 0.12 | — | — |
| 建材 | 3906970 | 0.90 | 4557240 | 2.40 | 597906 | 0.15 |
| 造纸 | 15746640 | 3.65 | 26917214 | 14.16 | 5831938 | 1.43 |
| 食品 | 104500 | 0.02 | 1940500 | 1.02 | 5026000 | 1.24 |
| 医药 | 443000 | 0.10 | 15105340 | 7.94 | 184500 | 0.05 |
| 饮料 | 1120000 | 0.26 | 1239090 | 0.65 | 703601 | 0.17 |

续表

| 行业 | 2005年 | | 2010年 | | 2015年 | |
|---|---|---|---|---|---|---|
| | 工业用水量/t | 用水量比例/% | 工业用水量/t | 用水量比例/% | 工业用水量/t | 用水量比例/% |
| 冶金 | 560000 | 0.13 | 1822528 | 0.96 | 2100000 | 0.52 |
| 烟草 | 128900 | 0.03 | 156627 | 0.08 | 97883 | 0.02 |
| 纺织 | 411170 | 0.10 | — | — | — | — |
| 煤炭 | — | — | 1036195 | 0.54 | 12800 | 0.00 |

#### 2.2.1.5 牡丹江流域水资源短缺现状识别

采用瑞典水文学家Malin Falknmark提出的"水紧缺指标"作为评价标准，将水资源程度具体划分为5类：人均水资源量大于3000$m^3$为不缺水；1700～3000$m^3$为轻度缺水；1000～1700$m^3$为中度缺水；500～1000$m^3$为重度缺水；小于500$m^3$为极重度缺水。根据上述标准对牡丹江流域控制单元进行划分，2005—2015年期间，牡丹江市区为极重度缺水，年人均水资源量为246$m^3$；宁安市和海林市为不缺水；林口县从2010年开始为轻度缺水，年人均水资源量为2572$m^3$。

(1) 水资源总量短缺，且分布与人口、经济发展不相适应

牡丹江流域除了市区控制单元，其他控制单元水资源量比较丰富，但境内水资源分布与人口、经济发展不相适应。如牡丹江市区水资源量仅占总量的3.09%，而人口占39.61%，GDP占45.48%，市区控制单元水资源量与人口和经济发展不平衡，严重阻碍了区域生态环境和人民生活水平的提高，同时，更加剧了市区控制单元的水资源短缺现象。

(2) 水环境日趋恶化，改善和保护水环境势在必行

"十一五"期间，牡丹江供水水源地水质污染严重，为Ⅳ类水质。每年到雨季，由于水土流失造成水源地江水中泥沙大量增加，增加自来水处理难度，使水厂处理能力下降20%～40%，进而影响城市供水。随着水源地上游宁安、海林两市经济的发展，污染物入江量将会逐年增加，水环境质量恶化趋势令人担忧。牡丹江市属工程性缺水和水质污染型缺水的城市。因此，加强饮用水水源地上游污染的综合防治和水土保持工作是十分重要的，是解决牡丹江城市供水安全的重要保证措施。

(3) 调蓄能力不足，水资源利用效率低

分析范围内牡丹江市、海林市、宁安市及林口县城区供水主要取自江河地表水，无大型蓄水工程调蓄。由于天然径流年际、年内分配不均，致使城区用水在枯水年或枯水季节不能按需取水，供水难以得到保证。海浪河水资源丰富，其上游具备建立大型水库条件，但缺少控制性水利工程，水资源利用率不高。牡丹江市拟在海浪河干流上建设大型水库——林海水库，以改善牡丹江城区和海林市供水条件，满足城市用水对水量和水质的要求，同时也可以改善农业灌溉条件。

牡丹江市城市供水水源主要为牡丹江地表水，由于水源工程及城市供水管网建设时间较早，特别是老城区还有一批日伪时期留下来的老供水管线，漏水率达到20%左右，远高于国家规定的标准。市政管网因老化失修等原因，在输水过程中，跑、冒、滴、漏损失较大，导致水资源供需矛盾加大。

(4) 水资源管理体制不适应水资源开发利用的要求，节水工作有待进一步加强

目前，牡丹江市城市水资源管理体制表现为条块分割、相互制约、职责交叉、权属不

清。水源地不管供水，供水的不管排水，排水的不管治污，治污的不管回用。由于水资源管理权限不统一，使得各水部门依据自身的管理职能开展工作，没有形成协调统一的水资源管理体制。城市水资源保护、开发、利用缺乏统一规划，无法实现统一管理和优化调度，也无法实现水资源的合理开发和集约利用。

牡丹江市水资源量丰富，由于历史原因，长期以来牡丹江市工业取水主要依靠自备水源地，取水量大，利用率低，节水工作有待进一步加强。由于企业生产工艺落后，工业用水重复利用率低，加上管理水平跟不上发展的需要，如电力产业用水仍存在直流冷却的现象，缺少二次回用，农业灌溉节水措施不到位，没有摆脱粗放式的生产方式，用水定额较高，节水工程建设步伐较慢。

### 2.2.2 水功能区划

牡丹江流域黑龙江省境内共布设断面 19 个，其中沿干流段布设常规水质监测断面 15 个，重要支流海浪河和乌斯浑河布设水质监测断面 4 个，共涉及国控断面 5 个、省控断面 5 个、市控断面 9 个。表 2-3 为牡丹江流域水功能区划表。

**表 2-3 牡丹江流域水功能区划表**

| 序号 | 站名 | 断面性质 | 水域名称 | 断面含义 | 水功能区类别 |
|---|---|---|---|---|---|
| 1 | 大山咀子 | 省控 | 牡丹江干流 | 吉林省出境断面，代表吉林省来水水质 | Ⅲ |
| 2 | 老鹳砬子 | 国控 | 镜泊湖 | 入镜泊湖水质 | Ⅲ |
| 3 | 电视塔 | 国控 | | 镜泊湖水质 | Ⅱ |
| 4 | 果树场 | 国控 | | 镜泊湖出库水质 | Ⅱ |
| 5 | 西阁 | 市控 | 牡丹江干流 | 西阁水源地水质 | Ⅲ |
| 6 | 温春大桥 | 市控 | | 牡丹江市区来水水质 | Ⅲ |
| 7 | 海浪 | 省控 | | 海浪河与牡丹江混合水质 | Ⅲ |
| 8 | 江滨大桥 | 省控 | | 工业用水控制断面 | Ⅲ |
| 9 | 柴河大桥 | 国控 | | 牡丹江市区出水水质 | Ⅲ |
| 10 | 群力 | 市控 | 莲花水库 | 莲花湖来水水质 | Ⅱ |
| 11 | 三道 | 市控 | | 莲花湖水质 | Ⅱ |
| 12 | 大坝 | 市控 | | 莲花湖出库水质 | Ⅱ |
| 13 | 花脸沟 | 省控 | 牡丹江干流 | 牡丹江市出境水质 | Ⅲ |
| 14 | 牡丹江口内 | 国控 | | 牡丹江入松花江 | Ⅲ |
| 15 | 海浪河口内 | 省控 | 海浪河 | 海浪河入牡丹江水质 | Ⅲ |
| 16 | 龙爪 | 市控 | 乌斯浑河 | 入林口县城区水质 | Ⅱ |
| 17 | 东关 | 市控 | | 出林口县城区水质 | Ⅲ |
| 18 | 石岩 | 市控 | 牡丹江干流 | 石岩电站出流水质 | Ⅲ |
| 19 | 海林桥 | 市控 | 海浪河 | 海浪市水源地水质 | Ⅱ |

## 2.3 牡丹江流域水质与污染排放现状

### 2.3.1 水污染物排放状况分析

#### 2.3.1.1 “十一五”期间废水排放及污染物排放情况

2010年，牡丹江流域废水排放量为 $8.18\times10^7$t，其中工业废水排放量为 $2.73\times10^7$t，占33%，生活废水排放量为 $5.45\times10^7$t，占67%。主要支流海浪河受纳废水排放量 $1.02\times10^7$t，其中工业废水排放量为 $1.11\times10^6$t，生活废水排放量为 $9.09\times10^6$t。乌斯浑河受纳废水排放量 $5.95\times10^6$t，其中工业废水排放量为 $1.35\times10^6$t，生活废水排放量为 $4.60\times10^6$t。“十一五”期间牡丹江流域工业废水排放总量为 $2.16\times10^8$t，生活废水排放总量为 $2.45\times10^8$t，分别占47%和53%。

2010年，牡丹江流域化学需氧量排放量为35247t，其中工业废水化学需氧量排放量为18209t，占52%，生活废水化学需氧量排放量为17038t，占48%。“十一五”期间，牡丹江流域主要水污染物化学需氧量和氨氮排放量分别为185898t和15717t，其中工业废水化学需氧量排放量80135t，生活废水化学需氧量排放量105763t，分别占43.1%和56.9%。牡丹江流域“十一五”期间污染物排放情况见表2-4。

**表2-4 牡丹江流域“十一五”期间污染物排放量**

| 统计年份 | 废水排放量/$10^4$t | | | 化学需氧量排放量/t | | | 氨氮排放量/t | | |
|---|---|---|---|---|---|---|---|---|---|
| | 工业 | 生活 | 合计 | 工业 | 生活 | 合计 | 工业 | 生活 | 合计 |
| 2010年 | 2731 | 5451 | 8182 | 18209 | 17038 | 35247 | 371 | 2262 | 2633 |
| “十一五”期间 | 21625 | 24455 | 46080 | 80135 | 105763 | 185898 | 2303 | 13414 | 15717 |

#### 2.3.1.2 “十二五”初期废水排放及污染物排放情况

自“十二五”起，国家将畜禽养殖纳入环境统计数据库，增加了农业面源污染的统计。2011—2013年牡丹江流域废水排放量见表2-5。2011—2013年，工业废水排放量逐年减少，而生活废水排放量仍然占有较大比例。

**表2-5 牡丹江流域2011—2013年废水排放量** 单位：$10^4$t

| 统计年份 | 工业 | 生活 | 合计 |
|---|---|---|---|
| 2011年 | 3122 | 3120 | 6242 |
| 2012年 | 2408 | 3120 | 5528 |
| 2013年 | 1913 | 6213 | 8126 |

2011—2013年牡丹江各区（市）县废水中COD和 $NH_4^+$-N排放情况见表2-6～表2-8。

**表2-6 2011年牡丹江各区（市）县废水中COD和 $NH_4^+$-N排放情况**

| 区(市)县 | COD/t | | | | $NH_4^+$-N/t | | | |
|---|---|---|---|---|---|---|---|---|
| | 工业 | 农业 | 生活 | 合计 | 工业 | 农业 | 生活 | 合计 |
| 东安区 | 11.89 | 3420.93 | 1743.79 | 5176.61 | 0.03 | 256.67 | 346.95 | 603.65 |
| 阳明区 | 1594.21 | 2325.48 | 2906.32 | 6826.01 | 45.41 | 50.32 | 578.24 | 673.97 |

续表

| 区(市)县 | COD/t | | | | $NH_4^+$-N/t | | | |
|---|---|---|---|---|---|---|---|---|
| | 工业 | 农业 | 生活 | 合计 | 工业 | 农业 | 生活 | 合计 |
| 爱民区 | 485.24 | 2396.32 | 2325.05 | 5206.61 | 38.95 | 34.29 | 462.59 | 535.83 |
| 西安区 | 1092.69 | 2141.14 | 3681.33 | 6915.16 | 3.61 | 24.59 | 732.44 | 760.64 |
| 林口县 | 207.04 | 2982.33 | 1356.28 | 4545.65 | 41.55 | 93.49 | 269.85 | 404.89 |
| 海林市 | 1716.25 | 2105.85 | 2906.32 | 6728.42 | 107.76 | 56.26 | 578.24 | 742.26 |
| 宁安市 | 715.02 | 3250.94 | 1743.79 | 5709.75 | 134.10 | 231.19 | 346.95 | 712.24 |
| 合计 | 5822.34 | 18622.99 | 16662.88 | 41108.21 | 371.41 | 746.81 | 3315.26 | 4433.48 |
| 占比/% | 14.17 | 45.30 | 40.53 | | 8.38 | 16.84 | 74.78 | |

**表 2-7　2012 年牡丹江各区（市）县废水中 COD 和 $NH_4^+$-N 排放情况**

| 区(市)县 | COD/t | | | | $NH_4^+$-N/t | | | |
|---|---|---|---|---|---|---|---|---|
| | 工业 | 农业 | 生活 | 合计 | 工业 | 农业 | 生活 | 合计 |
| 东安区 | 11.34 | 2340.77 | 2207.90 | 4560.01 | 0.04 | 176.07 | 437.30 | 613.41 |
| 阳明区 | 1954.88 | 2406.56 | 1725.87 | 6087.31 | 29.68 | 79.78 | 341.69 | 451.15 |
| 爱民区 | 477.49 | 2678.57 | 2895.97 | 6052.03 | 6.51 | 65.45 | 573.60 | 645.56 |
| 西安区 | 1.04 | 987.75 | 2745.44 | 3734.23 | 0.08 | 52.02 | 543.78 | 595.88 |
| 林口县 | 285.16 | 2992.72 | 1689.14 | 4967.02 | 10.55 | 121.24 | 334.56 | 466.35 |
| 海林市 | 3635.18 | 2121.08 | 3495.13 | 9251.39 | 19.78 | 84.09 | 692.27 | 796.14 |
| 宁安市 | 479.39 | 3233.91 | 2086.44 | 5799.73 | 31.54 | 147.87 | 413.26 | 592.67 |
| 合计 | 6844.48 | 16761.36 | 16845.89 | 40451.72 | 98.18 | 726.52 | 3336.46 | 4161.16 |
| 占比/% | 16.92 | 41.44 | 41.64 | | 2.36 | 17.46 | 80.18 | |

**表 2-8　2013 年牡丹江各区（市）县废水中 COD 和 $NH_4^+$-N 排放情况**

| 区(市)县 | COD/t | | | | $NH_4^+$-N/t | | | |
|---|---|---|---|---|---|---|---|---|
| | 工业 | 农业 | 生活 | 合计 | 工业 | 农业 | 生活 | 合计 |
| 东安区 | 11.34 | 2289.27 | 2097.70 | 4398.31 | 1.21 | 166.46 | 423.52 | 591.19 |
| 阳明区 | 900.88 | 2355.06 | 1639.03 | 4894.97 | 14.16 | 71.38 | 329.70 | 415.24 |
| 爱民区 | 98.53 | 2626.25 | 2751.47 | 5476.25 | 7.67 | 57.05 | 555.83 | 620.55 |
| 西安区 | 5.99 | 987.75 | 2608.45 | 3602.19 | 0.43 | 52.02 | 525.88 | 578.33 |
| 林口县 | 595.77 | 2942.55 | 1604.86 | 5143.18 | 12.21 | 113.24 | 324.78 | 450.23 |
| 海林市 | 3948.49 | 2121.08 | 3320.73 | 9390.30 | 20.10 | 84.09 | 671.03 | 775.22 |
| 宁安市 | 530.11 | 3131.91 | 1982.33 | 5644.35 | 28.72 | 131.87 | 400.17 | 560.76 |
| 合计 | 6091.11 | 16453.87 | 16004.57 | 38549.55 | 84.5 | 676.11 | 3230.91 | 3991.52 |
| 占比/% | 15.80 | 42.68 | 41.52 | | 2.12 | 16.94 | 80.94 | |

由表 2-6～表 2-8 可见，2011—2013 年牡丹江各区（市）县废水中 COD 主要来源为农

业源和生活源，其中农业源COD排放量和生活源所占比例相当约为40%，工业源占比不到20%。$NH_4^+$-N约80%来自生活源，近20%来自农业源。

#### 2.3.1.3 牡丹江流域废水治理状况

(1) 污水处理厂建设及运行情况

“十一五”末，牡丹江流域4个控制单元共建成污水处理厂2家，分别是牡丹江污水处理厂（一期）和海林市污水处理有限公司。“十二五”期间，4个控制单元全部建成污水处理厂，并全部投入运营。污水设计处理能力达到$1.6\times10^5$t/d，2013年实际处理量为每年$5.38\times10^7$t，牡丹江市辖区生活污水处理量为$3.27\times10^7$t，处理率为82.6%，林口生活污水处理率为100%，海林为50%，宁安为92%。截至2013年末，牡丹江流域建成并运行的污水处理厂共4座，分别是牡丹江城市污水处理厂（一期）、海林市污水处理厂、宁安市污水处理厂和林口县污水处理厂。年处理污水$6.21\times10^7$t，其中生活污水$5.47\times10^7$t。牡丹江城市污水处理厂（一期）的运行负荷率达到100%。

根据环境统计数据（见表2-9～表2-11），2013年牡丹江市的生活污水平均处理率为90.59%。4个控制单元中，牡丹江市辖区控制单元生活污水处理率为82.58%；其余控制单元生活污水处理率为100%。污染物去除率不高，化学需氧量平均去除率在44%左右，而氨氮平均去除率则仅有21%左右。

表2-9 污水处理厂基本情况

| 污水处理厂 | 设计规模/($10^4$t/d) | 实际处理量/($10^4$t/d) | 处理工艺 | 污泥处理方式 | 管网长度/km | 建成及运行时间 | 投资/万元 |
|---|---|---|---|---|---|---|---|
| 牡丹江市污水处理厂一期 | 10 | 10 | 二级生化AO法 | 填埋 | 190 | 2002年建，2007年运行 | 24000 |
| 海林市污水处理厂 | 2 | 1.5 | BRAS | 填埋 | 34 | 2008年10月建成并运行 | 7851 |
| 宁安市污水处理厂 | 2 | 1.9 | A/O | 填埋 | 9.7 | 2010年9月建成并试运行 | 7405 |
| 林口县污水处理厂 | 2 | 1.0 | CAST | 填埋 | 20 | 2010年12月完工并运行 | 5400 |
| 牡丹江市污水处理厂二期 | 10 | 5 | $A^2/O$ | 填埋 | 39 | 2015年完成并运行 | 20000 |

表2-10 2013年牡丹江流域污水处理厂运行情况

| 序号 | 污水处理厂 | 运行天数 | 进水COD平均浓度/(mg/L) | 出水COD平均浓度/(mg/L) | 进水氨氮平均浓度/(mg/L) | 出水氨氮平均浓度/(mg/L) |
|---|---|---|---|---|---|---|
| 1 | 牡丹江市污水处理厂一期 | 全年 | 322.2 | 45.3 | 25.19 | 8.77 |
| 2 | 海林市污水处理厂 | 全年 | 304 | 43 | 22 | 4.16 |
| 3 | 宁安市污水处理厂 | 全年 | 298 | 51.57 | 22.52 | 4.9 |
| 4 | 林口县污水处理厂 | 全年 | 261 | 36.07 | 16.6 | 5.89 |
| 5 | 牡丹江市污处理厂二期(在建) | | | | | |

表 2-11　2013 年牡丹江流域城镇生活污水处理率及污染物去除率统计表

| 县(市) | 生活污水排放量/$10^4$t | 生活污水处理量/$10^4$t | 生活污水处理率/% | 生活污水中 COD 产生量/t | 污水处理厂去除生活污水中 COD 量/t | 城镇生活污水中 COD 去除率/% | 生活污水 $NH_4^+$-N 产生量/t | 污水处理厂去除生活污水中 $NH_4^+$-N 量/t | 生活污水 $NH_4^+$-N 去除率/% |
|---|---|---|---|---|---|---|---|---|---|
| 市辖区 | 3964 | 3273.5 | 82.58 | 17176 | 9064.32 | 52.77 | 1854 | 537.5 | 28.99 |
| 海林市 | 1088 | 1110.0 | 100.00 | 6270 | 1409.4 | 22.48 | 755 | — | — |
| 宁安市 | 653 | 682.6 | 100.00 | 3743 | 1533.00 | 40.96 | 407 | 109.6 | 26.93 |
| 林口县 | 508 | 562.0 | 100.00 | 3030 | 1273.00 | 42.01 | 289 | 60.5 | 20.93 |
| 总计 | 6213 | 5628.1 | 90.59 | 30219 | 13279.72 | 43.94 | 3305 | 707.6 | 21.41 |

(2) 牡丹江流域重点工业企业污水处理状况

根据环境统计数据(见表 2-12),2013 年牡丹江市各县市重点工业企业污水平均处理率为 66.26%。4 个控制单元中,牡丹江市辖区控制单元重点工业企业污水处理率为 88.42%,海林为 83.08%,宁安市为 97.23%,林口县工业废水处理率最低;各个控制单元污染物去除率不高,化学需氧量平均去除率为 29.88%,而氨氮平均去除率则仅有 2.09%。

表 2-12　2013 年各县市重点工业企业污水处理状况表

| 县(市) | 工业废水排放量/$10^4$t | 工业废水处理量/$10^4$t | 工业废水处理率/% | COD 产生量/t | COD 排放量/t | COD 去除率/% | $NH_4^+$-N 产生量/t | $NH_4^+$-N 排放量/t | $NH_4^+$-N 去除率/% |
|---|---|---|---|---|---|---|---|---|---|
| 市辖区 | 798.9563 | 706.4670 | 88.42 | 5251.690 | 1016.739 | 19.36 | 132.7740 | 23.4650 | 17.67 |
| 林口县 | 522.5214 | 29.1200 | 5.57 | 1516.900 | 595.770 | 39.28 | 88.0360 | 12.2085 | 13.87 |
| 海林市 | 305.1695 | 253.5233 | 83.08 | 4440.681 | 3948.487 | 88.92 | 24.9213 | 20.0978 | 80.65 |
| 宁安市 | 286.1792 | 278.2435 | 97.23 | 9176.843 | 530.113 | 5.78 | 3791.8500 | 28.7173 | 0.76 |
| 合计 | 1912.8260 | 1267.3540 | 66.26 | 20386.11 | 6091.109 | 29.88 | 4037.5810 | 84.4886 | 2.09 |

## 2.3.2 干、支流水质情况分析

### 2.3.2.1 干流水质情况分析

由 2.2.2 节可知,牡丹江流域黑龙江境内沿干流段常规水质监测断面 15 个。根据 2012—2014 年常规水质监测数据,进行断面单项污染指数评价、水功能区达标评价、有机污染综合指数评价,计算各断面污染分担率、污染负荷比,进而分析牡丹江水环境污染特征。

(1) 单项污染指数和水功能区达标评价结果

2012—2014 年牡丹江各水质监测断面单项污染指数和水功能区达标评价结果见表 2-13～表 2-15。

**表 2-13　2012 年牡丹江干流各断面单项污染指数和功能区达标评价**

| 序号 | 断面名称 | 类型 | 水期 | 评价结果 | 功能区类别 | 超标项目 |
| --- | --- | --- | --- | --- | --- | --- |
| 1 | 大山咀子 | 河道 | 丰水期 | Ⅳ | Ⅲ | 高锰酸盐指数、化学需氧量 |
| | | | 枯水期 | Ⅲ | | 无 |
| | | | 平水期 | Ⅳ | | 高锰酸盐指数、化学需氧量 |
| 2 | 老鹄砬子 | 水库 | 丰水期 | Ⅳ | | 化学需氧量 |
| | | | 枯水期 | Ⅲ | | 无 |
| | | | 平水期 | Ⅳ | | 高锰酸盐指数、化学需氧量 |
| 3 | 电视塔 | | 丰水期 | Ⅳ | Ⅱ | 高锰酸盐指数、化学需氧量、溶解氧、TP |
| | | | 枯水期 | Ⅳ | | TP、高锰酸盐指数 |
| | | | 平水期 | Ⅳ | | 化学需氧量、高锰酸盐指数、TP |
| 4 | 果树场 | | 丰水期 | Ⅲ | | 高锰酸盐指数、化学需氧量、TP |
| | | | 枯水期 | Ⅳ | | 高锰酸盐指数、TP |
| | | | 平水期 | Ⅲ | | 高锰酸盐指数、化学需氧量、TP |
| 5 | 西阁 | 河道 | 丰水期 | Ⅲ | Ⅲ | 无 |
| | | | 枯水期 | Ⅲ | | 无 |
| | | | 平水期 | Ⅲ | | 无 |
| 6 | 温春大桥 | | 丰水期 | Ⅲ | | 无 |
| | | | 枯水期 | Ⅳ | | 化学需氧量 |
| | | | 平水期 | Ⅲ | | 无 |
| 7 | 海浪 | | 丰水期 | Ⅲ | | 无 |
| | | | 枯水期 | Ⅲ | | 无 |
| | | | 平水期 | Ⅲ | | 无 |
| 8 | 江滨大桥 | | 丰水期 | Ⅲ | | 无 |
| | | | 枯水期 | Ⅳ | | 化学需氧量 |
| | | | 平水期 | Ⅳ | | 化学需氧量 |
| 9 | 柴河大桥 | | 丰水期 | Ⅳ | | 化学需氧量 |
| | | | 枯水期 | Ⅳ | | 氨氮 |
| | | | 平水期 | Ⅲ | | 无 |
| 10 | 群力 | 水库 | 丰水期 | Ⅴ | Ⅱ | 化学需氧量、高锰酸盐指数、TP |
| | | | 枯水期 | Ⅴ | | 高锰酸盐指数、氨氮、TP |
| | | | 平水期 | Ⅴ | | 化学需氧量、高锰酸盐指数、氨氮、TP |
| 11 | 三道 | | 丰水期 | Ⅳ | | 化学需氧量、高锰酸盐指数、TP |
| | | | 枯水期 | Ⅴ | | 高锰酸盐指数、TP |
| | | | 平水期 | Ⅳ | | 化学需氧量、高锰酸盐指数、TP |

注：牡丹江口内断面数据缺失，未做评价。

由表 2-13 可以看出，2012 年牡丹江河流段大部分断面多数水期能达到水环境功能区划的要求，大山咀子丰水期和平水期、温春大桥枯水期、江滨大桥枯水期和平水期、柴河大桥丰水期和枯水期均出现超标因子，主要超标项目为化学需氧量。镜泊湖和莲花水库各断面全年各水期大部分处于超标状态，多数处于Ⅳ类水状态，个别断面出现Ⅴ类水，如群力断面全年水质类别均为Ⅴ类水，三道断面枯水期也处于Ⅴ类水状态。

**表 2-14　2013 年牡丹江干流各断面水质单项污染指数和功能区达标评价**

| 序号 | 断面名称 | 水期 | 水质评价 | 功能区类别 | 超标项目 |
|---|---|---|---|---|---|
| 1 | 大山咀子 | 丰水期 | Ⅳ | Ⅲ | 高锰酸盐指数、化学需氧量 |
| | | 枯水期 | Ⅱ | | 无 |
| | | 平水期 | Ⅳ | | 高锰酸盐指数、化学需氧量 |
| 2 | 老鹊砬子 | 丰水期 | Ⅳ | | 化学需氧量 |
| | | 枯水期 | Ⅲ | | 无 |
| | | 平水期 | Ⅲ | | 无 |
| 3 | 电视塔 | 丰水期 | Ⅳ | Ⅱ | 高锰酸盐指数、化学需氧量、TP |
| | | 枯水期 | Ⅲ | | 高锰酸盐指数、TP |
| | | 平水期 | Ⅳ | | 高锰酸盐指数、化学需氧量、TP |
| 4 | 果树场 | 丰水期 | Ⅳ | | 高锰酸盐指数、化学需氧量、TP |
| | | 枯水期 | Ⅲ | | 高锰酸盐指数、化学需氧量、TP |
| | | 平水期 | Ⅳ | | 高锰酸盐指数、化学需氧量、TP |
| 5 | 西阁 | 丰水期 | Ⅳ | Ⅲ | 化学需氧量 |
| | | 枯水期 | Ⅲ | | 无 |
| | | 平水期 | Ⅳ | | 高锰酸盐指数 |
| 6 | 温春大桥 | 丰水期 | Ⅳ | | 化学需氧量 |
| | | 枯水期 | Ⅲ | | 无 |
| | | 平水期 | Ⅳ | | 化学需氧量 |
| 7 | 海浪 | 丰水期 | Ⅳ | | 高锰酸盐指数、化学需氧量 |
| | | 枯水期 | Ⅲ | | 无 |
| | | 平水期 | Ⅲ | | 无 |
| 8 | 江滨大桥 | 丰水期 | Ⅳ | | 高锰酸盐指数、化学需氧量 |
| | | 枯水期 | Ⅲ | | 无 |
| | | 平水期 | Ⅳ | | 高锰酸盐指数、化学需氧量 |
| 9 | 柴河大桥 | 丰水期 | Ⅳ | | 高锰酸盐指数、化学需氧量 |
| | | 枯水期 | Ⅲ | | 无 |
| | | 平水期 | Ⅳ | | 高锰酸盐指数、化学需氧量 |

续表

| 序号 | 断面名称 | 水期 | 水质评价 | 功能区类别 | 超标项目 |
| --- | --- | --- | --- | --- | --- |
| 10 | 群力 | 丰水期 | Ⅳ | Ⅱ | 化学需氧量、高锰酸盐指数、TP |
| | | 枯水期 | Ⅳ | | 高锰酸盐指数、氨氮、TP |
| | | 平水期 | Ⅳ | | 化学需氧量、高锰酸盐指数、TP |
| 11 | 三道 | 丰水期 | Ⅳ | | 化学需氧量、高锰酸盐指数、TP |
| | | 枯水期 | Ⅳ | | 高锰酸盐指数、氨氮、TP |
| | | 平水期 | Ⅳ | | 化学需氧量、高锰酸盐指数、TP |
| 12 | 大坝 | 丰水期 | Ⅳ | | 化学需氧量、高锰酸盐指数、TP |
| | | 枯水期 | Ⅳ | | 高锰酸盐指数、TP |
| | | 平水期 | Ⅳ | | TP |
| 13 | 花脸沟 | 丰水期 | Ⅲ | Ⅲ | 无 |
| | | 枯水期 | Ⅲ | | 无 |
| | | 平水期 | Ⅲ | | 无 |

注：部分断面数据缺失，未做评价。

由表 2-14 可以看出，2013 年牡丹江水质较 2012 年略有下降，无超标项目断面个数有所减少，所有断面各水期大部分处于Ⅳ类水状态，其中河道断面主要超标项目为高锰酸盐指数和化学需氧量；水库断面主要超标项目为化学需氧量、高锰酸盐指数和 TP。

**表 2-15　2014 年牡丹江干流各断面单项污染指数和功能区达标评价**

| 序号 | 断面 | 水期 | 水质评价 | 功能区类别 | 超标项目 |
| --- | --- | --- | --- | --- | --- |
| 1 | 大山咀子 | 丰水期 | Ⅲ | Ⅲ | 无 |
| | | 枯水期 | Ⅱ | | 无 |
| | | 平水期 | Ⅲ | | 无 |
| 2 | 老鹊砬子 | 丰水期 | Ⅲ | | 无 |
| | | 枯水期 | Ⅲ | | 无 |
| | | 平水期 | Ⅲ | | 无 |
| 3 | 电视塔 | 丰水期 | Ⅳ | Ⅱ | 高锰酸盐指数、化学需氧量、TP |
| | | 枯水期 | Ⅳ | | 高锰酸盐指数、化学需氧量、TP |
| | | 平水期 | Ⅳ | | 高锰酸盐指数、化学需氧量、TP |
| 4 | 果树场 | 丰水期 | Ⅳ | | 高锰酸盐指数、化学需氧量、TP |
| | | 枯水期 | Ⅳ | | 高锰酸盐指数、化学需氧量、TP |
| | | 平水期 | Ⅳ | | 高锰酸盐指数、化学需氧量、TP |
| 5 | 西阁 | 丰水期 | Ⅲ | Ⅲ | 无 |
| | | 枯水期 | Ⅲ | | 无 |
| | | 平水期 | Ⅲ | | 无 |
| 6 | 温春大桥 | 丰水期 | Ⅲ | | 无 |
| | | 枯水期 | Ⅲ | | 无 |
| | | 平水期 | Ⅲ | | 无 |

续表

| 序号 | 断面 | 水期 | 水质评价 | 功能区类别 | 超标项目 |
| --- | --- | --- | --- | --- | --- |
| 7 | 海浪 | 丰水期 | Ⅲ | Ⅲ | 无 |
| | | 枯水期 | Ⅲ | | 无 |
| | | 平水期 | Ⅲ | | 无 |
| 8 | 江滨大桥 | 丰水期 | Ⅲ | | 无 |
| | | 枯水期 | Ⅲ | | 无 |
| | | 平水期 | Ⅲ | | 无 |
| 9 | 柴河大桥 | 丰水期 | Ⅲ | | 无 |
| | | 枯水期 | Ⅲ | | 无 |
| | | 平水期 | Ⅲ | | 无 |
| 10 | 群力 | 丰水期 | | Ⅱ | |
| | | 枯水期 | Ⅳ | | 高锰酸盐指数、化学需氧量、TP |
| | | 平水期 | Ⅳ | | 高锰酸盐指数、化学需氧量、TP |
| 11 | 三道 | 丰水期 | | | |
| | | 枯水期 | Ⅳ | | 高锰酸盐指数、化学需氧量、氨氮、TP |
| | | 平水期 | Ⅳ | | 高锰酸盐指数、化学需氧量、氨氮、TP |
| 12 | 大坝 | 丰水期 | | | |
| | | 枯水期 | Ⅳ | | 高锰酸盐指数、TP |
| | | 平水期 | Ⅳ | | 高锰酸盐指数、TP |
| 13 | 花脸沟 | 丰水期 | Ⅲ | Ⅲ | 无 |
| | | 枯水期 | Ⅲ | | 无 |
| | | 平水期 | Ⅲ | | 无 |
| 14 | 牡丹江口内 | 丰水期 | Ⅲ | | 无 |
| | | 枯水期 | Ⅱ | | 无 |
| | | 平水期 | Ⅲ | | 无 |

注：部分断面数据缺失，未做评价。

由表2-15可以看出，与2013年相比，2014年牡丹江干流河段水质有了明显好转，河道各断面水质均达到水环境功能区划要求。水库各断面水质类别与2013年相比变化不大，主要超标项目为高锰酸盐指数、化学需氧量和TP。

(2) 有机污染综合指数评价结果

牡丹江有机污染综合指数评价结果见表2-16。

表 2-16 2012—2014 年有机污染综合指数评价

| 序号 | 断面名称 | 水期 | 水质评价结果 | | | 功能区类别 |
|---|---|---|---|---|---|---|
| | | | 2012 | 2013 | 2014 | |
| 1 | 大山咀子 | 丰水期 | Ⅱ | Ⅱ | Ⅱ | Ⅲ |
| | | 枯水期 | Ⅱ | Ⅱ | Ⅱ | |
| | | 平水期 | Ⅱ | Ⅱ | Ⅱ | |
| 2 | 老鹄砬子 | 丰水期 | Ⅱ | Ⅱ | Ⅱ | |
| | | 枯水期 | Ⅱ | Ⅱ | Ⅱ | |
| | | 平水期 | Ⅱ | Ⅱ | Ⅱ | |
| 3 | 电视塔 | 丰水期 | Ⅱ | Ⅱ | Ⅱ | Ⅱ |
| | | 枯水期 | Ⅱ | Ⅱ | Ⅱ | |
| | | 平水期 | Ⅱ | Ⅱ | Ⅱ | |
| 4 | 果树场 | 丰水期 | Ⅱ | Ⅱ | Ⅱ | |
| | | 枯水期 | Ⅱ | Ⅱ | Ⅱ | |
| | | 平水期 | Ⅱ | Ⅱ | Ⅱ | |
| 5 | 西阁 | 丰水期 | Ⅱ | Ⅱ | Ⅱ | Ⅲ |
| | | 枯水期 | Ⅱ | Ⅱ | Ⅱ | |
| | | 平水期 | Ⅱ | Ⅱ | Ⅱ | |
| 6 | 温春大桥 | 丰水期 | Ⅱ | Ⅱ | Ⅱ | |
| | | 枯水期 | Ⅱ | Ⅱ | Ⅱ | |
| | | 平水期 | Ⅱ | Ⅱ | Ⅱ | |
| 7 | 海浪 | 丰水期 | Ⅱ | Ⅱ | Ⅱ | |
| | | 枯水期 | Ⅱ | Ⅱ | Ⅱ | |
| | | 平水期 | Ⅱ | Ⅱ | Ⅱ | |
| 8 | 江滨大桥 | 丰水期 | Ⅱ | Ⅱ | Ⅱ | |
| | | 枯水期 | Ⅲ | Ⅱ | Ⅱ | |
| | | 平水期 | Ⅱ | Ⅱ | Ⅱ | |
| 9 | 柴河大桥 | 丰水期 | Ⅱ | Ⅱ | Ⅱ | |
| | | 枯水期 | Ⅲ | Ⅱ | Ⅱ | |
| | | 平水期 | Ⅲ | Ⅱ | Ⅱ | |

续表

| 序号 | 断面名称 | 水期 | 水质评价结果 | | | 功能区类别 |
|---|---|---|---|---|---|---|
| | | | 2012 | 2013 | 2014 | |
| 10 | 群力 | 丰水期 | Ⅱ | Ⅱ | — | Ⅱ |
| | | 枯水期 | Ⅲ | Ⅱ | Ⅱ | |
| | | 平水期 | Ⅲ | Ⅱ | Ⅱ | |
| 11 | 三道 | 丰水期 | Ⅱ | Ⅱ | Ⅱ | |
| | | 枯水期 | Ⅱ | Ⅱ | Ⅱ | |
| | | 平水期 | Ⅱ | Ⅱ | Ⅱ | |
| 12 | 大坝 | 丰水期 | Ⅱ | Ⅱ | Ⅱ | |
| | | 枯水期 | Ⅱ | Ⅱ | Ⅱ | |
| | | 平水期 | Ⅱ | Ⅱ | Ⅱ | |
| 13 | 花脸沟 | 丰水期 | Ⅱ | Ⅱ | Ⅱ | Ⅲ |
| | | 枯水期 | Ⅳ | Ⅳ | Ⅱ | |
| | | 平水期 | Ⅱ | Ⅱ | Ⅱ | |
| 14 | 牡丹江口内 | 丰水期 | — | — | Ⅱ | |
| | | 枯水期 | — | — | Ⅱ | |
| | | 平水期 | — | — | Ⅱ | |

注：部分断面数据缺失，未做评价。

由表2-16可知，2012年和2013年牡丹江流域有机污染不严重，除花脸沟断面枯水期外，其他断面各水期水质均能达到水环境功能区划要求。2014年各断面有机污染综合指数均处于水环境功能区划要求范围内，说明这三年牡丹江流域的有机污染程度较轻。

（3）污染负荷分析

污染物分担率计算的指标为牡丹江干流主要污染项目，包括化学需氧量、高锰酸盐指数、氨氮和TP。计算结果见表2-17～表2-19。

**表2-17　2012年牡丹江干流各断面污染分担率和污染负荷比**

| 序号 | 断面 | 污染分担率/% | | | | 污染负荷比/% |
|---|---|---|---|---|---|---|
| | | 化学需氧量 | 高锰酸盐指数 | 氨氮 | TP | |
| 1 | 大山咀子 | 39.07 | 38.14 | 8.72 | 14.07 | 5.04 |
| 2 | 老鹊砬子 | 41.78 | 37.38 | 8.77 | 12.07 | 4.86 |
| 3 | 电视塔 | 28.16 | 27.56 | 6.04 | 38.23 | 9.42 |
| 4 | 果树场 | 24.90 | 25.80 | 7.39 | 41.92 | 9.00 |
| 5 | 西阁 | 36.91 | 33.01 | 8.02 | 22.06 | 4.60 |
| 6 | 温春大桥 | 37.24 | 32.05 | 8.45 | 22.25 | 4.57 |

续表

| 序号 | 断面 | 污染分担率/% | | | | 污染负荷比/% |
|---|---|---|---|---|---|---|
| | | 化学需氧量 | 高锰酸盐指数 | 氨氮 | TP | |
| 7 | 海浪 | 33.03 | 32.74 | 18.02 | 16.22 | 5.12 |
| 8 | 江滨大桥 | 35.07 | 30.69 | 16.69 | 17.56 | 5.57 |
| 9 | 柴河大桥 | 28.70 | 27.68 | 23.33 | 20.29 | 6.60 |
| 10 | 群力 | 14.40 | 14.45 | 16.53 | 54.62 | 18.85 |
| 11 | 三道 | 20.56 | 21.78 | 9.67 | 47.99 | 11.82 |
| 12 | 大坝 | 23.10 | 24.43 | 8.13 | 44.34 | 9.95 |
| 13 | 花脸沟 | 38.09 | 32.79 | 10.32 | 18.80 | 4.61 |
| 均值 | | 30.85 | 29.12 | 11.54 | 28.49 | — |

注：序号1、5、6、7、8、9、13是河流断面，其余是水库断面。

由表2-17可见，2012年牡丹江河流水体污染中，化学需氧量和高锰酸盐指数的污染分担率较大，除柴河大桥断面外均在30%以上，氨氮和TP污染分担率较低；两座水库水体污染中，除老鹊砬子断面外，其他各断面污染因子中TP的污染分担率最大，均接近或超过40%，断面中群力断面的TP污染分担率最大，达到54.62%；污染分担率最小的是氨氮，化学需氧量和高锰酸盐指数贡献率介于TP和氨氮之间。

**表2-18　2013年牡丹江干流各断面污染分担率和污染负荷比**

| 序号 | 断面 | 污染分担率/% | | | | 污染负荷比/% |
|---|---|---|---|---|---|---|
| | | 化学需氧量 | 高锰酸盐指数 | 氨氮 | TP | |
| 1 | 大山咀子 | 38.70 | 37.26 | 9.90 | 14.14 | 5.31 |
| 2 | 老鹊砬子 | 38.80 | 38.06 | 9.05 | 14.09 | 4.91 |
| 3 | 电视塔 | 22.73 | 24.99 | 7.95 | 44.33 | 10.73 |
| 4 | 果树场 | 24.83 | 28.05 | 6.82 | 40.30 | 10.20 |
| 5 | 西阁 | 38.04 | 39.82 | 8.16 | 13.98 | 5.04 |
| 6 | 温春大桥 | 39.36 | 38.68 | 6.78 | 15.18 | 5.05 |
| 7 | 海浪 | 35.66 | 35.33 | 12.55 | 16.46 | 5.36 |
| 8 | 江滨大桥 | 34.34 | 34.18 | 13.96 | 17.52 | 5.87 |
| 9 | 柴河大桥 | 33.41 | 32.29 | 16.53 | 17.76 | 6.20 |
| 10 | 群力 | 18.49 | 20.62 | 10.51 | 50.38 | 12.37 |
| 11 | 三道 | 16.85 | 19.28 | 11.35 | 52.53 | 13.60 |
| 12 | 大坝 | 18.97 | 21.00 | 9.52 | 50.50 | 10.69 |
| 13 | 花脸沟 | 37.38 | 37.61 | 10.48 | 14.53 | 4.67 |
| 均值 | | 30.58 | 31.32 | 10.27 | 27.82 | — |

表 2-19　2014 年牡丹江干流各断面污染分担率和污染负荷比

| 序号 | 断面 | 污染分担率/% | | | | 污染负荷比/% |
|---|---|---|---|---|---|---|
| | | 化学需氧量 | 高锰酸盐指数 | 氨氮 | TP | |
| 1 | 大山咀子 | 22.57 | 22.62 | 6.26 | 8.49 | 4.31 |
| 2 | 老鹊砬子 | 24.01 | 24.03 | 7.61 | 7.60 | 4.59 |
| 3 | 电视塔 | 15.14 | 17.13 | 8.48 | 32.63 | 9.20 |
| 4 | 果树场 | 14.50 | 16.33 | 10.20 | 34.69 | 9.17 |
| 5 | 西阁 | 23.88 | 24.12 | 7.34 | 13.58 | 4.17 |
| 6 | 温春大桥 | 24.73 | 24.38 | 9.33 | 12.89 | 4.28 |
| 7 | 海浪 | 25.31 | 25.31 | 11.79 | 10.81 | 3.86 |
| 8 | 江滨大桥 | 25.06 | 25.29 | 15.69 | 11.18 | 3.91 |
| 9 | 柴河大桥 | 18.47 | 18.63 | 8.65 | 10.61 | 5.62 |
| 10 | 群力 | 11.13 | 12.69 | 9.63 | 34.20 | 12.21 |
| 11 | 三道 | 13.06 | 14.76 | 12.02 | 31.25 | 11.77 |
| 12 | 大坝 | 11.92 | 13.68 | 11.61 | 31.98 | 9.88 |
| 13 | 花脸沟 | 21.85 | 22.01 | 9.83 | 12.94 | 4.67 |
| 14 | 牡丹江口内 | 18.21 | 17.66 | 8.22 | 10.26 | 4.84 |
| 均值 | | 28.65 | 29.53 | 14.68 | 27.14 | — |

从断面污染负荷比来看，2012 年群力、三道、大坝、电视塔、果树场等断面污染负荷较高，西阁、花脸沟和温春大桥断面污染负荷最低。2013 年和 2014 年的污染负荷情况与 2012 年的情况基本一致。从各断面均值来看，牡丹江干流污染物贡献率以化学需氧量、高锰酸盐指数和 TP 为主，各占约 30%左右，氨氮贡献率最低，介于 10.27%～14.68%之间。

综上，牡丹江干流的水质尚好，有机污染程度较轻。

#### 2.3.2.2　主要支流水质情况分析

（1）牡丹江主要支流监测基本信息

根据牡丹江支流的长度、流域面积以及受人类活动影响的程度等因素，筛选出 14 条支流进行水质监测。为了全面评价这些支流的污染状况，在这些支流入牡丹江口的位置进行采样，监测项目为《地表水环境质量标准》基本项目 24 项，采样次数为 3 次/年（丰、平、枯三个水期各一次），每次采样选取有代表性的晴天 1 天，采样、监测按照国家标准进行，采样点信息见表 2-20。

表 2-20　牡丹江主要支流采样点经纬度信息表

| 序号 | 河流名称 | 经度 | 纬度 | 备注 |
|---|---|---|---|---|
| 1 | 小石河 | 43°22′58.35″ | 128°16′0.71″ | 敦化东北 |
| 2 | 沙河 | 43°34′3.37″ | 128°17′23.24″ | 西崴子水库下游 |
| 3 | 珠尔多河 | 43°41′11.64″ | 128°13′14.73″ | 丹南村 |
| 4 | 大小夹吉河 | 43°45′59.51″ | 128°51′59.29″ | 西河口屯 |

续表

| 序号 | 河流名称 | 经度 | 纬度 | 备注 |
|---|---|---|---|---|
| 5 | 尔站西沟河 | 43°55′29.04″ | 128°48′29.56″ | 大河口屯 |
| 6 | 马莲河 | 44°7′59.05″ | 129°18′31.08″ | 桥头屯 |
| 7 | 蛤蟆河 | 44°19′57.12″ | 129°27′16.54″ | 河西村 |
| 8 | 海浪河 | 44°32′51.95″ | 129°32′46″ | 海浪村 |
| 9 | 北安河 | 44°38′6.18″ | 129°39′8.94″ | 莲花村 |
| 10 | 五林河 | 44°47′10.48″ | 129°41′9.59″ | 镇北村 |
| 11 | 头道河 | 44°52′10.47″ | 129°35′29.1″ | 水动力 |
| 12 | 二道河子 | 45°7′21.19″ | 129°34′50.14″ | 永兴村 |
| 13 | 三道河子 | 45°22′22.33″ | 129°38′28.46″ | 小荒沟屯 |
| 14 | 乌斯浑河 | 45°51′17.3″ | 129°45′47.03″ | 大屯村 |

(2) 主要支流水质评价结果

对 2013 年和 2014 年支流水质进行单项污染指数评价，评价结果见表 2-21～表 2-23。

**表 2-21 2013 年 5 月（平水期）各支流单项污染指数评价**

| 河流名称 | 水质现状 | 主要污染指标 |
|---|---|---|
| 小石河 | Ⅲ | |
| 沙河 | Ⅳ | $COD_{Mn}$、COD、TN |
| 珠尔多河 | Ⅲ | |
| 大小夹吉河 | Ⅲ | |
| 尔站西沟河 | Ⅲ | |
| 马莲河 | 劣Ⅴ | TN、TP |
| 蛤蟆河 | Ⅲ | |
| 海浪河 | 劣Ⅴ | $COD_{Mn}$、COD、TN、TP |
| 北安河 | 劣Ⅴ | $COD_{Mn}$、COD、$BOD_5$、TN、$NH_4^+$-N、V-PHENOL、TP、石油类、粪大肠菌群 |
| 五林河 | 劣Ⅴ | $COD_{Mn}$、COD、$BOD_5$、TN、TP、粪大肠菌群 |
| 头道河 | Ⅲ | |
| 二道河子 | Ⅲ | |
| 三道河子 | Ⅲ | |
| 乌斯浑河 | 劣Ⅴ | $COD_{Mn}$、COD、$BOD_5$、TN、TP、石油类、粪大肠菌群 |

**表 2-22 2013 年 9 月（丰水期）各支流单项污染指数评价**

| 河流名称 | 水质现状 | 主要污染指标 |
|---|---|---|
| 小石河 | Ⅳ | $COD_{Mn}$、COD、TN |
| 沙河 | Ⅳ | $COD_{Mn}$、COD、TN、Fe |
| 珠尔多河 | Ⅳ | COD、TN |

续表

| 河流名称 | 水质现状 | 主要污染指标 |
|---|---|---|
| 尔站西沟河 | Ⅳ | $COD_{Mn}$、COD、TN |
| 马莲河 | Ⅴ | $NH_4^+$-N、TN、COD |
| 蛤蟆河 | Ⅴ | $NH_4^+$-N、TN、COD |
| 北安河 | 劣Ⅴ | $COD_{Mn}$、COD、$BOD_5$、TN、$NH_4^+$-N、V-PHENOL、TP |
| 五林河 | Ⅴ | TN、TP |
| 头道河 | Ⅲ | |
| 二道河子 | Ⅲ | |
| 三道河子 | Ⅲ | |
| 乌斯浑河 | Ⅴ | TN |

**表 2-23　2014 年 1 月（枯水期）各支流单项污染指数评价**

| 河流名称 | 水质现状 | 主要污染指标 |
|---|---|---|
| 小石河 | Ⅳ | TN |
| 沙河 | Ⅴ | TN |
| 珠尔多河 | Ⅴ | TN |
| 大小夹吉河 | Ⅳ | TN |
| 尔站西沟河 | Ⅲ | |
| 马莲河 | Ⅴ | TN |
| 蛤蟆河 | Ⅲ | |
| 海浪河 | Ⅲ | |
| 北安河 | 劣Ⅴ | $COD_{Mn}$、COD、$BOD_5$、$NH_4^+$-N、TP、TN、石油类 |
| 五林河 | 劣Ⅴ | TN、TP |
| 头道河 | Ⅳ | TN |
| 二道河子 | Ⅳ | TN |
| 三道河子 | Ⅳ | TN |
| 乌斯浑河 | Ⅴ | TN |

从表 2-21～表 2-23 可以看出，平水期 14 条主要支流中，达到Ⅲ类功能区划标准的支流有 8 条，Ⅳ类的有 1 条，剩余 5 条河流为劣Ⅴ类；丰水期 12 条主要支流中，达到Ⅲ类功能区划标准的支流有 3 条，Ⅳ类的有 4 条，剩余 5 条河流为Ⅴ类或劣Ⅴ类；枯水期 14 条主要支流中，达到Ⅲ类标准的支流有 3 条，Ⅳ类的有 5 条，剩余 6 条河流为Ⅴ类或劣Ⅴ类，三个水期主要污染物均为高锰酸盐指数、化学需氧量和 TN。

综上，牡丹江 14 条主要支流的水质污染状况比较严重。从丰、平、枯三个水期来看，枯水期污染状况在三个水期中是最严重的，Ⅴ类和劣Ⅴ类水体所占比例达到了 43%。可见，牡丹江主要支流没有消灭劣Ⅴ类水体，牡丹江支流污染治理和水质保障任务艰巨。

## 2.4 牡丹江流域水生态特征分析

### 2.4.1 大型底栖动物调查

#### 2.4.1.1 大型底栖动物的野外调查

大型底栖无脊椎动物是指生命周期的全部或至少一段时期聚居于水体底部的大于0.5mm的水生无脊椎动物群，淡水中大型底栖无脊椎动物（以下简称底栖动物）主要包括水生昆虫、软体动物、螨形目、软甲亚纲、寡毛纲、蛭纲、涡虫纲等。

底栖动物对于水生态系统有极为重要的生态学作用。处于河流食物网中层的底栖动物在能量和物质的循环中均起到关键性作用。许多底栖动物能够吸取底泥中的有机质作为营养，同时在水体底部的活动通过翻匀河流底质，可促进有机质分解，加速水流的自净。底栖动物可利用植物储存的能量，又是其他水生动物，如鱼、蟹等的天然优质饵料。

底栖动物是许多鱼类的主要食物来源，因此，底栖动物种群和数量的变化将影响到鱼类的种群和数量。如果水生态系统中底栖动物衰退或者消失，将导致其食物链上端的鱼群相应减少或消失。同时，因为消耗水体中有机质的能力下降，底栖动物的衰退也将降低水生态系统能量处理的效率，可能导致更为严重的生态系统失衡。

基于上述特点，底栖动物已被广泛应用于水质环境监测和评价，也被用作指示物种来评价河流的整体健康性。

影响底栖动物的因素有很多，主要有三类：①物理条件，主要包括底质、水深、流速、流量和物理干扰、泥沙沉降及悬沙、河宽、河流级别和流域面积、河型、纬度、海拔和上下游沿程变化；②水化学条件，主要包括水温、溶解氧、生化需氧量与有机物、氨、酸碱度、盐度、重金属和其他有毒物质；③生物条件，主要包括水生植物、滨河植被和生物间相互作用。

#### 2.4.1.2 采样、识别和分析方法

开展生物群落结构的研究要以可靠的采样工作为基础。由于底栖动物栖境的复杂性，野外采样常用定量采集和定性采集相结合的方法，以保证样本的代表性。几种常见底栖动物采集方法如下。

（1）踢网法

踢网尺寸为1m×1m，网孔直径为0.5mm，主要用于底质为卵石或砾石且水深小于1m的流水区。采样时，网口与水流方向相对［见图2-10(a)］，用脚或手扰动网前1m的河床底质，利用水流的流速将底栖动物驱逐入网，一次可采集1m$^2$。用踢网进行采样，移动性强的一些物种会向侧方游动而不被采获，因此，该方法为半定量采样方法。

（2）索伯网法

水平方向的网口一般为0.3m×0.3m，一次可采集0.09m$^2$，网的垂直部分可用于收集采集到的底栖动物样本［见图2-10(b)］。索伯网用于采样点底质组成为卵石或砾石，且水深一般不超过0.3～0.5m的流水区。

（3）D形拖网法

D形拖网为0.3m×0.3m，网孔直径为0.5mm，网口形状为“D”形，网袋为锥形或口袋形，以捕捉底栖动物样本，拖网与一根很长的杆子相连。用拖网逆水流方向采集［见图2-10(c)］，一般每个样本用拖网采集5～10min，每个地点采集3～5个样本。

(4) 采泥器法

主要用于深水区采样。常用的为彼德逊采泥器，见图 2-10(d)。

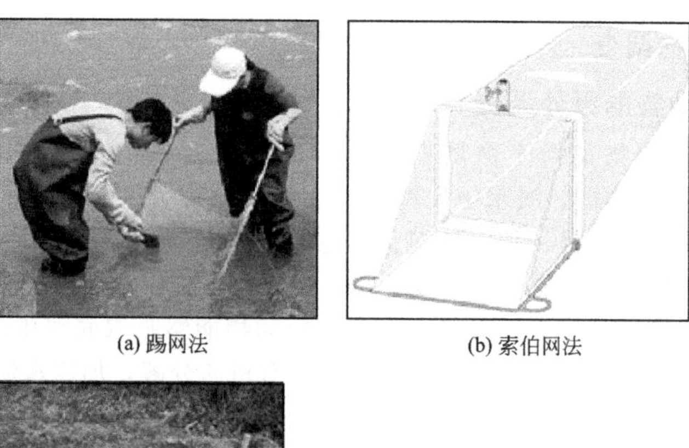

(a) 踢网法　　(b) 索伯网法

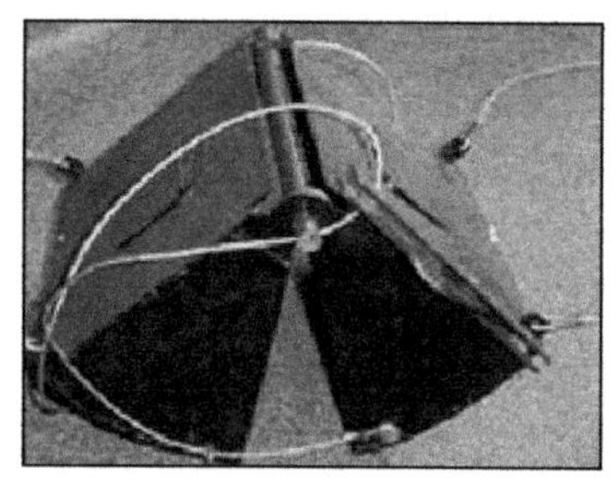

(c) D形拖网法　　(d) 采泥器法

图 2-10　常见底栖动物采样方法

(5) 定性采集方法

底栖动物通常会生活在静水水域、河流岸边、石块表面、植物根垫、枯枝落叶和水草丛等各种小型栖境中，因此还可以通过用手抄网、网孔直径为 0.42mm 的网筛等工具在各种小栖境上扫网或通过目测采集的方式来定性采集底栖动物样本。一般尽可能选取水生植物最密集的水域进行采集。

本研究选择踢网对河流中的底栖动物进行半定量采集，具体操作见图 2-11。

穿下水裤　整理踢网　采集　洗净水桶

淘洗　挑拣石块　装袋并检查　封口袋和标签

图 2-11　踢网法采集流程

现场用筛子筛洗样品，挑选出大型底栖无脊椎动物，放入100mL标本瓶中，如图2-12，浸入75%的酒精中，带回实验室，在解剖镜下鉴定、计数。

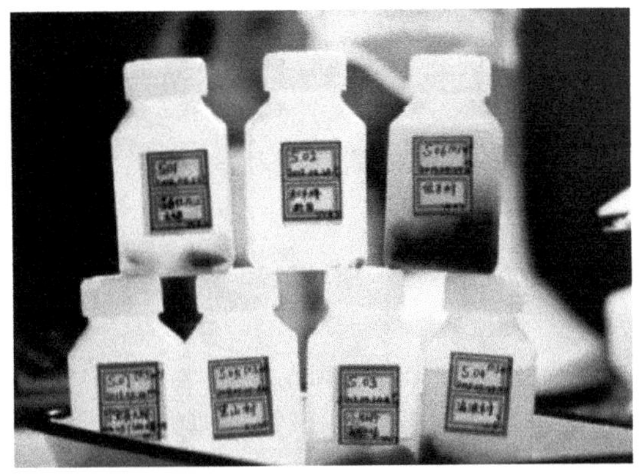

图2-12 各采样点采集的样品

#### 2.4.1.3 生物多样性分析方法

生物多样性高低是一个地区生态质量优劣的重要衡量测度。生物多样性一般包括三个层次：遗传多样性、物种多样性和生态系统多样性。其中物种多样性研究较多，有大量生态指标均围绕物种多样性展开。物种多样性是指物种水平上的生物多样性，它是用一定空间范围内的物种数量和分布特征来衡量的，又可分为三种：α-多样性、β-多样性和γ-多样性。α-多样性是指某个群落或生境内部物种的多样性。β-多样性则是指在一个梯度上从一个生境到另一个生境所发生的物种的多样性变化速率和范围，是研究群落之间物种丰度的相互关系。而γ-多样性是指在一个地理区域内一系列生境中的物种多样性，一般用这些生境的α-多样性和生境之间的β-多样性结合起来表示，γ-多样性是一个矢量，有方向变化。本研究用来描述或评价某水生态系统中底栖动物群落物种多样性的生物指数包括以下几种。

(1) 物种丰度 $S$

即采样面积内的底栖动物类群数。物种丰度是最简单，同时也是最基本、最可靠的一个多样性概念，一直以来都是衡量生物群落整体特征的主要参量。一般来说，物种丰度越大，物种多样性就越高。由于本研究底栖动物的鉴定等级不能全部达到物种水平，故本文的物种丰度实际是指类群丰度。

(2) 生物密度 $D$

即单位面积内的底栖动物个体总数，单位为：个/$m^2$。

(3) 改进的Shannon-Wiener指数 $B$

Shannon-Wiener指数计算见式(2-1)。

$$H' = -\sum_{i=1}^{S}\left(\frac{n_i}{N}\right)\ln\left(\frac{n_i}{N}\right) \tag{2-1}$$

改进的Shannon-Wiener指数 $B$ 计算见式(2-2)。

$$B = -\ln N\sum_{i=1}^{S}\left(\frac{n_i}{N}\right)\ln\left(\frac{n_i}{N}\right) \tag{2-2}$$

(4) Margalef丰富度

Margalef丰富度($d_M$)计算见式(2-3)。

$$d_M=\frac{(S-1)}{\ln N} \tag{2-3}$$

(5) 优势度

优势度根据大型底栖动物出现的频率及该物种个体数量进行计算，见式（2-4）。

$$Y=(n_i/N)f_i \tag{2-4}$$

式中，$Y$ 为物种优势度；$n_i$ 为采样中某类物种的数量；$N$ 为采样中总体物种的数量；$f_i$ 为采样中某类物种的出现频率。

(6) Pielou 均匀度指数（$J$）

$$J=\frac{H}{\log_2 S} \tag{2-5}$$

可以认为，当某类物种优势度>0.02 时，该物种即为优势种群。

#### 2.4.1.4 野外底栖动物的采样

2013 年 5 月和 10 月，2014 年 6 月和 9 月，2016 年 5 月，先后 5 次赴牡丹江进行大型底栖动物的采样。几次调查的区域分别包括：①石岩电站下游 75km 河段，即从石岩电站到海浪河与牡丹江汇合处；②石岩电站上游河段，镜泊湖至石岩电站段；③蛤蟆河，从桦树川水库到蛤蟆河汇流口共计 45km 河段，以及蛤蟆河支流卧龙溪；④海浪河敖头电站的上游、引水和下游段；⑤蛤蟆河典型断面，沿横断面采样。部分采样点位置如图 2-13 所示。

图 2-13 牡丹江中游段及其支流部分底栖动物采样点分布

2013年5月，从石岩电站到海浪河与牡丹江汇合处，一共选择了7个断面进行底栖动物采样，分别为和平桥、小牡丹采砂场、依兰村、宁安市、大桥、温春大桥、黑山村桥下右岸、海浪村，平均约10km一个采样点。本次采样共采集到576个底栖动物，可分为16种大型底栖动物，隶属于3门5纲11目14科。具体而言，这次在江边浅滩的底栖动物优势物种为3种生物，分别是：腹足纲Gastropoda、中腹足目Mesogastropoda、觿螺科Hydrobiidae、钉螺属*Oncomelania*生物，共201个，占34.9%；寡毛纲Oligochaeta、颤蚓目Tubificida、颤蚓科Tubificidae、霍甫水丝蚓属*Limnodrilus*生物，共166个，占28.8%；昆虫纲Insecta双翅目Diptera、摇蚊科Chironomidae生物，共171个，占29.7%。与后面几次的采样相比，本次各采样点样本中物种种类和个数均偏少，这可能与采样时间段有关。本次采样时间选在5月下旬，牡丹江冰期结束不久，且上游来水突然。由于采样点均选在江边的浅滩上，而这些浅滩刚刚被上涨的江水淹没，浅滩中多处可见仍为绿色的陆生植物，故这些江边生境未达稳定状态，底栖动物处于恢复期，群落未达到成熟阶段，种类和数量都偏少。

2013年10月的采样包括2部分，牡丹江干流和蛤蟆河支流。牡丹江干流的石岩电站下游至海浪河汇流口（牡丹江市）75km河段，共布置采样点12个，依次为平安、南牡丹、小牡丹、新中、依兰、宁安、长江、温春、共荣、黑山、大莫、海浪口。在这12个采样点上，共采集386个底栖动物，隶属于3门5纲13科14种，分别为摇蚊科Chironomidae（8）、摇蚊亚科Chironominae（8）、扁蜉科Heptageniidae（3）、水龟甲科Hydrophilidae（2）、龙虱科Dytiscidae（12）、纹石蛾科Hydropsychidae（8）、鱼蛉科Corydalidae（3）、箭蜓科Gomphidae（7）、大蜻科Macromiidae（20）、颤蚓科Tubificidae（142）、扁蛭科Glossiphoniidae（2）、觿螺科Hydrobiidae（135）、钉螺属*Oncomelania*（26）、蚬科Corbiculidae（10）。该段的优势种为颤蚓科中的霍甫水丝蚓*Limnodrilus*（$Y=0.245$），觿螺科Hydrobiidae（$Y=0.204$）。

2013年10月在蛤蟆河上采样包括蛤蟆河上的6个采样点，分别为蛤蟆口、明星、新农、明泉、爱林、英山，以及蛤蟆河左岸的一条小支流，取名为卧龙溪，布置卧龙和勤劳2个采样点。蛤蟆河6个采样点，共采集到370个底栖动物，隶属于3门3纲5目7科8种，分别为摇蚊科Chironomidae（3）、长角泥甲科Elmidae（25）、水龟甲科Hydrophilidae（3）、纹石蛾科Hydropsychidae（225）、虻科Tabanidae（5）、颤蚓科Tubificidae（97）、觿螺科Hydrobiidae（2）、钉螺属*Oncomelania*（10）。优势种为毛翅目中的纹石蛾科Hydropsychidae（$Y=0.405$），颤蚓科中的霍甫水丝蚓*Limnodrilus*（$Y=0.262$）以及鞘翅目中的长角泥甲科Elmidae（$Y=0.056$）。卧龙溪2个采样点采集到大型底栖动物250个，隶属于3门3纲5目6科6种，具体为长角泥甲科Elmidae（11）、短石蛾科Brachycentridae（3）、纹石蛾科Hydropsychidae（164）、颤蚓科Tubificidae（49）、泽蛭属*Helobdella*（14）、觿螺科Hydrobiidae（9）。优势显著的为纹石蛾科Hydropsychidae（$Y=0.656$），颤蚓科中的霍甫水丝蚓*Limnodrilus*（$Y=0.196$）以及扁蛭科中的泽蛭属*Helobdella*（$Y=0.056$）。

2014年6月在海浪河上对敖头水电站的上游段、减水段、下游段进行了采样，共设置了9个采样点，上游段、减水段、下游段各3个。在这9个采样点中，共采集大型底栖动物220个，隶属于3门5纲9目18科25属。具体包括耐垢多足摇蚊*Polypedilum-sordens*、凹铗多足摇蚊*Cryptochironomus-defectus*、羽摇蚊幼虫*Chironomus-plumosus*、花翅前突摇蚊*Pocladius-choreus*、似动蜉属$sp_1$.*Cinygma* $sp_1$.、似动蜉属$sp_2$.*Cinygma* $sp_2$.、高翔蜉属*Epeorus-uenoi*、弯握蜉属$sp_1$.*Drunella* $sp_1$.、弯握蜉属$sp_2$.Drunella $sp_2$.、小蜉属

*Ephemerella* sp.、蜉蝣属 *Ephemera*-sp.、四节蜉 *Baetis*-sp.、霍山河花蜉 *Potamanthus-huoshanensis*、长角泥甲科 Elmidae、龙虱科 Dytiscidae、长角石蛾科 Leptoceridae、纹石蛾科 Hydropsychidae、箭蜓科 Gomphidae、蝇科 Muscidae、霍甫水丝蚓 *Limnodrilus*、扁蛭 *Glossiphonia* sp.、金线蛭 *Whitmania* sp.、卵萝卜螺 *Radixovata*、短沟蜷属 *Semisulcospira*、蚬属 *Corbicula*。

2014 年 9 月，在石岩电站以上，至镜泊湖出口进行了 20 个点的采样，分别为红卫二（中）库区、红卫一（下）、红卫二（中）库区、红卫二（下）、红农电站（上）减水段、红农电站（下）、镜泊湖出水口（上）、镜泊湖出水口（中）、镜泊湖出水口（下）、五七大桥、小朱家渡口、阿堡电站（中）库区、阿堡电站（下）吊桥、江西—渤海电站（上）减水段、江西—渤海电站（下）、响水桥、三陵桥（上）、哈达湾、下官地、石岩电站下游。在这 20 个采样点共采集到 916 个样品，隶属于 3 门 5 纲 15 目 32 科，包括大蚊科 Tipulidae（18）、短丝蜉科 Siphlonuridae（1）、蜉蝣科 Ephemeridae（49）、颤蚓科 Tubificidae（41）、花鳃蜉科 Potamanthidae（13）、摇蚊亚科 Chironominae（45）、水龟甲科 Hydrophilidae（2）、长足摇蚊亚科 Tanypodinae（22）、长足虻科 Dolichopodidae（4）、龙虱科 Dytiscidae（2）、原石蛾科 Rhyacophilidae（139）、鱼蛉科 Corydalidae（2）、石蝇科 Perlidae（13）、箭蜓科 Gomphidae（5）、潜水蝽科 Naucoridae（168）、扁蛭科 Glossiphoniidae（24）、划蝽科 Corixidae（31）、短石蛾科 Brachycentridae（19）、长角石蛾科 Leptoceridae（5）、直突摇蚊亚科 Orthocladiinae（13）、钩虾科 Gammaridae（32）、小蜉科 Ephemerellidae（12）、四节蜉科 Baetidae（14）、长角泥甲科 Elmidae（9）、扁蜉科 Heptageniidae（19）、扁泥甲科 Psephenidae（6）、觿螺科 Hydrobiidae（4）、椎实螺科 Lymnaeidae（50）、黑螺科 Melaniidae（11）、蚬科 Corbiculidae（2）、纹石蛾科 Hydropsychidae（127）、多距石蛾科 Polycentropodidae（14）。

牡丹江中游段调查所得到的主要底栖动物图如图 2-14 和表 2-24 所示。

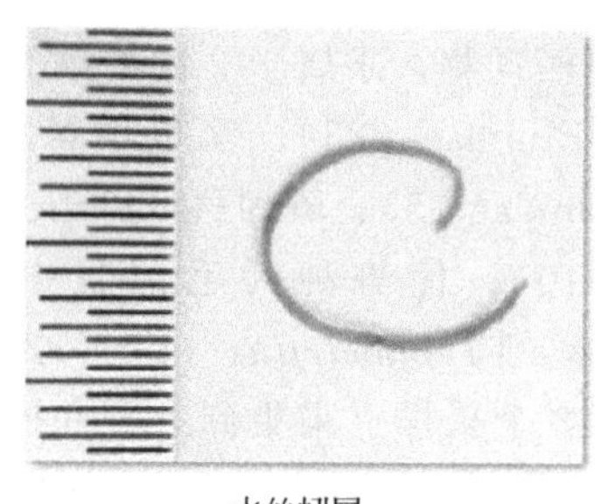
水丝蚓属

纹石蛾科

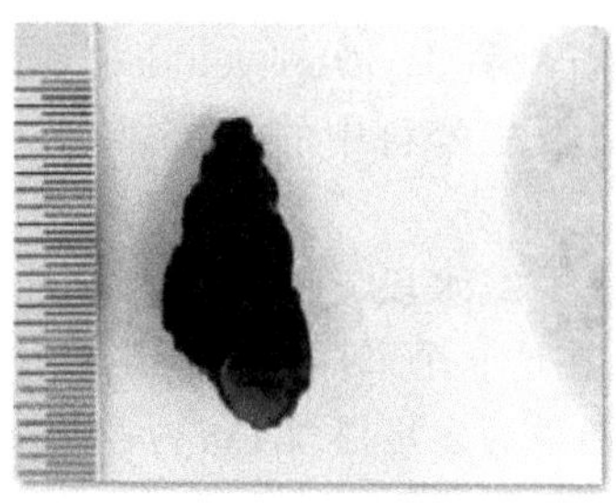
黑螺科(方格短沟蜷)

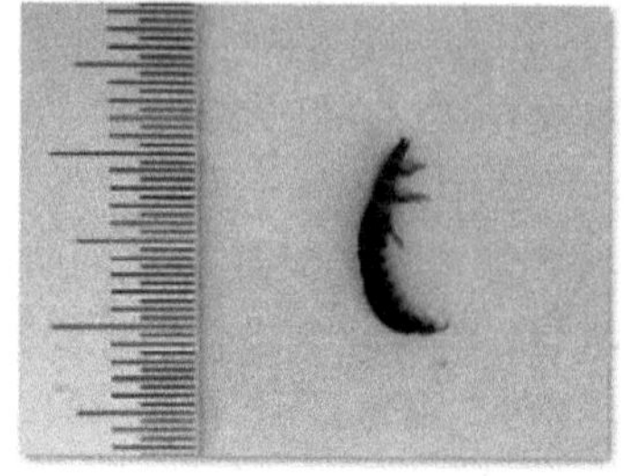
鞘翅目-长角泥甲科

图 2-14　牡丹江中游段部分底栖动物优势物种

表 2-24 牡丹江中游段部分底栖动物图示

| 类别 | | | | 图例 |
|---|---|---|---|---|
| 门 | 纲 | 目 | 科/属 | |
| 节肢动物门 Arthropoda | 昆虫纲 Insecta | 双翅目 Diptera | 摇蚊科 Chironomidae | 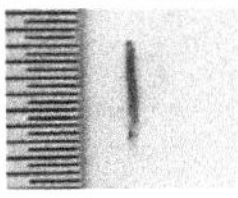 |
| | | | 摇蚊亚科 Chironominae | 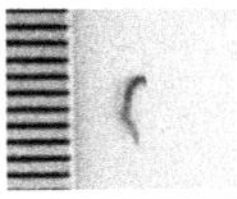 |
| | | 蜉蝣目 Ephemeroptera | 扁蜉科 Heptageniidae | 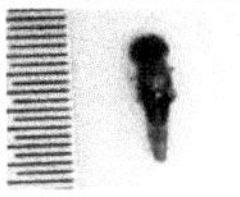 |
| | | 鞘翅目 Coleoptera | 长角泥甲科 Elmidae | 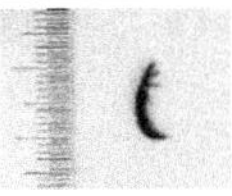 |
| | | | 水龟甲科 Hydrophilidae | 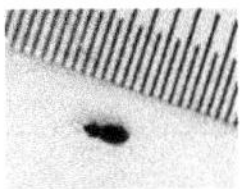 |
| | | | 龙虱科 Dytiscidae | 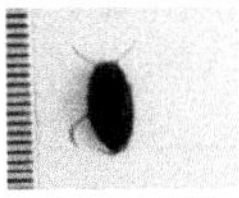 |
| | | 毛翅目 Trichoptera | 长角石蛾科 Leptoceridae | 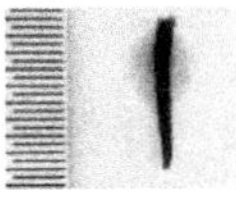 |
| | | | 纹石蛾科(待) Hydropsychidae | 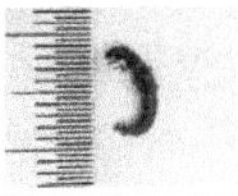 |
| | | 广翅目 Megaloptera | 鱼蛉科 Corydalidae | 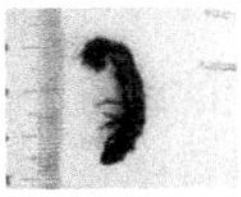 |
| | | 蜻蜓目 Oodonata | 箭蜓科 Gomphidae | 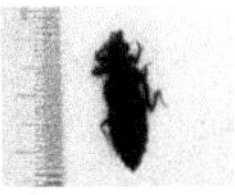 |
| | | | 大蜻科 Macromiidae | 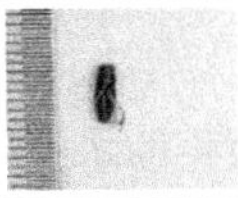 |
| | | 双翅目 Diptera | 虻科 Tabanidae | 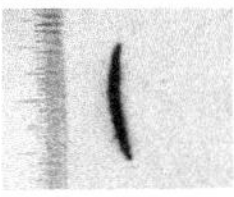 |
| 环节动物门 Annelida | 寡毛纲 Oligochaeta | 颤蚓目 Tubificida | 颤蚓科 Tubificidae 霍甫水丝蚓属 *Limnodrilus* | 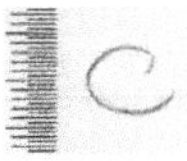 |
| | 蛭纲 Hirudinea | 吻蛭目 Rhynchobdellida | 泽蛭属 *Helobdella* | 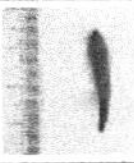 |
| | | | 扁蛭科 Glossiphoniidae |  |

续表

| 类别 | | | | 图例 |
|---|---|---|---|---|
| 门 | 纲 | 目 | 科/属 | |
| 软体动物门<br>Mollusca | 腹足纲<br>Gastropoda | 中腹足目<br>Mesogastropoda | 觿螺科<br>Hydrobiidae<br>钉螺属<br>*Oncomelania* | |
| | 双壳纲<br>Bivalvia | 帘蛤目<br>Veneroida | 蚬科<br>Corbiculidae | 闪蚬<br>河蚬 |
| 未确定<br>Unidentified | | | | |

## 2.4.2 浮游植物调查

浮游植物处于水生态系统食物链的始端，作为水环境中的初级生产者的浮游藻类生活周期短，对污染物反应灵敏，其多样性变化可以作为反映水环境状况的重要指标。因此，我们对牡丹江浮游植物多样性在时间和空间上的分布进行了分析研究，探索它们如何反映水生态环境的稳定性及其在时空上的变化规律，从而进行水质评价，为全面了解牡丹江水环境质量提供科学依据。同时，利用生物个体、种群和群落在各种污染环境中发出的不同信息，来判断环境的污染程度，从生物学方面为环境质量的监测与评价提供依据，针对如何进行牡丹江水体保护、合理开发水体资源、适时开展环境保护等问题提供参考性的生物学依据。

2014—2015 年进行了牡丹江全流域浮游植物监测，监测时间为每年的 1 月、2 月、5 月、6 月、7 月、8 月、9 月和 10 月，监测断面为干流和重要支流的 31 个断面。对 2014 和 2015 年连续两年的水生生物监测指标进行了评价。为了避免单纯使用一种多样性指数造成计算结果出现偏差，采用目前常见的 3 种多样性指数，即 Shannon-Wiener 指数（$H'$）[见式(2-1)]、Margalef 指数（$d_M$）[见式(2-3)] 和 Pielou 均匀度指数（$J$）[见式(2-5)]，从不同方面对牡丹江流域浮游植物多样性进行分析。评价标准见表 2-25，评价结果见表 2-26～表 2-31。

**表 2-25　浮游植物多样性指数和藻类污染指数的评价标准**

| 指数 | 标准清洁 | 中污 | 重污 | 严重污染 |
|---|---|---|---|---|
| Shannon-Wiener 指数 | >3.0 | >2.0 | >1.0 | >0 |
| Pielou 指数 | >0.5 | >0.3 | >0 | — |
| Margalef 指数 | >3.0 | >2.0 | >1.0 | >0 |

表 2-26　2014 年牡丹江流域各断面浮游植物 Shannon-Wiener 指数评价结果

| S-W 指数[①]（2014） | 1月 | 2月 | 5月 | 6月 | 7月 | 8月 | 9月 | 10月 | 年平均 |
|---|---|---|---|---|---|---|---|---|---|
| 大山咀子 | 1.9 | 2.8 | 4.5 | 4.3 | 4.8 | 2.9 | 2.5 | 4.6 | 3.5 |
| 老鹄砬子 | 3.4 | 2.6 | 4.3 | 4.1 | 4.7 | 3.1 | 2.5 | 4.2 | 3.6 |
| 电视塔 | 3.1 | 3.4 | 3.4 | 3.9 | 4.9 | 3.1 | 4.7 | 3.8 | 3.8 |
| 果树场 | 3.5 | 3.1 | 4.3 | 4.2 | 4.8 | 2.7 | 2.7 | 3.3 | 3.6 |
| 西阁 | 3.0 | 3.2 | 3.7 | 4.4 | 4.7 | 3.2 | 3.0 | 3.3 | 3.6 |
| 温春大桥 | 3.1 | 2.9 | 4.0 | 4.3 | 4.4 | 3.3 | 2.4 | 3.9 | 3.5 |
| 海林桥 | 3.4 | 2.8 | 4.1 | 4.3 | 4.5 | 3.3 | 5.0 | 3.7 | 3.9 |
| 海林河口内 | 2.4 | 3.6 | 4.3 | 4.4 | 4.4 | 3.0 | 4.6 | 2.6 | 3.7 |
| 海浪 | 3.1 | 2.1 | 4.2 | 4.3 | 4.6 | 3.2 | 3.1 | 4.1 | 3.6 |
| 江滨大桥 | 2.6 | 3.3 | 3.7 | 4.3 | 4.1 | 3.2 | 3.1 | 4.0 | 3.5 |
| 桦林大桥 | 2.9 | 3.4 | 4.1 | 4.2 | 4.8 | 2.8 | 4.6 | 3.8 | 3.8 |
| 柴河大桥 | 2.2 | 3.7 | 4.2 | 4.2 | 4.4 | 3.2 | 2.8 | 4.2 | 3.6 |
| 群力 | 3.5 | 3.4 | 4.0 | 3.8 | 4.9 | 3.2 | 2.2 | 4.2 | 3.7 |
| 三道 | 3.3 | 3.4 | 3.9 | 4.2 | 4.2 | 3.1 | 2.8 | 4.0 | 3.6 |
| 大坝 | 3.4 | 3.5 | 4.3 | 4.2 | 4.1 | 3.0 | 2.5 | 3.3 | 3.5 |
| 龙爪 | 3.4 | 3.0 | 3.9 | 4.5 | 4.8 | 2.6 | 4.8 | 3.9 | 3.9 |
| 东关 | 2.5 | 2.1 | 4.1 | 4.4 | 3.9 | 3.0 | 4.4 | 4.0 | 3.6 |
| 花脸沟 | 3.6 | 3.6 | 3.3 | 4.6 | 4.6 | 4.7 | 2.2 | 3.7 | 3.8 |
| 小石河 | 3.5 | 2.9 | 4.4 | 4.6 | 4.1 | 4.7 | 4.4 | 3.2 | 4.0 |
| 沙河 | 3.4 | 3.0 | 4.2 | 4.9 | 4.8 | 3.2 | 4.5 | 3.6 | 4.0 |
| 珠尔多河 | 3.5 | 3.3 | 4.3 | 4.5 | 4.5 | 3.2 | 4.1 | 3.8 | 3.9 |
| 大小夹吉河 | 3.0 | 1.8 | 4.5 | 4.2 | 4.6 | 3.6 | 5.1 | 3.2 | 3.8 |
| 尔站西沟河 | 2.4 | 3.5 | 4.0 | 3.6 | 4.3 | 2.8 | 4.3 | 3.5 | 3.6 |
| 马莲河 | 3.3 | 2.3 | 4.3 | 4.2 | 4.7 | 2.9 | 4.7 | 3.8 | 3.8 |
| 蛤蟆河 | 3.5 | 3.2 | 3.8 | 4.1 | 4.9 | 2.9 | 4.8 | 3.7 | 3.9 |
| 北安河 | 3.7 | 3.3 | 4.2 | 3.6 | 4.3 | 4.6 | 4.3 | 4.0 | 4.0 |
| 五林河 | 2.9 | 3.1 | 4.3 | 4.3 | 4.6 | 2.3 | 4.0 | 4.2 | 3.7 |
| 头道河 | 1.5 | 3.5 | 4.1 | 4.6 | 4.5 | 2.1 | 4.8 | 4.1 | 3.7 |
| 二道河子 | 3.0 | 3.1 | 4.6 | 4.7 | 4.9 | 2.6 | 4.3 | 4.0 | 3.9 |
| 三道河子 | 2.2 | 3.4 | 4.6 | 4.0 | 4.6 | 2.2 | 4.3 | 4.3 | 3.7 |
| 乌斯浑河 | 3.1 | 2.5 | 4.5 | 4.5 | 4.5 | 2.2 | 3.5 | 4.2 | 3.6 |
| 最大值 | 3.7 | 3.7 | 4.6 | 4.9 | 4.9 | 4.7 | 5.1 | 4.6 | 4.0 |
| 最小值 | 1.5 | 1.8 | 3.3 | 3.6 | 3.9 | 2.1 | 2.2 | 2.6 | 3.5 |
| 流域平均 | 3.0 | 3.1 | 4.1 | 4.3 | 4.5 | 3.1 | 3.8 | 3.8 | 3.7 |

① Shannon-Wiener 指数。

Shannon-Wiener 指数显示（表 2-26），2014 年 8 个月份，31 个采样点整体反映，以标准清洁为主要特征，流域各月份平均 Shannon-Wiener 指数均在 3.0 以上，流域全年 Shannon-Wiener 指数平均值为 3.7，达到了标准清洁水平，尤其是 5 月、6 月、7 月和 10 月，这 4 个月份 31 个采样点几乎都处于清洁状况。与其他月份比较，1 月份、2 月份和 8 月份清洁程度较低，7 月份的清洁程度最高。从各断面年均值来看，Shannon-Wiener 指数介于 3.5～4.0 之间，均处于标准清洁状态，且各断面变化幅度不大。从单次评价结果来看，1 月份最低值发生在头道河断面，评价结果为 1.5，这也是全年的最低值，处于重度污染水平；该月份大山咀子断面评价结果为 1.9，同样为重度污染水平。全年内还有一次达到重度污染水平的断面为大小夹吉河，2 月份评价结果为 1.8。9 月份各断面清洁程度以标准清洁为主要特征，以清洁标准断面居多。单次最清洁断面分别发生在 6 月份的沙河以及 7 月份的电视塔、群力、蛤蟆河以及二道河子，评价结果均为 4.9。

**表 2-27　2014 年牡丹江流域各断面浮游植物 Pielou 指数评价结果**

| Pielou 指数（2014） | 1 月 | 2 月 | 5 月 | 6 月 | 7 月 | 8 月 | 9 月 | 10 月 | 年平均 |
|---|---|---|---|---|---|---|---|---|---|
| 大山咀子 | 0.37 | 0.56 | 0.73 | 0.72 | 0.77 | 0.47 | 0.40 | 0.78 | 0.60 |
| 老鹄砬子 | 0.67 | 0.52 | 0.69 | 0.70 | 0.75 | 0.51 | 0.40 | 0.72 | 0.62 |
| 电视塔 | 0.60 | 0.68 | 0.56 | 0.65 | 0.79 | 0.51 | 0.76 | 0.64 | 0.65 |
| 果树场 | 0.68 | 0.62 | 0.70 | 0.70 | 0.77 | 0.45 | 0.44 | 0.56 | 0.62 |
| 西阁 | 0.59 | 0.64 | 0.60 | 0.74 | 0.76 | 0.52 | 0.49 | 0.56 | 0.61 |
| 温春大桥 | 0.60 | 0.59 | 0.65 | 0.72 | 0.71 | 0.54 | 0.39 | 0.67 | 0.61 |
| 海林桥 | 0.67 | 0.55 | 0.66 | 0.73 | 0.72 | 0.54 | 0.80 | 0.63 | 0.66 |
| 海林河口内 | 0.48 | 0.72 | 0.70 | 0.74 | 0.71 | 0.50 | 0.74 | 0.45 | 0.63 |
| 海浪 | 0.62 | 0.43 | 0.69 | 0.73 | 0.74 | 0.53 | 0.50 | 0.70 | 0.62 |
| 江滨大桥 | 0.52 | 0.66 | 0.60 | 0.73 | 0.65 | 0.53 | 0.50 | 0.69 | 0.61 |
| 桦林大桥 | 0.56 | 0.69 | 0.66 | 0.70 | 0.78 | 0.47 | 0.75 | 0.65 | 0.66 |
| 柴河大桥 | 0.43 | 0.74 | 0.68 | 0.71 | 0.71 | 0.53 | 0.45 | 0.71 | 0.62 |
| 群力 | 0.68 | 0.68 | 0.65 | 0.64 | 0.79 | 0.53 | 0.36 | 0.72 | 0.63 |
| 三道 | 0.66 | 0.68 | 0.63 | 0.71 | 0.68 | 0.51 | 0.46 | 0.68 | 0.63 |
| 大坝 | 0.66 | 0.70 | 0.70 | 0.70 | 0.66 | 0.49 | 0.40 | 0.56 | 0.61 |
| 龙爪 | 0.66 | 0.60 | 0.64 | 0.75 | 0.77 | 0.43 | 0.77 | 0.66 | 0.66 |
| 东关 | 0.50 | 0.42 | 0.67 | 0.75 | 0.62 | 0.49 | 0.71 | 0.68 | 0.61 |
| 花脸沟 | 0.72 | 0.71 | 0.54 | 0.78 | 0.73 | 0.77 | 0.35 | 0.63 | 0.65 |
| 小石河 | 0.69 | 0.58 | 0.72 | 0.77 | 0.66 | 0.77 | 0.70 | 0.54 | 0.68 |
| 沙河 | 0.66 | 0.61 | 0.68 | 0.82 | 0.78 | 0.52 | 0.72 | 0.62 | 0.68 |
| 珠尔多河 | 0.69 | 0.67 | 0.71 | 0.77 | 0.73 | 0.52 | 0.65 | 0.64 | 0.67 |
| 大小夹吉河 | 0.58 | 0.36 | 0.73 | 0.70 | 0.74 | 0.59 | 0.82 | 0.54 | 0.63 |
| 尔站西沟河 | 0.47 | 0.71 | 0.65 | 0.60 | 0.69 | 0.45 | 0.70 | 0.60 | 0.61 |
| 马莲河 | 0.65 | 0.46 | 0.71 | 0.71 | 0.75 | 0.47 | 0.75 | 0.64 | 0.64 |
| 蛤蟆河 | 0.70 | 0.64 | 0.62 | 0.70 | 0.80 | 0.47 | 0.77 | 0.63 | 0.67 |

续表

| Pielou 指数（2014） | 1月 | 2月 | 5月 | 6月 | 7月 | 8月 | 9月 | 10月 | 年平均 |
|---|---|---|---|---|---|---|---|---|---|
| 北安河 | 0.72 | 0.65 | 0.69 | 0.61 | 0.70 | 0.75 | 0.70 | 0.69 | 0.69 |
| 五林河 | 0.57 | 0.62 | 0.71 | 0.72 | 0.75 | 0.38 | 0.64 | 0.72 | 0.64 |
| 头道河 | 0.29 | 0.70 | 0.67 | 0.78 | 0.73 | 0.35 | 0.77 | 0.71 | 0.63 |
| 二道河子 | 0.59 | 0.63 | 0.75 | 0.79 | 0.79 | 0.42 | 0.70 | 0.68 | 0.67 |
| 三道河子 | 0.44 | 0.68 | 0.74 | 0.67 | 0.74 | 0.37 | 0.70 | 0.73 | 0.63 |
| 乌斯浑河 | 0.61 | 0.50 | 0.73 | 0.76 | 0.73 | 0.37 | 0.56 | 0.71 | 0.62 |
| 最大值 | 0.72 | 0.74 | 0.75 | 0.82 | 0.80 | 0.77 | 0.82 | 0.78 | 0.69 |
| 最小值 | 0.29 | 0.36 | 0.54 | 0.60 | 0.62 | 0.35 | 0.35 | 0.45 | 0.60 |
| 流域平均 | 0.59 | 0.61 | 0.67 | 0.72 | 0.73 | 0.51 | 0.61 | 0.65 | 0.64 |

Pielou 指数显示（表 2-27），2014 年 8 个月份，31 个采样点整体反映，以标准清洁为主要特征，流域各月份平均 Pielou 指数均在 0.51 以上，流域全年 Pielou 指数平均值为 0.64，达到了标准清洁水平，尤其是 5 月、6 月、7 月和 10 月，这四个月份 31 个采样点几乎都处于清洁状况。与其他月份比较，1 月份和 8 月份清洁程度较低，7 月份清洁程度最高。从各断面年均值来看，Pielou 指数介于 0.60～0.69 之间，均处于标准清洁状态，且各断面变化幅度不大。从单次评价结果来看，1 月份最低值发生在头道河断面，评价结果为 0.29，这也是全年的最低值，处于重度污染水平；该月份大山咀子断面评价结果为 0.37，为中度污染水平。8 月份和 9 月份各断面清洁程度处于标准清洁和中度污染等级，以清洁标准断面居多。单次最清洁断面分别发生在 6 月份的沙河以及 9 月份的大小夹吉河，评价结果均为 0.82。

与 Shannon-Wiener 和 Pielou 指数反映情况稍有不同，Margalef 指数显示（表 2-28），2014 年流域各月份平均 Margalef 指数均在 1.8 以上，流域全年 Margalef 指数平均值为 3.0，基本达到了标准清洁水平，尤其是 5 月、7 月、8 月和 9 月，这四个月份 31 个采样点几乎都处于清洁状况。与其他月份比较，1 月份属于重度污染，8 月份和 9 月份清洁程度相对较高。从各断面年均值来看，Margalef 指数介于 2.9～3.1 之间，处于标准清洁和中度污染的交叉状态，各断面变化幅度不大。从单次评价结果来看，1 月份最低值发生在群力、花脸沟、蛤蟆河和北安河断面，评价结果为 1.6，这也是全年最低值，处于重度污染水平。2 月份、6 月份和 10 月份各断面清洁程度基本处于标准清洁和中度污染的交界状态，而且以中度污染断面居多。单次最清洁断面分别发生在 8 月份的电视塔和江滨大桥，评价结果均为 4.3。

**表 2-28　2014 年牡丹江流域各断面浮游植物 Margalef 指数评价结果**

| Margalef 指数（2014） | 1月 | 2月 | 5月 | 6月 | 7月 | 8月 | 9月 | 10月 | 年平均 |
|---|---|---|---|---|---|---|---|---|---|
| 大山咀子 | 2.0 | 3.0 | 3.3 | 2.8 | 3.5 | 4.0 | 3.5 | 2.8 | 3.1 |
| 老鹊砬子 | 1.7 | 2.8 | 3.4 | 2.9 | 3.5 | 3.5 | 3.7 | 2.8 | 3.0 |
| 电视塔 | 1.7 | 2.5 | 3.5 | 3.0 | 3.4 | 4.3 | 3.4 | 2.8 | 3.1 |
| 果树场 | 1.7 | 2.5 | 3.4 | 2.9 | 3.5 | 3.7 | 3.9 | 2.9 | 3.1 |
| 西阁 | 1.7 | 2.5 | 3.5 | 2.9 | 3.4 | 3.4 | 3.7 | 3.0 | 3.0 |

续表

| Margalef 指数(2014) | 1月 | 2月 | 5月 | 6月 | 7月 | 8月 | 9月 | 10月 | 年平均 |
|---|---|---|---|---|---|---|---|---|---|
| 温春大桥 | 1.7 | 2.6 | 3.5 | 2.9 | 3.5 | 3.4 | 3.8 | 2.9 | 3.0 |
| 海林桥 | 1.6 | 2.6 | 3.4 | 2.9 | 3.5 | 3.5 | 3.4 | 2.9 | 3.0 |
| 海林河口内 | 1.8 | 2.4 | 3.3 | 2.9 | 3.5 | 3.5 | 3.5 | 3.0 | 3.0 |
| 海浪 | 1.8 | 2.7 | 3.4 | 2.9 | 3.6 | 3.5 | 3.6 | 2.8 | 3.0 |
| 江滨大桥 | 1.8 | 2.6 | 3.4 | 2.9 | 3.6 | 4.3 | 3.7 | 2.8 | 3.1 |
| 桦林大桥 | 1.7 | 2.4 | 3.3 | 2.9 | 3.4 | 3.7 | 3.5 | 2.9 | 3.0 |
| 柴河大桥 | 1.9 | 2.5 | 3.4 | 2.9 | 3.5 | 3.5 | 3.8 | 2.7 | 3.0 |
| 群力 | 1.6 | 2.4 | 3.4 | 3.0 | 3.4 | 3.5 | 3.5 | 2.8 | 3.0 |
| 三道 | 2.1 | 2.5 | 3.5 | 2.9 | 3.5 | 3.4 | 4.0 | 2.9 | 3.1 |
| 大坝 | 1.7 | 2.5 | 3.4 | 3.0 | 3.6 | 3.6 | 3.9 | 3.0 | 3.1 |
| 龙爪 | 1.7 | 2.5 | 3.5 | 3.2 | 3.5 | 3.5 | 3.4 | 2.8 | 3.0 |
| 东关 | 1.7 | 2.7 | 3.4 | 2.9 | 3.6 | 3.6 | 3.4 | 2.9 | 3.0 |
| 花脸沟 | 1.6 | 2.5 | 3.5 | 2.9 | 3.4 | 3.2 | 4.2 | 2.8 | 3.0 |
| 小石河 | 1.7 | 2.5 | 3.4 | 2.9 | 3.7 | 3.5 | 3.5 | 2.9 | 3.0 |
| 沙河 | 1.7 | 2.5 | 3.3 | 2.8 | 3.4 | 3.5 | 3.4 | 2.8 | 2.9 |
| 珠尔多河 | 1.7 | 2.5 | 3.3 | 2.8 | 3.5 | 3.6 | 3.7 | 2.8 | 3.0 |
| 大小夹吉河 | 1.7 | 3.1 | 3.3 | 3.0 | 3.5 | 3.5 | 3.4 | 2.9 | 3.1 |
| 尔站西沟河 | 1.7 | 2.4 | 3.4 | 3.1 | 3.6 | 3.5 | 3.5 | 2.9 | 3.0 |
| 马莲河 | 1.7 | 2.6 | 3.4 | 2.9 | 3.5 | 3.4 | 3.4 | 2.9 | 3.0 |
| 蛤蟆河 | 1.6 | 2.6 | 3.5 | 2.9 | 3.4 | 3.4 | 3.4 | 2.9 | 3.0 |
| 北安河 | 1.6 | 2.5 | 3.5 | 3.0 | 3.5 | 3.2 | 3.5 | 2.9 | 3.0 |
| 五林河 | 1.7 | 2.6 | 3.3 | 2.9 | 3.8 | 3.5 | 3.6 | 2.7 | 3.0 |
| 头道河 | 2.0 | 2.5 | 3.8 | 2.9 | 3.5 | 3.6 | 3.4 | 2.8 | 3.1 |
| 二道河子 | 2.1 | 2.5 | 3.3 | 2.8 | 3.8 | 3.5 | 3.5 | 2.9 | 3.1 |
| 三道河子 | 2.3 | 2.5 | 3.3 | 3.0 | 3.4 | 3.6 | 3.4 | 2.8 | 3.0 |
| 乌斯浑河 | 1.7 | 2.8 | 3.4 | 2.8 | 3.5 | 4.1 | 3.6 | 2.7 | 3.1 |
| 最大值 | 2.3 | 3.1 | 3.8 | 3.2 | 3.8 | 4.3 | 4.2 | 3.0 | 3.1 |
| 最小值 | 1.6 | 2.4 | 3.3 | 2.8 | 3.4 | 3.2 | 3.4 | 2.7 | 2.9 |
| 流域平均 | 1.8 | 2.6 | 3.4 | 2.9 | 3.5 | 3.6 | 3.6 | 2.9 | 3.0 |

2015 年的 Shannon-Wiener 指数显示（表 2-29），2015 年 8 个月份，31 个采样点整体反映，以标准清洁为主要特征，流域各月份平均 Shannon-Wiener 指数均在 2.6 以上，流域全年 Shannon-Wiener 指数平均值为 3.6，达到了标准清洁水平；尤其是 2 月、5 月、6 月、8 月、9 月和 10 月，这六个月份 31 个采样点几乎都处于清洁状态。与其他月份比较，1 月份和 7 月份清洁程度较低，6 月份的清洁程度最高。从各断面年均值来看，Shannon-Wiener 指数介于 3.2～3.8 之间，均处于标准清洁状态，且各断面变化幅度稍大于 2014 年。从单次评价结果来看，1 月份最低值发生在五林河断面，评价结果为 0.0，这也是全年的最低值，处

于严重污染水平；而且，该月份北安河断面评价结果为1.0，同样为严重污染水平。7月份各断面清洁程度以中度污染为主。单次最清洁断面分别发生在6月份的桦林大桥和五林河，评价结果均为5.0。

**表2-29 2015年牡丹江流域各断面浮游植物Shannon-Wiener指数评价结果**

| S-W指数[①]<br>(2015) | 1月 | 2月 | 5月 | 6月 | 7月 | 8月 | 9月 | 10月 | 年平均 |
|---|---|---|---|---|---|---|---|---|---|
| 大山咀子 | 3.1 | 4.1 | 3.9 | 4.7 | 2.5 | 4.4 | 3.3 | 3.4 | 3.7 |
| 老鹊砬子 | 3.4 | 3.7 | 3.1 | 4.8 | 2.6 | 4.0 | 3.5 | 3.5 | 3.6 |
| 电视塔 | 3.1 | 3.6 | 3.5 | 4.6 | 3.0 | 4.2 | 3.9 | 3.4 | 3.7 |
| 果树场 | 3.3 | 3.6 | 3.9 | 4.8 | 2.9 | 3.9 | 4.0 | 3.6 | 3.8 |
| 西阁 | 3.7 | 3.8 | 3.7 | 4.6 | 2.7 | 4.3 | 3.9 | 3.0 | 3.7 |
| 温春大桥 | 3.0 | 3.2 | 3.7 | 4.9 | 3.0 | 4.1 | 3.7 | 3.5 | 3.6 |
| 海林桥 | 3.0 | 3.9 | 3.5 | 4.8 | 1.1 | 4.1 | 3.8 | 3.2 | 3.4 |
| 海林河口内 | 3.4 | 3.7 | 3.8 | 4.6 | 2.8 | 4.3 | 3.6 | 3.8 | 3.8 |
| 海浪 | 3.3 | 3.5 | 3.8 | 4.7 | 2.1 | 4.3 | 3.8 | 3.4 | 3.6 |
| 江滨大桥 | 3.5 | 3.5 | 3.6 | 4.9 | 2.7 | 4.2 | 3.6 | 3.5 | 3.7 |
| 桦林大桥 | 3.5 | 3.8 | 3.5 | 5.0 | 2.8 | 3.7 | 3.8 | 4.0 | 3.8 |
| 柴河大桥 | 3.3 | 3.6 | 3.9 | 4.9 | 2.9 | 4.1 | 4.0 | 3.8 | 3.8 |
| 群力 | 3.2 | 3.9 | 4.0 | 4.4 | 2.1 | 4.0 | 3.9 | 3.5 | 3.6 |
| 三道 | 3.6 | 4.0 | 3.8 | 4.7 | 2.2 | 3.7 | 4.0 | 3.2 | 3.7 |
| 大坝 | 3.5 | 3.8 | 3.1 | 4.5 | 2.5 | 3.7 | 4.0 | 3.5 | 3.6 |
| 龙爪 | 3.5 | 3.8 | 3.6 | 4.6 | 2.1 | 4.0 | 4.3 | 3.6 | 3.7 |
| 东关 | 3.5 | 3.7 | 3.5 | 4.5 | 3.2 | 4.2 | 4.2 | 3.6 | 3.8 |
| 花脸沟 | 3.6 | 3.9 | 3.1 | 4.6 | 3.3 | 3.5 | 3.7 | 3.6 | 3.7 |
| 小石河 | 1.3 | 3.5 | 3.8 | 4.3 | 2.0 | 3.9 | 4.5 | 3.8 | 3.4 |
| 沙河 | 1.1 | 3.5 | 3.7 | 4.7 | 2.7 | 3.9 | 4.0 | 3.5 | 3.4 |
| 珠尔多河 | 2.1 | 3.8 | 3.6 | 4.7 | 2.4 | 4.0 | 3.9 | 3.7 | 3.5 |
| 大小夹吉河 | 2.0 | 3.8 | 3.6 | 4.7 | 2.6 | 3.8 | 4.1 | 3.7 | 3.5 |
| 尔站西沟河 | 1.9 | 3.8 | 3.7 | 4.6 | 2.5 | 4.0 | 3.9 | 3.8 | 3.5 |
| 马莲河 | 2.6 | 3.5 | 3.7 | 4.7 | 2.3 | 3.7 | 3.8 | 3.9 | 3.5 |
| 蛤蟆河 | 2.2 | 3.8 | 3.7 | 4.4 | 3.6 | 4.2 | 3.8 | 3.8 | 3.7 |
| 北安河 | 1.0 | 3.7 | 3.4 | 4.9 | 1.3 | 3.8 | 3.9 | 3.8 | 3.2 |
| 五林河 | 0.0 | 3.9 | 3.8 | 5.0 | 2.5 | 3.7 | 4.0 | 3.0 | 3.2 |
| 头道河 | 2.2 | 3.4 | 3.6 | 4.7 | 3.2 | 3.6 | 4.0 | 3.9 | 3.6 |
| 二道河子 | 1.6 | 3.4 | 3.9 | 4.7 | 3.1 | 4.1 | 4.0 | 3.7 | 3.6 |
| 三道河子 | 1.6 | 3.4 | 3.4 | 4.5 | 1.9 | 3.8 | 3.8 | 3.7 | 3.3 |

续表

| S-W 指数[①]（2015） | 1月 | 2月 | 5月 | 6月 | 7月 | 8月 | 9月 | 10月 | 年平均 |
|---|---|---|---|---|---|---|---|---|---|
| 乌斯浑河 | 1.5 | 3.5 | 2.9 | 4.7 | 2.5 | 3.9 | 3.9 | 4.0 | 3.4 |
| 最大值 | 3.7 | 4.1 | 4.0 | 5.0 | 3.6 | 4.4 | 4.5 | 4.0 | 3.8 |
| 最小值 | 0.0 | 3.2 | 2.9 | 4.3 | 1.1 | 3.5 | 3.3 | 3.0 | 3.2 |
| 流域平均 | 2.6 | 3.7 | 3.6 | 4.7 | 2.6 | 4.0 | 3.9 | 3.6 | 3.6 |

① Shannon-Wiener 指数。

2015 年的 Pielou 指数显示（表 2-30），2015 年 8 个月份，31 个采样点整体反映，以标准清洁为主要特征，流域各月份平均 Pielou 指数均在 0.41 以上，流域全年 Pielou 指数平均值为 0.64，整体上达到了标准清洁水平；尤其是 2 月、5 月、6 月、8 月、9 月和 10 月，这六个月份 31 个采样点都处于清洁状况。与其他月份比较，1 月份和 7 月份清洁程度较低，6 月份的清洁程度最高。从各断面年均值来看，Pielou 指数介于 0.57～0.68 之间，均处于标准清洁状态，且各断面变化幅度略大于 2014 年。从单次评价结果来看，1 月份最低值发生在五林河断面，评价结果为 0.0，这也是全年的最低值，处于严重污染水平。7 月份各断面清洁程度以中度污染为主。单次最清洁断面分别发生在 6 月份的桦林大桥和五林河，评价结果均为 0.81。

**表 2-30　2015 年牡丹江流域各断面浮游植物 Pielou 指数评价结果**

| Pielou 指数（2015） | 1月 | 2月 | 5月 | 6月 | 7月 | 8月 | 9月 | 10月 | 年平均 |
|---|---|---|---|---|---|---|---|---|---|
| 大山咀子 | 0.63 | 0.80 | 0.74 | 0.75 | 0.40 | 0.72 | 0.57 | 0.64 | 0.66 |
| 老鹄砬子 | 0.69 | 0.71 | 0.58 | 0.77 | 0.41 | 0.66 | 0.60 | 0.66 | 0.64 |
| 电视塔 | 0.63 | 0.69 | 0.66 | 0.74 | 0.48 | 0.69 | 0.66 | 0.64 | 0.65 |
| 果树场 | 0.66 | 0.70 | 0.74 | 0.77 | 0.46 | 0.64 | 0.68 | 0.67 | 0.67 |
| 西阁 | 0.75 | 0.73 | 0.69 | 0.75 | 0.44 | 0.71 | 0.66 | 0.57 | 0.66 |
| 温春大桥 | 0.61 | 0.63 | 0.70 | 0.79 | 0.48 | 0.67 | 0.63 | 0.66 | 0.65 |
| 海林桥 | 0.60 | 0.76 | 0.66 | 0.77 | 0.17 | 0.68 | 0.64 | 0.61 | 0.61 |
| 海林河口内 | 0.70 | 0.72 | 0.71 | 0.75 | 0.45 | 0.70 | 0.61 | 0.73 | 0.67 |
| 海浪 | 0.67 | 0.68 | 0.72 | 0.76 | 0.33 | 0.71 | 0.64 | 0.64 | 0.64 |
| 江滨大桥 | 0.70 | 0.68 | 0.69 | 0.79 | 0.43 | 0.69 | 0.62 | 0.65 | 0.66 |
| 桦林大桥 | 0.72 | 0.73 | 0.66 | 0.81 | 0.45 | 0.62 | 0.65 | 0.76 | 0.68 |
| 柴河大桥 | 0.67 | 0.69 | 0.74 | 0.80 | 0.46 | 0.67 | 0.68 | 0.71 | 0.68 |
| 群力 | 0.65 | 0.76 | 0.75 | 0.71 | 0.33 | 0.66 | 0.67 | 0.66 | 0.65 |
| 三道 | 0.73 | 0.78 | 0.72 | 0.75 | 0.36 | 0.61 | 0.68 | 0.60 | 0.65 |
| 大坝 | 0.72 | 0.73 | 0.58 | 0.72 | 0.40 | 0.61 | 0.67 | 0.67 | 0.64 |
| 龙爪 | 0.71 | 0.74 | 0.69 | 0.74 | 0.33 | 0.66 | 0.72 | 0.69 | 0.66 |
| 东关 | 0.71 | 0.71 | 0.67 | 0.73 | 0.52 | 0.69 | 0.71 | 0.69 | 0.68 |

续表

| Pielou 指数(2015) | 1月 | 2月 | 5月 | 6月 | 7月 | 8月 | 9月 | 10月 | 年平均 |
|---|---|---|---|---|---|---|---|---|---|
| 花脸沟 | 0.73 | 0.76 | 0.58 | 0.75 | 0.52 | 0.57 | 0.63 | 0.68 | 0.65 |
| 小石河 | 0.26 | 0.68 | 0.72 | 0.70 | 0.31 | 0.64 | 0.76 | 0.71 | 0.60 |
| 沙河 | 0.22 | 0.69 | 0.70 | 0.76 | 0.42 | 0.64 | 0.67 | 0.66 | 0.60 |
| 珠尔多河 | 0.43 | 0.75 | 0.69 | 0.75 | 0.37 | 0.67 | 0.67 | 0.70 | 0.63 |
| 大小夹吉河 | 0.41 | 0.74 | 0.67 | 0.76 | 0.41 | 0.63 | 0.70 | 0.69 | 0.63 |
| 尔站西沟河 | 0.39 | 0.74 | 0.71 | 0.74 | 0.40 | 0.66 | 0.66 | 0.72 | 0.63 |
| 马莲河 | 0.53 | 0.69 | 0.69 | 0.76 | 0.36 | 0.60 | 0.64 | 0.73 | 0.63 |
| 蛤蟆河 | 0.46 | 0.75 | 0.70 | 0.72 | 0.57 | 0.69 | 0.64 | 0.72 | 0.66 |
| 北安河 | 0.20 | 0.72 | 0.64 | 0.79 | 0.20 | 0.63 | 0.66 | 0.73 | 0.57 |
| 五林河 | 0.00 | 0.77 | 0.71 | 0.81 | 0.40 | 0.61 | 0.68 | 0.57 | 0.57 |
| 头道河 | 0.46 | 0.66 | 0.69 | 0.76 | 0.51 | 0.60 | 0.67 | 0.73 | 0.64 |
| 二道河子 | 0.32 | 0.66 | 0.73 | 0.76 | 0.49 | 0.68 | 0.67 | 0.70 | 0.63 |
| 三道河子 | 0.32 | 0.65 | 0.65 | 0.73 | 0.31 | 0.63 | 0.65 | 0.70 | 0.58 |
| 乌斯浑河 | 0.30 | 0.69 | 0.55 | 0.77 | 0.40 | 0.65 | 0.66 | 0.75 | 0.60 |
| 最大值 | 0.75 | 0.80 | 0.75 | 0.81 | 0.57 | 0.72 | 0.76 | 0.76 | 0.68 |
| 最小值 | 0.00 | 0.63 | 0.55 | 0.70 | 0.17 | 0.57 | 0.57 | 0.57 | 0.57 |
| 流域平均 | 0.53 | 0.72 | 0.68 | 0.76 | 0.41 | 0.65 | 0.66 | 0.68 | 0.64 |

2015 年 Margalef 指数显示（表 2-31），流域各月份平均 Margalef 指数均在 1.9 以上，流域全年 Margalef 指数平均值为 2.7，勉强达到了标准清洁水平；尤其是 6 月、7 月和 8 月，这三个月份 31 个采样点都处于清洁状况。与其他月份比较，1 月份、5 月份和 10 月份均以重度污染为主要特征，而 2 月份和 9 月份以中度污染为主要特征。从各断面年均值来看，Margalef 指数介于 2.6～2.8 之间，处于中度污染的状态，各断面变化幅度较小。从单次评价结果来看，1 月份最低值发生在大山咀子和马莲河断面，评价结果为 1.6，这也是全年的最低值，处于重度污染水平。2 月份、6 月份和 10 月份各断面清洁程度基本处于标准清洁和中度污染的交界状态，而且以中度污染断面居多。单次最清洁时间和断面发生在 7 月份的五林河，评价结果为 5.0。群落物种多样性是群落组织独特的生物学特征，它反映了群落特有的物种组成和个体密度特征。

**表 2-31　2015 年牡丹江流域各断面浮游植物 Margalef 指数评价结果**

| Margalef 指数(2015) | 1月 | 2月 | 5月 | 6月 | 7月 | 8月 | 9月 | 10月 | 年平均 |
|---|---|---|---|---|---|---|---|---|---|
| 大山咀子 | 1.6 | 2.0 | 1.9 | 3.4 | 3.8 | 3.2 | 2.9 | 1.9 | 2.6 |
| 老鹄砬子 | 1.8 | 2.1 | 1.9 | 3.5 | 3.8 | 3.3 | 3.0 | 1.9 | 2.7 |
| 电视塔 | 1.8 | 2.1 | 1.9 | 3.4 | 4.7 | 3.3 | 2.9 | 1.9 | 2.8 |
| 果树场 | 1.8 | 2.1 | 1.8 | 3.4 | 4.4 | 3.2 | 3.0 | 1.9 | 2.7 |

续表

| Margalef指数(2015) | 1月 | 2月 | 5月 | 6月 | 7月 | 8月 | 9月 | 10月 | 年平均 |
|---|---|---|---|---|---|---|---|---|---|
| 西阁 | 1.7 | 2.0 | 1.9 | 3.4 | 3.9 | 3.2 | 3.0 | 2.0 | 2.6 |
| 温春大桥 | 1.8 | 2.1 | 1.9 | 3.4 | 4.2 | 3.2 | 2.9 | 1.9 | 2.7 |
| 海林桥 | 1.9 | 2.0 | 1.9 | 3.5 | 3.8 | 3.4 | 2.9 | 1.9 | 2.7 |
| 海林河口内 | 1.7 | 2.1 | 1.9 | 3.4 | 4.1 | 3.3 | 3.0 | 1.8 | 2.7 |
| 海浪 | 1.8 | 2.1 | 1.9 | 3.4 | 4.2 | 3.3 | 3.0 | 2.0 | 2.7 |
| 江滨大桥 | 1.8 | 2.1 | 1.9 | 3.4 | 3.9 | 3.3 | 2.9 | 1.9 | 2.7 |
| 桦林大桥 | 1.8 | 2.0 | 2.0 | 3.4 | 4.0 | 3.4 | 2.9 | 1.9 | 2.7 |
| 柴河大桥 | 1.8 | 2.1 | 1.9 | 3.4 | 4.5 | 3.3 | 2.9 | 1.8 | 2.7 |
| 群力 | 1.8 | 2.0 | 1.9 | 3.4 | 3.8 | 3.2 | 2.9 | 1.9 | 2.6 |
| 三道 | 1.7 | 2.0 | 1.9 | 3.4 | 4.3 | 3.3 | 2.9 | 2.0 | 2.7 |
| 大坝 | 1.8 | 2.0 | 2.0 | 3.5 | 4.1 | 3.2 | 2.9 | 1.9 | 2.7 |
| 龙爪 | 1.8 | 2.1 | 1.9 | 3.4 | 4.3 | 3.2 | 2.9 | 1.9 | 2.7 |
| 东关 | 1.7 | 2.0 | 1.9 | 3.4 | 4.1 | 3.3 | 2.9 | 2.1 | 2.7 |
| 花脸沟 | 1.7 | 2.0 | 2.0 | 3.4 | 4.1 | 3.3 | 3.2 | 2.1 | 2.7 |
| 小石河 | 2.0 | 2.1 | 1.9 | 3.4 | 4.1 | 3.3 | 2.8 | 1.9 | 2.7 |
| 沙河 | 2.0 | 2.1 | 1.9 | 3.4 | 4.7 | 3.2 | 2.9 | 1.9 | 2.8 |
| 珠尔多河 | 1.8 | 2.0 | 2.0 | 3.4 | 3.8 | 3.6 | 2.9 | 1.9 | 2.7 |
| 大小夹吉河 | 1.9 | 2.0 | 1.9 | 3.4 | 4.1 | 3.3 | 2.9 | 1.9 | 2.7 |
| 尔站西沟河 | 2.1 | 2.0 | 1.9 | 3.4 | 4.3 | 3.3 | 2.9 | 1.9 | 2.7 |
| 马莲河 | 1.6 | 2.1 | 2.1 | 3.4 | 4.4 | 3.4 | 3.0 | 1.9 | 2.7 |
| 蛤蟆河 | 2.1 | 2.0 | 1.9 | 3.5 | 4.6 | 3.2 | 2.9 | 1.9 | 2.8 |
| 北安河 | 2.1 | 2.0 | 1.9 | 3.4 | 3.9 | 3.3 | 2.9 | 1.9 | 2.7 |
| 五林河 | 2.1 | 2.0 | 1.9 | 3.4 | 5.0 | 3.3 | 2.9 | 1.9 | 2.8 |
| 头道河 | 2.0 | 2.1 | 1.9 | 3.4 | 4.2 | 3.3 | 2.9 | 1.9 | 2.7 |
| 二道河子 | 2.4 | 2.1 | 1.9 | 3.4 | 4.2 | 3.2 | 2.9 | 1.9 | 2.8 |
| 三道河子 | 1.9 | 2.1 | 1.9 | 3.5 | 4.2 | 3.3 | 3.0 | 2.0 | 2.7 |
| 乌斯浑河 | 1.8 | 2.1 | 2.0 | 3.4 | 4.3 | 3.3 | 2.9 | 1.9 | 2.7 |
| 最大值 | 2.4 | 2.1 | 2.1 | 3.5 | 5.0 | 3.6 | 3.2 | 2.1 | 2.8 |
| 最小值 | 1.6 | 2.0 | 1.8 | 3.4 | 3.8 | 3.2 | 2.8 | 1.8 | 2.6 |
| 流域平均 | 1.9 | 2.1 | 1.9 | 3.4 | 4.2 | 3.3 | 2.9 | 1.9 | 2.7 |

图 2-15 和图 2-16 为 2014 年和 2015 年各月份生物多样性评价结果。

从图 2-15 和图 2-16 反映的牡丹江流域各月份生物多样性的总体趋势来看，牡丹江流域 Shannon-Wiener 多样性指数、Pielou 均匀度指数和 Margalef 指数均表现为：夏季＞春季＞

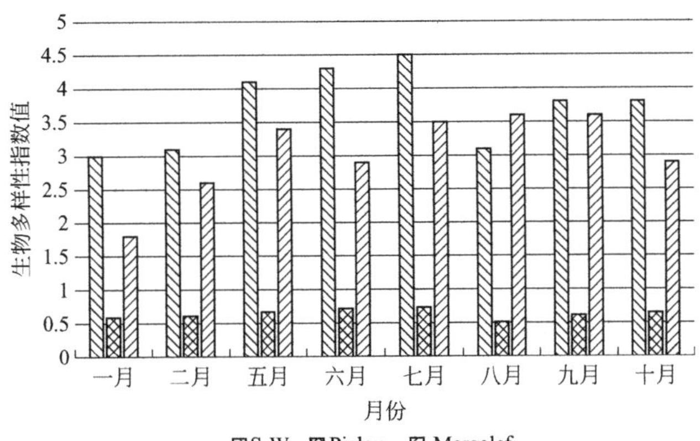


图 2-15 牡丹江流域 2014 年各月份生物多样性评价结果

注：S-W 为 Shannon-Wiener 指数。

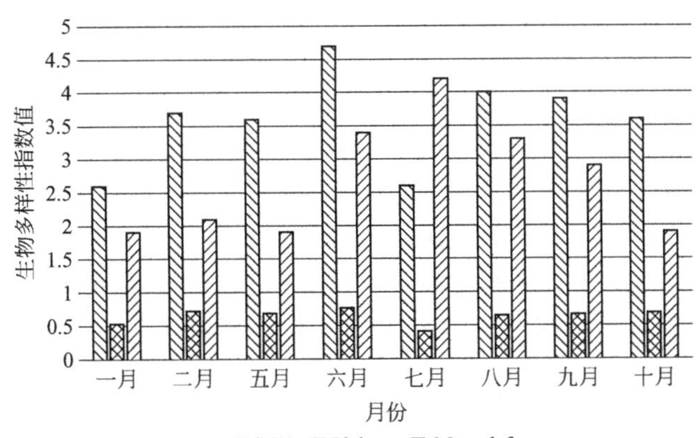


图 2-16 牡丹江流域 2015 年各月份生物多样性评价结果

注：S-W 为 Shannon-Wiener 指数。

秋季＞冬季。若按多样性来对水体质量状况进行评价，则夏季水质要优于其他季节。这主要是因为春季的温度虽然适宜硅藻的大量生长，造成硅藻数量上升的一个高峰，但由于东北的气温较低，抑制了蓝藻、绿藻的快速生长。而在夏季温度较春季有明显升高，水源又有了新的补给，较容易促使硅藻、绿藻、蓝藻的种类增加并大量繁殖，因而其多样性也相应升高了。秋季的水温容易给硅藻的生长带来次高峰，但已经不如春季的明显。冬季的多样性指数相对而言是最低的，因为气温较冷，浮游植物的种类大大下降，造成了浮游植物多样性较低。

调查期间，水质整体趋势以标准清洁为主。

### 2.4.3 鱼类资源调查

鱼类作为河流生态系统食物链的末端，能较好地反映河流综合生态条件。黑龙江历史上鱼类繁多，有“三花五罗十八子七十二杂鱼”之称。牡丹江历史上曾以丰富的鱼类资源而闻名，但近年来其鱼类资源呈下降趋势。主要原因是人类过量捕捞以及水质严重下降，水电站建设带来的各种生态变化对部分鱼类也有较大影响。

#### 2.4.3.1 鱼类资源的文献调研

松花江流域内渔业资源大体分为17科共110种，其中鲤科就有64种。鲤科是该流域内渔业资源的主体，并且鲤科中大部分鱼类经济价值较高，占主要经济鱼类的50%以上，自然地成为经济鱼类的主体。松花江水系主要经济鱼类有：鲫、鲤、草鱼、黄姑子、花鲢、白鲢、白鱼、红尾、鲶鱼、黑鱼、黄颡鱼、鳜等。

松花江水系渔业资源丰富，作为其支流的牡丹江流域境内鱼类有54类，隶属15科45属，主要鱼类有鲫、鲤、鲶、鲢等，人工养殖鱼有鲭、鲢、滩头、红鲤、镜鲤等品种。

牡丹江地区属于半山区，水资源丰富，特别是高山堰塞湖——镜泊水系很多，是黑龙江水资源最丰富的地区，是发展渔业的理想之乡。牡丹江市的淡水鱼有100多种，其中较为珍稀的有20余种。牡丹江水系鱼类资源丰富，是鱼类天然的栖息地，是重要的渔业区。部分学者对牡丹江流域，包括镜泊湖在内的鱼类资源进行了调查。金志文等于2007年3月—2009年7月，利用网捕、专访周边农户、贸易调查、市场走访、标本采集等形式对牡丹江的鱼类资源进行了调查，调查共记录鱼类37种，隶属于6目13科，占黑龙江省鱼类总种数(97种)的38.14%。其中主要的经济鱼类有14种，占被调查的37.84%。牡丹江鱼类组成中，鲤形目鱼类最多，为23种，占62.16%，是牡丹江鱼类的主体。在种类组成上，经济鱼类如鲤、鲫、红鳍鲌等出现率最高，为牡丹江的优势种。调查结果表明，牡丹江的鱼类资源有减少的趋势，部分名优鱼类濒临灭绝。主要原因是过度捕捞、上游农田大量使用农药和化肥，城市排污对水环境污染等，资源量急剧下降。

黑龙江的“三花五罗十八子”，是黑龙江比较名贵的鱼类，牡丹江鱼类组成中“三花”都有。“三花”即鳊花，学名长春鳊；鳌花，学名鳜鱼；鲫花，学名鲫鱼；“五罗”只有2种，即哲罗，学名哲罗鲑，是世界稀有冷水鱼种之一；法罗，学名三角鲂。雅罗、胡罗、铜罗有待进一步发现。“十八子”中有16种，说明牡丹江的优质鱼较多。优质鱼种对生态质量作用明显，生态分布及特征值得重点关注。可能作为优势物种（指示物种）的三花——鳊花、鳌花、鲫花；五罗——哲罗、法罗、雅罗、胡罗、铜罗等鱼类特征及图谱总结如下。

图 2-17 鳊花

鳊花（图 2-17），鳊（*Parabramis pekinensis*）属鲤形目，学名长春鳊，体侧扁，略呈菱形，在静水或流水中都能生长，一般在中、下层游动和摄食。幼鱼多栖居在水较浅的湖汊或水流缓慢的河湾内，幼鱼主要摄食藻类、浮游动物、水生昆虫的幼虫以及少量的水生植物碎片；成鱼一般在冬季和春初摄食藻类和浮游动物。生长速度缓慢，最大可到2kg以上。肉味鲜美，脂肪丰富，是我国重要的经济鱼类之一。

鳌花（图 2-18），鳜（*Siniperca chuatsi*）是鲈形目真鲈科鳜属的鱼类，俗称鳜鱼、花鲫鱼、桂鱼、季花鱼等，是中国特产的一种食用淡水鱼，体侧上部呈青黄色或橄褐色，有许多不规则暗棕色或黑色斑点和斑块，腹部灰白，背部隆起，口较大，下颌突出，背鳍一个，鱼鳞细小、呈圆形，性凶猛，肉食性。鳜鱼是名贵淡水可食鱼类，是我国“四大淡水名鱼”中的一种。

鲫花（图 2-19），鲫（*Carassius auratus*）鱼类的一种。属鲤形目，鲤科，鲤亚科，鲫属。鲫体侧扁而高，体长为体高的2.2～2.8倍，腹部圆，头较小，吻钝，口端位，无须，下咽齿侧扁。鲫鱼为广布、广适性鱼类，对各种生态环境具有很强的适应能力。

图 2-18 鳌花（鳜鱼）

图 2-19 鲫花（鲫鱼）

哲罗（图 2-20），哲罗鲑（*Hucho taimen*），是一种冷水性的淡水食肉鱼。哲罗鲑在国内主要分布于额尔齐斯河、黑龙江、乌苏里江等，为大型淡水鱼类，通常体长为 60～100cm，体重 3～5kg。哲罗鲑为冷水性鱼类，主要栖息于低温溪流湖泊中，冬季在江河深处越冬，每年 5—6 月产卵，以鱼、鼠、蛇及水鸟等为食。哲罗鲑主要分布在海拔较高的中纬度地区，水温多数在 20℃以下，水质较好，要清澈见底，水深为 0.5～2.0m（国内外的一些研究认为，适应于鱼类生存的最大水深下限约为鱼类体长的 3 倍），流速为 0.8～1.8m/s，河床需为砂砾石河床，在其产卵繁殖时对生境的要求尤其严格。因此，可在哲罗鲑产卵对生境要求的基础上探讨生态基流。

法罗（图 2-21），三角鲂（*Magalobrame Tarminalis*），属硬骨鱼纲，隶属鲤形目、鲤科、鲂鳊亚科、鲂属。三角鲂栖息于流水或静水的水域，属于水的中下层，喜在游泥质和生有沉水植物的敞水区育肥。对水质要求较高，清新的水质、较高的溶解氧是其生活的必需条件。气温超过 20℃时也到上层活动，气温低于 5℃时，行动缓慢，聚集在深水区石缝中过冬。三角鲂分布于黑龙江、松花江、乌苏里江、嫩江以及兴凯湖、镜泊湖等水域，但目前很少捕到。

图 2-20 哲罗（哲罗鲑）

图 2-21 法罗（三角鲂）

雅罗（图 2-22），雅罗鱼（*Leuciscus*），属于鲤科雅罗鱼亚科，约有 20 种。广泛分布于欧、亚大陆冷温带平原地区的江河湖泊中。多数种类幼鱼以浮游动物为食，成鱼以底栖水生昆虫或底栖无脊椎动物为主食，有时也吃小鱼、陆生昆虫或藻类。

胡罗（图 2-23），白条鱼（*Hemiculter leucisculus*），中文别称：条、鲦、子、白鲦、餐条、餐子，为重要的淡水经济鱼类。

图 2-22　雅罗（雅罗鱼）

图 2-23　胡罗（白条鱼）

铜罗（图 2-24），黄姑鱼（*Nibea albiflora*），铜罗鱼因其体表肤色有差异而分白铜罗和黑铜罗。

图 2-24　铜罗（黄姑鱼）

#### 2.4.3.2　鱼类资源的现场调查

2013 年 5 月下旬在牡丹江沿岸，对江中的鱼类展开调研。主要调研方式为访谈渔民和问卷调查垂钓者（图 2-25），调研对象是牡丹江从镜泊湖到莲花湖江段的鱼类资源现状。访谈的渔民具有合法渔业捕捞证，且捕鱼为其家传职业，对江中鱼类的分布和历年变化情况非常了解；而问卷调查的垂钓者长期在牡丹江市区江段垂钓，对常见鱼类有清楚的认识。

(a) 访谈渔民

(b) 问卷调查垂钓者

图 2-25　牡丹江鱼类调查访谈

访谈与问卷调查中鱼类数量的结果整理见表2-32，其中经济价值鉴别参考了其他文献。

表2-32 牡丹江从镜泊湖到莲花湖江段鱼类资源量现状

| 目 | 科 | 种 | 数量 | 经济价值 |
|---|---|---|---|---|
| 鲑形目 Salmoniformes | 鲑科 Salmonidae | 哲罗鱼 *Huchotaimen* | — | +++ |
| | | 细鳞鱼 *Brachymystaxlenok* | + | +++ |
| | | 乌苏里白鲑 *Coregonusussuriensis* | + | +++ |
| | 胡瓜鱼科 Osmeridae | 公鱼 *Hypomesusolidus* | +++ | + |
| | 茴鱼科 Thymallinae | 黑龙江茴鱼 *Thymallusarcticusgrubei* | + | + |
| | 狗鱼科 Esocidae | 狗鱼 *Esoxreicherti* | ++ | ++ |
| 鲤形目 Cypriniformes | 鲤科 Cyprinidae | 雅罗鱼 *Louciscuswalockii* | + | +++ |
| | | 翘嘴红鲌 *Erythroculterilishaeformis* | + | +++ |
| | | 鲤鱼 *Cyprinus carpio* | +++ | +++ |
| | | 青鱼 *Mylopharyngodonpiceus* | + | ++ |
| | | 草鱼 *Ctenopharyngodonidellua* | + | +++ |
| | | 鲫鱼 *Carassiusauratusgibelio* | +++ | +++ |
| | | 鲫花 *Carassius auratus* | ++ | +++ |
| | | 黑龙江马口鱼 *Opsariichthysbidens* | + | ++ |
| | | 麦穗鱼 *Pseudorasboraparva* | ++ | + |
| | | 蛇鮈 *SaurogobiodabryiBleeker* | + | ++ |
| | | 银鲴 *Xonocyprjsmacrolopis* | + | ++ |
| | | 长春鳊 *Parabramispekinensis* | — | +++ |
| | | 蒙古红鲌 *Erythrocultermongolicus* | + | +++ |
| | | 红鳍鲌 *Cultererythropterus* | + | +++ |
| | | 黑龙江鳑鲏 *Rhodeussericeus* | +++ | + |
| | | 鲢鱼 *Hypophthalmichthysmolitrix* | + | +++ |
| | 鳅科 Cobitidae | 泥鳅 *Misgumusanguillicaudatus* | ++ | + |
| | | 花鳅 *Cobitistaenia* | + | + |
| 鲇形目 Siluriformes | 鲇科 Siluridae | 鲇鱼 *Parasilurusasotus* | + | +++ |
| | 鮠科 Bagridae | 黄颡鱼 *Pelteobagrusfulvidraco* | + | +++ |
| | | 乌苏里鮠 *Pseudobagrusussuriensis* | + | + |
| 鲈形目 Perciformes | 鮨科 Serranidae | 鳜鱼 *Sinipercachuatsi* | + | +++ |
| | 塘鳢科 Eletridae | 葛氏鲈塘鳢 *Percottusglohni* | + | ++ |
| | 鳢科 Channidae | 乌鳢 *Ophiocephalusargus* | + | ++ |

注：1."数量"列中，+++为优势种，++为常见种，+为稀有种，—为濒危种。
2."经济价值"列中，+++为大，++为一般，+为小。

调研结果表明，牡丹江从镜泊湖到莲花湖江段中，鲤鱼和鲫鱼是优势种，在垂钓和捕捞过程中最常见。而牡丹江上的名贵鱼类哲罗鲑在一系列梯级电站修筑前非常常见，现在受访谈渔民均表示该江段多年未见其踪影，仅在上游镜泊湖中偶尔能发现。同时世代以渔业为生的一户渔民回忆到，在牡丹江中游，修筑梯级电站前，繁殖季节能捕获到洄游产卵的大马哈鱼，修筑后已经绝迹。另外，牡丹江中比较名贵的鱼种，如长春鳊、黑龙江茴鱼、雅罗鱼、鳜鱼等，现存数量非常少，比起 20 世纪六七十年代已经大幅减少。值得一提的是，牡丹江中的鲫花（当地称为虫虫鱼）在之前有 10 年左右几乎消失，而最近几年又开始出现，数量有所回升。

根据渔民的描述，牡丹江上游的镜泊湖和下游的莲花湖中鱼量和种类均优于江中，从镜泊湖到莲花湖江段中许多鱼均源自上游镜泊湖。在访谈中，渔民认为牡丹江中鱼类数量和种类减少的原因是过量捕捞、大坝修筑、破坏河床以及水污染。

过量捕捞是鱼类总体数量和种类减少的最重要原因。江中的鱼肉质和口感均优于湖中鱼及养殖鱼，经济价值是驱使人类捕捞的第一要素。而鱼类作为一种自然资源，其捕捞需要许可证。20 世纪 90 年代以来，没有捕捞许可证的私人捕捞愈演愈烈，完全不顾鱼类的自然繁衍需求，渔网孔径越变越小，从粗网到细网，甚至有人用纱窗大小孔径的渔网捕鱼。据渔民回忆，1998 年左右莲花湖开始蓄水后，大量鱼类聚集在从镜泊湖到莲花湖江段中，经过多年的疯狂捕捞，该江段能打到的鱼变得异常稀少。过量捕捞是政府监管的失职，据渔民反映，政府监管渔业的部门人手不足，难以尽到管理职责。

大坝修筑也是鱼类种类减少的主要原因之一。牡丹江上的梯级电站修筑时没有考虑过鱼类的上下行，直接导致有生殖洄游行为的鱼类消失或濒危，如大马哈鱼和哲罗鲑。另外某些鱼类需要较高流速的生存环境，如鲫花，大坝的修筑改变了下游流态，使水生环境不利于这些鱼的生存。

河床破坏主要体现在对河沙的无序开采，改变了河床形态，而许多鱼生活在江底，地形形态的改变不利于其生存，且挖沙后的深坑使得污染物易积聚，不易被河水冲刷到下游。

另外，水污染直接导致某些对水质有较高要求的鱼类的消失。除河流级别本身对大型底栖动物群落结构的影响之外，牡丹江水力资源开发程度较高，河流水质受河滨城市的生产生活影响较大，底质受频繁的河床采砂活动扰动，河滨植物覆盖不足等因素，也在一定程度上导致了大型底栖动物的生物密度较低。

## 2.5 基于底栖动物的河流健康评价

牡丹江干支流生态环境受到污水排放、电站运行、无序采砂、过渡捕捞等多种人类活动的影响。利用 2013 年 9 月和 2014 年 9 月底栖动物的采样数据，对牡丹江干流及主要支流（海浪河和蛤蟆河）进行河流健康评价。采样数据共 51 个（干流 34 个，海浪河 9 个，蛤蟆河 8 个），评价范围为牡丹江干流镜泊湖至海浪河入江口、海浪河的敖头电站段、蛤蟆河卧龙至蛤蟆河入江口。

### 2.5.1 评价方法

采用 Karr 提出的底栖动物完整性指数（B-IBI）建立河流健康评价体系，对评价地点的河流健康程度进行评价。该方法的主要步骤包括：①提出候选生物学参数；②候选生物学指数判别能力分析；③候选生物学指数相关性分析；④建立计分标准；⑤建立基于 B-IBI 的河流健康评价体系。

参考有关文献，从群落丰富度特征、群落组成和摄食功能组成三个方面提出 28 个候选参数（见表 2-33），并根据以下原则对其各参数的判别能力进行分析，删选参数：①删除数值较小或变化范围较小的参数；②删除方差较大的参数；③删除随干扰的变化不单调的参数。对剩下的参数进行 Pearson 相关性分析（表 2-34），在多个相关性高的参数中取其中具有代表性的一个，以使得各参数反映的信息相对独立，减少重复。最终选择的参数为：M3、M5、M8、M12、M14、M15、M16、M18、M19、M23、M26。

**表 2-33 候选参数判别能力分析**

| 候选生物学参数 | | | 对干扰的反应 | 删选理由 |
|---|---|---|---|---|
| 群落丰富度特征 | M1 | 物种丰度 | 不单调 | 随干扰的变化不单调 |
| | M2 | 总分类单元数 | 不单调 | 随干扰的变化不单调 |
| | M3 | Shannon-Wiener 指数 | 减少 | |
| | M4 | EPT① 分类单元数 | 减少 | 方差太大 |
| | M5 | 寡毛纲分类单元数 | 增大 | |
| | M6 | 蜉蝣目分类单元数 | 减少 | 方差太大 |
| | M7 | 毛翅目分类单元数 | 减少 | 方差太大 |
| | M8 | 双翅目分类单元数 | 减少 | |
| | M9 | 鞘翅目分类单元数 | 减少 | 数值低 |
| | M10 | 钩虾科分类单元数 | 减少 | 数值低 |
| | M11 | 摇蚊科分类单元数目 | 增大 | |
| 物种组成 | M12 | EPT 数量所占比例 | 减少 | |
| | M13 | 优势物种数量所占比例 | 不单调 | 随干扰的变化不单调 |
| | M14 | 敏感物种数量所占比例 | 减少 | |
| | M15 | 耐污物种数量所占比例 | 增大 | |
| | M16 | 寡毛纲单元数量所占比例 | 增大 | |
| | M17 | 蜉蝣目单元数量所占比例 | 减少 | |
| | M18 | 毛翅目单元数量所占比例 | 减少 | |
| | M19 | 双翅目单元数量所占比例 | 减少 | |
| | M20 | 鞘翅目单元数量所占比例 | 减少 | 数值低 |
| | M21 | 钩虾科单元数量所占比例 | 减少 | 数值低 |
| | M22 | 摇蚊科单元数量所占比例 | 增大 | |
| 摄食功能组组成 | M23 | 刮食者数量所占比例 | 减少 | |
| | M24 | 捕食者数量所占比例 | 不单调 | 随干扰的变化不单调 |
| | M25 | 牧食收集者数量所占比例 | 不单调 | 随干扰的变化不单调 |
| | M26 | 滤食收集者数量所占比例 | 减少 | |
| | M27 | 撕食者数量所占比例 | 减少 | 变化范围小 |

① EPT：蜉蝣目、襀翅目、毛翅目生物的统称。

**表 2-34　候选参数 Pearson 相关性分析**

| | M3 | M5 | M8 | M11 | M12 | M14 | M15 | M16 | M17 | M18 | M19 | M22 | M23 | M26 |
|---|---|---|---|---|---|---|---|---|---|---|---|---|---|---|
| M3 | 1.00 | −0.24 | 0.73 | 0.73 | 0.36 | 0.69 | −0.11 | −0.31 | 0.76 | −0.15 | 0.15 | 0.13 | 0.34 | −0.25 |
| M5 | | 1.00 | −0.27 | −0.26 | −0.15 | −0.42 | 0.27 | 0.73 | −0.27 | 0.05 | −0.35 | −0.35 | 0.10 | 0.23 |
| M8 | | | 1.00 | 0.97 | 0.24 | 0.56 | −0.03 | −0.31 | 0.74 | −0.27 | 0.29 | 0.26 | 0.30 | −0.23 |
| M11 | | | | 1.00 | 0.26 | 0.58 | 0.00 | −0.31 | 0.79 | −0.27 | 0.27 | 0.28 | 0.34 | −0.24 |
| M12 | | | | | 1.00 | 0.58 | −0.57 | −0.44 | 0.47 | 0.75 | −0.27 | −0.24 | −0.11 | 0.62 |
| M14 | | | | | | 1.00 | −0.34 | −0.42 | 0.77 | 0.04 | 0.00 | −0.01 | 0.20 | −0.24 |
| M15 | | | | | | | 1.00 | 0.54 | −0.22 | −0.46 | 0.62 | 0.62 | −0.14 | −0.35 |
| M16 | | | | | | | | 1.00 | −0.33 | −0.22 | −0.25 | −0.28 | 0.03 | −0.09 |
| M17 | | | | | | | | | 1.00 | −0.20 | 0.02 | 0.04 | 0.36 | −0.20 |
| M18 | | | | | | | | | | 1.00 | −0.34 | −0.32 | −0.36 | 0.85 |
| M19 | | | | | | | | | | | 1.00 | 0.98 | −0.21 | −0.33 |
| M22 | | | | | | | | | | | | 1.00 | −0.20 | −0.32 |
| M23 | | | | | | | | | | | | | 1.00 | −0.31 |
| M26 | | | | | | | | | | | | | | 1.00 |

为排除极端值对评分的影响，采用比值法对各参数进行评分。对随干扰程度的增大而减小的参数，取采样数据的 95%分位值为最佳期望值，评分为实际值/最佳期望值；对随干扰程度的增大而增大的参数，取采样数据的 5%分位值为最佳期望值，评分为（最大值－实际值）/（最大值－最佳期望值）。计算结果超过 1 的分值取 1。干扰的大小以 Shannon-Wiener 指数为参考进行衡量，Shannon-Weiner 指数越低，则认为该点受到的干扰程度越大。B-IBI 值为各参数得分情况之和。

## 2.5.2　评价结果及分析

### 2.5.2.1　电站的影响

对牡丹江干流（镜泊湖至海浪河入口段）各采样点 B-IBI 值如表 2-35 和图 2-26 所示。评价结果表明，在牡丹江干流上，五七大桥、江西-渤海电站减水段、响水桥的健康程度最高；依兰村、长江村、共荣渡口的健康程度最低。在梯级电站下游的采样点，河流的健康状况普遍劣于上游，如红农电站下游、江西-渤海电站下游、石岩电站下游。石岩电站对下游的影响尤为显著，其下游的 B-IBI 值明显低于上游。

**表 2-35　牡丹江干流石岩电站上下游 B-IBI 值对比**

| 项目 | 牡丹江干流石岩电站上游 | 牡丹江干流石岩电站下游 |
|---|---|---|
| 采样点数 | 22 | 12 |
| 平均得分 | 5.269 | 3.405 |
| 最低得分 | 2.644 | 1.672 |
| 得分中位数 | 5.451 | 3.128 |
| 最高得分 | 7.434 | 6.000 |

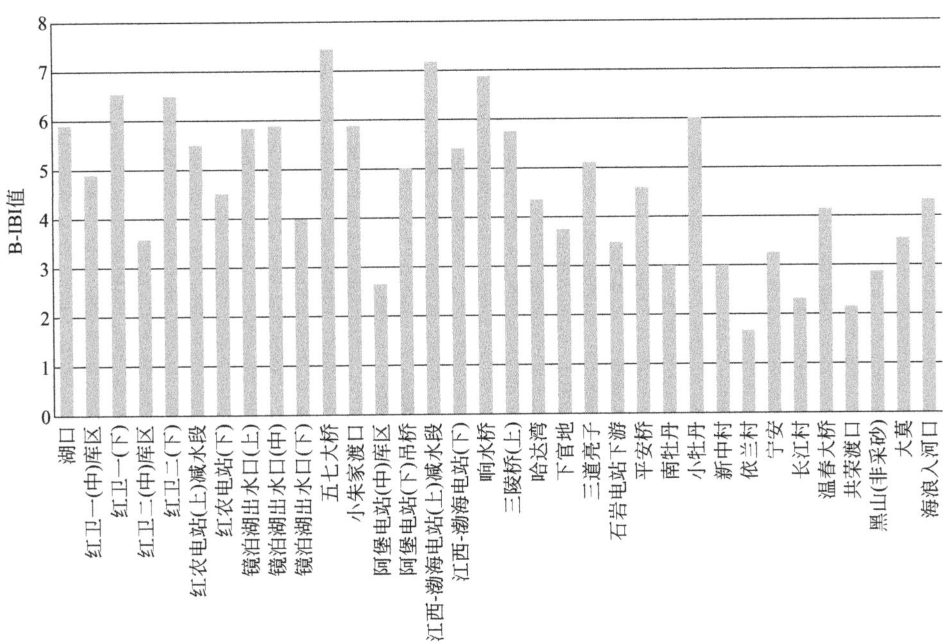


图 2-26 牡丹江干流（镜泊湖至海浪河入口段）各采样点 B-IBI 值

由于水深对采样的限制，库区内的采样点靠近人工挡水建筑物，因此，在个别电站库区的采样点健康状况也较差，如红卫二库区、红卫一库区、阿堡电站库区的健康状况均劣于下游。评价结果显示，梯级电站对河流健康有负面影响，电站的上下游均受其影响，健康状况较差。

#### 2.5.2.2 牡丹江干流和支流海浪河、蛤蟆河的健康状况比较

把各采样点按照所在江段分类，对其 B-IBI 指数平均得分、最低得分、得分中位数、最高得分进行对比（表 2-36）。健康程度最高的是海浪河，得分平均值为 6.878；最差的是蛤蟆河，得分平均值为 4.443，且所有采样点中得分最低的采样点也位于蛤蟆河（明星桥）。需要注意的是，牡丹江干流段和蛤蟆河的采样点分布比较均匀，而海浪河的采样点主要集中在敖头电站附近，代表性较差。总体来说，牡丹江干流的健康状况优于蛤蟆河。

**表 2-36 各江段 B-IBI 指数对比**

| 项目 | 牡丹江干流 | 海浪河 | 蛤蟆河 |
|---|---|---|---|
| 采样点数 | 34 | 9 | 8 |
| 平均得分 | 4.611 | 6.878 | 4.443 |
| 最低得分 | 1.672 | 5.416 | 0.878 |
| 得分中位数 | 4.544 | 7.398 | 5.134 |
| 最高得分 | 7.434 | 8.014 | 6.056 |

## 2.6 基于 DPSIR 模型的牡丹江水环境安全评价

### 2.6.1 DPSIR 模型基本原理

20 世纪 80 年代末，联合国经济合作开发署（OECD）与联合国环境规划署（UNEP）

首次共同提出了压力-状态-响应（PSR）模型，被广泛应用在生态环境研究方面，而后基于改进 PSR 模型的缺点，欧洲环境署则在 PSR 模型的基础上添加了驱动力和影响两类指标构成了 DPSIR 模型。

DPSIR 模型各指标因素密切关联，存在着驱动力（driving forces）→压力（pressure）→状态（state）→影响（impact）→响应（responses）的因果关系链，如图 2-27 所示。

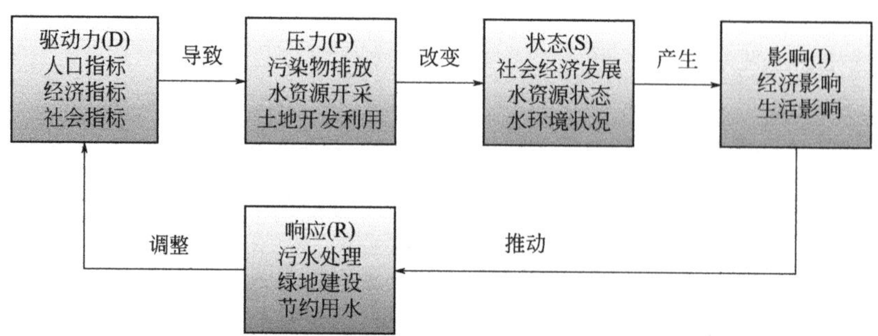


图 2-27　DPSIR 模型各类型关系图

在这五个生态环境安全的影响因子中，驱动力（D）是指由于人口与社会经济发展的需要而引起生态环境变化的潜在原因，包括人口密度、自然增长率，以及相关的农业、工业、资源、能源等因素的生产、消费、技术创新等。压力（P）指来自驱动力的对生态环境资源的需求和作用，如水资源开发利用、土地资源开发利用、能源开发利用、工农业及生活排放废水废气固体废物等对生态环境的作用。状态（S）主要指社会经济发展、水资源开发利用、水质、水生态等。影响（I）是指在状态因子的压力下原有生态环境系统发生的变化。响应（R）是指人类在感知影响后制订的促进可持续发展的对策和制度，如节水型社会建设、截污减排、增加绿化面积、提高资源利用率等，响应中包含的对策可以对驱动力、压力、影响都有相应的规范、限制作用，以减低对生态环境的破坏。

在每种类型中又包含若干种更为具体详细的指标，构成评价生态环境安全的指标体系。

该模型较系统客观地从引起评价对象变化的因素，即驱动力因素、压力因素方面，分析评价对象与这些驱动力、压力因素之间的相互作用关系，对在这些压力作用下的评价对象进行系统的评价，分析该评价对象的状态或可能的发展方向，预测该状态下的评价对象对与之相关的因素的影响，计算出各个相关因素对评价对象的影响程度。

DPSIR 模型能够在更加系统的角度上分析人类与生态环境的相互作用，也可以说 DPSIR 模型是为衡量生态环境及生态系统可持续发展而开发出来的。

将 DPSIR 模型应用于牡丹江市水环境安全评价，选取与城市水环境安全密切相关的评价指标体系，分析其相互作用及对水环境安全的影响程度，从而较为系统客观地分析牡丹江市水环境的状态或可能的发展方向，有针对性地提出改善问题的合理性建议。

### 2.6.2　牡丹江市水环境安全评价指标体系构建

根据上述水环境安全评价指标体系构建及指标选取原则，结合牡丹江市水环境现状的基本情况，选取与牡丹江水环境安全有关的 27 项指标因素，采用自上而下、逐层分解的方法构建一个四层水环境安全评价指标体系（表 2-37），定量分析人口、经济、环境、生态、水资源之间的相互作用和反馈机制。

**表 2-37 牡丹江市水环境安全评价指标体系**

| 目标层 O | 准则层 A | 要素层 B | 指标层 C | 单位 | 指标性质 |
|---|---|---|---|---|---|
| 水环境安全度 | 驱动力 A1 | 人口 B1 | 人口密度 C1 | 人/$km^2$ | 负向 |
| | | | 城市人口密度 C2 | 人/$km^2$ | 负向 |
| | | | 人口自然增长率 C3 | ‰ | 负向 |
| | | 经济 B2 | 人均 GDP C4 | 万元 | 负向 |
| | 压力 A2 | 供水压力 B3 | 人均日生活用水量 C5 | t | 负向 |
| | | | 城市全年供水总量 C6 | $10^4$t | 负向 |
| | | 环境压力 B4 | 废水排放总量 C7 | $10^4$t | 负向 |
| | | | 化学需氧量排放量 C8 | t | 负向 |
| | | | 氨氮排放量 C9 | t | 负向 |
| | | 生产压力 B5 | 化肥施用折纯量 C10 | (折纯)$10^4$t | 负向 |
| | | | 生活垃圾无害化处理率 C11 | % | 正向 |
| | | | 工业固体废物综合利用率 C12 | % | 正向 |
| | 状态 A3 | 社会发展状况 B6 | 城镇居民恩格尔系数 C13 | | 正向 |
| | | 水资源状况 B7 | 水资源总量 C14 | $10^8m^3$ | 正向 |
| | | | 城市用水普及率 C15 | % | 正向 |
| | | | 年末供水综合生产能力 C16 | $10^4$t/d | 正向 |
| | | 水质状况 B8 | 城市饮用水水源地水质达标率 C17 | % | 正向 |
| | | | 水功能区水质达标率 C18 | % | 正向 |
| | | 水生态状况 B9 | 生物多样性指数 C19 | 无量纲 | 正向 |
| | 影响 A4 | 经济影响 B10 | 工业生产总值 C20 | 亿元 | 负向 |
| | | | 农、林、牧、渔业总产值 C21 | 亿元 | 负向 |
| | | 生活影响 B11 | 人均水资源占有量 C22 | $m^3$/人 | 负向 |
| | 响应 A5 | 环境响应 B12 | 建成区绿化覆盖率 C23 | % | 正向 |
| | | | 人均公园绿地面积 C24 | $m^2$ | 正向 |
| | | 污水处理响应 B13 | 建成区排水管道密度 C25 | km/$km^2$ | 正向 |
| | | | 污水处理率 C26 | % | 正向 |
| | | 节水响应 B14 | 有效灌溉面积比例 C27 | % | 正向 |

注：正向指标表示的含义为：指标值评价结果占评价标准的比例越大，对评价结果影响越好。负向指标表示的含义为：指标值评价结果占评价标准的比例越小，对评价结果影响越好。

具体而言，选择牡丹江市整体水环境安全指数作为第 1 层，即目标层（O），用来指示牡丹江市水环境安全的总体水平。

第 2 层为准则层（A），包括驱动力（D）、压力（P）、状态（S）、影响（I）和响应（R）5 大类指标。每个准则层都代表不同的过程，包含不同的指标。5 个准则层相结合可较为全面地反映水环境系统受到社会经济与人类活动的影响、现有的环境状况以及应当采取的积极措施。

第 3 层为要素层（B），即按照不同的环境要素类型进行的分层。

第 4 层为指标层（C），该指标体系选取的 27 项指标能够较全面地反映牡丹江市水环境安全影响因素，且指标数据易于取得，意义明确，便于推广应用。

查找相关数据资料，对 2010—2014 年牡丹江市水环境安全度进行评价。资料来源包括《黑龙江省统计年鉴》《牡丹江市国民经济和社会发展统计公报》《黑龙江省环境状况公报》《牡丹江市环境质量公报》《牡丹江市固体废物污染环境防治信息公告》《中国城市统计年鉴》以及相关规划、研究成果、学术成果等。2010—2014 年牡丹江市水环境安全评价指标统计数据见表 2-38。

**表 2-38　2010—2014 年牡丹江市水环境安全评价指标统计数据**

| 准则层 A | 要素层 B | 指标层 C | 2010 | 2011 | 2012 | 2013 | 2014 |
|---|---|---|---|---|---|---|---|
| 驱动力 A1 (0.15) | B1 | C1 | 69 | 69 | 67 | 68.3 | 66 |
| | | C2 | 8180 | 8214 | 8226 | 8014 | 7768 |
| | | C3 | 0.09 | −1.28 | 0.31 | 1.28 | 0.25 |
| | B2 | C4 | 2.75 | 3.37 | 3.92 | 4.21 | 4.52 |
| 压力 A2 (0.15) | B3 | C5 | 94.2 | 104 | 102.7 | 92.4 | 106.9 |
| | | C6 | 43592 | 22837 | 22711 | 22374.2 | 23804.1 |
| | B4 | C7 | 9463 | 7203.9 | 9672 | 9162 | 8512.8 |
| | | C8 | 54600 | 53385.1 | 51218.1 | 48995.9 | 48565.17 |
| | | C9 | 5430 | 5630.3 | 5168.1 | 4951.6 | 4893.3 |
| | B5 | C10 | 7.6107 | 7.8034 | 8.1444 | 8.4758 | 8.766 |
| | | C11 | 100 | 100 | 97.5 | 100 | 98 |
| | | C12 | 96.37 | 96.45 | 97.99 | 100 | 61 |
| 状态 A3 (0.3) | B6 | C13 | 34.9 | 38.7 | 36.6 | 36.7 | 28.6 |
| | B7 | C14 | 110.38 | 76.02 | 92.14 | 133.3 | 116.8 |
| | | C15 | 92.1 | 92.4 | 95.7 | 96.1 | 94.9 |
| | | C16 | 130.2 | 130.2 | 130.3 | 128 | 123 |
| | B8 | C17 | 100 | 100 | 100 | 100 | 91.5 |
| | | C18 | 80 | 80 | 85.7 | 100 | 100 |
| | B9 | C19 | 2.64 | 1.94 | 2.25 | 2.97 | 2.43 |
| 影响 A4 (0.2) | B10 | C20 | 446.4 | 592.4 | 725.1 | 868.2 | 941.9 |
| | | C21 | 201.79 | 250.19 | 307.95 | 320.28 | 348.27 |
| | B11 | C22 | 4105 | 2845 | 3549 | 5028 | 4552 |
| 响应 A5 (0.2) | B12 | C23 | 38.6 | 39.2 | 38.8 | 38.8 | 37.6 |
| | | C24 | 10.5 | 10.5 | 10.6 | 10.7 | 11.2 |
| | B13 | C25 | 5.09 | 5.09 | 5.00 | 4.96 | 5.28 |
| | | C26 | 21.50 | 43.30 | 37.74 | 39.84 | 85.76 |
| | B14 | C27 | 11.22 | 12.59 | 13.39 | 13.09 | 13.02 |

### 2.6.3 指标等级划分

标准值的确定是做好评价工作的一个关键，标准值的合适与否直接影响到评价结果的好坏，标准值的选取可归纳为以下 4 类：

① 已有国家或国际标准的标准值（较优级别的标准值为安全值，较劣级别的为不安全值）；

② 国家或研究地区的发展规划和环境保护计划目标；

③ 国内外发达地区具有的现状值或趋势外推值（安全值参考国内平均水平和国内外现处于领先水平的城市安全值，不安全值采用国内或国际公认的较劣值）；

④ 对那些没有任何标准可供参考的指标，根据专家的研究成果或经验、研究区域的均值或者峰值作为标准结果。

在获取相应的水环境评价指标体系原始数值后，为了更加清晰明确地判断牡丹江市水环境安全度等级，立足我国国情，借鉴相关研究成果，结合牡丹江市水资源和水环境的实际情况，给出牡丹江市水环境安全评价指标的参考最劣取值和最优取值，这两个值在牡丹江市水环境安全评价等级计算中，则分别对应该指标相对于Ⅰ级、Ⅴ级的评价标准临界值。依据牡丹江市水环境安全度的评价标准临界值，将牡丹江市水环境安全度依次划分为Ⅰ级、Ⅱ级、Ⅲ级、Ⅳ级、Ⅴ级 5 个评价等级，这 5 个评价等级在水环境安全度的计算中依次代表了牡丹江市水环境安全度的等级为很不安全、较不安全、基本安全、良好、理想 5 个水平，这 5 个等级标准能较为准确地反映出牡丹江市水环境安全度，各等级数值范围见表 2-39。相应于这 5 个评价等级，牡丹江市水环境安全评价指标等级与标准见表 2-40。

**表 2-39　牡丹江市水环境安全度等级划分**

| 等级 | 安全级别 | 等级范围 | 状态描述 |
|---|---|---|---|
| Ⅰ级 | 很不安全 | 0～0.2 | 生态环境遭受严重破坏，不适宜人类生存发展，生态系统已失去功能并且无法恢复 |
| Ⅱ级 | 较不安全 | 0.2～0.4 | 生态环境遭受破坏，勉强满足人类生存发展，生态功能退化且恢复困难 |
| Ⅲ级 | 基本安全 | 0.4～0.6 | 生态系统脆弱，基本满足人类生存发展，有一定的生态问题且无法承受较大干扰 |
| Ⅳ级 | 良好 | 0.6～0.8 | 生态系统较完善，较适宜人类生存发展，生态环境较好且能承受一定的干扰 |
| Ⅴ级 | 理想 | 0.8～1.0 | 生态系统功能结构完整，生态环境优越，适宜人类生存发展，系统再生能力强 |

**表 2-40　牡丹江市水环境安全评价指标等级与标准**

| 指标层 C | 单位 | Ⅰ级 | Ⅱ级 | Ⅲ级 | Ⅳ级 | Ⅴ级 |
|---|---|---|---|---|---|---|
| 人口密度 C1 | 人/$km^2$ | 110 | 90 | 70 | 50 | 30 |
| 城市人口密度 C2 | 人/$km^2$ | 12000 | 10000 | 8000 | 6000 | 4000 |
| 人口自然增长率 C3 | ‰ | 0.9 | 0.7 | 0.5 | 0.3 | 0.1 |
| 人均 GDP C4 | 万元 | 12 | 8 | 4 | 2 | 1 |

续表

| 指标层C | 单位 | Ⅰ级 | Ⅱ级 | Ⅲ级 | Ⅳ级 | Ⅴ级 |
|---|---|---|---|---|---|---|
| 人均日生活用水量C5 | t | 160 | 140 | 120 | 100 | 80 |
| 城市全年供水总量C6 | $10^4$t | 50000 | 40000 | 30000 | 20000 | 10000 |
| 废水排放总量C7 | $10^4$t | 15000 | 12000 | 9000 | 6000 | 3000 |
| 化学需氧量排放量C8 | t | 90000 | 70000 | 50000 | 30000 | 10000 |
| 氨氮排放量C9 | t | 9000 | 7000 | 5000 | 3000 | 1000 |
| 化肥施用折纯量C10 | (折纯)$10^4$t | 12 | 10 | 8 | 6 | 4 |
| 生活垃圾无害化处理率C11 | % | 60 | 70 | 80 | 90 | 100 |
| 工业固体废物综合利用率C12 | % | 60 | 70 | 80 | 90 | 100 |
| 城镇居民恩格尔系数C13 | 无量纲 | 59 | 50 | 40 | 30 | 25 |
| 水资源总量C14 | $10^8m^3$ | 30 | 60 | 90 | 120 | 150 |
| 城市用水普及率C15 | % | 80 | 85 | 90 | 95 | 100 |
| 年末供水综合生产能力C16 | $10^4$t/d | 60 | 80 | 100 | 120 | 140 |
| 城市饮用水水源地水质达标率C17 | % | 88 | 91 | 94 | 97 | 100 |
| 水功能区水质达标率C18 | % | 20 | 40 | 60 | 80 | 100 |
| 生物多样性指数C19 | 无量纲 | 0 | 1 | 2 | 3 | 4 |
| 工业生产总值C20 | 亿元 | 1600 | 1300 | 1000 | 700 | 400 |
| 农、林、牧、渔业总产值C21 | 亿元 | 600 | 500 | 400 | 300 | 200 |
| 人均水资源占有量C22 | $m^3$/人 | 6000 | 5000 | 4000 | 3000 | 2000 |
| 建成区绿化覆盖率C23 | % | 25 | 30 | 35 | 40 | 45 |
| 人均公园绿地面积C24 | $m^2$ | 6 | 8 | 10 | 12 | 14 |
| 建成区排水管道密度C25 | $km/km^2$ | 3 | 4 | 5 | 6 | 7 |
| 污水处理率C26 | % | 50 | 60 | 70 | 80 | 90 |
| 有效灌溉面积比例C27 | % | 7 | 9 | 11 | 13 | 15 |

### 2.6.4 权重值计算

(1) 熵值法确定指标权重值

熵是系统无序程度的度量，可以用于度量已知数据所包含的有效信息量和确定权重，在水质评价中得到了广泛的应用。在水质评价中，通过对熵的计算确定权重，就是根据各项监测指标值的差异程度，确定各指标的权重。当各评价对象的某项指标值相差较大时，熵值较小，说明该指标提供的有效信息量较大，其权重也应较大；反之，若某项指标值相差较小，熵值较大，说明该指标提供的信息量较小，其权重也应较小。

熵值法是一种客观赋权法。用熵值法确定指标权重值时，首先需对所要评价的指标原始值进行标准化处理，然后确定某一个评价指标的熵定义值和各指标的差异性系数，从而得出某项指标的熵权值。根据计算出的指标熵权值分析该项指标占评价标准的比例，得出该项指标因子对评价结果的影响程度。

① 指标的无量纲化处理 获取评价指标的原始数据，根据评价指标的性质，应用式（2-6）和式（2-7）对数据进行标准化处理。

当 $X_{ij}$ 为正向指标时：

$$Y_{ij}=\frac{X_{ij}-X_{min}}{X_{max}-X_{min}} \tag{2-6}$$

当 $X_{ij}$ 为负向指标时：

$$Y_{ij}=\frac{X_{max}-X_{ij}}{X_{max}-X_{min}} \tag{2-7}$$

式中，$X_{ij}$ 为第 $i$ 年份第 $j$ 项指标的原始数值；$Y_{ij}$ 为第 $i$ 年份第 $j$ 项指标 $X_{ij}$ 的标准化值；$X_{max}$ 为该项指标的参考最优取值；$X_{min}$ 为该项指标的参考最劣取值。

根据表 2-38 所列出的 2010—2014 年牡丹江市水环境安全评价的各项评价指标的原始数值和表 2-40 列出的评价牡丹江市水环境安全所选取的各项指标的等级参考值，各项指标标准化数值如 $Y_{ij}$ 矩阵。

$Y_{ij}=$

| 指标层 | 2010 | 2011 | 2012 | 2013 | 2014 |
|---|---|---|---|---|---|
| C1 | 0.5093 | 0.5148 | 0.5392 | 0.5215 | 0.5489 |
| C2 | 0.4775 | 0.4733 | 0.4718 | 0.4983 | 0.5290 |
| C3 | 1.0000 | 1.0000 | 1.0000 | 0.9650 | 1.0000 |
| C4 | 0.1591 | 0.2155 | 0.2655 | 0.2918 | 0.3200 |
| C5 | 0.8225 | 0.7000 | 0.7163 | 0.8450 | 0.6638 |
| C6 | 0.1602 | 0.6791 | 0.6822 | 0.6906 | 0.6549 |
| C7 | 0.4614 | 0.6497 | 0.4440 | 0.4865 | 0.5406 |
| C8 | 0.4425 | 0.4577 | 0.4848 | 0.5126 | 0.5179 |
| C9 | 0.4463 | 0.4212 | 0.4790 | 0.5061 | 0.5133 |
| C10 | 0.5487 | 0.5246 | 0.4820 | 0.4405 | 0.4043 |
| C11 | 1.0000 | 1.0000 | 0.9375 | 1.0000 | 0.9500 |
| C12 | 0.9093 | 0.9113 | 0.9498 | 1.0000 | 0.0250 |
| C13 | 0.2912 | 0.4029 | 0.3412 | 0.3441 | 0.1059 |
| C14 | 0.6698 | 0.3835 | 0.5178 | 0.8608 | 0.7233 |
| C15 | 0.6050 | 0.6200 | 0.7850 | 0.8050 | 0.7450 |
| C16 | 0.8775 | 0.8775 | 0.8788 | 0.8500 | 0.7875 |
| C17 | 1.0000 | 1.0000 | 1.0000 | 1.0000 | 0.2917 |
| C18 | 0.7500 | 0.7500 | 0.8213 | 1.0000 | 1.0000 |
| C19 | 0.6600 | 0.4850 | 0.5625 | 0.7425 | 0.6075 |
| C20 | 0.9613 | 0.8397 | 0.7291 | 0.6098 | 0.5484 |
| C21 | 0.9955 | 0.8745 | 0.7301 | 0.6993 | 0.6293 |
| C22 | 0.4738 | 0.7887 | 0.6127 | 0.2429 | 0.3620 |
| C23 | 0.6800 | 0.7100 | 0.6900 | 0.6900 | 0.6300 |
| C24 | 0.5625 | 0.5625 | 0.5750 | 0.5875 | 0.6500 |
| C25 | 0.5214 | 0.5214 | 0.5000 | 0.4888 | 0.5706 |
| C26 | 0.0001 | 0.0001 | 0.0001 | 0.0001 | 0.8941 |
| C27 | 0.5270 | 0.6984 | 0.7984 | 0.7607 | 0.7522 |

② 计算指标 $X_{ij}$ 的比重 $P_{ij}$

$$P_{ij}=\frac{Y_{ij}}{\sum Y_{ij}} \tag{2-8}$$

③ 计算第 $j$ 项指标的熵值 $e_j$

$$e_j=-k\sum(P_{ij}\ln P_{ij}) \tag{2-9}$$

式中，$0\leqslant e_j\leqslant 1$；$k$ 为常数；$n$ 为指标个数。

④ 计算第 $j$ 项指标的权重值 $g_j$

$$g_j=1-e_j \tag{2-10}$$

式中，$0\leqslant g_j\leqslant 1$。

⑤ 确定第 $j$ 个指标的熵权值 $W_j$

$$W_j=\frac{g_j}{\sum g_j} \tag{2-11}$$

式中，$0\leqslant W_j\leqslant 1$，$\Sigma W_j=1$。

熵权值计算结果见表 2-41。

**表 2-41 熵权值计算结果统计表**

| 指标层 | 比重 $P_{ij}$ | | | | | 熵值 $e_j$ | 权重值 $g_j$ | 熵权值 $W_j$ |
|---|---|---|---|---|---|---|---|---|
| | 2010 | 2011 | 2012 | 2013 | 2014 | | | |
| C1 | 0.0308 | 0.0302 | 0.0317 | 0.0299 | 0.0344 | 0.1648 | 0.8352 | 0.0377 |
| C2 | 0.0289 | 0.0277 | 0.0278 | 0.0286 | 0.0331 | 0.1565 | 0.8435 | 0.0381 |
| C3 | 0.0606 | 0.0586 | 0.0588 | 0.0553 | 0.0626 | 0.2538 | 0.7462 | 0.0337 |
| C4 | 0.0096 | 0.0126 | 0.0156 | 0.0167 | 0.0200 | 0.0946 | 0.9054 | 0.0409 |
| C5 | 0.0498 | 0.0410 | 0.0421 | 0.0485 | 0.0416 | 0.2102 | 0.7898 | 0.0357 |
| C6 | 0.0097 | 0.0398 | 0.0401 | 0.0396 | 0.0410 | 0.1703 | 0.8297 | 0.0375 |
| C7 | 0.0279 | 0.0381 | 0.0261 | 0.0279 | 0.0339 | 0.1621 | 0.8379 | 0.0378 |
| C8 | 0.0268 | 0.0268 | 0.0285 | 0.0294 | 0.0324 | 0.1549 | 0.8451 | 0.0382 |
| C9 | 0.0270 | 0.0247 | 0.0282 | 0.0290 | 0.0322 | 0.1526 | 0.8474 | 0.0383 |
| C10 | 0.0332 | 0.0307 | 0.0284 | 0.0253 | 0.0253 | 0.1539 | 0.8461 | 0.0382 |
| C11 | 0.0606 | 0.0586 | 0.0552 | 0.0573 | 0.0595 | 0.2512 | 0.7488 | 0.0338 |
| C12 | 0.0551 | 0.0534 | 0.0559 | 0.0573 | 0.0016 | 0.1976 | 0.8024 | 0.0362 |
| C13 | 0.0176 | 0.0236 | 0.0201 | 0.0197 | 0.0066 | 0.1058 | 0.8942 | 0.0404 |
| C14 | 0.0406 | 0.0225 | 0.0305 | 0.0494 | 0.0453 | 0.1852 | 0.8148 | 0.0368 |
| C15 | 0.0366 | 0.0363 | 0.0462 | 0.0462 | 0.0467 | 0.2029 | 0.7971 | 0.0360 |
| C16 | 0.0531 | 0.0514 | 0.0517 | 0.0487 | 0.0493 | 0.2298 | 0.7702 | 0.0348 |
| C17 | 0.0606 | 0.0586 | 0.0588 | 0.0573 | 0.0183 | 0.2245 | 0.7755 | 0.0350 |
| C18 | 0.0454 | 0.0440 | 0.0483 | 0.0573 | 0.0626 | 0.2311 | 0.7689 | 0.0347 |
| C19 | 0.0400 | 0.0284 | 0.0331 | 0.0426 | 0.0381 | 0.1825 | 0.8175 | 0.0369 |
| C20 | 0.0582 | 0.0492 | 0.0429 | 0.0350 | 0.0344 | 0.2069 | 0.7931 | 0.0358 |

续表

| 指标层 | 比重 $P_{ij}$ | | | | | 熵值 $e_j$ | 权重值 $g_j$ | 熵权值 $W_j$ |
|---|---|---|---|---|---|---|---|---|
| | 2010 | 2011 | 2012 | 2013 | 2014 | | | |
| C21 | 0.0603 | 0.0513 | 0.0430 | 0.0401 | 0.0394 | 0.2164 | 0.7836 | 0.0354 |
| C22 | 0.0287 | 0.0462 | 0.0361 | 0.0139 | 0.0227 | 0.1545 | 0.8455 | 0.0382 |
| C23 | 0.0412 | 0.0416 | 0.0406 | 0.0396 | 0.0395 | 0.1969 | 0.8031 | 0.0363 |
| C24 | 0.0341 | 0.0330 | 0.0338 | 0.0337 | 0.0407 | 0.1780 | 0.8220 | 0.0371 |
| C25 | 0.0316 | 0.0306 | 0.0294 | 0.0280 | 0.0357 | 0.1634 | 0.8366 | 0.0378 |
| C26 | 0.0000 | 0.0000 | 0.0000 | 0.0000 | 0.0560 | 0.0491 | 0.9509 | 0.0429 |
| C27 | 0.0319 | 0.0409 | 0.0470 | 0.0436 | 0.0471 | 0.2018 | 0.7982 | 0.0360 |

(2) AHP 法确定权重

层次分析法（Analytic Hierarchy Process，AHP）是美国运筹学家、匹兹堡大学 Saaty 教授在 20 世纪 70 年代初提出的一种对定性问题进行定量分析的简便、灵活而又实用的多准则决策方法。AHP 法的基本出发点是：假设有 $N$ 个元素，对任意两因素 $i$ 和 $j$ 进行比较，$C_{ij}$ 表示相对重要性之比，则由 $C_{ij}$（$i$，$j=1$，2，…，$N$）构成一个判断矩阵 $C=(C_{ij})$ $N\times N$，此矩阵实际上是对定性思维过程的定量化。

层次分析法首先确定需要评价的系统目标，在系统目标的基础上，确定评价目标，收集评价系统目标所需的范围、准则和各种约束条件等；按评价目标的不同，将各个元素进行相应的归类，建立一个多层次的递阶结构，将系统分为几个等级层次；然后利用层次分析法，将各相邻间的层次进行两两比较，确定以上递阶结构中相邻层次元素间的相关程度；最后，计算各层元素在评价的系统目标中的权重值，并将各层元素的权重值进行总排序，以确定递阶结构图中最底层各个元素在总目标中的重要程度，从而确定各个元素对评价目标的影响程度。

近年来，应用层次分析法来确定权重的综合指数法以其便于横向和纵向比较的特点在水环境安全评价中得到广泛应用。但是，传统 AHP 法用于赋权计算时运算过程十分繁杂。针对这一缺点，本研究采用改进型层次分析法（Improved Analytical Hierarchy Process，IAHP）对各评价指标进行赋权，使得赋权计算过程大大简化。

传统 AHP 方法的判断矩阵定量评价值在评价时采用萨迪提出的 1～9 标度方法。在实际应用时，由于考虑因素的多样性，决策者很难用该法来刻画各个元素的相对重要性程度，如某个因素比另一个因素重要得多，决策者在标度 7 和 5 之间做出选择相当困难。本研究对传统的层次分析法进行了改进，引用了一种三标度法。此外，由于判断矩阵检验在 AHP 方法中是必不可少的，如果一致性检验不通过，必须凭着大致的估计来调整判断矩阵，有时需要多次调整才能通过一致性检验，带来很大的计算工作量，因此，本研究除采用 0、1、2 三标度法外，还利用构造最优传递矩阵的方法，对传统 AHP 法进行了进一步改进。该法采用自调节方法建立比较矩阵，然后将其转化成一致性判断矩阵，不需要进行一致性检验，使之自然满足一致性要求。IAHP 法赋权步骤如下：

① 建立层次分析模型　将问题所含的要素分组，把每一组作为一个层，由高到低包括综合层、系统层和指标层等层次。

② 采用三标度法构造比较矩阵　这一步骤是 IAHP 法的一个关键步骤。比较矩阵表示

针对上一层中的某元素而言，根据数据资料、专家意见和分析者的认识，加以平衡，评定该层次中各有关元素相对重要性的情况。

确定每一层次上的各因素之间的重要性程度的三标度比较矩阵见式（2-12）。

$$C''=(c'_{ij})_{m\times m} \tag{2-12}$$

本研究中，准则层指标权重参考国内研究成果，驱动力、压力、状态、影响和响应的权重分别为0.15、0.15、0.30、0.20和0.20。各准则层指标比较矩阵见表2-42。

**表2-42 各准则层指标比较矩阵**

a. 驱动力指标比较矩阵

| 指标层 | C1 | C2 | C3 | C4 |
|---|---|---|---|---|
| C1 | 1 | 0 | 2 | 0 |
| C2 | 2 | 1 | 2 | 0 |
| C3 | 0 | 0 | 1 | 0 |
| C4 | 2 | 2 | 2 | 1 |

b. 压力指标比较矩阵

| 指标层 | C5 | C6 | C7 | C8 | C9 | C10 | C11 | C12 |
|---|---|---|---|---|---|---|---|---|
| C5 | 1 | 1 | 0 | 0 | 0 | 0 | 0 | 0 |
| C6 | 1 | 1 | 0 | 0 | 0 | 0 | 0 | 0 |
| C7 | 2 | 2 | 1 | 1 | 1 | 2 | 2 | 2 |
| C8 | 2 | 2 | 1 | 1 | 1 | 2 | 2 | 2 |
| C9 | 2 | 2 | 1 | 1 | 1 | 2 | 2 | 2 |
| C10 | 2 | 2 | 0 | 0 | 0 | 1 | 2 | 2 |
| C11 | 2 | 2 | 0 | 0 | 0 | 0 | 1 | 1 |
| C12 | 2 | 2 | 0 | 0 | 0 | 0 | 1 | 1 |

c. 状态指标比较矩阵

| 指标层 | C13 | C14 | C15 | C16 | C17 | C18 | C19 |
|---|---|---|---|---|---|---|---|
| C13 | 1 | 0 | 0 | 0 | 0 | 0 | 0 |
| C14 | 2 | 1 | 2 | 2 | 0 | 0 | 0 |
| C15 | 2 | 0 | 1 | 1 | 0 | 0 | 0 |
| C16 | 2 | 0 | 1 | 1 | 0 | 0 | 0 |
| C17 | 2 | 2 | 2 | 2 | 1 | 2 | 2 |
| C18 | 2 | 2 | 2 | 2 | 0 | 1 | 2 |
| C19 | 2 | 2 | 2 | 2 | 0 | 0 | 1 |

d. 影响指标比较矩阵

| 指标层 | C20 | C21 | C22 |
|---|---|---|---|
| C20 | 1 | 2 | 2 |
| C21 | 0 | 1 | 2 |
| C22 | 0 | 0 | 1 |

续表

| e. 响应指标比较矩阵 | | | | | |
|---|---|---|---|---|---|
| 指标层 | C23 | C24 | C25 | C26 | C27 |
| C23 | 1 | 2 | 0 | 0 | 0 |
| C24 | 0 | 1 | 0 | 0 | 0 |
| C25 | 2 | 2 | 1 | 0 | 2 |
| C26 | 2 | 2 | 2 | 1 | 2 |
| C27 | 2 | 2 | 0 | 0 | 1 |

③ 计算比较矩阵 $O$ 的最优传递矩阵

$$O=(o_{ij})_{m\times m} \tag{2-13}$$

式中，$o_{ij}=\dfrac{1}{m}\sum_{k=1}^{m}(c'_{ik}+c'_{kj})$ 。

④ 把最优传递矩阵 $O$ 转化为一致性矩阵作为判断矩阵

$$C=(c_{ij})_{m\times m} \tag{2-14}$$

式中，$c_{ij}=\exp\{o_{ij}\}$。

⑤ 层次单排序 根据判断矩阵 $C$ 计算出该层各元素关于上层次某元素的优先权重，称为层次单排序。$C$ 矩阵中的最大特征值对应的特征向量作为该层 $n$ 个元素的相对权重值，即：

$$CX=\lambda_{\max}X \tag{2-15}$$

其中，$X=[X_1, X_2, \cdots, X_n]^{T}$ 为特征向量，作为该层次 $n$ 个元素的相对权重向量。本文采用乘积方根法计算特征向量的近似值，即：

$$\begin{bmatrix} X=[X_1, X_2, \cdots X_n]^{T} \\ X=\left(\prod_{k=1}^{n}c_{ij}\right)^{\frac{1}{n}}\Big/\sum_{k=1}^{n}\left(\prod_{k=1}^{n}c_{ij}\right)^{\frac{1}{n}} \end{bmatrix} \tag{2-16}$$

⑥ 层次总排序 利用同一层次单排序的结果，就可以计算针对上一层次而言的本层次所有元素的重要性权重值。

根据上述计算流程，求得各指标权重计算结果见表 2-43。

**表 2-43 各指标权重计算结果**

| 层次 A | A1 | A2 | A3 | A4 | A5 | 综合权重 $R_j$ |
|---|---|---|---|---|---|---|
| | 0.15 | 0.15 | 0.3 | 0.2 | 0.2 | |
| 层次 C | | | | | | |
| C1 | 0.1674 | | | | | 0.0251 |
| C2 | 0.2760 | | | | | 0.0414 |
| C3 | 0.1015 | | | | | 0.0152 |
| C4 | 0.4551 | | | | | 0.0683 |
| C5 | | 0.0511 | | | | 0.0077 |
| C6 | | 0.0511 | | | | 0.0077 |
| C7 | | 0.2022 | | | | 0.0303 |
| C8 | | 0.2022 | | | | 0.0303 |
| C9 | | 0.2022 | | | | 0.0303 |
| C10 | | 0.1226 | | | | 0.0184 |

续表

| 层次 A | A1 | A2 | A3 | A4 | A5 | 综合权重 $R_j$ |
|---|---|---|---|---|---|---|
| | 0.15 | 0.15 | 0.3 | 0.2 | 0.2 | |
| 层次 C | | | | | | |
| C11 | | 0.0843 | | | | 0.0126 |
| C12 | | 0.0843 | | | | 0.0126 |
| C13 | | | 0.0518 | | | 0.0156 |
| C14 | | | 0.1222 | | | 0.0367 |
| C15 | | | 0.0796 | | | 0.0239 |
| C16 | | | 0.0796 | | | 0.0239 |
| C17 | | | 0.2879 | | | 0.0864 |
| C18 | | | 0.2163 | | | 0.0649 |
| C19 | | | 0.1626 | | | 0.0488 |
| C20 | | | | 0.5627 | | 0.1125 |
| C21 | | | | 0.2889 | | 0.0578 |
| C22 | | | | 0.1483 | | 0.0297 |
| C23 | | | | | 0.1148 | 0.0230 |
| C24 | | | | | 0.0770 | 0.0154 |
| C25 | | | | | 0.2556 | 0.0511 |
| C26 | | | | | 0.3813 | 0.0763 |
| C27 | | | | | 0.1713 | 0.0343 |

(3) 指标组合权重值的计算

根据式(2-17)对选取的各项指标因子，采用熵值法和改进的层次分析法的算术平均法计算评价指标最终的组合权重值，具体计算结果见表 2-44。

$$Q_j = \frac{(W_j + R_j)}{2} \tag{2-17}$$

式中，$Q_j$ 为指标的组合权重；$R_j$ 为 IAHP 法确定的指标权重。

**表 2-44 牡丹江市水环境安全评价指标权重值**

| 准则层 | 指标层 | 熵权值 $W_j$ | IAHP 权重值 $R_j$ | 组合权重值 $Q_j$ | |
|---|---|---|---|---|---|
| 驱动力 A1 | C1 | 0.0377 | 0.0251 | 0.0314 | 0.1502 |
| | C2 | 0.0381 | 0.0414 | 0.0397 | |
| | C3 | 0.0337 | 0.0152 | 0.0245 | |
| | C4 | 0.0409 | 0.0683 | 0.0546 | |
| 压力 A2 | C5 | 0.0357 | 0.0077 | 0.0217 | 0.2228 |
| | C6 | 0.0375 | 0.0077 | 0.0226 | |
| | C7 | 0.0378 | 0.0303 | 0.0341 | |
| | C8 | 0.0382 | 0.0303 | 0.0342 | |
| | C9 | 0.0383 | 0.0303 | 0.0343 | |
| | C10 | 0.0382 | 0.0184 | 0.0283 | |
| | C11 | 0.0338 | 0.0126 | 0.0232 | |
| | C12 | 0.0362 | 0.0126 | 0.0244 | |

续表

| 准则层 | 指标层 | 熵权值 $W_j$ | IAHP 权重值 $R_j$ | 组合权重值 $Q_j$ | |
|---|---|---|---|---|---|
| 状态 A3 | C13 | 0.0404 | 0.0156 | 0.0280 | 0.2772 |
| | C14 | 0.0368 | 0.0367 | 0.0367 | |
| | C15 | 0.0360 | 0.0239 | 0.0299 | |
| | C16 | 0.0348 | 0.0239 | 0.0293 | |
| | C17 | 0.0350 | 0.0864 | 0.0607 | |
| | C18 | 0.0347 | 0.0649 | 0.0498 | |
| | C19 | 0.0369 | 0.0488 | 0.0428 | |
| 影响 A4 | C20 | 0.0358 | 0.1125 | 0.0742 | 0.1547 |
| | C21 | 0.0354 | 0.0578 | 0.0466 | |
| | C22 | 0.0382 | 0.0297 | 0.0339 | |
| 响应 A5 | C23 | 0.0363 | 0.0230 | 0.0296 | 0.1951 |
| | C24 | 0.0371 | 0.0154 | 0.0263 | |
| | C25 | 0.0378 | 0.0511 | 0.0444 | |
| | C26 | 0.0429 | 0.0763 | 0.0596 | |
| | C27 | 0.0360 | 0.0343 | 0.0352 | |

(4) 安全度计算

为了解各指标之间的相互关系以及各指标、各子系统（即各准则层）与整个系统之间的关系，需要对各指标及各准则层安全指数进行计算。

各指标水环境安全指数计算见式（2-18）：

$$ESI_{ij}=Y_{ij}Q_{ij} \tag{2-18}$$

式中，$ESI_{ij}$ 为指标层各指标的水生态安全指数；$Y_{ij}$ 为指标层各指标的标准化值；$Q_j$ 为各指标的组合权重值。

各子系统水环境安全指数计算见式（2-19）：

$$ESI_{kj}=\sum ESI_{ij}(i=1,2,\cdots,n) \tag{2-19}$$

式中，$ESI_{kj}$ 为各子系统（准则层）的水环境安全指数；$n$ 为子系统（准则层）指标个数。

系统水环境安全度的计算见式（2-20）：

$$ESI=\sum Y_{ij}Q_{ij} \tag{2-20}$$

根据表 2-44 计算出的各指标组合权重值，分别运用式（2-18）～式（2-20）计算得出 2010—2014 年牡丹江市水环境系统各指标值（见表 2-45）、各子系统指标值及系统安全度（见表 2-46）。

表 2-45 各指标水环境安全指数计算结果

| 目标层 | 准则层 A | 指标层 C | 2010 | 2011 | 2012 | 2013 | 2014 |
|---|---|---|---|---|---|---|---|
| 系统水环境安全度 | 驱动力 A1 | C1 | 0.0160 | 0.0162 | 0.0169 | 0.0164 | 0.0172 |
| | | C2 | 0.0150 | 0.0149 | 0.0148 | 0.0156 | 0.0166 |
| | | C3 | 0.0314 | 0.0314 | 0.0314 | 0.0303 | 0.0314 |
| | | C4 | 0.0050 | 0.0068 | 0.0083 | 0.0092 | 0.0101 |
| | 压力 A2 | C5 | 0.0258 | 0.0220 | 0.0225 | 0.0265 | 0.0208 |
| | | C6 | 0.0050 | 0.0213 | 0.0214 | 0.0217 | 0.0206 |
| | | C7 | 0.0145 | 0.0204 | 0.0139 | 0.0153 | 0.0170 |
| | | C8 | 0.0139 | 0.0144 | 0.0152 | 0.0161 | 0.0163 |
| | | C9 | 0.0140 | 0.0132 | 0.0150 | 0.0159 | 0.0161 |
| | | C10 | 0.0172 | 0.0165 | 0.0151 | 0.0138 | 0.0127 |
| | | C11 | 0.0314 | 0.0314 | 0.0294 | 0.0314 | 0.0298 |
| | | C12 | 0.0286 | 0.0286 | 0.0298 | 0.0314 | 0.0008 |
| | 状态 A3 | C13 | 0.0091 | 0.0127 | 0.0107 | 0.0108 | 0.0033 |
| | | C14 | 0.0210 | 0.0120 | 0.0163 | 0.0270 | 0.0227 |
| | | C15 | 0.0190 | 0.0195 | 0.0247 | 0.0253 | 0.0234 |
| | | C16 | 0.0276 | 0.0276 | 0.0276 | 0.0267 | 0.0247 |
| | | C17 | 0.0314 | 0.0314 | 0.0314 | 0.0314 | 0.0092 |
| | | C18 | 0.0236 | 0.0236 | 0.0258 | 0.0314 | 0.0314 |
| | | C19 | 0.0207 | 0.0152 | 0.0177 | 0.0233 | 0.0191 |
| | 影响 A4 | C20 | 0.0302 | 0.0264 | 0.0229 | 0.0192 | 0.0172 |
| | | C21 | 0.0313 | 0.0275 | 0.0229 | 0.0220 | 0.0198 |
| | | C22 | 0.0149 | 0.0248 | 0.0192 | 0.0076 | 0.0114 |
| | 响应 A5 | C23 | 0.0214 | 0.0223 | 0.0217 | 0.0217 | 0.0198 |
| | | C24 | 0.0177 | 0.0177 | 0.0181 | 0.0185 | 0.0204 |
| | | C25 | 0.0164 | 0.0164 | 0.0157 | 0.0154 | 0.0179 |
| | | C26 | 0.0000 | 0.0000 | 0.0000 | 0.0000 | 0.0281 |
| | | C27 | 0.0166 | 0.0219 | 0.0251 | 0.0239 | 0.0236 |

表 2-46 各子系统安全指数及总体水环境安全度计算结果

| 准则层 | 2010 | 2011 | 2012 | 2013 | 2014 |
|---|---|---|---|---|---|
| 驱动力 A1 | 0.0674 | 0.0692 | 0.0715 | 0.0715 | 0.0753 |
| 压力 A2 | 0.1505 | 0.1678 | 0.1626 | 0.1722 | 0.1341 |
| 状态 A3 | 0.1524 | 0.1419 | 0.1541 | 0.1760 | 0.1338 |
| 影响 A4 | 0.0763 | 0.0786 | 0.0651 | 0.0487 | 0.0484 |
| 响应 A5 | 0.0720 | 0.0783 | 0.0805 | 0.0794 | 0.1098 |
| 系统安全指数 | 0.5186 | 0.5359 | 0.5338 | 0.5478 | 0.5015 |

从表 2-46 可以看出，2010—2014 年度系统水环境安全度分别为 0.5186、0.5359、0.5338、0.5478、和 0.5015，连续五年水环境安全度处于基本安全等级，且安全度变化不大（见图 2-28），说明近几年牡丹江市的水环境系统相对稳定且基本可以满足地方经济社会发展的需求，但水环境系统相对脆弱，无法承受较大程度的干扰，需要加强区域内水环境治理与保护工作。

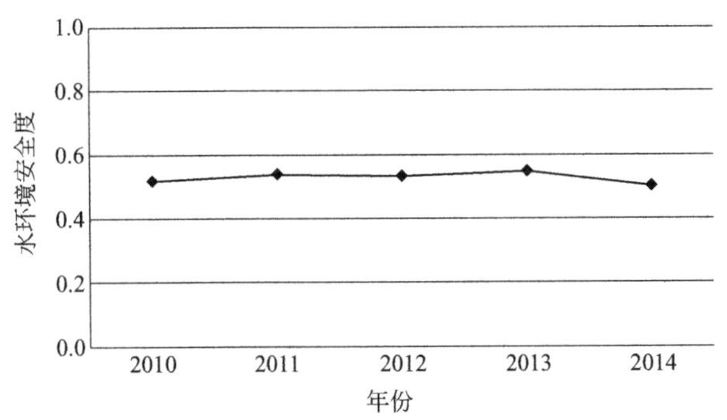


图 2-28 牡丹江市 2010—2014 年水环境安全度变化趋势图

就各子系统而言，2010—2014 年度驱动力（A1）安全指数分别为 0.0674、0.0692、0.0715、0.0715 和 0.0753，基本呈稳定状态，略显上升趋势，其原因主要是由人均 GDP（C4）的增加而引起。2010—2014 年度压力（A2）安全指数分别为 0.1505、0.1678、0.1626、0.1722 和 0.1341，说明 2010—2013 年压力相对稳定，而到 2014 年则呈加大趋势，究其原因主要是由于 2014 年工业固体废物综合利用率（C12）突然降低所致。2010—2014 年度状态（A3）安全指数分别为 0.1524、0.1419、0.1541、0.1760 和 0.1338，说明 2013 年水环境状态为五年来最好，2014 年水环境状态最差，但总体而言变化幅度不大。2010—2014 年度影响（A4）安全指数分别为 0.0763、0.0786、0.0651、0.0487 和 0.0484，影响安全指数呈下降趋势，表明随着工、农业总产值的逐年增加，对环境的影响愈加明显。2010—2014 年度响应（A5）安全指数分别为 0.0720、0.0783、0.0805、0.0794 和 0.1098，基本呈稳步上升趋势，说明近年来地方政府在水环境保护与水污染防治方面投入的力度越来越大，特别是污水处理率在 2014 年有较大幅度提升。各子系统安全指数变化趋势见图 2-29。

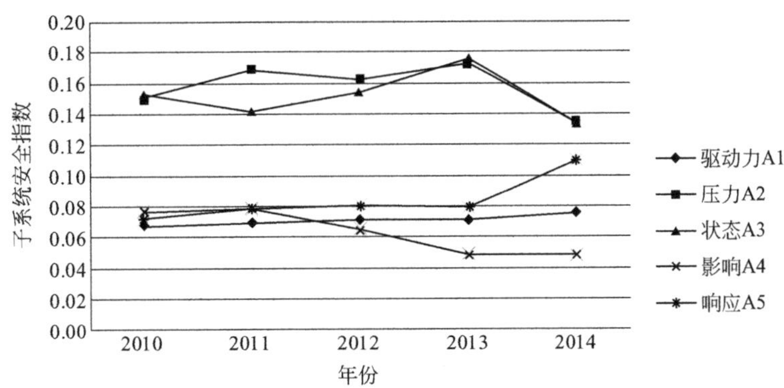


图 2-29 牡丹江市 2010—2014 年水环境子系统安全指数变化趋势图

DPSIR 模型为综合分析流域或区域水环境安全与社会经济活动之间的因果关联提供了一个基本的框架。基于 DPSIR 模型建立起来的牡丹江市水环境安全评价指标体系兼具科学性、完整性、灵活性、易得性和简易性等特点，可用于指示牡丹江市社会活动和经济发展对区域水环境安全产生的一系列影响以及牡丹江市为了适应、削弱甚至预防这一影响而采取的一系列积极措施。基于DPSIR模型的牡丹江市水环境安全评价指标体系可为其他流域或区域水环境安全评价提供参考和借鉴，具有潜在的实用价值。

根据所构建指标体系及评价标准，采用DPSIR模型对牡丹江市水环境系统安全度进行评估，从评估结果来看，近年来牡丹江市水环境安全状况处于基本安全状态，但相对脆弱。地方政府应制订相应的水环境安全防治措施，应坚持预防为主、防治结合、综合治理的原则，优先保护饮用水水源，严格控制工业污染、城镇生活污染，防治农业面源污染，积极推进水环境治理工程建设，预防、控制和减少水环境污染和破坏。同时，应针对牡丹江目前存在的水环境问题，结合当地气候、水文、水质特点制订牡丹江水质综合保障方案，研发相关技术，找到切实可行的水质安全保障途径。

# 3

# 牡丹江流域水环境问题识别及技术需求

## 3.1 工业布局不合理、经济增长模式粗放

由2.1及2.2可知，牡丹江流域水资源在时间、地区空间上的分布与土地资源分布和工农业发展布局很不一致，工业发达地区水资源量相对较少，而构成的经济主体恰恰又都是高耗水为主的重化工行业部门，水资源供需矛盾十分突出，已成为制约这些地区经济发展的重要因素。

### 3.1.1 牡丹江流域产业结构偏水度研究

#### 3.1.1.1 单位产出耗水量在不同部门间的分配

将牡丹江所有的产业部门按照其单位产出耗水量（如万元产值耗水量、万元利润耗水量、万元税收耗水量或单位产品耗水量）从大到小排列，将单位产出耗水量最大的产业部门排在第一位，并赋位置值1，将单位产出耗水量次之的产业部门排在第二位，并赋位置值2，…，将单位产出耗水量最少的产业部门排在最后的位置，赋位置值 $N$。计算各产业部门的产出在全市总产出中的比例（例如全市总产值为100亿元，某产业部门的产值为10亿元，则其产值比例为10%或0.1）。将各产业部门的产出比例（纵坐标）与产业部门的位置（横坐标）在直角坐标系中表达出来，考察产出比例在各产业部门间的分布情形，分析产出在各产业部门间的分配（图3-1）。

从图3-1可以看出，2005—2008年单位产出耗水量比较多的产业在全市总产出中所占的比例比较大，产业结构比较偏向于单位产出耗水多的产业，2009—2015年的情况有所改善，单位产出耗水少的产业的比重在提高。

#### 3.1.1.2 牡丹江市产业结构偏水度评价

偏水度计算公式见式（3-1）和式（3-2），牡丹江市2005—2015年的产业结构偏水度评价结果见图3-2。

$$P=\frac{N\times EE-\sum_{i=1}^{N}E_i i}{(N-1)EE} \tag{3-1}$$

$$EE=\sum_{i=1}^{N}E_i \tag{3-2}$$

式中，$P$ 为产业结构的偏水度；$E_i$ 为经济产出量（如产值，利润等）；$i$ 为产业部门位

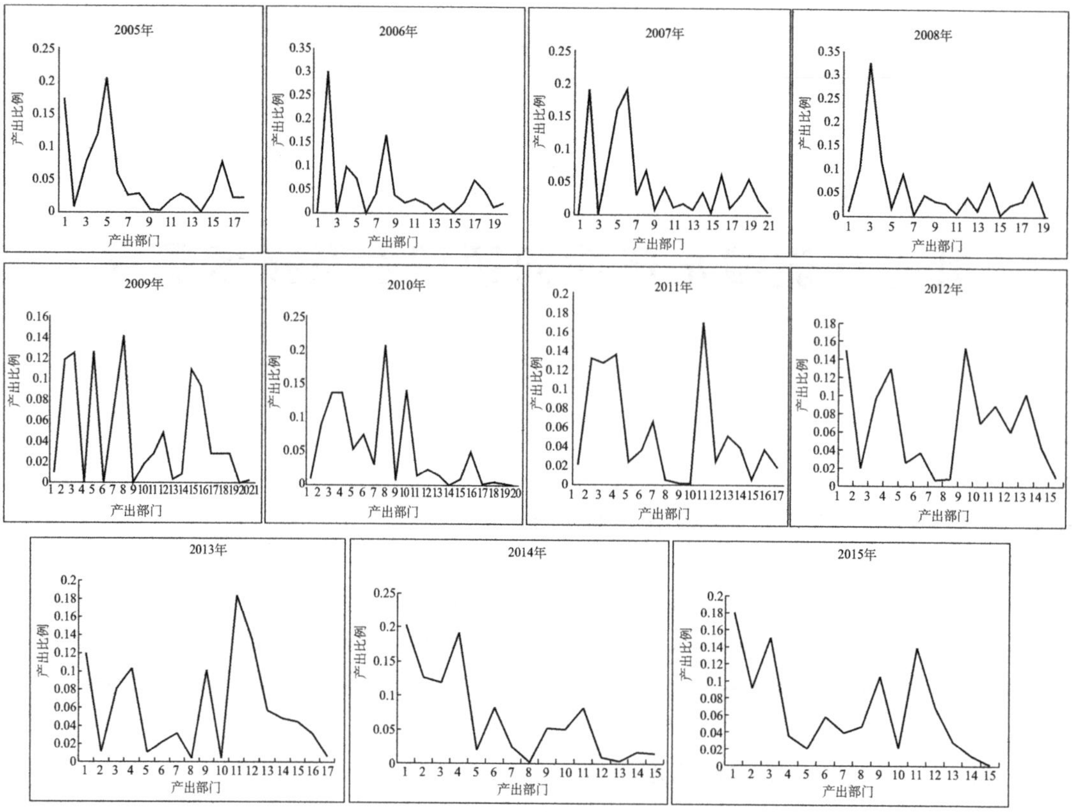

图 3-1　产出在单位产出耗水量不同的部门间的分配

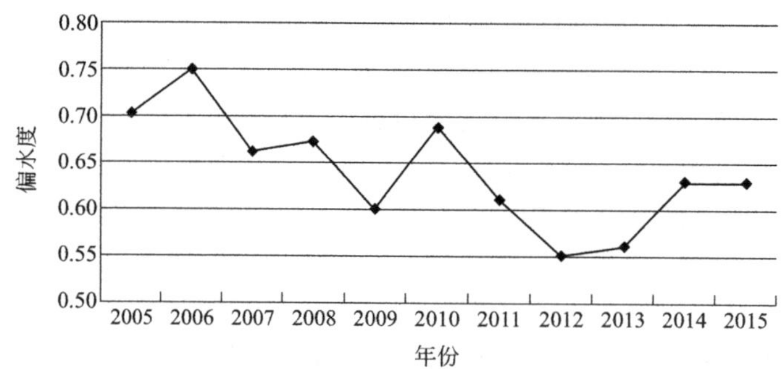


图 3-2　牡丹江市 2005—2015 年产业结构偏水度变化趋势图

置值；$N$ 为产业部门的总数（$N>1$）；$EE$ 为经济的总产出。

总体来看，牡丹江市“十一五”和“十二五”期间的产业结构主要偏向耗水多的行业，除了 2012 年和 2013 年，其他年份偏水度都超过了 0.6。

从发展的趋势看，“十一五”和“十二五”期间牡丹江市的产业偏水度有下降的趋势，2005—2015 年，产业结构偏水度下降了 10.0%。这意味着工业生产正快速向单位产出耗水较少的方向转移。这与牡丹江市“十一五”和“十二五”期间实施节能减排、节约水资源的工作是分不开的。但同时我们也应该看到，牡丹江市整体产业仍然处于高耗水的状态。

#### 3.1.1.3　行业产值比例关系分布

各个行业万元产值耗水量按照从高到低的顺序排序作为横坐标，行业在国民经济中的比重作为纵坐标，得到2005—2011年各行业产出比例排序图，为做图方便，各产业部门均以代码表示，各产业部门与其代码见表3-1，排序见图3-3～图3-13。

表3-1 牡丹江市各产业部门与其代码表

| 代号 | 行业 | 代号 | 行业 |
|---|---|---|---|
| A | 电力、热力的生产和供应业 | M | 交通运输设备制造业 |
| B | 水的生产和供应业 | N | 食品制造业 |
| C | 橡胶制品业 | O | 纺织业 |
| D | 化学原料及化学制品制造业 | P | 烟草制品业 |
| E | 造纸及纸制品业 | Q | 电气机械及器材制造业 |
| F | 非金属矿物制品业 | R | 专用设备制造业 |
| G | 木材加工及木竹藤棕草制品业 | S | 其他采矿业 |
| H | 饮料制造业 | T | 石油加工、炼焦及核燃料加工业 |
| I | 非金属矿采选业 | U | 有色金属矿采选业 |
| J | 农副食品加工业 | V | 黑色金属冶炼及压延加工业 |
| K | 医药制造业 | W | 其他行业 |
| L | 通用设备制造业 | X | 煤炭开采和洗选业 |

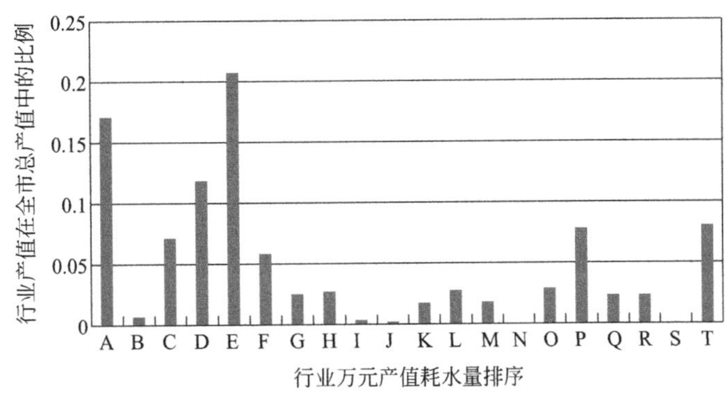


图3-3 牡丹江市2005年各行业产出比例排序图

2005年万元产值耗水量比较大，同时在牡丹江市国民经济中又占有较大贡献率的行业主要有：电力、热力的生产和供应业，橡胶制品业，化学原料及化学制品制造业，造纸及纸制品业。

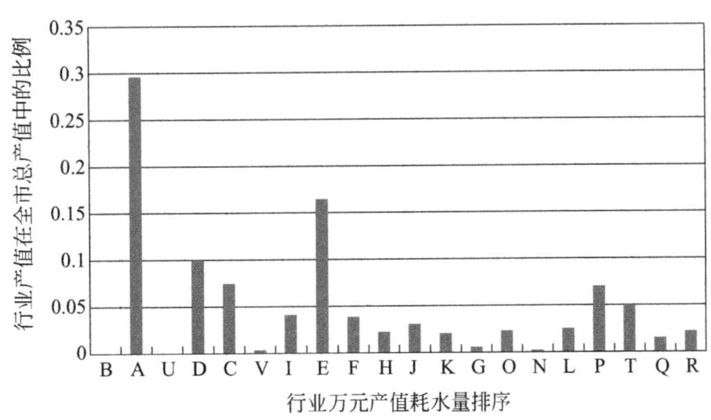


图3-4 牡丹江市2006年各行业产出比例排序图

2006年万元产值耗水量比较大，同时在牡丹江市国民经济中又占有较大贡献率的行业主要有：电力、热力的生产和供应业，橡胶制品业，化学原料及化学制品制造业，造纸及纸制品业。

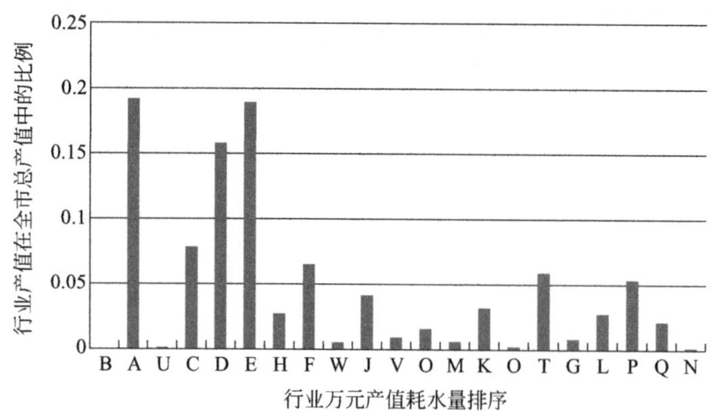


图 3-5 牡丹江市 2007 年各行业产出比例排序图

2007年万元产值耗水量比较大，同时在牡丹江市国民经济中又占有较大贡献率的行业主要有：电力、热力的生产和供应业，橡胶制品业，化学原料及化学制品制造业，造纸及纸制品业，非金属矿物制品业。

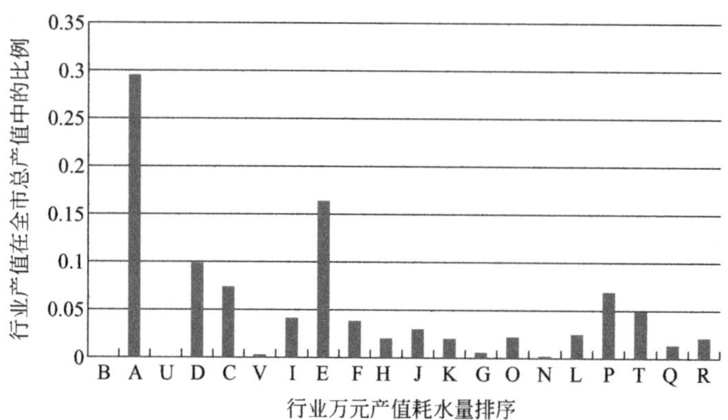


图 3-6 牡丹江市 2008 年各行业产出比例排序图

2008年万元产值耗水量比较大，同时在牡丹江市国民经济中又占有较大贡献率的行业主要有：电力、热力的生产和供应业，橡胶制品业，化学原料及化学制品制造业，非金属矿采选业，造纸及纸制品业。

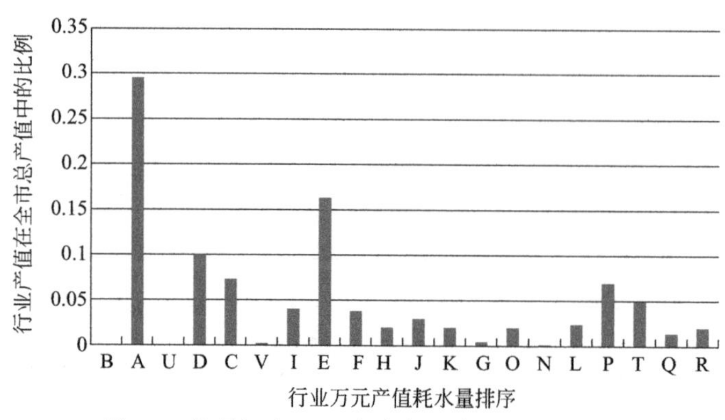


图 3-7 牡丹江市 2009 年各行业产出比例排序图

2009年万元产值耗水量比较大，同时在牡丹江市国民经济中又占有较大贡献率的行业主要有：电力、热力的生产和供应业，橡胶制品业，化学原料及化学制品制造业，非金属矿采选业，造纸及纸制品业。

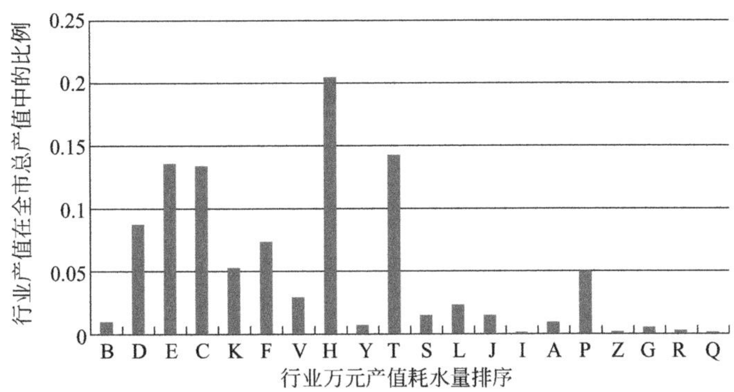


图3-8 牡丹江市2010年各行业产出比例排序图

2010年万元产值耗水量比较大，同时在牡丹江市国民经济中又占有较大贡献率的行业主要有：橡胶制品业，化学原料及化学制品制造业，饮料制造业，造纸及纸制品业，石油加工、炼焦及核燃料加工业。

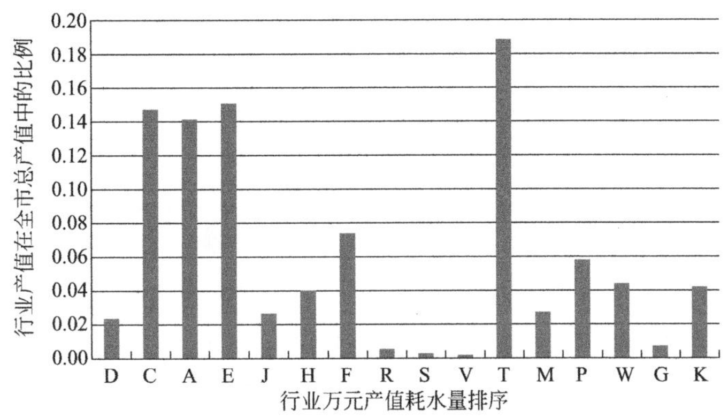


图3-9 牡丹江市2011年各行业产出比例排序图

2011年万元产值耗水量比较大，同时在牡丹江市国民经济中又占有较大贡献率的行业主要有：电力、热力的生产和供应业，橡胶制品业，造纸及纸制品业，石油加工、炼焦及核燃料加工业。

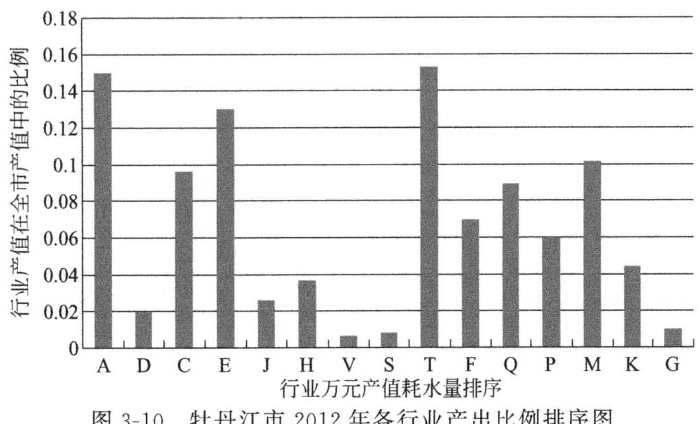


图3-10 牡丹江市2012年各行业产出比例排序图

2012 年万元产值耗水量比较大，同时在牡丹江市国民经济中又占有较大贡献率的行业主要有：电力、热力的生产和供应业，造纸及纸制品业，橡胶制品业，石油加工、炼焦及核燃料加工业。

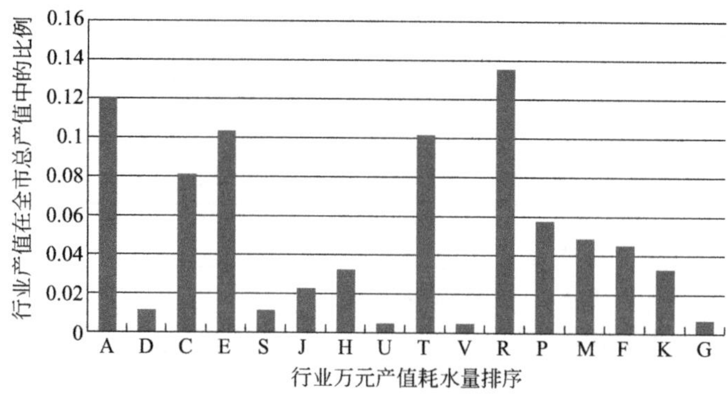


图 3-11 牡丹江市 2013 年各行业产出比例排序图

2013 年万元产值耗水量比较大，同时在牡丹江市国民经济中又占有较大贡献率的行业主要有：专用设备制造业，电力、热力的生产和供应业，造纸及纸制品业，石油加工、炼焦及核燃料加工业，橡胶制品业。

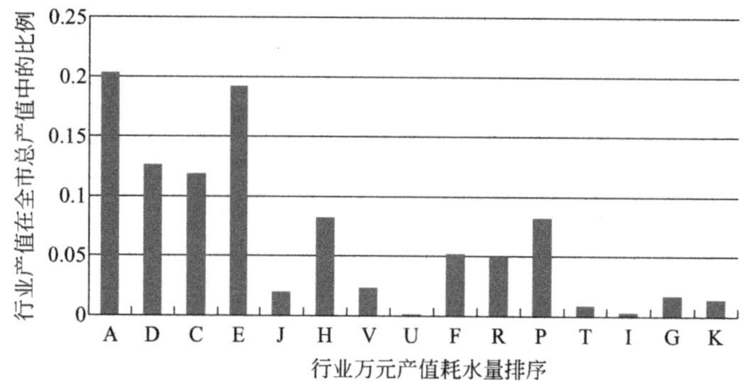


图 3-12 牡丹江市 2014 年各行业产出比例排序图

2014 年万元产值耗水量比较大，同时在牡丹江市国民经济中又占有较大贡献率的行业主要有：电力、热力的生产和供应业，橡胶制品业，化学原料及化学制品制造业，造纸及纸制品业。

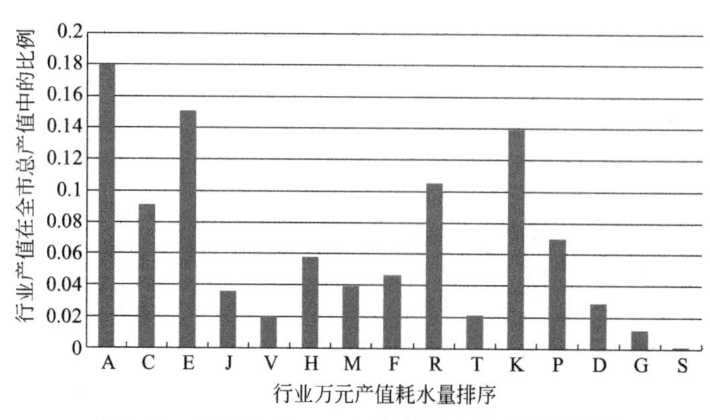


图 3-13 牡丹江市 2015 年各行业产出比例排序图

2015 年万元产值耗水量比较大，同时在牡丹江市国民经济中又占有较大贡献率的行业主要有：电力、热力的生产和供应业，橡胶制品业，造纸及纸制品业，医药制造业，专用设备制造业。

从图 3-3～图 3-13 可以看出，2005—2015 年，在牡丹江国民经济中贡献较大，耗水量也比较大的行业主要有 4 个，分别是：电力、热力的生产和供应业，橡胶制品业，化学原料及化学制品制造业，造纸及纸制品业。单位产出耗水高的产业比例虽然每一年的变化不定，但产值分布的重心本质上并未改变。

### 3.1.2 产业结构分析

#### 3.1.2.1 牡丹江三产结构特征分析

对“十五”“十一五”期间产业结构的变化趋势进行分析，并比对牡丹江流域环境质量的变化趋势，找出二者之间的内在联系。结合地方经济发展规划、环境保护要求以及区域特点，进行深入的产业结构分析，为实现产业的合理布局和解决现存的问题提供支撑。

图 3-14 为 2000—2015 年牡丹江三产产值随时间的变化趋势。从图中可以看出，三产产值都随着时间呈现上升的趋势。通过趋势线可以看出，第一产业增长比较平缓，第二产业增长居中，牡丹江第三产业在 2000—2015 年得到迅猛发展。

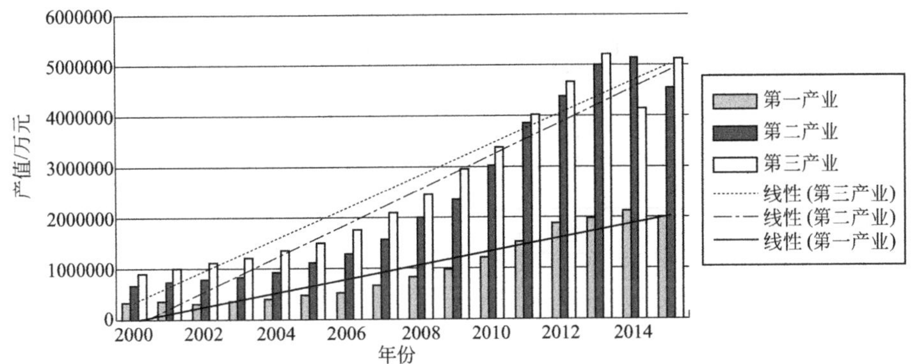


图 3-14 牡丹江第一产业、第二产业、第三产业产值随时间变化趋势图

图 3-15 为牡丹江三产所占比重图，从图 3-15 中可以看出，“十五”期间牡丹江第三产业发展迅速，“十五”末，出现第三产业大于第二产业，第二产业大于第一产业的局面。“十一五”期间，由于第二产业的发展，第三产业所占比例有所下降，但仍然是牡丹江的支柱产业。“十二五”期间，随着第二产业所占比例的不断上升，第二产业和第三产业产值基本一致。

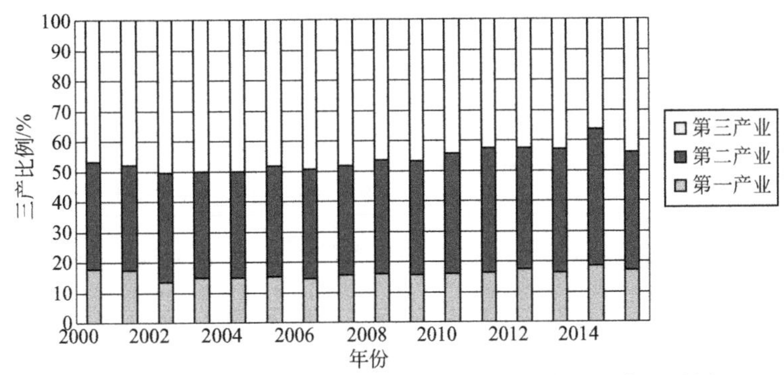


图 3-15 牡丹江第一产业、第二产业、第三产业所占比重图

#### 3.1.2.2 牡丹江流域工业行业特征分析

结合牡丹江流域工业发展的实际情况，根据《国民经济行业分类》（GB/T 4754—2002）分类标准，将牡丹江流域工业行业进行二次分类，共分为14大类（煤炭、食品、饮料、纺织、建材、造纸、石化、医药、冶金、机械、电力、木材、烟草、交通运输），27个行业（煤炭开采和洗选业，农副食品加工业，食品制造业，饮料制造业，纺织业，非金属矿采选业，非金属矿物制品业，其他采矿业，造纸及纸制品业，石油加工、炼焦及核燃料加工业，化学原料及化学制品制造业，橡胶制品业，原油加工及石油制品制造，医药制造业，黑色金属矿采选业，黑色金属冶炼及压延加工业，通用设备制造业，专用设备制造业，交通运输设备制造业，电气机械及器材制造业，通信设备、计算机及其他电子设备制造业，金属制品业，电力、热力的生产和供应业，自来水的生产和供应业，木材加工及竹、藤、棕、草制品业，烟草制品业，交通运输、仓储和邮政业）。牡丹江流域共划分为市辖区、宁安市、海林市和林口县4个控制单元区。

（1）“十五”末期工业行业分析

2005年牡丹江流域共有13大行业76个企业，建材行业最多，有16个企业，占总数的21.05%，其次是机械和石化行业。

① 牡丹江市辖区控制单元工业行业分析　2005年牡丹江市辖区共有11大行业59个企业，机械行业最多，有14个企业，占总数的23.73%，其次是石化和建材行业，见表3-2和表3-3。

表3-2　2005年牡丹江市辖区控制单元行业分类情况

| 行业分类 | 行业名称 | 企业数量 | 行业分类 | 行业名称 | 企业数量 |
|---|---|---|---|---|---|
| 煤炭(M1) | 煤炭开采和洗选业 | | 冶金(M9) | 黑色金属矿采选业 | |
| 食品(M2) | 农副食品加工业 | | | 黑色金属冶炼及压延加工业 | |
| | 食品制造业 | 1 | 机械(M10) | 通用设备制造业 | 3 |
| 饮料(M3) | 饮料制造业 | 2 | | 专用设备制造业 | 3 |
| 纺织(M4) | 纺织业 | 5 | | 交通运输设备制造业 | 4 |
| 建材(M5) | 非金属矿采选业 | | | 电气机械及器材制造业 | 4 |
| | 非金属矿物制品业 | 9 | | 通信设备、计算机及其他电子设备制造业 | |
| | 其他采矿业 | | | 金属制品业 | |
| 造纸(M6) | 造纸及纸制品业 | 4 | 电力(M11) | 电力、热力的生产和供应业 | 6 |
| 石化(M7) | 石油加工、炼焦及核燃料加工业 | | | 自来水的生产和供应业 | 2 |
| | 化学原料及化学制品制造业 | 8 | 木材(M12) | 木材加工及竹、藤、棕、草制品业 | 1 |
| | 橡胶制品业 | 2 | 烟草(M13) | 烟草制品业 | |
| | 原油加工及石油制品制造 | 1 | 交通运输(M14) | 交通运输、仓储和邮政业 | 1 |
| 医药(M8) | 医药制造业 | 3 | | | |

表 3-3 2005 年牡丹江市辖区控制单元各个行业用水量及污染物排放情况

| 序号 | 行业 | 工业生产总值/万元 | 工业用水量 | | 新鲜用水量 | | 煤炭消费量 | | COD 排放量 | | 氨氮排放量 | |
|---|---|---|---|---|---|---|---|---|---|---|---|---|
| | | | t | t/万元 | t | t/万元 | t | t/万元 | kg | kg/万元 | kg | kg/万元 |
| 1 | 机械 | 76091 | 605700 | 7.96 | 539750 | 7.09 | 37270 | 0.49 | 36685 | 0.48 | 756.1 | 0.01 |
| 2 | 石化 | 218723 | 22714842 | 103.85 | 7657300 | 35.01 | 156539 | 0.72 | 920917 | 4.21 | 0 | 0.00 |
| 3 | 建材 | 32626 | 3675570 | 112.66 | 1254646 | 38.46 | 223321 | 6.84 | 69440 | 2.13 | 1930 | 0.06 |
| 4 | 电力 | 134358 | 364857000 | 2715.56 | 253781000 | 1888.84 | 2964475 | 22.06 | 1628652 | 12.12 | 0 | 0.00 |
| 5 | 木材 | 6406 | 117000 | 18.26 | 82000 | 12.80 | 20000 | 3.12 | 18204 | 2.84 | 0 | 0.00 |
| 6 | 交通运输 | 0 | 23000 | — | 23000 | — | 6960 | — | 10252 | — | 0 | — |
| 7 | 造纸 | 163810 | 14546640 | 88.80 | 7927165 | 48.39 | 106631 | 0.65 | 1384910 | 8.45 | 7950 | 0.05 |
| 8 | 食品 | 388 | 7700 | 19.85 | 7700 | 19.85 | 2100 | 5.41 | 0 | 0.00 | 0 | 0.00 |
| 9 | 纺织 | 24605 | 411170 | 16.71 | 390570 | 15.87 | 8376 | 0.34 | 29109 | 1.18 | 0 | 0.00 |
| 10 | 医药 | 14580 | 39000 | 2.67 | 35000 | 2.40 | 1300 | 0.09 | 228 | 0.02 | 0 | 0.00 |
| 11 | 饮料 | 23042 | 1120000 | 48.61 | 916000 | 39.75 | 20261 | 0.88 | 873375 | 37.90 | 0 | 0.00 |

由表 3-3 可见，牡丹江市辖区工业用水量、万元工业用水量、新鲜用水量、万元新鲜用水量、煤炭消耗量、万元煤炭消费量、COD 排放量最多的行业是电力，万元 COD 排放最多的行业是饮料，万元氨氮排放量最多的行业是建材；电力行业耗能最大，饮料和建材行业单位万元产生的污染物最多；石化行业工业生产总值最大，造纸行业氨氮排放量最多。

② 宁安控制单元工业行业分析　2005 年宁安共有 4 大行业 4 个企业，见表 3-4 和表 3-5。

表 3-4 2005 年宁安控制单元行业分类情况

| 行业分类 | 行业名称 | 企业数量 | 行业分类 | 行业名称 | 企业数量 |
|---|---|---|---|---|---|
| 煤炭(M1) | 煤炭开采和洗选业 | | 冶金(M9) | 黑色金属矿采选业 | |
| 食品(M2) | 农副食品加工业 | 1 | | 黑色金属冶炼及压延加工业 | 1 |
| | 食品制造业 | | 机械(M10) | 通用设备制造业 | |
| 饮料(M3) | 饮料制造业 | | | 专用设备制造业 | |
| 纺织(M4) | 纺织业 | | | 交通运输设备制造业 | |
| 建材(M5) | 非金属矿采选业 | | | 电气机械及器材制造业 | |
| | 非金属矿物制品业 | 1 | | 通信设备、计算机及其他电子设备制造业 | |
| | 其他采矿业 | | | 金属制品业 | |
| 造纸(M6) | 造纸及纸制品业 | | 电力(M11) | 电力、热力的生产和供应业 | |
| 石化(M7) | 石油加工、炼焦及核燃料加工业 | | | 自来水的生产和供应业 | |
| | 化学原料及化学制品制造业 | 1 | 木材(M12) | 木材加工及竹、藤、棕、草制品业 | |
| | 橡胶制品业 | | 烟草(M13) | 烟草制品业 | |
| | 原油加工及石油制品制造 | | 交通运输(M14) | 交通运输、仓储和邮政业 | |
| 医药(M8) | 医药制造业 | | | | |

表 3-5 2005 年宁安控制单元各个行业用水量及污染物排放情况

| 序号 | 行业 | 工业生产总值/万元 | 工业用水量 | | 新鲜用水量 | | 煤炭消费量 | | COD 排放量 | | 氨氮排放量 | |
|---|---|---|---|---|---|---|---|---|---|---|---|---|
| | | | t | t/万元 | t | t/万元 | t | t/万元 | kg | kg/万元 | kg | kg/万元 |
| 1 | 石化 | 10714 | 19679000 | 1836.76 | 1039000 | 96.98 | 90100 | 8.41 | 55020 | 5.14 | 10330 | 0.96 |
| 2 | 建材 | 812 | 100 | 0.123152709 | 200 | 0.246305419 | 10400 | 12.80788177 | 0 | 0 | 0 | 0 |
| 3 | 食品 | 2506 | 96800 | 38.63 | 53800 | 21.47 | 3950 | 1.58 | 297250 | 118.62 | 0 | 0.00 |
| 4 | 冶金 | 6400 | 560000 | 87.50 | 72000 | 11.25 | 2550 | 0.40 | 235620 | 36.82 | 0 | 0.00 |

由表 3-5 可见，宁安工业生产总值、工业用水量、万元工业用水量、新鲜用水量、万元新鲜用水量、煤炭消费量、氨氮排放量、万元氨氮排放量最多的行业是石化；COD 排放量、万元 COD 排放量最多的行业是食品；万元煤炭消耗量最多的行业是建材；石化行业耗能最大，食品和石化行业单位万元产生的污染物最多。

③ 海林控制单元工业行业分析 2005 年海林共有 4 大行业 4 个企业，见表 3-6 和表 3-7。

表 3-6 2005 年海林控制单元行业分类情况

| 行业分类 | 行业名称 | 企业数量 | 行业分类 | 行业名称 | 企业数量 |
|---|---|---|---|---|---|
| 煤炭(M1) | 煤炭开采和洗选业 | | 冶金(M9) | 黑色金属矿采选业 | |
| 食品(M2) | 农副食品加工业 | | | 黑色金属冶炼及压延加工业 | |
| | 食品制造业 | | 机械(M10) | 通用设备制造业 | |
| 饮料(M3) | 饮料制造业 | | | 专用设备制造业 | |
| 纺织(M4) | 纺织业 | | | 交通运输设备制造业 | |
| 建材(M5) | 非金属矿采选业 | | | 电气机械及器材制造业 | |
| | 非金属矿物制品业 | 1 | | 通信设备、计算机及其他电子设备制造业 | |
| | 其他采矿业 | | | 金属制品业 | |
| 造纸(M6) | 造纸及纸制品业 | 1 | 电力(M11) | 电力、热力的生产和供应业 | |
| 石化(M7) | 石油加工、炼焦及核燃料加工业 | | | 自来水的生产和供应业 | |
| | 化学原料及化学制品制造业 | | 木材(M12) | 木材加工及竹、藤、棕、草制品业 | 1 |
| | 橡胶制品业 | | 烟草(M13) | 烟草制品业 | 1 |
| | 原油加工及石油制品制造 | | 交通运输(M14) | 交通运输、仓储和邮政业 | |
| 医药(M8) | 医药制造业 | | | | |

**表 3-7 2005 年海林控制单元各个行业用水量及污染物排放情况**

| 序号 | 行业 | 工业生产总值/万元 | 工业用水量 | | 新鲜用水量 | | 煤炭消费量 | | COD 排放量 | | 氨氮排放量 | |
|---|---|---|---|---|---|---|---|---|---|---|---|---|
| | | | t | t/万元 | t | t/万元 | t | t/万元 | kg | kg/万元 | kg | kg/万元 |
| 1 | 建材 | 2729 | 22000 | 8.06 | 22000 | 8.06 | 19580 | 7.17 | 12541 | 4.60 | 0 | 0.00 |
| 2 | 木材 | 9062 | 1357000 | 149.75 | 1357000 | 149.75 | 240000 | 26.48 | 51905 | 5.73 | 10330 | 1.14 |
| 3 | 造纸 | 3060 | 1200000 | 392.16 | 960000 | 313.73 | 13260 | 4.33 | 303790 | 99.28 | 0.5 | 0.00 |
| 4 | 烟草 | 39297 | 110000 | 2.80 | 90000 | 2.29 | 4650 | 0.12 | 251462 | 6.40 | 0 | 0.00 |

由表 3-7 可见，海林工业用水量、新鲜用水量、煤炭消费量、万元煤炭消费量、氨氮排放量、万元氨氮排放量最多的行业是木材；万元工业用水量、万元新鲜用水量、COD 排放量、万元 COD 排放量最多的行业是造纸；木材行业耗能最多，烟草行业工业生产总值最多，造纸和木材行业污染物排放最多。

④ 林口控制单元工业行业分析　2005 年林口共有 5 大行业 9 个企业，建材行业最多，有 5 个企业，占总数的 55.56%，见表 3-8 和表 3-9。

**表 3-8 2005 年林口控制单元行业分类情况**

| 行业分类 | 行业名称 | 企业数量 | 行业分类 | 行业名称 | 企业数量 |
|---|---|---|---|---|---|
| 煤炭(M1) | 煤炭开采和洗选业 | | 冶金(M9) | 黑色金属矿采选业 | |
| 食品(M2) | 农副食品加工业 | | | 黑色金属冶炼及压延加工业 | |
| | 食品制造业 | | 机械(M10) | 通用设备制造业 | |
| 饮料(M3) | 饮料制造业 | | | 专用设备制造业 | |
| 纺织(M4) | 纺织业 | | | 交通运输设备制造业 | 1 |
| 建材(M5) | 非金属矿采选业 | 1 | | 电气机械及器材制造业 | |
| | 非金属矿物制品业 | 4 | | 通信设备、计算机及其他电子设备制造业 | |
| | 其他采矿业 | | | 金属制品业 | |
| 造纸(M6) | 造纸及纸制品业 | | 电力(M11) | 电力、热力的生产和供应业 | |
| 石化(M7) | 石油加工、炼焦及核燃料加工业 | | | 自来水的生产和供应业 | |
| | 化学原料及化学制品制造业 | | 木材(M12) | 木材加工及竹、藤、棕、草制品业 | 1 |
| | 橡胶制品业 | | 烟草(M13) | 烟草制品业 | 1 |
| | 原油加工及石油制品制造 | | 交通运输(M14) | 交通运输、仓储和邮政业 | |
| 医药(M8) | 医药制造业 | 1 | | | |

表 3-9　2005 年林口控制单元各个行业用水量及污染物排放情况

| 序号 | 行业 | 工业生产总值/万元 | 工业用水量 | | 新鲜用水量 | | 煤炭消费量 | | COD 排放量 | | 氨氮排放量 | |
|---|---|---|---|---|---|---|---|---|---|---|---|---|
| | | | t | t/万元 | t | t/万元 | t | t/万元 | kg | kg/万元 | kg | kg/万元 |
| 1 | 机械 | 4500 | 13000 | 2.89 | 12500 | 2.78 | 2000 | 0.44 | 0 | 0.00 | 0 | 0.00 |
| 2 | 建材 | 3075 | 209000 | 67.97 | 209000 | 67.97 | 31600 | 10.28 | 10740 | 3.49 | 0 | 0.00 |
| 3 | 木材 | 5900 | 1000 | 0.17 | 500 | 0.08 | 2500 | 0.42 | 0 | 0.00 | 0 | 0.00 |
| 4 | 医药 | 1000 | 404000 | 404.00 | 4000 | 4.00 | 1345 | 1.35 | 3215 | 3.22 | 0 | 0.00 |
| 5 | 烟草 | 1235 | 18900 | 15.30 | 15120 | 12.24 | 7000 | 5.67 | 25465 | 20.62 | 0 | 0.00 |

由表 3-9 可见，林口工业生产总值最多的行业是木材；新鲜用水量、万元新鲜用水量、煤炭消费量、万元煤炭消费量最多的行业是建材；医药行业工业用水量和万元工业用水量最多；COD 排放量、万元 COD 排放量最多的行业是烟草；医药和建材行业耗能最大，烟草产生的污染物最多。

综上，2005 年牡丹江流域工业总产值最多的行业是石化行业，为 229437 万元；工业用水量最多的行业是电力行业，为 $3.65\times10^{8}$t；煤炭消费量最多的行业是电力行业，为 $2.96\times10^{6}$t；COD 排放量最多的行业是造纸行业，为 1688.70t；氨氮排放量最多的行业是石化行业，为 10.33t，详见表 3-10。

表 3-10　2005 年牡丹江流域工业行业分析表

| 行业 | 工业总产值(现价)/万元 | 工业用水量/t | 煤炭消费量/t | COD 排放量/kg | 氨氮排放量/kg |
|---|---|---|---|---|---|
| 石化 | 229437 | 42393842 | 246639 | 975937 | 10330 |
| 机械 | 80591 | 618700 | 39270 | 36685 | 756.1 |
| 电力 | 134358 | 364857000 | 2964475 | 1628652 | 0 |
| 木材 | 21368 | 1475000 | 262500 | 70109.2 | 0 |
| 交通运输 | 0 | 233000 | 6960 | 10252 | 0 |
| 建材 | 39241.5 | 3906970 | 284901 | 92721 | 1930 |
| 造纸 | 166870 | 15746640 | 119891 | 1688700 | 7950.5 |
| 食品 | 2894 | 104500 | 6050 | 297250 | 0 |
| 纺织 | 24605 | 411170 | 8376 | 29108.5 | 0 |
| 医药 | 15580 | 443000 | 2645 | 3443 | 0 |
| 饮料 | 23042 | 1120000 | 20261 | 873375 | 0 |
| 冶金 | 6400 | 560000 | 2550 | 235620 | 0 |
| 烟草 | 40532.4 | 128900 | 11650 | 276927 | 0 |

(2)“十一五”末期工业行业分析

2010 年牡丹江流域共有 13 大行业 61 个企业，建材行业最多，有 13 个企业，占总数的 21.31%，其次是石化行业，见表 3-11。

**表 3-11 2010 年牡丹江流域行业分类情况**

| 行业分类 | 行业名称 | 企业数量 |
|---|---|---|
| 煤炭(M1) | 煤炭开采和洗选业 | 1 |
| 食品(M2) | 农副食品加工业 | 8 |
|  | 食品制造业 |  |
| 饮料(M3) | 饮料制造业 | 4 |
| 纺织(M4) | 纺织业 |  |
| 建材(M5) | 非金属矿采选业 | 2 |
|  | 非金属矿物制品业 | 11 |
|  | 其他采矿业 |  |
| 造纸(M6) | 造纸及纸制品业 | 4 |
| 石化(M7) | 石油加工、炼焦及核燃料加工业 | 1 |
|  | 化学原料及化学制品制造业 | 7 |
|  | 橡胶制品业 | 1 |
|  | 原油加工及石油制品制造 | 1 |
| 医药(M8) | 医药制造业 | 5 |
| 冶金(M9) | 黑色金属矿采选业 |  |
|  | 黑色金属冶炼及压延加工业 | 1 |
| 机械(M10) | 通用设备制造业 | 1 |
|  | 专用设备制造业 | 1 |
|  | 交通运输设备制造业 |  |
|  | 电气机械及器材制造业 | 1 |
|  | 通信设备、计算机及其他电子设备制造业 |  |
|  | 金属制品业 |  |
| 电力(M11) | 电力、热力的生产和供应业 | 7 |
|  | 自来水的生产和供应业 | 1 |
| 木材(M12) | 木材加工及竹、藤、棕、草制品业 | 2 |
| 烟草(M13) | 烟草制品业 | 1 |
| 交通运输(M14) | 交通运输、仓储和邮政业 | 1 |

① 牡丹江市辖区控制单元工业行业分析 2010 年牡丹江市辖区共有 9 大行业 30 个企业，石化行业最多，有 9 个企业，占总数的 30%，其次是建材和医药行业，见表 3-12 和表 3-13。

**表 3-12 2010 年牡丹江市辖区控制单元行业分类情况**

| 行业分类 | 行业名称 | 企业数量 |
|---|---|---|
| 煤炭(M1) | 煤炭开采和洗选业 |  |
| 食品(M2) | 农副食品加工业 | 1 |
|  | 食品制造业 |  |
| 饮料(M3) | 饮料制造业 | 2 |
| 纺织(M4) | 纺织业 |  |
| 建材(M5) | 非金属矿采选业 |  |
|  | 非金属矿物制品业 | 4 |
|  | 其他采矿业 |  |
| 造纸(M6) | 造纸及纸制品业 | 3 |
| 石化(M7) | 石油加工、炼焦及核燃料加工业 | 1 |
|  | 化学原料及化学制品制造业 | 6 |
|  | 橡胶制品业 | 1 |
|  | 原油加工及石油制品制造 | 1 |
| 医药(M8) | 医药制造业 | 4 |
| 冶金(M9) | 黑色金属矿采选业 |  |
|  | 黑色金属冶炼及压延加工业 |  |
| 机械(M10) | 通用设备制造业 | 1 |
|  | 专用设备制造业 | 1 |
|  | 交通运输设备制造业 |  |
|  | 电气机械及器材制造业 | 1 |
|  | 通信设备、计算机及其他电子设备制造业 |  |
|  | 金属制品业 |  |
| 电力(M11) | 电力、热力的生产和供应业 | 2 |
|  | 自来水的生产和供应业 | 1 |
| 木材(M12) | 木材加工及竹、藤、棕、草制品业 |  |
| 烟草(M13) | 烟草制品业 |  |
| 交通运输(M14) | 交通运输、仓储和邮政业 | 1 |

**表 3-13 2010 年牡丹江市辖区控制单元各个行业用水量及污染物排放情况**

| 序号 | 行业 | 工业生产总值/万元 | 工业用水量 | | 新鲜用水量 | | 煤炭消费量 | | COD 排放量 | | 氨氮排放量 | |
|---|---|---|---|---|---|---|---|---|---|---|---|---|
| | | | t | t/万元 | t | t/万元 | t | t/万元 | kg | kg/万元 | kg | kg/万元 |
| 1 | 机械 | 38007 | 905100 | 23.81 | 478400 | 12.59 | 5730 | 0.15 | 326560 | 8.59 | 485 | 0.01 |
| 2 | 石化 | 507709 | 30051529 | 59.19 | 3942011 | 7.76 | 502912 | 0.99 | 4075233 | 8.03 | 31101 | 0.06 |
| 3 | 建材 | 80606 | 3618800 | 44.89 | 916225 | 11.37 | 191205 | 2.37 | 48995 | 0.61 | 5986 | 0.07 |
| 4 | 电力 | 15109 | 76960500 | 5093.69 | 76960100 | 5093.66 | 47888 | 3.17 | 461106 | 30.52 | 74910 | 4.96 |
| 5 | 交通运输 | 0 | 223927 | — | 62876 | — | 5.3 | — | 2694 | — | 260 | — |
| 6 | 造纸 | 190433 | 24848862 | 130.49 | 7705862 | 40.46 | 255519 | 1.34 | 1332322 | 7.00 | 66651 | 0.35 |
| 7 | 食品 | 2000 | 70000 | 35.00 | 70000 | 35.00 | 0 | 0.00 | 167000 | 83.50 | 1000 | 0.50 |
| 8 | 医药 | 75961 | 15103000 | 198.83 | 1587720 | 20.90 | 2750 | 0.04 | 1821008 | 23.97 | 4020 | 0.05 |
| 9 | 饮料 | 292490 | 872592 | 2.98 | 842592 | 2.88 | 20771 | 0.07 | 826567 | 2.83 | 6405 | 0.02 |

由表 3-13 可见，牡丹江市辖区工业用水量、万元工业用水量、新鲜用水量、万元新鲜用水量、万元煤炭消费量、氨氮排放量、万元氨氮排放量最多的行业是电力；万元 COD 排放量最多的行业是食品；石化行业工业生产总值、煤炭消费量、COD 排放量最多；电力和石化行业耗能最大，食品和电力行业单位万元产生的污染物最多。

② 宁安控制单元工业行业分析 2010 年宁安共有 7 大行业 13 个企业，食品行业最多，有 4 个企业，占总数的 30.77%，其次是建材行业，见表 3-14 和表 3-15。

**表 3-14 2010 年宁安控制单元行业分类情况**

| 行业分类 | 行业名称 | 企业数量 | 行业分类 | 行业名称 | 企业数量 |
|---|---|---|---|---|---|
| 煤炭(M1) | 煤炭开采和洗选业 | | 冶金(M9) | 黑色金属矿采选业 | |
| 食品(M2) | 农副食品加工业 | 4 | | 黑色金属冶炼及压延加工业 | 1 |
| | 食品制造业 | | 机械(M10) | 通用设备制造业 | |
| 饮料(M3) | 饮料制造业 | 1 | | 专用设备制造业 | |
| 纺织(M4) | 纺织业 | | | 交通运输设备制造业 | |
| 建材(M5) | 非金属矿采选业 | | | 电气机械及器材制造业 | |
| | 非金属矿物制品业 | 3 | | 通信设备、计算机及其他电子设备制造业 | |
| | 其他采矿业 | | | 金属制品业 | |
| 造纸(M6) | 造纸及纸制品业 | | 电力(M11) | 电力、热力的生产和供应业 | 1 |
| 石化(M7) | 石油加工、炼焦及核燃料加工业 | | | 自来水的生产和供应业 | |
| | 化学原料及化学制品制造业 | 1 | 木材(M12) | 木材加工及竹、藤、棕、草制品业 | 2 |
| | 橡胶制品业 | | 烟草(M13) | 烟草制品业 | |
| | 原油加工及石油制品制造 | | 交通运输(M14) | 交通运输、仓储和邮政业 | |
| 医药(M8) | 医药制造业 | | | | |

**表 3-15 2010 年宁安控制单元各个行业用水量及污染物排放情况**

| 序号 | 行业 | 工业生产总值/万元 | 工业用水量 | | 新鲜用水量 | | 煤炭消费量 | | COD 排放量 | | 氨氮排放量 | |
|---|---|---|---|---|---|---|---|---|---|---|---|---|
| | | | t | t/万元 | t | t/万元 | t | t/万元 | kg | kg/万元 | kg | kg/万元 |
| 1 | 石化 | 22100 | 28960000 | 1310.41 | 19080000 | 863.35 | 437000 | 19.77 | 372945 | 16.88 | 85777 | 3.88 |
| 2 | 建材 | 23058 | 133440 | 5.79 | 21340 | 0.93 | 100568 | 4.36 | 773 | 0.03 | 10 | 0.00 |
| 3 | 电力 | 6400 | 77400 | 12.09 | 77400 | 12.09 | 79000 | 12.34 | 5530 | 0.86 | 320 | 0.05 |
| 4 | 木材 | 7000 | 26730 | 3.82 | 26310 | 3.76 | 34500 | 4.93 | 2210 | 0.32 | 142 | 0.02 |
| 5 | 食品 | 28100 | 1845000 | 65.66 | 1195000 | 42.53 | 77700 | 2.77 | 2696570 | 95.96 | 13660 | 0.49 |
| 6 | 饮料 | 2426 | 364295 | 150.16 | 172285 | 71.02 | 5002 | 2.06 | 852685 | 351.48 | 1520 | 0.63 |
| 7 | 冶金 | 42000 | 1822528 | 43.39 | 62528 | 1.49 | 15270 | 0.36 | 5627 | 0.13 | 500 | 0.01 |

由表 3-15 可见，宁安工业用水量、万元工业用水量、新鲜用水量、万元新鲜用水量、煤炭消费量、万元煤炭消费量、氨氮排放量、万元氨氮排放量最多的行业是石化；万元 COD 排放量最多的行业是饮料；冶金行业工业生产总值最多，为 42000 万元；食品行业 COD 排放量最多；石化行业耗能最大，石化和饮料行业单位万元产生的污染物最多。

③ 海林控制单元工业行业分析　2010 年海林共有 4 大行业 4 个企业，见表 3-16 和表 3-17。

**表 3-16 2010 年海林控制单元行业分类情况**

| 行业分类 | 行业名称 | 企业数量 |
|---|---|---|
| 煤炭(M1) | 煤炭开采和洗选业 | |
| 食品(M2) | 农副食品加工业 | |
| | 食品制造业 | |
| 饮料(M3) | 饮料制造业 | |
| 纺织(M4) | 纺织业 | |
| 建材(M5) | 非金属矿采选业 | |
| | 非金属矿物制品业 | 1 |
| | 其他采矿业 | |
| 造纸(M6) | 造纸及纸制品业 | 1 |
| 石化(M7) | 石油加工、炼焦及核燃料加工业 | |
| | 化学原料及化学制品制造业 | |
| | 橡胶制品业 | |
| | 原油加工及石油制品制造 | |
| 医药(M8) | 医药制造业 | |
| 冶金(M9) | 黑色金属矿采选业 | |
| | 黑色金属冶炼及压延加工业 | |
| 机械(M10) | 通用设备制造业 | |
| | 专用设备制造业 | |
| | 交通运输设备制造业 | |
| | 电气机械及器材制造业 | |
| | 通信设备、计算机及其他电子设备制造业 | |
| | 金属制品业 | |
| 电力(M11) | 电力、热力的生产和供应业 | 1 |
| | 自来水的生产和供应业 | |
| 木材(M12) | 木材加工及竹、藤、棕、草制品业 | |
| 烟草(M13) | 烟草制品业 | 1 |
| 交通运输(M14) | 交通运输、仓储和邮政业 | |

**表 3-17　2010 年海林控制单元各个行业用水量及污染物排放情况**

| 序号 | 行业 | 工业生产总值/万元 | 工业用水量 | | 新鲜用水量 | | 煤炭消费量 | | COD 排放量 | | 氨氮排放量 | |
|---|---|---|---|---|---|---|---|---|---|---|---|---|
| | | | t | t/万元 | t | t/万元 | t | t/万元 | kg | kg/万元 | kg | kg/万元 |
| 1 | 建材 | 3369 | 0 | 0.00 | 0 | 0.00 | 8111 | 2.41 | 0 | 0.00 | 0 | 0.00 |
| 2 | 电力 | 4400 | 99020 | 22.50 | 0 | 0.00 | 69320 | 15.75 | 0 | 0.00 | 0 | 0.00 |
| 3 | 造纸 | 5853 | 2068352 | 353.38 | 1069800 | 182.78 | 4200 | 0.72 | 2561110 | 437.57 | 9630 | 1.65 |
| 4 | 烟草 | 71746 | 156627 | 2.18 | 133133 | 1.86 | 12993 | 0.18 | 1479 | 0.02 | 28 | 0.00 |

由表 3-17 可见，海林工业用水量、万元工业用水量、新鲜用水量、万元新鲜用水量、COD 排放量、万元 COD 排放量、氨氮排放量、万元氨氮排放量最多的行业是造纸；煤炭消费量、万元煤炭消费量最多的行业是电力；烟草行业工业生产总值最多，为 71746 万元；造纸行业耗能最大，单位万元产生的污染物最多。

④ 林口控制单元工业行业分析　2010 年林口共有 6 大行业 14 个企业，建材行业最多，有 5 个企业，占总数的 35.71%，其次是食品和电力行业，见表 3-18 和表 3-19。

**表 3-18　2010 年林口控制单元行业分类情况**

| 行业分类 | 行业名称 | 企业数量 |
|---|---|---|
| 煤炭(M1) | 煤炭开采和洗选业 | 1 |
| 食品(M2) | 农副食品加工业 | 3 |
| | 食品制造业 | |
| 饮料(M3) | 饮料制造业 | 1 |
| 纺织(M4) | 纺织业 | |
| 建材(M5) | 非金属矿采选业 | 2 |
| | 非金属矿物制品业 | 3 |
| | 其他采矿业 | |
| 造纸(M6) | 造纸及纸制品业 | |
| 石化(M7) | 石油加工、炼焦及核燃料加工业 | |
| | 化学原料及化学制品制造业 | |
| | 橡胶制品业 | |
| | 原油加工及石油制品制造 | |
| 医药(M8) | 医药制造业 | 1 |
| 冶金(M9) | 黑色金属矿采选业 | |
| | 黑色金属冶炼及压延加工业 | |
| 机械(M10) | 通用设备制造业 | |
| | 专用设备制造业 | |
| | 交通运输设备制造业 | |
| | 电气机械及器材制造业 | |
| | 通信设备、计算机及其他电子设备制造业 | |
| | 金属制品业 | |
| 电力(M11) | 电力、热力的生产和供应业 | 3 |
| | 自来水的生产和供应业 | |
| 木材(M12) | 木材加工及竹、藤、棕、草制品业 | |
| 烟草(M13) | 烟草制品业 | |
| 交通运输(M14) | 交通运输、仓储和邮政业 | |

表 3-19 2010 年林口控制单元各个行业用水量及污染物排放情况

| 序号 | 行业 | 工业生产总值/万元 | 工业用水量 | | 新鲜用水量 | | 煤炭消费量 | | COD 排放量 | | 氨氮排放量 | |
|---|---|---|---|---|---|---|---|---|---|---|---|---|
| | | | t | t/万元 | t | t/万元 | t | t/万元 | kg | kg/万元 | kg | kg/万元 |
| 1 | 建材 | 3291 | 805000 | 244.61 | 100000 | 30.39 | 10000 | 3.04 | 90000 | 27.35 | 8000 | 2.43 |
| 2 | 电力 | 2000 | 65400 | 32.70 | 9680 | 4.84 | 51500 | 25.75 | 1236 | 0.62 | 93 | 0.05 |
| 3 | 食品 | 1831 | 25500 | 13.93 | 25100 | 13.71 | 9380 | 5.12 | 55520 | 30.32 | 2185 | 1.19 |
| 4 | 医药 | 154 | 2340 | 15.19 | 2340 | 15.19 | 400 | 2.60 | 1560 | 10.13 | 10 | 0.06 |
| 5 | 饮料 | 580 | 2203 | 3.80 | 2203 | 3.80 | 300 | 0.52 | 10698 | 18.44 | 33 | 0.06 |
| 6 | 煤炭 | 20396 | 1036195 | 50.80 | 1035595 | 50.77 | 32000 | 1.57 | 93203 | 4.57 | 8284 | 0.41 |

由表 3-19 可见，林口万元工业用水量、万元氨氮排放量最多的行业是建材；煤炭消费量、万元煤炭消费量最多的行业是电力；万元 COD 排放量最多的行业是食品；煤炭行业工业生产总值、工业用水量、新鲜用水量、万元新鲜用水量、COD 排放量、氨氮排放量最多。

综上，2010 年牡丹江流域工业总产值最多的行业是石化行业，为 529809.2 万元；工业用水量最多的行业是电力行业，为 $7.72\times10^{7}$t；煤炭消费量最多的行业是石化行业，为 $9.40\times10^{5}$t；COD 排放量最多的行业是石化行业，为 4448.18t；氨氮排放量最多的行业是石化行业，为 116.88t，详见表 3-20。

表 3-20 2010 年牡丹江流域工业行业分析表

| 行业 | 工业总产值(现价)/万元 | 工业用水量/t | 煤炭消费量/t | COD 排放量/kg | 氨氮排放量/kg |
|---|---|---|---|---|---|
| 石化 | 529809.2 | 59011529 | 939912 | 4448178 | 116878 |
| 电力 | 27908.6 | 77202320 | 247708 | 466636 | 75230 |
| 造纸 | 196286 | 26917214 | 259719 | 1341952 | 66651 |
| 机械 | 38007 | 905100 | 5730 | 326560 | 485 |
| 医药 | 76115 | 15105340 | 3150 | 1821008 | 4020 |
| 饮料 | 295496 | 1239090 | 26073 | 1679252 | 7925 |
| 建材 | 110324 | 4557240 | 309884 | 49768 | 5996 |
| 食品 | 31931 | 1940500 | 87080 | 2863570 | 14660 |
| 交通运输 | | 223927 | 5030 | 2693.5 | 260 |
| 木材 | 7000 | 26730 | 34500 | 2210 | 142 |
| 冶金 | 42000 | 1822528 | 15270 | 5627 | 500 |
| 煤炭 | 20396 | 1036195 | 32000 | | |
| 烟草 | 71746 | 156627 | 12993 | 28 | |

(3)“十二五”初期工业行业分析

2011 年牡丹江流域共有 12 大行业 95 个企业，电力行业最多，有 39 个企业，占总数的 41.05%，其次是造纸、机械和石化行业，见表 3-21。

**表 3-21　2011 年牡丹江流域行业分类情况**

| 行业分类 | 行业名称 | 企业数量 |
| --- | --- | --- |
| 煤炭(M1) | 煤炭开采和洗选业 | 1 |
| 食品(M2) | 农副食品加工业 | 6 |
| | 食品制造业 | |
| 饮料(M3) | 饮料制造业 | 4 |
| 纺织(M4) | 纺织业 | |
| 建材(M5) | 非金属矿采选业 | |
| | 非金属矿物制品业 | 6 |
| | 其他采矿业 | |
| 造纸(M6) | 造纸及纸制品业 | 10 |
| 石化(M7) | 石油加工、炼焦及核燃料加工业 | 1 |
| | 化学原料及化学制品制造业 | 5 |
| | 橡胶制品业 | 1 |
| | 原油加工及石油制品制造 | 1 |
| 医药(M8) | 医药制造业 | 3 |
| 冶金(M9) | 黑色金属矿采选业 | 2 |
| | 黑色金属冶炼及压延加工业 | 2 |
| 机械(M10) | 通用设备制造业 | 1 |
| | 专用设备制造业 | 3 |
| | 交通运输设备制造业 | 3 |
| | 电气机械及器材制造业 | |
| | 通信设备、计算机及其他电子设备制造业 | 1 |
| | 金属制品业 | 1 |
| 电力(M11) | 电力、热力的生产和供应业 | 39 |
| | 自来水的生产和供应业 | |
| 木材(M12) | 木材加工及竹、藤、棕、草制品业 | 3 |
| 烟草(M13) | 烟草制品业 | 2 |
| 交通运输(M14) | 交通运输、仓储和邮政业 | |

① 牡丹江市辖区控制单元工业行业分析　2011 年牡丹江市辖区共有 9 大行业 36 个企业，机械行业最多，有 8 个企业，占总数的 22.22%，其次是造纸、石化和电力行业，见表 3-22 和表 3-23。

**表 3-22　2011 年牡丹江市辖区控制单元行业分类情况**

| 行业分类 | 行业名称 | 企业数量 |
| --- | --- | --- |
| 煤炭(M1) | 煤炭开采和洗选业 | |
| 食品(M2) | 农副食品加工业 | 1 |
| | 食品制造业 | |
| 饮料(M3) | 饮料制造业 | 2 |
| 纺织(M4) | 纺织业 | |
| 建材(M5) | 非金属矿采选业 | |
| | 非金属矿物制品业 | 2 |
| | 其他采矿业 | |
| 造纸(M6) | 造纸及纸制品业 | 7 |
| 石化(M7) | 石油加工、炼焦及核燃料加工业 | 1 |
| | 化学原料及化学制品制造业 | 3 |
| | 橡胶制品业 | 1 |
| | 原油加工及石油制品制造 | 1 |
| 医药(M8) | 医药制造业 | 3 |
| 冶金(M9) | 黑色金属矿采选业 | |
| | 黑色金属冶炼及压延加工业 | |
| 机械(M10) | 通用设备制造业 | 1 |
| | 专用设备制造业 | 3 |
| | 交通运输设备制造业 | 3 |
| | 电气机械及器材制造业 | |
| | 通信设备、计算机及其他电子设备制造业 | |
| | 金属制品业 | 1 |
| 电力(M11) | 电力、热力的生产和供应业 | 6 |
| | 自来水的生产和供应业 | |
| 木材(M12) | 木材加工及竹、藤、棕、草制品业 | 1 |
| 烟草(M13) | 烟草制品业 | |
| 交通运输(M14) | 交通运输、仓储和邮政业 | |

**表 3-23 2011 年牡丹江市辖区控制单元各个行业用水量及污染物排放情况**

| 序号 | 行业 | 工业生产总值/万元 | 工业用水量 | | 新鲜用水量 | | 煤炭消费量 | | COD 排放量 | | 氨氮排放量 | |
|---|---|---|---|---|---|---|---|---|---|---|---|---|
| | | | t | t/万元 | t | t/万元 | t | t/万元 | kg | kg/万元 | kg | kg/万元 |
| 1 | 机械 | 142783 | 648111 | 4.54 | 491073 | 3.44 | 30861 | 0.22 | 931410 | 6.52 | 4270 | 0.03 |
| 2 | 石化 | 494413 | 31524310 | 63.76 | 2840816 | 5.75 | 390577 | 0.79 | 190870 | 0.39 | 27278 | 0.06 |
| 3 | 建材 | 73363 | 6300010 | 85.87 | 760130 | 10.36 | 240826 | 3.28 | 43070 | 0.59 | 2880 | 0.04 |
| 4 | 电力 | 186447 | 25405000 | 136.26 | 16128000 | 86.50 | 4293001 | 23.03 | 461106 | 2.47 | 74910 | 0.40 |
| 5 | 木材 | 4544 | 110500 | 24.32 | 75000 | 16.51 | 5076 | 1.12 | 7425 | 1.63 | 750 | 0.17 |
| 6 | 造纸 | 214502 | 17189705 | 80.14 | 8327005 | 38.82 | 235872 | 1.10 | 1341523 | 6.25 | 16121 | 0.08 |
| 7 | 食品 | 11202 | 4500000 | 401.71 | 4500000 | 401.71 | 0 | 0.00 | 87315 | 7.79 | 11910 | 1.06 |
| 8 | 医药 | 60614 | 76700 | 1.27 | 69200 | 1.14 | 2383 | 0.04 | 4875 | 0.08 | 211 | 0.00 |
| 9 | 饮料 | 40587 | 1593000 | 39.25 | 1550000 | 38.19 | 20800 | 0.51 | 86330 | 2.13 | 9508 | 0.23 |

由表 3-23 可见，牡丹江市辖区万元工业用水量、万元新鲜用水量、万元 COD 排放量、万元氨氮排放量最多的行业是食品；新鲜用水量、煤炭消费量、万元煤炭消费量、氨氮排放量最多的行业是电力；石化行业工业生产总值、工业用水量最多；造纸行业 COD 排放量最多；电力行业耗能最大。

② 宁安控制单元工业行业分析 2011 年宁安共有 8 大行业 40 个企业，电力行业最多，有 27 个企业，占总数的 67.50%，见表 3-24 和表 3-25。

**表 3-24 2011 年宁安控制单元行业分类情况**

| 行业分类 | 行业名称 | 企业数量 |
|---|---|---|
| 煤炭(M1) | 煤炭开采和洗选业 | |
| 食品(M2) | 农副食品加工业 | 4 |
| | 食品制造业 | |
| 饮料(M3) | 饮料制造业 | 1 |
| 纺织(M4) | 纺织业 | |
| 建材(M5) | 非金属矿采选业 | |
| | 非金属矿物制品业 | 3 |
| | 其他采矿业 | |
| 造纸(M6) | 造纸及纸制品业 | |
| 石化(M7) | 石油加工、炼焦及核燃料加工业 | |
| | 化学原料及化学制品制造业 | 1 |
| | 橡胶制品业 | |
| | 原油加工及石油制品制造 | |
| 医药(M8) | 医药制造业 | |
| 冶金(M9) | 黑色金属矿采选业 | |
| | 黑色金属冶炼及压延加工业 | 2 |
| 机械(M10) | 通用设备制造业 | |
| | 专用设备制造业 | |
| | 交通运输设备制造业 | |
| | 电气机械及器材制造业 | |
| | 通信设备、计算机及其他电子设备制造业 | 1 |
| | 金属制品业 | |
| 电力(M11) | 电力、热力的生产和供应业 | 27 |
| | 自来水的生产和供应业 | |
| 木材(M12) | 木材加工及竹、藤、棕、草制品业 | 1 |
| 烟草(M13) | 烟草制品业 | |
| 交通运输(M14) | 交通运输、仓储和邮政业 | |

**表 3-25　2011 年宁安控制单元各个行业用水量及污染物排放情况**

| 序号 | 行业 | 工业生产总值/万元 | 工业用水量 | | 新鲜用水量 | | 煤炭消费量 | | COD 排放量 | | 氨氮排放量 | |
|---|---|---|---|---|---|---|---|---|---|---|---|---|
| | | | t | t/万元 | t | t/万元 | t | t/万元 | kg | kg/万元 | kg | kg/万元 |
| 1 | 机械 | 2000 | 19300 | 9.65 | 1744 | 0.87 | 19124 | 9.56 | 8 | 0.00 | 0 | 0.00 |
| 2 | 石化 | 26000 | 34438421 | 1324.55 | 1574400 | 60.55 | 461971 | 17.77 | 163470 | 6.29 | 62200 | 2.39 |
| 3 | 建材 | 30380 | 45000 | 1.48 | 23300 | 0.77 | 95434 | 3.14 | 260 | 0.01 | 30 | 0.00 |
| 4 | 电力 | 6841 | 84760 | 12.39 | 84760 | 12.39 | 99730 | 14.58 | 4338 | 0.63 | 0 | 0.00 |
| 5 | 木材 | 500 | 1400 | 2.80 | 1400 | 2.80 | 2800 | 5.60 | 90 | 0.18 | 0 | 0.00 |
| 6 | 食品 | 25980 | 4289778 | 165.12 | 1929778 | 74.28 | 53770 | 2.07 | 220920 | 8.50 | 21780 | 0.84 |
| 7 | 饮料 | 2426 | 6000000 | 2473.21 | 4800000 | 1978.57 | 5002 | 2.06 | 237900 | 98.06 | 32600 | 13.44 |
| 8 | 冶金 | 8100 | 2302528 | 284.26 | 162528 | 20.07 | 15270 | 1.89 | 16030 | 1.98 | 0 | 0.00 |

由表 3-25 可见，宁安万元工业用水量、新鲜用水量、万元新鲜用水量、COD 排放量、万元 COD 排放量、万元氨氮排放量最多的行业是饮料；工业用水量、煤炭消费量、万元煤炭消费量、氨氮排放量最多的行业是石化；建材行业工业生产总值最多，为 30380 万元；饮料和石化行业耗能最大，单位万元产生的污染物也最多。

③ 海林控制单元工业行业分析　2011 年海林共有 8 大行业 11 个企业，电力行业最多，有 3 个企业，占总数的 27.27%，见表 3-26 和表 3-27。

**表 3-26　2011 年海林控制单元行业分类情况**

| 行业分类 | 行业名称 | 企业数量 | 行业分类 | 行业名称 | 企业数量 |
|---|---|---|---|---|---|
| 煤炭(M1) | 煤炭开采和洗选业 | | 冶金(M9) | 黑色金属矿采选业 | 2 |
| 食品(M2) | 农副食品加工业 | | | 黑色金属冶炼及压延加工业 | |
| | 食品制造业 | | 机械(M10) | 通用设备制造业 | |
| 饮料(M3) | 饮料制造业 | 1 | | 专用设备制造业 | |
| 纺织(M4) | 纺织业 | | | 交通运输设备制造业 | |
| 建材(M5) | 非金属矿采选业 | | | 电气机械及器材制造业 | |
| | 非金属矿物制品业 | 1 | | 通信设备、计算机及其他电子设备制造业 | |
| | 其他采矿业 | | | 金属制品业 | |
| 造纸(M6) | 造纸及纸制品业 | 1 | 电力(M11) | 电力、热力的生产和供应业 | 3 |
| 石化(M7) | 石油加工、炼焦及核燃料加工业 | | | 自来水的生产和供应业 | |
| | 化学原料及化学制品制造业 | 1 | 木材(M12) | 木材加工及竹、藤、棕、草制品业 | 1 |
| | 橡胶制品业 | | 烟草(M13) | 烟草制品业 | 1 |
| | 原油加工及石油制品制造 | | 交通运输(M14) | 交通运输、仓储和邮政业 | |
| 医药(M8) | 医药制造业 | | | | |

表 3-27 2011 年海林控制单元各个行业用水量及污染物排放情况

| 序号 | 行业 | 工业生产总值/万元 | 工业用水量 | | 新鲜用水量 | | 煤炭消费量 | | COD 排放量 | | 氨氮排放量 | |
|---|---|---|---|---|---|---|---|---|---|---|---|---|
| | | | t | t/万元 | t | t/万元 | t | t/万元 | kg | kg/万元 | kg | kg/万元 |
| 1 | 石化 | 800 | 1503280 | 1879.10 | 1365940 | 1707.43 | 600 | 0.75 | 703491 | 879.36 | 71881 | 89.85 |
| 2 | 建材 | 2755 | 9000 | 3.27 | 2500 | 0.91 | 9700 | 3.52 | 0 | 0.00 | 0 | 0.00 |
| 3 | 电力 | 6975 | 177000 | 25.38 | 63000 | 9.03 | 111000 | 15.91 | 963 | 0.14 | 0 | 0.00 |
| 4 | 木材 | 5000 | 3000 | 0.60 | 2500 | 0.50 | 2100 | 0.42 | 126 | 0.03 | 0 | 0.00 |
| 5 | 造纸 | 4051 | 1650000 | 407.31 | 1500000 | 370.28 | 7350 | 1.81 | 642210 | 158.53 | 15670 | 3.87 |
| 6 | 饮料 | 14000 | 1200000 | 85.71 | 1200000 | 85.71 | 15000 | 1.07 | 135000 | 9.64 | 7800 | 0.56 |
| 7 | 冶金 | 2600 | 1320000 | 507.69 | 280000 | 107.69 | 0 | 0.00 | 15773 | 6.07 | 700 | 0.27 |
| 8 | 烟草 | 81821 | 157491 | 1.92 | 136950 | 1.67 | 9242 | 0.11 | 2190 | 0.03 | 70 | 0.00 |

由表 3-27 可见，海林万元工业用水量、万元新鲜用水量、COD 排放量、万元 COD 排放量、氨氮排放量、万元氨氮排放量最多的行业是石化；煤炭消费量、万元煤炭消费量最多的行业是电力；烟草行业工业生产总值最多；造纸行业工业用水量和新鲜用水量最多；石化行业耗能最大，单位万元产生的污染物也最多。

④ 林口控制单元工业行业分析　2011 年林口共有 5 大行业 8 个企业，电力行业最多，有 3 个企业，占总数的 37.50%，见表 3-28 和表 3-29。

表 3-28 2011 年林口控制单元行业分类情况

| 行业分类 | 行业名称 | 企业数量 | 行业分类 | 行业名称 | 企业数量 |
|---|---|---|---|---|---|
| 煤炭(M1) | 煤炭开采和洗选业 | 1 | 冶金(M9) | 黑色金属矿采选业 | |
| 食品(M2) | 农副食品加工业 | 1 | | 黑色金属冶炼及压延加工业 | |
| | 食品制造业 | | 机械(M10) | 通用设备制造业 | |
| 饮料(M3) | 饮料制造业 | | | 专用设备制造业 | |
| 纺织(M4) | 纺织业 | | | 交通运输设备制造业 | |
| 建材(M5) | 非金属矿采选业 | | | 电气机械及器材制造业 | |
| | 非金属矿物制品业 | | | 通信设备、计算机及其他电子设备制造业 | |
| | 其他采矿业 | | | 金属制品业 | |
| 造纸(M6) | 造纸及纸制品业 | 2 | 电力(M11) | 电力、热力的生产和供应业 | 3 |
| 石化(M7) | 石油加工、炼焦及核燃料加工业 | | | 自来水的生产和供应业 | |
| | 化学原料及化学制品制造业 | | 木材(M12) | 木材加工及竹、藤、棕、草制品业 | |
| | 橡胶制品业 | | 烟草(M13) | 烟草制品业 | 1 |
| | 原油加工及石油制品制造 | | 交通运输(M14) | 交通运输、仓储和邮政业 | |
| 医药(M8) | 医药制造业 | | | | |

表 3-29 2011 年林口控制单元各个行业用水量及污染物排放情况

| 序号 | 行业 | 工业生产总值/万元 | 工业用水量 | | 新鲜用水量 | | 煤炭消费量 | | COD 排放量 | | 氨氮排放量 | |
|---|---|---|---|---|---|---|---|---|---|---|---|---|
| | | | t | t/万元 | t | t/万元 | t | t/万元 | kg | kg/万元 | kg | kg/万元 |
| 1 | 电力 | 4250 | 80000 | 18.82 | 35000 | 8.24 | 44000 | 10.35 | 820 | 0.19 | 400 | 0.09 |
| 2 | 造纸 | 260 | 187000 | 719.23 | 187000 | 719.23 | 1200 | 4.62 | 49690 | 191.12 | 710 | 2.73 |
| 3 | 食品 | 1000 | 16000 | 16.00 | 15600 | 15.60 | 2000 | 2.00 | 50830 | 50.83 | 0 | 0.00 |
| 4 | 烟草 | 2300 | 16000 | 6.96 | 10000 | 4.35 | 2665 | 1.16 | 700 | 0.30 | 35 | 0.02 |
| 5 | 煤炭 | 3628 | 1460000 | 402.43 | 1460000 | 402.43 | 12000 | 3.31 | 78000 | 21.50 | 35000 | 9.65 |

由表 3-29 可见，林口万元工业用水量、万元新鲜用水量、万元 COD 排放量最多的行业是造纸；工业生产总值、煤炭消费量、万元煤炭消费量最多的行业是电力；工业用水量、新鲜用水量、COD 排放量、氨氮排放量、万元氨氮排放量最多的行业是煤炭；煤炭和电力行业耗能最大，煤炭和造纸行业产生的污染物最多。

2011 年牡丹江流域工业总产值最多的行业是石化行业，为 521213 万元；工业用水量最多的行业是石化行业，为 $6.75\times10^{7}$t；煤炭消费量最多的行业是电力行业，为 $4.55\times10^{6}$t；COD 排放量最多的行业是造纸行业，为 2033.42t；氨氮排放量最多的行业是石化行业，为 161.36t，详见表 3-30。

表 3-30 2011 年牡丹江流域工业行业分析表

| 行业 | 工业总产值(当前价格)/万元 | 工业用水量/t | 煤炭消费量/t | COD 排放量/t | 氨氮排放量/t |
|---|---|---|---|---|---|
| 食品 | 38182 | 8805778.4 | 55700 | 359.065 | 33.69 |
| 饮料 | 57013 | 8793000 | 40802 | 459.23 | 49.908 |
| 建材 | 106497.8 | 6354010 | 345959.9 | 43.33 | 2.91 |
| 造纸 | 218812.8 | 19026705 | 244422 | 2033.423 | 32.501 |
| 石化 | 521213 | 67466011 | 853148 | 1057.831 | 161.359 |
| 医药 | 60614 | 76700 | 2383 | 4.875 | 0.211 |
| 机械 | 144783 | 667410.9 | 49985.4 | 931.417 | 4.27 |
| 电力 | 204513 | 25746760 | 4547731 | 94.885 | 5.566 |
| 木材 | 10044 | 114900 | 9976 | 7.641 | 0.75 |
| 冶金 | 10700 | 3622528 | 15270 | 31.803 | 0.7 |
| 烟草 | 84121 | 173491 | 11907 | 2.89 | 0.105 |
| 煤炭 | 3628 | 1460000 | 12000 | 78 | 35 |

牡丹江流域 2005—2011 年工业行业分析结果表明，牡丹江工业生产总值主要来自石化行业，石化和造纸行业排放的污染物最多，耗能主要来自电力行业。

(4)“十二五”末期工业行业分析

2015 年牡丹江流域共有 12 大行业 101 个企业，电力行业最多，有 32 个企业，占总数的 31.68%，其次是建材和机械行业，见表 3-31。

**表 3-31 2015 年牡丹江流域行业分类情况**

| 行业分类 | 行业名称 | 企业数量 | 行业分类 | 行业名称 | 企业数量 |
|---|---|---|---|---|---|
| 煤炭(M1) | 煤炭开采和洗选业 | 1 | 冶金(M9) | 黑色金属矿采选业 | 1 |
| 食品(M2) | 农副食品加工业 | 8 | | 黑色金属冶炼及压延加工业 | 1 |
| | 食品制造业 | | 机械(M10) | 通用设备制造业 | |
| 饮料(M3) | 饮料制造业 | 3 | | 专用设备制造业 | 9 |
| 纺织(M4) | 纺织业 | | | 交通运输设备制造业 | 2 |
| 建材(M5) | 非金属矿采选业 | | | 电气机械及器材制造业 | |
| | 非金属矿物制品业 | 14 | | 通信设备、计算机及其他电子设备制造业 | |
| | 其他采矿业 | | | 金属制品业 | |
| 造纸(M6) | 造纸及纸制品业 | 8 | 电力(M11) | 电力、热力的生产和供应业 | 32 |
| 石化(M7) | 石油加工、炼焦及核燃料加工业 | 2 | | 自来水的生产和供应业 | |
| | 化学原料及化学制品制造业 | 4 | 木材(M12) | 木材加工及竹、藤、棕、草制品业 | 7 |
| | 橡胶制品业 | 2 | 烟草(M13) | 烟草制品业 | 2 |
| | 原油加工及石油制品制造 | | 交通运输(M14) | 交通运输、仓储和邮政业 | |
| 医药(M8) | 医药制造业 | 5 | | | |

① 牡丹江市辖区控制单元工业行业分析 2015 年牡丹江市辖区共有 9 大行业 52 个企业，电力行业最多，有 14 个企业，占总数的 26.92%，其次是石化和机械行业，见表 3-32 和表 3-33。

**表 3-32 2015 年牡丹江市辖区控制单元行业分类情况**

| 行业分类 | 行业名称 | 企业数量 | 行业分类 | 行业名称 | 企业数量 |
|---|---|---|---|---|---|
| 煤炭(M1) | 煤炭开采和洗选业 | | 冶金(M9) | 黑色金属矿采选业 | |
| 食品(M2) | 农副食品加工业 | 2 | | 黑色金属冶炼及压延加工业 | |
| | 食品制造业 | | 机械(M10) | 通用设备制造业 | |
| 饮料(M3) | 饮料制造业 | 2 | | 专用设备制造业 | 9 |
| 纺织(M4) | 纺织业 | | | 交通运输设备制造业 | 2 |
| 建材(M5) | 非金属矿采选业 | | | 电气机械及器材制造业 | |
| | 非金属矿物制品业 | 2 | | 通信设备、计算机及其他电子设备制造业 | |
| | 其他采矿业 | | | 金属制品业 | |
| 造纸(M6) | 造纸及纸制品业 | 6 | 电力(M11) | 电力、热力的生产和供应业 | 14 |
| 石化(M7) | 石油加工、炼焦及核燃料加工业 | 2 | | 自来水的生产和供应业 | |
| | 化学原料及化学制品制造业 | 2 | 木材(M12) | 木材加工及竹、藤、棕、草制品业 | 5 |
| | 橡胶制品业 | 2 | 烟草(M13) | 烟草制品业 | |
| | 原油加工及石油制品制造 | | 交通运输(M14) | 交通运输、仓储和邮政业 | |
| 医药(M8) | 医药制造业 | 4 | | | |

**表 3-33　2015 年牡丹江市辖区控制单元各个行业用水量及污染物排放情况**

| 序号 | 行业 | 工业生产总值/万元 | 工业用水量 | | 新鲜用水量 | | 煤炭消费量 | | COD 排放量 | | 氨氮排放量 | |
|---|---|---|---|---|---|---|---|---|---|---|---|---|
| | | | t | t/万元 | t | t/万元 | t | t/万元 | kg | kg/万元 | kg | kg/万元 |
| 1 | 机械 | 178996 | 1005356 | 5.62 | 904580 | 5.05 | 18594 | 0.1 | 44690 | 0.25 | 3670 | 0.02 |
| 2 | 石化 | 143664 | 17955684 | 124.98 | 1104355 | 7.69 | 123551 | 0.86 | 38920 | 0.27 | 640 | 0.004 |
| 3 | 建材 | 50592 | 20756 | 0.41 | 20756 | 0.41 | 202100 | 3.99 | 500 | 0.01 | 80 | 0.001 |
| 4 | 电力 | 201229 | 372357064 | 1850.4 | 9888170 | 49.14 | 2846059 | 14.14 | 11566 | 0.06 | 210 | 0.001 |
| 5 | 木材 | 131 | 0 | 0 | 0 | 0 | 1500 | 11.45 | 0 | 0 | 0 | 0 |
| 6 | 造纸 | 181350 | 4187718 | 23.09 | 3719124 | 20.51 | 178500 | 0.98 | 171959 | 0.95 | 6040 | 0.033 |
| 7 | 食品 | 50 | 0 | 0 | 0 | 0 | 500 | 10 | 0 | 0 | 0 | 0 |
| 8 | 医药 | 171717 | 184000 | 1.07 | 153800 | 0.9 | 5038 | 0.03 | 8106 | 0.047 | 699 | 0.004 |
| 9 | 饮料 | 7189 | 703601 | 9.77 | 654993 | 9.1 | 14079 | 0.2 | 55680 | 0.77 | 2700 | 0.038 |

由表 3-33 可见，牡丹江市辖区工业生产总值、工业用水量、万元工业用水量、新鲜用水量、万元新鲜用水量、煤炭消费量、万元煤炭消费量最多的行业是电力；COD 排放量、万元 COD 排放量、氨氮排放量最多的行业是造纸；万元氨氮排放量最多的行业是饮料。

② 宁安控制单元工业行业分析　2015 年宁安共有 7 大行业 22 个企业，其行业分类和污染排放情况见表 3-34 和表 3-35。

**表 3-34　2015 年宁安控制单元行业分类情况**

| 行业分类 | 行业名称 | 企业数量 |
|---|---|---|
| 煤炭(M1) | 煤炭开采和洗选业 | |
| 食品(M2) | 农副食品加工业 | 4 |
| | 食品制造业 | |
| 饮料(M3) | 饮料制造业 | 1 |
| 纺织(M4) | 纺织业 | |
| 建材(M5) | 非金属矿采选业 | |
| | 非金属矿物制品业 | 5 |
| | 其他采矿业 | |
| 造纸(M6) | 造纸及纸制品业 | |
| 石化(M7) | 石油加工、炼焦及核燃料加工业 | |
| | 化学原料及化学制品制造业 | 1 |
| | 橡胶制品业 | |
| | 原油加工及石油制品制造 | |
| 医药(M8) | 医药制造业 | |
| 冶金(M9) | 黑色金属矿采选业 | |
| | 黑色金属冶炼及压延加工业 | 1 |
| 机械(M10) | 通用设备制造业 | |
| | 专用设备制造业 | |
| | 交通运输设备制造业 | |
| | 电气机械及器材制造业 | |
| | 通信设备、计算机及其他电子设备制造业 | |
| | 金属制品业 | |
| 电力(M11) | 电力、热力的生产和供应业 | 8 |
| | 自来水的生产和供应业 | |
| 木材(M12) | 木材加工及竹、藤、棕、草制品业 | 2 |
| 烟草(M13) | 烟草制品业 | |
| 交通运输(M14) | 交通运输、仓储和邮政业 | |

**表 3-35　2015 年宁安控制单元各个行业用水量及污染物排放情况**

| 序号 | 行业 | 工业生产总值/万元 | 工业用水量 | | 新鲜用水量 | | 煤炭消费量 | | COD 排放量 | | 氨氮排放量 | |
|---|---|---|---|---|---|---|---|---|---|---|---|---|
| | | | t | t/万元 | t | t/万元 | t | t/万元 | kg | kg/万元 | kg | kg/万元 |
| 1 | 石化 | 30000 | 0 | 0 | 0 | 0 | 714216 | 21.81 | 0 | 0 | 0 | 0 |
| 2 | 建材 | 4266 | 497150 | 116.54 | 12950 | 3.04 | 14400 | 3.38 | 4100 | 0.96 | 41 | 0.009 |
| 3 | 电力 | 10896 | 506299 | 46.47 | 506299 | 46.47 | 117711 | 10.8 | 13282 | 1.22 | 3030 | 0.278 |
| 4 | 木材 | 14422 | 15300 | 1.06 | 15300 | 1.06 | 4500 | 0.31 | 1590 | 0.11 | 50 | 0.003 |
| 5 | 食品 | 18900 | 3125000 | 165.34 | 1045000 | 55.29 | 38700 | 2.05 | 189620 | 10.03 | 2570 | 0.136 |
| 6 | 冶金 | 25200 | 2100000 | 83.33 | 42000 | 1.67 | 40.1 | 0.001 | 1200 | 0.05 | 110 | 0.004 |
| 7 | 食品 | 0 | 0 | 0 | 0 | 0 | 0 | 0 | 0 | 0 | 0 | 0 |

由表 3-35 可见，宁安控制单元工业生产总值、煤炭消费量、万元煤炭消费量最多的行业是石化；工业用水量、万元工业用水量、新鲜用水量、万元新鲜用水量、COD 排放量、万元 COD 排放量最多的行业是食品；氨氮排放量、万元氨氮排放量最多的行业是电力。

③ 海林控制单元工业行业分析　2015 年海林共有 7 大行业 9 个企业，行业分类和污染排放情况见表 3-36 和表 3-37。

**表 3-36　2015 年海林控制单元行业分类情况**

| 行业分类 | 行业名称 | 企业数量 |
|---|---|---|
| 煤炭(M1) | 煤炭开采和洗选业 | |
| 食品(M2) | 农副食品加工业 | 1 |
| | 食品制造业 | |
| 饮料(M3) | 饮料制造业 | |
| 纺织(M4) | 纺织业 | |
| 建材(M5) | 非金属矿采选业 | |
| | 非金属矿物制品业 | 1 |
| | 其他采矿业 | |
| 造纸(M6) | 造纸及纸制品业 | 1 |
| 石化(M7) | 石油加工、炼焦及核燃料加工业 | |
| | 化学原料及化学制品制造业 | 1 |
| | 橡胶制品业 | |
| | 原油加工及石油制品制造 | |
| 医药(M8) | 医药制造业 | |
| 冶金(M9) | 黑色金属矿采选业 | 1 |
| | 黑色金属冶炼及压延加工业 | |
| 机械(M10) | 通用设备制造业 | |
| | 专用设备制造业 | |
| | 交通运输设备制造业 | |
| | 电气机械及器材制造业 | |
| | 通信设备、计算机及其他电子设备制造业 | |
| | 金属制品业 | |
| 电力(M11) | 电力、热力的生产和供应业 | 3 |
| | 自来水的生产和供应业 | |
| 木材(M12) | 木材加工及竹、藤、棕、草制品业 | |
| 烟草(M13) | 烟草制品业 | 1 |
| 交通运输(M14) | 交通运输、仓储和邮政业 | |

表 3-37　2015 年海林控制单元各个行业用水量及污染物排放情况

| 序号 | 行业 | 工业生产总值/万元 | 工业用水量 | | 新鲜用水量 | | 煤炭消费量 | | COD 排放量 | | 氨氮排放量 | |
|---|---|---|---|---|---|---|---|---|---|---|---|---|
| | | | t | t/万元 | t | t/万元 | t | t/万元 | kg | kg/万元 | kg | kg/万元 |
| 1 | 建材 | 520 | 0 | 0 | 0 | 0 | 9430 | 18.13 | 0 | 0 | 0 | 0 |
| 2 | 电力 | 6026 | 140921 | 23.38 | 118021 | 19.58 | 80511 | 13.36 | 2600 | 0.43 | 115 | 0.019 |
| 3 | 造纸 | 4456 | 147220 | 33.04 | 1353000 | 30.38 | 8085 | 1.81 | 510280 | 114.52 | 12450 | 2.794 |
| 4 | 烟草 | 83498 | 97883 | 1.17 | 97883 | 1.17 | 6610 | 0.08 | 3600 | 0.04 | 350 | 0.004 |
| 5 | 食品 | 25000 | 1900000 | 76 | 1900000 | 76 | 600000 | 24 | 4118340 | 164.73 | 17000 | 0.68 |
| 6 | 冶金 | 0 | 0 | 0 | 0 | 0 | 0 | 0 | 0 | 0 | 0 | 0 |
| 7 | 石化 | 0 | 0 | 0 | 0 | 0 | 0 | 0 | 0 | 0 | 0 | 0 |

由表 3-37 可见，海林控制单元工业生产总值最多的行业是烟草；工业用水量、万元工业用水量、新鲜用水量、万元新鲜用水量、煤炭消费量、万元煤炭消费量、COD 排放量、万元 COD 排放量、氨氮排放量最多的行业是食品；万元氨氮排放量最多的行业是造纸。

④ 林口控制单元工业行业分析　2015 年林口共有 7 大行业 18 个企业，行业分类和污染排放情况见表 3-38 和表 3-39。

表 3-38　2015 年林口控制单元行业分类情况

| 行业分类 | 行业名称 | 企业数量 | 行业分类 | 行业名称 | 企业数量 |
|---|---|---|---|---|---|
| 煤炭(M1) | 煤炭开采和洗选业 | 1 | 冶金(M9) | 黑色金属矿采选业 | |
| 食品(M2) | 农副食品加工业 | 1 | | 黑色金属冶炼及压延加工业 | |
| | 食品制造业 | | 机械(M10) | 通用设备制造业 | |
| 饮料(M3) | 饮料制造业 | | | 专用设备制造业 | |
| 纺织(M4) | 纺织业 | | | 交通运输设备制造业 | |
| 建材(M5) | 非金属矿采选业 | | | 电气机械及器材制造业 | |
| | 非金属矿物制品业 | 6 | | 通信设备、计算机及其他电子设备制造业 | |
| | 其他采矿业 | | | 金属制品业 | |
| 造纸(M6) | 造纸及纸制品业 | 1 | 电力(M11) | 电力、热力的生产和供应业 | 7 |
| 石化(M7) | 石油加工、炼焦及核燃料加工业 | | | 自来水的生产和供应业 | |
| | 化学原料及化学制品制造业 | | 木材(M12) | 木材加工及竹、藤、棕、草制品业 | |
| | 橡胶制品业 | | 烟草(M13) | 烟草制品业 | 1 |
| | 原油加工及石油制品制造 | | 交通运输(M14) | 交通运输、仓储和邮政业 | |
| 医药(M8) | 医药制造业 | 1 | | | |

表 3-39 2015 年林口控制单元各个行业用水量及污染物排放情况

| 序号 | 行业 | 工业生产总值/万元 | 工业用水量 | | 新鲜用水量 | | 煤炭消费量 | | COD 排放量 | | 氨氮排放量 | |
|---|---|---|---|---|---|---|---|---|---|---|---|---|
| | | | t | t/万元 | t | t/万元 | t | t/万元 | kg | kg/万元 | kg | kg/万元 |
| 1 | 建材 | 2500 | 80000 | 32 | 35000 | 14 | 7300 | 2.92 | 2560 | 1.02 | 541 | 0.22 |
| 2 | 电力 | 4399 | 1050 | 0.24 | 50 | 0.01 | 76837 | 17.47 | 0 | 0 | 0 | 0 |
| 3 | 食品 | 320 | 1000 | 3.13 | 1000 | 3.13 | 800 | 2.50 | 400 | 1.25 | 10 | 0.03 |
| 4 | 医药 | 350 | 500 | 1.43 | 400 | 1.14 | 120 | 0.34 | 200 | 0.57 | 10 | 0.03 |
| 5 | 造纸 | 230 | 170000 | 739.13 | 170000 | 739.13 | 1000 | 4.35 | 4680 | 20.35 | 20 | 0.09 |
| 6 | 煤炭 | 2100 | 12800 | 6.1 | 4800 | 2.29 | 10000 | 4.76 | 700 | 0.33 | 20 | 0.01 |
| 7 | 烟草 | 2600 | 0 | 0 | 0 | 0 | 3000 | 1.15 | 0 | 0 | 0 | 0 |

由表 3-39 可见，林口控制单元工业生产总值、煤炭消费量、万元煤炭消费量最多的行业是电力；工业用水量、万元工业用水量、新鲜用水量、万元新鲜用水量、COD 排放量、万元 COD 排放量最多的行业是造纸；氨氮排放量、万元氨氮排放量最多的行业是建材。

2015 年牡丹江流域工业总产值最多的行业是电力行业，为 222550 万元；工业用水量最多的行业是电力行业，为 $3.73\times10^{8}$t；煤炭消费量最多的行业是电力行业，为 $3.12\times10^{6}$t；COD 排放量最多的行业是食品行业，为 4308.36t；氨氮排放量最多的行业是食品行业，为 19.58t，详见表 3-40。

表 3-40 2015 年牡丹江流域工业行业分析表

| 行业 | 工业总产值(现价)/万元 | 工业用水量/t | 煤炭消费量/t | COD 排放量/kg | 氨氮排放量/kg |
|---|---|---|---|---|---|
| 石化 | 173664 | 17955683 | 838618 | 38920 | 640 |
| 机械 | 178996 | 1005365 | 18594 | 44690 | 3670 |
| 电力 | 222550 | 373005333 | 3121118 | 27448 | 3355 |
| 木材 | 14553 | 15300 | 6000 | 1590 | 50 |
| 煤炭 | 2100 | 12800 | 10000 | 700 | 20 |
| 建材 | 57878 | 597906 | 233230 | 7160 | 662 |
| 造纸 | 186036 | 5831938 | 187585 | 686919 | 18510 |
| 食品 | 44270 | 5026000 | 66430 | 4308360 | 19580 |
| 医药 | 172067 | 184500 | 5158 | 8306 | 709 |
| 饮料 | 71987 | 703601 | 14079 | 55680 | 2700 |
| 冶金 | 25200 | 2100000 | 40 | 1200 | 110 |
| 烟草 | 86098 | 97883 | 9610 | 3600 | 350 |

牡丹江流域 2005—2015 年工业行业分析结果表明，牡丹江工业生产总值主要来自石化行业，石化和造纸行业排放的污染物最多，耗能主要来自电力行业，见表 3-41。

表 3-41 牡丹江流域工业总产值、能耗和污染物排放表

| 年份 | 生产总值/亿元 | 耗水量/$10^8$t | 新鲜耗水量/$10^8$t | 煤炭消耗量/t | COD/t | 氨氮/t |
|---|---|---|---|---|---|---|
| 2005 | 78.49 | 4.32 | 2.77 | 397.62 | 6822 | 21 |
| 2010 | 97.61 | 1.58 | 1.24 | 327.31 | 9164 | 193 |
| 2011 | 146.01 | 1.42 | 0.49 | 618.93 | 5104 | 327 |
| 2015 | 123.54 | 4.06 | 0.22 | 508.4 | 5184 | 50 |
| 增加量/% | 57.40 | −6.02 | −92.06 | 27.87 | −24.01 | 138.09 |

### 3.1.2.3 牡丹江流域工业行业污染特征分析

通过调查、分析和比较牡丹江流域现有各行业 GDP 万元产值水耗、万元产值排水量和吨水处理费用，对牡丹江流域内的产业结构构成和布局进行分析，重点研究三次产业中各行业创造万元产值所产生的污染物量，对污染严重的行业进行筛选。

牡丹江流域（黑龙江省境内）共有 41 家重点工业企业，其中宁安市 8 家，海林市 3 家，牡丹江市区 27 家和林口县 3 家。据统计，这些重点工业企业的废水、COD、氨氮的排放量均达到了全流域工业污染源排放总量的 90%以上。经分析，牡丹江流域主要排污行业为化学原料及化学制品制造业，造纸及纸制品业，煤炭开采和洗选业，石油加工、炼焦及核燃料加工业，水的生产和供应业，电力、热力的生产和供应业，酒的制造业，屠宰及肉类加工业这八大行业。八大重点行业的污水和 COD 排放量分别占全流域重点工业企业污水和 COD 总排放量的 98.13%和 99.44%。废水排放量排在前 3 位的是化学原料及化学制品制造业、造纸及纸制品业、水的生产和供应业，所占比例为 84.27%。COD 排放量排在前 3 位的是化学原料及化学制品制造业、造纸及纸制品业、煤炭开采和洗选业，所占比例为 90.7%。

结合牡丹江耗水情况的分析，“十二五”期间，牡丹江流域需要重点解决两个行业发展中所带来的水能源消耗大和污染物排放量大的问题，这两个行业分别是：化学原料及化学制品制造业、造纸及纸制品业。化学原料及化学制品制造业对应 9 家企业、造纸及纸制品业对应 5 家企业，具体见表 3-42 和表 3-43。

表 3-42 牡丹江化学原料及化学制品制造业明细表

| 企业详细名称 | 行业类别代码 | 企业规模代码 |
|---|---|---|
| 黑龙江北方工具有限公司 | 2664 | 1 |
| 牡丹江高信石油添加剂有限责任公司 | 2671 | 3 |
| 黑龙江圣方科技股份有限公司化工四厂 | 2614 | 3 |
| 牡丹江顺达电石有限责任公司 | 2619 | 3 |
| 牡丹江鸿利化工有限责任公司 | 2619 | 1 |
| 牡丹江市红林化工有限责任公司 | 2661 | 3 |
| 山东省肥城市化肥厂宁安分厂 | 2629 | 2 |
| 牡丹江东北高新化工有限责任公司 | 2651 | 1 |
| 牡丹江东北化工有限公司 | 2614 | 2 |

注：1 为大型企业；2 为中型企业；3 为小型企业。

表 3-43　牡丹江造纸及纸制品业明细表

| 企业详细名称 | 行业类别代码 | 企业规模代码 |
|---|---|---|
| 牡丹江市鑫特纸板有限责任公司 | 2239 | 2 |
| 牡丹江恒丰纸业集团有限责任公司 | 2210 | 1 |
| 大宇制纸有限公司 | 2223 | 1 |
| 牡丹江斯达造纸有限公司 | 2210 | 2 |
| 海林市柴河林海纸业有限公司 | 2221 | 2 |

由表 3-42 和表 3-43 可见，牡丹江化学原料及化学制品制造业中，大型企业为 3 家，中型企业 2 家，小型企业 4 家；造纸及纸制品业中大型企业 2 家，其余 3 家为中型企业。从产值贡献率上来看，2005—2015 年，化学原料及化学制品制造业和造纸及纸制品业产值贡献率反复振荡，说明两个行业在牡丹江的经济产业结构中占有一定的地位，并且处于不断的发展之中，见图 3-16 和图 3-17。

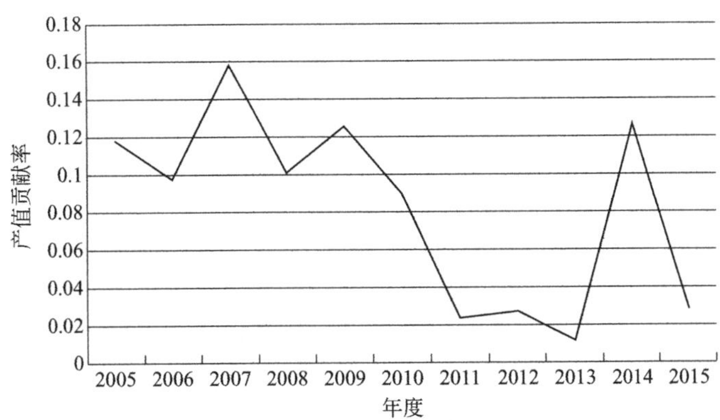


图 3-16　化学原料及化学制品制造业产值贡献率变化趋势图

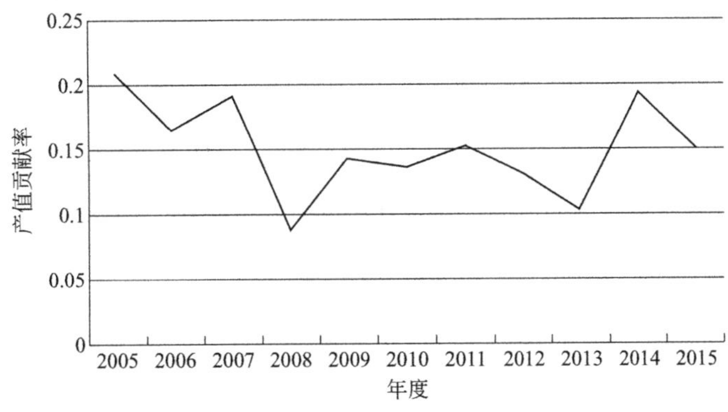


图 3-17　造纸及纸制品业产值贡献率变化趋势图

基于以上的分析，初步得出牡丹江产业结构调整的方向：

① 设法降低目前高耗水产业部门的耗水系数，即降低单位产出的耗水量，使这个部门的位置向后挪动，这就意味着要提高这些产业部门的用水效率。这里关键在于技术政策和管理制度。重点关注行业：烟草制品业和石油加工、炼焦及核燃料加工业。

② 优化单位产值排污量大的行业，这就意味着调整产业结构。重点关注产业：化学原

料及化学制品制造业和造纸及纸制品业。改造提升这些传统产业，提高产品科技含量，促进企业节水减排、提档升级，实现裂变式发展。

③ 增加单位产值耗水少的产业部门的产值比例，促进其发展，使产业结构的重心向单位产出耗水少的方向移动，这也意味着调整产业结构，促进耗水少、排污少产业的发展。

### 3.1.3 经济活动对流域水环境影响研究

21 世纪，中国面临经济发展与环境保护的双重任务，如何在经济发展的同时，使区域的水环境质量得到保护乃至改善，仍然是国家及各级政府面临的重要任务。经济发展与环境保护互相联系又互相制约，对于二者之间的关系，有学者进行了大量的研究工作。李兆前认为循环经济克服了传统经济理论，人为割裂经济与环境系统的弊端，实现了经济与环境、资源之间的相互协调。金乐琴等认为低碳经济是发达国家为应对全球气候变化而提出的新的经济发展模式，目前它正成为一种新的国际潮流，中国作为发展中的温室气体排放大国，在向低碳经济转型的过程中，应积极做好向低碳经济转型的准备。曾嵘等试图运用系统论思想，提出人口、资源、环境与经济的协调发展复杂系统的概念。以上学者通过发展循环经济、低碳经济和采用系统论的思想解决经济与环境保护之间的矛盾。还有一些学者通过研究经济与环境数据之间的关系，建立模型，以模型优化结果指导经济的发展和环境保护。吴玉萍等通过分析经济因子与环境因子的相互关系，探究北京市经济增长与环境质量演替轨迹，建立了北京市经济增长与环境污染水平计量模型。王西琴采用模块化设计思想，构建了水环境保护与经济发展的决策模型，通过对多级模型的求解，获得既符合经济发展目标，又满足环境保护要求的合理的经济结构和合适的发展速度。王西琴等还基于改进的经济、环境、资源、污染治理投入产出模型，建立了区域水环境经济多目标优化规划模型。还有学者对经济增长与环境质量变化之间的关系进行了研究，阐明二者之间的演替关系。20 世纪 90 年代初美国环境经济学家 Grossman、Krueger 和 Shafik、Bandyopadhyay 根据经验数据提出了环境库兹涅茨曲线（EKC）的概念，环境经济学家讨论国家或区域经济发展与环境污染关系时常引用这一模型，并形象地称之为经济发展与环境污染水平呈倒“U”字形关系。沈锋运用环境库兹涅茨理论和综合评价理论，建立了上海综合环境污染与经济增长的科学评价模型，发现与发达国家和一般新兴发展中国家的倒“U”形环境库兹涅茨曲线不同。王宜虎根据南京市 1991—2003 年经济与环境数据，分析了经济发展与环境污染的相互关系，建立了南京市经济增长与环境污染水平的计量模型，进而评价了南京市的环境保护政策。苏伟等利用吉林省 1986—2004 年经济与环境数据，建立了人均 GDP 与典型环境指标关系计量模型并分析了两者之间关系，吉林省人均 GDP 与环境指标之间没有明显的 EKC 关系，二氧化硫（$SO_2$）浓度、总悬浮颗粒物（TSP）年均浓度、工业废水排放量、工业废水中化学耗氧量（COD）排放量随着经济的发展总体呈现下降趋势。以上研究都是基于国家和省级层面进行的分析，如果从流域的角度出发是否还有类似的规律？本书在分析牡丹江流域经济增长与水环境质量之间关系的基础上，利用牡丹江流域的数据研究流域地区经济增长和环境质量之间的规律以及人均收入水平与流域水环境质量改善之间的关系，以便为牡丹江流域经济增长与水环境保护之间的协调决策提供一定的科学依据，在流域层面给出经济发展与环境污染之间的关系。

#### 3.1.3.1 牡丹江流域经济结构演变分析

了解牡丹江地区的经济发展状况是分析经济增长与环境之间关系的基础。2010 年牡丹江地区生产总值、人均地区生产总值分别达到 781 亿元、28115 元，五年年均分别增长

16.4%、15.6%，分别比“十五”时期加快 7.7 个、6.4 个百分点。产业结构进一步优化，三次产业比例调整为 16∶39.5∶44.5。从历史上来看，中国改革开放给牡丹江经济注入了极大活力，1994—2015 年间 GDP 增长了 10.5 倍；人均 GDP 由 1994 年的 3905 元增长到 2015 年的 44913 元（图 3-18）。过去 10 年间牡丹江经济增长结构：第三产业占 GDP 的比例由于第二产业的快速发展而减少，第一产业所占比例变化不大。

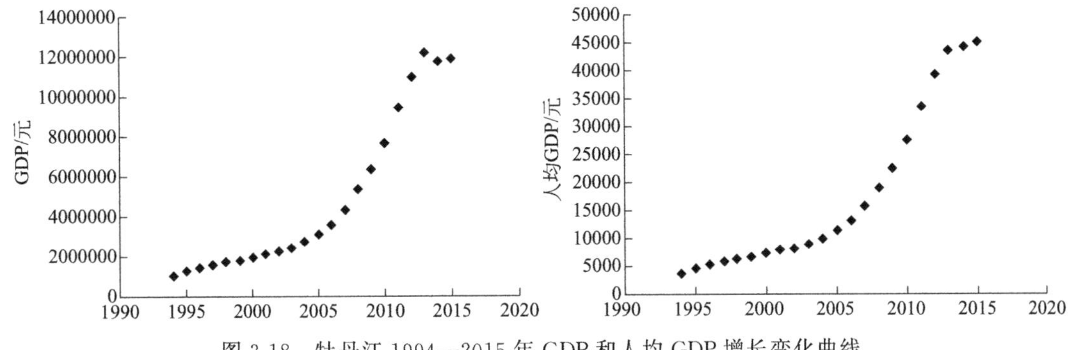


图 3-18　牡丹江 1994—2015 年 GDP 和人均 GDP 增长变化曲线

#### 3.1.3.2　经济增长与水环境质量关系模型的构建

（1）环境库兹涅茨曲线简介

Grossman 和 Shafik 等在 20 世纪 90 年代初提出的环境库兹涅茨曲线，用来描述经济发展与环境污染的关系。大量的经验数据表明，随着经济的发展（人均收入），环境污染的程度呈现先上升后下降的曲线变化，形象地称倒“U”形曲线，见图 3-19。

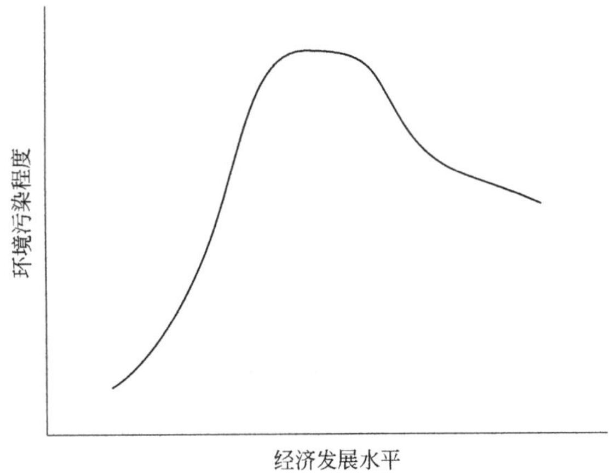


图 3-19　环境库兹涅茨曲线示意图

（2）水环境指标的选取

与经济发展水平密切相关的水环境质量指标包括废水排放总量、工业废水排放总量、工业废水化学需氧量排放量、生活污水排放量、生活污水化学需氧量排放量、挥发酚及油类物质排放量的环境统计数据，此外为了检验经济指标与水体中高锰酸盐指数和氨氮浓度的相关性，也选取了 1994—2015 年高锰酸盐指数和氨氮的年均浓度进行分析，以上所选取的典型环境指标与人均 GDP 进行相关分析，见表 3-44。从表格中可以看出与经济指标人均 GDP 相关的环境指标包括废水排放总量、工业废水排放总量、生活污水排放量、生活污水化学需氧量排放量、高锰酸盐指数及石油类排放量，挥发酚排放量和氨氮浓度与人均 GDP 相关性较低，这是因为挥发酚排放量和氨氮浓度与工业源和生活源相关，氨氮还与贡献占比最大的面源污染相关。在接下来计量模型的构建中，选择与经济指标相关的 6 个环境指标进行模型的构建和后续分析工作。

**表 3-44　牡丹江流域经济指标与环境指标相关性系数及显著性检验**

| 项目 | 人均 GDP | |
|---|---|---|
| | Pearson 相关性 | 显著性(双侧) |
| 废水排放总量 | −0.769* | 0.000 |
| 工业废水排放总量 | −0.782** | 0.001 |
| 工业废水化学耗氧量排放量 | −0.526* | 0.012 |
| 生活污水排放量 | 0.941** | 0.000 |
| 生活污水化学需氧量排放量 | −0.898** | 0.000 |
| 石油类排放量 | −0.759** | 0.010 |
| 挥发酚排放量 | −0.442* | 0.039 |
| 高锰酸盐指数 | −0.827** | 0.000 |
| 氨氮浓度 | 0.295 | 0.408 |

注：** 在 0.1 水平（双侧）上显著相关；* 在 0.05 水平（双侧）上显著相关。

（3）计量模型构建

利用牡丹江 1994—2015 年统计年鉴数据和环境统计数据资料，借助统计学软件，分析经济指标（人均 GDP）和环境指标（废水排放总量、工业废水排放总量、生活污水排放量、生活污水化学需氧量排放量、高锰酸盐指数及石油类排放量）之间的相关关系，在此基础上，选取与经济指标相关的环境指标进行回归分析，建立计量模型（见表 3-45），分析牡丹江经济与环境协调发展的趋势，为进一步促进牡丹江经济发展，为经济与环境相协调提供建议。研究经济增长与环境污染关系的模型有不同的表达形式，环境库兹涅茨曲线只是其中的一种，由于其有对环境造成最大影响的拐点存在，因此能够分析出经济所处的水平以及人们应当采取的环境保护策略。但并不是所有的数据都能够在二次模型上取得好的分析效果，因而，需要对比分析不同数据的一次、二次和三次模型，找出其中最相关的模型作为最终构建的模型，并以此为基础进行进一步的回归分析。

**表 3-45　牡丹江流域经济与环境关系计量模型构建因子**

| 项目 | 名称 |
|---|---|
| 因变量 | 废水排放总量 |
| | 工业废水排放总量 |
| | 生活污水排放量 |
| | 生活污水化学需氧量排放量 |
| | 石油类排放量 |
| | 高锰酸盐指数 |
| 方程 | 一次 |
| | 二次 |
| | 三次 |
| 自变量 | 人均 GDP |

利用SPSS软件中曲线估计的功能，分别进行一次、二次、三次模型的曲线估计，得出三种模型的F统计量的显著值，构建模型以后，得到模型回归系数t检验的显著值，通过比较模型拟合度$R^2$、F和t检验的结果，得到最优化的模型，见表3-46。

**表3-46 牡丹江流域经济与环境关系计量模型曲线估计**

| 环境污染指标 | 一次模型 | | | 二次模型 | | | 三次模型 | | |
|---|---|---|---|---|---|---|---|---|---|
| | 相关系数 | F检验 | t检验 | 相关系数 | F检验 | t检验 | 相关系数 | F检验 | t检验 |
| 废水排放总量 | 0.591 | * | * | 0.692 | * | * | 0.709 | * | * |
| 工业废水排放总量 | 0.512 | — | — | 0.583 | * | — | 0.590 | * | — |
| 生活污水排放量 | 0.886 | * | * | 0.924 | * | — | 0.926 | * | — |
| 生活污水化学需氧量排放量 | 0.806 | * | * | 0.806 | * | — | 0.806 | * | — |
| 石油类排放量 | 0.576 | * | — | 0.610 | * | * | 0.610 | * | — |
| 高锰酸盐指数 | 0.684 | * | * | 0.733 | * | * | 0.734 | * | * |

注：*为显著；—为不显著。

由于工业废水排放总量一次模型相关系数较小，不能很好地解释牡丹江人均GDP与工业废水排放总量之间的关系，因而不进行模型的构建，其他5种环境指标与经济指标构建的模型相关系数均大于0.6，能够较好地解释经济发展与环境的关系，构建模型见表3-47。

**表3-47 牡丹江流域经济与环境关系计量模型**

| 环境污染指标 | 计量模型 | $R^2$ |
|---|---|---|
| 废水排放总量 | $y=7.477x^3-0.002x^2+37923$ | 0.709 |
| 生活污水排放量 | $y=17.116x-80275$ | 0.886 |
| 生活污水化学需氧量排放量 | $y=-2.917x+103887$ | 0.806 |
| 石油类排放量 | $y=-693.915x^2+3.881x+35341$ | 0.610 |
| 高锰酸盐指数 | $y=-50083.046x^3+312.56x+252436$ | 0.734 |

(4) 经济增长与水环境质量的关系

牡丹江流域典型环境指标与经济指标拟合曲线见图3-20，可以看出，1994—2015年牡丹江市废水排放总量和石油类排放量与人均GDP呈现三次的反“N”形曲线关系，废水排放总量和石油类排放量总体呈现下降趋势，但中间呈现波动状态；高锰酸盐指数与人均GDP呈现倒“U”形曲线关系，为转折点之后的曲线，符合库兹涅茨曲线模型；生活污水COD排放量和人均GDP呈现二次的“U”形曲线关系，主要为“U”形曲线的左半段，总体呈现上升趋势，达到最高点后有回落趋势；生活污水排放量和人均GDP呈现明显的线性关系，随着人均GDP的增长生活污水排放量增加。

废水排放总量、生活污水COD排放量、高锰酸盐指数等指标在“九五”和“十五”期间随着经济的快速增长，排放量逐渐增多，进入“十一五”时期，随着经济增速的放慢和治理措施的增加，排放量呈现回落趋势。2014年，随着工业产值的增加，水环境污染程度略有回升，但在2015年随着第三产业的发展和第二产业的回落，水环境污染程度呈现下降趋势。

所有环境指标中，只有生活污水排放量随着人均GDP的增加而增加，其他指标整体上

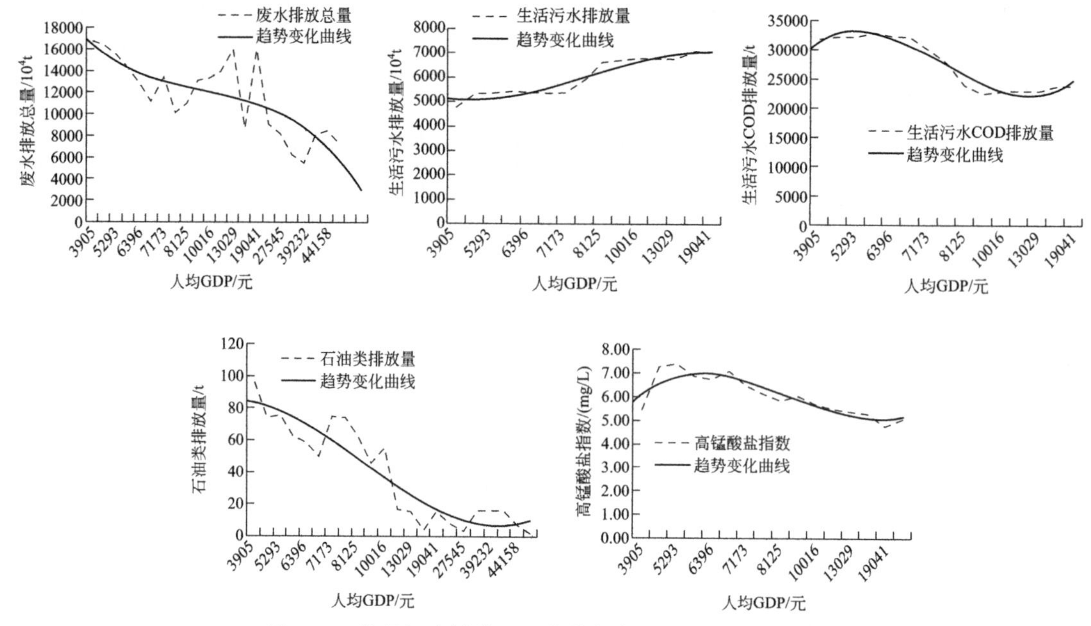


图 3-20　牡丹江流域典型环境指标与经济指标拟合曲线

都呈现下降的趋势，说明环境保护投资并不能改变人们的整体用水习惯，进而不能够改变排水量增大的趋势，只能通过居民整体环境保护意识的提高才能改善，其他指标的下降说明环境保护工作取得了一定的成效。

### 3.1.3.3　牡丹江流域产业结构演变

由于人们对工业高度发达的负面影响预料不够、预防不利，导致了全球性的三大危机：资源短缺、环境污染、生态破坏。随着经济的发展，环境污染事件不断出现，引起了世界各国的广泛关注。人类活动与生态环境之间的影响和评价机理，是当前生态学、地理学及环境科学等学科共同研究的热点。产业系统作为人类活动的主要载体，对生态环境产生了根本的、不可逆转的影响。产业的类型和相互比例关系与区域资源、环境存在着显著的互动关系，不同类型的产业结构所消耗的资源和对生态环境的影响效应不同，所以当微观层面的环境污染治理效果越来越受到局限时，人们便把目光转向产业结构调整上。因此，产业结构演变对区域生态环境的影响评价、机理分析和研究对于指导流域综合治理和可持续发展具有重要的意义。

（1）牡丹江流域产业结构的演变

产业结构指区域经济中产业组成要素的构成和各产业部门之间的比例关系，产业结构变化既包括各产业之间在发展规模上的数量比例关系变化，也包括各产业间关联方式的变化，一般用各产业增加值在 GDP 中的比重和各产业就业人数的比重变化来衡量，牡丹江过去近 40 年产业结构变化见图 3-21，牡丹江三产产业增加值变化见图 3-22。

从图 3-21 可以看出，1978 年改革开放以来，牡丹江经历了三次较大的产业结构调整：1978—1986 年，工业（第二产业）快速发展，占比达到 60%，一产和三产比例相当；1987—1996 年，第三产业快速发展，比重不断提高，农业（第一产业）占比变化不大，第二产业比重逐年减少，到 1996 年第二产业和第三产业占比相当，形成“二、三、一”发展格局；1997 年至 2015 年，第三产业在 1997 年首次超过第二产业，成为牡丹江占比最大的

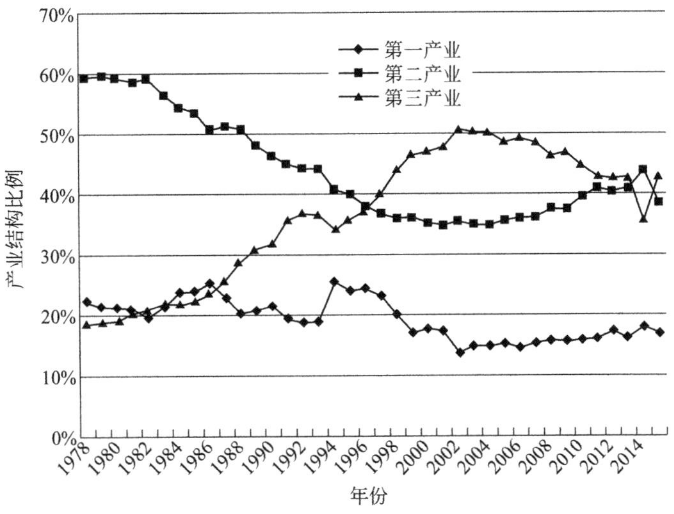


图 3-21 牡丹江三次产业产值结构变化图

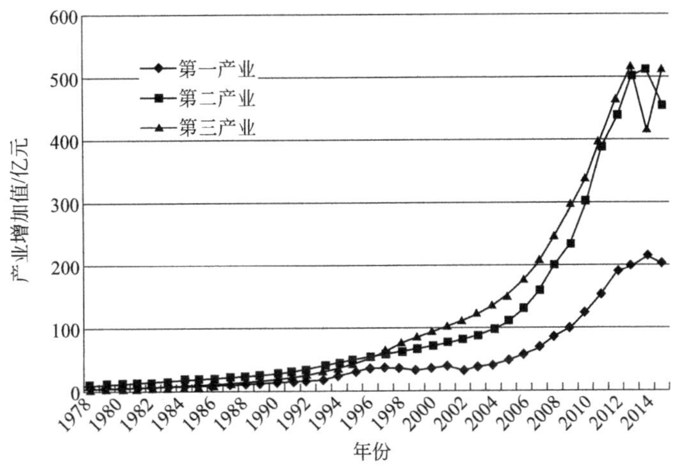


图 3-22 牡丹江三产产业增加值变化曲线

产业，并在“十五”“十一五”期间得到加强，此后十余年一直是“三、二、一”的产业格局。从牡丹江产业结构变化过程可以看出，牡丹江第一产业所占比重比较稳定，占比处于持续小幅度下降的过程，第二产业和第三产业所占比重波动较大，第二产业比重持续下降，而第三产业比重持续上升。牡丹江地区从 1997 年开始，三次产业迅速发展，全市 GDP 从 1997 年的 150 亿元迅速增长到 2015 年的 1186 亿元，其中第二产业和第三产业发展迅猛，第二产业从 55 亿元增长到 454 亿元，第三产业从 61 亿元增长到 511 亿元，年均分别增长了 40.3%和 41.0%。

从牡丹江市三次产业就业结构的变化（图 3-23）可以看出，全市第一产业就业人数占总就业人数的比重一直在 40%左右，有一定波动；第二产业在 1996 年之前和第一产业比重相当，但在 1997 年之后第二产业就业人数比重持续降低，在 2011 年达到最低；第三产业在 1997 年之前比重最低，但一直保持升高的趋势，到 1997 年以后超过了第二产业的就业人数，仅次于第一产业的。这表明，牡丹江市第二产业人数正在向第一、第三产业转移。这与牡丹江市第三产业产值持续走高，而第二产业产值下降的趋势是一致的。说明牡丹江的产业结构转向了“三、二、一”的发展格局。

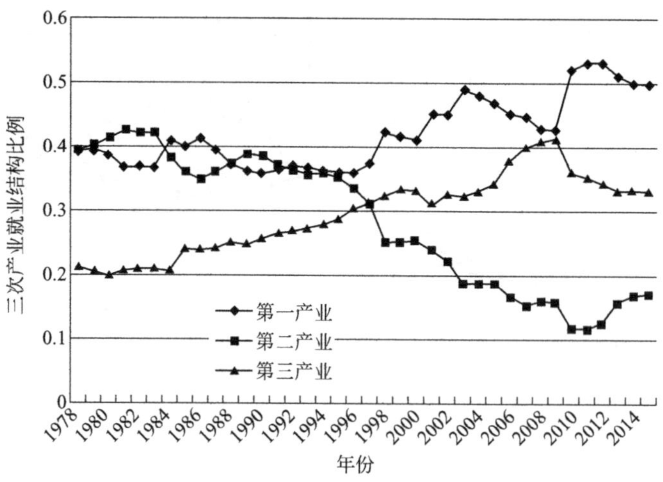


图 3-23　牡丹江市三次产业就业结构变化曲线

（2）牡丹江流域各县市产业结构的演变

图 3-24 和图 3-25 为牡丹江流域各县市三产结构以及三产结构比例变化。

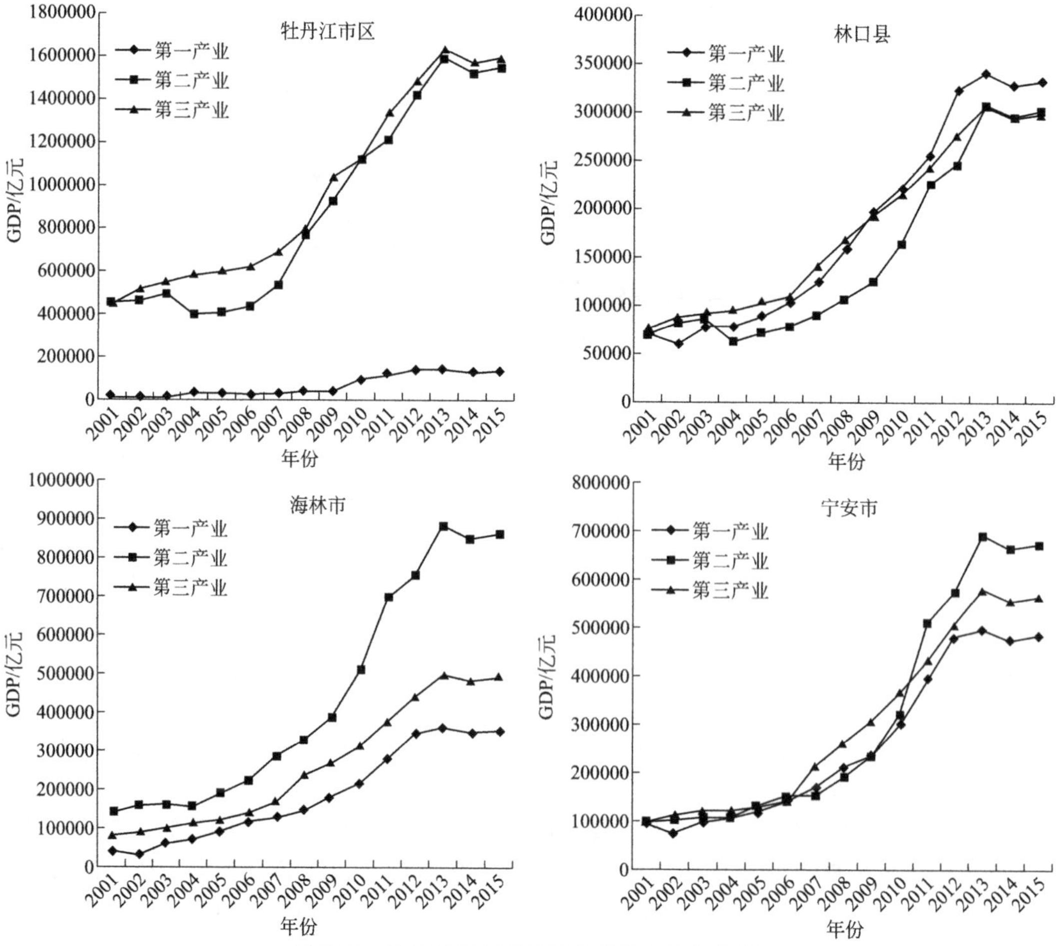

图 3-24　牡丹江流域各县市三产结构变化曲线

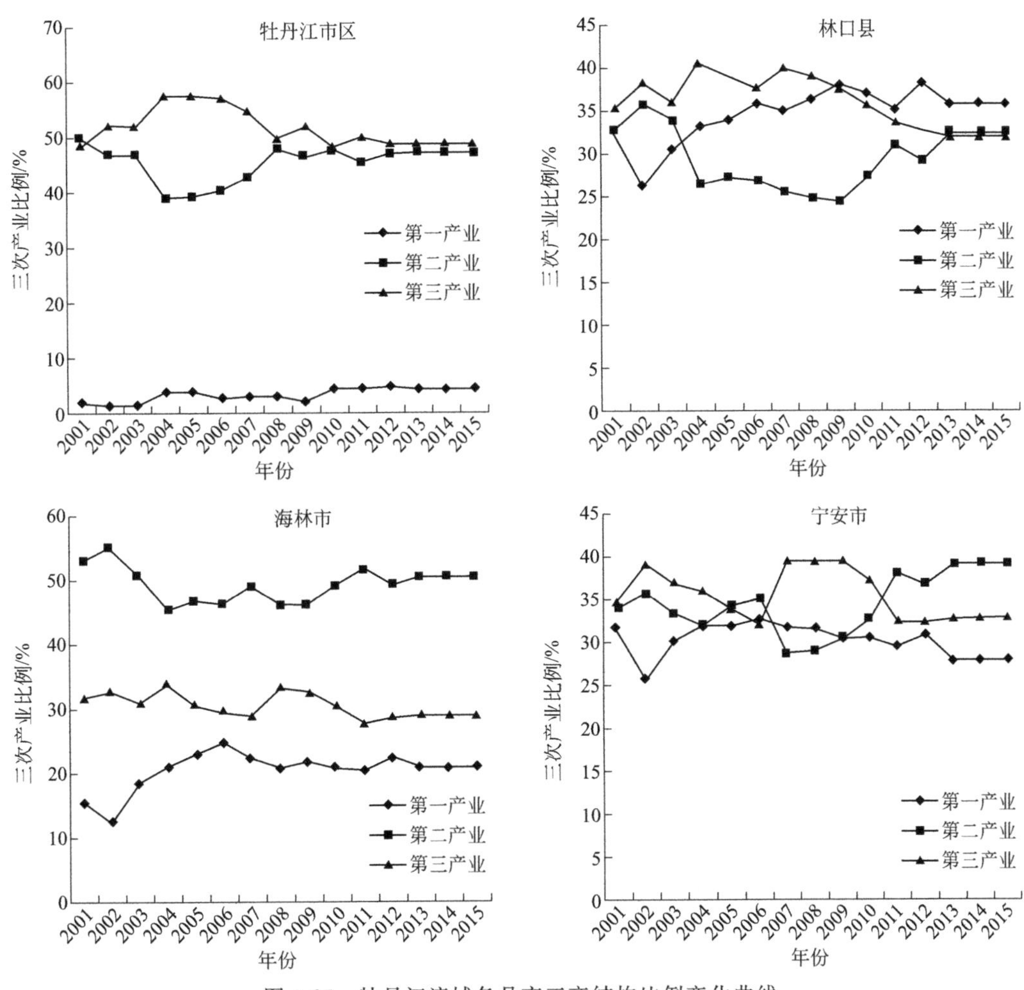


图 3-25 牡丹江流域各县市三产结构比例变化曲线

可以看出，牡丹江流域各县市三次产业结构的动态变化差异显著：

① 2000 年，各县市三次产业比重相差较大，牡丹江市区社会经济较发达，第一产业比重较低，第二产业和第三产业比重相当且较高；海林市呈现出明显的“二、三、一”产业格局，工业（第二产业）比重较高；林口县、宁安市三产比例相当。

② 研究时段内，各县市三产发展呈现出不同的变化趋势，牡丹江市区注重工业和服务业的发展，在“十五”“十一五”期间，第二产业比重略有上升，第三产业比重略有下降，同时农业（第一产业）小幅度上升，三产比例协调发展，构建了良好的发展格局。林口县三产比重经历几次大的转变，2001 年，产业结构由“三、一、二”转变为“三、二、一”，第二产业发展得到重视；2004 年，第二产业比重大幅度下降，产业结构又变为“三、一、二”；2009 年，农业（第一产业）上升到第一位，林口县形成了“一、三、二”的产业格局。海林市“二、三、一”的产业格局没有发生变化，三产比重略有波动，说明海林市一直主打工业（第二产业），同时注重发展第三产业，农业（第一产业）比例也略有上升。宁安市三产变化较为频繁，先是第二产业和第三产业上升显著，接着第一产业发展迅猛，在“十一五”期间第三产业发展迅速，步入“十二五”后，第二产业得到迅速发展。

③“十二五”期间，从各县市产业结构差异来看，各县市产业各具特色，即牡丹江市区

第二、第三产业高度发达的“三、二、一”产业结构，林口县以农业为特色的“一、三、二”产业结构，海林市、宁安市以工业为主的“二、三、一”产业结构。

#### 3.1.3.4 产业结构演变对水环境的影响

（1）水环境影响指数的构建

为了研究的准确性并考虑不同的产业发展对生态环境的影响方式和程度的不同，采用三次产业分类法将整个产业划分为第一产业（农业、林业、渔业、牧业、农林牧渔服务业）、第二产业（轻工业、重工业、建筑业）和第三产业（交通运输业、其他产业），依据上述10种产业发展对区域水生态环境要素影响的不同，对不同产业类型的生态环境影响在［0，5］区间内赋值，定义为不同产业类型的生态环境影响系数，以此反映各产业单位产值比重与生态环境影响之间的比例关系，系数越大，表明该产业对环境的负面影响越大。

依据水生态环境影响指数和各个产业类型产值比例，采取加权求和的方法［见式（3-3）］得到水生态环境影响指数（IIISNE），评估不同产业类型对水环境的影响。比较IIISNE在不同时期的数值差异，定量综合评价区域产业结构变化的生态环境效应。

$$\mathrm{IIISNE}=P_1W_1+P_2W_2+\cdots\cdots+P_nW_n \tag{3-3}$$

式中，IIISNE为总体生态环境影响指数；$P$为各产业类型的生态环境影响系数；$W$为相应的各产业的产值比例。

（2）产业结构变化对水生态环境的影响评估

牡丹江市细分产业增加值逐年变化见图3-26。1996—2015年牡丹江市产业产值比重见表3-48。

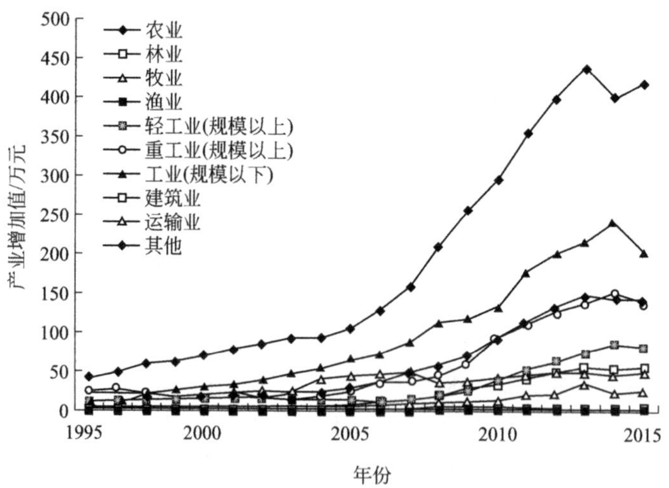


图3-26 牡丹江市细分产业增加值逐年变化图

从图3-26可以看出：①研究时段内全市工业（规模以下）、农业、重工业（规模以上）和其他行业比重发生了大幅度上升，其中其他行业上升幅度最大，轻工业、建筑业呈波动上升，林业、渔业和牧业产值变化不大，略有下降，运输业则有一定波动；②从全市产业构成（表3-48）上看，由1996年的以其他产业、重工业、农业、轻工业为主，转为2015年的以其他产业、规模以下工业与农业为主。牡丹江市在整个研究时段内第三产业发达，一直是牡丹江经济发展的主要推动力。规模以下工业得到了快速的发展，轻工业和重工业比重下降，农、林、牧、渔业保持平稳发展，比重也有所下降。从以上分析中可以看出，牡丹江的产业发展以轻工业与重工业比重的大幅下降与其他产业、小规模工业、建筑业的增长为特征。

**表 3-48 1996—2015 年牡丹江市产业产值比重** 单位：%

| 年度 | 农业 | 林业 | 牧业 | 渔业 | 轻工业（规模以上） | 重工业（规模以上） | 工业（规模以下） | 建筑业 | 运输业 | 其他 |
|---|---|---|---|---|---|---|---|---|---|---|
| 1996 | 16.28 | 1.31 | 4.45 | 0.36 | 9.86 | 18.28 | 8.08 | 2.75 | 7.63 | 30.74 |
| 1997 | 15.16 | 1.32 | 4.17 | 0.45 | 10.09 | 18.53 | 6.41 | 2.56 | 8.46 | 32.61 |
| 1998 | 13.11 | 1.14 | 2.67 | 0.48 | 7.92 | 13.37 | 12.62 | 2.96 | 8.89 | 36.55 |
| 1999 | 10.18 | 1.03 | 2.24 | 0.50 | 8.58 | 10.77 | 15.22 | 2.98 | 11.48 | 36.86 |
| 2000 | 11.48 | 1.24 | 2.06 | 0.44 | 7.30 | 9.85 | 16.02 | 3.09 | 10.72 | 37.60 |
| 2001 | 11.64 | 0.35 | 2.46 | 0.42 | 7.46 | 8.89 | 16.05 | 3.36 | 10.78 | 38.38 |
| 2002 | 8.22 | 0.28 | 2.49 | 0.35 | 8.43 | 6.81 | 18.17 | 3.15 | 11.85 | 40.02 |
| 2003 | 9.08 | 1.73 | 2.66 | 0.33 | 7.28 | 5.34 | 19.63 | 2.94 | 11.07 | 39.63 |
| 2004 | 9.06 | 1.65 | 2.82 | 0.29 | 5.13 | 7.06 | 19.97 | 2.87 | 15.57 | 35.32 |
| 2005 | 9.75 | 1.73 | 2.77 | 0.27 | 4.25 | 8.15 | 20.83 | 3.03 | 14.59 | 34.21 |
| 2006 | 10.25 | 1.50 | 2.54 | 0.28 | 2.19 | 10.55 | 19.98 | 3.13 | 13.11 | 36.15 |
| 2007 | 11.26 | 1.24 | 1.94 | 0.12 | 3.76 | 8.77 | 20.43 | 3.31 | 11.80 | 36.93 |
| 2008 | 11.34 | 1.16 | 2.24 | 0.18 | 3.84 | 8.64 | 21.65 | 3.79 | 6.76 | 39.95 |
| 2009 | 11.45 | 0.96 | 2.05 | 0.17 | 4.08 | 10.02 | 18.77 | 4.82 | 6.15 | 41.07 |
| 2010 | 12.25 | 0.73 | 1.87 | 0.17 | 5.07 | 12.47 | 17.73 | 4.60 | 5.71 | 38.92 |
| 2011 | 12.30 | 0.51 | 2.17 | 0.17 | 5.66 | 11.93 | 19.29 | 4.50 | 5.02 | 37.92 |
| 2012 | 12.58 | 0.43 | 2.12 | 0.17 | 6.05 | 11.98 | 18.93 | 4.68 | 4.75 | 37.76 |
| 2013 | 12.65 | 0.44 | 3.08 | 0.17 | 6.41 | 11.75 | 18.47 | 4.79 | 4.31 | 37.37 |
| 2014 | 12.30 | 0.39 | 2.08 | 0.17 | 7.37 | 13.11 | 20.89 | 4.66 | 3.98 | 34.50 |
| 2015 | 12.78 | 0.40 | 2.34 | 0.18 | 7.30 | 12.23 | 17.94 | 4.94 | 4.34 | 36.97 |

1996—2015 年牡丹江市生态环境影响指数（IIISNE）变化见图 3-27。

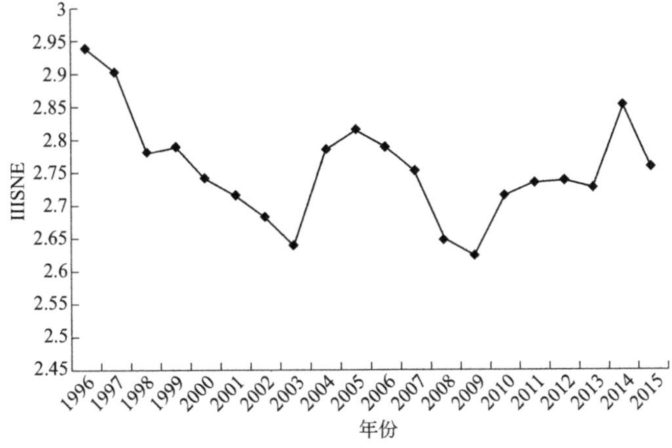


图 3-27 1996—2015 年牡丹江市生态环境影响指数（IIISNE）变化

由图 3-27 可见，牡丹江市的 IIISNE 属于中等，且在研究时段内整体上属于波动下降的趋势，年均下降 0.48%，产业结构整体对生态环境的干扰与影响程度在“十一五”期间持续降低，但在“十五”末期和“十二五”前期呈现出上升的趋势，表明区域产业结构变化带来了生态环境效应的波动，这一变化与牡丹江市水环境质量变化是一致的。

(3) 牡丹江市三产结构变化的生态环境效应评价

根据产业的分类，在上述十种产业中，农业、林业、牧业、渔业归于第一产业，规模以下工业、轻工业、重工业、建筑业归于第二产业，运输业与其他产业归于第三产业，把不同产业类型归结到三产结构当中，按照三产的水生态影响指数来评估三产的变化对水生态环境的影响。1996—2015 年牡丹江市三产生态环境效应评分见表 3-49，牡丹江市三产 IIISNE 年度变化见图 3-28。

**表 3-49　1996—2015 年牡丹江市三产生态环境效应评分**

| 年份 | 第一产业 | 第二产业 | 第三产业 |
|---|---|---|---|
| 1996 | 0.610722 | 1.714355 | 0.612762 |
| 1997 | 0.573709 | 1.66349 | 0.664546 |
| 1998 | 0.479092 | 1.5787 | 0.72105 |
| 1999 | 0.38056 | 1.580205 | 0.827605 |
| 2000 | 0.419303 | 1.517957 | 0.804741 |
| 2001 | 0.413499 | 1.486011 | 0.81512 |
| 2002 | 0.309212 | 1.499215 | 0.874199 |
| 2003 | 0.366956 | 1.431741 | 0.839141 |
| 2004 | 0.366743 | 1.443095 | 0.976074 |
| 2005 | 0.38812 | 1.501264 | 0.925877 |
| 2006 | 0.393927 | 1.508103 | 0.88599 |
| 2007 | 0.403833 | 1.50547 | 0.84121 |
| 2008 | 0.411926 | 1.56554 | 0.66987 |
| 2009 | 0.407422 | 1.559263 | 0.656704 |
| 2010 | 0.422872 | 1.673801 | 0.617539 |
| 2011 | 0.425859 | 1.728984 | 0.580124 |
| 2012 | 0.431671 | 1.739033 | 0.567573 |
| 2013 | 0.453387 | 1.726479 | 0.546213 |
| 2014 | 0.421841 | 1.926082 | 0.504308 |
| 2015 | 0.44181 | 1.769283 | 0.543411 |

由图 3-28 可见，第二产业依然是对环境影响最大的产业，但是环境影响得分在 2.0 以下，第一产业和第三产业对环境影响较低。

(4) 牡丹江流域各县市三产结构变化的生态环境效应评价

牡丹江流域各县市 IIISNE 变化见图 3-29。

由图 3-29 可以看出：①2006 年以来，各县市的 IIISNE 整体呈下降趋势，表明各县市产业结构对自然生态环境的影响在 2006 年升至最高后有下降趋势，基于生态环境保护的产业结构调整整体上效果明显；②牡丹江市区的 IIISNE 属于中等，且在研究时段内不断降低，

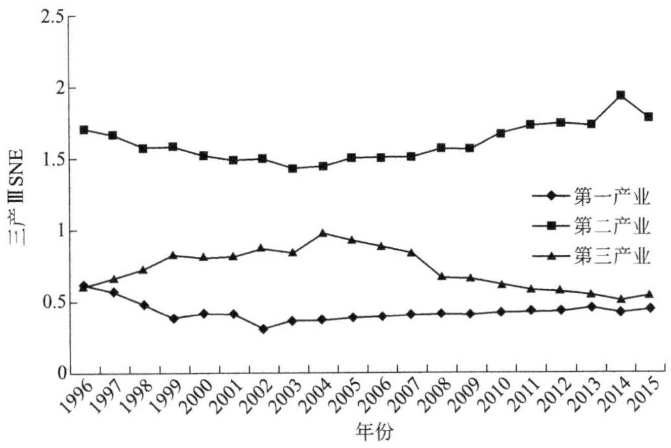


图 3-28 牡丹江市三产 IIISNE 年度变化

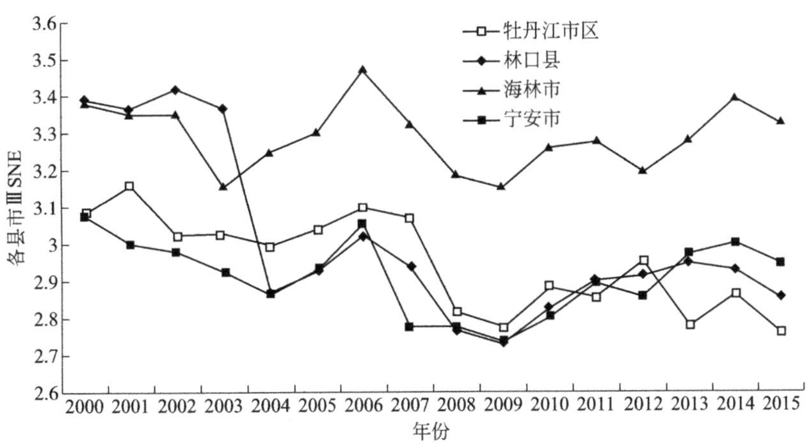


图 3-29 牡丹江流域各县市 IIISNE 变化

年均下降 0.71%，产业结构整体对生态环境的干扰与影响程度持续降低，表明区域产业结构变化带来了正效的生态环境效应，部分缓解了该生态脆弱地区的环境保护压力；③研究时段内，林口县 IIISNE 的下降幅度最大，达 15.68%（主要是由于轻、重工业比重的大幅下降与其他产业比重的相应增加），年均下降 1.04%，牡丹江市区、宁安市其次，海林市最低，仅为 0.12%，这在一定程度上反映了各县市通过产业结构调整保护生态环境的绩效高低；④海林市的 IIISNE 一直较高，且高居各县市之首，这主要缘于其较高的重工业比重；⑤研究时段内，各县市的 IIISNE 整体上处于中上水平，说明牡丹江各个县市在产业发展过程中都带来了一定的环境影响，并且每个县市的环境影响是由于不同行业的发展所导致的，见图 3-30。

从图 3-30 中可以看出，牡丹江市区主要环境影响行业是重工业、轻工业和运输业，林口县主要是重工业、农业和运输业，海林市主要是重工业、轻工业，宁安市主要是重工业、轻工业和农业。

伴随着研究时段内牡丹江市 IIISNE 的逐年下降，其国内生产总值（GDP）持续增长，12 年间共增加了 345.5%，说明区域社会经济的快速发展并未以生态环境的恶化为代价，产业结构的调整限制了人类活动对自然生态环境的扰动，因此，从降低人为干扰、保护自然生态环境的角度来看，牡丹江市区域经济发展模式总体上是可持续的。具体就牡丹江市所辖四

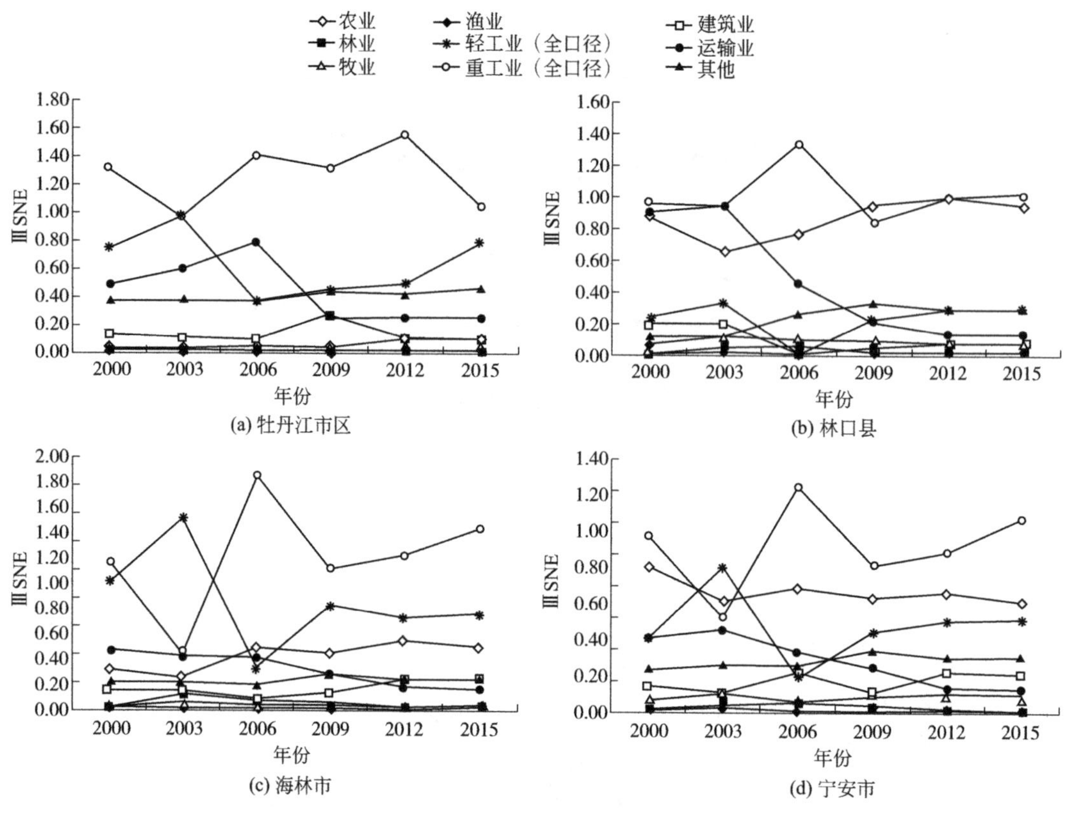


图 3-30　牡丹江流域各县市行业 IIISNE 变化

县市而言，GDP 与 IIISNE 在研究时段内均为一升一降，说明地域经济增长模式基本上是可持续的，但个别县市在个别时段 IIISNE 上升，表明了其经济发展在该时段的不可持续性。

（5）牡丹江各县市细分产业结构变化的生态环境效应评价

牡丹江各县市细分产业的 IIISNE 见表 3-50，牡丹江流域各县市分行业 IIISNE 年度变化见图 3-31。

**表 3-50　牡丹江各县市细分产业的 IIISNE**

| 行政区 | 年份 | 农业 | 林业 | 牧业 | 渔业 | 轻工业 | 重工业 | 建筑业 | 运输业 | 其他 |
|---|---|---|---|---|---|---|---|---|---|---|
| 牡丹江市区 | 2000 | 0.03 | 0.00 | 0.01 | 0.00 | 0.74 | 1.31 | 0.13 | 0.49 | 0.37 |
|  | 2003 | 0.03 | 0.00 | 0.01 | 0.00 | 0.95 | 0.96 | 0.11 | 0.59 | 0.37 |
|  | 2006 | 0.05 | 0.00 | 0.02 | 0.00 | 0.36 | 1.40 | 0.10 | 0.79 | 0.37 |
|  | 2009 | 0.04 | 0.00 | 0.02 | 0.00 | 0.42 | 1.31 | 0.27 | 0.25 | 0.46 |
|  | 2012 | 0.10 | 0.00 | 0.03 | 0.00 | 0.49 | 1.55 | 0.11 | 0.26 | 0.42 |
| 林口县 | 2000 | 0.87 | 0.01 | 0.08 | 0.01 | 0.25 | 0.96 | 0.19 | 0.91 | 0.12 |
|  | 2003 | 0.64 | 0.05 | 0.11 | 0.01 | 0.33 | 0.95 | 0.20 | 0.94 | 0.12 |
|  | 2006 | 0.77 | 0.07 | 0.10 | 0.00 | 0.00 | 1.34 | 0.02 | 0.45 | 0.27 |
|  | 2009 | 0.95 | 0.02 | 0.09 | 0.01 | 0.23 | 0.84 | 0.05 | 0.20 | 0.33 |
|  | 2012 | 0.99 | 0.01 | 0.08 | 0.00 | 0.28 | 0.99 | 0.07 | 0.14 | 0.29 |

续表

| 行政区 | 年份 | 农业 | 林业 | 牧业 | 渔业 | 轻工业 | 重工业 | 建筑业 | 运输业 | 其他 |
|---|---|---|---|---|---|---|---|---|---|---|
| 海林市 | 2000 | 0.31 | 0.01 | 0.03 | 0.02 | 1.01 | 1.17 | 0.16 | 0.47 | 0.21 |
| | 2003 | 0.24 | 0.11 | 0.06 | 0.01 | 1.51 | 0.45 | 0.14 | 0.42 | 0.21 |
| | 2006 | 0.49 | 0.08 | 0.04 | 0.00 | 0.32 | 1.84 | 0.09 | 0.42 | 0.19 |
| | 2009 | 0.45 | 0.05 | 0.04 | 0.00 | 0.82 | 1.11 | 0.13 | 0.28 | 0.26 |
| | 2012 | 0.55 | 0.02 | 0.03 | 0.00 | 0.72 | 1.21 | 0.23 | 0.18 | 0.25 |
| 宁安市 | 2000 | 0.80 | 0.01 | 0.07 | 0.02 | 0.41 | 0.97 | 0.14 | 0.41 | 0.23 |
| | 2003 | 0.62 | 0.04 | 0.10 | 0.02 | 0.80 | 0.52 | 0.11 | 0.46 | 0.26 |
| | 2006 | 0.69 | 0.05 | 0.07 | 0.01 | 0.19 | 1.24 | 0.22 | 0.33 | 0.25 |
| | 2009 | 0.63 | 0.04 | 0.09 | 0.01 | 0.44 | 0.81 | 0.11 | 0.24 | 0.35 |
| | 2012 | 0.67 | 0.02 | 0.11 | 0.01 | 0.50 | 0.89 | 0.22 | 0.14 | 0.30 |

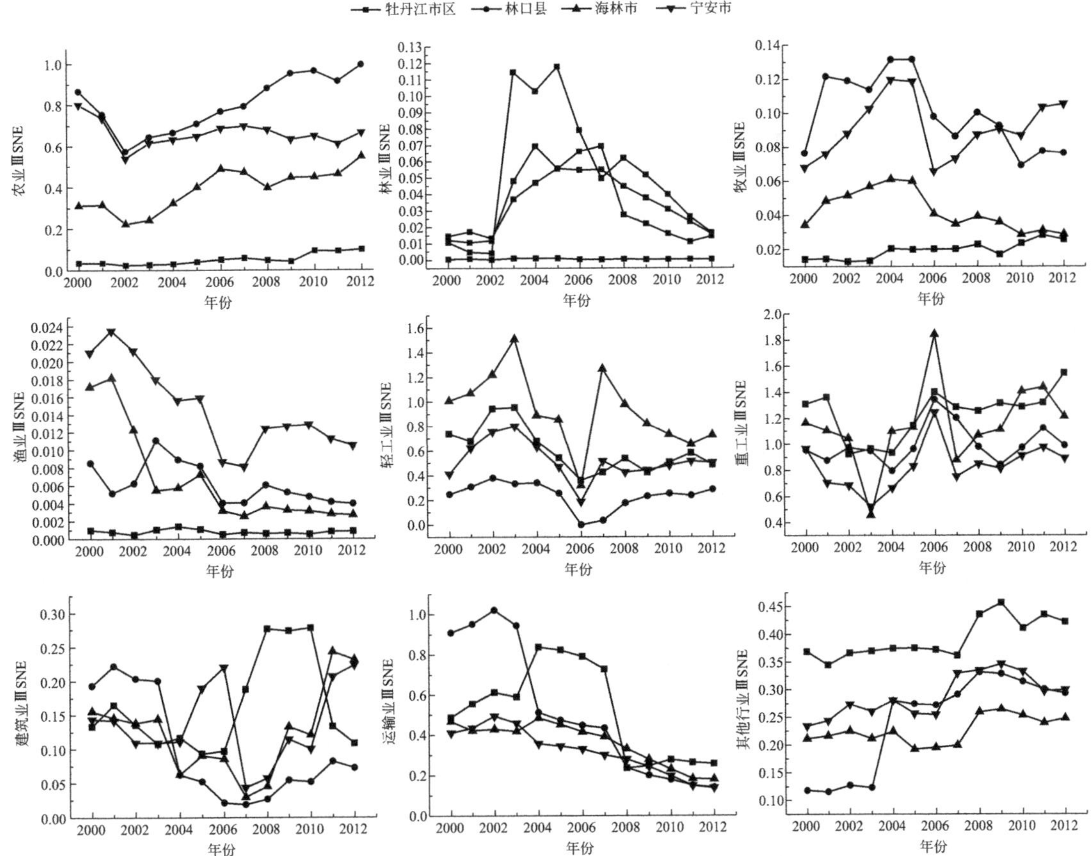


图 3-31 牡丹江流域各县市分行业 IIISNE 年度变化

从表 3-50 和图 3-31 可以看出每个县市 9 个行业的 IIISNE 变化以及不同行业在整个县市 IIISNE 中所占的比例。从图中可以看出，各个县市对环境影响比较大的行业主要是农业、轻工业、重工业和运输业，从中可以发现牡丹江产业结构调整的轨迹。各个县市农业的影响在加大，轻工业和重工业影响所占比重大，而且最近 5 年呈现出上升的趋势。

### 3.1.4 产业结构优化和经济发展模式调整技术需求

《牡丹江市国民经济和社会发展第十二个五年规划纲要》提出牡丹江市在“十二五”期间将继续紧紧围绕打造区域核心城市、强化“工业立市”战略地位，打造现代加工业基地。随着工业的发展，工业项目纷纷上马，污染源的种类和数量必将进一步增加。尽管牡丹江市对各主要污染源加大了治理力度，同时城市污水处理设施也正在规划建设中，但是牡丹江水环境污染状况没有从根本上得到解决，粗放型的经济发展方式仍然需要改变，资源短缺、环境污染、生态失衡现象依然十分明显。经济结构不合理、经济增长质量不高的问题不解决，环境保护与经济发展的根本矛盾就必然存在，不合理的工业布局使水质安全难以保障，牡丹江流域水质保障严峻形势要求尽快建立以水环境优化、经济可持续发展为目的的产业结构调整模式，实现经济、社会、环境的真正科学发展。

本书针对牡丹江流域水质安全受到威胁、主要支流水质超标严重、经济发展压力大、水资源保障性差、面源污染严重、环保基础设施薄弱等问题，结合地区行业、经济结构特性、污染源排放特性，分析产业结构调整对牡丹江流域水质的影响，评估经济活动对流域水环境的影响，提出产业结构调整优化方案和牡丹江流域主要支流水质保障方案，实现污染物源头削减，达到牡丹江干流水质得到全面改善的目标。

## 3.2 城市内河污染威胁牡丹江水质安全

### 3.2.1 牡丹江流域城市内河污染特征

牡丹江 14 条主要支流中，北安河、乌斯浑河、小石河、海浪河以及蛤蟆河 5 条河流分别流经牡丹江市、林口县、敦化市、海林市以及宁安市。由 2.3.2.2 水质分析的结果可知，流经城市的河流中，北安河污染最重，丰、平、枯三个水期水质均为劣Ⅴ类，主要超标项目为 $COD_{Mn}$、COD、$BOD_5$、$NH_4^+$-N、TP、TN。

牡丹江市的北安河接纳整个牡丹江市铁路以北区域的城市污水 $9\times10^4$t 左右，是穿过城区的天然河流，也是牡丹江西阁至柴河断面的最大排污口，是牡丹江流域污染贡献量最大的城市点源，“十一五”末期，北安河废水和污染物贡献率分别达到 60%和 45%。以北安河为代表的穿过城市的内河，由于纳入城镇工业和生活污水，是流域城市段污染负荷高的重污染城市内河。

北安河位于牡丹江市区控制单元，是牡丹江左岸的一级支流（见图 3-32），发源于牡丹江市城区北部大砬子山，天然径流量 0.46m$^3$/s。北安河由长约 4.1km 的金龙溪、2.1km 的银龙溪和 2km 暗溪青龙溪汇合而成，三溪汇合后北安河长 7.5km，自西南向东北穿过牡丹江市，最终汇入牡丹江。它不仅具有排洪、改善区域小气候、补充涵养地下水等功能，作为城市生态系统的重要组成部分，还兼具美化环境、旅游、休闲、观赏等基本生态功能。但近几十年来，随着牡丹江城市建设的快速发展，大量未经处理的工业废水和生活污水排入，北安河受污染范围和程度不断加剧，且劣化程度逐年提高，已成为垃圾淤积河、废水污染河、防汛的危险河和影响周边环境的臭水河，严重影响居民生活和城市形象，对牡丹江市的招商引资、经济建设都具有一定的负面影响，北安河的水污染问题已成为阻碍经济发展的瓶颈。“十一五”期间，牡丹江干流牡丹江市上游江滨大桥断面基本达到Ⅲ类水质的目标，但随着北安河的汇入，直接造成牡丹江市下游国控柴河大桥断面水质降为Ⅳ类，达不到规划目标要求。

牡丹江市辖区北安河流域共有9大行业30个企业，机械行业最多，其次是造纸、石化和电力行业。北安河流域食品行业万元用水量、万元新鲜用水量、万元COD排放量和万元氨氮排放量最多，耗能和排放污染物较大；电力行业煤炭消费量最多；石化行业工业生产总值最高，同时工业用水量和新鲜用水量以及氨氮排放量最多；造纸行业COD排放量最多。

图3-32 北安河照片

### 3.2.2 北安河污染源结构及污染特点

北安河流经牡丹江市爱民区和阳明区，人口约51万，生活污水排放量约为$1.86\times10^7$t/a，生活污水不经处理，自然散排或通过管道排入北安河。生活污染源中COD排放量约为11169t/a，氨氮排放量约为1489.2t/a。

牡丹江市有30家重点企业，废水治理设施有36套，废水处理能力66811t/d，每年废水治理设施运行费用为1545.2万元，工业废水处理量为$7.01\times10^6$t/a，经过处理的废水通过管道排入北安河。COD排放量约为851.21t/a，氨氮排放量约为18.79t/a。

有规模化畜禽养殖场19家，养殖蛋鸡1540只、生猪6000头、奶牛3300头，养殖面积90880m$^2$，干清粪和尿液直接农业利用。COD排放量约为349.64t/a，氨氮排放量约为41.51t/a。

北安河流域COD含量约占牡丹江流域的0.19%，氨氮含量约占牡丹江流域的3.08%。

北安河流域污染物中COD来源见图3-33，氨氮来源见图3-34。污染物中COD和氨氮均主要来源于生活。

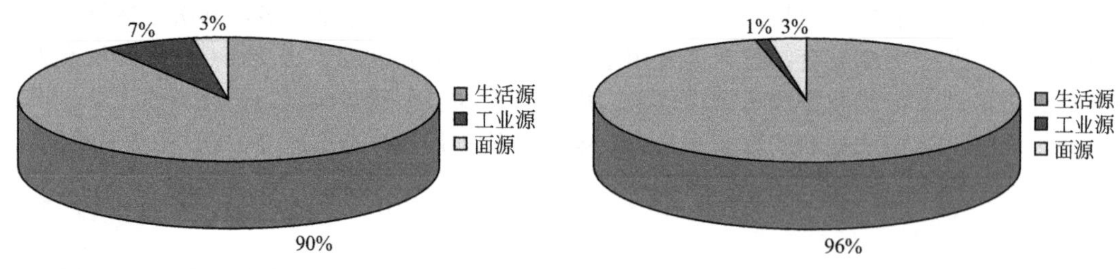


图 3-33　北安河流域污染物中 COD 来源

图 3-34　北安河流域污染物中氨氮来源

### 3.2.3 北安河水环境问题解析

北安河除了是天然降水汇集转移的主要途径，也是牡丹江区域社会发展所产生的各类排水输送的最主要载体。北安河的水力特性介于天然河流和人工渠道之间，水位浅、流量小、河道顺直、河道比降小、流速缓慢、水体置换速度慢、河道两岸多采用混凝土衬砌，不适宜水生生物的栖息。这些特殊的性质决定了其环境容量小，生态系统脆弱的特点。

重污染城市内河北安河一般呈现“黑臭”状态，“黑”和“臭”是河水中污染物厌氧分解释放的“表象”与“味道”，其本质是水体流动性差、水体缺氧乃至厌氧条件下污染物转化并产生 $NH_4^+$-N、$H_2S$、挥发性有机酸等恶臭物质以及铁、锰硫化物等黑色物质。从水质上来说，重污染城市内河处于“劣Ⅴ”标准以下，耗氧有机物和 $NH_4^+$-N 的污染严重。造成北安河成为重污染河流的主要原因有以下 3 个。

(1) 污水收集处理设施不到位

牡丹江市辖区生活污水处理率为 54%，污水处理厂进水 C/N 低，牡丹江市污水处理厂一期工程采用 A/O 工艺，处理能力不足且欠缺抗温度冲击能力，出水 N、P 高。而北安河流经的牡丹江市爱民区和阳明区产生的部分生活污水未经处理，自然散排或通过管道排入北安河。同时，牡丹江市阳明区是主要工业区，2009 年，牡丹江市工业废水排放量为 $2.75 \times 10^4$ t/a。部分工业企业的工业废水未经处理或不达标排放，造成污染。工业企业废水、城市生活废水等点源的长期大量排放是导致北安河污染物累积、水质恶化的主要原因。污水收集和处理设施建设进度长期滞后，截污不彻底是北安河重污染的直接原因。

(2) 径污比严重失衡

目前，城市河流普遍存在径流水资源短缺且严重受控的问题。由 2.2.1.5 可知，2005—2013 年期间，牡丹江市区为极重度缺水，宁安市和海林市为不缺水，林口县从 2010 年开始为轻度缺水。随着城乡建设发展和土地的开发利用，水土保持功能逐渐降低，河流水量时段分布不均的趋势不断加强。

由于水资源的短缺以及城市河流上游水库和蓄水设施的营建数量不断增加，严重影响了河流生态需水量的补给，这种径流水时段性补给和城市下水连续排入导致了北安河径污比严重失衡的状态。

(3) 河道整治工程模式过于简单

国内河道整治工程大多缺乏生态的理念和经济的视野，片面强调河流的防洪排涝等功能，整治工程孤立了河流水环境与土壤生物、植物之间的有机联系，忽视了河流与周边建筑设施之间的和谐统一。使用大量的硬质材料如钢筋混凝土、浆砌块石等硬化护坡和河底，大量采用橡胶坝等拦截河水，建立高耸的沿河护栏，这些措施不仅没有起到保护河流生态环境的作用，而且严重破坏了河流与周围环境组成的有机整体，使得水量减少、水质恶化，河流的各项生态功能受到抑制，往往演变成为基流匮乏型河流。

生态基流是维持河流生态系统运转的基本流量，因河道筑坝、渠道化、硬质化，极端降水事件增多，导致坝下长期无水、河道不能蓄水、河道长期干旱，这些河流为基流匮乏河流，它们主要承接污水处理厂废水、农田尾水与农村生活污水。基流匮乏型河流水体流动性弱、环境容量小、易污染、自净能力差，很容易导致水体溶解氧大量消耗，造成水体缺氧而呈重污染状态。由于疏于管理，河底淤泥长期堆积，河道脏、乱、臭、黑、塞等现象普遍存在，导致水体内的物质、能量循环被破坏，溶解氧降低，水生动植物大量死亡，在一定条件下释放出大量的N、P营养盐及耗氧有机物，成为水体污染的“内源”。

北安河作为城市内河，计划开展了“三溪一河”综合整治工程，但是大部分护坡采用的仍然为水利护坡，对径流污染阻隔作用不强。地表径流污染、过度工程化使得河滨带缺少生态功能，导致河流过量纳污、水生态恶化、河流自净能力大幅下降。同时，如遇集中降水，极易遭受局部暴雨侵袭，发生洪水，河道行洪断面小，每年均出现不同程度的洪灾，使得固体废物淤积。另外，作为治污最重要的控源问题，尚缺少相应的截污工程和后续处理措施。

### 3.2.4 北安河污染治理与生态修复技术需求

国控柴河大桥断面的规划水质标准为Ⅲ类，“十二五”前超标指标为高锰酸盐指数和氨氮，污水处理厂的二期工程执行一级B标准，对于柴河大桥断面的水质改善具有一定的作用，但是由于污水处理厂距离国控柴河大桥断面较近，污水处理厂二期的建设并不能完全保障柴河大桥断面水质达标，亟须对国控柴河大桥断面前的江段来水进行强化处理以及对污水处理厂深度处理技术进行研发，以保障柴河大桥断面水质达标。在底泥疏浚的基础上，针对柴河大桥断面氨氮和COD达不到规划标准的问题，推广应用底泥疏浚、固定化微生物投放及挺水植物恢复等技术，研发寒冷地区河道生态恢复技术，实现生态缓冲带美化景观和改善水体环境的双重功能，筛选适应当地气候条件的植被组合方案，系统评价其对河流水体环境改善的影响；筛选适应北方寒冷地区城市内河的底栖动物群落，实现水体环境持续改善；通过进水水质水量-排水口氮磷-柴河大桥断面的氮磷相关性分析，选择高效低耗的氮磷控制技术；初步构建河滨带并对系统进行优化配置。基于以上关键技术的研究与示范，形成北安河生态恢复集成技术，为牡丹江水质安全提供技术支撑。

## 3.3 农业面源污染负荷增加、控制难度大

### 3.3.1 牡丹江流域农业面源污染特征

牡丹江的14条支流中，北安河、乌斯浑河、小石河、海浪河以及蛤蟆河5条河流分别流经牡丹江市、林口县、敦化市、海林市以及宁安市，其余9条河流则主要流经乡村。由2.3.2.2水质分析的结果可知，牡丹江14条主要支流中，除北安河外，其他在个别水期水质为劣Ⅴ类的支流有：马莲河、五林河、乌斯浑河、海浪河，主要超标项目为$COD_{Mn}$、COD、TP、TN；除了这五条劣Ⅴ类河流之外的9条河流，均在不同水期出现了不同程度的超标现象。可见，牡丹江支流污染严重，是水污染治理的重点。以北安河为代表的重污染城市内河是牡丹江流域污染贡献量最大的城市点源。而海浪河是牡丹江最大支流，其流量占牡

丹江流量1/5～1/3，接纳了海林市的海林镇和长汀镇集中排放的废水，两镇年排废水8.5×$10^6$t，化学需氧量2267t，氨氮360t。海林镇排放的废水进入斗银河后再进入海浪河，长汀镇排放的废水直接进入海浪河。近两年监测数据显示，海浪河上长汀、海林桥断面丰水期污染程度都大于枯水期，监测断面超标因子多为高锰酸盐指数、TP、氨氮。海林市工业企业不发达，海浪河中上游有占地面积26.3万亩[1]国有中型农场、规模化畜禽养殖场25家，该区域主要为面源污染，对海浪河水质、牡丹江市西水源地及下游柴河大桥断面水质有着较大影响。

海浪河位于海林市控制单元，是松花江二级支流。位于黑龙江省东南部海林市境内，地理坐标为北纬44°02′～45°38′，东经128°03′～129°57′。发源于张广才岭东麓秃顶子、大秃顶山一带，由18条小河汇成，自西南向东北流经长汀、旧街、新安、石河、新合、海林、海南7个乡镇，于牡丹江市以西的兴隆镇附近汇入牡丹江，河道干流全长210km，河宽50～125m，平均河面宽80m，水深1～3m，平均水深1.5m，流速0.9m/s，流域总面积5225$km^2$。植被覆盖率上游为85%以上，下游为67%。平均流量36$m^3$/s，最高达2500$m^3$/s(1960年8月24日)，干旱的春季最低流量平均5$m^3$/s以上，河口处枯水保持29$m^3$/s，1956年汛期洪峰流量为3720$m^3$/s，二十年一遇洪峰流量为5600$m^3$/s。海浪河流域形状为长条形，支流基本呈叶状分布。干流地势西高东低。海浪河流域内大部分为林区，上中游森林植被覆盖面广，只在下游区沿河两岸的较宽阔地带分布着一些耕地。海浪河上游为浅山丘陵区，河口附近为冲积平原。海浪河主要支流有二道海浪河、山市河、密江河、牛尾巴河等，各级支流共70余条。图3-35为海浪河及海林市位置示意图。

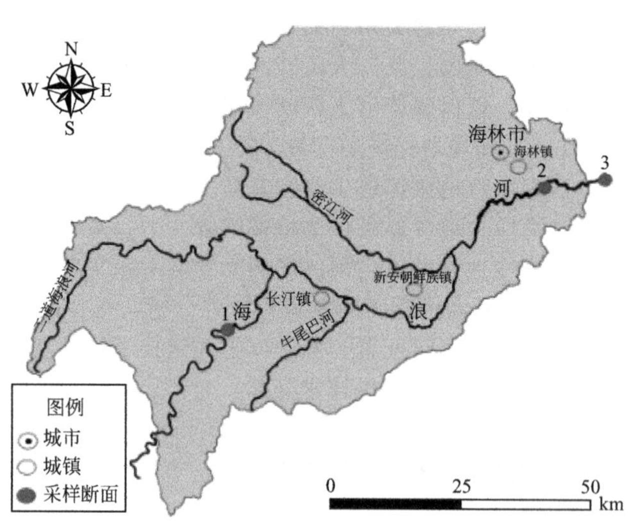


图3-35 海浪河及海林市位置示意图

2012年，海林市生产总值实现151.9142亿元。海浪河流域万元用水量最多的行业是食品行业，新鲜用水量最多的行业是食品行业，万元化学需氧量排放最多的行业是食品行业，万元氨氮排放量最多的行业是电力行业。

[1] 1亩=666.67$m^2$，下同。

### 3.3.2 海浪河污染源结构及污染特点

海浪河流经海林市，海林市有约 42.2 万人口，生活污水排放量约为 $1.53\times10^7$t/a，2008 年新建成污水处理厂，日处理能力为 $2\times10^4$t/d，生活污水集中处理率不到 50%。生活污染源中 COD 排放量约为 2847t/a，氨氮排放量约为 262.8t/a。

2012 年，海林市有 6 家重点企业，废水治理设施有 1 套，废水处理能力 190t/d，废水治理设施运行费用为 15 万元/a，工业废水处理量为 67732.8t/a，经过处理的废水通过管道排入海浪河。COD 排放量约为 2728t/a，氨氮排放量约为 0.47t/a。

有规模化畜禽养殖场 14 家，养殖蛋鸡 38500 只、生猪 10442 头、奶牛 1000 头、肉牛 180 头，养殖面积 34920$m^2$，干清粪和尿液直接农业利用。COD 排放量约为 272.29t/a，氨氮排放量约为 17.96t/a。海林市有耕地 66.7 万亩，由于农田径流，COD 排放量约为 6670t/a，氨氮排放量约为 667t/a。

海浪河流域 COD 含量约占牡丹江流域的 28.75%，氨氮含量约占牡丹江流域的 26.64%。海浪河流域污染物中 COD 来源见图 3-36，氨氮来源见图 3-37。污染物主要来源于面源和生活源。

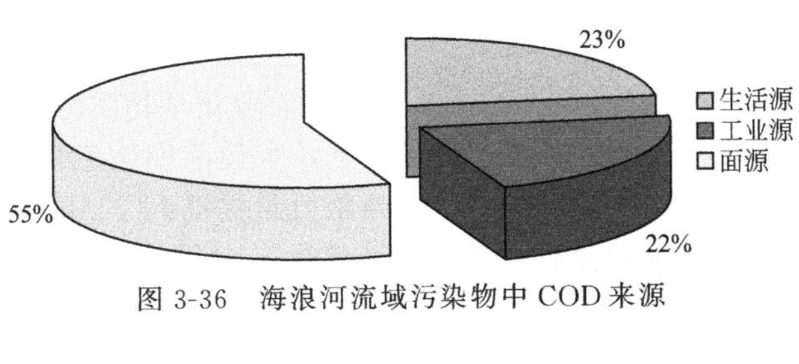


图 3-36 海浪河流域污染物中 COD 来源

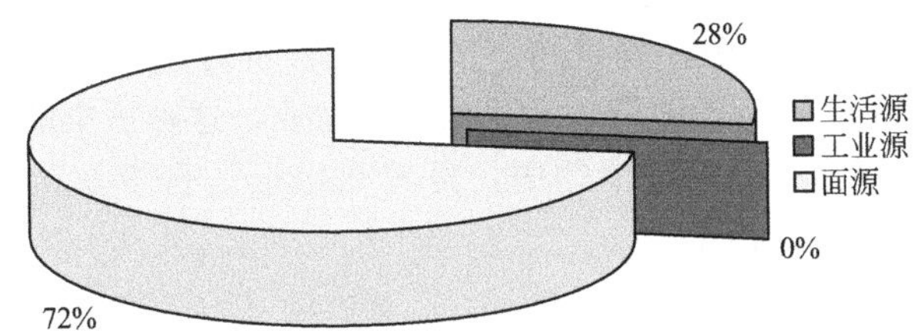


图 3-37 海浪河流域污染物中氨氮来源

近两年监测数据显示，海浪河上长汀、海浪桥断面丰水期污染程度都大于枯水期，监测断面超标因子多为高锰酸盐指数、TP、氨氮。海林市工业企业不发达，而海浪河中上游的国有中型农场产生的农田退水、农药、化肥、畜禽粪便都造成了水体污染。由此看出，海浪河主要污染源为面源和分散生活源，这些污染源对海浪河水质及下游柴河大桥断面水质达标有着较大的影响。

### 3.3.3 海浪河水环境问题解析

牡丹江流域中小城镇居多，主要经济来源以农业及农业延伸的副产业为主，经济增长比较粗犷，生活污水处理率低下，全流域小城镇污水处理率不到 15%，大量未经处理的生活污水直接排入河流，成为流域水污染的重要来源。农业面源污染强度大，尤其是牡丹江海浪河流域，周边均为较大农场、成片农田，农业水田面积有 $4.2\times10^4hm^2$，5—9 月灌溉时期多采用农业漫灌的形式。同时，海浪河周边水土流失严重，大量的农药、化肥、土壤有机质随农田退水进入牡丹江流域，而农田退水时，含有大量污染物的废水也直接流入河道。

丰水期初期雨水也会带着大量的农药、化肥、土壤有机质、垃圾等面源污染进入牡丹江流域。水污染严重区域在农田集中河段，海浪河上游河段水质明显优于下游河段。作为一条周边不具有大量工业和人口的河流，造成海浪河污染严重的主要原因有以下两个。

（1）农村环境基础设施落后

长期以来，北方广大农村地区生活垃圾、生活污水、畜禽养殖和农业废弃物任意排放的问题未引起根本重视，人畜粪便、生活垃圾和生活污水等废弃物大部分没有得到处理，随意堆放在道路两旁、田边地头、水塘沟渠或直接排放到河渠等水体中，使“污水乱泼、垃圾乱倒、粪土乱堆、柴草乱垛、畜禽乱跑”成为一些农村环境的真实写照。长期以来，由于受历史的局限和经济体制条件的制约，基层政府提供环保基础设施等公共服务的能力非常薄弱，加之缺乏有效的公共服务投融资机制和政策，农村环保基础设施建设总体上处于空白状态，许多农村地区成为污染治理的盲区和死角。当前，我国农村基层环保机构很不健全，绝大部分乡镇没有建立专门的环保机构和队伍，环境监测和环境监察工作尚未覆盖广大农村地区，存在污染事故无人管、环保咨询无处问的现象。

（2）农业生产污染严重

我国农业生产的长足发展离不开对农业的投入，农业化学物质的大量施用，增加了面源污染物流失的概率。数据表明：在同等降雨强度下，水稻前期施氮量在 $215kg/hm^2$ 时，被雨水淋洗损失的 TN 为施氮总量的 15%左右；当施氮量提高到 $225kg/hm^2$ 时，淋洗损失高达 30%以上，每公顷耕地每年就会有 614kg 农药流失。大量的农药化肥流失成为首当其冲的农业污染源。

造成江河水质未能改善甚至恶化的主要污染源为两岸养殖业及其附属产业。据实测：一头猪的排泄量约为 12kg/d，其中，有机物、N、P 的含量分别为 25%、0.45%和 0.19%，鸡、鸭等禽类粪便中的 N、P 含量更高。对于水产养殖业，这种污染的来源主要包括鱼类粪便、饲料沉淀。在 1kg 鱼所生产的排泄物中，含 N 0.08kg、含 P 0.0184kg。这些污染物使水体富营养化，水域受到严重污染。

### 3.3.4 海浪河支流牛尾巴河污染治理技术需求

牡丹江流域农业水田面积大，灌溉时期多采用农业漫灌的形式，大量的农药、化肥、土壤有机质随地表径流进入牡丹江干、支流。丰水期初期雨水会携带大量的农药、化肥、土壤有机质、垃圾等面源污染物进入牡丹江。牡丹江 2009 年污染普查数据显示农业源、生活源、工业源 COD 排放比已达 3∶3∶1，农业源、生活源、工业源氨氮排放比已达 1∶3∶1，农业面源污染所占污染份额很大，面源污染治理刻不容缓。同时面源污染又有着污染源分散，无法统一集中处理，处理难度较大的问题。以牡丹江最大支流海浪河为例，2009 年、2010 年监测数据显示，海浪河上长汀、海浪桥断面丰水期污染程度都大于枯水期，监测断面超标因子多为高锰酸盐指数、TP、氨氮。因此，亟需开发面源污染综合整治技术及污染源控制关键技术并进行综合示范研究。

牡丹江流域面源污染负荷较大，沿岸农田面积广阔，农田化肥施用强度高、氮磷流失量大，水土流失严重。同时，海浪河流域农场畜禽养殖业发达，小城镇多，污水处理率低。针对海浪河流域的主要环境问题，以海浪河支流牛尾巴河为代表（牛尾巴河作为海浪河重要支流，穿过海林农场等多个农业集聚区，受到污染比较严重，其水质直接影响海浪河口内的水质），以削减污染负荷和保障水环境安全为核心，以建立海浪河流域水环境污染防控技术研究为基础，开展牡丹江流域面源综合整治关键技术研究与示范，开发北方寒冷地区化肥减量及部分绿色替代技术，乡村污水生态处理与再利用技术，河道污染物阻隔技术及生态缓冲带技术，生活垃圾、畜禽粪便及其他有机易腐废物联合厌氧消化技术，沼气工程副产物高值高效深度利用技术。研发不同配比废弃物调控稳定发酵保障技术，村镇废水低投资、低运行成本、低管理难度技术，解决雨水截流系统碎石床易堵塞问题。形成控源减污技术与工程措施、流域面源污染物的削减、污染物水文过程阻断、生态修复与重建、环境监控等关键技术。通过技术研发、集成创新和综合示范，实现牡丹江流域的可持续发展水环境系统构建的科技创新，构建流域水质综合防控技术体系。

## 3.4 不断增多的水电工程导致生态退化

### 3.4.1 牡丹江流域水电工程建设概况

牡丹江流域水能丰富，规划了三大水电站群：镜泊湖电站群、莲花湖电站群、海浪河电站群。研究区域的主要水电站情况如下。

(1) 镜泊湖电站

镜泊湖电站位于牡丹江上游 200km 处，为牡丹江中游江段的龙头电站，以发电为主，兼顾防洪、供水、旅游等功能。该电站主要分老厂和新厂两部分。老厂建于 1942 年，装机容量为 2×18000kW，新厂完成于 1978 年，装机容量为 4×15000kW，因此，镜泊湖电厂总装机容量为 96000kW。由于镜泊湖电站不断扩建改建，镜泊湖水库的特征参数也随之不断变化，目前该库的控制流域面积为 11820$km^2$，多年平均入库流量为 $3.02\times10^9m^3$，设计多年平均发电量为 $3.2\times10^8kW\cdot h$，水库水量利用系数达 73%；水库的死水位为 341.00m，对应的死库容为 $6.81\times10^8m^3$，正常蓄水位为 353.50m，相应库容为 $1.63\times10^9m^3$，因此，发电兴利库容为 $9.44\times10^8m^3$；正常高水位为 353.50m，设计百年一遇的洪水位为 354.65m，千年校核洪水位为 355.00m，历史上出现的最高洪水位为 354.43m（1960 年 8 月 26 日）。

(2) 红卫电站

红卫电站位于宁安市渤海镇瀑布村镜泊湖瀑布下游 1km 的牡丹江古河道中，距镜泊湖发电厂 3km。1975 年 11 月建成，安装 50kW 发电机 2 台，总装机容量为 100kW。

1976 年，在第二瀑布上又修建一座 600kW 水电站，称红卫第二电站。红卫第二电站设计水头 9m，流量 $6m^3/s$，装机容量 600km，利用镜泊湖瀑布溢流和渗漏的水量进行发电。建筑物有挡水坝，长 170m，最大坝高 5m，浆砌石结构，溢流堰长 150m，安装 3 台 200kW 立式水轮发电机组。

(3) 红农水电站

红农水电站在镜泊湖瀑布下游 1.5km 处（红卫电站下游），是利用红卫电站尾水发电的小水电站。设计水头 9m，流量 $6m^3/s$，装机容量 500kW。挡水坝为浆砌石坝，最大坝高 6.74m，长 414.5m，安装 2 台 250kW 立式水轮发电机组。

(4) 阿堡水电站

阿堡水电站位于渤海镇内阿堡村北牡丹江中夹心子岛东侧支流处，1968 年兴建，1971 年 7 月竣工，是一座既能发电又能灌溉的综合性小型水轮泵发电站。电站共有 8 台机组，每台发电 125kW，总装机容量为 1000kW。1979 年，因原机组质量较差，又重新安装了 4 台机组，每台 125kW，总装机容量为 500kW。

(5) 渤海电站

渤海电站为日调节水电站，其位于镜泊湖电站下游 20km 处，在石岩电站上游，是宁安市牡丹江干流上的一座无压渠道引水式水电站。拦江坝为浆砌石溢洪坝，长 320m。电站总装机容量为 3200kW，设计年发电量为 $2.4\times10^7$kW·h，设计水头为 7.5m，最高水头为 8.2m，最低水头为 6.0m，设计流量为 $56m^3/s$，最小流量为 $14.8m^3/s$。

渤海电站自 1979 年投入使用以来发电量一直保持在 $(2\sim2.4)\times10^7$kW·h之间，年利用小时数亦为 6250～7500h，年利用小时数较高，因此其流量过程较为连续，对河道水文过程的影响较小，不过由于装机容量有限，该电站每年弃水的天数仍不少于 100d，最大弃水流量亦达到了 $110m^3/s$。

(6) 石岩电站

石岩电站位于渤海电站下游，其下游距牡丹江水文站 30 多 km，该电站可控制的流域面积为 $1400km^2$，上游年平均径流量为 $104m^3$，为日调节电站。

石岩电站厂房为坝后地面式厂房，装机高程为 259.84m，设计水头为 6.2m，总装机量为 7300kW，共 12 台机组，设计年发电量为 $3.5\times10^7$kW·h，实际年均发电量为 $2.45\times10^7$kW·h。根据石岩电站的装机情况，假设水轮机效率为 1，则可以计算得到石岩电站的满负荷工作流量为 $120.14m^3/s$，设计平均每天的发电时间大约为 13 个小时，而实际平均每天的发电时间仅 9 个小时左右。

(7) 三间房水电站

三间房水电站位于牡丹江干流上，上游距镜泊湖电站 100km，距石岩电站 46.7km，下游距牡丹江市区 14km，电站为径流河床式电站，整个枢纽由厂房和泄洪闸构成，厂房布置在右岸，厂房左侧是 7 孔泄洪闸。总装机容量 12MW，单机容量 3MW，设计水头 5.90m，正常蓄水位 241.00m，水库总库容为 $2.14\times10^7m^3$。电站采用灯泡贯流式机组，选用 4 台 GZSR1-WP-275 型水轮机，单机过流量 $60.3m^3/s$，选用 4 台 SFWG3000-32/2960 型发电机组。三间房水电站 2010 年 4 月开工建设，于 2013 年 12 月停工。截止到 2017 年 8 月，项目仍处于停工状态。

(8) 莲花湖电站

莲花湖电站是流域梯级电站的第二级大型的水电站，也是牡丹江流域上最大的水库，1998 年投入使用，该电站以发电为主，兼顾防洪。电站设计洪水位（$P=0.2\%$）为 220.58m，相应库容为 $3.29\times10^9m^3$；水库正常蓄水位为 218.0m，相应库容为 $2.95\times10^9m^3$，死水位为 203.0m，相应库容为 $1.46\times10^9m^3$，水库多年平均来水量为 $226m^3/s$，库容系数为 0.23，为不完全多年调节水库。电站有 4 台机组，总装机容量为 550MW，设计年发电量为 $7.97\times10^8$kW·h，是黑龙江省网的主力调峰、调频电厂。

(9) 敖头电站

敖头电站是位于海浪河下游石河乡的一处引水式电站，装机 1225kW，设计水头 5.5m，该工程由挡水坝、左岸引水明渠和发电厂房组成。由于引水效应，枯水期运行可造成长约3km的减水河段，减水河段仅有少量溢流。

梯级电站将部分天然河流改变为一系列的人工水库，对牡丹江的水文过程和生态环境产生显著的再造作用。

## 3.4.2 干支流耦合的水动力-水质模型

牡丹江干流水系复杂，水流多变，数值模拟是研究河流生态环境的重要工具之一。考虑调峰水流的快速变化等问题，开发了干支流耦合的水动力-水质模型。

### 3.4.2.1 干支流耦合的水动力模型

数值模型基于完全的一维动力波方程和水质输移扩散及转化方程建立，能反映水体环境容量的动态特征，体现了水体连贯性和多排放源的相互影响。水流采用一维圣维南方程组描述。方程组中，连续方程和动量方程如式（3-4）和式（3-5）所示：

$$\frac{\partial A}{\partial t}+\frac{\partial Q}{\partial x}-q=0 \tag{3-4}$$

$$\frac{\partial Q}{\partial t}+\frac{\partial}{\partial x}\left(\frac{Q^2}{A}\right)+gA\frac{\partial Z}{\partial x}+gAS_f=0 \tag{3-5}$$

式中，$x$为空间坐标，沿河流流向为正；$t$为时间坐标；$A$为过水面积，$Q$为流量；$q$为单位河长侧向入流量；$Z$为水位；$g$为重力加速度；$S_f$为摩阻坡度。

当各河道首尾相连形成河网时，譬如海浪河流入牡丹江干流处，在汊点需要补充连接条件：

$$\sum Q=\sum Q_i-\sum Q_o=0 \tag{3-6}$$

$$Z_i=Z_o \tag{3-7}$$

式中，$\sum Q$为流入汊点的总流量，$Q_i$、$Q_o$为汊点某一分支河道流入或流出汊点的流量；$Z_i$、$Z_o$为流入或流出汊点的某一分支河道与汊点连接断面的水位。

水流控制方程将采用目前应用最广泛，被普遍认可的Pressimann隐式差分格式离散，并利用Newton-Raphson方法求解离散形成的非线性方程组。为了耦合干支流的水流、水质计算，提出了水位预测校正法。

模型首先假设干支流交汇处的水位，将干支流分别求解，得到汊点处的流量；一般来说，汊点处的净流量不为零，需要对所假设的水位进行修正，得到：

$$\Delta\zeta'_{cu}=\frac{\Delta t\sum_{i=1}^{M}Q'_i}{A_c} \tag{3-8}$$

式中，$\Delta\zeta'_{cu}$为对汊点处假设水位$\zeta'_{cu}$的修正量，$\sum_{i=1}^{M}Q'_i$为耦合内边界净流量，$A_c$为模型参数，可视作虚拟调蓄面积，$\Delta t$为计算时间步长。

根据圣维南方程组的特性，利用特征线和黎曼解得到模型参数取值为：

$$A_c=\alpha B_s\sqrt{gh^k}\,\Delta t \quad 其中\ \alpha>1 \tag{3-9}$$

式中，$\alpha$为安全因子，$B_s$为对一个耦合单元的$M$个耦合内边界的水面河宽之和，$h^k$为第$k$步的迭代水深。

### 3.4.2.2 冰封河道一维水质模型

一维水质模型是描述河流水体中溶解物质或悬浮物质沿河流纵向变化规律的重要模型之

一。当物质在横断面上完成混合后，即可利用该模型对物质的断面平均浓度沿纵向的演变规律进行模拟研究。

(1) 控制方程及数值离散

① 控制方程及其改写　一维水质模型的控制方程为描述水体中物质运动的一维输移离散方程，即：

$$\frac{\partial}{\partial t}(AC)+\frac{\partial(QC)}{\partial x}=\frac{\partial}{\partial x}(AD_{\mathrm{L}}\frac{\partial C}{\partial x})+q\gamma+S \tag{3-10}$$

式中，$C$ 为污染物浓度；$D_{\mathrm{L}}$ 为纵向离散系数；$\gamma$ 为侧向入流的污染物的浓度；$S$ 为源汇项，包括生态动力学过程的产生项和消耗项以及污染物降解过程的消耗项等。

纵向离散系数是一维水质模型的重要参数之一，反映了流速及水中物质浓度断面分布不均对物质输移扩散的影响。河流封冻后，流速结构较明渠有了较大的调整，因此纵向离散特性较明渠亦有较大的差别，可用式（3-11）进行估算：

$$D_{\mathrm{L}}=0.037\left(\frac{B}{H}\right)^{2}\left(\frac{U}{u^{*}}\right)^{2}Hu_{*} \tag{3-11}$$

式中，$B$ 为平均水面宽度，$H$ 为平均水深，$U$ 为断面平均流速，$u^{*}$ 为定义为 $u^{*}=\hat{u}\ (y)/H$ 的无量纲量，其中 $\hat{u}(y)$ 为当地垂线平均流速与断面平均流速的差值，$y$ 为横向坐标。

根据式（3-11）可知，水中物质的输运方程已经与水流的控制方程解耦，这为水质控制方程的求解带来了一定的便利。然而，由于水质模拟往往涉及多个指标并行求解，而这对方程求解速度的要求则会非常高。显格式具有求解速度快的优点，可以满足求解速度的要求，但由于对流作用的影响，使得简单的显格式并不能满足精度的要求，而事实上对流项的求解本身也是水质控制方程求解的难点。此外，由于河流冰封期时流量通常较小，此时地形对流速场影响较大，流速梯度场变化剧烈时有发生，进而影响浓度场的模拟。可见冰封河道中水质指标的准确模拟对离散精度提出了更高的要求。

为便于数值离散求解，需对如式（3-10）所示的物质输运方程进行重新整理，将其中的源汇项拆分为与污染指标浓度成线性关系的项和与污染指标无关的常数项，由此原方程即可变形为：

$$\frac{\partial C}{\partial t}+\overline{U}\frac{\partial C}{\partial x}=D_{\mathrm{L}}\frac{\partial^{2}C}{\partial x^{2}}+\frac{q}{A}(\gamma-C)-k_{s}C+\mathrm{SINKS} \tag{3-12}$$

式中，$\overline{U}=U-\left(\frac{D_{\mathrm{L}}}{A}\frac{\partial A}{\partial x}+\frac{\partial D_{\mathrm{L}}}{\partial x}\right)$，$U$ 为平均流速；$k_{s}$ 为污染指标的降解速度（+）或污染指标的增长速度（−）（例：若污染指标是 $\mathrm{COD_{Mn}}$，则 $k_{s}$ 即等于 $k_{\mathrm{COD_{Mn}}}$）；SINKS 为常量源汇项。

② 数值离散　根据不同项的不同性质，物质输运方程的数值离散中不同的项分别采用不同的数值离散求解方式：求解对流项的影响时，采用特征线法通过 $n$ 时刻的水质指标值求解 $n+1$ 时刻的水质指标值；离散项的影响则通过隐格式离散求解；其他各项的影响则通过直接添加的方式进行评估。其中对流项的离散和计算是第一步，离散项和其他项的影响均通过在对流项的计算结果上叠加体现。下面分别介绍各项的离散和求解方法。

a. 对流项的数值离散与求解　对流项的数值离散与求解采用经典的 Holly-Preissmann 格式，该格式是建立在多项式假设的基础上，为空间四阶精度，利于污染指标浓度梯度较大的情形，下文详述求解过程。

假设任意两个相邻空间结点的变量在空间上非线性，但可以用三次多项式进行描述。假

设任意变量为 $Y$，则有：

$$Y(\xi)=P_1\xi^3+P_2\xi^2+P_3\xi+P_4 \tag{3-13}$$

式中，$P_1$、$P_2$、$P_3$ 和 $P_4$ 为常系数；$Y(\xi)$ 为坐标为 $\xi$ 处待求变量 $Y$ 的值，$\xi$ 为无量纲自变量，亦为 Courant 数（$Cr$），定义为

$$\xi=Cr=\frac{u^+\ \Delta t}{\Delta x_{i-1}} \tag{3-14}$$

式中，$\Delta t=t_{n+1}-t_n$，为时间步长；$\Delta x_{i-1}=x_i-x_{i-1}$，为空间步长；$u^+$ 为平均特征流速，可通过图 3-38 中的（$i$，$n+1$）点和 $M$ 点流速的算术平均求得，详见式（3-15）。

$$u^+=\frac{U_M+U_i^{n+1}}{2} \tag{3-15}$$

式中，$M$ 点为经过（$i$，$n+1$）点的特征线与 $n$ 时刻线的交点，其空间坐标为 $x_i-\xi\Delta x_{i-1}$。

而根据式（3-14）和式（3-15）的定义可以很容易计算得到

$$\xi=\frac{x_i-x_M}{x_i-x_{i-1}} \tag{3-16}$$

于是，即可根据 $n$ 时刻线上结点的信息来确定式（3-13）中的常系数，从而进一步计算 $n+1$ 时刻线上各结点的值，见图 3-38。

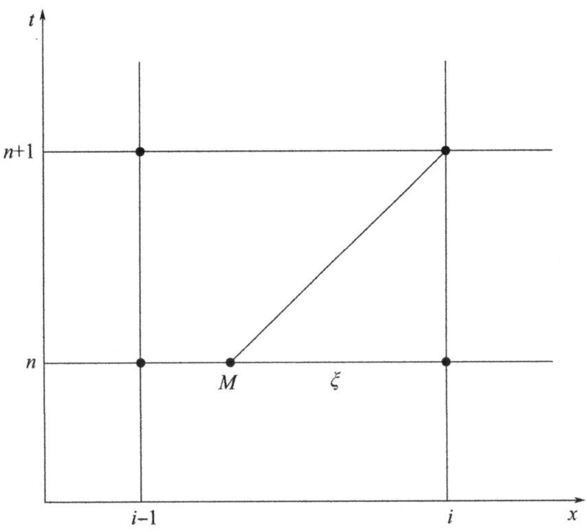


图 3-38　Holly-Preissmann 格式示意图

当 $Y$ 为污染指标浓度 $C$ 时，根据式（3-16）易知，式（3-13）满足以下边界条件：

$$Y(1)=C_{i-1}^n \qquad Y(0)=C_i^n$$

$$Y'(1)=(C_{i-1}^n)' \qquad Y'(0)=(C_i^n)'$$

式中，撇号为变量对 $x$ 求一阶偏导，即 $\partial/\partial x$，由此，经过代数变形，式（3-13）可以表示为：

$$Y(\xi)=a_1C_{i-1}^n+a_2C_i^n+a_3(C_{i-1}^n)'+a_4(C_i^n)' \tag{3-17}$$

式中，

$$a_1=\xi^2(3-2\xi) \tag{3-18}$$

$$a_2=1-a_1 \tag{3-19}$$

$$a_3=\xi^2(1-\xi)\Delta x_{i-1} \tag{3-20}$$

$$a_4=-\xi(1-\xi)^2\Delta x_{i-1} \tag{3-21}$$

由此，根据式（3-17）～式（3-21）即可求得如图 3-38 中特征点 $M$ 的污染指标浓度值 $C_M^n=Y(\xi,n)$，根据特征线的意义，该值亦等于（$i$，$n+1$）点仅由对流作用引起的污染指标的浓度值 $C_i^{n+1}$ 。

根据 $C_i^{n+1}$ 的计算过程可知，当采用类似的方法求解第 $n+2$ 时刻各结点处的污染指标浓度值时，不仅需要 $n+1$ 时刻各结点处污染指标的浓度值，而且需要其关于空间变量 $x$ 的一阶梯度 $(C_i^{n+1})'$ 。而求解 $(C_i^{n+1})'$ 的方法类似于 $C_i^{n+1}$ 的求解，详述如下：

首先，将式（3-12）对 $x$ 进行求导，得到方程（3-22）：

$$\frac{\partial C'}{\partial t}+\overline{\overline{U}}\frac{\partial C'}{\partial x}=D_{\mathrm{L}}\frac{\partial^2 C'}{\partial x^2}-\overline{U}'C'+\left(\frac{q}{A}\right)'(\gamma-C)-\frac{q}{A}C'-k_{\mathrm{s}}C'+\mathrm{SINKS}' \tag{3-22}$$

式中，由于 $D_{\mathrm{L}}$ 和 $A$ 在结点间可看作线性分布，因此有 $\overline{\overline{U}}=\overline{U}-D_{\mathrm{L}}'$ 。

由此可见，$C'$ 与 $C$ 满足的控制方程形式相同，不同之处仅有两点：一为前者多一次求偏导过程；二为特征流速有所差别。由此可有如下的求解方法：

将式（3-17）对 $x$ 求导，并将 $\xi$ 替换为 $\xi^*$，有：

$$Y'(\xi^*)=b_1C_{i-1}^n+b_2C_i^n+b_3(C_{i-1}^n)'+b_4(C_i^n)' \tag{3-23}$$

式中，

$$b_1=6\xi^*(\xi^*-1)\Delta x_{i-1} \tag{3-24}$$

$$b_2=-b_1 \tag{3-25}$$

$$b_3=\xi^*(3\xi^*-2) \tag{3-26}$$

$$b_4=(3\xi^*-1)(\xi^*-1) \tag{3-27}$$

$$\xi^*=\frac{u^{++}\Delta t}{x_i-x_{i-1}} \tag{3-28}$$

根据式（3-23）～式（3-27）的具体表达形式可知，$(C_i^{n+1})'$ 求取的关键在于特征流速 $u^{++}$ 的确定。

经分析，当结点处的 $D_{\mathrm{L}}$ 在空间上变化比较缓慢时，即 $D_{\mathrm{L}}'$较小时，空间梯度的特征流速近似可通过式（3-29）求得：

$$u^{++}=u^{+}-D_{\mathrm{L}}' \tag{3-29}$$

而如果在待研究区域内采用平均纵向离散系数时，$D_{\mathrm{L}}'$ 即为 0，此时浓度空间梯度方程式（3-22）的特征流速即与浓度方程式（3-12）的特征流速相等，即 $\xi^*=\xi$ 。由此，可以求得（$i$，$n+1$）时空点上仅由对流作用引起的浓度空间梯度值 $(C_i^{n+1})'$，即为对应 $n$ 时刻特征点的 $Y'(\xi^*,n)$ 值。

b. 其他项的影响　其他项指除对流项和离散项外的其他各项。对于浓度值而言，其他项指式（3-12）中右端除离散项外的其他各项，而对浓度空间梯度值而言，其他项则指式（3-22）中右端除离散项外的其他各项。

通常条件下，天然河流流速较缓，流速场梯度变化较缓，其他各项的影响均可通过直接的方式进行添加，即：

$$C_i^{n+1}=Y(\xi,n)(1-k_{\mathrm{s}}\Delta t)+\Delta t\left[\mathrm{SINKS}+\frac{q}{A}(\gamma-Y(\xi,n))\right] \tag{3-30}$$

$$\begin{aligned}(C_i^{n+1})'=&Y'(\xi^*,n)\left[1-\overline{U}'\Delta t-\Delta t\left(k_{\mathrm{s}}+\frac{q}{A}\right)\right]\\&+\Delta t\left[\left(\frac{q}{A}\right)'(\gamma-C_{\xi^*}^n)-C_{\xi^*}^n k_{\mathrm{s}}'+\mathrm{SINKS}'\right]\end{aligned} \tag{3-31}$$

式中，$-\overline{U}'\Delta t$ 项集中体现了流速场空间梯度对浓度场的影响，一般通过前差分的形式求得，具空间一阶精度。

c. 离散项的求解　离散项的计算是在对流项计算结果基础上添加离散项的影响，主要包括离散对污染指标浓度的影响及对污染指标浓度梯度的影响，分别对应式（3-12）方程右端的第一项和式（3-22）方程右端的第一项。

一般来说，离散项的影响可通过下式进行计算：

$$C_i^{n+1} = C_i^n + \Delta t D_{\mathrm{L}} \frac{\partial^2 C}{\partial x^2} \tag{3-32}$$

$$(C_i^{n+1})' = (C_i^n)' + \Delta t D_{\mathrm{L}} \frac{\partial^2 C'}{\partial x^2} \tag{3-33}$$

式（3-32）与式（3-33）分别对应离散项对浓度和浓度梯度影响的计算，由于具有类似的形式，因此具有相同的求解方法。这里以求解离散项对污染指标浓度的影响为例，对离散项的离散求解方法进行说明。离散项对污染指标浓度空间梯度的影响可以类似求得。

通常，$\partial^2 C/\partial x^2$ 可由 $n+1$ 时刻和 $n$ 时刻相应 $\partial C/\partial x$ 的前差分值加权平均得到，权重系数为 $\theta$，为保证稳定性，$\theta$ 建议取 0.55，详见式（3-34）：

$$\frac{\partial^2 C}{\partial x^2} = \theta D_{xx}(C^{n+1}) + (1-\theta) D_{xx}(C^n) \tag{3-34}$$

式中，$D_{xx}$ 为二阶差分符号。对于均匀网格，中心差分格式会非常精确，但在实际中，经常出现不均匀网格的现象，此时，往往采用泰勒级数的二次插值求得：

$$D_{xx}(C) = 2\left[\frac{C_{i+1} - C_i}{\Delta x_i(\Delta x_{i+1} + \Delta x_i)} + \frac{C_{i-1} - C_i}{\Delta x_{i-1}(\Delta x_{i-1} + \Delta x_i)}\right] \tag{3-35}$$

将上式应用于式（3-34），则得到了 $C_i^{n+1}$ 的计算公式：

$$\begin{aligned} C_i^{n+1} = C_i^n &+ 2\Delta t D_{\mathrm{L}} \theta \left[\frac{C_{i+1}^{n+1} - C_i^{n+1}}{\Delta x_i(\Delta x_{i+1} + \Delta x_i)} + \frac{C_{i-1}^{n+1} - C_i^{n+1}}{\Delta x_{i-1}(\Delta x_{i-1} + \Delta x_i)}\right] \\ &+ 2\Delta t D(1-\theta) \left[\frac{C_{i+1}^n - C_i^n}{\Delta x_i(\Delta x_{i+1} + \Delta x_i)} + \frac{C_{i-1}^n - C_i^n}{\Delta x_{i-1}(\Delta x_{i-1} + \Delta x_i)}\right] \end{aligned} \tag{3-36}$$

将式（3-36）应用到所有的结点上，连同上下游边界条件形成封闭的线性方程组，利用追赶法即可求得离散项对 $n+1$ 时刻浓度场的影响。离散项对浓度梯度场的影响亦可通过类似的方法求得。

（2）数值格式改进和验证

① 数值格式的改进　$\overline{U}'$ 的离散是求解 $-\overline{U}'\Delta t$ 项的核心。由于 $D_{\mathrm{L}}$ 和 $A$ 在结点间呈线性变化规律，因此 $\overline{U}' = U'$，而 $U'$ 通常通过第 $n$ 时刻上的特征点上的相应值和待求的（$i$，$n+1$）点的相应值的简单平均求得，即：

$$U' = \frac{(U_i^{n+1})' + (U_i^n)'(1-\xi^*) + (U_{i-1}^n)'\xi^*}{2} \tag{3-37}$$

其中，

$$(U_{i-1}^n)' = \frac{U_i^n - U_{i-1}^n}{\Delta x_{i-1}} \tag{3-38}$$

根据 Taylor 级数理论知，式（3-38）中的 $(U_{i-1}^n)'$ 仅为一阶精度，因此式（3-37）在多数情况下亦为一阶精度（仅在当 $\xi^*=1$ 时为二阶精度）。对于流速场变化较缓的明渠河流而言，式（3-37）可以在不明显降低精度的前提下评估流速空间梯度对待求解浓度场的影响。

而对于冰封河流而言，由于流量通常较小，河床地形的沿程变化很容易引起流速场沿程变化剧烈，流速梯度较大，且有明显的侧向入流排入的影响，这使得式（3-37）的一阶精度已不能较为准确地评估速度场空间梯度对浓度场的影响，甚至可能导致计算发散甚至崩溃，为此需提高 $U'$ 的计算精度。

虽式（3-38）作为时空点（$i-1$，$n$）处 $U'$ 的近似时为空间一阶精度，但其作为时空点（$i-1/2$、$n$）处 $U'$ 的近似时则为空间二阶精度，即：

$$(U_{i-1/2}^{n})'=\frac{U_i^n-U_{i-1}^n}{\Delta x_{i-1}}+O[(\Delta x/2)^2] \tag{3-39}$$

因此，为提高计算精度，考虑利用 $i-1/2$ 点和 $i+1/2$ 点的相关信息求取 $U'$ 值。

根据式（3-39），有：

$$(U_{i-1/2}^{n})'=\frac{U_i^n-U_{i-1}^n}{\Delta x_{i-1}} \tag{3-40}$$

$$(U_{i+1/2}^{n})'=\frac{U_{i+1}^n-U_i^n}{\Delta x_i} \tag{3-41}$$

$$(U_{i-1/2}^{n+1})'=\frac{U_i^{n+1}-U_{i-1}^{n+1}}{\Delta x_{i-1}} \tag{3-42}$$

$$(U_{i+1/2}^{n+1})'=\frac{U_{i+1}^{n+1}-U_i^{n+1}}{\Delta x_i} \tag{3-43}$$

且式（3-40）～式（3-43）中 $U'$ 均为二阶精度。以此为基础，根据图 3-39，利用算术平均，即可求得特征线中点处的 $U'$ 值，如式（3-44）所示，该式即为所求。

$$U'=\frac{1}{2}\omega[(U_{i-1/2}^{n})'+(U_{i-1/2}^{n+1})']+\frac{1}{2}(1-\omega)[(U_{i+1/2}^{n})'+(U_{i+1/2}^{n+1})'] \tag{3-44}$$

其中，

$$\omega=\frac{\Delta x_i+\Delta x_{i-1}\xi^*/2}{\Delta x_i+\Delta x_{i-1}} \tag{3-45}$$

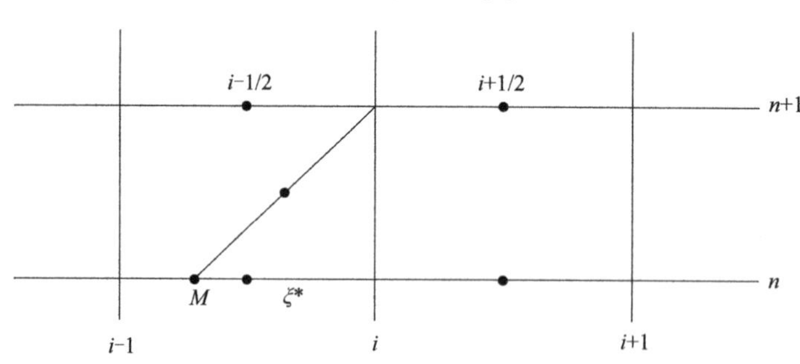


图 3-39 改进数值格式示意图

由于 $(U_{i-1/2}^{n})'$、$(U_{i+1/2}^{n})'$、$(U_{i-1/2}^{n+1})'$ 和 $(U_{i+1/2}^{n+1})'$ 均为二阶精度，因此通过式（3-44）求得的 $U'$ 亦为空间二阶精度。$U'$ 的这种改进的求解方法使得模型能更好地适应冰封河流流量较小、流速梯度大的特点。

② 改进模型的验证　根据牡丹江的污染物输移特点，建立了水动力-水质模型，尤其针对日调度调峰水流，流速场梯度较大的特点，改进了离散格式，提高了数值模型的精度和稳定性。拟利用一假想算例对模型的性能，尤其是模型对冰封河流流速空间大梯度工况的适应能力进行计算分析。

众所周知，对于天然河道而言，当河流流量较小时，河道地形的沿程变化可以近似为一系列突扩河段和突缩河段的不规则组合，因此，为使假想案例更具代表性，特设计一突扩河段算例进行计算，参数设定如下：计算河段为一长的变宽矩形槽，如图 3-40 所示，总长度 $L$ 为 2500m，平均分为两段，上游半段较窄，宽度仅为 10m，下游半段较宽，宽度为 50m，两段直接相连，由此在连接处即会出现流场的剧变。其他计算参数如下：河段封冻后的曼宁综合糙率系数设定为 0.025，上游提供流量边界条件，下游提供水深边界条件，底坡则根据具体算例而定，以保证水流在窄矩形段和宽矩形段内均可近似为均匀流动。

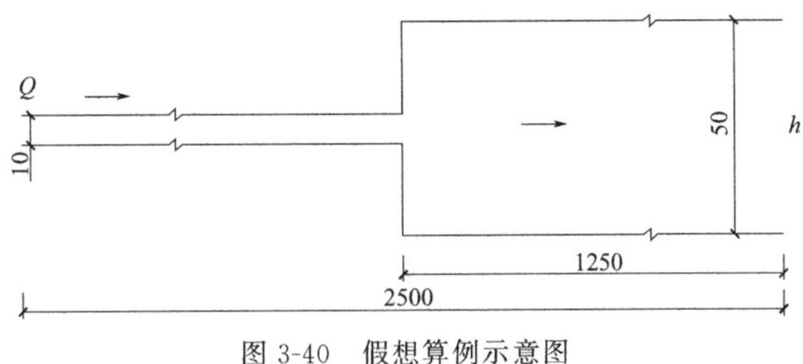


图 3-40　假想算例示意图

注：所有数据单位为 m。

上游的入口流量边界条件设定为 $10m^3/s$，下游的出口水深边界条件设定为 1m，时间步长选择 30s，空间步长选择 50m，调整底坡使得上游窄区段和下游宽区段内的水流均近似为均匀流，此时即可利用一维水流模型求解得到流场内的流速分布图，如图 3-41 所示。

根据图 3-41 知，在河槽宽度突变处，即 $x/L=0.5$ 处，流速发生了明显的跳跃，在上游窄区段中的流速为 1.05m/s，而在下游宽河段中则仅为 0.2m/s。根据数值模拟时选择的时间步长和空间步长可以很容易地计算求得，在上游窄区段的 Courant 数为 0.63，而经过 $x/L=0.5$ 处后，Courant 数则急剧缩小为下游宽区段的 0.12。即在此算例中，流场及 Courant 数均发生了突变。同时，该流场也是后续进行水中溶解物质模拟的水流条件。

由于模型的改进主要针对的是对流速梯度场的适应能力，为此，特别设定纵向离散系数 $D_L$ 为 0，侧向入流量 $q$ 为 0，降解系数 $k_s$ 和常量源汇项 SINKS 亦为 0，即水体中的物质为保守物质，这样即可更加清晰地看到流场对浓度场计算的影响。为进行比较，分别利用原模型（即一阶精度模型）和改进模型（二阶精度模型）对浓度场进行模拟计算。

设定在初始时刻，计算域内的浓度值均为 0，包括入口浓度。在第 72h 时，入口边界处的物质浓度突然提升至 1mg/L，在此条件下，分别利用原模型和改进模型对浓度场进行模拟，得到第 72.4h 时浓度的沿程变化曲线，见图 3-42。

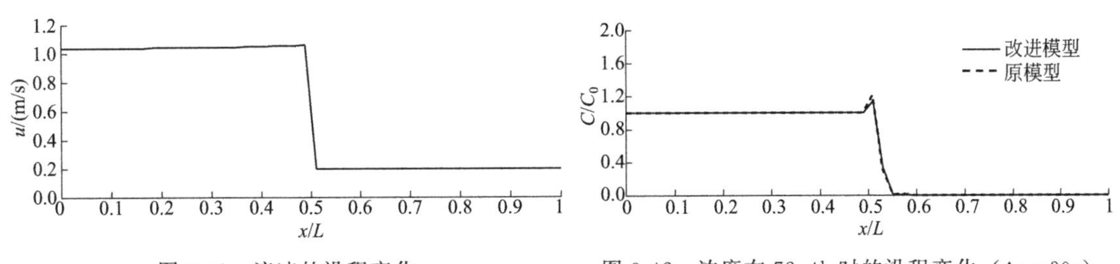


图 3-41　流速的沿程变化

图 3-42　浓度在 72.4h 时的沿程变化（$\Delta t=30s$）

据图 3-42 可知，不论是原模型或改进模型，在流速突变处浓度的数值计算值均表现出一定的振荡特征；当经过流速突变处之后，这种数值振荡现象随即很快消失。不过，改进模型的振荡幅度较原模型更小。而据式（3-14）知，Courant 数与时间步长 $\Delta t$ 成正比，其随着 $\Delta t$ 的减小而减小，而较小的 Courant 数则更容易造成数值计算结果的振荡。当 $\Delta t$ 减小至 10s 和 1s 时，浓度数值计算场在 72.4h 时沿程的变化曲线则如图 3-43 与图 3-44 所示，在突扩处模型计算的振荡幅度与时间步长的关系则如图 3-45 所示。可见，随着时间步长 $\Delta t$ 的减小，原模型在速度突变处的振荡幅度会大幅增大，如若继续减小 $\Delta t$ ，浓度场数值计算结果的振荡幅度会进一步增大，进而导致数值计算的不收敛甚至崩溃。相比较而言，改进模型在适应速度场梯度变化方面则表现出了良好的适应性，其浓度场数值计算结果在速度突变处的振荡幅度则并未随着时间步长 $\Delta t$ 的减小而有明显的增大。

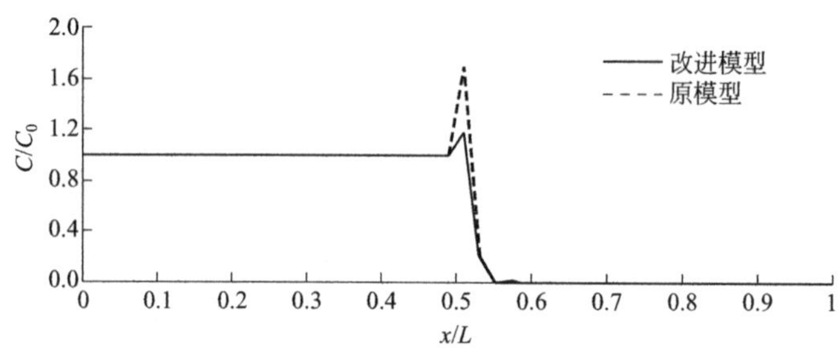


图 3-43　浓度在 72.4h 时的沿程变化（$\Delta t=10s$）

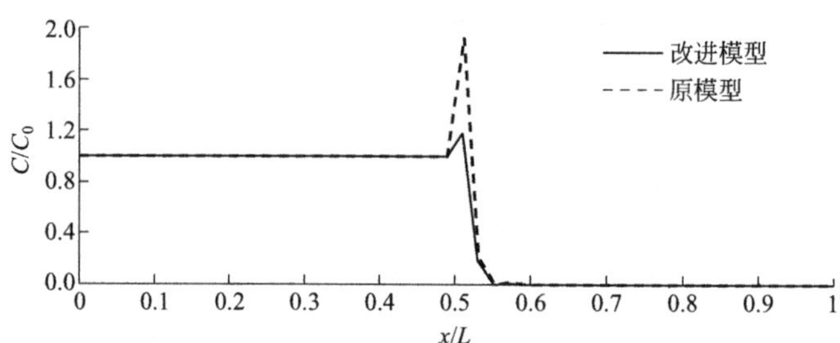


图 3-44　浓度在 72.4h 时的沿程变化（$\Delta t=1s$）

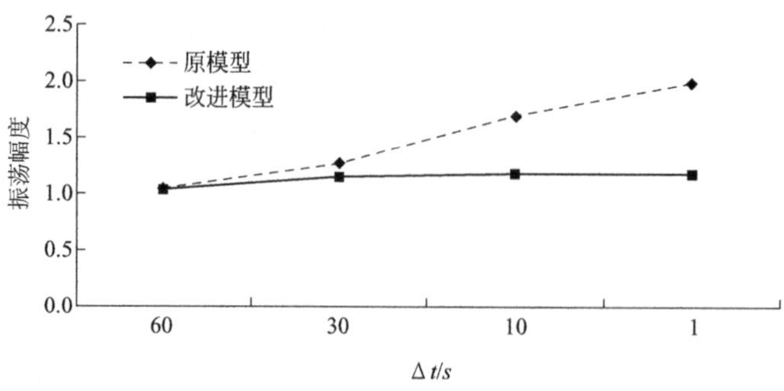


图 3-45　振荡幅度随时间步长的变化曲线

需要说明的是，当矩形渠槽下游段的宽度增大为 100m 时，在速度突变上下游的速度差值更大，此时，不论如何调节时间步长 $\Delta t$ ，原模型均无法进行浓度场的模拟，再一次说明了原模型对流速梯度较大时的适应性较差，而改进模型则可以很好地对该工况进行模拟，表现出了对流速场良好的适应性。

因此，一维水质模型的数值离散计算的数值格式具有空间四阶精度，其他项的影响可通过不同的方式进行叠加。其中，在求解浓度梯度场时必涉及速度空间梯度场$U'$的求解，其通常采用前差分格式离散，满足空间一阶精度；对于冰封期的河流，由于流量较小，河道断面形态对水流条件的影响相对较大，流速梯度较大的情况时有发生，对浓度场的计算影响较大，在个别极端的条件下，利用一阶精度求解$U'$时可能出现浓度场计算不收敛的现象，甚至程序崩溃中断。重新设计了$U'$的计算格式，使$U'$的计算精度提高到了二阶精度，显著地增强了模型对流速场的适应能力（文中假想案例的计算也明确地证实了这一点），从而使得模型能更好地进行冰封河流的浓度场计算。

### 3.4.3 水电工程影响下的牡丹江水文过程变化规律

近年来，牡丹江进行了大规模的水电开发，电站日调度引起水流快速变化，对牡丹江流域的水量产生了一定程度的影响。日调节水电站利用水库对天然径流过程进行调节，依据电力负荷进行发电，以满足用电需求。我国大多数中小型水电站为日调节水电站，在枯水期运行时，调节库容有限，以一昼夜 24h 为周期对发电量进行调节。这种运行方式下，电站下泄水流产生周期性的水力要素波动，使下游河道的水文情势发生不同程度的改变。研究表明，日调节水电站运行产生的周期性流量水位波动，影响下游河道河床演变、河道水面比降以及通航水流条件。

调峰水流是指水电站的非恒定泄流，它随着电网调峰而发生水位、流量的急剧变化。具体而言，调峰水流平时按照低流量条件运行，其流量低于自然条件下的低流量，水位低于自然条件下的低水位；电站调峰期间，流量、水位陡涨，流量高于自然条件下的高流量，水位高于自然条件下的高水位。与自然河流相比，调峰水流具有如下特征：变幅更大，最大流量是最小流量的几倍；变幅更快，最大、最小流量的变化往往在 1h 内完成；频率更快，根据电网需求而定，一般为每日一次。在自然界中，只有融雪水流的变化与此类似，但变化幅度和变化速率远小于调峰水流。电站调峰运行时，流量、河流水位过程呈现锯齿状形态，体现了调峰水流变幅更大、变化更快、频率更高的特点。

#### 3.4.3.1 石岩电站调峰水流的变化特性

石岩电站是位于黑龙江省牡丹江中游的一处径流式水电站，与其下游的牡丹江市相距 30km，控制流域面积约为 1400km$^2$。该电站总装机量为 7300kW，共 12 台机组，设计年发电量为 $3.5\times10^7$kW·h，运行方式为日调节。每年 11 月到次年 4 月为河道枯水期，上游来流较少且伴有河流封冻现象。石岩电站不承担电网调峰任务，但由于上游来流和库容的影响，枯水期存在较大的流量变化，2013 年 10 月份石岩电站的下泄流量如图 3-46 所示，利用数值模拟可以得到调峰水流在下游河道的变化。

牡丹江中游段有两处水文站，即石岩电站下游 0.49km 处的石头水文站，石岩电站下游 78.5km 的牡丹江水文站，水文站均具备逐日多次监测能力，选取这两处水文站断面作为研究断面（图 3-47）。

利用石头水文站（石岩电站下游 491m 处）2006—2008 年每年的逐日流量数据，进行帕德流量系数（描述流量的年内过程，帕德系数定义为月平均流量与年平均流量的比值）的逐月计算，从而确定丰枯期，如图 3-48 所示。计算表明，石岩电站下游每年 6—8 月为丰水期，帕德流量系数在 1.5～2.7 之间，而每年 9 月至次年 4 月受季节水量变化和冰冻影响，流量相对较小，帕德流量系数在 0.4～1 之间。本研究以 2014 年 6 月和 9 月为特征月份，分别对石头水文站和牡丹江水文站的流量、水位数据进行整理计算，研究不同径流量下石岩电

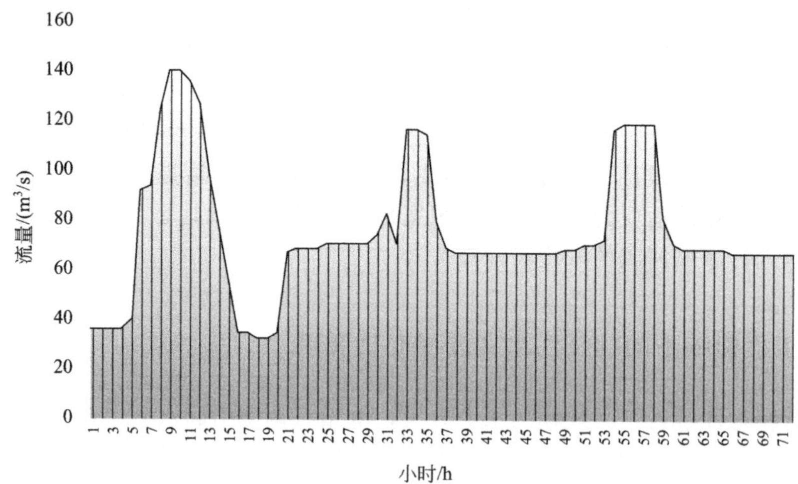


图 3-46　石岩电站运行 72h 下泄流量过程线（2013.10.14—10.16）

图 3-47　石岩电站以及下游水文站位置示意图

站调峰下泄水流在不同断面处的变化特征。

分析石头水文站逐日流量过程表明，6 月份石岩电站调峰天数为 20d，与调峰次数相同，即在调峰日内实现单峰调节，流量在一个调峰周期内实现一涨一落，单次调峰平均历时约为 15h，流量高峰时段多集中在 17：00 至次日 8：00，流量低谷时段多集中在 10：00—16：00。9 月份石岩电站调峰天数为 29d，仅 26 日一天为非调峰日，该天石岩电站仅进行蓄水，机组未运行发电。9 月份调峰天数与调峰次数相同，调峰平均历时为 10h，流量高峰时段多集中在 20：00 至次日 6：00，而在中午时段流量通常出现最小值。

石头水文站断面和牡丹江水文站断面的同期（2014 年 6 月 10—16 日；2014 年 9 月 24—30 日）周内流量及水位变化过程如图 3-49 所示。受石岩电站日调峰运行的影响，石头水文站处的流量和水位陡涨陡落，呈现锯齿状的以“日”为周期的波动特征，同样的，流量和水位变动率亦呈现明显周期性变化特征。电站下游 78.5km 处的牡丹江水文站处的流量和水位虽有波动，但周期性不明显，变化幅度也相对较小。时间上，平水期（9 月）石头水文站处的流量和水位波动格外明显，表明天然来流受电站调节作用明显，尤其在 9 月 27 日至 9 月 30 日，电站调节形成日内流量和水位变动幅度十分接近的调峰水流。

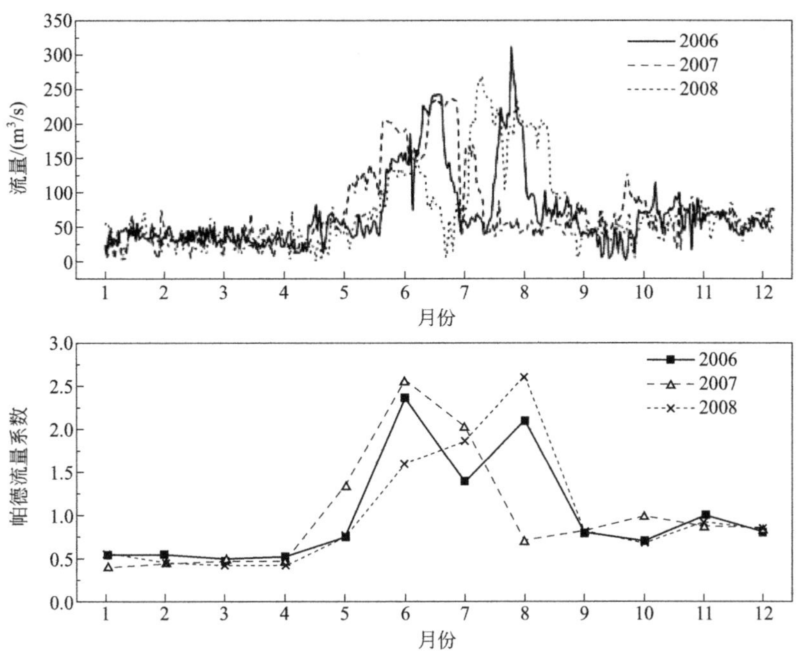


图 3-48 2006—2008 年逐日流量过程及逐月帕德流量系数

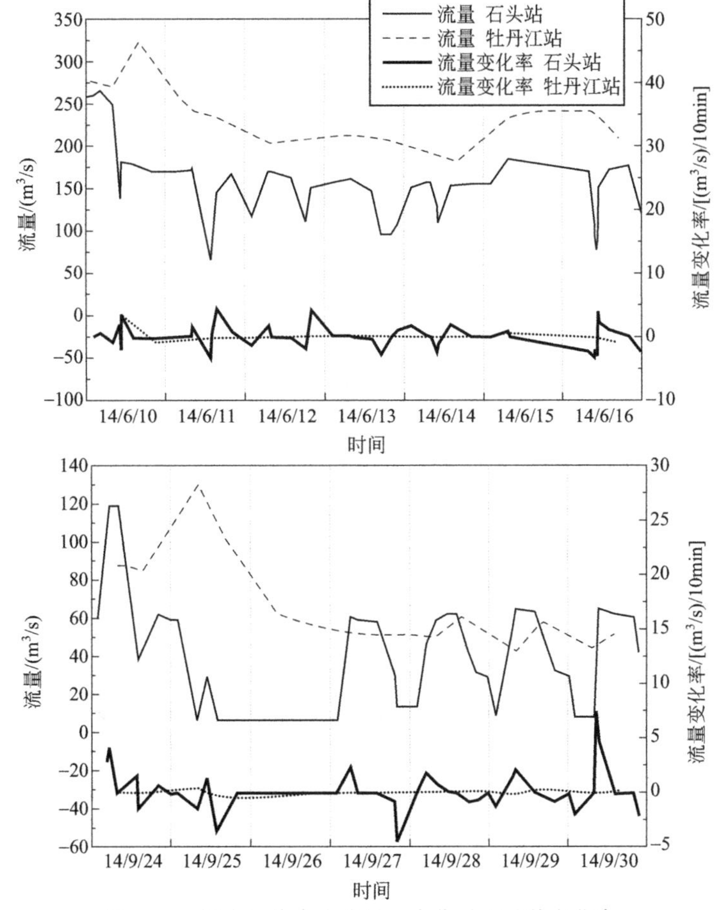


图 3-49 周内调峰水流流量、水位过程及其变化率

#### 3.4.3.2 流量日变幅及流量变化率的时空分布

对于大多数类型的河流，90%的流量波动特征可以用基于日均流量的且具有显著性统计意义的指标来描述。调峰水流的特点是下泄流量随时间波动，并可能呈现日内波动特征，研究调峰水流需要在合理的尺度内，选用一系列特征参数来量化水流的波动程度、变化速率以及特征时刻，可分为幅变参数和时间参数。

常用的幅变参数包括流量比、流量差、流量变化率。以日调节水电站调峰运行为例，流量差和流量比可以表征调峰下泄流量突变的程度，为了消除河流尺度影响，流量差通常除以日平均流量得到一个标准化的调峰水流度量参数 $\Delta Q/Q_{\text{mean}}$，如式（3-46）所示，定义为流量标准日变幅；调峰水流在两个连续观察值间的流量变化（增加或减少）梯度，用流量变化率 $\mathrm{d}Q/\mathrm{d}t$ 表示，如公式（3-47）所示。

$$\frac{\Delta Q}{Q_{\text{mean}}}=\frac{Q_{\max,j}-Q_{\min,j}}{Q_{\text{mean},j}} \tag{3-46}$$

$$\frac{\mathrm{d}Q}{\mathrm{d}t}=\frac{Q_i-Q_{i-1}}{t_i-t_{i-1}} \tag{3-47}$$

式中，$Q_{\max,j}$ 为第 $j$ 日的最大流量，$Q_{\min,j}$ 为第 $j$ 日的最小流量，$Q_{\text{mean},j}$ 为第 $j$ 日的平均流量；$Q_i$ 为 $i$ 时刻的流量，$Q_{i-1}$ 为 $i-1$ 时刻的流量。

石头水文站断面和牡丹江水文站断面 9 月份的流量变化率分布范围比 6 月份广泛，变化率更易出现极值，更为明显地表征了调峰水流陡涨陡落的特性（图 3-50）。标准日变幅体现了流量日内波动的程度，总体来讲，9 月份两水文站检测的流量日内变动幅度均大于 6 月份。9 月份石头水文站的流量标准日变幅在 0.756～1.918 之间，显著大于 6 月份数据，9 月平均日变幅为 1.275，大于 6 月份的 0.327。相似的，9 月份牡丹江水文站的流量日变幅的最大值和平均值分别为 0.650 和 0.200，均高于 6 月份数据（表 3-51）。

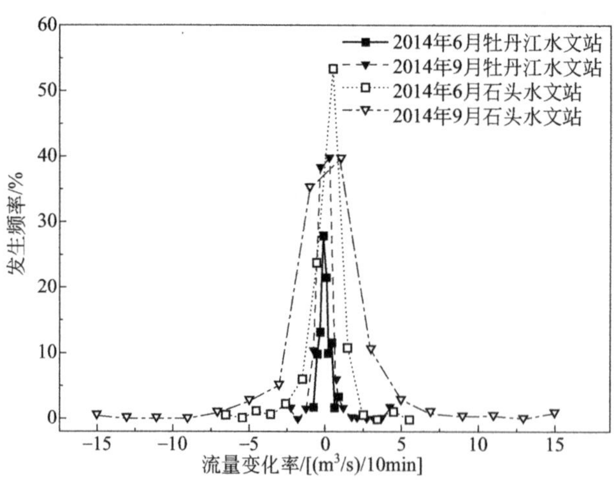


图 3-50 调峰水流流量、流量变化率分布

**表 3-51 石岩电站调峰下泄水流在两个研究断面的幅变参数特征值**

| 特征参数 | 流量变化率/[(m³/s)/10min] | | 湿周变化率/(m/10min) | | 流量标准日变幅 | | 湿周日变幅/m | |
|---|---|---|---|---|---|---|---|---|
| | 最大 | 平均 | 最大 | 平均 | 最大 | 平均 | 最大 | 平均 |
| 石头 6 月 | 6.033 | 0.724 | 8.497 | 0.365 | 1.003 | 0.327 | 26.292 | 8.953 |

续表

| 特征参数 | 流量变化率/[(m³/s)/10min] | | 湿周变化率/(m/10min) | | 流量标准日变幅 | | 湿周日变幅/m | |
|---|---|---|---|---|---|---|---|---|
| | 最大 | 平均 | 最大 | 平均 | 最大 | 平均 | 最大 | 平均 |
| 石头9月 | 15.25 | 1.53 | 9.865 | 1.182 | 1.918 | 1.275 | 47.799 | 31.949 |
| 牡丹6月 | 0.873 | 0.261 | 0.064 | 0.007 | 0.243 | 0.068 | 1.533 | 0.414 |
| 牡丹9月 | 4.042 | 0.356 | 0.08 | 0.019 | 0.65 | 0.2 | 3.933 | 1.183 |

注：石头指石头水文站断面，牡丹指牡丹江水文站断面。

对两水文站流量标准日变幅数据的分布进一步分析发现，石头水文站9月份流量标准日变幅大于1的概率超过80%，即在该月份中超过24个自然日，流量变动幅度超过该日平均流量。相对地，牡丹江水文站6月份流量标准日变幅小于0.1的概率接近80%，说明在该月份牡丹江水文站断面的流量日变动幅度非常有限（图3-51）。

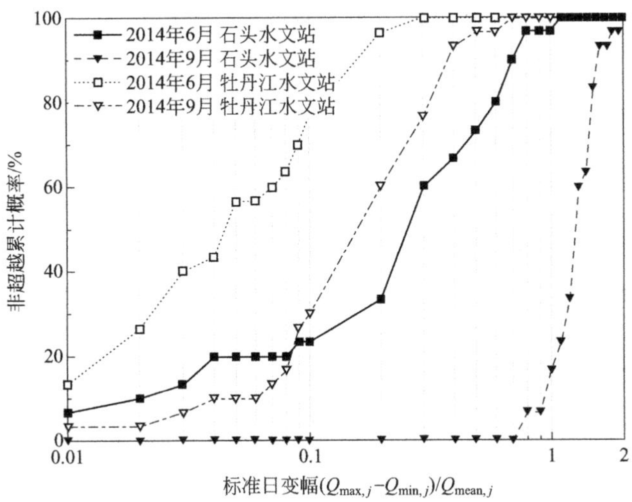


图3-51 两测站6月和9月流量标准日变幅分布曲线

### 3.4.3.3 调峰水流对河道湿周的影响

在生态流量的研究中，湿周法利用湿周作为衡量水生生物栖息地质量的指标，基于河床断面形态，来估算河道内基础生态流量。该方法假定湿周大小与水生生物栖息地适宜性之间有直接联系。当河道流量减少，湿周减小，通常伴随着浅滩这一优质生境类型的减少或退化。鉴于湿周对于河流栖息地质量的重要意义，引入湿周变幅、湿周变化率等指标，作为幅变参数，与流量参数共同描述调峰水流的特征。稳定的河道湿周-流量关系是研究湿周参数的关键，可根据断面数据和流量实测数据进行推求，分别选用对数函数和幂函数对数据进行拟合，根据拟合结果和流量数据，可得到特征断面处的湿周变化过程。湿周变幅定义为最大湿周与最小湿周的差值，两个连续观察值间的湿周变化（增加或减少）梯度，用湿周变化率 $\mathrm{d}P/\mathrm{d}t$ 表示，如式（3-48）、式（3-49）所示。湿周变化率这一参数同时表示为纵向单位河长的浸湿面积变化快慢。

$$\Delta P = P_{\max,j} - P_{\min,j} \tag{3-48}$$

$$\frac{\mathrm{d}P}{\mathrm{d}t} = \frac{P_i - P_{i-1}}{t_i - t_{i-1}} \tag{3-49}$$

式中，$P_{\max,j}$ 为第 $j$ 日的最大湿周，$P_{\min,j}$ 为第 $j$ 日的最小湿周；$P_i$ 为 $i$ 时刻研究河道的湿周，$P_{i-1}$ 表示 $i-1$ 时刻研究河段的湿周。

通常的，研究日调节水电站调峰水流的变化率参数，时间步长 $t_i-t_{i-1}$ 可取适宜的时间尺度，本研究时间步长采用 10min。

根据 2014 年逐日流量水位数据，随机选择 15 组数据，结合两个水文站的断面数据，分别用对数函数和幂函数对两个断面的“流量-湿周”关系进行拟合。两水文站断面均处宽浅河道，类似抛物线形断面，结果表明，两种函数均能很好地拟合两研究断面的“流量-湿周”关系，决定系数均在 0.9 以上（图 3-52）。

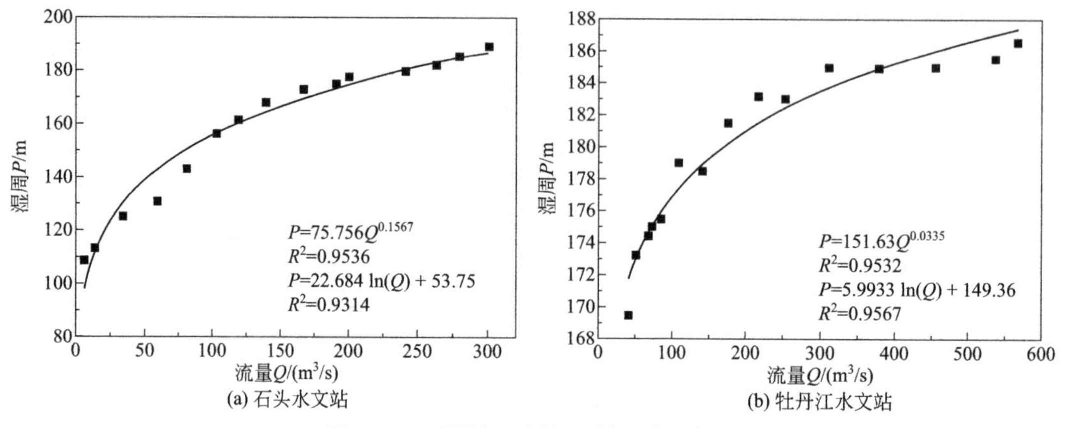


图 3-52　两测站“流量-湿周”关系曲线

基于“流量-湿周”关系拟合的结果，计算各观测时刻的湿周，评价调峰水流引起的湿周时空变化特性。流量变动时，石头水文站湿周变化更为显著，湿周日变幅和变动率均大于牡丹江水文站的对应参数（图 3-53）。时间尺度上，9 月份两断面湿周变幅的平均值显著大于 6 月份的平均日变幅，9 月份石头水文站断面的湿周平均日变幅是 6 月份的 3.6 倍，9 月份牡丹江水文站断面的湿周平均日变幅是 6 月份的 2.9 倍（见表 3-51）。

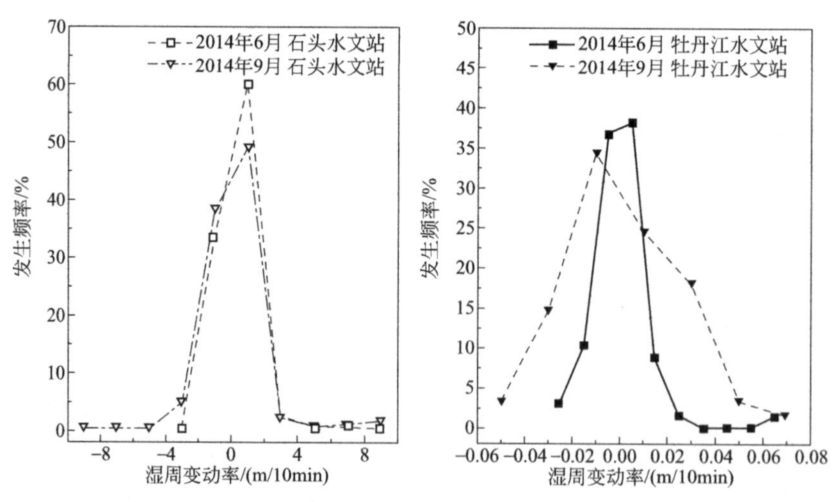


图 3-53　调峰水流引起的湿周变化率分布

### 3.4.4　水电工程影响下的牡丹江水生生物变化规律

牡丹江近年来进行了大规模的水电开发，采砂活动也遍布整个河流，本章基于调查数据，分析生物的分布规律，探究水电站建设和运行、采砂对生境条件和底栖动物的影响。

敖头电站是位于海浪河下游石河乡的一处引水式电站，装机 1225kW，设计水头 5.5m，该工程由挡水坝、左岸引水明渠和发电厂房组成。由于引水效应，枯水期运行可造成长约 3km 的减水河段，减水河段仅有少量溢流。选取海浪河干流敖头电站附近 17km 河段进行底栖动物的采样和生境条件的观测，分别是：①上游段，即敖头电站上游河段，选取 6.27km 河段进行研究；②减水段，即受敖头电站挡水坝和左岸明渠引流影响产生的 3.66km 减水河段；③下游（汇流）段，即电站发电尾水汇入海浪河后的河段，选取 7.58km 河段进行研究。在每个河段范围内选取生境条件类似的 3 个采样断面，以浅滩为主，由上至下依次编号 S1 至 S9，如图 3-54 所示。生物样本的采集属于半定量采集，为了消除采样误差，每个采样断面选择 3 个近似生境作重复样本的采集。

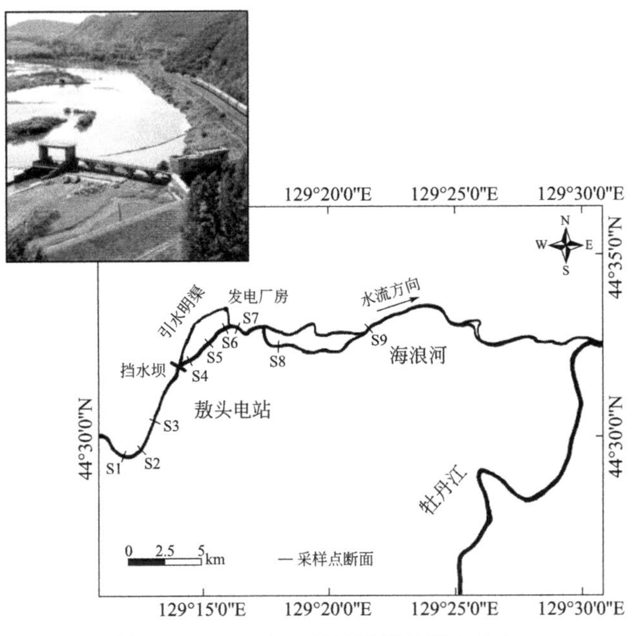


图 3-54 2014 年 6 月镜泊湖采样点分布

#### 3.4.4.1 干流水电站下游生物数量的变化规律

搜集了 2013 年 10 月份采样期间石岩水文站和牡丹江水文站水位流量的变化，采用河流纵向一维水流模型对电站下游河道的水流条件进行模拟，通过模拟分析石岩电站间歇式调峰运行时下游河道（石岩电站至海浪河汇流口）的水流特点，分析底栖动物分布和水流变化的关系。

研究区域为牡丹江中段，石岩电站下游 75km 河道。依次选取三个分析断面，南牡丹、宁安和海浪断面，这三个分析点断面地形数据齐全，距离适中。如图 3-55 所示。

石岩电站下游 0.5km 处有石头水文站，距电站下游 75km 处有牡丹江水文站，两处水文站每天记录流量及水位过程。如图 3-56 所示。

模拟得出 2013 年 10 月中旬该计算河段水力参数的变化过程。为了说明调峰水流的周期性、沿程变化规律及特征断面之间的相互关系，选取三个日调节周期（72h），南牡丹、宁安、海浪三个断面的流量、水深的变化过程，如图 3-57 所示。

如图 3-57 可知，特征断面处流量、水深呈现周期性变化，周期内变化过程相似，涨落过程规律明显。由于特征断面所处电站下游距离不同，不同断面之间水流参数变化存在相位差。

流量、水深、流速的变化受电站间歇式运行的影响，离电站越近的断面，受间歇式影响

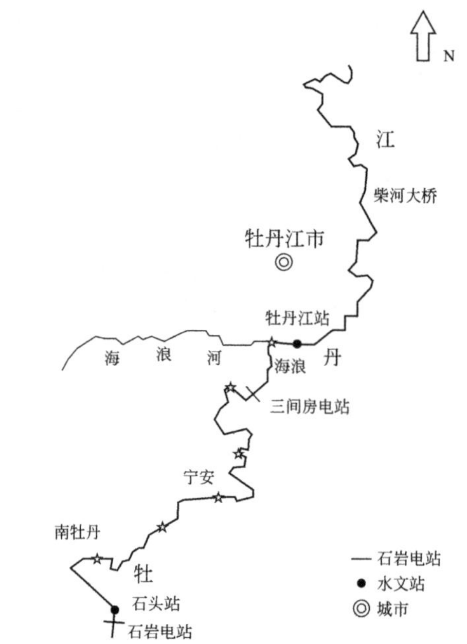


图 3-55 调峰水流模拟研究江段及水文测站分布

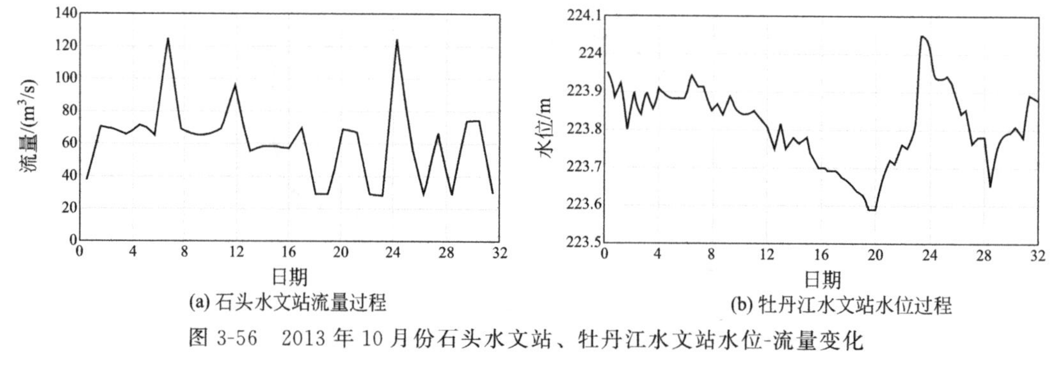


图 3-56 2013 年 10 月份石头水文站、牡丹江水文站水位-流量变化

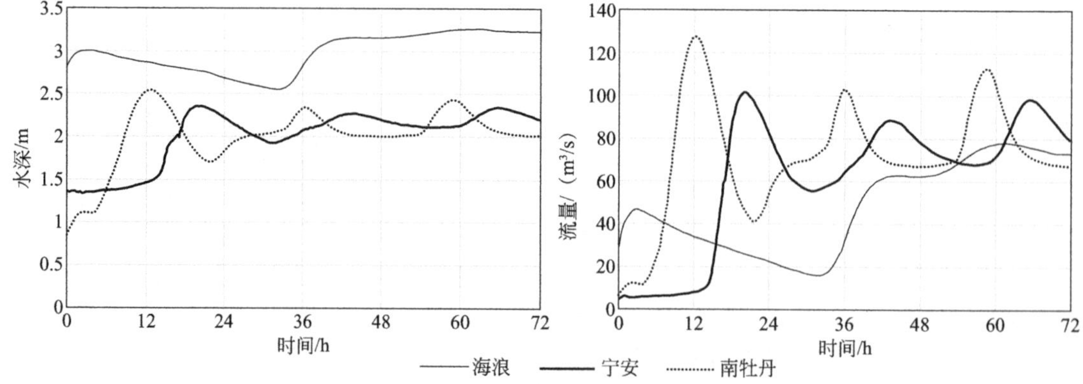


图 3-57 平水期 72h 特征断面流量、水深过程线（10 月 14—16 日）

越大，波动越剧烈。水流变化呈现陡涨陡落特点，上升过程快于下降过程。由于河道的调蓄作用，调峰水流沿程能量耗散，随着纵向距离的增加，流量、水深等水力参数变幅减小，过程逐渐平坦化。

选取描述调峰水流特征参数流量比、水深比进行分析（见图3-58），在72h的模拟时段内，南牡丹、宁安、海浪断面流量比和水深比依次降低，即调峰水流强度减小。南牡丹断面流量比和水深比最大，依次为13.2、2.4，调峰水流涨落明显而剧烈。

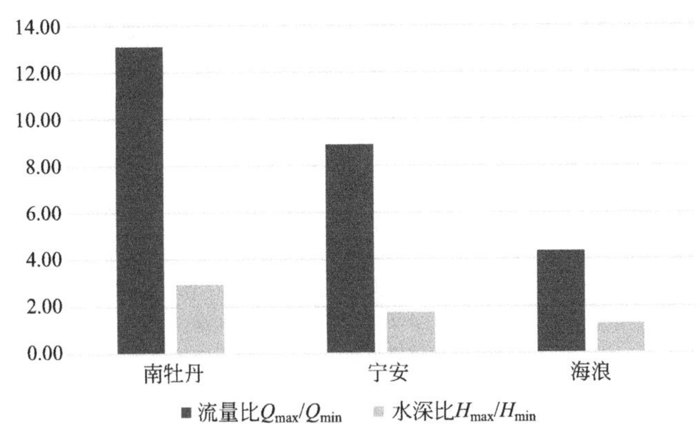


图3-58 平水期72h特征断面流量比、水深比（10月14—16日）

理解调峰电站下游河道底栖动物的纵向分布格局，对于理解调峰水流的生态影响具有重要意义。2013年10月，石岩电站下游平安桥、南牡丹、新中、依兰、宁安、长江、温春大桥、共荣渡口、大莫等采样点共采集底栖动物293个，隶属于3门5纲9目13科，平均生物密度为33个/$m^2$，底栖动物主要类群组成见图3-59。2014年6月，上述采样点共采集底栖动物417个，隶属于3门5纲10目17科，平均生物密度为47个/$m^2$，底栖动物主要类群组成见图3-60。总体来看，双翅目、腹足纲、寡毛纲为相对丰度最大的类群，物种组成在石岩电站下游各采样点差异较大，尽管并无发现规律性沿程变化趋势。

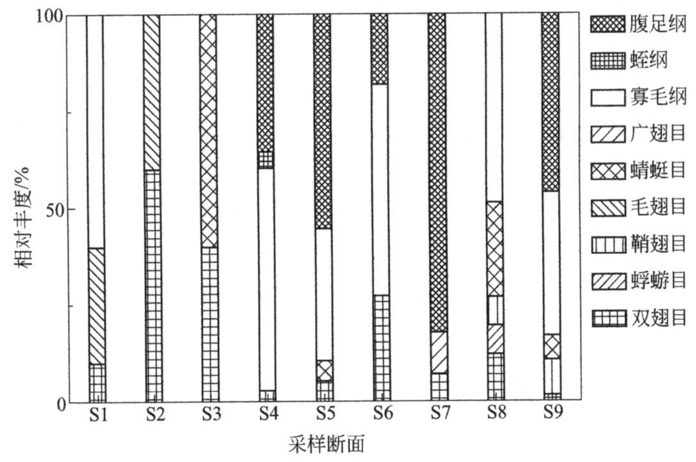


图3-59 2013年10月石岩电站下游各采样断面河道底栖动物主要类群

生物多样性指数呈现显著的季节和空间分布的差异，如图3-61所示。除了S1平安桥和S4依兰采样断面，在其余7处采样断面，夏季（2014年6月）底栖动物生物密度均大于秋季（2013年10月）。物种丰度、Shannon-Wiener多样性指数和Margalef丰富度则呈现出显著的季节差异，每个研究断面，这3类指数在数值上均呈现出夏季显著高于秋季的特点（paired-t test，$p<0.05$），Pielou均匀度差异并不显著。

在空间分布上，沿调峰电站至下游的梯度上，底栖动物的物种丰度、Shannon-Wiener多样

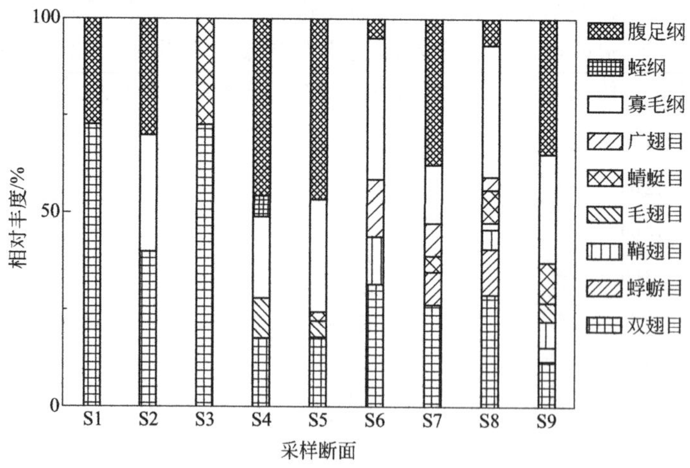


图 3-60　2014 年 6 月石岩电站下游各采样断面河道底栖动物主要类群

性指数和 Margalef 丰富度呈现逐渐增大的趋势，在夏季，这一趋势表现得格外明显。由于石岩电站下游各采样点的关键生境因子相似，可以排除水环境因子，水动力因子以及底质等对底栖动物群落结构的影响。将调峰水流的流量比与物种丰度进行相关性分析，可以发现，调峰水流的波动剧烈程度随着离石岩电站距离的增大而减缓，调峰水流的波动程度与物种丰度负相关。

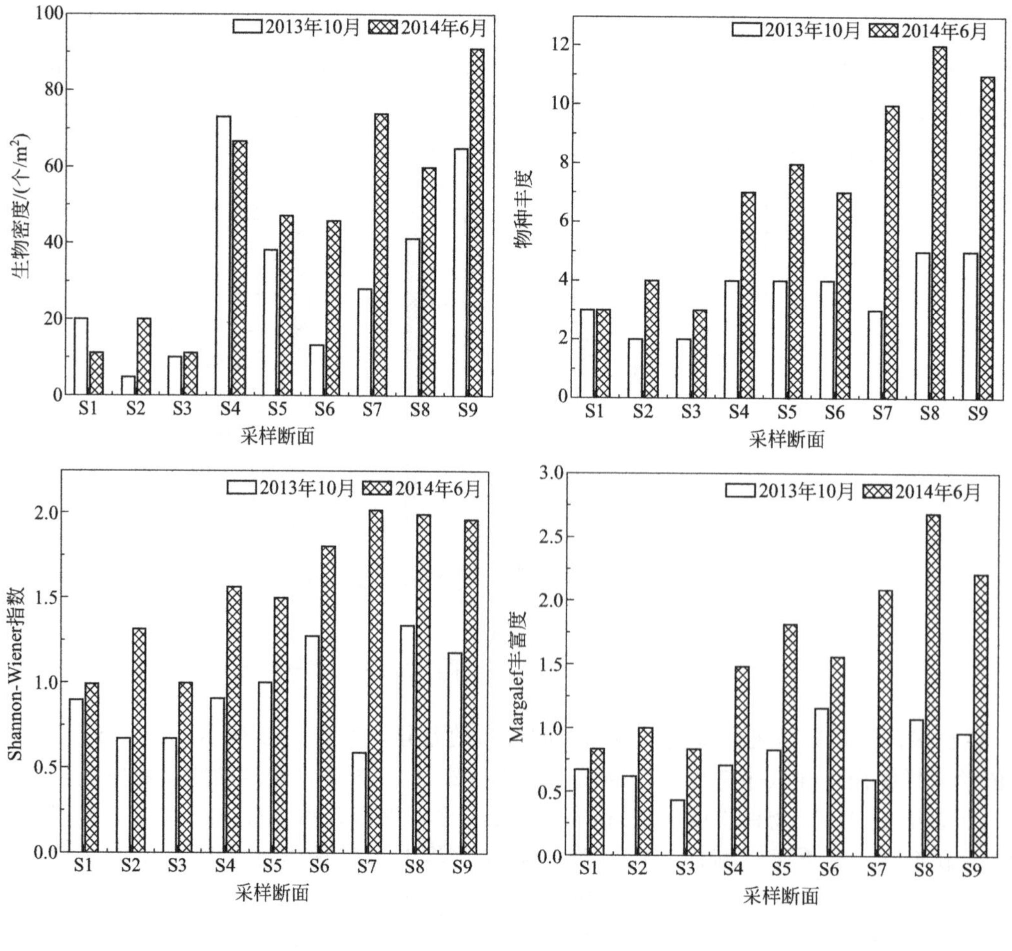

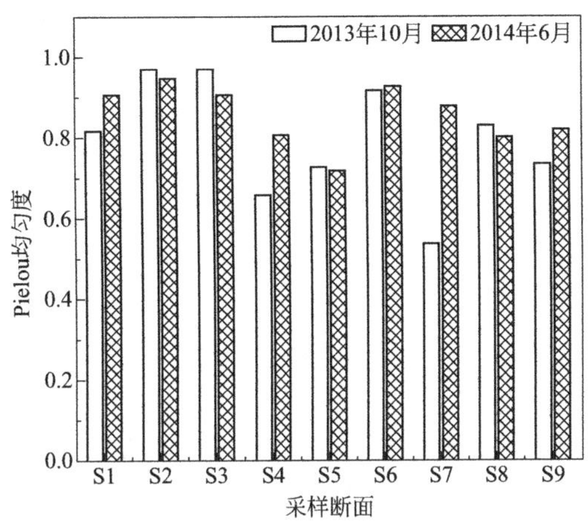


图 3-61 石岩电站下游各采样断面底栖动物多样性指数

### 3.4.4.2 引水式电站上下游生物群落变化规律

(1) 栖息地环境因子的 PCA 分析

采样期间，海浪河约 75%的流量通过左岸引水明渠进入发电厂房，坝下水量骤减，形成减水河段，该河段水文情势与天然来流差异较大，河道湿周显著减小，在 S4、S5 采样断面处表现尤为明显。方差分析（ANOVA）表明，3 个研究河段对应采样点处的水深（$F=21.246$，$p<0.001$）和流速（$F=10.917$，$p<0.001$）差异显著。减水段采样点处的水深与上游段相比明显下降（Tukey's HSD，$p<0.001$）。随着尾流的汇入，下游段水深有所恢复，较减水段有明显增加（$p<0.05$），并与上游段水深相比无显著差异。减水段采样点处的流速与上游段和下游段相比均显著减小（$p<0.001$）。

敖头电站上游段采样点的 pH 与溶解氧含量呈现较高值，显著大于减水段和下游段。其他的水环境变量，包括高锰酸盐指数、化学需氧量、生物需氧量、氨氮、总磷、总氮，在上游段和减水段处并无显著差异，在上游段和下游段处显著不同。具体表现为高锰酸盐指数、化学需氧量等因子在上游段含量较高，而总磷、总氮、氨氮等在下游段含量较高。

本研究在借鉴 US EPA 提出的栖息地评价指标体系的基础上，提取了适合我国北方河流生态系统实际特点的栖息地评价因子，涵盖了水量状况（河道湿周）、堤岸稳定性、栖息地复杂度、植被多样性、底质嵌入度等指标，建立半定量的栖息地质量评价体系，以反映河流栖息地质量状况。本研究中选择常用的 4 级别对栖息地质量状况进行区分，分别为理想、较理想、一般、差。根据评价体系，敖头电站上游段的栖息地质量状况为理想，减水段质量差，随着尾水的汇入，下游段质量有所恢复，质量状况为一般。各河段栖息地质量状况见图 3-62。

(a) S2

(b) S5

(c) S7

图 3-62 上游段（S2）、减水段（S5）、下游段（S7）的栖息地特征

图3-63为海浪河研究河段27个采样点（样方）栖息地环境因子（共计12个因子）的PCA排序图。前两个主分量解释了69.8%的总信息，图中，数码为采样点的序号；箭头表示栖息地环境因子，其中箭头连线的长短表示采样点数据与该环境因子相关性的大小，箭头连线与排序轴夹角的大小表示栖息地环境因子与该排序轴相关性的大小，夹角越小即关系越密切。从图中可看出，第一主分量解释总信息比例为49.5%，水深、流速、溶解氧、pH、化学需氧量和卵石含量与第一排序轴呈现显著的正相关性。粗砾石含量与总氮等因子与第一排序轴呈现显著的负相关性。第二主分量解释总信息比例为20.3%，其中氨氮、总磷、砂含量与第二排序轴呈现显著的正相关。排序图中虚线表示三个河段类型采样点的界线。减水段采样点主要集中在第二主分量的下边，而上游段采样点主要集中在第一分量的右边，说明上游河段以较高流速、较大水深、高溶解氧含量和卵石含量为主要特点。下游段采样点主要集中在第一分量的左边，呈现出较高的氨氮、总磷、总氮含量和较高的砂含量。

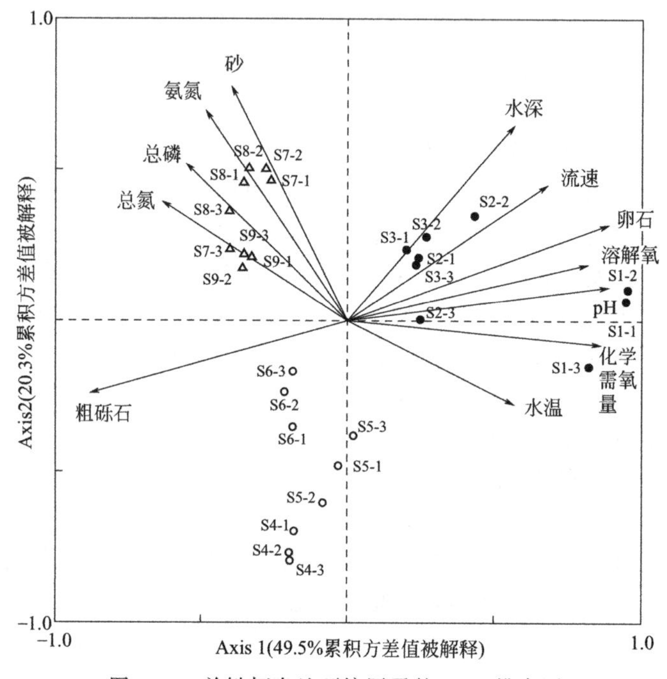


图3-63 关键栖息地环境因子的PCA排序图

(2) 底栖动物群落结构和生物多样性

本次调查共采集到海浪河底栖动物25种，隶属于3门5纲18科（表3-52）。其中，水生昆虫（Insecta）为优势纲，占总采样个体数的87.97%。小蜉科（Ephemerellidae）、摇蚊科（Chironomidae）和扁蜉科（Heptageniidae）为主要代表科，相对丰度分别为31.18%，15.82%和14.23%。

**表3-52 各河段底栖动物群落结构**

| 物种 | 拉丁名 | 相对丰度/% | | |
|---|---|---|---|---|
| | | 上游段 | 减水段 | 下游段 |
| **昆虫纲** | **Insecta** | | | |
| 耐垢多足摇蚊 | *Polypedilum sordens* | 0.79 | 6.49 | 2.19 |

续表

| 物种 | 拉丁名 | 相对丰度/% | | |
| --- | --- | --- | --- | --- |
| | | 上游段 | 减水段 | 下游段 |
| 凹铗多足摇蚊 | *Cryptochironomus defectus* | 3.95 | 14.32 | 4.50 |
| 羽摇蚊幼虫 | *Chironomus plumosus* | 5.89 | 9.19 | 7.30 |
| 花翅前突摇蚊 | *Pocladius choreus* | 1.58 | 2.43 | 2.68 |
| 似动蜉属 $sp_1$. | *Cinygma* $sp_1$. | 4.58 | — | — |
| 似动蜉属 $sp_2$. | *Cinygma* $sp_2$. | 4.42 | — | — |
| 高翔蜉属 | *Epeorus uenoi* | 11.26 | 7.03 | 3.53 |
| 弯握蜉属 $sp_1$. | *Drunella* $sp_1$. | 7.53 | 0.00 | 5.60 |
| 弯握蜉属 $sp_2$. | *Drunella* $sp_2$. | 14.32 | 0.00 | 17.76 |
| 小蜉属 | *Ephemerella* sp. | 14.47 | 3.24 | 8.52 |
| 蜉蝣属 | *Ephemera* sp. | 10.53 | 7.84 | 10.22 |
| 四节蜉 | *Baetis* sp. | 0.63 | 0.00 | 4.38 |
| 霍山河花蜉 | *Potamanthus huoshanensis* | 1.84 | 5.68 | 2.07 |
| 长角泥甲科 | Elmidae | 2.16 | — | 0.73 |
| 龙虱科 | Dytiscidae | 0.11 | 2.97 | — |
| 长角石蛾科 | Leptoceridae | 0.37 | — | — |
| 纹石蛾科 | Hydropsychidae | 4.32 | 2.16 | 9.85 |
| 箭蜓科 | Gomphidae | 3.16 | 7.03 | 7.54 |
| 蝇科 | Muscidae | — | 1.89 | — |
| **寡毛纲** | **Oligochaeta** | | | |
| 霍甫水丝蚓 | *Limnodrilus* | 2.47 | 8.11 | 1.82 |
| **蛭纲** | **Hirudinea** | | | |
| 扁蛭 | *Glossiphonia* sp. | 1.42 | — | 2.43 |
| 金线蛭 | *Whitmania* sp. | 1.95 | — | 0.61 |
| **腹足纲** | **Gastropoda** | | | |
| 卵萝卜螺 | *Radix ovata* | 1.00 | 5.41 | 2.92 |
| 短沟蜷属 | *Semisulcospira* | 1.26 | 15.41 | 5.35 |
| **双壳纲** | **Bivalvia** | | | |
| 蚬属 | *Corbicula* | — | 0.81 | — |

从图 3-64 中可以看出，不同河段底栖动物的物种组成和群落结构有较大差异，蜉蝣目（Ephemeroptera）在上游段和下游段非常丰富，尤其在上游段，蜉蝣目的相对丰度高达 69.57%。双翅目（Diptera）在上游段和下游段仅次于蜉蝣目，相对丰度分别为 12.21% 和 16.67%。在减水段，双翅目是相对丰度最大的类群，约占该河段总采集个体数的 1/3，相对于上游段，蜉蝣目在减水段呈现显著下降，相对丰度为 23.78%，仅为上游段的 1/3。其他类群，鞘翅目（Coleoptera）、毛翅目（Trichoptera）、蜻蜓目（Odonata）和寡毛纲

(Oligochaeta)在各河段处的相对丰度均较小。

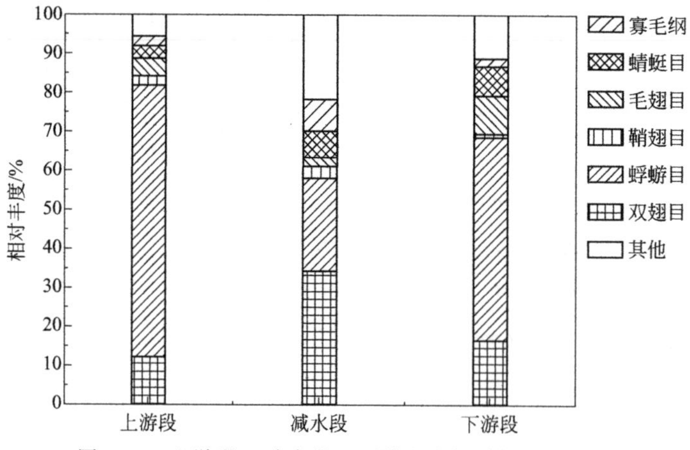


图 3-64 上游段、减水段、下游段底栖动物主要类群

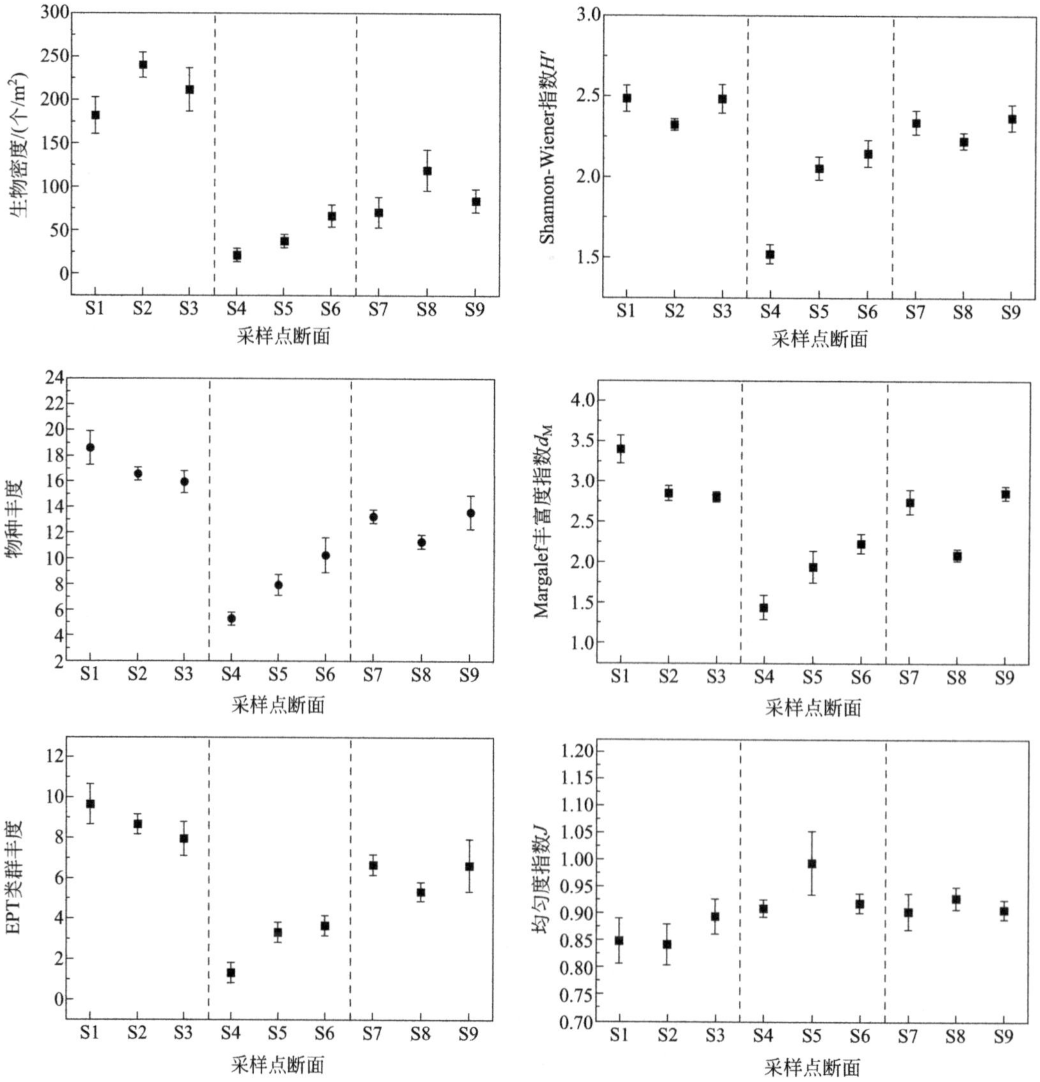

图 3-65 各河段底栖动物多样性指标

各河段底栖动物的分布和群落结构的差异可通过生物多样性指标进行反映，包括生物密度、物种丰度、EPT 类群丰度、Shannon-Wiener 指数、Margalef 丰富度指数、均匀度指数等，如图 3-65。方差分析（ANOVA）结果表明，河段间各样点的生物密度、物种丰度以及由此衍生出的多样性指标均呈现显著差异（生物密度 $F=98.712$，$p<0.001$；物种丰度 $F=64.012$，$p<0.001$；EPT 类群丰度 $F=78.301$，287$p<0.001$；Margalef 丰富度指数 $F=23.515$，$p<0.001$；Shannon-Wiener 指数 $F=18.363$，$p<0.001$；均匀度指数 $F=9.284$，$p<0.001$）。减水段样点的生物密度、物种丰度、EPT 类群丰度、Shannon-Wiener 指数、Margalef 丰富度指数相对于上游段均显著下降（Tukey's HSD，$p<0.001$），尤其是挡水坝下游采样断面 S4，与其他采样断面相比，该点多样性指标呈现最小值。与上游段样点相比，下游段各样点多样性指标包括生物密度（$p<0.001$）、物种丰度（$p<0.001$）、EPT 类群丰度（$p<0.001$）、Margalef 丰富度（$p<0.05$）均值均显著下降，其中，上下游样点的 Shannon-Wiener 指数并无显著差异。从 S4 到 S9，随着流量的补充，这些多样性指标的水平逐渐升高，并且下游段多样性指标水平显著高于减水段（$p<0.001$）。对于均匀度指数这一指标，减水段和下游段的均匀度指数并无显著差异，但减水段（$p<0.001$）和下游段（$p<0.05$）的均匀度指数均显著高于上游段，表明上游段样点的底栖动物各群落均匀程度较差。

（3）功能摄食类群的分布特征

在功能摄食类群的组成上，刮食者、牧食收集者与捕食者是海浪河该研究区域最为丰富的 3 个类群，分别占总样本组成的 41.46%、35.22%和 15.62%，如图 3-66 所示。采集到的滤食收集者较少，占总个体数的 5.63%，滤食收集者主要出现在下游段采样点，在其他采样点处较少发现。采集到的撕食者最少，仅为总个体数的 2.07%，且分布极为不均，较多出现在减水段 S4、S5 处。

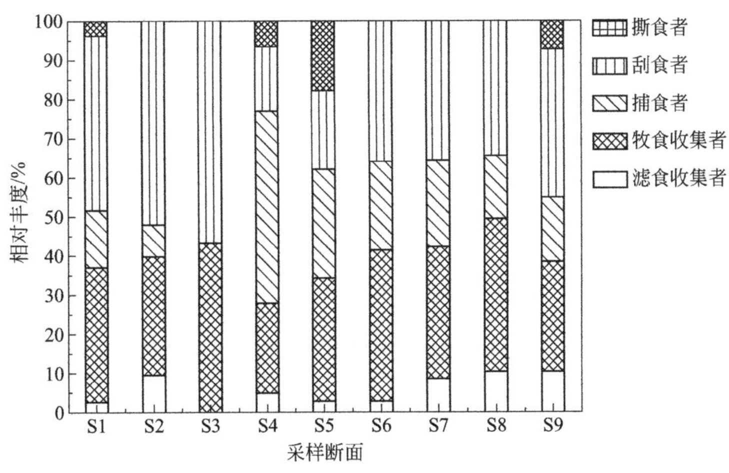


图 3-66　上游段、减水段、下游段底栖动物主要功能摄食类群

总体来讲，不同河段采集到的底栖动物功能摄食类群组成迥异，减水段处功能摄食类群组成与上游段和下游段差异较大，上游段和下游段的类群组成相对稳定，而在减水段各采样点，功能摄食类群的结构显著变化。捕食者的相对丰度在减水段呈现递减趋势，从 S4 样点的 49.18%下降至 S6 样点的 22.73%，而刮食者和牧食收集者的相对丰度在这一空间梯度上呈现递增规律，从坝下 S4 样点到 S6 样点，刮食者和牧食收集者的相对丰度增加将近一倍。

图 3-67 为研究区域 5 个功能摄食类群、9 个采样断面和主要栖息地环境因子的 CCA 排序图。前两个主分量解释了 81.4%的总信息，第一主分量解释总信息比例为 57.2%，水深、流速、溶解氧、氨氮与第一排序轴呈现显著的正相关性。第二主分量解释总信息比例为 24.2%，其中高锰酸盐指数、化学需氧量、卵石含量与第二排序轴呈现显著的正相关，水温和总磷与第二排序轴呈现显著的负相关。功能摄食类群与栖息地环境因子的双序图表明，刮食者与牧食收集者与水深、流速等水动力参数及溶解氧含量等正相关。相对地，刮食者与撕食者与水动力参数及溶解氧含量等呈现负相关。控制其他变量的线性影响的条件下，利用偏相关分析，两两分析功能摄食类群与主要栖息地环境变量之间的线性相关性，见表 3-53。偏相关分析结果表明，刮食者与牧食收集者与流速、溶解氧、卵石含量之间呈现显著的正相关，与细砾石含量呈现负相关，撕食者与氨氮之间呈现负相关，滤食收集者与水温、氨氮、砂含量呈现正相关，捕食者与粗砾石含量呈现正相关。

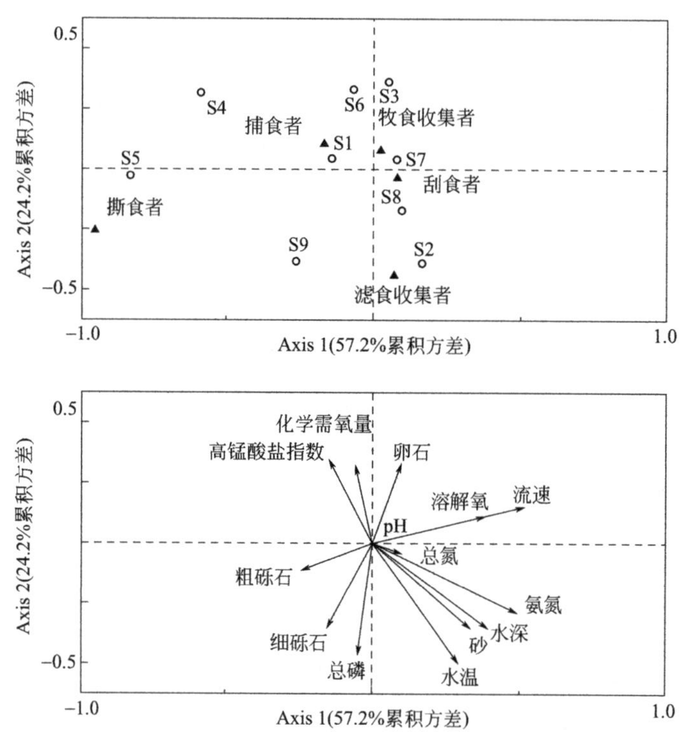


图 3-67　5 个功能摄食类群、9 个采样断面和主要栖息地环境因子的 CCA 排序图

**表 3-53　功能摄食类群与主要栖息地环境变量的偏相关分析**

| 类群 | 正相关参数 | 负相关参数 |
| --- | --- | --- |
| 刮食者 | 流速 *（0.453）<br>溶解氧 **（0.783）<br>卵石含量 *（0.408） | 总氮†（−0.321）<br>细砾石含量†（−0.346） |
| 撕食者 | — | 氨氮 *（−0.373） |
| 捕食者 | 粗砾石含量 *（0.377） | — |
| 牧食收集者 | 流速 *（0.452）<br>溶解氧 **（0.646）<br>卵石含量 *（0.434） | 细砾石含量 *（−0.370） |

续表

| 类群 | 正相关参数 | 负相关参数 |
|---|---|---|
| 滤食收集者 | 水温**(0.770)<br>氨氮*(0.138)<br>砂含量**(0.694) | — |

注:† 在 $p<0.1$ 显著性相关(双尾检验);* 在 $p<0.05$ 显著性相关(双尾检验);** 在 $p<0.01$ 显著性相关(双尾检验)。表中所列变量为相关系数的绝对值大于0.3。

敖头电站坝下河段最显著的特征是低流量，通常来讲，自然河流的流量相对稳定，天然流量过程使得流量的变动保持在一个特定的范围内，引水式电站通过挡水坝和岸边明渠（引水管道）将河道部分流量直接引入发电厂房，使坝下流量骤减。调查期间，敖头电站将主河道70%～80%的流量引走，减水段仅保持20%～30%的流量，流量变化直接对河流栖息地适宜性和水生态系统完整性产生影响，从而影响底栖动物及鱼类等水生生物的生长和繁殖。河流物理栖息地环境因子如流速、水深、湿周等受流量变动影响较大，在减水河段，尤其是距离坝体较近的S4采样断面，观测到的流量相关的参数与上游相比显著下降，采样点处流速和水深等参数仅为上游的20%～30%，湿周也相应下降了30%～60%。在流量减小的作用下，减水段形成了以漫流生境为主的河道特征，形成了不同于上游天然河段急流生境为主的河流地貌形态，这一现象与其他学者研究成果较为一致。随着发电厂房尾水的汇入，主河道流量有所增加，水深、流速等逐渐增加，生境质量有所恢复。

通过对敖头电站上游段、减水段、下游段等多河段物理栖息地环境因子和水质参数的比较发现，引水式电站对河流栖息地的影响主要体现在三个方面：通过引流和汇流，在坝下形成减水河段，改变天然径流过程；造成减水河段岸边底质裸露，植被贫瘠，河床不稳定；对部分水质参数，如溶解氧含量等产生影响。PCA分析结果表明，不同河段具有不同的栖息地环境特征，流速、水深、卵石含量、溶解氧、化学需氧量是影响分析结果的关键栖息地环境因子。

底栖动物对适宜栖息地的选择基于多个因素，包括急流、缓流比例，食物，水温，溶解氧，水质，底质以及生物个体竞争等因素。挡水坝上下游底栖动物生物多样性差异较大，流量锐减和栖息地质量退化，仅有极少数的物种能够生存，减水段生物多样性较差。随着发电尾水再次汇入河道，河道流量补充，栖息地质量有所恢复，物种丰度和生物密度均逐渐增加，生物多样性恢复，尽管流量汇入后的下游段流量与上游段持平，生物多样性依然劣于未受工程扰动的上游段。拦水坝上下游处底栖动物的群落结构和功能摄食类群有较大差异，主要胁迫因子为流速、流量等水流条件。

#### 3.4.4.3 不同级别河流生物分布规律

蛤蟆河是牡丹江的支流，卧龙溪是蛤蟆河的支流，牡丹江及其不同级别支流所采集的大型底栖动物的基本信息如表3-54所示。

**表3-54 牡丹江及其不同级别支流大型底栖动物群落结构**

| 江段 | 主要底栖动物 |
|---|---|
| 牡丹江 | 摇蚊科 Chironomidae(8);摇蚊亚科 Chironominae(8);扁蜉科 Heptageniidae(3);水龟甲科 Hydrophilidae(2);龙虱科 Dytiscidae(12);纹石蛾科 Hydropsychidae(8);鱼蛉科 Corydalidae(3);箭蜓 *Gomphidae*(7);大蜻科 Macromiidae(20);霍甫水丝蚓 *Limnodrilus*(142);扁蛭科 Glossiphoniidae(2);觿螺科 Hydrobiidae(135);钉螺属 *Oncomelania*(26);蚬科 Corbiculidae(10) |

续表

| 江段 | 主要底栖动物 |
| --- | --- |
| 蛤蟆河 | 摇蚊科 Chironomidae(3)；长角泥甲科 Elmidae(25)；水龟甲科 Hydrophilidae(3)；纹石蛾科 Hydropsychidae(225)；虻科 Tabanidae(5)；霍甫水丝蚓 *Limnodrilus*(97)；觽螺科 Hydrobiidae(2)；钉螺属 *Oncomelania*(10) |
| 卧龙支流 | 长角泥甲科 Elmidae(11)；短石蛾科 Brachycentridae(3)；纹石蛾科 Hydropsychidae(164)；霍甫水丝蚓 *Limnodrilus*(49)；泽蛭属 *Helobdella*(14)；觽螺科 Hydrobiidae(9) |
| 总数 | 摇蚊科 Chironomidae(11)；摇蚊亚科 Chironominae(8)；扁蜉科 Heptageniidae(3)；长角泥甲科 Elmidae(36)；水龟甲科 Hydrophilidae(5)；龙虱科 Dytiscidae(12)；短石蛾科 Brachycentridae(3)；纹石蛾科 Hydropsychidae(397)；鱼蛉科 Corydalidae(3)；箭蜓 *Gomphidae*(7)；大蜻科 Macromiidae(20)；虻科 Tabanidae(5)；霍甫水丝蚓 *Limnodrilus*(288)；扁蛭科 Glossiphoniidae(2)；泽蛭属 *Helobdella*(14)；觽螺科 Hydrobiidae(146)；钉螺属 *Oncomelania*(36)；蚬科 Corbiculidae(10) |

牡丹江共采集大型底栖动物 13 科 14 种，包含了多数的水生昆虫，中游段优势种为颤蚓科中的霍甫水丝蚓 *Limnodrilus*（$Y=0.245$）、觽螺科 Hydrobiidae（$Y=0.204$）。蛤蟆河共采集大型底栖动物 7 科 8 种，优势种为毛翅目中的纹石蛾科 Hydropsychidae（$Y=0.405$）、颤蚓科中的霍甫水丝蚓 *Limnodrilus*（$Y=0.262$）以及鞘翅目中的长角泥甲科 Elmidae（$Y=0.056$）。卧龙支流两采样点共采集大型底栖动物 6 科 6 种，物种组成与蛤蟆河相近，其中优势显著的为纹石蛾科 Hydropsychidae（$Y=0.656$）、颤蚓科中的霍甫水丝蚓 *Limnodrilus*（$Y=0.196$）以及扁蛭科中的泽蛭属 *Helobdella*（$Y=0.056$）。

在采样的基础上，分析河流级别对群落结构及多样性的影响。3 条河流共采集到大型底栖动物 1006 个，以纲为标准对其进行分类，可分为昆虫纲（Insecta）、寡毛纲（Oligochaeta）、蛭纲（Hirudinea）、腹足纲（Gastropoda）、双壳纲（Bivalvia）五类。采样鉴定结果表明，不同河流间大型底栖动物的群落结构有显著差异，见图 3-68。牡丹江干流各采样点共采集大型底栖动物 386 个，隶属于 5 纲，其中腹足纲（Gastropoda）和寡毛纲（Oligochaeta）物种数量最多，分别占总个体数的 42%和 37%，昆虫纲（Insecta）占 18%，在个别采样点，也发现少量双壳纲（Bivalvia）和蛭纲（Hirudinea）物种。蛤蟆河共采集 370 个物种个体，未发现蛭纲（Hirudinea）和双壳纲（Bivalvia）物种，蛤蟆河水生昆虫丰度和多度较大，昆虫纲（Insecta）物种占绝对优势，数量为总个体数的 71%，其余为寡毛纲（Oligochaeta）和腹足纲（Gastropoda）物种，分别占总数的 26%和 3%。卧龙溪支流共采集 250 个物种个体，群落结构与蛤蟆河接近，其中，昆虫纲（Insecta）和腹足纲（Gastropoda）物种个数占比与蛤蟆河相当，寡毛纲（Oligochaeta）占比为 20%，另外有 6%的蛭纲（Hirudinea）物种。

在群落结构的基础上，评价各采样区域的生物多样性。物种丰度为采样区域内的底栖动物种类数，由于各河流布置的采样点数量不同，采样面积有较大差异，引入物种数-采样面积幂函数回归方程 $S=26A^3$（式中，$S$ 为丰度，$A$ 为采样面积），将采样区域的总的物种丰度转化为单位面积等效丰度 $S$。物种密度取多个采样点的平均密度。同时，计算得到 Shannon-Wiener 多样性指数（$H'$）、Margalef 丰富度指数（$D_m$）、Pielou 均匀度指数（$J$）等生物指数，各生物多样性指数分析结果见表 3-55。

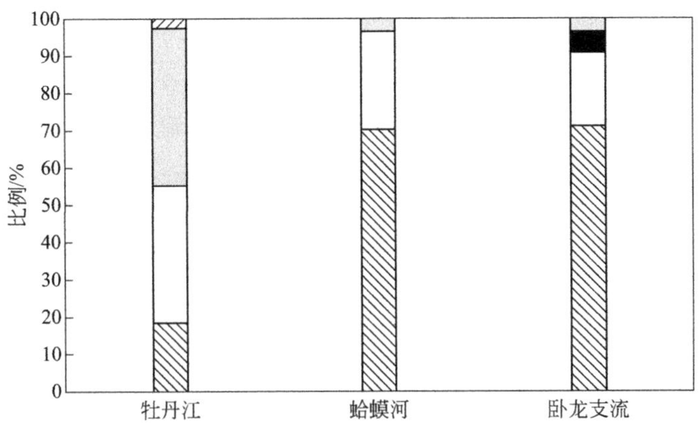


图 3-68 牡丹江中游区域大型底栖动物群落结构空间分布

**表 3-55 各采样位置处的生物多样性指数分析结果**

| 采样点 | 等效丰度 $S$ | 平均密度 $N$ | 生物量 | $H'$ | $Dm$ | $J$ |
|---|---|---|---|---|---|---|
| 牡丹江 | 6.643 | 32.167 | 5.4395 | 1.717 | 2.183 | 0.651 |
| 蛤蟆河 | 5.257 | 61.667 | 1.506 | 1.098 | 1.353 | 0.500 |
| 卧龙溪 | 4.874 | 125 | 2.418 | 1.068 | 0.906 | 0.596 |

现场记录采样点处关键环境要素，如水深、流速、溶解氧、pH、水温、底质及水生植物特点等，同时采集水样和底质样本。水深采用水深测杆进行测量，水流速度采用 LS300 便携式流速仪测量，溶解氧和温度采用 Pro ODO 进行测量，水的 pH 用 CT-6023pH 计测定。将采集点处的河床底质进行收集，带回实验室进行烘干，用筛分法测定粒径分布，见图 3-69。

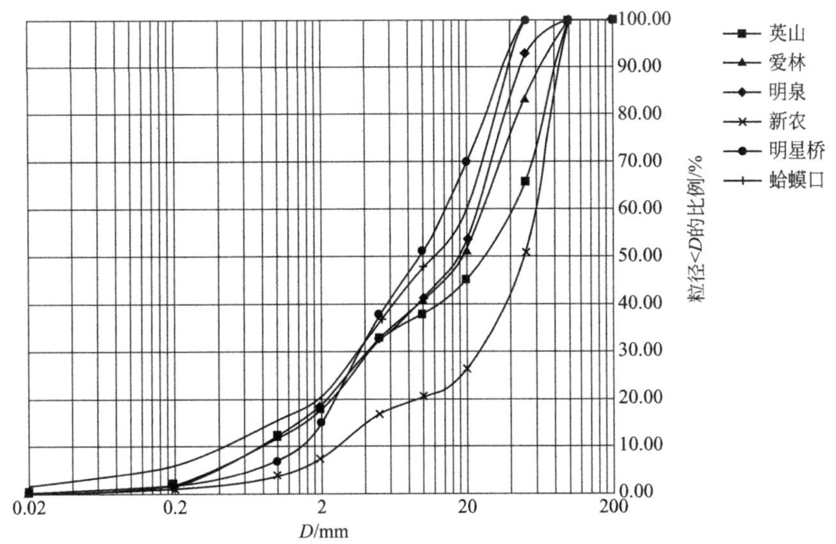


图 3-69 蛤蟆河采样点底质级配图

采样河段主要为卵砾石河床，采用 EPA 的底质粒径划分标准，将采集点处底质分类为卵石 CB（Cobbles，64～250mm）、粗砾石 GC（Coarse Gravel，16～64mm）、细砾石 GF

(Fine Gravel，2～16mm)、砂 SA（Sand，0.06～2mm）以及粉砂淤泥（Silt，Clay，Muck，＜0.06mm)。各河流主要生境因子如表 3-56。各河段采样点处水深和流速均较小，属于浅流生境，蛤蟆河与卧龙溪采样点流速相对较急，溶解氧含量较牡丹江高，各处水温差异来自不同采样时段的气温变化。三条河流的河床底质均以卵砾石为主，级配均匀。

**表 3-56 牡丹江中游段各河流主要生境因子列表**

| 采样点 | 牡丹江 | 蛤蟆河 | 卧龙溪 |
| --- | --- | --- | --- |
| 水深/m | 0.23±0.05 | 0.23±0.09 | 0.22±0.04 |
| 流速/(m/s) | 0.25±0.09 | 0.47±0.80 | 0.46±0.01 |
| 溶解氧/(mg/L) | 10.75±0.46 | 13.51±1.42 | 14.42±0.23 |
| 水温/℃ | 11.08±1.02 | 7.17±0.80 | 8.60±0.10 |
| pH | 7.55±0.26 | 7.91±0.15 | 7.82±0.05 |
| CB/% | 0.28±0.13 | 0.18±0.18 | 0.42±0.00 |
| GC/% | 0.39±0.14 | 0.31±0.07 | 0.22±0.01 |
| GF/% | 0.22±0.11 | 0.35±0.11 | 0.24±0.01 |
| SA/% | 0.10±0.07 | 0.16±0.04 | 0.12±0.01 |

典范对应分析（Canonical Correspondence Analysis，CCA）基于对应分析发展而来，是数量生态学中的一种重要的排序方法。典范对应分析把对应分析和多元回归结合起来，将每一步的计算结果与环境因子进行回归，用以研究物种与环境因子间的关系。典范对应分析要求两个数据矩阵，本研究以牡丹江中游段 20 个采样点处各类大型底栖动物的生物密度作为物种矩阵（20×9），以各采样点处的流速、水深、温度、底质组成、pH、溶解氧等主要生境因子作为环境因子矩阵（20×19）。CCA 分析之前，除 pH 外，各类数据均进行 lg（$1+x$）标准化处理。采用 Canoco for windows 4.5 软件对物种数据和环境因子数据进行 CCA 分析，将分析生成的结果导入 CanoDraw 软件进行排序图的绘制。

根据物种的出现频率，选取采集到的 17 种大型底栖动物与生境因子进行 CCA 分析，其中，大型底栖动物名称用缩写的前 4 个字母表示，采样点用各采样点编号表示，物种-采样点关系图见图 3-70。在排序图中，物种与采样点之间的距离代表该采样点处目标物种的相对密度，距离越短密度值越大。

图 3-71 给出了牡丹江中游大型底栖动物种类与生境因子之间的典范对应分析双轴图。第一主轴和第二主轴的特征值分别为 0.520、0.338，共解释了物种数据累积方差值的 46.4%和物种-生境关系累积方差值的 73.2%，表明两主轴能够有效反映主要生境因子对牡丹江中游段大型底栖动物的影响程度。生境因子第一主轴和第二主轴的相关系数为 0，物种第一主轴和第二主轴的相关系数小于 0.001（0.0008)，分析结果可靠。根据生境因子箭头线的长度，得出对牡丹江中游大型底栖动物群落结构和分布有重要影响的关键生境因子，包括流速、溶解氧、温度以及底质中粗砾石、细砾石的相对含量，其中，第一主轴与溶解氧（−0.8009)、流速（−0.7631)、温度（0.6898)、粗砾石含量（0.6462）呈现较强的相关性，基本反映了这四个生境因子的梯度变化，第二主轴与粗砾石含量（0.3853)、流速（0.2811）呈现正相关，与细砾石含量（−0.3363)、砂含量（−0.2811）呈现负相关，其他生境因子与主轴的相关系数较小，影响有限。

排序图中不同大型底栖动物之间的距离为物种分布的卡方距离，远近代表其亲疏关系。根据卡方距离的长短以及物种与主要生境因子的相关关系，将采集到的大型底栖动物分为四组。组Ⅰ包括纹石蛾科（Hydropsychidae)、长角泥甲科（Elmidae）等在内的 7 个物种，其

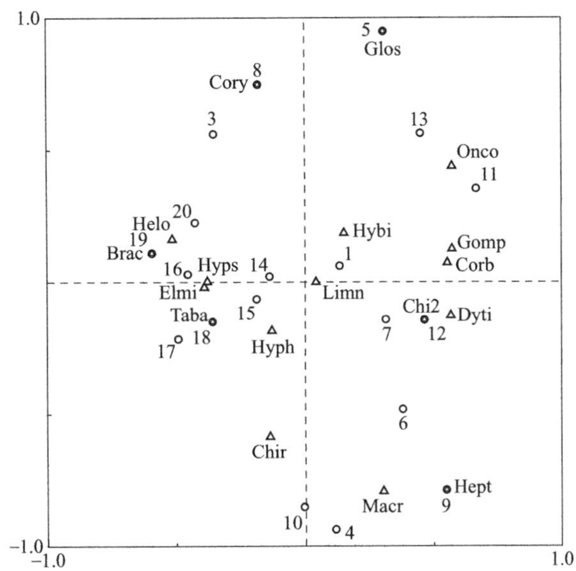


图 3-70 排序中物种-采样点关系图

Brac—短石蛾科；Chir—摇蚊科；Chi2—摇蚊亚科；Corb—蚬科；Cory—鱼蛉科；Dyti—龙虱科；Elmi—长角泥甲科；Glos—扁蛭科；Gomp—箭蜓科；*Helo*—泽蛭属；Hept—扁蜉科；Hybi—觿螺科；Hyph—水龟甲科；Hyps—纹石蛾科；*Limn*—霍甫水丝蚓；Macr—大蜻科；*Onco*—钉螺属；Taba—虻科

中 6 种属于昆虫纲（Insecta），大部分物种与流速、溶解氧、细砂含量呈现正相关；组Ⅱ主要为霍甫水丝蚓（*Limnodrilus*）、摇蚊亚科（Chironominae）、钉螺属（*Oncomelania*）在内的 7 个物种，大部分物种与温度和粗砂含量呈现正相关；组Ⅲ为鱼蛉科（Corydalidae）和扁蛭科（Glossiphoniidae），其与流速和粗砂含量正相关；组Ⅳ为扁蜉科（Heptageniidae）和大蜻科（Macromiidae），其与温度和细砂含量正相关。

图 3-68 给出牡丹江中游区域大型底栖动物群落结构空间分布，可以看出，不同级别河流间大型底栖动物的群落结构不同，牡丹江采集到的大型底栖动物个数接近 80%的为寡毛纲（Oligochaeta）和腹足纲（Gastropoda），而蛤蟆河和卧龙溪 71%的个体数为昆虫纲（Insecta）。根据表 3-55 所列出的生物多样性指数，对三条河流的底栖生物多样性进行评价。物种丰度值可直观地反映生物多样性的优劣，牡丹江采样点的等效丰度 $S$(6.643)大于一级支流蛤蟆河（5.257）和二级支流卧龙溪（4.874），Shannon-Wiener 多样性指数 $H'$ 和 Margalef 丰富度指数 $Dm$ 的变化趋势与等效丰度 $S$ 基本一致，均表现出牡丹江最大（$H'=1.717$，$Dm=2.183$），二级支流卧龙溪最小（$H'=1.068$，$Dm=0.906$），总的来看，牡丹江底栖生物多样性最优，蛤蟆河次之，卧龙溪的生物多样性较差，河流级别对底栖动物多样性有影响，大流域的生物多样性优于小流域，这一结果与 Covich A P，Bronmark C 等学者的研究结论一致。可以认为，主流能够为底栖物种提供较为丰富的生境类型，有利于维系较好的物种多样性，支流所覆盖的流域面积较小，生境种类有限，底栖动物群落多样性较差。

比较三条河流大型底栖动物的平均生物密度，牡丹江采集到的大型底栖动物个体数最少，平均生物密度值仅为 32ind./$m^2$，仅约等于其支流蛤蟆河平均生物密度 63ind./$m^2$ 的一半，二级支流卧龙溪平均生物密度最大，为 125ind./$m^2$，这表明支流大型底栖动物的生物密度较大，群落结构更为稳定。除了河流级别本身对大型底栖动物群落结构的影响之外，牡丹江水力资源开发程度较高，河流水质受河滨城市的生产生活影响较大，底质受频繁的河床

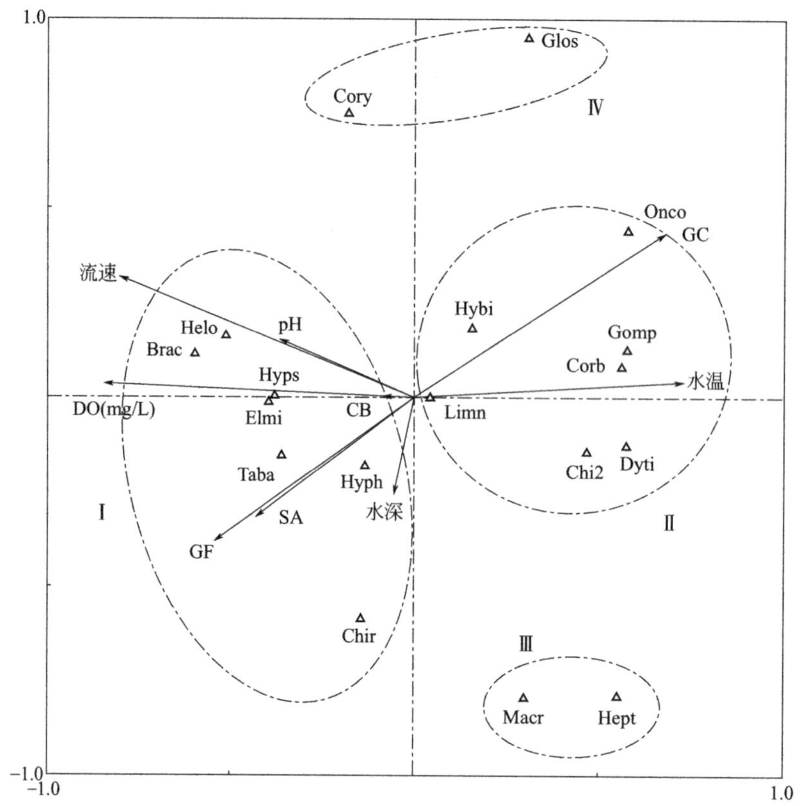


图 3-71　牡丹江中游段各采样点大型底栖动物与主要生境因子的典范对应分析双轴图

Brac—短石蛾科；Chir—摇蚊科；Chi2—摇蚊亚科；Corb—蚬科；Cory—鱼蛉科；Dyti—龙虱科；Elmi—长角泥甲科；Glos—扁蛭科；Gomp—箭蜓科；*Helo*—泽蛭属；Hept—扁蜉科；Hybi—鳚螺科；Hyph—水龟甲科；Hyps—纹石蛾科；*Limn*—霍甫水丝蚓；Macr—大蜻科；*Onco*—钉螺属；Taba—虻科

采砂活动扰动，河滨植物覆盖不足等因素，也一定程度上导致了大型底栖动物的生物密度较低。

### 3.4.4.4　水电站日调度导致生境破碎

日调节水电站的运行会使下游河道的水文情势发生改变。同时，改变天然径流过程和水文条件，对下游河段的水生态系统进行了扰动，改变下游水生生物赖以生存的栖息环境，对水生生物的生长、繁殖造成影响。

（1）调峰水流的基本特征和影响

日调节水电站枯水期通常采用间歇式运行，水库白天蓄水，晚上用电高峰时泄水发电。下泄水流频繁变化，河道水位陡涨陡落，造成各断面水力参数周期性变化，这种调峰发电产生的下泄水流称为调峰水流（Hydro-peaking Flow）。调峰水流作为一种特殊的明渠非恒定流，除了具备明渠非恒定流的特征，与天然河道水流相比，还表现出以下特点：①水位、流量等水力要素交替变化频繁，过程线呈现锯齿状；②涨水、落水过程受机组闸门启闭影响，通常变化较快；③由于库区的沉降和截留，调峰水流含沙量较少。

水电站日调节运行对下游水生生物的不利影响已经得到普遍认识，20 世纪 50 年代便有学者对调峰水流带来的水生生物衰减现象进行了定性描述。Einsele 等（1957）认为水生生物量的减少与水流频繁变动有关；Moog 和 Traer 等（1990）对奥地利南部的德拉瓦河进行定量研究，发现受调峰水流影响，该河枯水期生物量衰减明显，所调查的209种底栖动物中最大生物量减少达75%，鱼类种群生物量平均减少65%，其中优势种北极茴鱼减少57%，大马哈鱼减少85%。在调峰水流的作用下，不适宜的栖息场所导致鱼类、底栖动物等水生生物出现搁浅、窒息和迁移，引起水生生物种类减少以及生物量下降。

水电站调峰运行期间会造成流量、水位等发生变化。为了概括调峰运行下泄水流的特点，需要一系列包含时间尺度和程度变化的物理参数来量化分析。通过对下游河道中水文情势的测量，可以得到调峰运行前后及运行过程中的最大流量、最小流量及平均流量。并且可根据流量数据，推算出流量差和流量比。水流波动情况亦可以通过测量或模拟得出，包括流量波动和水位波动。流量变化速率及润湿面积变化速率也可表述在调峰运行中下泄流量变化的快慢。除了程度量、时间量，诸如调峰时长、起始和结束时刻、调峰周期性及频率也是重要的描述调峰水流特征的指标，如表3-57所示。

**表3-57 调峰水流特征表示参数（实测参数及派生参数）**

| 参数类型 | 实测参数 | 派生参数 |
| --- | --- | --- |
| 程度量 | 最大流量 $Q_{max}$<br>最小流量 $Q_{min}$<br>平均流量 $Q_{mean}$ | 流量比 $Q_{max}/Q_{min}$<br>流量差 $Q_{max}-Q_{min}$<br>流量变化速率 $dQ/dt$<br>润湿面积变化速率 $dA/dt$ |
| 时间量 | 调峰时长<br>调峰开始/停止时刻<br>峰值间时长<br>低水位时长 | 时长<br>时刻<br>周期<br>频率 |

(2) 调峰水流作用下的生境条件变化

以牡丹江石岩电站枯水期的实际运行状况为例，采用河流纵向一维水流模型对电站下游河道的水流条件进行模拟，通过水流变化分析电站日调节运行对下游生境产生的影响。

根据已有实测断面数据以及牡丹江水文站水文资料，选石岩电站至柴河大桥断面的110km范围为计算河段，如图3-72所示。

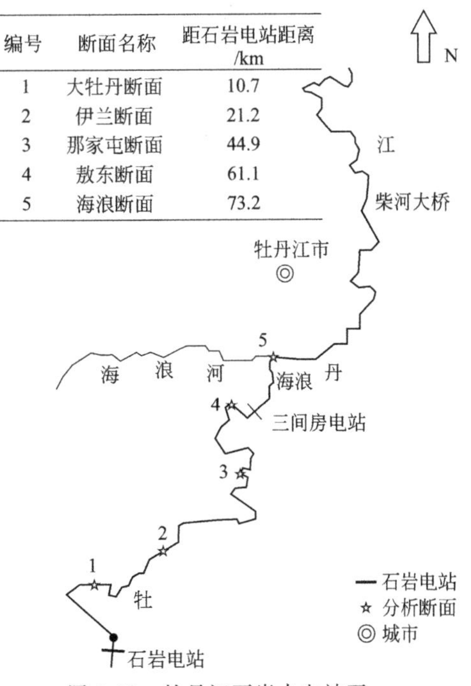

| 编号 | 断面名称 | 距石岩电站距离/km |
| --- | --- | --- |
| 1 | 大牡丹断面 | 10.7 |
| 2 | 伊兰断面 | 21.2 |
| 3 | 那家屯断面 | 44.9 |
| 4 | 敖东断面 | 61.1 |
| 5 | 海浪断面 | 73.2 |



图3-72 牡丹江石岩水电站至柴河大桥段示意图

为了定量研究石岩电站日调节引起的下游河段水力参数的变化，纵向依次选取大牡丹断面、伊兰断面、那家屯断面、敖东断面、海浪断面五个特征断面进行分析。模拟得出枯水期条件下水力参数的变化过程。大牡丹、伊兰、那家屯、敖东四个断面的流量、水深、断面平均流速的变化过程如图3-73所示。

据图3-73可知，特征断面处流量、水深、流速变化呈现很强的周期性，周期内变化过程相似，涨落过程规律明显。由于特征断面所处电站下游距离不同，不同断面之间水流参数变化存在相位差。

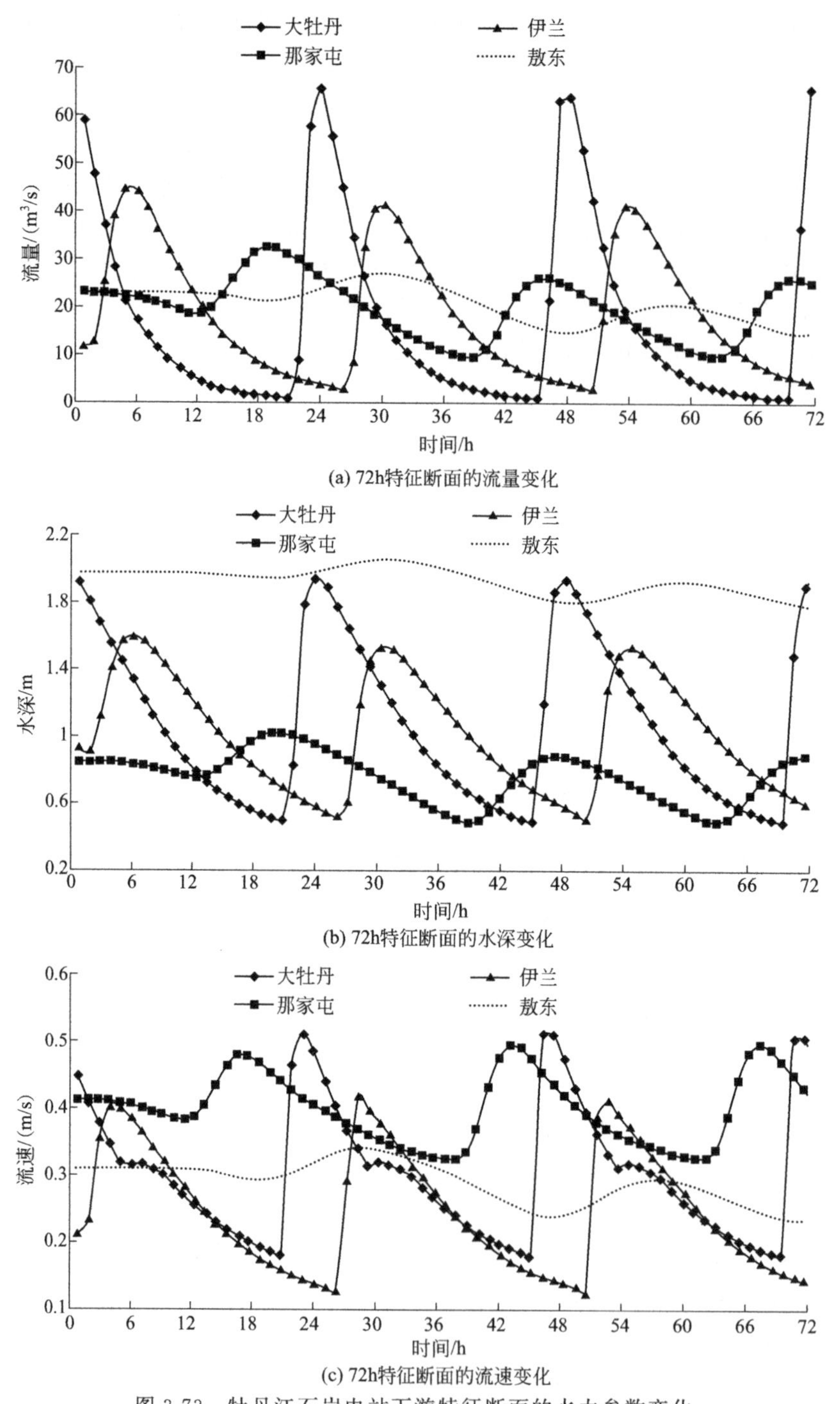

(a) 72h特征断面的流量变化

(b) 72h特征断面的水深变化

(c) 72h特征断面的流速变化

图 3-73 牡丹江石岩电站下游特征断面的水力参数变化

流量、水深、流速的变化受电站间歇式运行的影响，离电站越近的断面，受间歇式影响越大，波动越剧烈。水流变化呈现陡涨陡落特点，上升过程快于下降过程，例如，在一个周期内，大牡丹断面水深从最小水深 0.49m 到最大水深 1.95m 需 3 个小时，下降过程则持续 21 个小时；那家屯断面流速从最小流速 0.33m/s 到最大流速 0.49m/s 需 5 个小时，下降过程持续 19 个小时。

由于河道的调蓄作用，调峰水流沿程能量耗散，随着纵向距离的增加，流量、水深、流速等水力参数变幅减小，过程逐渐平坦化。以流量变化过程为例，在电站下游10.7km处的大牡丹断面在一个周期内流量变化从1.26$m^3/s$到65.75$m^3/s$，最大流量与最小流量比值为52；而在电站下游61.1km处的敖东断面一个周期内流量变化从14.61$m^3/s$到27.41$m^3/s$，流量比仅为1.9，波动较前者平缓（小）很多。

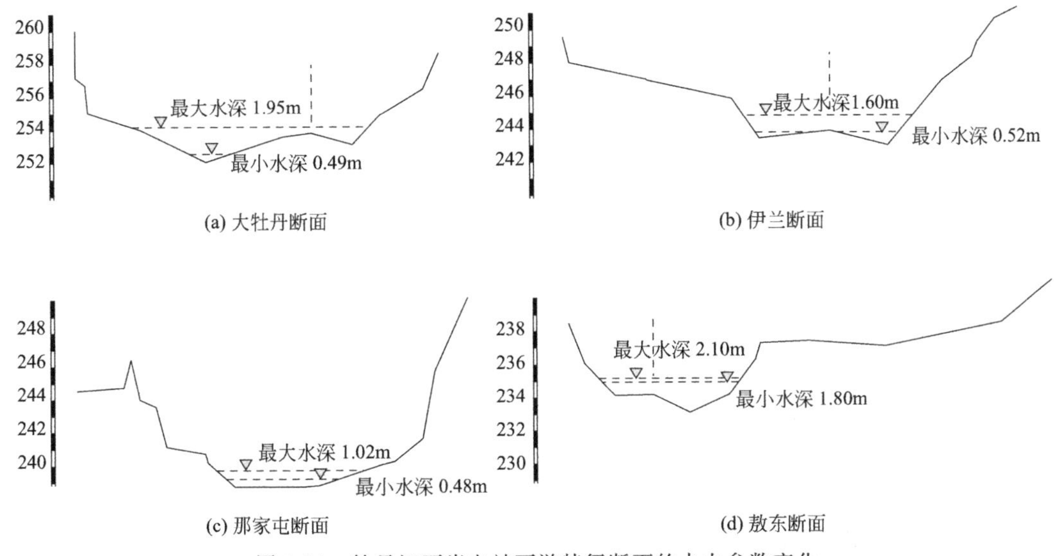


图3-74　牡丹江石岩电站下游特征断面的水力参数变化

如图3-74所示，在一个调节周期内，大牡丹断面流速在0.15～0.5m/s范围内变化，左侧河道水位上涨过程中，生境类型由缓流（0.5m<$h$<1m；0.15m/s<$v$<0.5m/s）变为深流（$h$>1m；0.15m/s<$v$<0.5m/s），右侧河道生境类型则由浅流（$h$<0.5m；0.15m/s<$v$<0.5m/s）变为缓流，水位下降过程生境变化相反，水位下降到一定程度时，左右侧生境分离，出现破碎；伊兰断面在一个调节周期内，生境变化包括浅滩、浅流、静水、深潭、缓流、深流六种类型，由于左右河道高程的不同，水位上升和下降过程中，两侧生境存在替代性，如在水位下降过程中，河道左侧生境由缓流变为浅流，而河道右侧生境由深流变为缓流，缓流生境重分布，水位继续下降到一定程度，左右侧生境分离，出现破碎，由于左侧水深过浅，存在导致鱼类搁浅的风险；那家屯断面在一个调节周期内，随着水位上涨，河道大部分生境由浅流变为缓流，最大水深时为深流，水位下降过程生境变化相反；敖东断面在一个调节周期内，水深在1.8～2.1m范围内变化，流速在0.26～0.34m/s范围内变化，两者波动均较小，生境类型保持为深流；海浪断面生境不受调峰水流影响。更为直观地表现出生境变化过程，以那家屯断面为例，两个调节周期内生境变化如图3-75所示。

由大牡丹断面和伊兰断面生境的变化可以看出，调峰水流导致生境空间格局发生较大的变动，当水深下降到一定程度时，河道生境呈现空间上的破碎化；在时间维度上，河道水文情势和水力要素在周期内频繁而急促的变化，导致每个生境类型的持续时间较短，不同生境类型之间切换迅速，造成生境的片段化和不连续，这种生境随时间变化的不均匀性，可定义为生境时间破碎化。日调节水电站下游河道生境破碎化，导致水生生物种类减少以及生物量下降。

### 3.4.4.5 调峰水流导致水生生物搁浅

调峰水流对河流生态系统的扰动是显著的。调峰水流的变化，使得岸边栖息地干湿交替加剧，增加岸边栖息地隔离的风险，从而影响河流生态系统的连续性。研究表明，调峰水流

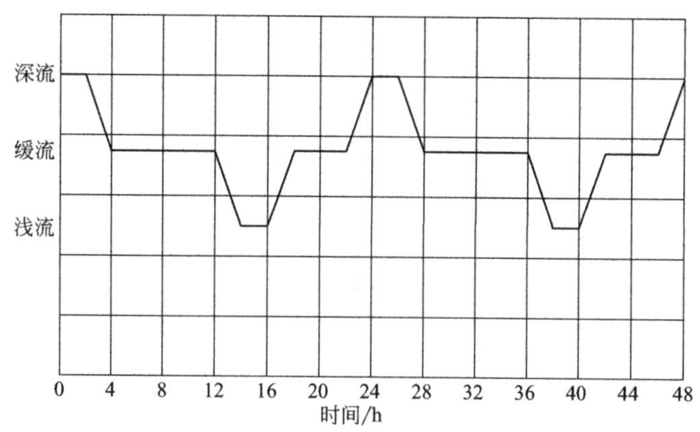


图 3-75 那家屯断面生境变化过程

在一定程度上影响水生生物的生境适宜性。这种非恒定流态改变了河流生境条件，对鱼类、底栖动物、水生植物等水生生物的生长、繁殖均产生影响。

（1）退水滩的形成和特征

2014 年 9 月对牡丹江中游段两处受电站调峰影响的河段进行野外调查，选取三陵桥和五七大桥两处受调峰电站影响的河段作为采样断面，研究电站调峰下泄水流导致的岸边栖息地破碎现象。所选两采样断面之间相距 19.07km。三陵桥上游 2.85km 处是江西-渤海水电站，该电站设计水头 7.5m，设计流量 56m$^3$/s，总装机容量 3200kW，具备调节功能。五七大桥断面受镜泊湖电站影响，镜泊湖电站设计水头 46.5m，设计流量 154m$^3$/s，总装机容量 96000kW，五七大桥位于镜泊湖地下电站出水口下游 1.61km 处。每个研究断面共布设 4 个采样点，主河道浅滩作为天然河道采样点，并于退水时段在沿岸滩地选取 3 个离岸距离不等的退水潭作为水潭采样点，各断面采样点位置分布及退水潭特征见图 3-76。

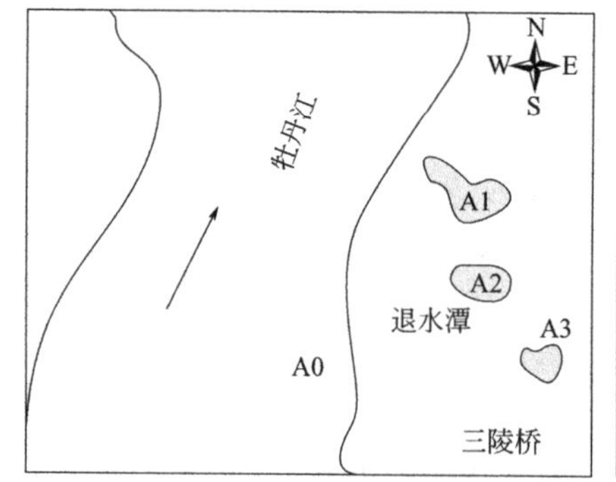


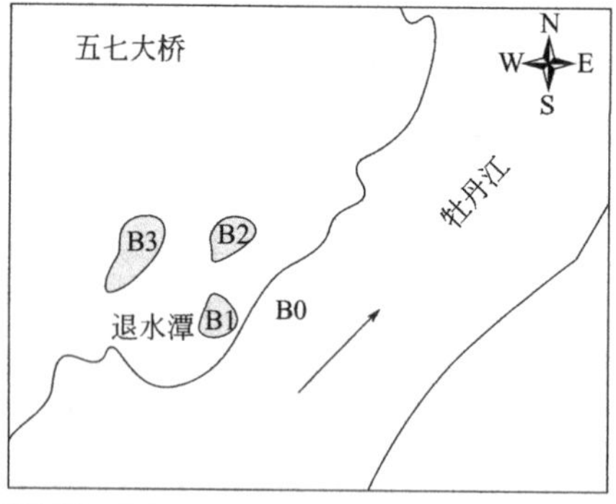

图 3-76 牡丹江两个调查断面采样点位置分布及退水潭特征

当河道流量减小、水位下降时，离河道较远的水潭率先与主河道水面失去连通而呈现隔离状态，当水位继续下降，离河道较近的水潭依次被隔离，形成一个个相互独立的水体单元。对退水潭形成的过程进行完整监测，受水电站调峰影响，退水过程通常在短时间内完成，水位下降迅速；受水潭底部渗流的影响，较高高程处的水潭容易失水，水面积会大幅度减小。当河道流量增加、水位上升时，临近主河道的退水潭最先被河水淹没，之后依次淹没距离较远的水潭。由于调峰水流流量陡涨陡落，与退水过程相似，退水潭的淹没过程也非常迅速，常常在较短时间内完成，图 3-77 为 2014 年 9 月 26 日的一次淹没观测，随着上游电站的流量下泄，在短短的 10min，一个被隔离数日的退水潭，从完全隔离到完全淹没，从而实现与河流主干道的连通。空间上来讲，距离主河道纵轴距离较远的退水潭，被淹没的概率要远小于距离较近的水潭，因此隔离周期普遍较长。

图 3-77 2014 年 9 月 26 日五七大桥断面一处退水潭在不同时刻的淹没状况

(2) 鱼类搁浅

调峰水流引起的岸边栖息地破碎对鱼类的生态影响主要体现在搁浅风险。在调查过程中，受调峰水流流量下降的影响，在部分水潭周边裸露处观察到鱼类搁浅现象。调峰水流造成鱼类搁浅的影响机制可总结为两类，一类是退水过程伴随着流量下降，岸边浅滩处的一些鱼类个体由于在退水时段来不及寻找新的适宜水体，直接搁浅在河床底质上；一些鱼类个体，在退水时段倾向于躲避在岸边低洼部分，当水位下降，低洼部分形成退水潭，这部分鱼类个体被隔离在退水潭中，随着水位的进一步下降，一些退水潭水体可能出现渗流造成水潭干枯，从而造成鱼类搁浅。调查中，在三陵桥 A1 水潭处，搁浅鱼类的密度最大，见图 3-78，在该水潭附近仅 0.2$m^2$ 河床上发现搁浅鱼苗 15 尾。

(3) 底栖动物群落变化

对三陵桥和五七大桥两处受调峰电站影响的采样断面进行底栖动物群落的调查研究。所有采样点共采集底栖动物 1455 个，隶属于 3 门 4 纲 9 目 27 种，其中天然河道采集到 21 种底栖动物，平均生物密度为 87 个/$m^2$，退水潭采集到 17 种底栖动物，平均密度为 52 个/$m^2$。

图 3-78　2014 年 9 月 25 日三陵桥鱼类搁浅现象

各采样点底栖动物群落组成见图 3-79，每一个采样断面河道与退水潭的底栖动物群落组成差异较大，而相同断面的退水潭之间底栖动物群落组成虽然有差异，但差异相对较小。三陵桥河道 A0 和五七大桥河道 B0 采样点处优势物种为蜉蝣目和毛翅目等 EPT 物种，这两类生物的相对丰度之和在 A0 和 B0 处均超过 65%。退水潭与天然河道的底栖动物群落差异显著，三陵桥 A1～A3 退水潭的物种以半翅目和双翅目为主，两者相对丰度之和超过 75%；五七大桥 B1 退水潭以腹足纲为主，该采样点腹足纲占 56%，B2 和 B3 的物种以半翅目和双翅目为主，两者相对丰度之和超过 50%。

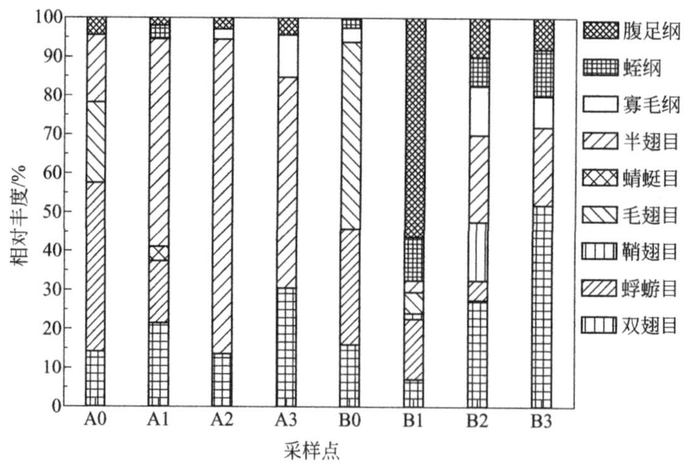


图 3-79　牡丹江两个调查区域采样点底栖动物群落组成

各采样点处底栖动物生物多样性指数见图 3-80，整体来说，三陵桥和五七大桥河道处 Shannon-Wiener 指数、Margalef 丰富度均为最大值。随着退水潭离岸距离的增加，Margalef 丰富度指数呈现减小趋势，在最远处的 A3 和 B3 采样点达到最小值，较天然河道分别下降 54%和 36%。各水潭采样点 Shannon-Wiener 指数随离岸距离增加并未呈现严格的减小趋势，但水潭采样点的 Shannon-Wiener 指数均明显小于天然河道，即物种多样性不及天然河道。Pielou 均匀度在河道和水潭之间并无显著变化趋势，且各采样点处 Pielou 均匀度变化范围均有限。

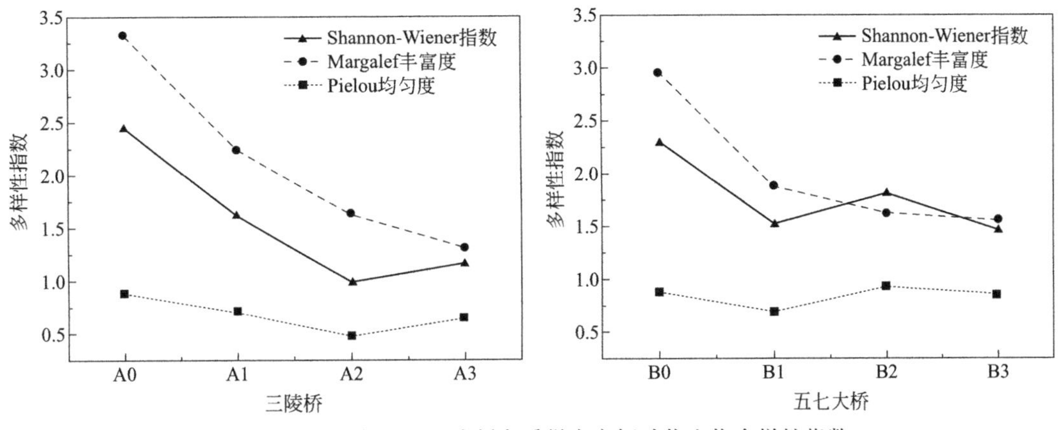


图 3-80 三陵桥和五七大桥各采样点底栖动物生物多样性指数

(4) 栖息地环境因子对比

调峰水流导致的岸边退水潭除了对河流底栖动物群落结构变化和鱼类搁浅等影响之外，对水质也产生一定影响。受退水潭水面面积及离岸距离的影响，各采样点水温差异显著，见表 3-58，离岸较远水潭处水温普遍比主河道及相邻水潭处高 2～4℃；河水和潭水的 pH 值均在 7～8 之间，呈现弱碱性，各采样点溶解氧含量丰富，pH 值和溶解氧值在退水潭采样点处均较河道采样点处高，并随离岸距离增加而呈现增高趋势，在 A3、B3 处 pH 值最大，溶解氧含量最高；氨氮和总氮在河道中含量较低，在退水潭中含量较高；不同采样点处高锰酸盐指数和化学需氧量差异较小。

**表 3-58 各采样点处栖息地环境因子测量均值**

| 采样点 | 水温/℃ | pH | DO /(mg/L) | COD /(mg/L) | 高锰酸盐 /(mg/L) | 氨氮 /(mg/L) | 总磷 /(mg/L) | 总氮 /(mg/L) | 水深 /m | 水面面积 /$m^2$ | 离岸距离 /m |
|---|---|---|---|---|---|---|---|---|---|---|---|
| A0 | 17.30 | 7.17 | 9.26 | 14.10 | 4.25 | 0.21 | 0.16 | 1.05 | 0.35 | — | — |
| A1 | 16.30 | 7.31 | 9.46 | 14.60 | 4.10 | 0.22 | 0.15 | 1.21 | 0.14 | 20.15 | 1.50 |
| A2 | 19.27 | 7.83 | 10.95 | 14.30 | 4.20 | 0.24 | 0.16 | 1.56 | 0.19 | 9.24 | 7.30 |
| A3 | 18.03 | 7.73 | 11.23 | 14.10 | 4.20 | 0.24 | 0.15 | 1.47 | 0.26 | 8.25 | 18.50 |
| B0 | 16.67 | 7.27 | 9.36 | 14.10 | 4.10 | 0.28 | 0.27 | 1.08 | 0.31 | — | — |
| B1 | 18.00 | 7.37 | 9.65 | 14.10 | 4.20 | 0.31 | 0.25 | 1.34 | 0.22 | 12.47 | 1.10 |
| B2 | 18.57 | 7.27 | 9.23 | 13.90 | 4.20 | 0.31 | 0.23 | 1.35 | 0.20 | 14.19 | 3.50 |
| B3 | 20.60 | 7.61 | 10.80 | 13.90 | 4.20 | 0.34 | 0.20 | 1.22 | 0.17 | 16.57 | 13.20 |

## 3.4.5 减缓调峰水流生态影响的技术需求

梯级水电开发符合国家能源发展战略要求，但由 3.4.2 和 3.4.3 可知，梯级开发将自然河流变成人工渠道，大规模地改变了江河系统的边界、径流条件，打破了原有的生态平衡，对水流水质、水温以及水生生物等都产生了显著的再造作用。梯级水电开发所产生的生态环境效应具有累积性、波及性、潜在性以及彻底性。生态环境因子（如水温、水质等）的变化不仅会受到一个工程的影响，同时还要受到邻近梯级工程叠加累积的影响。梯级电站枯水期水量增加，有利于水质的改善，但汛期防洪的调度减小了丰水期洪水频率和强度，减少了主河道和岸边滩地的水体交换，降低了生态系统的多样性。

“十一五”期间牡丹江干流水质的改善为生态恢复提供了前提，而干流生态恢复对水流变化和水质改善提出了更高的要求。2012 年底牡丹江市上游 14km 三间房水电站建成后，将对牡丹江城区江段的水量过程和流程分布产生新的影响，需要全面评价该电站运行后的叠加影响。干流生态环境的恢复，不仅需要控制断面水质改善，还对整个江段的水质提出了更高的要求，而牡丹江污水处理厂二期工程完成后增加了集中排放的污水量，在断面混合均匀前，将产生局部污染，不利于生态环境的改善。

本书针对梯级电站开发运行造成的牡丹江干流水文过程的变化，进而导致干流水生态退化的问题，结合牡丹江梯级电站建设进展和水文变化情况，开展研究区域（主要为石岩电站至莲花湖水库）水生生物状况的调查和评价，综合考虑三间房水电站的叠加影响，建立牡丹江干流的生态水文响应关系；确定不影响牡丹江的整体生态功能的污染混合区的范围，保护牡丹江流域整体生态；通过调控和工程措施，补偿洪水调控对生态的影响，减缓梯级电站的生态或者环境效应，保障牡丹江干流生境和生态安全。

## 3.5 牡丹江流域环境监测及预警能力薄弱

### 3.5.1 牡丹江流域环境能力建设概况

#### 3.5.1.1 河湖水环境监测站网概况

牡丹江水环境监测方案、主要污染源监测方案是由牡丹江所流经的各级行政区域的地方政府发布的，由地方生态环境局责成地方环境监测站执行。牡丹江水系黑龙江省境内主要行政区域为宁安市、牡丹江市、海林市、林口县和依兰县。目前，牡丹江流域（黑龙江省境内）共布设常规水质监测断面 19 处，基本覆盖了流域干流及主要支流重要节点，基本满足流域水环境监测监控和评价要求，能够为水环境管理提供数据支撑。此外，为准确、及时地掌握牡丹江流域水生态环境质量状况，从 2014 年起在流域内设置 31 个水生生物监测断面，其中，有 28 处位于黑龙江省境内，基本覆盖了牡丹江流域干支流各重要节点。然而，随着近年来地区人口与经济社会的发展，在一些未布设水质监测断面的较大支流流域内，人类活动对水环境的影响日益凸显，对牡丹江干流水质的影响也无法忽视。

#### 3.5.1.2 入河排污口监测能力建设概况

根据有关统计资料，2009 年前后，牡丹江沿江共有大小 22 个排污口，其中排入牡丹江干流的排污口 19 个，排入支流海浪河的排污口 2 个，排入支流乌斯浑河的排污口 1 个。各排污口分别接纳宁安市、海林市、牡丹江市区和林口县四个市（县）的生活污水和工业废水。22 个排污口中，设有水质监测点的主要排污口有 16 处。近年来，随着地方政府对流域水污染治理力度的加大，这些排污口的排污情况有所变化，有些排污口污水停止排放，有些排污口污水并入了市政管网并经处理后排入河道，同时也新增了一些排污口。截止到 2014 年，主要排污口减少到了 13 个，其中宁安市 4 个，牡丹江市区 5 个，海林市有 3 个，林口县 1 个。各排污口每季度监测一次，分别在 2 月、5 月、8 月和 10 月进行，满足“列为国家、流域或省级年度重点监测入河排污口，每年不少于 4 次”的相关规定，监测项目为化学需氧量和氨氮。

从监测的排污口排污量来看，2014 年入牡丹江的污水排放量为 $6.18\times10^7$t，而该年度全市污水排放总量为 8.51×10$^7$t。如果扣除穆棱市、东宁市和绥芬河市的污水排放量，初步估算，目前沿江布设的排污口监测断面能够控制牡丹江流域 80%以上的污水排放量，能较全面、真实地反映牡丹江流域污水排放总量和入河排放规律，满足对入河排污口监测断面布设的要求。近年来，牡丹江沿岸城市加大了排污口综合整治力度，原来部分直排的污染企业纳入市政污水管网，经处理后再排入牡丹江干支流，此外，还有部分直排企业也已停产，取消水质监测。综合来看，目前的入河排污口监测断面布设现状能够满足监控要求。因此，无须再新增监测断面。

### 3.5.2 牡丹江流域监测及预警能力分析

国外水环境预警系统研究起步较早，其构建思路已相对较为成熟。德国的多瑙河、奥地利莱茵河、美国密西西比河、英国泰恩河、法国塞纳河都开展了水环境预警研究，以应对突发性污染事故。德、匈、奥等几个欧洲国家共同研究了“多瑙河事故应急预警系统”，纳入了沿岸各国的警报中心 PIAC 和 PIAC 间的信息传输系统，还纳入了各国的学术研究机构作为支撑，该系统建成后，在多瑙河流域水质趋势变化、保障周边水质安全方面发挥了巨大作用。

我国随着经济的发展，水环境安全问题也日益凸显，突发性流域水污染事件的频繁发生，警示我们应进行新型的流域水环境管理，亟需开展预警能力建设，各地开始积极探索建立重要流域的水质监测预警系统，长江流域、辽河流域、鄱阳湖、滇池等地都构建了预警体系。水质监测预警系统大致可分为湖库型的预警体系和流域、河网、河流的预警体系。基于水环境安全研究，太湖的水环境监控预警系统、三峡库区水环境安全预警平台和多中心多指标的区域水环境污染预警系统等已经建立。我国辽河、桂江、汉江等流域已建成水质预警系统，河网区的水环境预警方法体系、流域生态系统预警管理整体框架、流域水环境预警与管理系统等预警方面的研究正逐步完善。

目前，牡丹江流域尚未建立流域层面的监控预警体系，各相关技术处于条块分割状态，设备相对落后，牡丹江流域水质自动监测能力以及信息自动化建设水平均较低，全流域水系水质监测断面均为人工监测，没有设置水质自动监测站。另外，还存在一些未布设水质监测断面的较大支流，这些地区由于缺少水质监测数据支撑，水质评价工作无法进行，水环境监管缺少依据，监管预警能力较为薄弱甚至存在盲区。政府决策部门对水环境污染难以有效预防、监控和治理，缺乏适合牡丹江流域的业务化运行的监测预警体系，无法在技术层面上科学地指导牡丹江流域水环境管理，无法满足牡丹江流域环境监管需求。若发生突发性污染事件，管理者很难在第一时间发现污染事故并进行处置，进而可能造成严重的后果。

### 3.5.3 牡丹江流域监测及预警能力提升技术需求

《松花江流域水污染防治“十二五”规划》提出“以支促干”“多措并举”的工作理念，坚持污染控制与风险防范并重，“十二五”期间将全面推进环境监管能力系统建设，努力实现环境保护监管能力的标准化、信息化、现代化。由于牡丹江兼有饮用水、纳污、农田灌溉等多种功能，是松花江第二大支流，是牡丹江、海林、宁安等市县的母亲河，具有相当重要的地位，其水质优劣对松花江水质影响较大，且环境安全事关流域社会经济发展大局。2006 年 2 月牡丹江市西水源取水口发生的“水栉霉”事件曾引起部分市民的恐慌，给牡丹江、海林两市社会经济造成了极大的负面影响。另外，牡丹江流域“十二五”规划建设重点项目涵盖了煤化工、石油化工、林浆纸一体化等行业，牡丹江水质遭受污染的风险增大。因此，加强牡丹江流域环境保护监管能力对松花江流域的水质安全保障具有积极的作用。

通过对牡丹江流域环境能力建设概况、监测及预警能力的分析可知，牡丹江环境监测预警能力较薄弱。河流水质保障最终取决于管理，为有效应对水环境突发性污染事件，提高牡丹江流域水环境管理水平与管理效率，迫切需要开发适合牡丹江流域的水环境质量监测预警体系，提高对牡丹江流域河流的监测预警能力。包括基于生物指标的牡丹江流域水环境监控体系研究、牡丹江流域水环境质量评估指标体系及评估模型研究、牡丹江水环境质量保障预警决策支持系统研究，立足环境风险防控，通过牡丹江水环境质量风险因子的识别与分析，建立基于生物指标、水环境预警评估、应急预案输出的牡丹江流域综合精细化管理平台，明确环境生物指标-水环境质量-分级评估之间的有效响应关系，建立风险预警与应急决策的快速反应机制，预警体系的建设可以及时将预警信息输出反馈到地方政府相关部门，并自动生成相应预警措施，与地理信息系统耦合后输出完整预警方案。从系统软件功能及软件技术两方面提出需求，在功能方面要求实现水质数据采集、水质数据评价、水质趋势分析、水质预警预报、污染溯源分析、应急水污染模拟、统计查询、数据库管理、智能报表、三维展示的功能；在技术方面要求形成流域精细化预警管理平台，满足地方政府需求，全面提升牡丹江流域水质保障技术水平和流域水环境监控能力，完善水环境监控与综合管理技术体系和水质保障技术体系，有效保障松花江水体安全，为管理者提供重要的决策支持信息。

# 4

# 关键技术研发进展及示范

## 4.1 基于水质改善的牡丹江流域经济发展模式

### 4.1.1 牡丹江产业结构调整优化模型的建立

由于第二产业是对环境影响最大的产业，因此，着重优化调整工业产业结构。借助多目标决策方法，构建环境、资源约束下产业结构调整优化模型。通过工业区行业结构的合理调整，做到合理分配有限水资源。

经济系统是环境系统的子系统，因此，经济系统的活动受到环境系统的制约。经济系统要达到的目标是经济持续增长。由于受到环境系统的制约，经济系统需要满足的另一个条件是对环境的利用在环境可承受的能力之内。模型以经济增长为目标，目的在于满足环境、资源约束性目标的同时，实现较高水平的经济增长。通过模型的建立及计算合理分配有限资源以及能源。

#### 4.1.1.1 模型的假设

① 假定每个行业只生产一种产品，即每个行业只有一个相同的投入（消费）结构。

② 假定每一个行业生产一个单位的产出所需要的资源、能源消耗以及污染物的排放是不变的。

③ 假定在一定时期内，某一行业单位产量的产值是不变的。

#### 4.1.1.2 模型的基本框架

（1）目标函数

① 产值最大　产值的增长反映经济效益的增长，即可以反映经济发展规模。因此，采用产值最大作为优化目标之一。

② 环境损失最小　包括生态破坏损失以及环境污染损失。

（2）约束条件

① 资源约束　主要考虑水资源的约束，即水资源用量不超过本地区水资源可利用量。

② 能源约束　即煤、电、气等能源消耗（转化成标准煤）约束。

③ 环境约束　即工业废水排放量的约束，排放量不得超过本地区的排放总量。

④ 经济约束　不同时期的产值目标约束。

#### 4.1.1.3 模型的建立

产业结构调整应该在统筹兼顾和综合发展的基础上，注重最优决策的应用，兼顾经济发展与资源合理配置，充分考虑资源的承载力以及环境容量，适时调整经济发展模式，建立经济结构优化的多目标规划模型。

(1) 经济效益函数

$$\max E_i = \max(\sum_{i=1}^{n} Q_i) = \max(\sum_{i=1}^{n} c_i x_i) \tag{4-1}$$

式中，$E_i$ 为经济目标函数；$Q_i$ 为区域第 $i$ 行业的产值；$c_i$ 为第 $i$ 行业单位产量的产值；$x_i$ 为第 $i$ 行业产量；$i=1$，2，3，…，$n$；$n$ 为区域行业数。

(2) 环境损失函数

$$\min E_2 = \min(A_1 + A_2) \tag{4-2}$$

式中，$E_2$ 为环境损失；$A_1$ 为生态破坏损失；$A_2$ 为环境污染损失。

① 生态破坏损失

$$A_1 = A_{直} + A_{间} \tag{4-3}$$

式中，$A_{直}$为污染直接引起的生态破坏损失；$A_{间}$为污染间接引起的生态破坏损失。

② 环境污染损失

$$A_2 = A_G + A_W + A_S \tag{4-4}$$

式中，$A_G$ 为大气污染损失；$A_W$ 为水污染损失；$A_S$ 为固体废物污染损失。

(3) 约束条件分析

① 社会经济约束条件

$$\sum_{i=1}^{n} c_i x_i \geqslant E \tag{4-5}$$

式中，$E$ 为区域总产值目标。

② 资源、能源约束条件

a. 水资源约束条件

$$\sum_{i=1}^{n} a_i c_i x_i \leqslant R_1 \tag{4-6}$$

式中，$R_1$ 为区域可利用水资源总量，t；$a_i$ 为万元产值用水指标，t/万元。

b. 能源约束条件

$$\sum_{i=1}^{n} b_i c_i x_i \leqslant R_2 \tag{4-7}$$

式中，$R_2$ 为区域可利用能源总量，吨标准煤；$b_i$ 为万元产值标准煤用量，吨标准煤/万元。

③ 环境约束条件

a. COD 排放量约束

$$\sum_{i=1}^{n} e_i c_i x_i \leqslant R_3 \tag{4-8}$$

式中，$R_3$ 为区域 COD 剩余环境容量或总量控制指标，t；$e_i$ 为万元产值 COD 排放指标，t/万元。

b. 废水排放量约束

$$\sum_{i=1}^{n} f_i c_i x_i \leqslant R_4 \tag{4-9}$$

式中，$R_4$ 为区域可处理或可容纳废水量，t；$f_i$ 为万元产值废水排放量，t/万元。

#### 4.1.1.4 牡丹江产业结构优化模型的验证

(1) 约束条件

① 产值目标　2015 年，牡丹江市进入环境统计数据库的各个行业的工业总产值为 123.54 亿元，模型中设定产值目标不超过 124 亿元。

② 水资源　2015 年，牡丹江市工业用水量为 $4.07\times10^8$t，模型中水资源用量不超过此值，模型计算不超过 $4.1\times10^8$t。

③ 能源约束　装机容量指的是一个发电厂或一个区域电网具有的汽（水）轮发电机组总容量，一般以"$10^4$kW"或"MW"为单位。发电能力并不代表全年 8760h 全运行，一般火电厂一年运行约 5000～6500h，水电厂运行在 3500～5000h。牡丹江 2015 年发电 $5.96\times10^9$kW·h，其中火力发电量 $4.85\times10^9$kW·h，风力发电量 $4.1\times10^8$kW·h，水力发电量 $6.8\times10^8$kW·h。折合标准煤 $59.6\times3.27=1.95\times10^6$（t）。

④ 污染物排放约束

a. 工业废水排放量。2015 年，牡丹江市工业废水排放量 $1.04\times10^7$t，模型中工业废水排放目标低于此值。

b. 二氧化硫排放量。2015 年，牡丹江市工业二氧化硫排放量为 18188t。

c. 化学需氧量排放量。2015 年，牡丹江市工业化学需氧量排放量为 5184t。

d. 氨氮排放量。2015 年，牡丹江市工业氨氮排放量为 50t。

(2) 环境损失计算指标

环境损失系数见表 4-1。

表 4-1　环境损失系数　　单位：元/t

| 项目 | 生态破坏损失 | 环境污染损失 |
| --- | --- | --- |
| 工业废水 | 7.18 | 4.54 |
| 二氧化硫 | 4800 | 2000 |
| 工业固废 | 36.92 | 567.29 |
| 化学需氧量 | 7.08670 | 4.48098 |
| 氨氮 | 0.0718 | 0.0454 |
| 有毒有害物质 | 0.02154 | 0.01362 |

对于污染物来说，将除 COD、$NH_4^+$-N 之外的其余污染物统称为有毒有害物质进行核算，即污染物的核算对象为 COD、$NH_4^+$-N 和有毒有害物质。

(3) 模型中采用的其他系数

模型中采用的其他系数见表 4-2。

表 4-2 模型中采用的其他系数

| 序号 | 行业 | 产值系数 | 能耗系数 | 工业废水排放系数/(t/t 产品) | 化学需氧量排放系数/(g/t 产品) | 氨氮排放系数/(g/t 产品) | 石油类排放系数/(g/t 产品) | 二氧化硫排放系数/(g/t 产品) | 一般工业固体废物综合利用系数/(t/t 产品) |
|---|---|---|---|---|---|---|---|---|---|
| 1 | 煤炭开采和洗选业 | 0.002276 | 0.013029 | 1.486559029 | 80.52194739 | 3.014411364 | 0.037163976 | 177.5612173 | 0.11 |
| 2 | 农副食品加工业 | 0.374919 | 13.67866 | 253.5352758 | 31593.92873 | 2964.364276 | 0 | 34644.9626 | 2.507583 |
| 3 | 饮料制造业 | 0.355856 | 0.263442 | 29.9239693 | 2095.773131 | 227.763529 | 0 | 1187.694526 | 0.076217 |
| 4 | 非金属矿物制品业 | 0.087895 | 0.175424 | 0.248464192 | 14.94142053 | 1.003451044 | 0 | 258.9662316 | 0.00093 |
| 5 | 造纸及纸制品业 | 1.202678 | 3.008172 | 77.3475119 | 17797.7374 | 284.4682406 | 0 | 8096.889878 | 1.012002 |
| 6 | 石油加工、炼焦及核燃料加工业 | 0.653533 | 29.14309 | 0.046788222 | 0.205400297 | 0.029944462 | 0.007953998 | 0.215225823 | 0 |
| 7 | 化学原料及化学制品制造业 | 0.354783 | 1.237818 | 19.08910467 | 6204.046329 | 954.4965937 | 0 | 14087.03452 | 0.718161 |
| 8 | 橡胶制品业 | 0.024849 | 0.044596 | 0.412643239 | 36.76620657 | 1.650431452 | 0 | 124.7234541 | 0.019165 |
| 9 | 原油加工及石油制品制造 | 0.262371 | 0.048786 | 1.267135336 | 76.01744003 | 62.82433061 | 1.884729918 | 317.2000452 | 0 |
| 10 | 医药制造业 | 2.250749 | 0.130767 | 1.318830186 | 156.8850108 | 4.203522193 | 0 | 303.2114113 | 0.011953 |
| 11 | 黑色金属冶炼业及压延加工业 | 0.222258 | 0.15755 | 0.00099 | 133.5833333 | 0 | 0 | 814.4166667 | 0.0291 |
| 12 | 黑色金属矿采选业 | 0.031515 | 0.020206 | 2.125006061 | 191.1878788 | 8.484848485 | 0 | 0 | 1.848242 |
| 13 | 专用设备制造业 | 9.208450 | 33.14428 | 70.17289194 | 6188.632105 | 674.5783885 | 0 | 94815.74016 | 0 |
| 14 | 通用设备制造业 | 354.5263 | 60.2 | 410.5263158 | 9634105.263 | 8315.789474 | 158126.3158 | 370526.3158 | 0 |
| 15 | 通信设备、计算机及其他电子设备制造业 | 0.087719 | 0.913158 | 0.016885965 | 0.350877193 | 0 | 0 | 4584.210526 | 0.08176 |
| 16 | 交通运输设备制造业 | 0.595250 | 0.26973 | 4.768191034 | 421.0783209 | 110.3852219 | 9.761958399 | 3003.679507 | 0 |
| 17 | 电力、热力的生产和供应业 | 0.017602 | 0.038309 | 0.007089161 | 0.582649667 | 0.034178511 | 0 | 83.29848499 | 0.009333 |
| 18 | 烟草制品业 | 0.506262 | 0.052901 | 0.711887685 | 279.6047612 | 1.018617427 | 0.763009309 | 302.7239432 | 0 |
| 19 | 木材加工及竹、藤、棕、草制品业 | 0.109305 | 0.306826 | 0.673217391 | 66.44347826 | 6.52173913 | 0 | 516.5217391 | 0.013839 |
| 20 | 自来水的生产和供应业 | 0.000227 | 3.84E-05 | 0.075341391 | 6.780725161 | 1.13012086 | 0 | 0.24591116 | 1.57E-05 |
| 21 | 交通运输、仓储和邮政业 | 29.93617 | 1.051539 | 10.07688238 | 320.9310527 | 35.26714865 | 10.22747311 | 6115.323576 | 0 |
| 22 | 非金属矿采选业 | 0.047102 | 0.132215 | 47.17 | 99610 | 11.19 | 453 | 0 | 36.71 |
| 23 | 电气机械及器材制造业 | 0.004942 | 0.003476 | 0.010200997 | 0.906755327 | 0.075562944 | 0 | 22.24573069 | 0.001043 |

#### 4.1.1.5 牡丹江产业结构优化模型

(1) 多目标规划方程

数学模型：

$$\max\begin{cases}z_1=c_{11}x_1+c_{12}x_2+\cdots+c_{1n}x_n\\z_2=c_{21}x_1+c_{22}x_2+\cdots+c_{2n}x_n\\\vdots\qquad\vdots\qquad\qquad\vdots\\z_r=c_{r1}x_1+c_{r2}x_2+\cdots+c_{rn}x_n\end{cases}\tag{4-10}$$

约束条件：

$$\begin{cases}a_{11}x_1+a_{12}x_2+\cdots+a_{1n}x_n\leqslant b_1\\a_{21}x_1+a_{22}x_2+\cdots+a_{2n}x_n\leqslant b_2\\\vdots\qquad\vdots\qquad\qquad\vdots\\a_{m1}x_1+a_{m2}x_2+\cdots+a_{mn}x_n\leqslant b_m\\x_1,\ x_2,\ \cdots,\ x_n\geqslant 0\end{cases}\tag{4-11}$$

目标线性规划矩阵形式：

$$\max Z=Cx\tag{4-12}$$

约束条件：

$$\begin{cases}Ax\leqslant b\\x\geqslant 0\end{cases}\tag{4-13}$$

优化模型：

$$\min_{x\in D}\varphi[Z(x)]=\sqrt{\sum_{i=1}^{r}[Z_i(x)-Z_i^*]^2}\tag{4-14}$$

(2) 经济目标函数

$$\mathrm{Max}f_1(x)=0.0058x(1)+0.3362x(2)+0.0807x(3)+2.0452x(4)+0.0152x(5)+0.4334x(6)+0.0405x(7)+0.0042x(8)+0.6275x(9)\tag{4-15}$$

(3) 环境损失目标函数

$$\mathrm{Min}f_2(x)=4.601\times10^{-5}x(1)+0.001837142x(2)+5.79813\times10^{-5}x(3)+0.063145979x(4)+2.86093\times10^{-6}x(5)+0.003208078x(6)+6.25044\times10^{-5}x(7)+5.90688\times10^{-8}x(8)+0.003469702x(9)\tag{4-16}$$

#### 4.1.1.6 模拟结果

模拟结果见表 4-3。

**表 4-3 模型模拟结果表**

| 序号 | 行业 | 2015 年产量 | 模型计算产量 | 产值系数 /(万元/t) | 2015 年产值 /万元 | 模型预测产值/万元 |
|---|---|---|---|---|---|---|
| 1 | 煤炭开采和洗选业 | 968680t | 975141t | 0.002276 | 2100 | 2219 |
| 2 | 农副食品加工业 | 133240t | 119945t | 0.374919 | 44270 | 44970 |

续表

| 序号 | 行业 | 2015年产量 | 模型计算产量 | 产值系数/(万元/t) | 2015年产值/万元 | 模型预测产值/万元 |
|---|---|---|---|---|---|---|
| 3 | 饮料制造业 | 188942t | 209057t | 0.355856 | 71987 | 74394 |
| 4 | 非金属矿物制品业 | 595083t | 586258t | 0.087895 | 57878 | 51529 |
| 5 | 造纸及纸制品业 | 188377t | 168420t | 1.202678 | 186036 | 202556 |
| 6 | 石油加工、炼焦及核燃料加工业 | 23537t | 24891t | 0.653533 | 15918 | 16267 |
| 7 | 化学原料及化学制品制造业 | 101833t | 100563t | 0.354783 | 35389 | 35678 |
| 8 | 橡胶制品业 | 4935808条 | 5095179条 | 0.024849 | 112499 | 126612 |
| 9 | 原油加工及石油制品制造 | 52100t | 40917t | 0.262371 | 9859 | 10735 |
| 10 | 医药制造业 | 63258万支 | 76687万支 | 2.250749 | 172067 | 172603 |
| 11 | 黑色金属冶炼业及压延加工业 | 105000t | 109849t | 0.222258 | 25200 | 24415 |
| 12 | 专用设备制造业 | 15161t | 14773t | 9.208450 | 130316 | 136034 |
| 13 | 通用设备制造业 | 100万台/蒸t | 100万台/蒸t | 354.5263 | 33680 | 35453 |
| 14 | 交通运输设备制造业 | 24972套(辆) | 25315套(辆) | 0.595250 | 15000 | 15069 |
| 15 | 电力、热力的生产和供应业 | 12060977吉焦 | 12235265吉焦 | 0.017602 | 222550 | 215367 |
| 16 | 烟草制品业 | 159393箱 | 162658箱 | 0.506262 | 86098 | 82348 |
| 17 | 木材加工及竹、藤、棕、草制品业 | 12460$m^2$ | 136574$m^2$ | 0.109305 | 14553 | 14928 |
| 合计 | | | | | 1235399 | 1261177 |

## 4.1.2 牡丹江产业结构调整方案

### 4.1.2.1 决策变量的设置

作为模型中最重要的决策变量，行业的选择涉及整个系统模型，是全局决策变量，它们既可以对系统的状态和发展趋势给予详细的描述，又涉及决策者所关心的主要问题。工业产业结构是工业内部各部门、各行业的比例关系，这种比例关系可以用产量或产值来表示。从水环境的角度考虑工业结构的优化，就是在达到水环境目标的前提下，对工业体系内各行业之间的相互比例关系、发展速度和所产生的主要水体污染物的数量关系进行优化调整，优化过程是一个动态过程，在不同的地区、不同的产业发展阶段和时间上优化的内容不同。本研究针对牡丹江流域的工业行业现状，选取对水污染贡献较大的、产品能进行统一核算的主要工业行业进行定量研究，选择参与优化的决策变量包括煤炭开采和洗选业等21个行业。决策变量的选择是以研究区的各项指标的历史数据为基础，从研究区的社会经济、工业用水、污染排放情况以及产业发展方向等方面，综合考虑相关资料的可操作性，设置了21个决策变量（见表4-4）。

表 4-4 模型的决策变量

| 决策变量 | 变量名称 | 决策变量 | 变量名称 |
|---|---|---|---|
| $x_1$ | 煤炭开采和洗选业 | $x_{12}$ | 铁路、船舶、航空航天和其他运输设备制造业 |
| $x_2$ | 农副食品加工业 | $x_{13}$ | 交通运输设备制造业 |
| $x_3$ | 饮料制造业 | $x_{14}$ | 通用设备制造业 |
| $x_4$ | 橡胶制品业 | $x_{15}$ | 金属制品、机械和设备修理业 |
| $x_5$ | 非金属矿物制品业 | $x_{16}$ | 烟草制品业 |
| $x_6$ | 造纸及纸制品业 | $x_{17}$ | 化学原料及化学制品制造业 |
| $x_7$ | 石油加工、炼焦及核燃料加工业 | $x_{18}$ | 木材加工及竹、藤、棕、草制品业 |
| $x_8$ | 医药制造业 | $x_{19}$ | 通信设备、计算机及其他电子设备制造业 |
| $x_9$ | 黑色金属冶炼业及压延加工业 | $x_{20}$ | 黑色金属矿采选业 |
| $x_{10}$ | 电力、热力的生产和供应业 | $x_{21}$ | 非金属矿采选业 |
| $x_{11}$ | 其他制造业 | | |

#### 4.1.2.2 约束条件

约束条件是实现目标函数的限制因素，主要限于与工业结构关系密切的水资源需求、社会需求和生态环境要求。根据研究区域国民经济和社会发展目标以及相关规划控制指标和预测值，选出与工业结构关系密切的约束条件，确立约束值并建立约束方程。以 2012 年为基准年，2020 年、2025 年为近、中期规划水平年。

(1) 经济约束

在分析牡丹江流域经济社会环境的基础上，预计 2020 年经济发展还处在一个中低速增长的阶段，结合牡丹江国民经济和社会发展“十二五”规划，“十二五”期间牡丹江经济发展速度为 8%～10%；“十三五”为 6%～8%；“十四五”为 5%～6%。“十三五”期间牡丹江市处于工业化中期，产业结构将继续保持“三、二、一”产业格局，三大产业对生产总值增长的拉动依次为第三产业＞第二产业＞第一产业。预计到“十四五”阶段，第二产业将超过第三产业，成为牡丹江第一支柱产业，规划水平年预测结果见表 4-5。

表 4-5 牡丹江流域 GDP 预测结果及三产比例

| 年份 | GDP /亿元 | 第一产业 GDP/亿元 | 第二产业 GDP（工业总产值）/亿元 | 第三产业 GDP/亿元 | 第一产业比重/% | 第二产业比重/% | 第三产业比重/% |
|---|---|---|---|---|---|---|---|
| 2012 | 1093 | 189 | 438(167) | 465 | 17 | 40 | 43 |
| 2020 | 1937 | 329 | 736(309) | 872 | 17 | 38 | 45 |
| 2025 | 2592 | 389 | 1011(398) | 1192 | 15 | 39 | 46 |

(2) 工业用水量约束

工业用水量为所取用新鲜用水与重复利用水量之和。工业用水重复利用率就是指在一定的时间内生产过程中使用的重复利用水量与总用水量之比。科技的进步和节水措施的实施使水的重复利用率逐渐提高，而万元产值取水量不断减少。当重复利用率增长到一定程度后，再提高就比较困难了，因此，重复利用率增长变缓。工业取水、工业用水主要依据牡丹江国民经济和社会发展计划纲要和规划年远景目标，以工业总产值平均增长率作为控制指标来进行预测。

本研究中工业用水量预测采用万元产值用水量方法，用现状年万元产值或预测水平年万元产值乘以工业万元产值用水量定额。利用 2012 年牡丹江单位工业总产值用水量和新鲜用水量数据（见表 4-6）表征今后一段时间内单位工业总产值用水及新水系数的变化趋势，预测结果见表 4-7。

**表 4-6　2006—2012 年牡丹江单位工业总产值年用水量**

| 年份 | 工业总产值/亿元 | 单位工业总产值用水量/(t/万元) | 单位工业总产值新鲜用水量/(t/万元) |
|---|---|---|---|
| 2006 | 67.6 | 109.2 | 33.3 |
| 2007 | 80 | 92.5 | 30.6 |
| 2008 | 96 | 173.5 | 98.5 |
| 2009 | 91 | 168 | 100.2 |
| 2010 | 144.7 | 131 | 68 |
| 2011 | 146 | 97.5 | 33.95 |
| 2012 | 167.12 | 270.59 | 30 |

**表 4-7　牡丹江工业用水量预测结果**　　单位：$10^4$ t

| 年份 | 工业用水量 | 新鲜用水量 | 重复用水量 |
|---|---|---|---|
| 2012 | 45220 | 5013 | 40207 |
| 2020 | 83458 | 9273 | 74185 |
| 2025 | 107531 | 11948 | 95583 |

（3）工业废水及污染物排放约束

采用排污强度预测工业废水和污染物排放量。排污强度是指单位工业总产值产出的废水或污染物的排放量。2006—2012 年牡丹江单位工业总产值废水和 COD 排放系数的数据见表 4-8，由于数据差距较大，采用 2012 年数据进行预测，表征今后一段时间内单位工业总产值 COD、氨氮排放系数的变化。采用 5 年 COD 削减 7%，氨氮削减 10%进行计算，进而得到各规划年 COD 和氨氮的排放情况（见表 4-9）。

**表 4-8　2006—2012 年牡丹江单位工业总产值工业废水及污染物排放情况**

| 年份 | 工业废水排放量/$10^4$t | COD 排放量/t | 氨氮排放量/t | 废水排放强度/(t/万元) | COD 排放强度/(t/万元) | 氨氮排放强度/(t/万元) |
|---|---|---|---|---|---|---|
| 2006 | 1786.11 | 14161.3 | 66.52 | 26.42 | 20.95 | 0.10 |
| 2007 | 1944.01 | 13841.4 | 69.60 | 24.32 | 17.32 | 0.09 |
| 2008 | 2210.6 | 14071.7 | 780.39 | 23.03 | 14.66 | 0.81 |
| 2009 | 1851.63 | 15215.4 | 800.15 | 20.32 | 16.70 | 0.88 |
| 2010 | 2333.45 | 15812.6 | 321.01 | 16.13 | 10.93 | 0.22 |
| 2011 | 2717.63 | 5104.39 | 326.97 | 18.61 | 3.50 | 0.22 |
| 2012 | 2051 | 5843 | 84 | 12.27 | 3.5 | 0.05 |

表 4-9 牡丹江 COD、氨氮预测表

| 年份 | COD 排放量/t | 氨氮排放量/t |
|---|---|---|
| 2012 | 5843 | 84 |
| 2020 | 5244 | 71.8 |
| 2025 | 4877 | 65 |

#### 4.1.2.3 规划年决策变量系数确定

模型决策变量系数为各行业用水系数、废水及污染物的排放系数，由于各行业的规模、产品结构、生产工艺、技术水平、措施等多种因素的原因，不同地区行业的各种效益系数不同，数值差异也比较大。随着各行业清洁水平的提高，区域内产业结构的优化和调整，循环经济的推行，必将使各个工业部门的用水和排污系数明显下降，在区域内可持续发展原则和经济环境的目标约束下，各行业发展速度和规模也将会受到限制，所以各行业的用水系数和排污强度，对整个工业的用水结构和排污结构有重要的意义，对整个工业经济的发展也有深远的影响。

结合牡丹江经济未来发展趋势及大量文献研究工作的成果和经验，对牡丹江工业部门的用水系数和排污强度进行设置选取，从而确定以下三种不同的情景方案。牡丹江各行业基准年 2012 年的污染物排放见表 4-10。

表 4-10 牡丹江 2012 年各行业污染物排放表

| 行业 | 工业总产值/亿元 | 工业用水量/$10^4$t | 新鲜用水量/$10^4$t | 工业废水排放量/$10^4$t | COD 排放量/t | 氨氮排放量/t |
|---|---|---|---|---|---|---|
| 煤炭开采和洗选业 | 1.36 | 272.00 | 166.00 | 144.00 | 78.00 | 2.92 |
| 农副食品加工业 | 4.31 | 651.10 | 415.06 | 257.47 | 2736.18 | 11.27 |
| 酒、饮料和精制茶制造业 | 6.14 | 417.30 | 362.30 | 280.80 | 519.38 | 3.97 |
| 橡胶和塑料制品业 | 16.0631 | 1887.1773 | 170.0005 | 153 | 122 | 6.21 |
| 非金属矿物制品业 | 11.89 | 140.67 | 47.21 | 31.84 | 47.62 | 6.60 |
| 造纸和纸制品业 | 21.72 | 1869.66 | 963.81 | 841.48 | 1700.52 | 33.89 |
| 石油加工、炼焦和核燃料加工业 | 25.54 | 129.33 | 118.70 | 100.41 | 351.45 | 3.00 |
| 医药制造业 | 7.34 | 8.04 | 7.28 | 2.72 | 2.13 | 0.15 |
| 黑色金属冶炼和压延加工业 | 0.81 | 230.25 | 16.25 | 0.59 | 0.53 | 0.04 |
| 电力、热力生产和供应业 | 25.06 | 36037.09 | 2429.77 | 27.54 | 15.82 | 0.68 |
| 其他制造业 | 6.42 | 14.70 | 12.28 | 12.18 | 10.70 | 0.74 |
| 铁路、船舶、航空航天和其他运输设备制造业 | 4.18 | 81.00 | 65.00 | 18.00 | 16.38 | 0.43 |
| 汽车制造业 | 3.37 | 6.70 | 3.90 | 0.00 | 0.00 | 0.00 |
| 通用设备制造业 | 0.40 | 0.00 | 0.00 | 0.00 | 0.00 | 0.00 |
| 金属制品、机械和设备修理业 | 16.98 | 26.18 | 15.87 | 5.71 | 1.82 | 0.20 |
| 烟草制品业 | 10.05 | 30.25 | 28.27 | 18.66 | 73.29 | 0.27 |
| 化学原料和化学制品制造业 | 3.31 | 3260.54 | 153.64 | 133.21 | 145.47 | 11.99 |

续表

| 行业 | 工业总产值/亿元 | 工业用水量/$10^4$t | 新鲜用水量/$10^4$t | 工业废水排放量/$10^4$t | COD排放量/t | 氨氮排放量/t |
|---|---|---|---|---|---|---|
| 木材加工和木、竹、藤、棕、草制品业 | 1.64 | 7.75 | 5.55 | 4.35 | 4.68 | 0.26 |
| 计算机、通信和其他电子设备制造业 | 0.25 | 0.24 | 0.18 | 0.00 | 0.00 | 0.00 |
| 黑色金属矿采选业 | 0.29 | 145.20 | 30.80 | 19.28 | 17.35 | 1.54 |
| 非金属矿采选业 | 0.01 | 5.46 | 1.60 | 0.00 | 0.00 | 0.00 |

情景方案一（基本治理情景）：工业按照预测趋势增长，污水处理力度小，工业清洁生产水平、排污治理工作不尽完善，工业废水污染物排放浓度较高。这是一个由现状外推得到的情景，若不实施任何措施改变现状，污染物的排放将按照此情景发展，即根据牡丹江各行业用水定额和污染物排放水平递减。

情景方案二（污染控制情景）：与全流域排放强度平均水平比较，对于优于平均水平的产业，按照自身水平提高10%设计，对于低于平均水平的行业参照流域内清洁生产水平较高的企业的相关数据。

情景方案三（污染控制＋工业结构优化情景）：提升工艺水平，优化工业结构，淘汰落后小规模企业，发展循环经济等措施，水污染管理体系健全，污水处理力度大，工业清洁生产水平高，节水、排污治理效果好，水重复利用率明显提高，工业污染物均达标排放，在情景方案二主要行业水平的基础上各相关系数再整体提高20%。

#### 4.1.2.4 模型求解

依据牡丹江各工业行业相关系数，根据三种情景方案设置要求，计算出各工业行业的耗水、排污系数，将所得结果及约束值代入模型中进行计算求解。经过多次运算，通过优选，每个规划水平年得到三个优选方案，结果见表4-11～表4-16。

**表4-11 2020年牡丹江工业结构优化方案一**

| 行业 | 工业总产值/亿元 | 工业用水量/$10^4$t | 新鲜用水量/$10^4$t | 工业废水排放量/$10^4$t | COD排放量/t | 氨氮排放量/t |
|---|---|---|---|---|---|---|
| 煤炭开采和洗选业 | 2.25 | 431.19 | 185.49 | 146.77 | 60.15 | 3.48 |
| 农副食品加工业 | 7.49 | 865.53 | 488.70 | 275.79 | 3024.46 | 14.10 |
| 酒、饮料和精制茶制造业 | 12.00 | 619.52 | 476.96 | 232.52 | 472.42 | 5.77 |
| 橡胶和塑料制品业 | 27.16 | 2443.94 | 194.69 | 158.80 | 97.03 | 10.29 |
| 非金属矿物制品业 | 28.53 | 222.45 | 66.05 | 40.52 | 45.95 | 12.27 |
| 造纸和纸制品业 | 32.23 | 2041.64 | 931.64 | 455.80 | 1237.87 | 36.46 |
| 石油加工、炼焦和核燃料加工业 | 43.86 | 169.72 | 138.05 | 106.02 | 282.13 | 2.13 |
| 医药制造业 | 11.86 | 9.98 | 8.00 | 1.67 | 1.62 | 0.20 |
| 黑色金属冶炼和压延加工业 | 1.41 | 306.95 | 19.17 | 0.64 | 0.43 | 0.60 |
| 电力、热力生产和供应业 | 38.62 | 36945.05 | 2419.85 | 19.21 | 9.05 | 0.47 |
| 其他制造业 | 13.82 | 16.56 | 15.37 | 8.56 | 7.70 | 0.40 |
| 铁路、船舶、航空航天和其他运输设备制造业 | 10.42 | 141.77 | 100.80 | 25.37 | 17.54 | 0.48 |

续表

| 行业 | 工业总产值/亿元 | 工业用水量/$10^4$t | 新鲜用水量/$10^4$t | 工业废水排放量/$10^4$t | COD排放量/t | 氨氮排放量/t |
|---|---|---|---|---|---|---|
| 汽车制造业 | 8.37 | 11.73 | 6.05 | 0.00 | 0.00 | 0.00 |
| 通用设备制造业 | 0.52 | 0.00 | 0.00 | 0.00 | 0.00 | 0.00 |
| 金属制品、机械和设备修理业 | 38.04 | 45.82 | 24.62 | 8.06 | 1.95 | 0.22 |
| 烟草制品业 | 25.73 | 47.84 | 39.54 | 23.75 | 70.73 | 0.25 |
| 化学原料和化学制品制造业 | 3.18 | 4278.71 | 178.69 | 140.65 | 116.78 | 8.51 |
| 木材加工和木、竹、藤、棕、草制品业 | 2.86 | 10.33 | 6.55 | 4.72 | 3.82 | 0.20 |
| 计算机、通信和其他电子设备制造业 | 0.47 | 0.33 | 0.25 | 0.00 | 0.00 | 0.00 |
| 黑色金属矿采选业 | 0.47 | 230.18 | 34.42 | 19.66 | 13.38 | 1.26 |
| 非金属矿采选业 | 0.01 | 7.56 | 2.22 | 0.00 | 0.00 | 0.00 |
| 合计 | 309.31 | 48846.79 | 5337.10 | 1668.50 | 5463.03 | 97.09 |

**表 4-12　2020 年牡丹江工业结构优化方案二**

| 行业 | 工业总产值/亿元 | 工业用水量/$10^4$t | 新鲜用水量/$10^4$t | 工业废水排放量/$10^4$t | COD排放量/t | 氨氮排放量/t |
|---|---|---|---|---|---|---|
| 煤炭开采和洗选业 | 2.17 | 396.29 | 181.13 | 151.26 | 62.21 | 2.50 |
| 农副食品加工业 | 8.06 | 964.89 | 670.51 | 313.20 | 2617.32 | 13.70 |
| 酒、饮料和精制茶制造业 | 11.87 | 639.59 | 472.31 | 277.16 | 602.59 | 3.56 |
| 橡胶和塑料制品业 | 27.28 | 2517.48 | 213.75 | 167.88 | 141.43 | 5.07 |
| 非金属矿物制品业 | 31.15 | 290.94 | 86.39 | 53.88 | 85.61 | 6.63 |
| 造纸和纸制品业 | 30.44 | 2109.40 | 913.62 | 555.13 | 744.27 | 22.24 |
| 石油加工、炼焦和核燃料加工业 | 45.16 | 181.06 | 152.93 | 115.47 | 366.02 | 2.88 |
| 医药制造业 | 13.15 | 9.73 | 8.75 | 2.26 | 2.28 | 0.09 |
| 黑色金属冶炼和压延加工业 | 1.54 | 345.86 | 20.56 | 0.73 | 0.70 | 0.04 |
| 电力、热力生产和供应业 | 39.28 | 38447.94 | 2336.80 | 24.11 | 12.39 | 0.55 |
| 其他制造业 | 12.15 | 21.95 | 18.19 | 12.82 | 7.44 | 0.53 |
| 铁路、船舶、航空航天和其他运输设备制造业 | 10.48 | 133.77 | 101.56 | 21.81 | 13.36 | 0.32 |
| 汽车制造业 | 8.45 | 11.07 | 6.09 | 0.00 | 0.00 | 0.00 |
| 通用设备制造业 | 1.00 | 0.00 | 0.00 | 0.00 | 0.00 | 0.00 |
| 金属制品、机械和设备修理业 | 42.59 | 43.23 | 24.80 | 6.92 | 1.48 | 0.15 |
| 烟草制品业 | 26.32 | 62.58 | 51.72 | 31.58 | 131.78 | 0.38 |
| 化学原料和化学制品制造业 | 3.85 | 4564.67 | 197.96 | 153.18 | 151.50 | 11.50 |
| 木材加工和木、竹、藤、棕、草制品业 | 3.11 | 11.64 | 7.02 | 5.40 | 6.20 | 0.27 |
| 计算机、通信和其他电子设备制造业 | 0.47 | 0.33 | 0.25 | 0.00 | 0.00 | 0.00 |

续表

| 行业 | 工业总产值/亿元 | 工业用水量/$10^4$t | 新鲜用水量/$10^4$t | 工业废水排放量/$10^4$t | COD排放量/t | 氨氮排放量/t |
|---|---|---|---|---|---|---|
| 黑色金属矿采选业 | 0.46 | 211.55 | 33.61 | 20.26 | 13.84 | 1.32 |
| 非金属矿采选业 | 0.01 | 7.56 | 2.22 | 0.00 | 0.00 | 0.00 |
| 合计 | 318.99 | 50971.53 | 5500.18 | 1913.03 | 4960.42 | 71.72 |

**表 4-13　2020 年牡丹江工业结构优化方案三**

| 行业 | 工业总产值/亿元 | 工业用水量/$10^4$t | 新鲜用水量/$10^4$t | 工业废水排放量/$10^4$t | COD排放量/t | 氨氮排放量/t |
|---|---|---|---|---|---|---|
| 煤炭开采和洗选业 | 1.93 | 249.80 | 156.53 | 101.00 | 49.67 | 1.78 |
| 农副食品加工业 | 10.02 | 1380.78 | 905.00 | 413.87 | 2722.75 | 15.07 |
| 酒、饮料和精制茶制造业 | 14.47 | 644.34 | 442.64 | 328.64 | 555.09 | 4.78 |
| 橡胶和塑料制品业 | 34.42 | 2662.56 | 248.58 | 164.08 | 119.39 | 5.36 |
| 非金属矿物制品业 | 34.19 | 265.76 | 92.09 | 44.96 | 62.51 | 7.05 |
| 造纸和纸制品业 | 32.23 | 1638.96 | 801.58 | 560.68 | 712.11 | 20.09 |
| 石油加工、炼焦和核燃料加工业 | 43.62 | 165.07 | 129.13 | 111.19 | 334.97 | 2.80 |
| 医药制造业 | 19.28 | 13.85 | 9.74 | 2.96 | 2.08 | 0.13 |
| 黑色金属冶炼和压延加工业 | 1.40 | 262.11 | 19.01 | 0.51 | 0.41 | 0.04 |
| 电力、热力生产和供应业 | 40.45 | 38331.63 | 2657.12 | 22.18 | 9.54 | 0.35 |
| 其他制造业 | 13.36 | 20.10 | 17.26 | 12.63 | 10.14 | 0.63 |
| 铁路、船舶、航空航天和其他运输设备制造业 | 10.30 | 131.05 | 91.17 | 20.24 | 16.68 | 0.41 |
| 汽车制造业 | 8.30 | 10.84 | 5.47 | 0.00 | 0.00 | 0.00 |
| 通用设备制造业 | 0.99 | 0.00 | 0.00 | 0.00 | 0.00 | 0.00 |
| 金属制品、机械和设备修理业 | 41.86 | 42.35 | 22.26 | 6.42 | 1.85 | 0.19 |
| 烟草制品业 | 28.89 | 57.16 | 55.13 | 26.35 | 96.22 | 0.29 |
| 化学原料和化学制品制造业 | 2.97 | 4161.44 | 188.00 | 147.51 | 138.65 | 8.66 |
| 木材加工和木、竹、藤、棕、草制品业 | 2.83 | 8.82 | 6.50 | 3.75 | 3.62 | 0.21 |
| 计算机、通信和其他电子设备制造业 | 0.47 | 0.33 | 0.25 | 0.00 | 0.00 | 0.00 |
| 黑色金属矿采选业 | 0.40 | 201.20 | 42.68 | 19.77 | 16.74 | 1.46 |
| 非金属矿采选业 | 0.01 | 5.01 | 1.51 | 0.00 | 0.00 | 0.00 |
| 合计 | 342.38 | 50253.18 | 5891.65 | 1986.72 | 4852.45 | 69.30 |

**表 4-14　2025 年牡丹江工业结构优化方案一**

| 行业 | 工业总产值/亿元 | 工业用水量/$10^4$t | 新鲜用水量/$10^4$t | 工业废水排放量/$10^4$t | COD排放量/t | 氨氮排放量/t |
|---|---|---|---|---|---|---|
| 煤炭开采和洗选业 | 2.51 | 419.07 | 160.77 | 117.53 | 52.93 | 3.58 |
| 农副食品加工业 | 9.87 | 880.81 | 438.76 | 229.48 | 3261.00 | 16.42 |

续表

| 行业 | 工业总产值/亿元 | 工业用水量/$10^4$t | 新鲜用水量/$10^4$t | 工业废水排放量/$10^4$t | COD排放量/t | 氨氮排放量/t |
|---|---|---|---|---|---|---|
| 酒、饮料和精制茶制造业 | 14.85 | 682.68 | 463.28 | 209.11 | 486.88 | 6.04 |
| 橡胶和塑料制品业 | 31.84 | 2447.64 | 171.38 | 131.26 | 99.68 | 12.87 |
| 非金属矿物制品业 | 45.29 | 256.42 | 67.11 | 38.19 | 86.59 | 17.84 |
| 造纸和纸制品业 | 29.91 | 1806.17 | 728.78 | 328.14 | 1102.58 | 38.21 |
| 石油加工、炼焦和核燃料加工业 | 53.42 | 171.14 | 122.76 | 87.37 | 305.11 | 2.66 |
| 医药制造业 | 15.12 | 9.67 | 6.84 | 1.32 | 2.40 | 0.45 |
| 黑色金属冶炼和压延加工业 | 1.64 | 312.83 | 17.23 | 0.53 | 0.60 | 0.50 |
| 电力、热力生产和供应业 | 42.89 | 33383.22 | 1928.61 | 14.14 | 11.34 | 0.81 |
| 其他制造业 | 15.82 | 16.93 | 13.87 | 7.13 | 8.70 | 0.52 |
| 铁路、船舶、航空航天和其他运输设备制造业 | 13.74 | 137.23 | 111.95 | 26.10 | 19.41 | 0.70 |
| 汽车制造业 | 11.08 | 11.35 | 6.72 | 0.00 | 0.00 | 0.00 |
| 通用设备制造业 | 1.32 | 0.00 | 0.00 | 0.00 | 0.00 | 0.00 |
| 金属制品、机械和设备修理业 | 59.86 | 44.35 | 27.34 | 8.28 | 2.71 | 0.40 |
| 烟草制品业 | 41.29 | 55.15 | 40.18 | 22.38 | 123.76 | 0.42 |
| 化学原料和化学制品制造业 | 2.93 | 4011.00 | 158.91 | 115.91 | 105.59 | 6.66 |
| 木材加工和木、竹、藤、棕、草制品业 | 4.33 | 10.53 | 5.89 | 3.91 | 4.95 | 0.21 |
| 计算机、通信和其他电子设备制造业 | 0.69 | 0.34 | 0.25 | 0.00 | 0.00 | 0.00 |
| 黑色金属矿采选业 | 0.53 | 223.71 | 29.83 | 15.74 | 11.77 | 1.31 |
| 非金属矿采选业 | 0.01 | 7.72 | 2.26 | 0.00 | 0.00 | 0.00 |
| 合计 | 398.94 | 44887.95 | 4502.70 | 1356.52 | 5686.00 | 109.6 |

**表 4-15 2025 年牡丹江工业结构优化方案二**

| 行业 | 工业总产值/亿元 | 工业用水量/$10^4$t | 新鲜用水量/$10^4$t | 工业废水排放量/$10^4$t | COD排放量/t | 氨氮排放量/t |
|---|---|---|---|---|---|---|
| 煤炭开采和洗选业 | 2.56 | 400.90 | 158.29 | 137.59 | 59.48 | 1.80 |
| 农副食品加工业 | 10.28 | 1065.67 | 484.59 | 310.83 | 2681.09 | 9.71 |
| 酒、饮料和精制茶制造业 | 15.30 | 721.43 | 452.31 | 280.72 | 614.12 | 3.62 |
| 橡胶和塑料制品业 | 32.39 | 2607.93 | 182.42 | 159.54 | 134.55 | 7.98 |
| 非金属矿物制品业 | 48.81 | 396.06 | 113.71 | 65.28 | 107.38 | 8.95 |
| 造纸和纸制品业 | 30.44 | 1967.68 | 693.26 | 461.63 | 647.30 | 16.09 |
| 石油加工、炼焦和核燃料加工业 | 55.52 | 171.02 | 140.96 | 110.68 | 316.32 | 2.12 |
| 医药制造业 | 16.18 | 10.45 | 8.12 | 2.18 | 1.95 | 0.07 |
| 黑色金属冶炼和压延加工业 | 1.98 | 384.80 | 23.29 | 0.73 | 0.62 | 0.03 |

续表

| 行业 | 工业总产值/亿元 | 工业用水量/$10^4$t | 新鲜用水量/$10^4$t | 工业废水排放量/$10^4$t | COD排放量/t | 氨氮排放量/t |
|---|---|---|---|---|---|---|
| 电力、热力生产和供应业 | 44.89 | 38149.66 | 2004.13 | 21.50 | 8.50 | 0.38 |
| 其他制造业 | 15.35 | 24.07 | 17.23 | 12.63 | 5.87 | 0.40 |
| 铁路、船舶、航空航天和其他运输设备制造业 | 14.79 | 163.81 | 114.72 | 24.01 | 9.99 | 0.27 |
| 汽车制造业 | 11.93 | 13.55 | 6.88 | 0.00 | 0.00 | 0.00 |
| 通用设备制造业 | 1.42 | 0.00 | 0.00 | 0.00 | 0.00 | 0.00 |
| 金属制品、机械和设备修理业 | 60.13 | 52.94 | 28.02 | 7.62 | 1.11 | 0.13 |
| 烟草制品业 | 41.24 | 85.18 | 68.08 | 38.26 | 165.28 | 0.36 |
| 化学原料和化学制品制造业 | 2.19 | 3711.00 | 112.00 | 121.30 | 96.00 | 5.43 |
| 木材加工和木、竹、藤、棕、草制品业 | 4.01 | 12.95 | 7.96 | 5.40 | 5.50 | 0.20 |
| 计算机、通信和其他电子设备制造业 | 0.75 | 0.37 | 0.27 | 0.00 | 0.00 | 0.00 |
| 黑色金属矿采选业 | 0.54 | 214.01 | 29.37 | 18.43 | 13.23 | 0.95 |
| 非金属矿采选业 | 0.02 | 8.32 | 2.44 | 0.00 | 0.00 | 0.00 |
| 合计 | 410.70 | 50161.80 | 4648.06 | 1778.32 | 4868.29 | 58.50 |

**表 4-16　2025 年牡丹江工业结构优化方案三**

| 行业 | 工业总产值/亿元 | 工业用水量/$10^4$t | 新鲜用水量/$10^4$t | 工业废水排放量/$10^4$t | COD排放量/t | 氨氮排放量/t |
|---|---|---|---|---|---|---|
| 煤炭开采和洗选业 | 2.35 | 245.55 | 144.12 | 91.01 | 42.24 | 1.39 |
| 农副食品加工业 | 16.82 | 1298.02 | 694.52 | 363.72 | 2696.55 | 10.52 |
| 酒、饮料和精制茶制造业 | 16.64 | 575.33 | 459.57 | 274.24 | 452.30 | 2.93 |
| 橡胶和塑料制品业 | 41.59 | 2691.40 | 216.07 | 142.36 | 96.18 | 5.49 |
| 非金属矿物制品业 | 56.34 | 340.80 | 109.99 | 54.19 | 108.94 | 6.27 |
| 造纸和纸制品业 | 32.23 | 1463.15 | 696.02 | 468.26 | 649.85 | 15.73 |
| 石油加工、炼焦和核燃料加工业 | 64.96 | 191.45 | 149.81 | 120.63 | 387.67 | 2.00 |
| 医药制造业 | 37.64 | 21.09 | 14.11 | 4.22 | 2.74 | 0.15 |
| 黑色金属冶炼和压延加工业 | 1.71 | 248.25 | 16.82 | 0.45 | 0.34 | 0.04 |
| 电力、热力生产和供应业 | 53.35 | 39366.13 | 2449.04 | 21.09 | 8.46 | 0.35 |
| 其他制造业 | 16.03 | 18.74 | 15.05 | 10.90 | 6.81 | 0.61 |
| 铁路、船舶、航空航天和其他运输设备制造业 | 20.13 | 168.32 | 101.51 | 22.19 | 17.61 | 0.41 |
| 汽车制造业 | 16.23 | 13.92 | 6.09 | 0.00 | 0.00 | 0.00 |
| 通用设备制造业 | 1.93 | 0.00 | 0.00 | 0.00 | 0.00 | 0.00 |
| 金属制品、机械和设备修理业 | 81.84 | 54.40 | 24.79 | 7.05 | 1.96 | 0.20 |
| 烟草制品业 | 47.61 | 73.30 | 65.85 | 31.76 | 106.09 | 0.25 |

续表

| 行业 | 工业总产值/亿元 | 工业用水量/$10^4$t | 新鲜用水量/$10^4$t | 工业废水排放量/$10^4$t | COD排放量/t | 氨氮排放量/t |
|---|---|---|---|---|---|---|
| 化学原料和化学制品制造业 | 2.58 | 3926.00 | 132.00 | 135.00 | 118.00 | 5.56 |
| 木材加工和木、竹、藤、棕、草制品业 | 3.47 | 8.36 | 5.75 | 3.35 | 2.99 | 0.10 |
| 计算机、通信和其他电子设备制造业 | 0.75 | 0.37 | 0.27 | 0.00 | 0.00 | 0.00 |
| 黑色金属矿采选业 | 0.48 | 221.32 | 46.95 | 19.77 | 16.74 | 1.46 |
| 非金属矿采选业 | 0.02 | 4.93 | 1.39 | 0.00 | 0.00 | 0.00 |
| 合计 | 514.67 | 50930.84 | 5349.72 | 1770.19 | 4715.46 | 53.47 |

#### 4.1.2.5 方案分析

依据2020年和2025年牡丹江工业结构优化的三个方案及各种方案的优化值，将三个方案进行比较分析。分析结果见表4-17和表4-18。

**表4-17 2020年牡丹江工业结构优化值与预测值比较**

| 方案 | 工业总产值/亿元 | 工业用水量/$10^4$t | 新鲜用水量/$10^4$t | 工业废水排放量/$10^4$t | COD排放量/t | 氨氮排放量/t |
|---|---|---|---|---|---|---|
| 预测值 | 309.00 | 83458.00 | 9273.00 | 2207.00 | 5244.00 | 71.80 |
| 方案一 | 309.31 | 48846.79 | 5337.10 | 1668.50 | 5463.03 | 97.09 |
| 方案二 | 318.99 | 50971.53 | 5500.18 | 1913.03 | 4960.42 | 71.72 |
| 方案三 | 342.38 | 50253.18 | 5891.65 | 1986.72 | 4852.45 | 69.30 |

**表4-18 2025年牡丹江工业结构优化值与预测值比较**

| 方案 | 工业总产值/亿元 | 工业用水量/$10^4$t | 新鲜用水量/$10^4$t | 工业废水排放量/$10^4$t | COD排放量/t | 氨氮排放量/t |
|---|---|---|---|---|---|---|
| 预测值 | 398.00 | 107531.00 | 11948.00 | 2097.00 | 4877.00 | 65.00 |
| 方案一 | 398.94 | 44887.95 | 4502.70 | 1356.52 | 5686.00 | 109.60 |
| 方案二 | 410.70 | 50161.80 | 4648.06 | 1778.32 | 4868.29 | 58.50 |
| 方案三 | 514.67 | 50930.84 | 5349.72 | 1770.19 | 4715.46 | 53.47 |

由表4-17可以看出，虽然方案一工业总产值达到了预测值的要求，但是污染物排放量均超过了预测值，显然方案一在没有进行污染物有效控制的条件下只能以牺牲环境的代价实现经济的发展；方案二和方案三工业用水量、新鲜用水量、污染物排放量均在预测值约束范围内，方案三实现的工业总产值最大，在严格控制污染物排放的基础上，污染物排放量比方案二有所降低。方案三可以达到工业发展的目标，同时污染物排放量均在控制指标范围内，方案三是理想的工业行业发展情景。

从行业上来看，牡丹江将重点支持橡胶和塑料制品业，石油加工、炼焦和核燃料加工业，电力、热力生产和供应业，金属制品、机械和设备修理业等几个行业，同时其支柱产业造纸和纸制品业，酒、饮料和精制茶制造业，烟草制品业保持适度的发展规模，在不产生新的增量的条件下扩大生产，对化学原料和化学制品制造业、黑色金属矿采选业、其他制造业、非金属矿采选业采取适度发展的措施，在行业清洁生产水平没有得到提升的情况下保持现有发展速度。

其他行业保持适度发展，重点支持新材料、新能源、机器人、信息产业发展壮大。

由表 4-18 可以看出，2025 年方案一的污染物排放各项指标的优化结果不能达到预测值的趋势及规模要求，方案一不能作为推荐方案。从工业总产值来看，方案二和方案三均能够达到工业总产值预测值的要求，方案三能够实现产值最大化，在实行严格的污染物排放控制标准和产业结构优化的基础上实现了污染物排放量的最小化，方案三是比较理想的方案。

### 4.1.3 牡丹江市工业结构调整方案优选

产业结构调整是一项涉及经济、社会、环境等各个方面的复杂工程，其转变需要一个过程，考虑到产业结构自身演变的规律性，按照“水污染防治行动计划”中全面取缔“十小”企业、专项整治十大重点行业，实行主要污染物减量和“水污染防治重点行业清洁生产技术推行方案”中推进造纸、印染等 11 个重点行业实施清洁生产技术改造，降低工业新增用水量，提高水重复利用率，减少水污染物产生，严格控制并削减行业水污染物排放总量，推动全面达标排放，促进水环境质量持续改善的目标，结合牡丹江的实际情况，认为方案三更符合发展规划，将方案三作为推荐优化方案。按照方案三对表 4-4 中列出的 21 个行业进行调整优化，优化后与预测值相比，2020 年，新鲜用水量减少 35.71%，COD 排放量减少 7.47%，氨氮排放量减少 3.48%；2025 年，新鲜用水量减少 54.72%，COD 排放量减少 1.26%，氨氮排放量减少 17.74%。工业产业结构调整前后工业总产值、COD 排放量以及氨氮排放量的对比见图 4-1～图 4-3。

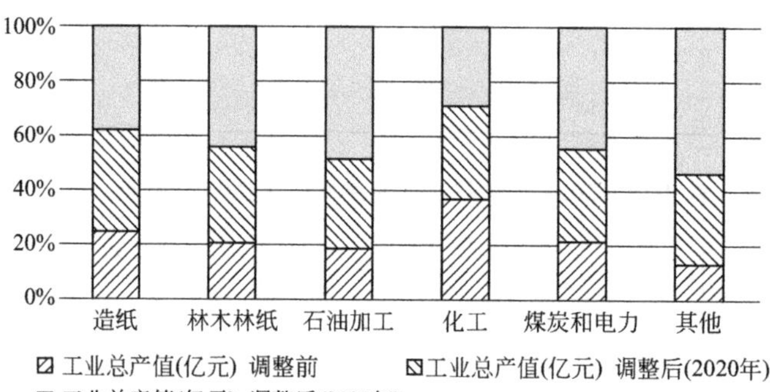


图 4-1 工业产业结构调整前后工业总产值对比

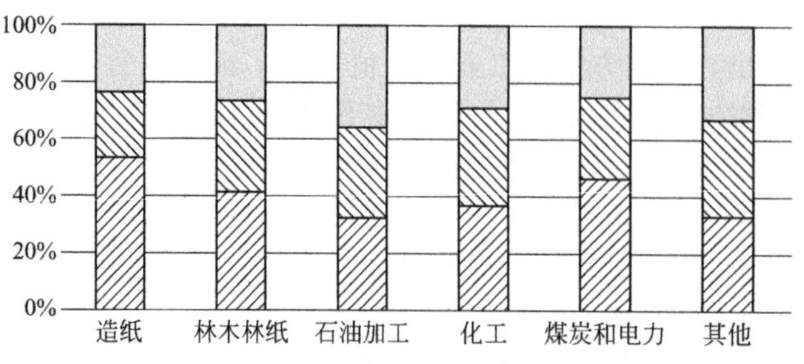


图 4-2 工业产业结构调整前后 COD 排放量对比

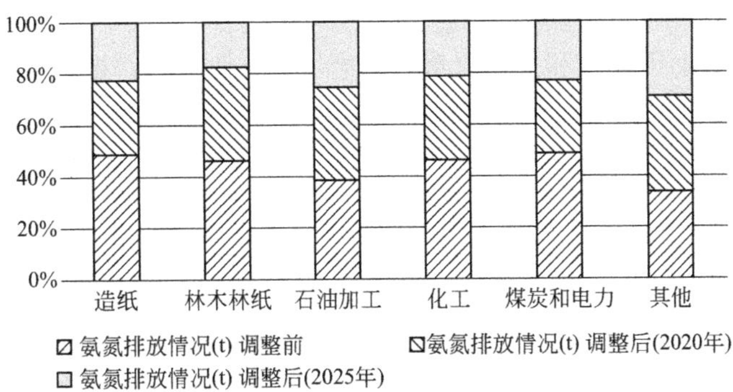


图 4-3 工业产业结构调整前后氨氮排放量对比

由图 4-1～图 4-3 可知，除化工行业外，其他行业在产业结构调整后工业总产值均有所增加，各行业 COD 及氨氮排放量均有不同程度减少。2020 年，造纸行业工业总产值增加 48.39%，化工行业工业总产值减少 10.27%；造纸和化工行业新鲜用水量分别减少 16.83% 和 22.36%，COD 排放量分别减少 58.12% 和 4.69%，氨氮排放量分别减少 40.72% 和 27.77%；2025 年，造纸行业工业总产值增加 48.39%，化工行业工业总产值减少 22.05%；造纸和化工行业新鲜用水量分别减少 27.78% 和 14.08%，COD 排放量分别减少 61.78% 和 18.88%，氨氮排放量分别减少 53.58% 和 53.63%。

### 4.1.4 牡丹江市产业结构调整建议

#### 4.1.4.1 调整农业结构，发展特色农业

(1) 农业生产

按照粮经饲统筹、农林牧渔结合、种养加一体的思路，加快构建现代农业生产体系。与消费市场和加工企业需求对接，建议以牡丹江中龙食品有限责任公司、海林北味天然食品有限责任公司、牡丹江隆赫达食品有限公司、黑龙江响水米业股份有限公司、牡丹江市鑫鹏食品有限责任公司等企业为依托，大力发展特色、高效、品牌、富民农业，全面提高农业综合生产能力，围绕“打造中国绿色有机食品之都”调整优化农业结构。在种植业方面，稳定种粮面积，优化粮食品种，在发展优质大米的同时，适当削减粮食生产面积，充分利用山林资源，着力发展蔬菜、中药材等的种植；在养殖业方面，以生猪、肉牛产业为支柱，完善产业链，大力发展黑熊、鹿等特色畜禽和鱼特色水产养殖。

依托“响水大米”品牌，在牡丹江流域南部宁安市和海林市大力发展水稻种植及精深加工，延长产业链；依托优质大豆生产基地，在北部林口县大力发展大豆种植及精深加工，增加产品附加值；中部依托蔬菜基地，发展蔬菜种植业，加强对俄蔬菜出口基地的建设。

依托大型肉制品加工企业，在中南部的宁安市、海林市发展生猪规模化养殖，北部林口县发展肉牛规模化养殖及精深加工水平，增加产品附加值。

牡丹江全流域依托林地资源，大力发展北药、黑木耳、山野菜等种植，建立研发基地，开展保健药品、健康食品加工。

依托资源优势，在宁安市的镜泊湖、海林市的莲花湖等湖库发展蒙古红鲌（红尾鱼）、花鲢、白鲢、鲤鱼、胖头鱼等特色水产品养殖。

（2）农业污染物减排

① 加强节水灌溉工程建设和节水改造　大力发展农业节水，推广渠道防渗、管道输水、喷灌、滴灌等节水灌溉技术，完善灌溉用水计量设施，提高节水灌溉水平。

② 推广测土配方施肥，减少化肥的施用量　测土配方施肥面积580万亩以上，其中粮食作物要全部实施测土配方施肥技术，化肥的施用要严格按照国家标准，增加农家肥施用量。

③ 严格控制国家明令禁止的剧毒农药的施用，减少农产品农药残留　严禁使用国家明令禁止的33种农药品种，推广高效、低毒、低残留化学除草技术，推广面积720万亩以上。

④ 畜禽养殖工厂化、规模化，畜、禽排泄物无害化处理　扶持宁安市渤海镇建鑫牧业、牡丹江正大实业有限公司等大型养殖企业、规模化养殖场建设粪便处理设施，鼓励社会资本投资建设有机肥处理厂，推行畜禽粪便无害化发酵技术。

⑤ 搞好农作物秸秆等可再生资源的综合利用　开展秸秆还田和秸秆肥料化、饲料化、基料化、原料化和能源化利用。

#### 4.1.4.2 调整工业结构，推进结构优化

牡丹江市在未来经济发展中要着重解决造纸、林木林纸、化工、煤炭和电力行业发展中所带来的水环境污染问题。从行业发展分析看，虽然牡丹江市造纸行业的排污系数较大，工业废水及污染物排放总量也较高，但该行业属于牡丹江长期产业发展中的基础产业，近几年规模还在不断扩大，基础较好，产值增加趋势明显，因此要保持其在工业总产值中的比重不变，但是企业必须重视加强新技术、新工艺的研发应用，推行清洁生产和节水技术，加强污染治理，防止污染物超标排放，形成牡丹江市林木林纸的规模化发展。石油加工业作为低耗水、低污染行业，由于在牡丹江市已经具有一定的行业基础，已经成为牡丹江市经济发展中的主导产业，要保持其快速增长，形成一批新的带动行业发展的骨干企业和新的经济增长点。化工行业作为石油加工业的延伸产业，在牡丹江市经济中并没有贡献其相应的产值，该行业必须控制其发展规模。煤炭和电力行业作为国民经济发展的基础行业，要保持其稳定发展，加强节能减排，尤其是电力行业作为耗水大的行业，应降低其耗水系数，减少用水总量。其他行业可作为牡丹江市经济发展的配套行业，适当加快其发展速度，保证其在总产值中达到一定比例，由此形成比较完善的牡丹江流域工业体系。

（1）打造造纸和林纸一体化

扩大特种纸、铜版纸、生活用纸、农用育苗纸和纸浆的生产规模，完善产品种类，提高产品档次，拓展市场份额，使牡丹江市成为国内知名的造纸产业基地。牡丹江恒丰纸业集团有限责任公司是目前全国最大的卷烟配套用纸生产企业以及世界第三大卷烟辅料用纸供应商。以恒丰集团为龙头，发展高档次、高品质的纸浆生产，进一步调整原料结构，提高木浆比重，为区域内造纸企业提供充足的原料保证，实现进口替代；不断开发替代进口的市场紧缺的高档纸类产品，稳步提高机制纸生产规模；重点发展美术铜版纸、高档卷烟纸、铝箔衬纸、滤嘴棒纸、轻量涂布纸、浸渍纸和高档瓦楞原纸等系列产品。建立原料林基地与纸浆厂相结合的规模化生产企业，重点发展以杨木、白桦等树种为代表的材积高、木材密度大、轮伐期短的速生丰产林，建设造纸林基地，延伸产业链，提高纸制品的配套能力，加速产业结构优化升级。牡丹江市造纸企业所用设备大部分为国外进口，工艺技术成熟，装备优良。从牡丹江市造纸行业在黑龙江省的地位来看，其生产总值占全省的65%，而用水量仅为12%，废水排放量占20%，COD排放量占6%，氨氮排放量占12%，造纸行业在黑龙江省的优势

比较明显。截至2015年末，造纸行业工业用水量减少$2.11\times10^7$t，新鲜用水量减少$3.53\times10^6$t，COD排放量减少3206.51t，氨氮排放量减少57.77t。

（2）开展木材深加工

重点发展实木和复合板材加工业，以海林市为主要产地，生产以科技含量高、市场需求大的高档实木复合地板、中高密度纤维板、多功能胶合板、阻燃复合板等产品为主，注重发展以绿色环保、综合利用、复合材料和超薄、超厚等功能性人造板为特点的“节木替代型”产品，替代大径材和珍贵树种，使实木和复合板材生产向规模化、功能化、高效化、节能化等方向发展，提高产品的附加值和市场竞争力，积极将牡丹江打造成为“中国新兴板材之都”。

（3）延伸石油加工产业链

进一步发展石油加工产业，结合国内外石油化工等相关产业的发展趋势，积极开发下游系列石油加工产品，延伸燃料油提取及下游深加工产业链。

（4）削减化工行业

通过行业整合，适当减少企业数量和规模，降低污染物排放量和水资源消耗量。截至2015年末，化工行业企业由9家减少到3家，工业用水量减少$3.31\times10^7$t，新鲜用水量减少$2.88\times10^6$t，化学需氧量排放量减少3263.76t，氨氮排放量减少95.02t。

（5）推进电力行业清洁化开发

加快推进林海、龙虎山水电站等项目的建设工作。搞好三间房水电站、宁安红岩水电站、东宁东升水电站、林口白虎哨水电站等牡丹江流域以及海浪河流域水力资源梯次开发，建成黑龙江省水能资源开发中心和电力调峰基地。在水电开发的同时，提出牡丹江流域生态补偿建议和措施。对于工业用水量和取水量大的企业要加强清洁化改造，应降低其耗水系数，减少用水总量和取水量。

（6）整合建材行业资源

重点加强水泥企业的资源整合，支持区域内水泥落后产能改造，鼓励企业应用新型干法水泥生产技术，采用低品位原（燃）材料和工业废渣做原料、混合材。

（7）推动生物医药产业

加快发展现代中药产业，积极开发北药资源。推行中药材标准化种植，扩大人参、高丽参、西洋参、防风、龙胆草、刺五加、黄芩、黄芪、平贝等中药材种植面积，积极提高中成药饮片、颗粒、膏剂等产品知名度。引进先进技术，整合区域医药资源，大力发展现代中药产业。重点发展中药材规范化种植和中药饮片产业化；重点开发脑心通片剂、苦碟子粉针与丹红水针、胰胆康颗粒和银选停胶囊等治疗心脑血管、胰胆和皮肤等疑难病症的新药，开发熊胆粉清热解毒系列和人参皂苷等滋补保健系列产品。加速培育一批有技术领先优势、有自主知识产权、有地方特色的中药生产企业，扩大生产规模，提高中药现代化水平，打造生产、销售、科研一体化的现代中药产业链。

（8）推进烟草行业发展

牡丹江市是黑龙江省重要的烟叶种植基地，烟叶种植面积占全省的35%左右，烤烟产量占全省30%左右，卷烟产量占全省总产量的30.5%。整合区域内烟草种植、加工及配套生产要素资源，完善产业链条，提高原材料就地加工比重，对企业进行技术改造，提升烟叶复烤加工质量，打造包含卷烟加工和辅料生产的烟草加工产业链，依靠科技手段，降低烟草的有害成分，提升产品品质，形成东北地区重要的烟草加工基地。

从水资源的角度看，牡丹江流域无论工业用水量还是新鲜用水量都有较为充裕的空间，水资源不是限制牡丹江市经济发展的制约因素，但在发展中需要控制废水的排放和污染物的排放，化学需氧量和氨氮的环境容量有限，在控制污染物排放的基础上，牡丹江市可以大力发展经济，促进环境与经济的协调发展。

#### 4.1.4.3 发展现代服务业，提升旅游发展水平

加快发展现代服务业，坚持市场化、产业化、社会化和国际化方向，按照“扩大总量、提高比重、优化结构、提高水平、拓展领域、增加就业、增强功能、规范市场”的方针，大力发展现代服务业，显著提高服务业增加值比重、就业比重和服务贸易比重，打造黑龙江省东南部消费中心。

（1）提升物流通道

以铁路、公路、航空及配套设施建设为重点，加强和完善交通运输基础设施建设，扩大物流通道疏运能力。铁路方面：加快哈牡城际高速铁路和绥牡铁路建设，提高铁路对外运输能力；构建辐射区域内外的城市群大容量快速铁路运输网络，形成衔接“长吉图”区域、连接朝鲜半岛的铁路网络，促进与邻省及东北亚区域的经贸合作；加快牡绥铁路扩能改造项目，提升铁路运输和承载能力。积极与俄罗斯远东地区政府磋商，筹划绥芬河—海参崴、东方港准轨铁路工程建设。公路方面：使鹤大、绥满等国道实现二级公路贯通。建设丹阿公路东宁至省界段、东宁至永胜段、永胜至马桥河段、八面通至鸡西穆棱界段，使牡丹江市东部形成北起穆棱、南至东宁并与吉林省路网顺适衔接的沿边一级公路走廊；加强与俄罗斯远东地区的协商与沟通，筹划绥芬河至海参崴高等级公路项目，扩展出境通道运输能力。航空方面：加快海浪机场迁建工程，更好地发挥航空口岸在沿边开放先导区建设和发展中的作用。《产业结构调整指导目录》（2015 年本）中鼓励“铁路新线建设、既有铁路改扩建、客运专线、高速铁路系统技术开发与建设、机场建设和国省干线改造升级、农村公路建设”。产业结构调整建议中提出的“以铁路、公路、航空及配套设施建设为重点，加强和完善交通运输基础设施建设，扩大物流通道疏运能力”属于《产业结构调整指导目录》的鼓励类项目。

（2）构建“东北亚休闲都会”

以牡丹江作为国际生态冰雪与避暑度假目的地为目标，构建实施旅游空间布局。针对牡丹江城市特点、旅游资源特点、客源市场特点，重点建设以下旅游产业集聚区。

① 镜泊湖—渤海国旅游产业集聚区　包括镜泊湖风景区、镜泊峡谷、火山口森林公园、小北湖、渤海国上京龙泉府遗址、响水稻作主题公园、渤海镇、东京城镇、响水镇等。按照国际化要求，将高品级旅游资源转变成为国际性旅游产品，提升产品的服务水平，打造成为集东北亚文化深度体验、湖滨观光、休闲度假、生态科普、火山遗迹观光、稻作文化体验等于一体的综合型旅游目的地。

② 中国雪乡—海浪河旅游产业集聚区　包括中国雪乡、雪乡国家级森林公园、亿龙水上风情园等。充分利用中国雪乡的溢出效应，在雪乡沿线发展赏雪、玩雪、滑雪等冰雪主题项目；借助亿龙水上风情园庞大旅游客源，沿海浪河打造夏季避暑滨水体验带。

③ 林海雪原旅游产业集聚区　包括威虎山影视城、威虎山主峰、东北虎林园、横道河子镇、横道河子滑雪场等。旅游资源的整合，将文化影视资源、俄罗斯风情资源、历史文化资源、东北虎生态资源、威虎山森林资源、滑雪场资源整体开发，引入创意文化元素，打造时尚、文化潮流产品。

④ 莲花湖旅游产业集聚区　包括莲花湖风景名胜区、林口县莲花峰、雾凇谷、八女投江殉难纪念地等。依托莲花湖省级风景名胜区，重点开发莲花湖滨水旅游、滨水运动产品、莲花峰山地森林旅游、雾凇谷冰雪旅游、八女投江纪念地红色旅游系列产品。

《产业结构调整指导目录》（2015 年本）中鼓励“休闲、登山、滑雪、潜水、探险等各类户外活动用品开发与营销服务，乡村旅游、生态旅游、森林旅游、工业旅游、体育旅游、红色旅游、民族风情游及其他旅游资源综合开发服务和旅游基础设施建设及旅游信息服务”。产业结构调整建议中提出的“以牡丹江作为国际生态冰雪与避暑度假目的地为目标，构建实施旅游空间布局”属于《产业结构调整指导目录》中的鼓励类项目。

（3）提高生活污水集中处理率

针对牡丹江流域污水集中处理率较低的现状，根据需要在流域内新建污水处理厂，建设宁安市、海林市、林口县等所辖乡镇（宁安市江南朝鲜族满族乡、东京城、渤海镇，海林市长汀镇，林口县柳树镇、古城镇、刁翎镇等）的排污管网及污水处理厂，同时不断升级改造已有的污水处理厂，提高除磷脱氮的效果，确保污水处理率达到 95%的目标，污水处理达标排放率 100%。

通过产业调整的实施，预计到“十四五”末期，牡丹江流域在 2010 年的基础上，工业污染源化学需氧量削减约 10000t，氨氮削减约 250t；生活污染源化学需氧量削减约 11000t，氨氮削减约 1000t；农业源化学需氧量削减约 13000t，氨氮削减约 300t。牡丹江地区水环境质量总体改善，水生态系统得到全面保护。

本方案已为“牡丹江市水污染防治工作方案”中水资源管理、控制污染物排放、经济结构转型、保障水生态环境安全等方面提供了良好的技术支撑；同时也为“牡丹江市国民经济和社会发展规划”中工业发展、新农村建设、服务业发展及生态文明建设提供了有效的技术支持。并向牡丹江市政府提交了“关于优化产业结构，促进牡丹江造纸行业清洁化发展的建议”。

### 4.1.5 牡丹江主要支流水质保障方案

为了保障干流水质安全，依照“以支促干”的治污理念、“一河一策”的治污模式，进行以改善水质为目的的综合治理。综合施策水陆域全面覆盖，实施水域陆域、区域流域协调共治；加强河流陆域工业、生活、畜禽养殖等水污染防治，加大投入，抓好城乡污水处理设施建设；完善污水处理厂配套管网，提高管网覆盖率；加强农业面源污染防治，削减污染增量；实施生态岸林植造、生态湿地恢复、河道疏浚、水生植物繁殖、坡岸生态修复、水土流失整治等系列生态工程；强化流域生态修复、协调共治，实现人与河湖自然环境和谐共生。

为了有针对性地对牡丹江主要支流进行水质保障，对牡丹江主要支流的入江口位置，水质，水量，主要污染物类型、含量等信息进行了调研分析。通过分析支流污染现状，在牡丹江市区、海林市、宁安市、林口县四个控制单元中选取了北安河、马莲河、蛤蟆河、海浪河以及乌斯浑河 5 条典型支流进行研究，对各典型支流流域内的面源、点源、产业结构等信息进行了详细调研，分别进行水质保障研究。

近期目标：至 2018 年，点源污染排放得到大幅削减；沿岸面源污染得到有效控制；坚决杜绝污水偷排及垃圾沿河倾倒现象；重点解决群众反映强烈的突出环境问题。COD 削减量约为 30283t/a，总氮削减量约为 1660t/a，总磷削减量约为 312t/a，水源涵养林建设约 $6542hm^2$，植被缓冲带建设约 $6.8hm^2$。

中期目标：至 2020 年，百姓关切的环境诉求基本得到解决，逐步消除劣Ⅴ类水体，支流水质污染程度进一步降低，基本解决对两岸居民造成的直接或间接环境危害。COD 削减量约为 3037t/a，总氮削减量约为 195t/a，总磷削减量约为 33t/a，人工湿地建设约 $95hm^2$。

远期展望：至 2025 年，在经济社会发展对民众环境权益诉求支撑能力进一步增强的前提下，强化区域综合治理及严格排水限值等方案的可行性，推动支流水环境质量进一步改善，使支流水体达到水环境功能区要求。水源涵养林建设约 $440hm^2$，植被缓冲带建设约 $14hm^2$。

#### 4.1.5.1 主要支流社会经济概况

北安河为牡丹江左岸的一级支流，在牡丹江市城区穿过，有大量未经处理的工业废水和生活污水排入，流域面积 $208km^2$。2012 年，流域生产总值实现 304.47 亿元，三次产业结构为 19.3∶43.0∶37.7。

马莲河流域面积为 $833.25km^2$，流域包括宁安市 3 个乡镇，共计 14 个村屯。据统计，流域内总人口 3.52 万人，农业人口 2.98 万人，农业劳动力 1.05 万人。农业大型机械 560 标准台，人均占有耕地 5.70 亩，粮食总产量 $1.9\times10^7$kg，粮食商品率 68%。主要农作物有水稻、大豆、小麦和各种经济作物。

蛤蟆河流域面积为 $1805.2km^2$，流域有村屯 58 个，人口 4.96 万人，有耕地 48.2 万亩，没有大型工业企业，流域内主要以农业种植、畜禽养殖、旅游业为主。

海浪河流经海林市的七个乡镇，流域总面积 $5225km^2$。2012 年，流域生产总值实现 151.9142 亿元。第一产业实现 31.1253 亿元，第二产业实现 78.0817 亿元，第三产业实现 42.7072 亿元。招商引资到位资金 85.6291 亿元。规模以上工业增加值实现 43.0254 亿元。产业结构有所调整，第一、第二、第三产业结构比例由上年的 21.3∶50.8∶27.9 调整为 20.5∶51.4∶28.1。

乌斯浑河是县域牡丹江水系最大的支流，是松花江二级支流。位于黑龙江省东南部林口县境内，流域总面积 $4176km^2$。2012 年，乌斯浑河流域生产总值实现 84.45 亿元，第一产业产值 32.20 亿元，第二产业产值 24.65 亿元，第三产业产值 27.61 亿元。

#### 4.1.5.2 主要支流水质评价结果

北安河、马莲河、蛤蟆河、海浪河和乌斯浑河入牡丹江口的水环境功能区都是Ⅲ类，根据 2013 年丰水期和平水期水质监测结果统计资料，对各支流的入江口监测断面常规 24 项指标进行评价。

（1）北安河

北安河监测断面丰水期水质评价为劣Ⅴ类水体，未达到水环境质量功能区要求，高锰酸盐指数、氨氮、生化需氧量、化学需氧量、TN、TP、挥发酚、石油类和粪大肠杆菌指标超标。高锰酸盐指数超标 2.95 倍，氨氮超标 11.7 倍，生化需氧量超标 4.85 倍，化学需氧量超标 2.96 倍，TN 超标 13.1 倍，TP 超标 9.65 倍，挥发酚超标 0.88 倍，石油类超标 8.2 倍，粪大肠杆菌超标 240 倍。

北安河监测断面平水期水质评价为劣Ⅴ类水体，未达到水环境质量功能区要求，高锰酸盐指数、氨氮、生化需氧量、化学需氧量、TN、TP 和石油类指标超标。高锰酸盐指数超标 0.8 倍，氨氮超标 11.6 倍，生化需氧量超标 0.9 倍，化学需氧量超标 0.9 倍，TN 超标 16.9 倍，TP 超标 6.4 倍，石油类超标 21 倍。

（2）马莲河

马莲河监测断面丰水期水质评价为Ⅴ类水体，未达到水环境质量功能区要求，主要超标因子为 TN 和 TP。TN 超标 0.99 倍，TP 超标 1.62 倍。

马莲河监测断面平水期水质评价为Ⅴ类水体，未达到水环境质量功能区要求，主要超标因子为化学需氧量、氨氮和 TN。化学需氧量超标 0.01 倍，氨氮超标 0.09 倍，TN 超标 0.99 倍。

(3) 蛤蟆河

蛤蟆河监测断面丰水期水质评价为Ⅳ类水体，未达到水环境质量功能区要求，主要超标因子为高锰酸盐指数、化学需氧量、TN。高锰酸盐指数超标 0.08 倍，化学需氧量超标 0.09 倍，TN 超标 0.01 倍。

蛤蟆河监测断面平水期水质评价为Ⅳ类水体，未达到水环境质量功能区要求，主要超标因子为高锰酸盐指数、化学需氧量。高锰酸盐指数超标 0.13 倍，化学需氧量超标 0.12 倍。

(4) 海浪河

海浪河监测断面丰水期水质评价为劣Ⅴ类水体，未达到水环境质量功能区要求，主要超标因子为高锰酸盐指数、化学需氧量、TN。高锰酸盐指数超标 0.07 倍，化学需氧量超标 0.16 倍，TN 超标 1.24 倍。

海浪河监测断面平水期水质评价为Ⅳ类水体，未达到水环境质量功能区要求，主要超标因子为 TN，超标 0.03 倍。

(5) 乌斯浑河

乌斯浑河监测断面丰水期水质评价为劣Ⅴ类水体，未达到水环境质量功能区要求，主要超标因子为高锰酸盐指数、化学需氧量、五日生化需氧量、TN、TP、石油类、粪大肠菌群。高锰酸盐指数超标 1.63 倍，化学需氧量超标 1.92 倍，五日生化需氧量超标 2.60 倍，TN 超标 2.84 倍，TP 超标 2.08 倍，石油类超标 2.40 倍，粪大肠菌群超标 2.30 倍。

乌斯浑河监测断面平水期水质评价为Ⅴ类水体，未达到水环境质量功能区要求，主要超标因子为 TN，超标 0.91 倍。

#### 4.1.5.3 主要支流水环境问题识别

(1) 污染源分析

① 北安河　北安河入河污染源分析见 3.2.2。

② 马莲河　马莲河流经宁安市，流域内人口约 3.52 万人，生活污水排放量约为 $1.28\times10^6$t/a，区域内无生活污水处理厂。生活污染源中 COD 排放量约为 576.74t/a，氨氮排放量约为 51.39t/a。

马莲河流域有 5 家重点企业，COD 排放量约为 127.56t/a，氨氮排放量约为 4.14t/a。有规模化畜禽养殖场 8 家，基本属无序排放，COD 排放量约为 327.71t/a，氨氮排放量约为 59.06t/a。流域内有耕地 20.06 万亩，由于农田径流，COD 排放量约为 2006t/a，氨氮排放量约为 200.6t/a。马莲河流域污染物中 COD 产生来源见图 4-4，氨氮产生来源见图 4-5。污染物主要来源于面源和生活源。

③ 蛤蟆河　蛤蟆河流经宁安市卧龙乡、江南乡，区域人口 4.96 万人，生活污水排放量约为 181.04 万 t/a，污水集中处理率为 0。生活污染源中 COD 排放量约为 812.70t/a，氨氮排放量约为 72.41t/a。

蛤蟆河流域无工业污染源，有规模化畜禽养殖场 6 家，属无序排放，COD 排放量约为 67.57t/a，氨氮排放量约为 13.51t/a。宁安市有耕地 48.2 万亩，由于农田径流，COD 排放量约为 4820t/a，氨氮排放量约为 482t/a。蛤蟆河流域污染物中 COD 产生来源见图 4-6，氨氮产生来源见图 4-7。污染物主要来自面源。

④ 海浪河　海浪河入河污染源分析见 3.3.2。

⑤ 乌斯浑河　乌斯浑河流经林口县，林口县人口约 37 万人，生活污水排放量约为 $1.35\times 10^7$t/a，2011 年新建成污水处理厂，处理能力为 $2\times 10^4$t/d，生活污水集中处理率不到 55%。生活污染源中 COD 排放量约为 2298t/a，氨氮排放量约为 306.4t/a。

林口地区 10 家重点企业，COD 排放量约为 506.58t/a，氨氮排放量约为 10.39t/a。有规模化畜禽养殖场 5 家，基本属无序排放，COD 排放量约为 246.36t/a，氨氮排放量约为 29.5t/a。林口县有耕地 210 万亩，由于农田径流，COD 排放量约为 21000t/a，氨氮排放量约为 2100t/a。乌斯浑河流域污染物中 COD 产生来源见图 4-8，氨氮产生来源见图 4-9。污染物主要来源于面源和生活源。

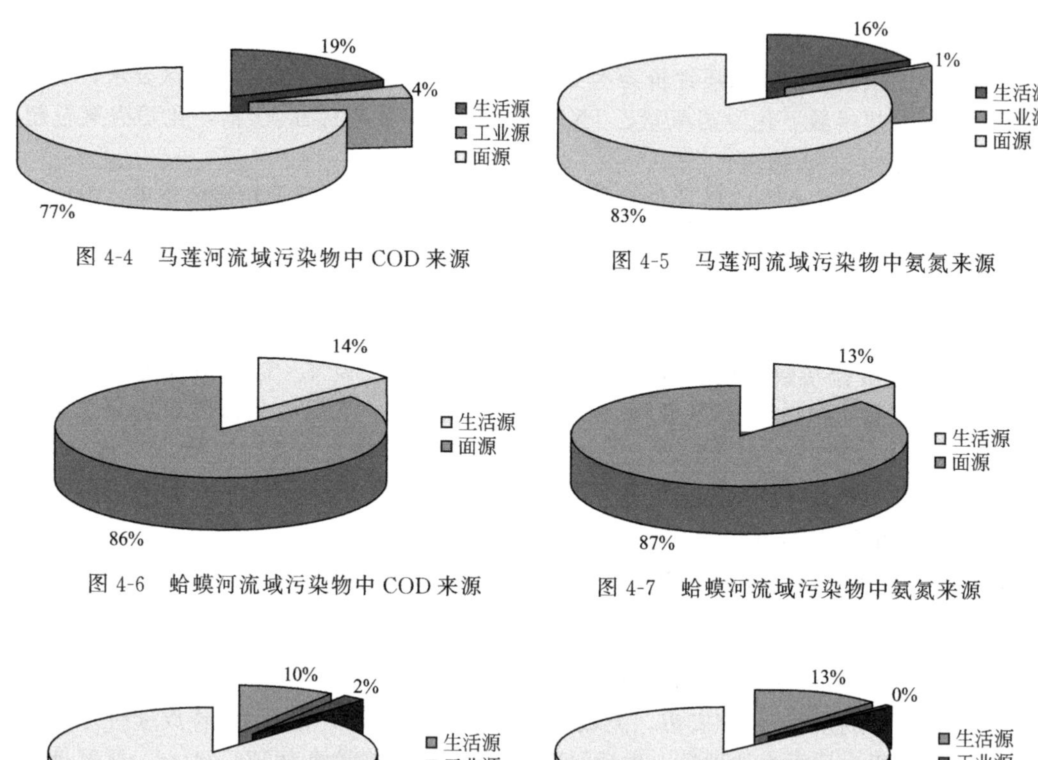


图 4-4　马莲河流域污染物中 COD 来源

图 4-5　马莲河流域污染物中氨氮来源

图 4-6　蛤蟆河流域污染物中 COD 来源

图 4-7　蛤蟆河流域污染物中氨氮来源

图 4-8　乌斯浑河流域污染物中 COD 来源

图 4-9　乌斯浑河流域污染物中氨氮来源

(2) 水环境问题识别

① 北安河的主要环境问题见 3.2.3。

② 马莲河的主要环境问题：一是农业、畜牧业发达，由于气候因素，全年降水量约 70%集中在丰水期，造成农业污染物大量入河，使河流水质恶化；二是局部水域污染严重，生物种群结构变动速度加快，生物多样性呈逐步减少态势。

③ 蛤蟆河的主要环境问题：农业、畜牧业发达，由于气候因素，全年降水量约 70%集中在丰水期，造成农业污染物大量入河，使河流水质恶化。同时，本区域是水稻主产区，由

于稻田退水造成的面源污染尤其显著。宁安市素有“北国鱼米之乡”的美称。大面积稻田的季节性退水所夹杂的土粒、氮素、磷素、农药等有害物质也时刻破坏着蛤蟆河的水质，进而使蛤蟆河水体质量和水生态系统受到巨大影响。

④ 海浪河的主要环境问题见3.3.3。

⑤ 乌斯浑河冬季时间长，当开春解冻后遇到大的降雨，整个冬天（约五个月）累积在地表的污水和垃圾等污染物一次性全部直接入河（当地俗称“桃花水”），属于劣Ⅴ类水质，污染物浓度高，对乌斯浑河流域造成极大的污染。乌斯浑河全流域呈重污染状态，水质常年处于劣Ⅴ类或Ⅴ类，水体发黑发臭使沿岸百姓深受其害，也间接阻碍了下游农业、畜牧业发展，威胁到了周边以潜层地下水为水源的居民饮水安全。

#### 4.1.5.4 主要支流治理的总体思路和主要任务

（1）总体思路

流域水污染防治按照“划分保护、分区施策、重在修复”的思路开展。通过项目实施，提高工业污染源达标排放率，扩大河滨缓冲带面积，改善中下游重污染河段水质，保持上游良好河段水质，实现保护目标。针对各支流流域非冰封期的主要环境问题，以调整与治理相结合，保护与恢复相结合，整体与布局相结合，发展与控制相结合为整体工作思路。主要通过对流域点源污染治理、非点源污染治理及流域生态保护等措施进行流域水污染防治，控制污染，保护区域环境。

根据牡丹江市城市发展目标和总体规划要求，结合各控制单元经济发展规划、环境保护要求以及区域产业结构特点，研究产业的合理布局。对“三溪一河”进行综合治理，在满足排洪排涝的基础上，结合溪泡两岸的自然条件，通过“污水截流”“引水入市”等工程措施，使“三溪一河”成为“水青、树绿、景秀、民乐”的风景长廊和城市带状公园。针对牡丹江水环境现状，以削减面源对水污染的负荷和保障水环境安全为核心，以建立流域水环境污染防控技术研究为基础，突破控源减污技术与工程措施、流域面源污染物的消减、污染物水文过程阻断、生态修复与重建、环境监控等关键技术，实现牡丹江流域的可持续发展。

（2）主要任务

1）水资源保护任务

用水总量控制在$1.28\times10^9m^3$，农田灌溉水有效利用系数达到0.60，加强节水灌溉宣传力度；推广农业、工业和城乡生活节水技术，完善全流域供水管网建设与修缮，探索节水新工艺技术等一系列具体任务。推进林海水库建设工程，健全监测监控体系，建立安全保障机制，完善风险应对预案，同时采取水资源调度环境治理、生态修复等综合措施，达到饮用水水源地水量和水质要求。实施饮用水安全巩固提升工作，加强农村饮用水水源保护和水质检测能力建设。

2）水域岸线管理保护任务

加强北安河、海浪河、蛤蟆河、马莲河和乌斯浑河河道的管理，设立界桩界碑等标志，明确管理界线，严格涉河活动的社会管理，加快推进河流的水利工程标准化管理工作，完成河道沿线各水库工程的标准化管理创建工作。

开展清河行动与修建护坡工程两项任务，清河行动的具体任务包括：清理两岸垃圾、堆砌物，完成非法占用河道的耕地与建筑物的清理工作，并在河道弯曲、冲刷严重部位修建护岸。

3）水污染防治任务

① 加快城镇环保设施建设，减少生活污水垃圾排放

a. 建设改造城镇污水处理设施。通过新建、扩建以及升级改造污水处理厂，使流域内城镇生活污水处理率达到90%以上，出水水质全部达到《城镇污水处理厂污染物排放标准》(GB 18918—2002) 一级B标准要求；对污水处理厂污泥进行妥善处置，避免造成二次污染。

b. 完善配套污水收集管网。完善现有污水处理厂污水收集管网，加快新建污水处理厂配套管网建设，采取加强截留和调蓄控制等措施，有效抑制合流制排水系统雨季污水处理厂溢流问题。

c. 推进规范化生活垃圾处理设施建设。按照“统一收集、就地分拣、综合利用、无害化处理”的模式对生活垃圾进行处理、处置。对垃圾进行无害化、资源化、减量化处理，并对现有裸露垃圾堆放场地进行规范化处置。考虑到垃圾填埋处理的相对经济性和其他垃圾的处理方式所产生的最终物质必须通过填埋的方式进行消纳，故本方案采用垃圾收集、集中转运、填埋处置的方式解决生活源造成的河水污染问题。

② 提高污染排放门槛，狠抓工业企业减排　向支流排水且无法通过截排系统进入集中污水处理厂的企业应采取工程或管理措施提高污水排放标准，使COD、氨氮排放浓度达到相应行业标准的特别排放限值。

③ 开展农村环境综合整治，控制面源污染保障饮水安全

a. 加强畜禽养殖业污染防治。根据流域畜禽养殖业现状和生态环境改善需要，明确禁养区和限养区范围。禁养区内严禁新建、扩建各类畜禽养殖项目，现有的畜禽养殖场（户）于2018年底前完成关、停、转、迁；限养区内严格控制新、扩建规模化畜禽养殖场（小区），现有规模化养殖场粪便污水要达到国家标准要求后排放，散养密集区内畜禽粪便污水应进行分户收集、集中处理利用；严格控制和规范散养行为，禁止畜禽粪便随意堆放在排水沟渠周边。

b. 积极推进农村生活污水、垃圾处理设施建设。因地制宜对沿岸1km范围内的村、镇生活污水进行处理。流域内所辖农村及个别乡镇基础设施建设相对落后，垃圾收集箱数量少且利用率低，村民日常生活和生产产生的垃圾不能得到及时地收集和输运，大量生活垃圾和农业废弃物随意堆放，所以要加大资金投入，大力推进“村收集、镇转运、县处理”垃圾收集转运系统建设。

c. 有效控制农业种植污染。在流域内大力推广测土配方施肥，逐年减少农药、除草剂、化肥施用量；大力发展绿色、无公害和有机食品生产，到2020年，流域内测土配方施肥推广覆盖率达到90%以上，化肥利用率提高到40%以上，农用地膜清理回收与资源化利用率达到80%以上。

4）水环境治理任务

强化饮用水水源保护，保障用水安全。开展饮用水水源规范化建设，对水源保护区采取针对性防范和治理措施保障供水安全。加强入河排污（水）口监管。推动乡镇、农村环境综合整治。加强良好水体保护，治理城市黑臭水体，实施流域水污染防治规划。

5）水生态修复任务

① 加强堤岸生态建设　积极开展城镇中心区与景区生态河道建设，实施河道景观绿带建设，打造河畅水清、岸绿景美的生态河道。

② 预防水土流失　加强河流水土流失预防监督和综合治理，对源头区及坡耕地实施综合治理措施，维护河流的生态环境。

③ 河道清淤疏浚　对重污染河流北安河、乌斯浑河进行清淤，妥善处置河道淤泥，加

强淤泥清理、排放、运输、处置的全过程管理。

6）执法监管任务

加强信息化建设，提高环境应急预警预测、监测处置、后期评估和修复等方面的能力与水平，保障饮用水安全，依据原国家环境保护总局 2007 年颁布的《全国环境监测站建设标准》和《全国环境监测站建设补充标准》，按照目标与手段相匹配、任务与能力相适应的要求，以自动化、信息化为方向，环境监测中心站标准化建设目标设置为中部地区三级站标准。

建立执法监管制度，健全部门联合执法机制，落实执法责任主体，加强执法队伍与装备建设，开展日常巡查和动态监管，打击涉河违法行为。

#### 4.1.5.5 保护措施

（1）流域水资源保护及监管措施

1）水资源保护措施

加强灌区节水工程建设，因地制宜采用渠道防渗、管道输水等措施，减少输水损失。加强灌溉用水管理，推广农耕农艺节水措施，提高农业用水效率。在缺水地区调整农业产业结构，积极培育和推广耐旱的优质高效农作物，发展节水高效农业。重点完成宁安市响水灌区、海林市灌区、牡丹江市区南江灌区的水田配套改造工程和宁安旱田节水增效灌溉、海林市密江良种场五味子节水灌溉等旱田节水灌溉工程。

推进工业节水。坚持以水定产、以供定需，引导工业布局与当地水资源及水环境承载能力相适应。结合企业技术改造和产品更新换代，加强定额管理和节水能力建设，提高工业用水重复利用率。依法关停并转生产规模小、工艺落后、用水量大、排污量大的企业。

推进城镇节水。完善城镇节水设施，加快供水管网改造，降低管网漏损率，提高输配水效率和供水效益。加强节水器具和节水产品的推广普及工作，加大节水宣传力度，提高居民节水意识，建设节水型城镇。加强雨水集蓄利用和中水回用，提高水资源利用率。

加强水电开发，打造荒沟抽水蓄能电站，牡丹江市下游水电基地、海浪河水电基地和电力调峰基地。

2）产业结构优化

根据牡丹江流域主要支流污染状况调查及各控制单元产业结构，结合“适合牡丹江流域产业结构优化调整方案”，建议在市区控制单元北安河流域发展造纸行业和石油加工行业；在宁安市控制单元中马莲河流域和蛤蟆河流域内发展农副产品加工行业和建材行业；在海林市控制单元中海浪河流域发展木材行业和烟草行业；在林口县控制单元中乌斯浑河流域发展农副产品加工行业和烟草行业。在流域主要产业园内培育新材料产业，打造黑龙江省重要新型建材研发和出口加工基地。

实施特色农业发展战略，壮大以高效经济作物、畜牧、食用菌为主的优势特色产业，依托地方优势特色农产品资源和绿色农产品种植、养殖基地建设，打造“绿色有机食品之都”。

强化牡丹江以俄罗斯风情为引领的夏季避暑、冬季冰雪的特色旅游发展思路，推进镜泊盛景、渤海古国、林海雪原、中国雪乡、国际商都大型旅游集聚区建设和镜泊小镇、莲花小镇、三道关小镇、渤海镇、横道镇、大海林农场六个旅游名镇建设，构建“一城、三区、六个名镇”的产业格局，创新旅游管理体制和发展机制，优化景区经营机制和产业融合发展机制，推进旅游产业向全面化升级。

3）执法监管措施

针对牡丹江水环境特征及可能存在的风险，建立牡丹江水质保障预警体系。主要内容：

建设监测业务用房，其中包括实验室用房、办公用房和库房；购置监测设备；自动监测站；购置环境监测业务管理系统；一套监控预警体系。

① 监测业务用房　站房结构为砖混结构，内部防滑瓷砖铺地。监测房地面标高（±0.00mm）够抵御50年一遇的洪水。监测房内净空高度为2.8m。监测房的避雷系统和地线系统以及给水、排水等也与监测房建设同步进行。

② 监测能力建设　结合例行监测任务、监测能力，考虑社会反映强烈的有毒有害有机污染物，以全面、准确、客观地反映水质状况为目的，通过增加水质监测能力，掌握水环境状况，为水环境管理提供技术支撑。依据黑龙江省环境监测中心站下发的黑环监［2012］16号文的要求，2013年起地表水饮用水水源地每年按照《地表水环境质量标准》（GB 3838—2002）进行一次109项全分析。结合环境监测中心站目前已配备部分仪器，计划新增一些检测项目所需的装备。依据原国家环境保护总局2007年颁布的《全国环境监测站建设标准》和《全国环境监测站建设补充标准》，按照目标与手段相匹配、任务与能力相适应的要求，以自动化、信息化为方向，环境监测中心站标准化建设目标设置为中部地区三级站标准。

同时依据环境保护部2010年颁发的《全国环保部门环境应急能力建设标准》，为适应当前严峻的环境安全形势，加强水质的快速监测和环境应急反应能力，提升突发环境事件应对水平，推进环境应急管理体系建设对应急队伍和装备的建设要求，建设计划：一是配备成套便携式分析仪；二是配备应急防护装备。

③ 自动监测站　拟在海浪河入牡丹江口设置自动水质监测站，监测海浪河汇入干流时的水质状况，从而确保流域内水环境安全，促进牡丹江水环境质量的全面提升。水质自动监测工程主要采用大型固定站进行水质指标的监测，选用技术先进、方法可靠、测量准确、运行稳定的大型分析仪器、传感器实时监测各断面水质变化，所得监测数据通过RTU或工控机采集汇总，并统一通过无线传输到水质监控中心，即时反映在显示屏上。

自动监测站为地上式砖混结构：10m×10m×3m，主要水质监测因子包括：常规五参数、有机物、营养盐类、藻类、毒性、重金属类等25项。

④ 信息化能力建设　建成一套集科学决策、业务管理、绩效考核、自动监控、应急管理、公众服务于一体的环境信息化集成系统体系。该体系的建设，对于强化环境监督管理，实现环境信息共享，改善环境质量分析手段，提高环境监控和应急能力具有重要意义。通过预警体系可以实现高效、快速的数据查询管理、各类监测数据超标报警、数据智能分析等功能，可进一步提高环境事件的突发、响应速度。

监测预警体系具有水质数据采集、水质数据评价、水质趋势分析、水质监视预警预报、污染溯源、应急水污染模拟、三维展示等功能。

（2）北安河水质保障措施

针对北安河水质恶化直接影响到国控柴河断面水质的问题，根据北安河水环境污染特征，结合《牡丹江市水污染防治工作方案》形成北安河在上中游以近自然方式防控面源污染，恢复河道生态多样性，在中游进行工业污水及生活污水的截流和处理，集中控污，在下游入江口实行河滨带污染控制，限制农业活动和江岸采砂场的水质保障措施。

北安河水质保障措施重点工程为：牡丹江市“三溪一河六湖”综合整治工程、牡丹江市污水处理厂二期建设工程、牡丹江市黑宝药业熊场养殖污染治理工程、牡丹江市生活垃圾处理场二期改扩建工程和牡丹江市污泥处置工程，见表4-19。同时，要加强环境监管，对造纸、化工、食品等污染贡献较大、排放强度较大的企业实施污染物减排措施，淘汰、关停落后工艺、设备的企业。

表 4-19 北安河水质保障重点工程

| 序号 | 项目名称 | 主要建设内容 | 项目拟完成时间 | 环境效益 |
| --- | --- | --- | --- | --- |
| 1 | 牡丹江市"三溪一河六湖"综合整治工程 | 公园建设、河道治理、截污管线铺设、桥梁改造、水土保持等 | 2011—2015 | 水土保持 6542$hm^2$，植被缓冲带 32.3$hm^2$，生态修复 6.8$hm^2$，COD 削减量约为 194.4t/a，氨氮削减量约为 64.8t/a |
| 2 | 牡丹江市污水处理厂二期建设工程 | $1\times10^5$t/d | 2012—2015 | COD 削减量约为 12410t/a，总氮削减量约为 730t/a，总磷削减量约为 182.5t/a |
| 3 | 牡丹江市黑宝药业熊场养殖污染治理工程 | 600t/d | 2015—2018 | COD 削减量约为 500t/a，氨氮削减量约为 50t/a |
| 4 | 牡丹江市生活垃圾处理场二期改扩建工程 | 日处理生活垃圾 1000t，日处理渗透液 300t | 2013—2016 | COD 削减量约为 1000t/a，氨氮削减量约为 100t/a |
| 5 | 牡丹江市污泥处置工程 | 日处理污泥 150t | 2018—2020 | 固体废物削减 150t/d |

1）牡丹江市“三溪一河六湖”综合整治工程

综合整治工程内容包括：污染源控制、河道整治和河道生态修复等工程。

① 污染源控制

a. 企业排污入河和倾倒废渣。“三溪一河”共接纳污染源单位 115 家，这些单位均排放污水，年排放污水 380 余万吨，其中排放生产废水的 15 家，排放生活污水的 100 家；排放烟尘的 89 家；产生废渣的 89 家；产生异味的 18 家。“三溪一河”综合治理截污工程将沿“三溪一河”污染企业排放的污水截流，送至污水处理厂处理。对银龙溪上游无规划、无证照、无环评的“三无”企业 14 家、金龙溪上游和青龙溪上游手续不全的企业 7 家，共计 21 家污染企业进行关停和取缔。

b. 截污管线工程。在城市污水处理厂二期工程建设的同时，实施工程排水配套管网项目，设计桥北区的管网将排入“三溪一河”的污水全部截流，引入北安河下游污水处理厂，彻底解决“三溪一河”污水排放问题。

“三溪一河”沿岸共计铺设 $D$400～1800mm 截污管线 19.17km，分两个阶段完成，2011—2013 年完成截污管线 14.07km，其余 5.1km 在 2014—2015 年完成。

② 河道整治　河道治理总长 14.25km。对金龙溪 5.25km、银龙溪 3.4km、青龙溪 0.6km 和北安河 5km 河道进行清淤、原混凝土护坡及镇脚拆除、新建混凝土护坡及镇脚、生态护坡、堤防土方挖填、溢流坝等工程建设。

a. 河道清淤。通过对北安河底泥特性进行综合分析，选择底泥疏浚作为技术方案，底泥疏浚可以将淤积的污染物完全去除，达到北安河底部原本的沙层，并保留北安河水利功能。疏浚后底泥的氮磷测定结果表明，疏浚后对污染物的削减率达到 50%左右。河道清淤工程总长 12.87km，总工程量 $1.13\times10^5m^3$。

b. 原混凝土护坡及镇脚拆除工程。原混凝土护坡及镇脚拆除工程总长 5.72km，总工程量 $1.57\times10^4m^3$。其中：金龙溪从骏马桥至两溪汇合口长 3.92km，工程量 $1.25\times10^4m^3$；北安河从两溪汇合口至 19 线铁路桥长 1.8km，工程量 $3.2\times10^3m^3$。

c. 新建混凝土护坡及镇脚工程。新建混凝土护坡及镇脚工程总长 9.67km，总工程量

$4.37\times10^4m^3$。其中：金龙溪从谢家桥至两溪汇合口长5.25km，工程量$1.81\times10^4m^3$；银龙溪从八达沟、四道沟汇合口至沉砂池长2km，工程量$6.4\times10^3m^3$；青龙溪0.62km（东地明街与青龙溪交汇处上游620m），工程量$1.6\times10^3m^3$；北安河从两溪汇合口至19线铁路桥长1.8km，工程量$1.76\times10^4m^3$。

d.生态护坡工程。生态护坡工程共计$7.91\times10^4m^2$。其中：金龙溪$3.15\times10^4m^2$；北安河$2.16\times10^4m^2$；银龙溪草皮护坡$2.6\times10^4m^2$。

生态护坡植物选择：在不同坡度护坡上有计划地选择保土能力更强的五叶枫和紫穗槐进行种植。

a）复合式护岸植物选择。北岸：柞树、紫丁香、榆叶梅、连翘、山桃稠李、紫穗槐、五叶枫。南岸：绣线菊、爬地柏。

b）直立式护岸植物选择。北岸：小叶丁香、柞树、紫丁香、榆叶梅、紫叶李。南岸：水蜡球、柞树、地被菊。

c）垂直式护岸植物选择。北岸：垂柳、柞树、小叶丁香、景天、地被菊、紫穗槐、五叶枫。南岸：垂柳、柞树、小叶丁香、景天、地被菊、紫穗槐、五叶枫。

d）斜坡式护岸植物选择。北岸：水曲柳、景天、地被菊、小叶丁香、水蜡球、丁香球、珍珠梅。南岸：绣线菊、小叶丁香、紫穗槐、五叶枫。

e）堤防土方挖填工程。堤防土方挖填工程总工程量$2.82\times10^5m^3$。其中：金龙溪$1.05\times10^5m^3$；银龙溪$8\times10^4m^3$；青龙溪$1.24\times10^4m^3$，投资30万元；北安河$8.42\times10^4m^3$。

f）溢流坝工程。为了提高北安河的防洪能力，“三溪一河”流域共设10道溢流坝，总长162m。其中：金龙溪设8道，长112m；青龙溪1道，长10m；北安河设1道，长40m。在北安河上修建拦河闸一座，长60m。

③ 河道生态修复

a.生态引调水工程。金龙溪截污后，污染物虽然大幅度减少，但是金龙溪中的水量不足，无法满足金龙溪的生态功能，应调取牡丹江的江水作为金龙溪的生态用水来源。研究表明水生植物的生长至少需要0.3～0.4m深度的水，以维持水生植物的生长和底栖生物的生存。目前金龙溪的平均水位仅为0.2m，考虑在满足生态系统需要的前提下，使调水后水流深度不低于0.4m。

金龙溪平均流速0.1m/s，宽度平均10m，实际的水线宽度为5m。深度0.2m，平均流量应为$0.1m^3/s$，调水后深度按照0.4m计算，则平均流量应为$0.2m^3/s$，相应的调水量应为$0.1\times3600=360(m^3/h)$。

运行时段：每年3月15日—11月15日，全年共计233～240天。

b.绿化水泥护坡。“三溪一河”绿化水泥护坡工程：长度为20km，绿化水泥坡坡面长3m，混凝土块厚170mm、250mm两种，坡比（1∶2）～（1∶3），该段工程主要为植物提供结构支持。

c.开放式河道植被多样性恢复。见4.2.1。

d.河滨带构建工程——近自然河滨带。见4.2.3。

e.底栖生态系统的构建。见4.2.2。

f.“三溪一河”上游水土保持工程。为根治“三溪一河”水土流失危害，改变“三溪一河”年年淤年年清的现状，针对“三溪一河”上游水土流失进行综合治理。计划治理水土流失面积$3224hm^2$。其中：

a）修筑梯田$388hm^2$；栽种地埂植物带$2330hm^2$；沟壑治理，投资估算212万元；修筑作业路6.5km（含排水沟）；修筑截水沟3.68km。

b）林草措施，选用与河滨带类似的植物物种。

c）封禁治理，禁止当地百姓在水土保持工程场地内进行破坏植被的活动。

2）牡丹江污水处理厂二期建设工程

针对现有污水处理能力不足的问题，建设污水处理厂二期，设计日处理量为$10^5m^3/d$。其主要工艺为A/A/O处理工艺。主体工程包括提升泵房、细格栅、沉砂池、厌氧池、曝气池和污泥处理系统等。粗格栅间设于泵房内，采用机械除渣。项目实施绩效：COD削减量约为12410t/a，总氮削减量约为730t/a，总磷削减量约为182.5t/a。

3）牡丹江市黑宝药业熊场养殖污染治理工程

工程处理污水量600t/d，水处理主工艺流程为调节沉淀—水解酸化—接触氧化—砂滤—炭滤—消毒。污泥工艺为污泥浓缩—压滤。项目实施绩效：COD削减量约为500t/a，氨氮削减量约为50t/a。

4）牡丹江市生活垃圾处理场二期改扩建工程

主要工程内容：卫生填埋场工程、污水处理站、生活管理区、场内道路及其所有配套的附属设施。采用卫生填埋处理工艺，渗滤液处理采用以DTRO膜技术工艺为主体工艺。项目实施绩效：COD削减量约为1000t/a，氨氮削减量约为100t/a。

5）牡丹江市污泥处置工程

规模为日处理污泥150t（含水率80%），主要建设内容包括：污泥接收储存间、水热反应间、缓冲池、污泥脱水间、沼气燃烧设备间、锅炉房、除臭系统、冷却水池、沼气净化系统和风雨棚等。

（3）海浪河水质保障措施

针对海浪口内断面水质达不到功能区要求的情况，根据海浪河水环境污染特征，结合《牡丹江市水污染防治工作方案》形成海浪河在上中游以水源地保护、水源涵养为主，在中游进行面源综合整治，在下游进行工业污水和生活污水治理的水质保障措施。

海浪河水质保障措施重点工程为：林海水库建设工程、海林市长汀镇污水治理工程、海林市污水处理二期工程、海林市生活垃圾处理场工程、海林市农村生活垃圾转运工程、海浪河流域水土保持生态建设工程、黑龙江省强尔生化技术开发有限公司海林生物农药厂治理工程、海林农场污染综合治理工程等，详见表4-20。同时，建立执法监管制度，健全部门联合执法机制，落实执法责任主体，加强执法队伍与装备建设，开展日常巡查和动态监管，打击涉河违法行为。

**表4-20 海浪河水质保障重点工程**

| 序号 | 项目名称 | 主要建设内容 | 项目拟建设时间 | 环境效益 |
|---|---|---|---|---|
| 1 | 林海水库建设工程 | 林海水库、团结取水枢纽及输水工程，供水能力$3.09\times10^8m^3/a$ | 2018—2021 | 提供牡丹江市和海林市供水、为下游13万亩耕地提供灌溉水、装机63MW发电 |
| 2 | 海林市长汀镇污水治理工程 | $1\times10^4t/d$ | 2019—2020 | COD削减量约为1200t/a,总氮削减量约为73t/a,总磷削减量约为18t/a |
| 3 | 海林市污水处理二期工程 | $2\times10^4t/d$ | 2016—2018 | COD削减量约为2400t/a,总氮削减量约为150t/a,总磷削减量约为36t/a |
| 4 | 海林市生活垃圾处理场工程 | 200t/d | 2018—2020 | COD削减量约为170t/a,氨氮削减量约为17t/a |

续表

| 序号 | 项目名称 | 主要建设内容 | 项目拟建设时间 | 环境效益 |
| --- | --- | --- | --- | --- |
| 5 | 海林市农村生活垃圾转运工程 | 在海南乡、海林镇、新安镇、长汀镇、山市镇建设5处30t/d垃圾转运站 | 2018—2020 | 固体废物削减150t/d |
| 6 | 海浪河流域水土保持生态建设工程 | 双林、大岭、东德家等13条小流域综合治理 | 2020—2025 | 水土保持40hm$^2$ |
| 7 | 黑龙江省强尔生化技术开发有限公司海林生物农药厂治理工程 | 关停 | 2013 | COD削减量约为747t/a |
| 8 | 海林农场污染综合治理工程 | 污水处理、畜禽粪便处置、化肥减量及绿色化肥替代(沼液沼渣再利用)和雨水截留工程 | 2012—2015 | COD削减量约为91.25t/a,氨氮削减量约为7.3t/a |

1）林海水库建设工程

包括林海水库、团结取水枢纽及输水工程，林海水库是以城市供水、发电为主，结合灌溉、防洪等综合利用水利枢纽工程，工程项目实施后，带动林海水库上下游各梯级水电站建设，并对牡丹江干流上已建的莲花水电站枯水期保证出水的提高将起到一定的作用。工程输水管线总长60.625km。项目实施后牡丹江市和海林市每年供水3亿多立方米，为海浪河下游13万亩耕地提供灌溉水，装机63MW发电。

通过林海水库的建设有效改善了牡丹江干流城市段的水生态环境。采取运行调度类措施，通过控制水电站的运行方式，改变海浪河汇入牡丹江的流量过程，从而对牡丹江城市段的流量进行反调节，利用电站水库之间互相补充的特性，平衡用电的需求以及控制流量的要求。调节海浪河的入流量可以有效缓解牡丹江城市段受日调节的影响。采取河道整治类措施，通过整治河道，改变河道断面的形状，削弱流量变化引起的水面宽度、流速等其他影响生态环境因素的变化，有助于消除引起退水产生的地形，能够降低鱼类和底栖动物搁浅的风险。

2）海林市长汀镇污水治理工程

设计日处理量：$1\times10^4$t/d。其主要工艺为A/O处理工艺。主体工程包括提升泵房、细格栅、沉砂池、厌氧池、曝气池和污泥处理系统等。主要建设内容包括厂区土建施工，工艺设备、工艺管道安装，电气、自控系统安装，照明，防雷接地，采暖，通风，厂区道路施工及绿化等。项目实施绩效：COD削减量约为1200t/a，总氮削减量约为73t/a，总磷削减量约为18t/a。

3）海林市污水处理二期工程

设计日处理量：$2\times10^4$t/d。污水处理厂二期采用了EBIS工艺，主体工程包括反应池、除磷加药间、除臭设施等。改造建构筑物主要为：污水提升泵房、紫外消毒间、二次提升泵房、鼓风机房等，同时为保证污水处理厂一期工程正常运行，对现有的CASS反应池曝气系统进行改造。项目实施绩效：COD削减量约为2400t/a，总氮削减量约为150t/a，总磷削减量约为36t/a。

4）海林市生活垃圾处理场工程

主要工程内容：卫生填埋场工程、污水处理站、生活管理区、场内道路及其所有配套的附属设施。采用卫生填埋处理工艺，渗滤液处理采用DTRO膜技术工艺为主体工艺。项目实施绩效：COD削减量约为170t/a，氨氮削减量约为17t/a。

5）海林市农村生活垃圾转运工程

每座转运站主要以一座压缩车间为主体建筑，站区内设有回转场，站区四周布置有绿化带。转运站的主体建筑压缩车间包括垃圾压缩机械操作区、机动车和手推车垃圾装卸区、洗箱区、转换临时存放区等区域，共计面积366$m^2$，车辆装卸面为3m×5m，高6m，进深11.8m，设2个地坑。转运站进口装卸区设置卷帘门。

压缩车间采用砖混结构，本工程中地坑采用的混凝土强度等级为C25，抗渗标号S6，钢筋用Ⅰ、Ⅱ级，钢材采用Q235钢。混凝土耐久性设计：环境类别二（a）类。每座转运站垃圾压缩机的数量根据转运站规模确定为一台。集装箱的数量按照压缩机数量的1～2倍设置，本设计采用一机二箱。每座转运站内配备有电动单梁悬挂起重机一台，起重量10t，功率37kW。多功能转运车用于运送垃圾转运站的移动式贮存器。每部车日运转2次，备用系数1.2，共配置2台，载重量8t/台。收集自卸车（高箱板）用于运送箱式垃圾站的垃圾。每部车日运转2次，备用系数1.2，共配置5台，载重量3t/台。垃圾转运站处理工艺流程见图4-10。

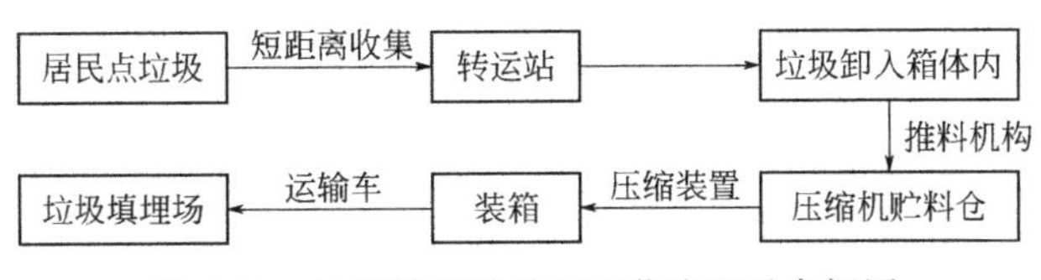


图4-10　垃圾转运站处理工艺流程示意框图

6）海浪河流域水土保持生态建设工程

双林、大岭、东德家等13条小流域综合治理，改善海浪河支流水质。坡耕地治理采取修水平梯田、地埂植物带，保土耕作等措施控制水土流失。对于发展沟和较活跃的半稳定沟以工程措施为主，辅以林草措施，采取沟头修跌水或沟头埂，沟底建谷坊，营造沟边沟坡防蚀林、沟底防冲林等措施，荒地治理根据宜林则林、宜牧则牧的原则，并结合生产布局及发展的需要，分别采取营造水土保持林和挖截流沟等措施控制水土流失。对流域内的疏林地和部分幼林地实施封禁措施，建设水土保持综合治理宣传碑。

7）黑龙江省强尔生化技术开发有限公司海林生物农药厂治理工程

“十二五”期间，为了保障海浪河下游居民用水安全，关停黑龙江省强尔生化技术开发有限公司海林生物农药厂。项目实施绩效：COD削减量约为747t/a。

8）海林农场污染综合治理工程

工程共四个组成部分：污水处理、畜禽粪便处置、化肥减量及绿色化肥替代（沼液沼渣再利用）和雨水截留工程。详见4.3。

（4）乌斯浑河水质保障措施

针对乌斯浑河水质超标问题，根据乌斯浑河水环境污染特征，结合《牡丹江市水污染防治工作方案》，形成乌斯浑河中游生活污染治理和工业点源治理，下游进行面源综合整治的水质保障措施，改善乌斯浑河水质，从而保障牡丹江干流水环境安全。

乌斯浑河水质保障措施重点工程为：林口县污水处理厂建设工程、林口县污水处理厂再生利用工程、林口县柳树镇污水处理工程、林口县古城镇污水处理工程、林口县刁翎镇污水处理工程、林口县生活垃圾处理场工程、林口县兆福牧业有限责任公司的肉牛养殖繁育深加工项目、沈阳煤业集团青山有限责任公司洗煤厂污水治理工程、林口县顺兴生态养殖有限责任公司有机肥生产开发工程、林口县小流域生态拦截沟工程、林口县水源地综合整治工程、林口县中下游农村污染综合治理工程等，详见表4-21。同时，加强对流域内排污单位的监控，对环境违法行为要加大监察和处罚力度，对超标排污的企业一律停产整顿或关闭，对恶意排污的行为实行重罚，追究责任人员的责任。

**表4-21　乌斯浑河水质保障重点工程**

| 序号 | 项目名称 | 主要建设内容 | 项目拟建设时间 | 环境效益 |
| --- | --- | --- | --- | --- |
| 1 | 林口县污水处理厂建设工程 | 日处理污水 $4\times10^4$t | 2011—2012 | COD削减量约为4234t/a，总氮削减量约为292t/a，总磷削减量约为43.8t/a |
| 2 | 林口县污水处理厂再生利用工程 | 再生水 $1\times10^4$t/d | 2016—2018 | COD削减量约为36t/a，总氮削减量约为50t/a |
| 3 | 林口县柳树镇污水处理工程 | 日处理污水3000t | 2016—2018 | COD削减量约为360t/a，总氮削减量约为22t/a，总磷削减量约为5.4t/a |
| 4 | 林口县古城镇污水处理工程 | 日处理污水3000t | 2016—2018 | COD削减量约为360t/a，总氮削减量约为22t/a，总磷削减量约为5.4t/a |
| 5 | 林口县刁翎镇污水处理工程 | 日处理污水2000t | 2016—2018 | COD削减量约为240t/a，总氮削减量约为14.5t/a，总磷削减量约为3.6t/a |
| 6 | 林口县生活垃圾处理场工程 | 日处理垃圾150t，日处理垃圾渗液50t | 2011—2013 | COD削减量约为120t/a，氨氮削减量约为12t/a。 |
| 7 | 林口县兆福牧业有限责任公司的肉牛养殖繁育深加工项目 | 新建占地肉牛养殖繁育基地 $4.5\times10^4m^2$，配套建设污水处理站、沼气池 | 2011—2013 | COD削减量约为285t/a，总氮削减量约为10t/a，总磷削减量约为1.66t/a |
| 8 | 沈阳煤业集团青山有限责任公司洗煤厂污水治理工程 | 处理污水150t/d | 2011—2013 | COD削减量约为4077t/a，总氮削减量约为0.99t/a，总磷削减量约为0.15t/a |
| 9 | 林口县顺兴生态养殖有限责任公司有机肥生产开发工程 | 有机肥年生产15000t | 2011—2013 | COD削减量约为1.39t/a，氨氮削减量约为0.12t/a |
| 10 | 林口县小流域生态拦截沟工程 | 鲶鱼河至乌斯浑河35km | 2019—2021 | 植被缓冲带建设 $12.25hm^2$ |
| 11 | 林口县水源地综合整治工程 | 治理水土流失退耕还林面积 $4km^2$、建生态拦截沟 $5km^2$，进行水源地区划，设立保护区界标10块，水库上游3个村庄垃圾、污水治理 | 2019—2021 | 水源涵养林建设 $400hm^2$，植被缓冲带建设 $1.75hm^2$ |
| 12 | 林口县中下游农村污染综合治理工程 | 林口县龙爪镇、三道通镇、建堂乡禽养殖污染治理 | 2017—2020 | COD削减量约为300t/a，氨氮削减量约为22t/a |

1）林口县污水处理厂建设工程

该工程占地 2.26hm$^2$，总建筑面积 3102m$^2$，日处理污水 $4\times10^4$t，主要建设内容包括：粗格栅及提升泵房、细格栅及旋流沉砂池、CAST 生化反应池、鼓风机房及变电所等建筑物。污水厂采用截流式合流制排水体制。污水处理工艺采用 CAST 法，原水进入 CAST 反应池生物选择区，与从 CAST 反应池主曝气区来的回流污泥混合，进行生化反应，然后流入 CAST 池兼养区对回流污泥中带入的硝酸盐氮进行缺氧反硝化脱氮，也可调试成厌氧状态进行厌氧除磷，混合液最终流入 CAST 池的主反应区，进行有机降解，最后经沉淀排出上层清液。项目实施绩效：COD 削减量约为 4234t/a 总氮削减量约为 292t/a，总磷削减量约为 43.8t/a。

2）林口县污水处理厂再生利用工程

再生水 $1\times10^4$t/d，主要包括：深度处理间、送水泵房、配电间、调节池及提升泵房、清水池、吸水井、废水回收池等。总建筑面积 1944.66m$^2$。项目实施绩效：COD 削减量约为 36t/a，总氮削减量约为 50t/a。

3）林口县柳树镇、古城镇、刁翎镇污水处理工程

日处理污水 3000t、3000t、2000t。采用地埋式一体化深度处理技术，选择强化预处理—膜生物反应器—消毒回用污水处理工艺。

林口县柳树镇、古城镇、刁翎镇分别要新建污水调节池，池内设置 2 台小型潜水提升泵，1 用 1 备。将污水从低位提升至一体化处理设备中。调节池设计容积为 150m$^3$，全地下结构，采用现浇钢筋混凝土结构，底板坐落于天然地基上。采用以“强化预处理—A/O—MBR 生物反应器”工艺为核心的处理工艺，24h 连续运行。污水处理建筑物主要为设备用房，设备房为一体化设备旁边的一座小型建筑，砖混结构，平面尺寸为 4.2m×4.2m，房间高度 3.6m，内有配电柜、鼓风机、控制柜和若干检修工具。其建设应遵循建筑物构造措施及其装修标准。

工艺流程为：进水→细格栅→集水井→泵房→竖流式沉砂池→生物接触氧化池→竖流式二沉池→混凝沉淀池→砂滤→消毒→中水回用；剩余污泥→污泥调理→脱水机房→污泥处置。

项目实施绩效：COD 削减量约为 960t/a，总氮削减量约为 58t/a，总磷削减量约为 14t/a。

4）林口县生活垃圾处理场工程

日处理垃圾 150t，日处理垃圾渗滤液 50t。主要工程内容：卫生填埋场工程、污水处理站、生活管理区、场内道路及其所有配套的附属设施。采用卫生填埋处理工艺，填埋区 4.15hm$^2$，采用国际最先进的防渗漏和垃圾渗滤液处理技术，其中包括钠基膨润土防水毯、hdpe 防渗膜等 9 层防渗漏处理工艺。项目实施绩效：COD 削减量约为 120t/a，氨氮削减量约为 12t/a。

5）林口县兆福牧业有限责任公司的肉牛养殖繁育深加工项目

建设标准化牛舍、屠宰、肉牛加工车间 $1\times10^4$m$^2$。新建肉牛养殖繁育基地占地 $4.5\times10^4$m$^2$，配套建设污水处理站、沼气池。总投资 4900 万元。项目实施绩效：COD 削减量约为 285t/a，总氮削减量约为 10t/a，总磷削减量约为 1.66t/a。

6）沈阳煤业集团青山有限责任公司洗煤厂污水治理工程

青山煤矿原煤生产能力 $9\times10^5$t/a，年工作日 330d，洗煤废水主要来自旋流筛的尾矿和精煤捞坑产生的污水，总排水量 450t/h，生活污水排放量 150t/d。该工程占地 2000m$^2$，地点在林口县沈煤集团鸡西盛隆矿业有限责任公司青山煤矿洗煤厂厂区内，项目新建浓缩池及

絮凝沉淀、板框压滤处理工艺的污水处理站一座。总投资1500万元。项目采用二级沉淀法处理，即洗煤废水首先进行重力沉降，在较大颗粒煤泥去除以后再进行絮凝沉淀，最后煤泥水进行压滤处理。符合《煤炭工业污染物排放标准》（GB 20426—2006）中表3洗煤废水污染标准的要求，且污水全部回用。项目实施绩效：COD削减量约为4077t/a，总氮削减量约为0.99t/a，总磷削减量约为0.15t/a。

7）林口县顺兴生态养殖有限责任公司有机肥生产开发项目

建设年生产15000t鸡粪、农村生活垃圾及城市污泥的有机肥加工厂，总投资1166万元。新建污水处理站一座，经过处理的废水排放达到《污水综合排放标准》（GB 8978—1996）中的一级标准。项目实施绩效：COD削减量约为1.39t/a，氨氮削减量约为0.12t/a。

8）林口县小流域生态拦截沟工程

在鲶鱼河至乌斯浑河35km范围内，建设“草皮护坡—生态植草拦截沟—挡土墙护堤”三段式工程，控制农业面源污染。

草皮护坡带设计：草皮护坡带长15m，种植北方常见冷季型草坪草高羊茅、早熟禾等，覆盖度不低于80%。生态植草拦截沟设计：植草沟上每隔10m设置排水口，排水口宽0.5m，深0.5m。植草沟宽2m，深1.5m。生态植草沟内主要种植湿地植物，如蒲草、芦苇等，耐碱、耐湿，为多年生草本植物。挡土墙护堤带：挡土墙护堤带沿坡度方向长2m，在现有堤岸土地上堆砌毛石形成，缓冲平台1m，种植芦苇。项目实施绩效：植被缓冲带建设12.25$hm^2$。

9）林口县水源地综合整治工程

治理水土流失退耕还林面积4$km^2$、建生态拦截沟5km，进行水源地区划，设立保护区界标10块，水库上游3个村庄垃圾、污水治理。水源涵养林建设400$hm^2$。项目实施绩效：植被缓冲带建设1.75$hm^2$。

10）林口县中下游农村污染综合治理工程

在林口县龙爪镇、三道通镇、建堂乡进行禽养殖污染治理，采取两段式厌氧发酵，其中主要工艺为水解酸化预处理段+CSTR工艺段，每天处理畜禽废弃物75t。将粪便投入调配池，进料物质浓度达到10%，加水经搅拌均匀后定时定量按照工艺要求输送到CSTR厌氧消化器；厌氧消化器内设置出渣、搅拌、换热等装置，保证消化器稳定的发酵条件。项目实施绩效：COD削减量约为300t/a，氨氮削减量约为22t/a。

（5）马莲河水质保障措施

针对马莲河水质不能满足水环境功能区的问题，根据马莲河水环境污染特征，结合《牡丹江市水污染防治工作方案》形成马莲河在中下游区域农业面源治理、生活污水治理和工业点源治理的综合治理措施，保障马莲河水质安全。

马莲河水质保障措施重点工程为：渤海镇灌溉退水治理工程，宁安市渤海镇建鑫牧业6万头生猪粪便综合利用项目，宁安市东京城、渤海镇污水处理工程，黑龙江省镜泊湖农业开发股份有限公司污水处理改造工程，宁安市东京城、渤海镇垃圾转运工程等，详见表4-22。同时，认真执行河流日常巡查和环境监管制度，加大保护宣传工作力度。对于垃圾收运处理系统，重点做到减量化、资源化、无害化，有关负责单位指派专人负责垃圾的转运及处理，定期维护设备和保障运行资金；对于污水收集处理系统运行和污水收集系统的维护，要明确承担主体，制订运行管理制度，确保运行费用。

表 4-22 马莲河水质保障重点工程

| 序号 | 项目名称 | 主要建设内容 | 项目拟建设时间 | 环境效益 |
| --- | --- | --- | --- | --- |
| 1 | 渤海镇灌溉退水治理工程 | 人工湿地、稳定塘、滞留塘 | 2018—2020 | 人工湿地建设 $50hm^2$，COD 削减量约为 24t/a，总氮削减量约为 1.5t/a，总磷削减量约为 0.12t/a |
| 2 | 宁安市渤海镇建鑫牧业 6 万头生猪粪便综合利用项目 | 年处理粪便 $3\times10^7t$，有机饲料加工厂、有机肥加工厂 | 2011—2012 | COD 削减量约为 2227t/a，氨氮削减量约为 109t/a，总磷削减量约为 33.6t/a |
| 3 | 宁安市东京城、渤海镇污水处理工程 | $1\times10^4t/d$ | 2017—2019 | COD 削减量约为 1200t/a，总氮削减量约为 73t/a，总磷削减量约为 18t/a |
| 4 | 黑龙江省镜泊湖农业开发股份有限公司污水处理改造工程 | 1300t/d | 2011—2013 | COD 削减量约为 1000t/a，氨氮削减量约为 25t/a |
| 5 | 宁安市东京城、渤海镇垃圾转运工程 | 东京城、渤海镇建设 2 处 30t/d 垃圾转运站 | 2018—2020 | 固体废物削减 60t/d |

1）渤海镇灌溉退水治理工程

在马莲河入牡丹江河口至上游 8km 河道及滩地，建设人工湿地处理工程，总占地约 $5\times10^5m^2$。

通过马莲河河道内土方调整，将水位提升至河滩地，形成湿地工程。主河道不变，滩地上种植水生植物，滨河路边设置绿化景观。工程占用河道长度约 8000m。按工艺流程划分为生态滞留塘人工湿地约 $12hm^2$、功能表流人工湿地约 $8hm^2$、水质稳定塘人工湿地约 $30hm^2$。人工湿地中种植茭白、香蒲、菖蒲、芦苇、睡莲、荷花、马蹄莲等。

生态滞留塘设计占地面积 $12hm^2$，周边浅水区水深 0.3m，中心深水区深度 0.8～1m。占用河道宽度 20m。深水区种植莲和睡莲等水生植物，同时配置人工水草和选种当地常见的喜温且具较强净化能力的金鱼藻、苦草、黑藻、红线草及喜凉的菹草，不同植物分片进行种植，通过优化植物组合，去除河水中部分污染物。植物总种植数量 80 万株。

人工湿地有效面积共计 $8hm^2$，设计深度 0.5m。湿地竖向结构由夯实黏土、粗砂、基质填料、种植土等组成。植物配置：茭白、芦苇等植物。植物总种植数量 128 万株。

水质稳定塘人工湿地河道方向总长度 5500m，主河道两侧各宽 20m。有效面积共计 $30hm^2$。水深 0.3～1.5m。该区域特点：生态多样性较为丰富，由沉水植物、挺水植物、浮水植物等共同组成生态稳定区。植物类型：芦苇、香蒲、茭白、荷花、睡莲等。沿岸浅水区设计水面深度 0.2m，种植挺水植物芦苇、茭白、菖蒲、香蒲等 9 株/$m^2$；中心区种植水葫芦、荷花睡莲等 6 株/$m^2$。水质稳定调节区设计水深 0.3m，以沉淀缓冲功能为主，中心深水区种植少量景观植物，如荷花、睡莲等，种植的沉水植物作为人工湿地系统中的强化稳定植物加以应用，以提高出水水质。利用浮床技术，侧重植物根系的吸附净化作用，选择根系粗壮，延伸范围大的挺水植物，配置植物：花叶芦竹、金线水葱、香蒲、菖蒲等。水质稳定塘人工湿地区种植植物总数量为 190 万株。

项目实施绩效：COD 削减量约为 24t/a，总氮削减量约为 1.5t/a，总磷削减量约为 0.12t/a。

2）宁安市渤海镇建鑫牧业6万头生猪粪便综合利用项目

该项目全部采用世界先进的自动化电脑数据管理软件：GPS猪场生产管理信息系统、GBS育种数据处理系统、饲料配方超级优化决策系统、猪病诊断专家系统。全部自动化养猪生产线：自动饮水系统、自动喂料系统、自动温控系统、自动微雾消毒系统等机械化操作。建筑生物猪舍$5.23\times10^4m^2$，存栏基础母猪3600头，年出栏生猪6万头，其中纯种猪及纯二元母猪2万头、育肥猪（包括仔猪）4万头。6个万头生产线、1座年产$1\times10^5t$生物有机饲料加工厂、1座年产$1\times10^5t$有机肥加工厂、大型有机玉米烘干贮存基地一处、建设年屠宰30万头有机猪的现代化屠宰场一座。项目实施绩效：COD削减量约为2227t/a，氨氮削减量约为109t/a，总磷削减量约为33.6t/a。

3）宁安市东京城、渤海镇污水处理工程

占地面积：$2.7hm^2$。建设规模：近期$1\times10^4m^3/d$，远期$2\times10^4m^3/d$。设计污水管网规模$2.0\times10^4m^3/d$。采用工艺：改良$A^2O$工艺。出水标准：达到国家《城镇污水处理厂污染物排放标准》(GB 18918—2002）一级B标准。主体工程包括反应池、除磷加药间、除臭设施等；改造建构筑物主要为污水提升泵房、紫外消毒间、二次提升泵房、鼓风机房等。项目实施绩效：COD削减量约为1200t/a，总氮削减量约为73t/a，总磷削减量约为18t/a。

4）黑龙江省镜泊湖农业开发股份有限公司污水处理改造工程

设计污水处理规模$1300m^3/d$，采用工艺：A/O及MBR，主体工程包括反应池、除磷加药间、除臭设施等。改造建构筑物主要为：污水提升泵房、紫外消毒间、二次提升泵房、鼓风机房等。项目实施绩效：COD削减量约为1000t/a，氨氮削减量约为25t/a。

5）宁安市东京城、渤海镇垃圾转运工程

2座转运站主要都以一座压缩车间为主体建筑，站区内设有回转场，站区四周布置有绿化带。转运站的主体建筑压缩车间包括垃圾压缩机械操作区、机动车和手推车垃圾装卸区、洗箱区、转换临时存放区等区域，共计面积$366m^2$，车辆装卸面为3m×5m，高6m，进深11.8m，设2个地坑。转运站进口装卸区设置卷帘门。

压缩车间采用砖混结构，本工程中地坑采用混凝土强度等级为C25，抗渗标号S6，钢筋用Ⅰ、Ⅱ级，钢材采用Q235钢。混凝土耐久性设计：环境类别二（a）类。每座转运站垃圾压缩机的数量根据转运站规模确定为一台。集装箱的数量按照压缩机数量的1～2倍设置，本设计采用一机二箱。每座转运站内配备有电动单梁悬挂起重机一台，起重量10t，功率37kW。多功能转运车用于运送垃圾转运站的移动式贮存器。每部车日运转2次，备用系数1.2，共配置2台，载重量8t/台。收集自卸车（高箱板）用于运送箱式垃圾站的垃圾。每部车日运转2次，备用系数1.2，共配置5台，载重量3t/台。

（6）蛤蟆河水质保障措施

针对蛤蟆河水质超标问题，根据蛤蟆河水环境污染特征，结合《牡丹江市水污染防治工作方案》，形成蛤蟆河在下游区域农田退水治理和生活污水治理的综合治理措施，保障蛤蟆河水质安全。

蛤蟆河水质保障重点工程为：蛤蟆河河口灌溉退水治理工程，宁安市江南朝鲜族满族乡污水处理工程，宁安市江南朝鲜族满族乡、卧龙朝鲜族乡垃圾转运工程等，详见表4-23。同时，认真执行河流日常巡查和环境监管制度，加大保护宣传工作力度。对于垃圾收运处理系统，重点做到减量化、资源化、无害化，有关负责单位指派专人负责垃圾的转运及处理，定期维护设备和保障运行资金；对于污水收集处理系统运行和污水收集系统的维护，要明确承担主体，制订运行管理制度，确保运行费用。

表 4-23 蛤蟆河水质保障重点工程

| 序号 | 项目名称 | 主要建设内容 | 项目拟建设时间 | 环境效益 |
|---|---|---|---|---|
| 1 | 蛤蟆河河口灌溉退水治理工程 | 人工湿地、稳定塘、滞留塘 | 2018—2020 | 人工湿地建设 $45hm^2$，COD 削减量约为 23.48t/a，总氮削减量约为 1.45t/a，总磷削减量约为 0.10t/a |
| 2 | 宁安市江南朝鲜族满族乡污水处理工程 | 1000t/d | 2018—2019 | COD 削减量约为 120t/a，总氮削减量约为 7.3t/a，总磷削减量约为 1.8t/a |
| 3 | 宁安市江南朝鲜族满族乡、卧龙朝鲜族乡垃圾转运工程 | 江南朝鲜族满族乡、卧龙朝鲜族乡建设 2 处 30t/d 垃圾转运站 | 2018—2020 | 固体废物削减 60t/d |

1）蛤蟆河河口湿地建设工程

在蛤蟆河入牡丹江河口至上游 6km 河道及滩地，建设人工湿地处理工程，总占地约 $4.5\times10^5m^2$。

通过蛤蟆河河道内土方调整，将水位提升至河滩地，形成湿地工程。主河道不变，滩地上种植水生植物，滨河路边设置绿化景观。工程占用河道长度约 6000m。按工艺流程划分为生态滞留塘人工湿地约 $12hm^2$、功能表流人工湿地约 $8hm^2$、水质稳定塘人工湿地约 $25hm^2$。人工湿地中种植茭白、香蒲、菖蒲、芦苇、睡莲、荷花、马蹄莲等。

生态滞留塘设计占地面积 $12hm^2$，周边浅水区水深 0.3m，中心深水区深度 0.8～1m。占用河道宽度 20m。深水区种植莲和睡莲等水生植物，同时配置人工水草和选种当地常见的喜温且具较强净化能力的金鱼藻、苦草、黑藻、红线草及喜凉的菹草，不同植物分片进行种植，通过优化植物组合，去除河水中部分污染物。植物总种植数量 80 万株。

功能表流人工湿地有效面积共计 $8hm^2$，设计深度 0.5m。湿地竖向结构由夯实黏土、粗砂、基质填料、种植土等组成。植物配置：茭白、芦苇等植物。植物总种植数量 128 万株。

水质稳定塘人工湿地河道方向总长度 3500m，主河道两侧各宽 20m。有效面积共计 $25hm^2$。水深 0.3～1.5m。该区域特点：生态多样性较为丰富，由沉水植物、挺水植物、浮水植物等共同组成生态稳定区。植物类型：芦苇、香蒲、茭白、荷花、睡莲等。沿岸浅水区设计水面深度 0.2m，种植挺水植物芦苇、茭白、菖蒲、香蒲等 9 株/$m^2$；中心区种植水葫芦、荷花睡莲等 6 株/$m^2$。水质稳定调节区设计水深 0.3m，以沉淀缓冲功能为主，中心深水区种植少量景观植物，如荷花、睡莲等，种植的沉水植物作为人工湿地系统中的强化稳定植物加以应用，以提高出水水质。利用浮床技术，侧重植物根系的吸附净化作用，选择根系粗壮，延伸范围大的挺水植物，配置植物：花叶芦竹、金线水葱、香蒲、菖蒲等。水质稳定塘人工湿地区种植植物总数量为 190 万株。

项目实施绩效：COD 削减量约为 23.48t/a，总氮削减量约为 1.45t/a，总磷削减量约为 0.10t/a。

2）宁安市江南朝鲜族满族乡污水处理工程

日处理污水 1000t。污水处理工艺采用地埋式一体化深度处理技术，选择强化预处理—膜生物反应器—消毒回用为工程的污水处理工艺。

新建污水调节池，池内设置 2 台小型潜水提升泵，1 用 1 备。将污水从低位提升至一体化处理设备中。调节池设计容积为 $150m^3$，全地下结构，采用现浇钢筋混凝土结构，底板坐落于天然地基上。采用以“强化预处理—A/O—MBR生物反应器”工艺为核心的处理工艺，24h连续运行。污水处理建筑物主要为设备用房，设备房为一体化设备旁边的一座小型建筑，砖混结构，平面尺寸为4.2m×4.2m，房间高度3.6m，内有配电柜、鼓风机、控制柜和若干检修工具。其建设应遵循建筑物构造措施及其装修标准。

工艺流程为：进水→细格栅→集水井→泵房→竖流式沉砂池→生物接触氧化池→竖流式二沉池→混凝沉淀池→砂滤→消毒→中水回用；剩余污泥→污泥调理→脱水机房→污泥处置。

项目实施绩效：COD削减量约为120t/a，总氮削减量约为7.3t/a，总磷削减量约为1.8t/a。

3）宁安市江南朝鲜族满族乡、卧龙朝鲜族乡垃圾转运工程

2座转运站都以一座压缩车间为主体建筑，站区内设有回转场，站区四周布置有绿化带。转运站的主体建筑压缩车间包括垃圾压缩机械操作区、机动车和手推车垃圾装卸区、洗箱区、转换临时存放区等区域，共计面积366m$^2$，车辆装卸面为3m×5m，高6m，进深11.8m，设2个地坑。转运站进口装卸区设置卷帘门。

压缩车间采用砖混结构，本工程中地坑采用混凝土强度等级为C25，抗渗标号S6，钢筋用Ⅰ、Ⅱ级，钢材采用Q235钢。混凝土耐久性设计：环境类别二（a）类。每座转运站垃圾压缩机的数量根据转运站规模确定为一台。集装箱的数量按照压缩机数量的1～2倍设置，本设计采用一机二箱。每座转运站内配备有电动单梁悬挂起重机一台，起重量10t，功率37kW。多功能转运车用于运送垃圾转运站的移动式贮存器。每部车日运转2次，备用系数1.2，共配置2台，载重量8t/台。收集自卸车（高箱板）用于运送箱式垃圾站的垃圾。每部车日运转2次，备用系数1.2，共配置5台，载重量3t/台。

#### 4.1.5.6 目标可达性

针对牡丹江流域主要支流丰水期水质较差的情况，在污染源排污量调查的基础上，确定各支流存在生活污水、农田径流及畜禽粪便随意排放的主要环境问题。因此，方案中制订的主要任务和重点工程是污染物削减的主要措施，各工程项目目前技术成熟、工艺完备，设施齐全，工程效果可以满足支流水质方案提出的总量削减指标。因此，各支流方案目标技术可行。

针对牡丹江主要支流存在的畜禽粪便、生活污水、生活垃圾、农田退水、水土流失等问题，方案共规划了污染治理项目33项，其中北安河5项，海浪河8项，乌斯浑河12项，马莲河5项，蛤蟆河3项，在落实各项措施的基础上，共可削减COD约33320t，总氮约1854t，总磷约345t，水源涵养林建设约6982hm$^2$，植被缓冲带建设约36.8hm$^2$，湿地建设约95hm$^2$。

根据《制订地方水污染物排放标准的技术原则与方法》（GB 3839—83）中对河流允许排放量的计算，以河段的水功能区划作为下断面的浓度控制目标，计算得出牡丹江干流（海浪—柴河大桥）COD允许排放量29029.52t/a，氨氮允许排放量1446.14t/a；海浪河（海林桥—海南桥）COD允许排放量5817t/a，氨氮允许排放量193.9t/a；乌斯浑河（龙爪—入牡丹江干流前）COD允许排放量6941.47t/a，氨氮允许排放量347.07t/a。

北安河各项措施可削减COD约14104.4t，总氮约944.8t，总磷约182.5t，水源涵养林建设约6542hm$^2$，植被缓冲带建设约6.8hm$^2$，可满足牡丹江干流（海浪—柴河大桥）水环境要求。

海浪河各项措施可削减COD约4608.25t，总氮约247.3t，总磷约49t，水源涵养林建设约40hm$^2$，可满足海浪河（海林桥—海南桥）水环境要求。

乌斯浑河各项措施可削减COD约10013.39t，总氮约445.61t，总磷约60.61t，水源涵养林建设约400$hm^2$，植被缓冲带建设约14$hm^2$，可满足乌斯浑河（龙爪—入牡丹江干流前）水环境要求。

马莲河和蛤蟆河各项措施可削减COD约4594.48t，总氮约217.25t，总磷约53.62t，人工湿地建设约95$hm^2$，可满足牡丹江干流水环境要求。

通过本方案的实施，主要支流入河污染物总量在现有基础上将大幅削减，水体水质将实现大幅度改善。同时，通过加强环境管理，定期对河道两岸垃圾、粪便、废弃物进行清理，杜绝向河道、沟渠内倾倒垃圾、粪便、废弃物等现象，有效改善水体感官。河道水环境能够得到持续改善，黑臭问题得以消除，抗风险能力也将得到加强，不会对下游水体造成冲击，将能够保证支流满足水体功能的要求。通过各支流流域内环境保护项目的实施，可以有效控制污染源，减少入其流域污染物排放总量，提高水体质量，改善生态景观，改善和保护流域生态环境质量，增强流域的生态功能，使生态系统走向良性循环，从而增加了流域经济社会发展的承载能力，进一步缓解了当地社会发展与环境约束之间的矛盾，促进当地经济社会和谐、可持续发展，能够满足区域可分配水环境容量的要求。

#### 4.1.5.7 保障措施

（1）法律法规

① 按照国家、省产业政策要求及牡丹江市发改委制订的淘汰落后产能计划，做好本区域内企业产业结构调整工作，按期淘汰不符合产业政策的污染严重企业和落后的生产能力、工艺、设备及产品。

② 全面实行企业排污许可证制度。按照排污许可证的发放要求，对符合条件的企业核发排污许可证，禁止无证排污；所有排污单位实行持证排污，实行严格的污染物排放量化管理；对不符合条件的企业限期治理。

③ 强化环保监管，依法保护环境。加大流域内重点工业企业污染、农业面源污染、畜禽养殖污染、生活污染等主要污染源的调查整治力度，提高现场执法能力和应对突发性污染事件的能力。

（2）政策保障

① 牡丹江市政府主要领导要对本行政区域内的河流水环境质量负责。一要严格履行项目审批程序，及时完成各项审批手续，高起点组织开展工程设计工作，将绩效目标落实到设计中去；二要专户管理项目资金，建立健全项目资金使用监管体系，严格审批制度，严禁挪用挤占项目资金，保证专款专用；三要严格执行项目“四制”要求，提高项目管理水平，严把工程质量关，增加工程实施科技含量，保证工期，确保达到预期绩效目标。

② 加强对考核断面的监测考核。对连续两个月水质考核断面超过考核指标一倍以上的提出区域限批预警，两个月内整改无明显进展，实行区域限批，暂停该地区所有增加污染物排放总量的建设项目，直至考核断面水质有明显改善，方可解除区域限批。

③ 建立环境信息交流制度，定期通报环境质量、环境执法、环境污染应急处理和污染治理工程信息。建立方案反馈、调整机制，职能部门随时根据掌握的项目实施背景、工程进度与效果，以及公众对于方案实施的反馈意见，定期对方案内容的可行性进行讨论与必要的修改。

（3）技术保障

成立技术保障组，由环保和财政部门主管领导、科研院所和工程技术单位的科技人员共同组成技术组，同时成立咨询专家组对水环境保护进行指导，大力加强科技攻关，强化对水体氮、磷污染控制，水体自然修复，沼泽化防治和河滨带保护，面源污染控制，污水排放标准等方面的关键技术研发，增强科技支撑能力。工程项目实施过程中，定期召开技术组会议和专家组咨询会，把握项目的思路和方向，并根据工程实施进展情况和水生态环境条件的变化，在项目实施进程中进行必要的调整，以达到最好的工程效果。

(4) 资金投入

综合运用财政和货币政策，建立政府财政与金融贷款、社会资金的组合使用模式。鼓励符合条件的地方政府融资平台公司通过直接、间接融资方式，拓宽污染防治投融资渠道，吸引社会资金参与流域污染防治。

成立融资管理办公室，具体负责水污染防治项目融资工作的推进与落实、融入资金的投放与回收、综合协调等具体工作，将投融资工作纳入常态性和计划性管理。为保证项目投融资工作长效发展，建立“借用管还”一体的融资体系。把平台融资、项目建设、资产使用紧紧捆绑，责权利相统一，将项目建设、管理、经营、偿债统一归集到平台公司来运作，在谋划每一个项目融资之初即确定融资方案，包括贷款额度、担保资产、匹配资金、还款来源、还款责任等，并统筹考虑资金使用方向。建立债务动态分析机制，及时分析评估自身偿债能力，量力而行，控制规模，有效防控融资风险。

(5) 管理机制

① 对不能稳定达标的企业，一律实行限期治理，治理期间限产限排，并暂停该企业所有新扩改建项目的审批，逾期未完成治理任务的，要责令停产或关闭。

② 加强向河流排放污染物企业的监管，实行流域定期检查制度。按要求做好每月流域检查监测工作，保证监测频次，编制水质月报。

③ 政府部门每季度检查调度一次综合治理工作进展情况，实行严格的奖惩制度，完成任务的予以通报表彰，对未按期完成目标任务的，在年底工作目标考核时实行一票否决。由监察部门负责，对污染防治工作领导不力、监管不到位、治理工作进展缓慢、发生污染事故的，追究相关人员的责任。

本方案已在“牡丹江市生态环境保护‘十三五’规划”中水污染防治、生态环境保护、农村环境保护、环境监管能力建设等方面提供了有效的技术支持。同时为牡丹江市“一河(湖)一策”的五条支流（北安河、乌斯浑河、海浪河、马莲河和蛤蟆河）的方案编制提供了有效的技术支持。为牡丹江干流水质达到或优于Ⅲ类，支流水质消灭劣Ⅴ类，牡丹江流域水环境得到全面改善提供技术支撑。

## 4.2 典型城市内河水质保障技术研究与示范

——北安河生态恢复关键技术研究与示范

### 4.2.1 河道植被多样性的恢复

#### 4.2.1.1 开放式河道植被多样性技术

(1) 北安河流域河滨带植物调查

生态恢复的一般步骤为：①环境背景及现状调查和诊断，通过环境背景调查，分析环境因子的有利因素、不利因素和限制因素，以便在植被恢复与重建时扬长避短，发挥区域优势，弥补不足；②合理选择恢复及重建对策；③物种的筛选和引种；④植物群落的组合与实施。开放性河道生态恢复技术的核心是筛选适应当地气候的植被组合，构建具有景观性、亲水性、植物适应特性、边岸水力稳定性的生态缓冲带。调查区域内的植被类型及其建群种、优势种、植被覆盖率情况，确定研究区域内的植物种类、植物资源情况及分布特点是筛选植被组合研究的基础。2013 年对北安河流域的河滨带及水生植物进行了生态系统（植被）类型调查。

植被的调查主要利用采样方法和路线法相结合进行的方式。首先进行路线调查，以确定主要的植被类型及其分布，再依据生境、位置以及类型的不同设置调查样地。样方面积为疏林群落 10m×10m、灌木群落 5m×5m、草本群落 1m×1m（见图 4-11 和图 4-12），确定各区域的建群种和伴生种，对样方通过 GPS 进行定位，并对典型群落的生物量进行测定。

图 4-11 河边的灌木群落

图 4-12 草本群落调查样方

在现状调查的基础上，根据调查区陆生植物物种分布、植被现状、演替规律和综合群落生物学等方法，对北安河的生态现状进行评价。

经调查，北安河流域共有植物 4 类 35 科 66 种(见表 4-24)，调查区生物量 395.58g/m$^2$。影响植被分布最重要的生态因子是岸基质不同导致的水分和土壤深度差异。

结合北方地区气候特点，以土著性群落为主体，进行河道生态缓冲带优化组合植物的筛选，以达到保障北方寒冷地区水体环境的目标为原则，筛选原则如下：

① 适应性原则，所选物种对北安河具有较好的适应能力。

② 本土性原则，优先考虑采用北安河原有的植物物种。

③ 强去污能力原则，优先考虑北安河超标倍数大的污染物对其去除。

④ 可操作性原则，所选物种应具有繁殖、竞争力较强，易栽培，管理和收获方便，并且具有一定经济价值等特点。

通过对各种不同类型水生植物的生长适应性和应用情况的综合比较，确定了在北安河进行挺水植物的恢复生长，构建了河道生态缓冲带。主要使用的三种挺水植物的对比情况如下。

表 4-24 北安河上下游及河滨带植物物种（来源：生态调查）

| 植物物种 | | 科 | 拉丁名 |
|---|---|---|---|
| 草本植物 | 稗草 | 禾本科 | *Echinochloa crusgalli*(L.) Beauv. |
| | 芦苇 | 禾本科 | *Phragmites australis*(Cav.)Trin. ex Steud. |
| | 藨草 | 莎草科 | *Scirpus triqueter* Linn. |
| | 乌苏里薹草 | 莎草科 | *Carex ussuriensis* Kom |
| | 鬼针草 | 菊科 | *Bidens pilosa* L. |
| | 兴安毛莲菜 | 菊科 | *Picris davurica* Fish. |
| | 飞蓬 | 菊科 | *Erigeron speciosus* L. |
| | 益母草 | 唇形科 | *Leonurus artemisia* (Lour.)S. Y. Hu |
| | 尾叶香茶菜 | 唇形科 | *Rabdosia excisa* (Maxim.) Hara |
| | 香薷 | 唇形科 | *Elsholtzia ciliata*(Thumb.)Hyland |
| | 东北羊角芹 | 伞形科 | *Aegopodium alpestre* Ledeb. |
| | 红花变豆菜（鸡爪芹） | 伞形科 | *Sanicula rubriflora* Fr. Schmidt |
| | 短毛独活 | 伞形科 | *Heracleum moellendorffii* Hance |
| | 马氏蓼 | 蓼科 | *Polygonum maackianum* Regel |
| | 戟叶蓼 | 蓼科 | *Potygonum thunbergii* Sieb. et Zucc |
| | 水蓼 | 蓼科 | *Polygonum hydropiper* Linn. |
| | 蚊子草 | 蔷薇科 | *Filipendula Palmata* (Pall) Maxim. |
| | 小白花地榆 | 蔷薇科 | *Sanguisorba tenuifolia* Fisch. ex Link var. alba Trautv. & C. A. Mey. |
| | 野大豆 | 蝶形花亚科 | *Glycine soja* Sieb. et Zucc |
| | 短穗铁苋菜 | 蝶形花亚科 | *Acalypha brachystachya* Hornem. |
| | 东北天南星 | 天南星科 | *Arisaema amurense* Maxim. Var. serratum Nakai |
| | 半夏 | 天南星科 | *Pinellia ternata* (Thunb.) Breit. |
| | 千屈菜 | 千屈菜科 | *Lythrum salicaria* Linn. |
| | 球子蕨 | 球子蕨科 | *Onoclea sensibilis* L. |
| | 卵果蕨 | 金星蕨科 | *Phegopteriis connectilis* (Michx.) Watt |
| | 落新妇 | 虎耳草科 | *Astilbe chinensis* (Maxin.)Franch. et Savat. |
| | 鸡腿堇菜 | 堇菜科 | *Viola acuminata* Ledeb. |
| | 水珠草 | 露珠草科 | *Circaea lutetiana* Linn. subsp. *quadrisulcata* (Maxim.) Asch. & Magnus |
| | 广布野豌豆 | 豆科 | *Vicia cracca* L. |
| | 黄花水金凤 | 凤仙花科 | *Impatiens noli-tangere* L. |
| | 狭叶荨麻 | 荨麻科 | *Urtica angustifolia* Fisch. ex Hornem |
| | 毛百合 | 百合科 | *Lilium dauricum* Ker-Gawl. |
| | 单穗升麻 | 毛茛科 | *Cimicifuga simplex* Wormsk. |
| | 合叶草 | 远志科 | *Polygala subopposita* S. K. Chen |
| | 水杨梅 | 茜草科 | Geum aleppicum |
| | 野老鹳草 | 牻牛儿苗科 | *Geranium carolinianum* L. |

续表

| 植物物种 | | 科 | 拉丁名 |
|---|---|---|---|
| 灌木植物 | 杞柳 | 杨柳科 | *Salix integra* Thunb. |
| | 粉枝柳 | 杨柳科 | *Salix rorida* Laksch. |
| | 白河柳 | 杨柳科 | *Salix yanbianica* C. F. Fang et Ch. Y. Yang |
| | 柳叶绣线菊 | 蔷薇科 | *Spiraea salicifolia* L. |
| | 茶条槭 | 槭树科 | *Acer ginnala* Maxim. |
| | 珍珠梅 | 蔷薇科 | *Sorbaria sorbifolia* (L.)A. Br |
| | 乌苏里鼠李 | 鼠李科 | *Rhamnus ussuriensis* J. Vass |
| | 暴马丁香 | 木犀科 | *Syringa reticulata* (Blume)H. Hara var. *amurensis* (Ruprecht) P. S. Green & M. C. Chang |
| | 红瑞木 | 山茱萸科 | *Swidaalba alba* Opiz |
| 乔木植物 | 柳树 | 杨柳科 | *Salix* |
| | 蒿柳 | 杨柳科 | *Salix viminalis* L. |
| | 卷边柳 | 杨柳科 | *Salix siuzevii* Seemen |
| | 细柱柳 | 杨柳科 | *Salix gracilistyla* Miq. |
| | 胡桃楸 | 胡桃科 | *Juglans Mandshurica* Maxim. |
| | 辽东桤木 | 桦木科 | *Alnus sibirica* Fisch. ex Turcz |
| | 水曲柳 | 木犀科 | *Fraxinus mandshurica* Rupr |
| | 稠李 | 蔷薇科 | *Padus racemosa* (Linn.) Gilib. |
| | 春榆 | 榆科 | *Ulmus davidiana* Planch. var. *japonica* (Rehd.) Nakai |
| 水生植物 | 菖蒲 | 天南星科 | *Acorus calamus* Linn. |
| | 香蒲 | 香蒲科 | *Typha orientalis* Presl. |
| | 菰 | 禾本科 | *Zizania latifolia* (Griseb.) Stapf |
| | 金鱼藻 | 金鱼藻科 | *Ceratophyllum demersum* L. |
| | 大茨藻 | 茨藻科 | *Najas marina* L. |
| | 眼子菜 | 眼子菜科 | *Potamogeton* distinctus A. Bennett |
| | 荆三棱 | 莎草科 | *Scirpus* yagara Ohui |
| | 水葱 | 莎草科 | *Scirpus validus* Vahl |
| | 黑藻 | 水鳖科 | *Hydrilla verticillata* (Linn. f.) Royle |
| | 黑三棱 | 黑三菱科 | *Sparganium stoloniferum*(Graebn.) Buch Ham. ex Juz |
| | 水芹 | 伞形科 | *Oenanthe javanica* (Blume) DC |
| | 水毛茛 | 毛茛科 | *Batrachium bungei* (Steud.) L. Liou |

宽叶香蒲具有良好的水深及风浪适应性，沿岸种植的香蒲在约 1.5 m 水深处仍能成活，其地上部分的柔性使其适应风浪冲击，对重污染负荷具有很强耐受性。香蒲在土壤环境中分蘖发展迅速，并且一年中分蘖的时间较长。其植株可收获编制草帘等物品，具有一定的经济价值，且管理、收获方便，是良好的挺水植物。香蒲不适应于陆地生长，在正常水位线以上即生长不良，在牡丹江当地环境中能大量生长。

芦苇不适应深水及风浪环境和大水深环境，即使个别采用大苗种植成活，其生长和分蘖能力远不如潜水区。芦苇的硬质杆径也使其不适应风浪冲击。但是芦苇对潜水土壤环境适应性强，分蘖生长迅速，种植一年即可从每平方米 4 株发展到 50 株，株高可达 3m。从农历春分至中秋一直分蘖不断，且相对香蒲等其他挺水植物，其竞争性更强，并且对重污染负荷具有很强的耐受性，是非常良好的挺水植物，在牡丹江当地湿地大量存在。

菖蒲可水生又可旱生，是不可多得的“水陆两栖”优良宿根地被植物，喜温暖、湿润和阳光充足的环境。耐寒、稍耐干旱和半阴。生长适温15～30℃，10℃以下则停止生长，冬季能耐−15℃低温，在北方地区冬季地上部分枯死，根茎地下越冬，极其耐寒。它还是河湖水体的净化器，近年来，在国内外许多水景造园工程中，菖蒲已被大量作为水景植物造园。

上述三种大型水生植物可以直接从水层和底泥中吸收氮、磷，并同化为自身的结构组成物质（蛋白质和核酸等）。其同化的速率与生长速度、水体营养物水平呈正相关，并且在合适的环境中，它往往以营养繁殖方式快速积累生物量，而氮、磷是植物大量需要的营养物质，因此对这些物质的固定能力也很高。由表4-25的数据可知，芦苇相对比其他常见的挺水植物具有生长率和存储量的优势，对污染物的去除效果更好。

**表4-25　挺水植物的氮、磷含量和生长率对照表**

| 植物种类 | 存储量 /[t/(h·m$^2$)] | 生长率 /[(t/(h·m$^2$·a)] | 组织的氮含量 /(g/kg 干重) | 组织的磷含量 /(g/kg 干重) |
| --- | --- | --- | --- | --- |
| 香蒲 | 4.3～22.5 | 7～51 | 5～24 | 0.5～4.0 |
| 芦苇 | 5.0～35.0 | 30～50 | 17～21 | 2.0～3.0 |
| 菖蒲 | 5.0～20.0 | 10～45 | 30～40 | 2.0～4.0 |

（2）利用火山岩生态滤床进行河道植被恢复的研究

生态滤床是利用“基质-微生物-植物”复合生态系统来净化水体的污水处理方式，因其具有结构简单、工程投资少、运行管理方便、日常维护费用低等优点，已在各类不同水体的水质净化中得到广泛应用。填料是生态滤床的重要组成部分，对水体中氮、磷的去除起到了主要的作用。在生态滤床中，基质能够通过吸附、沉淀、过滤等物理化学作用去除水体污染物，还可以通过为微生物附着和植物生长提供适宜条件来达到生物除氮、磷的目的。基质的理化性质对水体污染物的去除具有一定影响。国内外学者对人工生态滤床进行了大量研究，最常见的生态滤床基质包括沸石、页岩、粉煤灰、砾石、火山岩、陶粒、砖块、钢渣等。

通过对北安河市区的水文水质特征的考察，决定采用火山岩生态滤床在北安河市区段进行开放性河道植被多样性的恢复工作，目的是在水量不稳定的情况下，增加河水的停留时间，使火山岩空隙中和植物根系周围富集的细菌能充分地去除水中的污染物。火山岩作为生态滤床基质，具有如下特性。

① 微生物化学稳定性　火山岩生物滤料抗腐蚀，具有惰性，在环境中不参与生物膜的生物化学反应，长时间浸泡也不会向水体中释放有毒有害物质，无二次污染。

② 表面电性与亲水性　表面带有正电荷，容易固着微生物，亲水性强，作为微生物载体，表面能够附着大量的生物膜且累积速度快。

③ 滤料形状与水的流态　由于火山岩生物滤料是无尖粒状，且孔径大多数比陶粒要大，所以在使用时对水流的阻力小，在河水流量季节性变化大的北安河河道有利于挺水植物和沉水植物种子的固定。同时，牡丹江地区出产火山岩，因此价格相对低廉，可节约成本。

1）生态滤床颗粒级配的选择

胡欢等研究了基质粒径和沿程变化对生态滤床净化效果的影响，结果表明生态滤床中基质粒径的不同对净化污染水体的效果有较大影响，基质粒径小的生态滤床净化水体效果好。但由于在市政府的规划中，北安河是作为具有水利功能的泄洪河道使用的，在夏季雨季经常出现洪水的情况，因此，火山岩滤床对于水利冲击的抵抗能力和对植物根系的保护也成为一个重要的考虑因素，对采购的火山岩石材进行了机械强度测试，结果为6.08MPa。综合火山岩厂的供应能力和在夏季现场实验的结果，同时兼顾生态滤床的净化效果，确定了示范工程现场铺设火山岩生态滤床的结构以及粒径的范围。本研究中铺设的滤床分为三层，底层铺设的小粒径颗粒的粒径范围为 30～50mm，中层铺设的中粒径颗粒的粒径范围为 70～80mm，表层按照近自然原则随意铺设的大粒径颗粒的粒径范围大于 300mm。其中，中层和下层按照 1∶2 的比例铺设。

2）火山岩特性和理化参数

火山岩主要化学成分如表 4-26 所示。

**表 4-26　火山岩主要化学成分表**

| 化学成分 | $SiO_2$ | CaO | MgO | $Fe_2O_3$ | FeO | $Al_2O_3$ | $TiO_2$ | $K_2O$ | $Na_2O$ |
|---|---|---|---|---|---|---|---|---|---|
| 含量/% | 53.82 | 8.36 | 2.46 | 9.08 | 1.12 | 16.89 | 0.06 | 2.30 | 2.55 |

比表面积：火山岩的比表面积大、孔洞多且化学稳定性好，这使火山岩具有较强的吸附性能，且孔洞利于微生物附着。崔玉波等通过试验将表面光滑的砂子与多孔的火山岩对氮磷的去除效果进行对比，结果表明，火山岩具有更强的吸附效果。

孔隙率：平均孔隙率 65%～75%。

3）火山岩基质吸附效果研究

通过实验室设备对所用的 30～80mm 火山岩的污染物吸附效果进行研究。生态滤床火山岩基质吸附实验装置如图 4-13 所示。

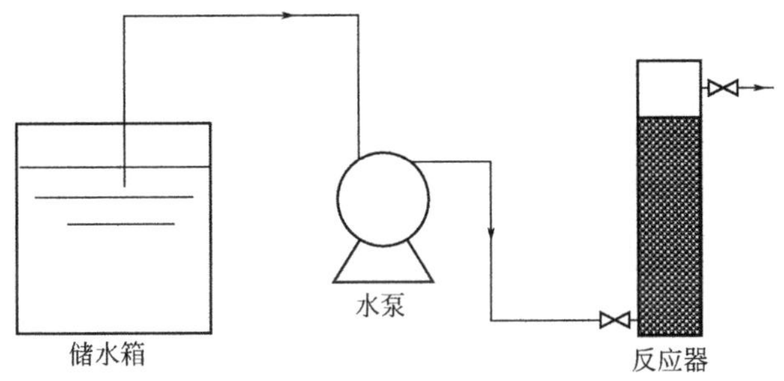


图 4-13　火山岩基质吸附实验装置图

实验方法：

① 在柱状反应器中装入火山岩，填装高度 450mm，其中 30～50mm 颗粒填装高度为 300mm，70～80mm 颗粒填装高度为 150mm。

② 在实验开始前，用自来水清洗反应器内的填料，直至出水浊度与进水一致，停止冲洗，静置 12h，目的是洗净填料，以免影响测量精度。

③ 采用连续进水出水的方式，通过蠕动泵使进水与出水流量达到动态平衡，柱体内液面淹没全部填料并高出填料层 100mm。

④ 在连续进水 0h（原水）、3h、9h、15h、21h、33h、39h、45h 时取出水水样，保存在生化培养箱内，待以上 8 个水样全部取完后，及时对水样的 COD、氨氮进行测量。

生态滤床孔隙率的测量：分别取 1500mL 底层火山岩和中层火山岩于 2000mL 烧杯中，向烧杯中加水，待水面恰好淹没填料，即到达 1500mL 处，停止加水，记下加入水量，并开始计时，观测水位变化。5h 后水位无变化，将水倒出，填料晾干后（每次晾晒时间为 48h）进行下一次测量，重复测量六次，测量结果见表 4-27。

表 4-27 生态滤床孔隙率的测定

| 次数 | 50mm 火山岩 | | 70mm 火山岩 | |
|---|---|---|---|---|
| | 加水量/mL | 孔隙率/% | 加水量/mL | 孔隙率/% |
| 1 | 1078.92 | 72 | 973.75 | 65 |
| 2 | 1103.76 | 74 | 962.35 | 64 |
| 3 | 1101.6 | 73 | 944.3 | 63 |
| 4 | 1109.16 | 74 | 970.9 | 65 |
| 5 | 1079.48 | 72 | 950 | 63 |
| 6 | 1075.68 | 72 | 972.8 | 65 |

由表 4-27 可见，50mm 火山岩的平均孔隙率为 73%，70mm 火山岩的平均孔隙率为 64%，由于两种粒径的火山岩比例为 2∶1，因此生态滤床的整体孔隙率约为 70%。

停留时间的计算如下。

水平流生态滤床系统的理论 HRT 的计算公式见式（4-17）。

$$\mathrm{HRT}=V\times\frac{\varepsilon}{Q} \tag{4-17}$$

式中，$V$ 是基质在自然状态下的体积，$m^3$；$\varepsilon$ 是孔隙率，%；$Q$ 是人工湿地设计水量，$m^3/d$。

但在实际运行中，随着孔隙率的变化，水力停留时间通常为理论值的 40%～80%。示范段火山岩滤床总长约 4.0km，平均高度 0.4m，河道平均宽度 6m，因此，体积约为 $4080m^3$，北安河夏季无降雨及洪水时水流流速约为 0.35m/s，平均水面高 0.65m，流量约为 $1.37m^3/s$。由 HRT 计算公式可算出，理论停留时间为 2084s，取 80%的停留时间作为实验室内的设定值，因此，填料柱子的停留时间设定为 1667s，填料水柱共高 0.55m，直径 0.1m，由公式算出实验室中进水流量为 103.59mL/s，调节蠕动泵流量为 105mL/s。则水力停留时间可用式（4-18）计算。

$$\mathrm{HRT}=\frac{HS}{Q} \tag{4-18}$$

式中，$Q$ 为进水流量，mL/s；$H$ 为填料高度，mm；$S$ 为填料柱的截面面积，$mm^2$。

火山岩基质对 COD 和氨氮的去除效率分别见图 4-14 和图 4-15。

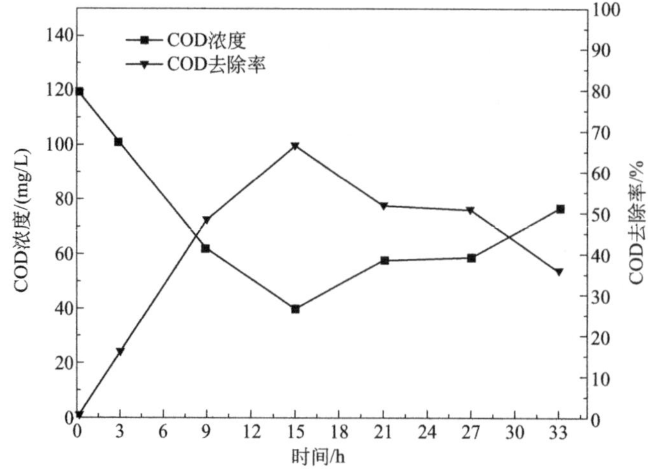


图 4-14 火山岩基质对 COD 的吸附

由图 4-14 可见，火山岩基质进水浓度为 119.76mg/L，3h 后出水 COD 为 103.79mg/L，此时处理效果不明显，原因在于模拟污水未能与火山岩充分接触；到 9h 时，出水 COD 为 65.8mg/L，9～15hCOD 持续下降，15hCOD 去除率达到最高，为 66.67%；15h 后出水 COD 去除率略有下降，并趋于稳定，达到吸附平衡。

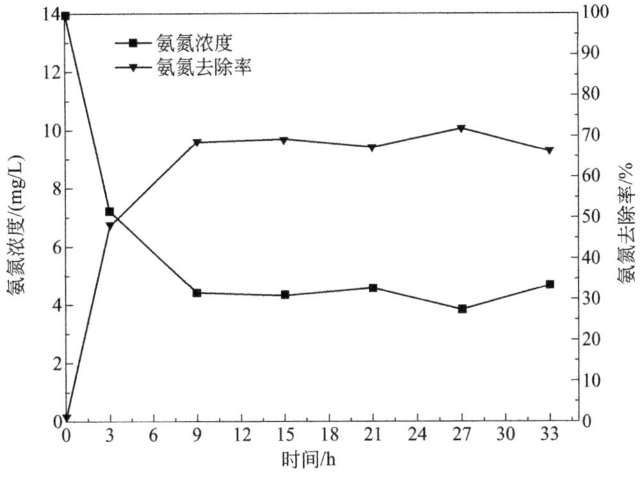


图 4-15　火山岩基质对氨氮的吸附

由图 4-15 可见，火山岩基质进水氨氮的浓度为 13.762mg/L，在 3h 时出水氨氮降低到 7.23mg/L，氨氮的去除率为 47.17%，在 3～9h 出水氨氮浓度继续下降，到 9h 时氨氮浓度已降到 4.41mg/L，在 9～33h 出水氨氮保持稳定，去除率均在 65%以上，9h 达到吸附平衡。

4）生态滤床运行效果与污染物削减

生态滤床铺设完成后，每个月取生态滤床起始端上游 50m 及末端下游 50m 的水样，并参照国标地面水标准规定的方法分析水质，水质指标有高锰酸盐指数、化学需氧量、氨氮、TN 和 TP，水质分析结果见表 4-28。

**表 4-28　示范段水质记录**

| 采样时间 | 采样地点 | 水质指标/(mg/L) | | | | |
|---|---|---|---|---|---|---|
| | | 高锰酸盐指数 | 化学需氧量 | 氨氮 | TN | TP |
| 2015 年 9 月 | 示范段上游 | 5.0 | 16.8 | 2.25 | 3.83 | 0.410 |
| | 示范段下游 | 5.4 | 17.8 | 0.495 | 3.22 | 0.551 |
| 2015 年 10 月 | 示范段上游 | 5.5 | 14.8 | 2.99 | 5.04 | 0.255 |
| | 示范段下游 | 3.2 | 6.4 | 0.23 | 4.87 | 0.281 |
| 2016 年 5 月 | 示范段上游 | 6.8 | 23.2 | 2.19 | 4.59 | 0.604 |
| | 示范段下游 | 5.9 | 20.3 | 0.242 | 0.98 | 0.790 |
| 2016 年 6 月 | 示范段上游 | 21.9 | 92.4 | 14.0 | 16.6 | 0.208 |
| | 示范段下游 | 13.0 | 52.4 | 8.04 | 10.4 | 0.259 |
| 2016 年 7 月 | 示范段上游 | 6.4 | 21.8 | 2.12 | 4.51 | 0.410 |
| | 示范段下游 | 6.5 | 22.5 | 1.81 | 3.12 | 0.539 |
| 2016 年 8 月 | 示范段上游 | 6.4 | 21.8 | 2.38 | 3.27 | 0.442 |
| | 示范段下游 | 6.8 | 23.2 | 0.549 | 1.20 | 0.206 |

对 2015 年 9 月至 2016 年 8 月的数据进行汇总，可以得到示范段对水质的整体改善效

果，4000m 长度的示范段对氨氮和 TN 的削减作用比较明显。对 TP 的去除无明显效果，原因可能是因为金龙溪本身含磷量不高，所以自然河水中脱磷的细菌存在很少，植物本身利用底泥中的磷。在未进行工程示范的下游取同样长度河段（对照河段）的河水进行水质指标分析，COD、氨氮、TN 和 TP 均无明显变化，证明生态恢复工程措施提高了河流的自净能力。由于示范段河道两侧已经实现完全截污，紊动性和过流断面较小，故主要污染物降解过程符合一级动力学反应，依据一级动力学方程［见式(4-19)］，计算示范段及对照河段主要污染物的降解系数，计算结果见表 4-29。

$$u\frac{dC}{dx}=-kC \tag{4-19}$$

式中，$x$ 为上下两断面间距离，km；$u$ 为河段平均流速，km/d；$C$ 为污染物浓度，mg/L；$k$ 为污染衰减系数，$d^{-1}$。

由表 4-29 可以看出，铺设火山岩生态滤床及植被修复后，主要污染物的降解系数有明显提高，尤其是对氨氮和 TN 的降解，说明植被修复技术对河流自净能力有提高作用。

表 4-29 示范段主要污染物的降解系数

| 主要水质指标 | 化学需氧量 | 氨氮 | TN | TP |
|---|---|---|---|---|
| 示范段上游/(mg/L) | 31.8 | 4.32 | 6.3 | 0.39 |
| 示范段下游/(mg/L) | 23.76 | 1.89 | 3.96 | 0.44 |
| 去除率/% | 25 | 56 | 37 | −13 |
| 降解系数 $k_1$/$h^{-1}$ | 0.216 | 0.612 | 0.343 | 0 |
| 对照段上游/(mg/L) | 47.56 | 2.67 | 7.9 | 0.32 |
| 对照段下游/(mg/L) | 34.40 | 2.95 | 7.5 | 0.27 |
| 去除率/% | 27.7 | −10.4 | 5 | −13 |
| 降解系数 $k_2$/$h^{-1}$ | 0.239 | 0 | 0.039 | 0 |

为了估算示范段的处理负荷，将整个生态滤床示范段类比为水平流人工湿地，按照表面有机负荷公式（4-20）估算，计算结果见表 4-30。

$$q_{os}=\frac{Q(C_0-C_1)\times10^{-3}}{A} \tag{4-20}$$

式中，$q_{os}$ 为表面有机负荷，kg/($m^2$·d)；$Q$ 为水流量，$m^3$/s；$C_0$ 为进水污染物浓度，mg/L；$C_1$ 为出水污染物浓度，mg/L；$A$ 为面积，$m^2$。

表 4-30 示范段表面有机负荷

| 主要水质指标 | 化学需氧量 | 氨氮 | TN |
|---|---|---|---|
| 处理量/(kg/d) | 948.2 | 286.6 | 276 |
| 单位面积处理量/[kg/($m^2$·d)] | 0.09 | 0.03 | 0.07 |
| 年处理量/(t/90d) | 85.34 | 25.8 | 24.83 |
| 单位面积年处理量/[kg/($m^2$·90d)] | 8.1 | 2.7 | 6.3 |

表 4-30 估算了在夏季良好天气时示范段水流速约为 0.35m/s，平均水深 0.65m 情况下的处理负荷。示范段年运行时间为 5 月末至 10 月初，约 150d，但在夏季的 7 月和 8 月当地

是雨季，经常会发生洪水，使流速增加 2～3 倍，水力停留时间减少，处理能力下降。因此，选择 90d 稳定运行的处理量作为年处理量。

5）植被多样性恢复研究

① 移栽植物活力研究　3 种挺水植物在火山岩生态滤床移栽定植后，对其在河道生态滤床中的移栽存活和生长情况进行了定期的观察和记录（表 4-31），比较各植物的移植存活率、越冬成活率和生长期等生活力指标。3 种挺水植物在种植后均可成活，有 10～20d 的缓苗期，菖蒲、香蒲和芦苇在 9 月底的长势仍很旺盛，10 月初地上部分才开始变黄。这 3 种挺水植物的生活力较强，净化污水的功能期较长，越冬成活率高于 70%，证明其适合作为寒带地区河道植被恢复的植物。

**表 4-31　示范段中植物的活力及越冬状况**

| 植物 | 移植存活率/% | 越冬存活率/% | 生长期/d |
|---|---|---|---|
| 菖蒲 | 90 | 86 | 135 |
| 香蒲 | 89 | 79 | 129 |
| 芦苇 | 92 | 73 | 158 |

② 植被多样性恢复研究　在植被恢复示范工作完成后的第二年夏季，在示范段河道内从工程起点到终点等距设置 5 个 2m×2m 的样方，记录每个样方内的植物种类、数量、多度、盖度等。植物种的综合数量采用重要值，物种多样性采用 Shannon-Wiener 指数来反映区域内群落的物种多样性，作为植被多样性的评价。计算公式见式（4-21）～式（4-24）。

$$\text{重要值}=(\text{相对盖度}+\text{相对频度}+\text{相对优势度})/300 \tag{4-21}$$

$$\text{相对盖度}=\frac{\text{某一种的所有植株的盖度之和}}{\text{全部种的盖度之和}}\times 100 \tag{4-22}$$

$$\text{相对频度}=\frac{\text{某一种的频度之和}}{\text{全部种的频度之和}}\times 100 \tag{4-23}$$

$$\text{相对优势度}=\frac{\text{某一种的面积之和}}{\text{全部种的面积之和}}\times 100 \tag{4-24}$$

Pielou 均匀度指数见式（2-5），Shannon-Wiener 指数见式（2-1）。

表 4-32 给出了植被修复后第二年的调查结果，修复区现存物种共 10 科 10 种，其中菖蒲为第一优势种。

**表 4-32　河道植被多样性修复区内植物群落的物种数及多度**

| 样地编号 | 科数 | 物种数 | 总个体数 | 第一优势种个体数 | 生物量/(g/m²) |
|---|---|---|---|---|---|
| 1 | 7 | 7 | 251 | 70 | 1004 |
| 2 | 5 | 5 | 245 | 79 | 1035 |
| 3 | 4 | 4 | 237 | 108 | 1080 |
| 4 | 5 | 5 | 223 | 68 | 820 |
| 5 | 6 | 6 | 188 | 67 | 660 |
| 平均值 | | | | | 919.8 |

从表 4-32 可以看出，在 1、2、4、5 这 4 块样地中人工种植的三种挺水植物菖蒲、香蒲和芦苇的群落分布较平均，与种植密度基本吻合，也证明种植的 3 种挺水植物成功地在植被

恢复区存活，充分适应了新的环境，其中菖蒲和香蒲的重要值大于芦苇（见表 4-33），说明香蒲和菖蒲更加适应此处河道的环境，3 号样地由于是一个水深超过 1m 的水潭，所以没有种植芦苇，而是种植了香蒲和菖蒲，植被调查发现香蒲在此处比菖蒲茂盛。5 块样地的平均生物量达到了 919.8g/m$^2$，是恢复前 60g/m$^2$ 的 15 倍，生产者生物量的提高是河道生境恢复的基础，将为接下来的物种发展、演替和多样性提高创造条件。

**表 4-33　河道植被多样性修复区内植物群落数量特征**

| 样地 | 物种 | 株数 | 相对盖度/% | 相对密度/% | 相对频度/% | 重要值 |
|---|---|---|---|---|---|---|
| 1 | 菖蒲 *Acorus tatarinowii* Linn. | 64 | 28.1 | 25.5 | 100 | 0.51 |
| | 香蒲 *Typha orientalis* Presl. | 70 | 33.5 | 27.9 | 100 | 0.54 |
| | 芦苇 *Phragmites australis* (Cav.) Trin. ex Steud | 66 | 21.8 | 26.3 | 80 | 0.43 |
| | 黑三棱 *Sparganium stoloniferum* (Graebn.) Buch.-Ham. ex Juz | 23 | 7.1 | 9.2 | 80 | 0.32 |
| | 益母草 *Leonurus artemisia* (Lour.) S. Y. Hu | 6 | 2.8 | 2.4 | 40 | 0.15 |
| | 稗 *Echinochloa crusgalli* (L.) Beauv. | 19 | 5.6 | 7.1 | 60 | 0.24 |
| | 水芹 *Oenanthe javanica* (Bl.) DC | 3 | 1.1 | 1.2 | 20 | 0.07 |
| 2 | 菖蒲 *Acorus tatarinowii* Linn. | 79 | 34.5 | 32.2 | 100 | 0.56 |
| | 香蒲 *Typha orientalis* Presl. | 62 | 28.3 | 25.3 | 100 | 0.51 |
| | 芦苇 *Phragmites australis* (Cav.) Trin. ex Steud | 68 | 24.9 | 27.8 | 80 | 0.44 |
| | 黑三棱 *Sparganium stoloniferum* (Graebn.) Buch.-Ham. ex Juz | 25 | 7.7 | 10.2 | 80 | 0.33 |
| | 水蓼 *Polygonum hydropiper* Linn. | 11 | 4.6 | 4.5 | 20 | 0.10 |
| 3 | 香蒲 *Typha orientalis* Presl. | 108 | 55.2 | 45.6 | 100 | 0.67 |
| | 菖蒲 *Acorus tatarinowii* Linn. | 32 | 9 | 13.5 | 100 | 0.41 |
| | 浮萍 *Lemna minor* L. | 40 | 20.6 | 16.9 | 20 | 0.19 |
| | 眼子菜 *Potamogeton distinctus* A. Bennett | 57 | 15.2 | 24.1 | 20 | 0.20 |
| 4 | 菖蒲 *Acorus tatarinowii* Linn. | 68 | 34 | 30.5 | 100 | 0.55 |
| | 香蒲 *Typha orientalis* Presl. | 55 | 22.4 | 24.7 | 100 | 0.49 |
| | 芦苇 *Phragmites australis* (Cav.) Trin. ex Steud | 65 | 30.9 | 29.1 | 80 | 0.47 |
| | 黑三棱 *Sparganium stoloniferum (Graebn.) Buch.* -Ham. ex Juz | 27 | 10.2 | 12.1 | 80 | 0.34 |
| | 稗 *Echinochloa crusgalli* (L.) Beauv. | 8 | 2.5 | 3.6 | 60 | 0.22 |
| 5 | 菖蒲 *Acorus tatarinowii* Linn. | 51 | 31.4 | 27.1 | 100 | 0.53 |
| | 香蒲 *Typha orientalis* Presl. | 54 | 27.3 | 28.7 | 100 | 0.52 |
| | 芦苇 *Phragmites australis* (Cav.) Trin. ex Steud | 67 | 31.9 | 35.6 | 80 | 0.49 |
| | 黑三棱 *Sparganium stoloniferum* (Graebn.) Buch.-Ham. ex Juz | 10 | 6.2 | 5.3 | 80 | 0.31 |
| | 稗 *Echinochloa crusgalli* (L.) Beauv. | 4 | 1.9 | 2.1 | 60 | 0.21 |
| | 益母草 *Leonurus artemisia* (Lour.) S. Y. Hu | 2 | 1.3 | 1.1 | 40 | 0.14 |

物种多样性指数可以综合反映群落的组织水平，北安河示范段河道内原来植被稀疏，仅零星分布少量的草本植物，通过1年的植被多样性恢复，外来引进当地的植物物种进行栽植，使河道内的植被多样性指数 $H'$ 由0.66增加到1.52（见表4-34），但是各个河段的多样性指数规律性并不十分显著，这是因为示范区的优势物种是人为引进并栽植分布的，且分布均匀，仍存在明显的人为干扰痕迹，而自然演替过程需要充分的时间。

**表4-34 植被恢复后的多样性**

| 样地编号 | Shannon-Wiener 指数 | Pielou 均匀度指数 |
|---|---|---|
| 1 | 1.52 | 0.54 |
| 2 | 1.58 | 0.68 |
| 3 | 1.49 | 0.74 |
| 4 | 1.58 | 0.68 |
| 5 | 1.44 | 0.56 |
| 平均值 | 1.52 | 0.64 |
| 植被恢复前 | 0.66 | 0.46 |

6）生态滤床中微生物的研究

定期采集示范段的水样及火山岩基质的DNA样本对其指定区域进行PCR（聚合酶链式反应）扩增、混样、建库并做相应的检测，并使用设定的TAG序列进行样本区分。检测合格的文库采用Illumina Hiseq2500 PE250高通量测序平台对样品进行测序。实验流程如图4-16所示，实验结果见表4-35。

由表4-35可见，从代表生物多样性的几个重要指标chao1算法、ACE算法、香浓指数、辛普森指数以及物种数的对比来看，在示范段铺设阶段，火山岩基质与水样中的微生物丰度基本一致，在冬季过后的2016年5月开始，火山岩表面的微生物多样性开始明显高于周围的水样50%以上，证明了火山岩基质对微生物的良好亲和性，达到选择火山岩滤床的预期效果。

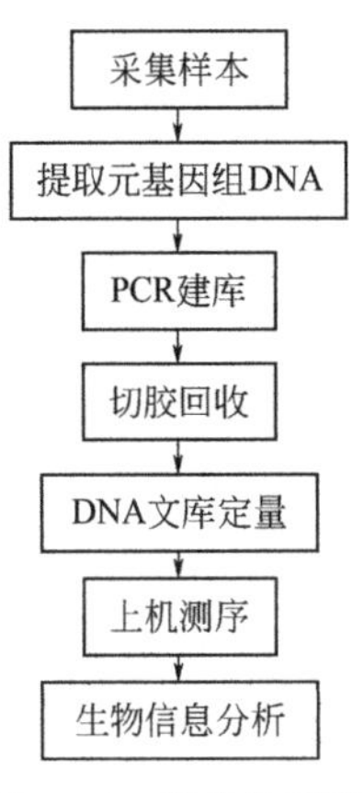

图4-16 微生物研究实验流程

**表4-35 示范段中细菌群落丰度与多样性**

| 时间 | 试样 | chao1 算法 | ACE 算法 | 香浓指数 | 辛普森指数 | 物种数 |
|---|---|---|---|---|---|---|
| 2015年8月 | 水样 | 18259.3701 | 19894.6802 | 10.4823 | 0.9969 | 7871 |
| | 火山岩样品1 | 20330.0693 | 21922.8242 | 11.3123 | 0.9984 | 9725 |
| | 火山岩样品2 | 20876.6723 | 23384.6700 | 10.6901 | 0.9945 | 9926 |
| 2015年9月 | 水样 | 17508.8934 | 18556.9950 | 10.7236 | 0.9952 | 8212 |
| | 火山岩样品1 | 18181.6108 | 19129.1318 | 11.2112 | 0.9947 | 8329 |
| | 火山岩样品2 | 22252.7759 | 23842.9579 | 10.9970 | 0.9976 | 9594 |
| | 火山岩样品3 | 19664.7676 | 20895.5270 | 11.5020 | 0.9987 | 9912 |

续表

| 时间 | 试样 | chao1 算法 | ACE 算法 | 香浓指数 | 辛普森指数 | 物种数 |
|---|---|---|---|---|---|---|
| 2015 年 10 月 | 水样 | 23306.4596 | 26085.8558 | 10.5855 | 0.9956 | 9962 |
| | 火山岩样品 1 | 26825.7667 | 29383.4198 | 11.6667 | 0.9987 | 11541 |
| | 火山岩样品 2 | 21350.5882 | 23605.7467 | 11.9015 | 0.9992 | 9598 |
| | 火山岩样品 3 | 21932.8019 | 24482.1916 | 10.9164 | 0.9961 | 10260 |
| 2016 年 5 月 | 水样 | 3470.5000 | 3426.2127 | 9.9143 | 0.9938 | 3333 |
| | 火山岩样品 1 | 7931.6344 | 8707.6734 | 9.7980 | 0.9918 | 5493 |
| | 火山岩样品 2 | 8076.9626 | 9095.2839 | 8.6204 | 0.9716 | 4828 |
| | 火山岩样品 3 | 9300.8301 | 10350.7912 | 10.3021 | 0.9967 | 5804 |
| 2016 年 8 月 | 水样 | 8347.2081 | 9158.7724 | 9.4838 | 0.9944 | 5399 |
| | 火山岩样品 1 | 17211.7673 | 18367.6854 | 11.2271 | 0.9970 | 9973 |
| | 火山岩样品 2 | 15673.4475 | 17357.5089 | 10.5941 | 0.9954 | 8788 |
| | 火山岩样品 3 | 15076.9351 | 16294.6297 | 10.4503 | 0.9945 | 8454 |

（3）技术参数

由河滨带植物调查以及火山岩生态滤床研究，获得开放式河道植被多样性关键技术的技术参数如下。

① 植物选择　挺水植物为香蒲、菖蒲、芦苇；沉水植物为眼子菜、狐尾藻、黑藻；挺水栽植密度为 16～20 株/$m^2$。

② 火山岩生态滤床　利用牡丹江本地出产的火山岩滤料在河中堆砌成床层，建于河道底部，包括三层结构，从下向上依次为底层、中层和表层。其中：底层，由小粒径颗粒组成，均匀铺设于河道的底部；中层，由中粒径颗粒组成，均匀铺设于底层之上；表层，由大粒径颗粒组成，按照近自然的原则不规则放置在中层之上。底层铺设的小粒径颗粒的粒径范围为 30～50mm；中层铺设的中粒径颗粒的粒径范围为 70～80mm；表层铺设的大粒径颗粒（火山岩及不规则少量大粒径鹅卵石等其他石料）的粒径范围为大于 300mm；厚度应不小于 40cm，中层和底层的厚度比为 1∶2；在河道的弯道和狭窄处设置的河床中底层的厚度比河道其他位置处设置的河床中底层的厚度增大 10%～20%。

#### 4.2.1.2　河道植被多样性示范工程

（1）技术依托

开放式河道植被多样性技术。示范段利用牡丹江本地出产的火山岩滤料在河中堆砌生态滤床。采用在火山岩生态滤床中种植轮叶黑藻、眼子菜、狐尾藻 3 种东北地区生长的沉水植物和芦苇、香蒲、黄菖蒲 3 种挺水植物的方式进行河道植被恢复。

（2）建设规模及地点

① 建设地点　牡丹江市北安河金龙溪市内段。

② 挺水植物种植范围　金龙溪中游天晴桥至两溪汇合口。长度 4000m，面积 24000$m^2$，植被恢复量 38.4 万株，宽度依据河道的深浅及岸边的宽度 2～4m 不等，群落长度 4m，株间距 20cm，种植密度不高于 20 株/$m^2$，最适宜密度为 16 株/$m^2$。按照黄菖蒲、香蒲、芦苇的群落顺序沿河道两侧种植。

③ 沉水植物数量　捞取眼子菜成株随机安置于河道中，眼子菜、黑藻、狐尾藻种子按照 1∶1∶1 质量比与泥土混合后按照 200$m^2$/kg 的密度播撒。种子覆盖面积为 24000$m^2$ 水

面，种子数量 120kg。

④ 投资成本　40 元/$m^2$。

(3) 建设和运行情况

1) 施工方法

清理河道，主要内容为清理水面垃圾和对植物栽种工作产生障碍的建筑垃圾。

在清理过的河道两侧底泥中种植宽 2～3m，长 4m 的挺水植物群落。按照黄菖蒲、香蒲、芦苇的顺序依次种植，种植密度为 16 株/$m^2$。

使用传送机械将不同粒径的火山岩分类堆放在河道中，将沉水植物种子与湿润土壤搅拌均匀待用。

按照 2：1 的厚度铺设底层和中层，在铺设中层时混入裹有沉水植物种子的泥块，再将上层大粒火山岩和鹅卵石按照近自然的方式随机压在床层之上。

施工过程见图 4-17 和图 4-18。

图 4-17　在河道中铺设火山岩床层

图 4-18　在河道中种植挺水植物

2) 工艺流程

工艺流程见图 4-19，施工效果剖面见图 4-20。

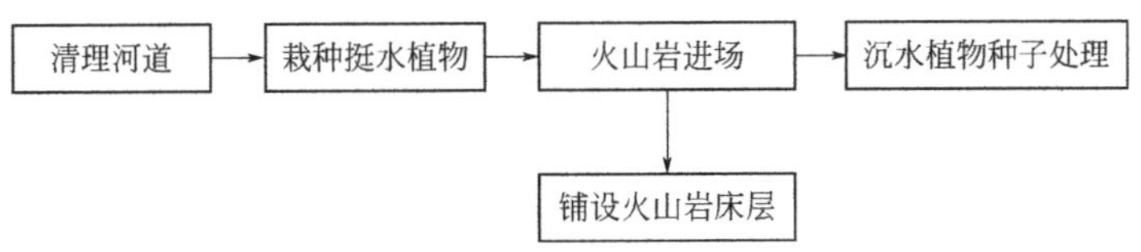


图 4-19　开放式河道植被多样性恢复工程工艺流程图

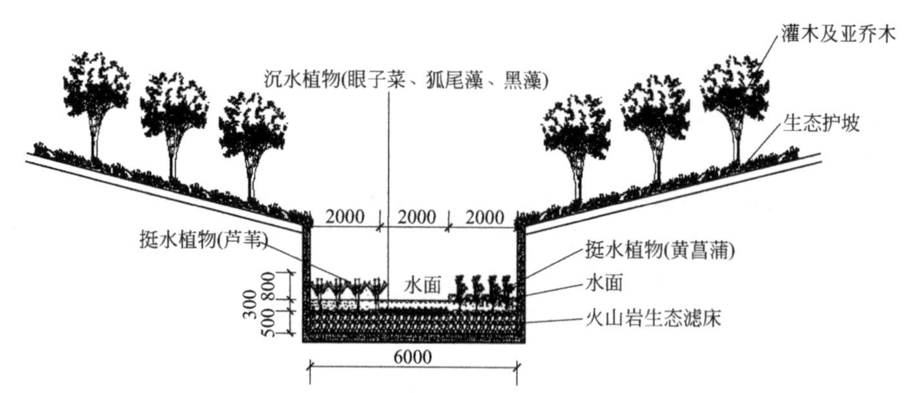


图 4-20 河道植被多样性恢复施工效果剖面图（单位：mm）

3）质量要求

① 底层铺设的小粒径颗粒的粒径范围为 30～50mm，中层铺设的中粒径颗粒的粒径范围为 70～80mm，表层铺设的大粒径颗粒的粒径范围大于 300mm，火山岩原料石料粒径合格率在 90%以上。

② 铺设生态滤床厚度不得低于 40cm。

③ 水生植物幼苗高度在 100cm 以上，2 月内成活率达到 80%。

（4）示范工程成效

在示范工程实施前，河道中只有水稗草和野生的零星芦苇等，通过示范工程的建设使河道中的植物和微生物生物量及多样性增加，多样性指数从 0.66 提高到 1.52，净生物量从 $60g/m^3$ 提高到 $919.8g/m^3$，如图 4-21、图 4-22 和表 4-36 所示。由于火山岩表面吸附、生物膜和植物根圈微生物转化共同作用，水体中主要污染物含量得到明显削减，示范段化学需氧量、氨氮、TN 从上游的 31.8mg/L、4.32mg/L、6.3mg/L 下降到下游的 23.76mg/L、1.89mg/L、3.96mg/L，如表 4-37 所示。

图 4-21 植被恢复前后河道内情况对比

**表 4-36 示范段河道内主要植被指标变化情况**

| 主要指标 | 示范工程建设前 | 示范工程建设后 |
|---|---|---|
| 主要植物种类/个 | 2 | 6 |
| Shannon-Wiener 指数 | 0.66 | 1.52 |
| 净生物量/$(g/m^3)$ | 60 | 919.8 |

图 4-22 金龙溪示范段植物恢复状况（2016 年 9 月 28 日现场踏查）

表 4-37 示范段对水质的影响

| 项目 | 化学需氧量 | 氨氮 | TN |
|---|---|---|---|
| 示范段上游/(mg/L) | 31.8 | 4.32 | 6.3 |
| 示范段下游/(mg/L) | 23.76 | 1.89 | 3.96 |
| 去除率/% | 25 | 56 | 37 |

可见，生态滤床保证了植物丰水期和枯水期的稳定生长；解决了在流量季节性波动较大的浅水城市内河中进行生态恢复时水生植物难以稳定生长的问题；通过改善河流底质，加速了传统工程手段改造后的受污染内河河道生境重建过程和河流自净能力的恢复；在夏季运行时对河水中主要污染物的削减能力为 COD 1135g/($m^2$·d)、氨氮 210g/($m^2$·d)、TN 216g/($m^2$·d)。

## 4.2.2 河流底栖生态系统的恢复

### 4.2.2.1 河流底栖生态系统恢复技术

(1) 研究方法

1) 采样时间和采样断面设置

① 北安河底栖动物调查　2013 年在北安河流域，按照上游—中游—下游的顺序，选择了 14 个采样点，对北安河流域内的底栖动物种类和底栖生态系统进行了初步调查。14 个采样点位置和坐标见表 4-38。

表 4-38 2013 年北安河流域底栖生态调查采样点位

| 采样点编号 | 采样点位置 | | 采样点坐标 |
|---|---|---|---|
| 1 | 金龙溪 | 驾校 | 44°33.667′N,129°36.557′E |
| 2 | | 牡丹江大学 | 44°35.838′N,129°34.103′E |
| 3 | | 两交汇处前 300m | 44°35.879′N,129°36.156′E |

续表

| 采样点编号 | 采样点位置 | | 采样点坐标 |
|---|---|---|---|
| 4 | 银龙溪 | 丰收屯1 | 44°39.696′N,129°35.082′E |
| 5 | | 丰收屯2 | 44°39.965′N,129°34.899′E |
| 6 | | 精工科技 | 44°37.960′N,129°35.201′E |
| 7 | | 塑料厂 | 44°37.193′N,129°35.371′E |
| 8 | | 牡纺桥 | 44°36.168′N,129°36.000′E |
| 9 | | 曙光新城西北角 | 44°36.590′N,129°35.669′E |
| 10 | | 交汇前300m | 44°36.152′N,129°36.026′E |
| 11 | 北安河 | 交汇处附近1 | 44°35.786′N,129°36.848′E |
| 12 | | 交汇处附近2 | 44°35.936′N,129°36.214′E |
| 13 | | 铁路桥 | 44°37.370′N,129°38.901′E |
| 14 | | 北安河口 | 44°38.140′N,129°39.140′E |

② 北安河底栖生态系统的变化研究　2013年对北安河流域进行了14个断面的底栖动物情况初步调查后，自2014年起，每年春季、夏季进行采样，结合北安河生态整治的方案和底栖恢复工作的实施情况，从2013年的14个采样断面中挑选7个在北安河具有重要意义的断面作为北安河底栖生态系统变化的监测断面。分别为S1—驾校，S2—两溪交汇处前300m（金龙溪），S3—曙光新城西北角，S4—两溪交汇处前300m（银龙溪），S5—两溪交汇处下游300m，S6—北安河下游铁路桥，S7—北安河口。S1～S7断面的位置和坐标见表4-39。

**表4-39　2014年—2016年定期采样监测断面位置和环境**

| 采样点 | | 坐标 | 底质及环境概况 |
|---|---|---|---|
| 金龙溪 | S1驾校 | 44°33.667′N<br>129°36.557′E | 砾石,伴有细砂,金龙溪流入牡丹江市内,水质较好,透明度高 |
| | S2两溪交汇处前300m | 44°35.879′N<br>129°36.156′E | 淤泥,伴有细砂,人工河道,每1～2年清淤一次,河道有植被覆盖 |
| 银龙溪 | S3曙光新城西北角 | 44°36.590′N<br>129°35.669′E | 沙底,银龙溪流入牡丹江市内,接纳上游村落的生活污水和污染物,人工河道,漂浮生活垃圾,河道有少量植被覆盖 |
| | S4两溪交汇处前300m | 44°36.152′N<br>129°36.026′E | 淤泥,伴有细砂,人工河道,每1～2年清淤一次,水势平缓,两侧有排污口,河道有一部分植被覆盖 |
| 北安河 | S5两溪交汇处下游300m | 44°35.786′N<br>129°36.848′E | 淤泥,伴有细砂,北安河干流,人工河道两侧有排污口 |
| | S6北安河下游铁路桥 | 44°37.370′N<br>129°38.901′E | 黑色淤泥,北安河干流,两侧为工业区域,截污前常年接纳工业污水,有难闻气味 |
| | S7北安河口 | 44°38.14′N<br>129°39.14′E | 黑色淤泥,北安河入江口,污水处理厂排水口 |

2）样品采集

① 大型底栖动物样品采集和处理　采样方法根据“水环境（生物部分）监测技术规范”的要求并结合北安河的实际水文情况，使用$1/16m^2$的彼得森采泥器，样品取出后用40目分样筛去除泥沙，在解剖盘中逐一将大型底栖动物拣出，寡毛类用10%福尔马林固定，软

体动物和水生昆虫等用75%的酒精固定，带回实验室分类鉴定和计数。

② 个体计数及湿重测定　标本检出后进行鉴定和分类，对同一物种进行计数。寡毛类的分类计数方式为：先将其均匀平铺在培养皿中，将其按照面积四等分，如数量很多，再取出四分之一面积放在另一个表面皿中，开始分类计数。如此时数量还是很多，则依上法再次划分，直到划分到容易计数。对于破碎的个体的计数遵循以下两个原则：

a. 对于断裂个体，先测出成体的平均长度，依其断裂段数重组计数；

b. 如断裂情况严重，可将其重量根据寡毛类体重的经验值换算成为个体数。

分类、计数完毕后，分别称各类的重量。称重前先洗净标本上沾附的污泥，然后放在吸水纸上，吸取大部分水分，再移到新的吸水纸上，轻轻翻滚，尽可能吸净体外附着的水分，然后用电子天平称其湿重。

③ 栖息密度和生物量的计算　技术和称重工作完毕后，换算成栖息密度（个/$m^2$）和生物量（$g/m^2$）。

(2) 数据处理

对采集的大型底栖动物进行分类鉴定和计数后，采用Shannon-Wiener指数，BI（Biotic Index）生物指数和Goodnight-Whitely生物指数对水质状况进行分析。Shannon-Wiener指数（$H'$）按照公式（2-1）计算。判断标准为：$H'$的值大于3.5为最清洁；2.5～3.5为清洁；2.0～2.5为轻度污染；1.0～2.0为中度污染；小于1.0为重度污染。BI生物指数和Goodnight-Whitely生物指数（GI）按照公式（4-25）和（4-26）计算。

$$\mathrm{BI}=\sum_{i=1}^{n} n_i t_i / N \tag{4-25}$$

式中，$n_i$ 为第 $i$ 个分类单元的个体数，$t_i$ 为第 $i$ 个分类单元的质量值（quality value），即现在的耐污值，主要参考王备新等研究的大型底栖动物耐污值以及北美的研究结果。

采用BI指数评价溪流水质级别标准：BI<2.97为最清洁，2.98～4.72为清洁，4.73～6.48为轻度污染，6.49～8.24为中度污染，BI>8.24为重度污染。采用BI指数评价河流、湖泊水质级别标准：BI<5.5为最清洁，5.5～6.6为清洁，6.61～7.7为轻度污染，7.71～8.8为中度污染，BI>8.8为重度污染。

$$\mathrm{GI}=\frac{\text{颤蚓类个体数}}{\text{底栖生物总数}}\times 100\% \tag{4-26}$$

生物指数GI大于80%，说明水体受到严重污染；生物指数小于60%，可以大体上认为水质情况良好；生物指数介于60%～80%，说明水体受到中等污染。

(3) 北安河大型底栖动物种类组成

在2013—2016年的调查和监测期间，在北安河流域14个采样点调研结果见表4-40，共采集到底栖动物22种，其中大型底栖动物20种，鱼类2种。在大型底栖动物中水生昆虫最多，11种，占55%；环节动物其次，3种，占15%；软体动物2种，占10%；甲壳动物4种，占20%。

**表4-40　北安河底栖动物（来源：生态调查）**

| 底栖动物名录 | 中文名 | 拉丁名 |
|---|---|---|
| 环节动物 | 霍普水丝蚓 | *Limnodrilus hoffineisteri* |
| | 中华颤蚓 | *Rhyacodrilus sinicus* |
| | 水蛭 | *Hirudo nipponica Whitman* |

续表

| 底栖动物名录 | 中文名 | 拉丁名 |
|---|---|---|
| 软体动物 | 萝卜螺 | *Radix* sp. |
| | 半球多脉扁螺 | *Polypylis hemisphaerula* |
| 水生昆虫 | 粗腹摇蚊 | *Tanypodiinae* spp. |
| | 尖音库蚊 | *Culex pipiens* |
| | 蜻蜓目 | Odonata sp. |
| | 晏蜓科一种 | *Aeshnidae Rambur* sp. |
| | 扁蜉 | *Ecdyrus* sp. |
| | 四节蜉 | *Baetis* sp. |
| | 纹石蛾 | *Hydropsyche* sp. |
| | 大负子虫 | *Sphaerodema rustica Fabricius* |
| | 水螳螂 | *Ranatra chinensis* |
| | 石蛾 | *Phryganeidae* sp. |
| | 龙虱 | *Dytiscidae* |
| 甲壳动物 | 秀丽白虾 | *Exopalamon modestus* (Heller) |
| | 真腺介虫 | *Eucypris* |
| | 底栖泥蚤 | *Ilyocryptus sordidus* |
| | 日本沼虾 | *Macrobranchium nipponense* |
| 鱼类 | 泥鳅 | *Misgurnus anguillicaudatus* |
| | 鲈塘 | *Perccottus glehni* |

调查结果表明，金龙溪上游水质较好（图 4-23），底栖动物种类在流域内属于最高水平，除了示范工程的作用，这与政府的控制排污以及中游水库的建立有一定的关系，水库的干净水源补给对金龙溪的水质改善起了较大的作用（图 4-24）。但是中游农业面源污染没有控制，也有相当部分养殖废水直接排入金龙溪（图 4-25）。

图 4-23　牡丹江大学上游金龙溪水清澈见底

图 4-24　新建的水库

经调查，金龙溪上游的底栖动物有水丝蚓属（*Limnodrilus* spp.）、蜻蜓目蜻科的一种虎蜓（*Eitheca marginate*）稚虫、蜉游目扁蜉科扁蜉属的扁蜉（*Ecdyrus* sp.）稚虫、蜉游目四节蜉亚科的四节蜉（*Baetis*sp.）稚虫、毛翅目石蛾科的一种石蛾（*Phryganeidae* sp.）稚虫、半翅目田鳖科的一种负子虫（*Belostomatidae* sp.）、十足目虾科虾属的一种河虾（*Macrobranchium nipponense*）、蜻蜓目束翅亚目的豆娘幼虫、脊索动物门泥鳅科的泥鳅（*Misgurnus anguillicaudatus*）、鲈形目鰕虎鱼亚目塘鳢科鲈塘鳢属的老头鱼（*Perccottus glehni*）、昆虫纲鞘翅目肉食亚目龙虱科的龙虱（*Dytiscidae*）、软体动物中的扁卷螺科隔扁螺属的半球隔扁螺（*Segmentina hemisphaerula*）。见图 4-26～图 4-36。

图 4-25　养殖废水污染的金龙溪

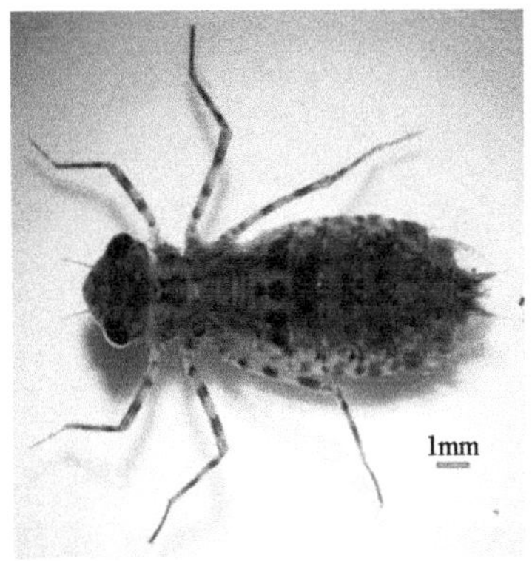


图 4-26　虎蜓稚虫

图 4-27　扁蜉稚虫

图 4-28　四节蜉稚虫

图 4-29　石蛾稚虫

图 4-30　负子虫

图 4-31　河虾

图 4-32　豆娘幼虫

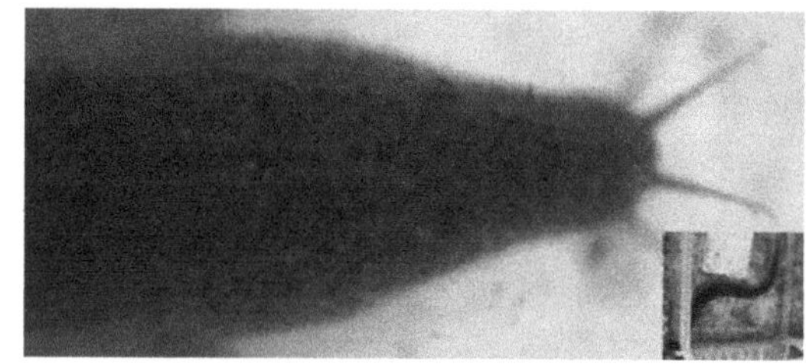
图 4-33　泥鳅

图 4-34　老头鱼

图 4-35　龙虱

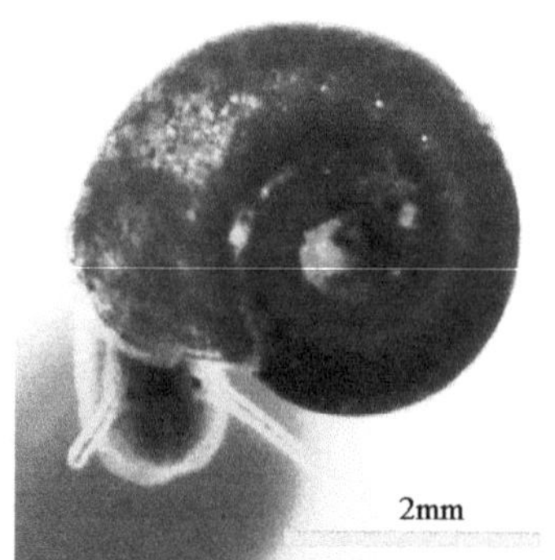

图 4-36　半球隔扁螺

银龙溪上游的河道为粗砂底质，底栖动物主要附着在石块和砖块下面，主要有毛翅目昆虫幼虫石蛾（*Phryganeidae* sp.）和双翅目摇蚊科、蚋科幼虫。银龙溪上游的底栖动物种类相对较多，水质清澈，这与金龙溪的底栖动物有很大的相似性。除了金龙溪的底栖动物种类以外，还有介形类的真腺介虫（*Eucypris*）和半翅目蝎蝽科的水螳螂（*Ranatra*）和数目相当多的水蛭（*Hirudo*），见图 4-37～图 4-39。

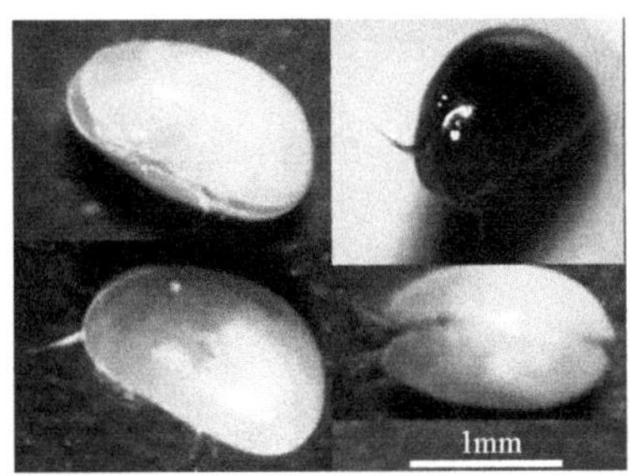


图 4-37　真腺介虫

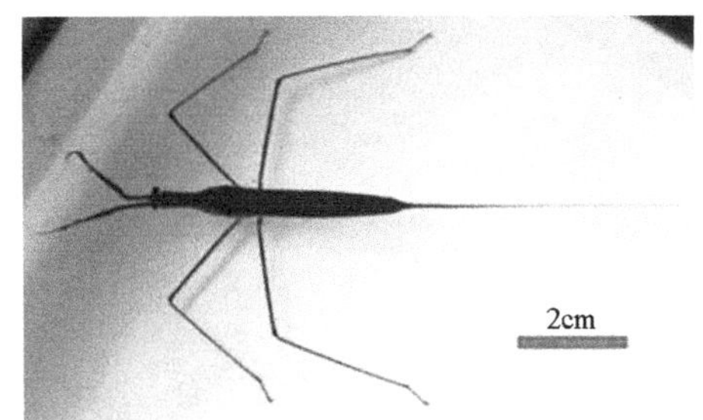


图 4-38　水螳螂

银龙溪中游开始穿过两侧的村庄，并且农业用地迅速增加，水质变差，底栖动物种类开始减少，特别是到了塑料厂附近，银龙溪的水污染变得严重(图 4-40)，底栖动物种类明显减少，主要种类为枝角类泥蚤属的底栖泥蚤(*Ilyocryptus sordidus*)、颤蚓科水丝蚓属的一种水丝蚓(*Limnodrilushoffmeisteri* sp.）和双翅目摇蚊科摇蚊属的粗腹摇蚊幼虫。蚊属的淡色尖音库蚊(*culex pipiens*)幼虫以及数目较少的四节蜉(*Baetis* sp.)、椎实螺科萝卜螺属的一种萝卜螺（*Radix* sp.）和泥鳅（*Misgurnus anguillicaudatus*），见图 4-41～图 4-45。

图 4-39　水蛭

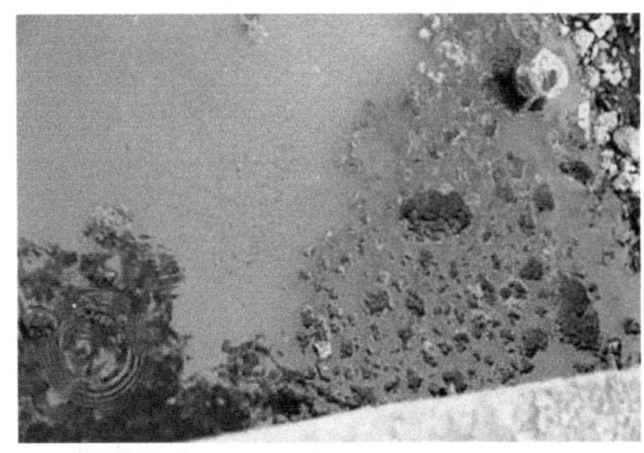

图 4-40　塑料厂附近污染的水体

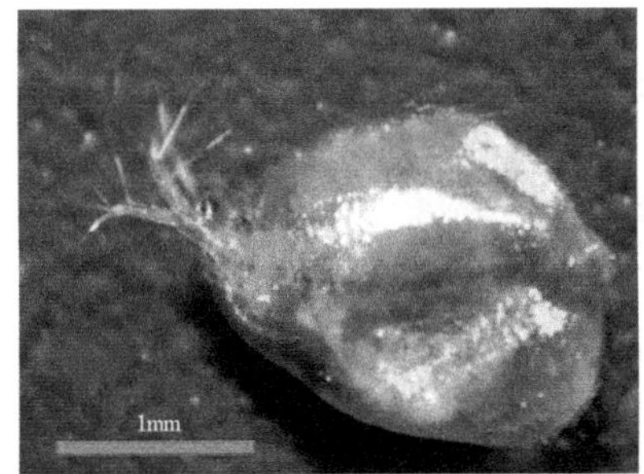


图 4-41　底栖泥蚤

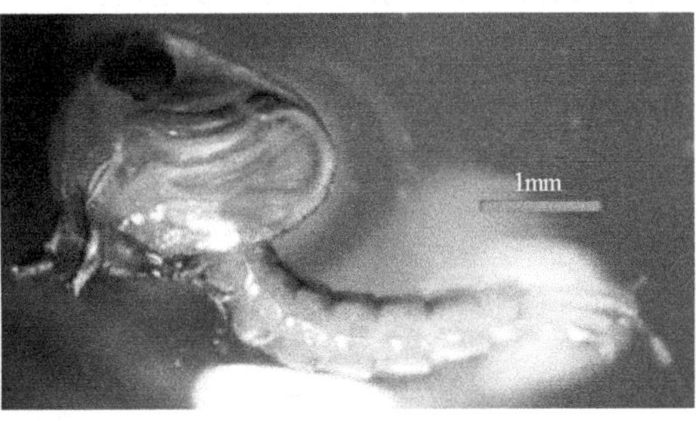


图 4-42　淡色库蚊幼虫

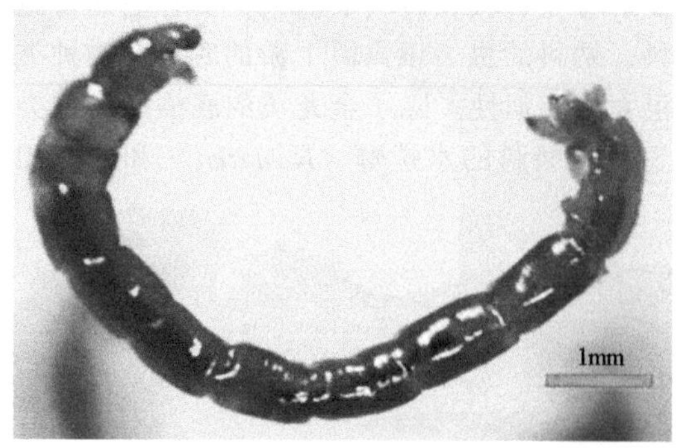


图 4-43　粗腹摇蚊幼虫

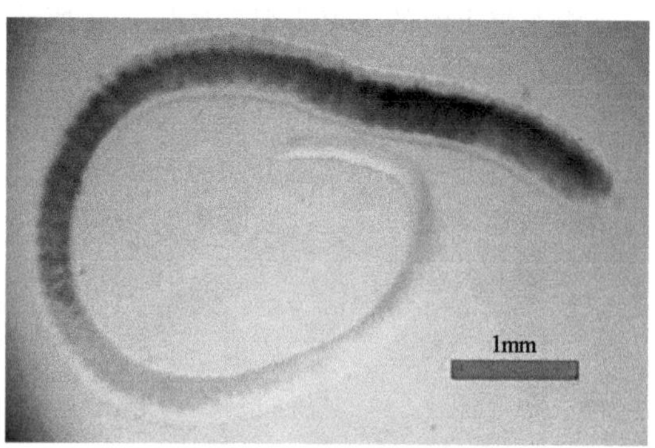


图 4-44　水丝蚓

银龙溪进入市区后与金龙溪汇合，成为北安河，流速平缓，在“三溪一河”综合整治工程之前一直为纳污河流，北安河自两溪汇合后至入江口的干流为淤泥河底，底栖的生物主要为环节动物寡毛纲的水丝蚓（*Limnodrilus hoffineisteri*）和中华颤蚓（*Rhyacodrilus sinicus*）以及昆虫纲长足摇蚊亚科的粗腹摇蚊（*Tanypodiinae* spp.），种类单一，在浅水区最为丰富，成簇成片存在（图 4-46）。

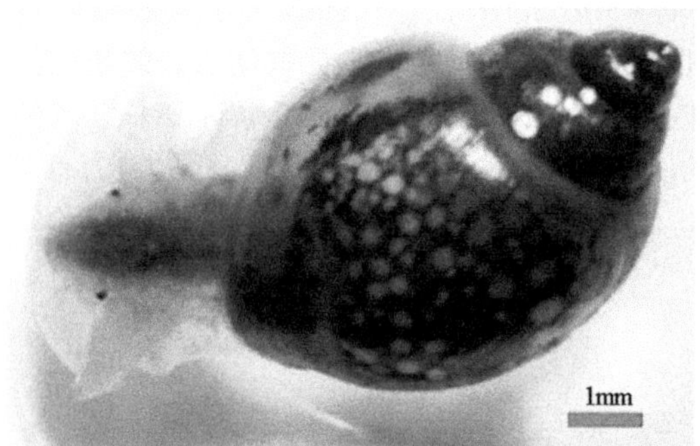


图 4-45　萝卜螺

图 4-46　水丝蚓在浅水区成簇成片存在

调查的结果显示，金龙溪和银龙溪垃圾淤积，部分农村污水排入两溪，河道较窄，上游的底栖动物种类不多，但相对中游和下游的北安河较多，水流小且较急，个体数量较少。中游种类开始减少，到了两溪交汇后的北安河，由于大量未经处理的工业废水和生活污水的排入，水体污染严重（图 4-47），底栖动物主要为颤蚓科水丝蚓和双翅目摇蚊科摇蚊属的粗腹摇蚊，由于天敌较少，水丝蚓的密度超高。

图 4-47　污染后的北安河水

北安河流域底栖动物分布总体规律见表4-41，从上游而下，随着污染的加重，生物的种类有所减少，并且种类变更较为明显，由在清水中生活的昆虫-石蛾幼虫逐渐变为耐缺氧耐污染能力较强的环节动物寡毛纲颤蚓科的霍普水丝蚓、中华拟颤蚓和水生昆虫粗腹摇蚊。

**表4-41　北安河底栖动物分布**

| 物种名 | 中文名 | 拉丁名 | 上游 | 中游 | 下游 |
|---|---|---|---|---|---|
| 环节动物 | 霍普水丝蚓 | *Limnodrilus hoffineisteri* | ++ | +++ | +++++ |
| | 中华拟颤蚓 | *Rhyacodrilus sinicus* | + | +++ | ++ |
| | 水蛭 | *Hirudo nipponica Whitman* | ++ | + | |
| 软体动物 | 萝卜螺 | *Radix* sp. | + | + | |
| | 半球多脉扁螺 | *Polypylis hemisphaerula* | + | | |
| 水生昆虫 | 粗腹摇蚊 | *Tanypodiinae* spp. | ++ | ++++ | ++ |
| | 尖音库蚊 | *Culex pipiens* | ++ | | |
| | 蜻蜓目 | Odonata sp. | ++ | | |
| | 晏蜓科一种 | *Aeshnidae Rambur* sp. | ++ | | |
| | 扁蜉 | *Ecdyrus* sp. | ++ | | |
| | 四节蜉 | *Baetis* sp. | + | | |
| | 纹石蛾 | *Hydropsyche* sp. | + | | |
| | 大负子虫 | *Sphaerodema rustica Fabricius* | + | + | |
| | 水螳螂 | *Ranatra chinensis* | + | + | |
| | 石蛾 | *Phryganeidae* sp. | ++ | | |
| | 龙虱 | *Dytiscidae* | + | + | |
| 甲壳动物 | 秀丽白虾 | *Exopalamon modestus* (Heller) | + | | |
| | 真腺介虫 | *Eucypris* sp. | + | | |
| | 底栖泥蚤 | *Ilyocryptus sordidus* | + | ++ | |
| | 日本沼虾 | *Macrobranchium nipponense* | + | | |
| 鱼类 | 泥鳅 | *Misgurnus anguillicaudatus* | + | | |
| | 鲈塘 | *Perccottus glehni* | + | | |

注：+表示该物种密度占总密度的5%及以下；++表示占总密度的5%～10%；+++表示占总密度的10%～30%，++++表示占总密度的30%～50%；+++++表示占总密度的50%以上。

(4) 底栖生态系统恢复措施与底栖动物群落恢复

金龙溪和银龙溪水质好于北安河，但是由于河道较浅，水流较小，且为石质和砂质基质，枯水期水草很容易枯死，给水草的种植造成了很大的障碍。北安河相对来说水流稳定，河道宽且深，基质为泥质，但污染过于严重，水体透明度极低，沉水植物由于见不到阳光，没办法在此定居。北安河目前外源污染没有得到控制，工业废水的排放给北安河的治理带来了很大的困难。

由于水生植物在整个水生态系统中的重要性，在北安河市内各段延长食物链的方法并不适用，如果用得不恰当，很可能造成整个水体生态系统的崩溃。目前，比较可行的办法为在金龙溪和银龙溪的中下游深水区种植沉水植物，在北安河河床附近种植适当的挺水植物和浮水植物，在“十二五”期间只能采取增加食物链的起始环节生产者的数量带动食物链中消费者的恢复方法，在底栖动物种类有一定增加的情况下，再采取延长食物链的方法，以免造成整个生态系统的崩溃。

结合2013年的调查结果、选择在河道植被恢复示范段进行底栖生态系统的恢复，表4-42和表4-43为北安河监测断面2013—2016年底栖动物多样性指数的计算结果以及依据多样性指数进行水质评价的结果。

**表4-42　北安河监测断面2013—2016年底栖动物多样性**

| 断面编号 | 2013年 | | | 2014年 | | | 2015年 | | | 2016年 | | |
|---|---|---|---|---|---|---|---|---|---|---|---|---|
| | $H'$ | BI | GI/% | $H'$ | BI | GI/% | $H'$ | BI | GI/% | $H'$ | BI | GI/% |
| S1 | 5.52 | 3.17 | 6.2 | 5.52 | 3.70 | 6.2 | 6.23 | 3.45 | 6.9 | 6.16 | 3.30 | 6.4 |
| S2 | 1.71 | 5.15 | 44.3 | 1.96 | 5.04 | 34.3 | 2.14 | 6.68 | 35.1 | 2.04 | 6.97 | 42.7 |
| S3 | 2.75 | 3.89 | 21.0 | 2.8 | 3.61 | 17.5 | 3.73 | 3.65 | 16.5 | 3.27 | 3.95 | 16.1 |
| S4 | 1.59 | 6.18 | 38.5 | 1.68 | 5.93 | 35.1 | 1.71 | 6.42 | 32.8 | 1.98 | 6.07 | 30.9 |
| S5 | 1.56 | 7.65 | 49 | 1.78 | 7.42 | 44 | 2.09 | 7.16 | 41 | 1.95 | 6.89 | 52.3 |
| S6 | 0.67 | 9.61 | 98.0 | 0.65 | 9.31 | 98.0 | 0.41 | 9.50 | 96.3 | 0.61 | 9.11 | 98.0 |
| S7 | 0.43 | 9.84 | 94.4 | 0.63 | 9.44 | 97.4 | 0.66 | 9.39 | 95.1 | 0.92 | 9.50 | 92.3 |

**表4-43　北安河监测断面2013—2016年底栖动物多样性对应水质标准**

| 断面编号 | 2013年 | | | 2014年 | | | 2015年 | | | 2016年 | | |
|---|---|---|---|---|---|---|---|---|---|---|---|---|
| | $H'$ | BI | GI | $H'$ | BI | GI | $H'$ | BI | GI | $H'$ | BI | GI |
| S1 | 清洁 | 清洁 | 良好 | 清洁 | 清洁 | 良好 | 清洁 | 清洁 | 良好 | 清洁 | 清洁 | 良好 |
| S2 | 中污 | 轻污 | 良好 | 中污 | 轻污 | 良好 | 轻污 | 中污 | 良好 | 轻污 | 中污 | 良好 |
| S3 | 中污 | 清洁 | 良好 | 轻污 | 清洁 | 良好 | 清洁 | 清洁 | 良好 | 清洁 | 清洁 | 良好 |
| S4 | 中污 | 轻污 | 良好 | 中污 | 轻污 | 良好 | 中污 | 轻污 | 良好 | 中污 | 轻污 | 良好 |
| S5 | 中污 | 中污 | 良好 | 中污 | 中污 | 良好 | 轻污 | 中污 | 良好 | 中污 | 中污 | 良好. |
| S6 | 重污 | 重污 | 重污 | 重污 | 重污 | 重污 | 重污 | 重污 | 重污 | 重污 | 重污 | 重污 |
| S7 | 重污 | 重污 | 重污 | 重污 | 重污 | 重污 | 重污 | 重污 | 重污 | 重污 | 重污 | 重污 |

由表4-42和表4-43可见，从多样性指数的时空分布来看，Shannon-Wiener指数2015年在金龙溪上游的S1断面最高（6.23），在北安河铁路桥（S6）最低（0.41），各个断面的$H'$指数自2013年均整体呈现上升趋势，说明2015年由于S1至S2断面间大量水丝蚓、萝卜螺、河虾的投放，虽然增加了生物量，但是也改变了群落的均匀度，使2016年的S1～S3和S5断面的Shannon-Wiener指数反而出现了下降。

Shannon-Wiener指数反映了生物群落的两个信息，一是群落中的种类数，一般是种类数越少，指数值越小，二是该指数值的大小还决定于生物群落中各类生物个体数的均匀情况，个体数分布越均匀，其值越高。但对具体出现种类（耐污或者不耐污）不加区别，所以在多数情况下Shannon-Wiener指数只可作为参考。

BI指数在下游的S6和S7断面最高，两个断面4年均值分别为9.38和9.54，根据王备新等的BI分类，BI指数大于8.8则为重污染。BI指数在金龙溪和银龙溪刚流入市内的S1

和 S3 断面最低，均值分别为 3.41 和 3.78，为清洁水平。S2、S4 和 S5 断面的 BI 指数则处于轻度至中度污染之间。BI 指数比 Shannon-Wiener 指数更注重了评价的可靠性，既考虑了水生生物本身的耐污效果，又考虑了物种的组成和数量，从北安河各点的实际情况来看，大部分情况下二者结论相符，说明 BI 指数比较适合北安河流域的水质评价。

GI 指数在 S6 和 S7 断面出现了最大值，达到了 80%以上的重污染标准。在 S2，S4，S5 断面，由于同时有大量的摇蚊出现，虽然颤蚓类为优势种，但没有达到 60%，所以按照 GI 指数仍然将其水质划为良好，与实际情况不符，说明 GI 指数不是适合北安河水体的生物学评价标准。

以上 3 种多样性指数的时空分布特点表明，北安河流域的底栖动物群落多样性由上游到下游差异明显，Shannon-Wiener 指数与 BI 指数与水质的相关性较大，GI 指数不适合作为北安河水体的评价依据。

(5) 技术参数

通过底栖动物的调查和特征研究，获得底栖动物恢复的技术参数：

投撒物种：水丝蚓、耳萝卜螺、河虾。

投撒密度：按照 1∶1∶1 比例投撒，密度 $20g/m^2$。

#### 4.2.2.2 底栖生态系统恢复示范工程

(1) 技术依托

河流底栖生态系统恢复技术。示范段首先通过对河流分段取点调研，确定本地的优势物种后，根据本地区河流的底栖动物量投撒底栖动物。

(2) 建设规模及地点

① 建设地点　牡丹江市北安河金龙溪市内段。

② 建设规模　长度 4km，面积 $24000m^2$，底栖动物投撒量 480kg。

③ 投资成本　5～10 元/$m^2$。

(3) 建设运行情况

1) 施工方法

① 准备工作　搜集气象和水文资料，注意投撒季节的温度和投撒前后一周的水文情况。选择气象和水文条件稳定的时间进行投撒。

② 加注新水　在确定投撒日期前一周内，要求河道主管部门市政园林局与排水工程管理处协调各放养河段水闸管理人员开闸注新水，使河道的水流动，稀释排出污水，尽量使水质清新些。同时，不在放养河段清污，不向放养河段排污。

确认水质是否符合放养要求。螺类要求水生植被构建起来后水体底层溶解氧 DO＞3mg/L，氨氮浓度＜3mg/L 时才能放养，主要均匀洒投于水生植物种植区。

结合 2013 年的调查结果，选择在河道植被恢复示范段进行底栖生态系统的恢复。底栖动物投撒时放置网箱作为观察和对照，投撒后每天进行全河段巡查，观察底栖动物存活情况。底栖动物投撒过程见图 4-48。

2) 质量要求

供投撒的底栖动物必须为 2d 内采购打捞，以保证活力和存活率。

(4) 示范工程成效

示范工程实施前后，S1～S7 监测断面 2013—2016 年的底栖动物采样结果如表 4-44 所示。

图 4-48　投撒底栖动物

**表 4-44　北安河各监测断面底栖动物平均密度和生物量**

| 时间 | 项目 | 断面编号 | | | | | | |
|---|---|---|---|---|---|---|---|---|
| | | S1 | S2 | S3 | S4 | S5 | S6 | S7 |
| 2013 年 | 平均密度/(个/$m^2$) | 441.3 | 951.2 | 880.4 | 2485.5 | 3582.39 | 3526.5 | 4194.8 |
| | 生物量/(g/$m^2$) | 1.79 | 4.37 | 3.39 | 7.42 | 11.99 | 21.43 | 22.49 |
| 2014 年 | 平均密度/(个/$m^2$) | 487 | 1046.6 | 910.4 | 2611.4 | 3207.2 | 3618.5 | 4627.4 |
| | 生物量/(g/$m^2$) | 1.91 | 4.85 | 3.53 | 7.78 | 11.36 | 21.78 | 23.68 |
| 2015 年 | 平均密度/(个/$m^2$) | 613.6 | 1319.2 | 992.2 | 2688.3 | 3590.2 | 3771.8 | 4743.2 |
| | 生物量/(g/$m^2$) | 2.28 | 6.09 | 3.71 | 7.99 | 11.89 | 22.08 | 23.89 |
| 2016 年 | 平均密度/(个/$m^2$) | 633.8 | 2380.8 | 1059.97 | 2806.91 | 4665.13 | 3658.55 | 4948.73 |
| | 生物量/(g/$m^2$) | 2.35 | 10.26 | 4.02 | 8.34 | 16.90 | 21.96 | 24.09 |

由表 4-44 可以看出，2013—2015 年，随着“三溪一河”综合治理工程的推进，特别是牡丹江政府在上游进行的水土保持、关停上游污染较重的企业和引调水等手段，使金龙溪和银龙溪上游水质有了较大的改善，上中游 S1～S4 断面的底栖动物数量开始缓慢增长。2015 年夏季，在金龙溪河道植被恢复示范段，即 S1 断面和 S2 断面之间的河道内，按照 20g/$m^2$ 的标准投加了 480kg 水丝蚓、耳萝卜螺和河虾。2016 年的监测结果显示，S2 断面的底栖动物量和底栖动物个数相比 2015 年底栖生态恢复之前出现了 65%以上的增长，S2 断面的生物量在 2016 年达到了 S1 断面的 4.36 倍，而 2015 年只有 2.67 倍，说明水生态系统中的水生植物可使周丛生物覆盖和生活在其上，这对底栖动物栖息、摄食、生长、繁殖非常重要。但是，2016 年作为底栖动物投放后的第一年，人为干扰的因素非常大，恢复措施对流域上下游的影响以及底栖动物的变化趋势还有待进一步研究。作为对照的银龙溪段（S3 断面至 S4 断面）底栖动物量只有 4%的增加，可能属于正常波动或者与两岸的截污措施有一定关系，说明先恢复初级生产者再恢复底栖生态系统的方案是可行的。北安河汇合口 S5 断面的生物量增加了 42%，而下游 S6、S7 断面的生物量和密度在 2014—2016 年均变化不大，说明上游的底栖恢复措施在一年的短暂周期内对北安河干流下游的底栖动物量影响不显著。

### 4.2.3 近自然河滨带的构建

#### 4.2.3.1 河滨带的优化配置技术

(1) 东春河河滨带调研

为了解当地的植被情况，前往牡丹峰自然保护区的东春河进行了河滨带的调研(见图 4-49)。

经过调研确定东春河植被资源丰富，相关的乔、灌的品种如表 4-45 所示，进行植物筛选时应该综合考虑种植的可行性和育苗的可行性。

图 4-49 牡丹峰东春河调研

表 4-45 东春河调研的植被分布表

| 草本 | | | 灌木 | 乔木 |
|---|---|---|---|---|
| 稗草 | 兴安毛莲菜 | 黄花水金凤 | 柳叶绣线菊 | 核桃楸 |
| 马氏蓼 | 益母草 | 狭叶荨麻 | 茶条槭 | 毛赤杨 |
| 鬼针草 | 球子蕨 | 蚊子草 | 乌苏里鼠李 | 水曲柳 |
| 藨草 | 卵果蕨 | 草问荆 | 暴马丁香 | 柳树 |
| 千屈菜 | 落新妇 | 老山芹 | 杞柳 | 稠李 |
| 水杨梅 | 鸡腿堇菜 | 毛百合 | 粉枝柳 | 蒿柳 |
| 白屈菜 | 尾叶香茶菜 | 小白花地榆 | 白河柳 | 卷边柳 |
| 鼠掌草 | 乌苏里苔草 | 黄莲花 | 红瑞木 | 细柱柳 |
| 三棱草 | 水珠草 | 单穗升麻 | 珍珠梅 | 春榆 |
| 香薷 | 广布野豌豆 | 蝙蝠葛 | | |
| 鸡眼草 | 芦苇 | 东北天南星 | | |
| 车前 | 小叶芹 | 野大豆 | | |
| 飞蓬 | 鸡爪芹 | 合叶草 | | |
| | 戟叶蓼 | 毒芹 | | |

(2) 北安河沿岸河滨带及污染截留分析

牡丹江北安河由金龙溪、银龙溪和北安河构成，其河滨带沿着河岸分布具有各自的特性。

1) 银龙溪沉砂池的河滨带

银龙溪沉砂池的河滨带以种植地锦和紫穗槐为主，此处基本处于无人区，但是在开展新的楼盘建设，待居民入住后预计会出现一些城市生活污染源，但总体说来对河滨带的污染威胁较少。目前此处河滨带的构建以景观目的为主，因此，考虑种植地锦和紫穗槐，可以看出已经基本具备了河滨带的生态和景观的功能（见图 4-50）。

图 4-50 沉砂池目前的地锦

2) 银龙溪河滨带的构建

银龙溪作为“三溪一河”带状公园的示范段，去年完成了全部河滨带的构架，也是以地锦为主，并且采用了下部硬质护坡、上部生态护坡的设计（见图 4-51～图 4-54），从应用的情况来看，目前有些植物已经从硬质护坡中长出，可见硬质护坡不是很好的选择，应该在后续的应用中尽量以生态护坡为主。作为带状公园的一部分，此处的河滨带更多强调的是美观功能。从宽度和坡度上来考虑，对污染物的截留作用不明显。

图 4-51 银龙溪地锦及护坡

图 4-52 银龙溪护坡已有植物从水泥中长出

图 4-53 银龙溪河滨带的灌木和乔木

图 4-54 银龙溪河滨带的植被

3）中下游河滨带

中下游河滨带是“三溪一河”的组成部分，但是大部分仍以地锦为主，并且有的地方有人工修剪，有的地方以自然生长为主（见图 4-55 和图 4-56）。由于此处有部分生活源，而且坡度相对较大，应该采用植物丰度较高的河滨带，有利于污染物的截留。

图 4-55 中下游河滨带近景

图 4-56 调研河滨带植物的情况

4）下游河滨带的种植及现状

下游的河滨带大多处于无人管理的状况，也存在水泥护坡中长出植物的情况，另外下游的河滨带普遍较宽，同时树木较为茂盛（见图 4-57 和图 4-58），具有较好的截留污染物的作用。下游多为工业区，且很多已经停业，在河滨带的背水侧修建了水泥坝，对河水的污染威胁较小。

图 4-57 铁路桥植被已经从水泥护坡中长出

图 4-58 下游种植树木的河滨带的调研

5）近自然河滨带污染物截留实验

在对河滨带现状调研的基础上，选择在北安河入江口进行自然河道河滨带(见图 4-59)的构建和对污染物的截留实验，主要考虑植物对污染物的截留，选择了小样方和大样方进行研究。

图 4-59 污水处理厂一侧的河滨带及种植的庄稼

为了探讨植物的存在对河滨带截污的影响，选择了 30cm×30cm 的样方作为实验场地（见图 4-60），采用模拟暴雨径流的方式进行测试，一次性利用喷壶模拟降雨，分别向样方地浇水 5L，其中有植物的土壤由于植物的根系作用，使得植物土壤系统的通透性增强，5min 水就全部被吸收，而没有植物的地方，由于土壤的吸水能力较差，30min 才实现了水分的全部吸收，从这个方面可以看出植物的存在对水分的吸收具有重要的作用。

图 4-60　河滨带土壤截留实验

为了探索植物的存在对河滨带截污的影响，选择了 1m×1m 的样方，样方几乎无坡度，用喷壶模拟暴雨径流进行试验（见图 4-61）。样方的两边挖了沟渠，以隔离周围的植被，并在距起始端 1m 处挖了取样槽，以方便取水。用 5L 的喷壶进行浇水，无间断，在浇到第 14 壶的时候，取样槽处出现了地表径流水，并对此进行了收集，浇灌前后历时为 40min。从此实验可以看出植物对降雨地表径流的截污作用。

为了进一步探索不同距离处植物对河滨带截污的效果，选择了 2m×7m 的样方，距起始处 2m 的样方几乎无坡度，2～7m 处有约 20°的坡度，用泵模拟降雨径流试验(见图 4-62～图 4-66)。样方的两边同样挖了沟渠，并在 3m、5m 和 7m 处挖有取样槽。在早上 9:55 进行了浇灌，10:02 时在 3m 处进行了取样，10:13 时在 5m 处进行了取样，10:33 时在 7m 处进行了取样，试验所取的都是地表径流水，以分析不同距离植物的截留作用。

图 4-61　河滨带 1m×1m 处植物地表截留实验

图 4-62　现场试验的准备

图 4-63　河滨带水环境测定的研究

图 4-64　模拟径流在植物上流过

图 4-65　现场采样

图 4-66　河滨带 2m×7m 处植物地表截留实验

① 1m×1m 样方截留实验　表 4-46 为 1m×1m 样方截留实验水样分析结果。

**表 4-46　1m×1m 样方水样数据分析**

| 水样 | COD/(mg/L) | TP/(mg/L) | TN/(mg/L) |
|---|---|---|---|
| 原水 | 41.3 | 0.742 | 17.1 |
| 截留水 | 41.3 | 0.564 | 12.3 |

从表 4-46 中可以看出，TN、TP 浓度降低，说明植物和土壤能对其具有一定的截留作用；而 1m×1m 的样方对 COD 没有起到去除作用。

② 2m×7m 样方截留实验　表 4-47 为 2m×7m 样方截留实验水样分析结果。

**表 4-47　2m×7m 样方水样数据分析**

| 水样 | COD/(mg/L) | TP/(mg/L) | TN/(mg/L) |
|---|---|---|---|
| 原水 | 41.3 | 0.742 | 17.1 |
| 3m 取样 | 86.4 | 0.476 | 12.8 |
| 5m 取样 | 123 | 0.514 | 13.4 |
| 7m 取样 | 110 | 0.435 | 8.86 |

从表 4-47 中可以看出，2m×7m 样方对 COD 不仅没有去除，反而呈现不同程度的增加，可能的原因是考虑到土壤具有较强的涵水能力和较远的截留距离，此样方选择用水泵模拟降雨，较大的流量增加了植物截留污染物的压力负荷，使得水中的污染物质不易被截留，更可能因水流冲刷导致轻微的水土流失，使土壤中的污染物进入径流而加剧了污染。但对 TN、TP 大体上起到了很好的截留效果。河滨带的截留宽度大约有 10m，从某种程度上讲，河滨带植物对降雨所携带的 N、P 元素有一定的截留效果，对防止河流富营养化具有显著的意义。

（3）技术参数

通过河滨带调研以及污染截留分析，获得河滨带的优化配置关键技术参数。

1）植物选择

河滨带的植物选择按照草木、灌木和乔木的顺序进行混合种植，各类植物的种植比例依次为 5∶3∶2。

① 乔木　以柳树、杨树为主，占 70%；榆树、水曲柳、稠李占 30%；杨树的具体品种不能选择银中杨（根浅，抗风能力差），可选择一些用材林的树种。

② 灌木　目前苗圃中培育的品种有红瑞木、茶条槭、柳叶绣线菊、暴马丁香（小乔木）、五叶枫、紫穗槐，在乔木前间隔 2m 种植。距离水边 5m 以上可以种植紫丁香、忍冬等灌木。

③ 草本　目前培育的有千屈菜、百合，但在水边会自然生长一些草本植物，在离水边较远种植的树木下边也会自然生长草本植物。

④ 草地　为达到裸露的地面当年全部覆盖，播撒一些草种。由于本地的草本植物没有育种，可以选用无芒雀麦、冰草、苜蓿等。草地中出现的自然生长的杂草不拔除，并且以后逐步以自然生长的杂草（本地野生草）为主，形成本地自然野生草本植物，防止径流对土壤的冲刷。

2）栽植形式

① 乔木采用成排成行的规则形式，灌木、宿根花卉可模仿自然状态下的植物生长形式栽植。

② 以乔木为主，乔、灌、草结合，地面全覆盖、不裸露，起到护土、过滤的作用。

3）栽植密度

乔木间隔 1.0m，灌木分散种植，裸露土地全部播撒草籽，并根据需求适当种植花卉。

#### 4.2.3.2 河滨带优化配置示范工程

（1）技术依托

河滨带的优化配置技术。示范段根据本土化、易操作的原则，选择适宜北方寒冷地区的植物作为河滨带构建的对象，根据现场的实际情况，按照比例进行乔木、灌木、草木等种植，完善河滨带的生态功能。

（2）建设规模及地点

① 建设地点　牡丹江市北安河下游铁路桥至入江口两侧。

② 建设规模　长度 2600m，宽 8m，面积 20000m$^2$。

③ 投资成本　35 元/m$^2$。

（3）建设运行情况

1）工程施工方法

主要依据《园林绿化工程施工与验收规范》（CJJ 82—2012）进行施工。

清理垃圾，平整场地，主要针对乔灌木对土壤的要求，绿化栽植或播种前应对该地区的土壤理化性质进行化验分析，采取相应的土壤改良、施肥和置换客土等措施，绿化栽植土壤有效土层厚度应符合相关规定（见表 4-48）。

**表 4-48　绿化栽植土壤有效土层厚度**

| 项次 | 项目 | 植被类型 | | 土层厚度/cm | 检验方法 |
|---|---|---|---|---|---|
| 1 | 一般栽植 | 乔木 | 胸径≥20cm | ≥180 | 挖样洞，观察或尺量检查 |
| | | | 胸径<20cm | ≥150（深根）<br>≥100（浅根） | |
| | | 灌木 | 大、中灌木、大藤本 | ≥90 | |
| | | | 小灌木、宿根花卉、小藤本 | ≥40 | |
| | | 棕榈类 | | ≥90 | |
| | | 竹类 | 大径 | ≥80 | |
| | | | 中、小径 | ≥50 | |
| | | 草坪、花卉、草本植被 | | ≥30 | |
| 2 | 设施顶面绿化 | 乔木 | | ≥80 | |
| | | 灌木 | | ≥45 | |
| | | 草坪、花卉、草本植被 | | ≥15 | |

组织施工人员对种植土进行现场勘察、现场采样、观察土层结构，确定土壤的含水量、酸碱性、黏性、构成成分，进一步制订施工步骤。

栽种时，栽种穴、槽的挖掘，植物材料的选择，树木的栽种和浇水等方面都要依据园林绿化工程施工与验收规范。

本次施工选择的乔木胸径小于 20cm，因此，土壤厚度要求至少大于 100cm，灌木选择的是小灌木和花卉，根据相关要求，采用换土等方式，保证种植深度。施工情况见图 4-67～图 4-72。

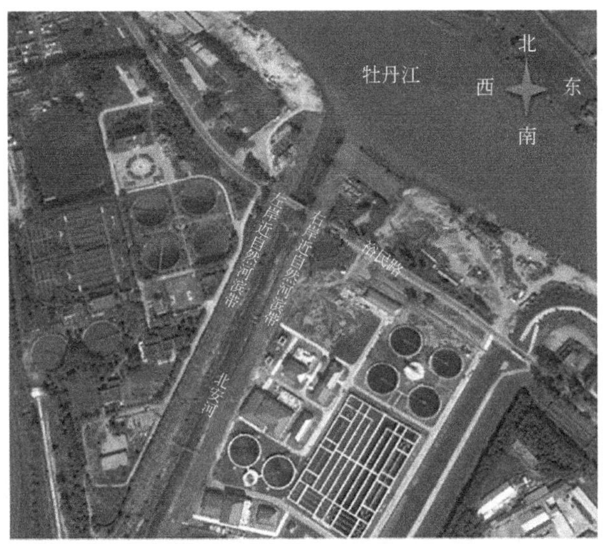


图 4-67　河滨带示范工程建设位置示意图

图 4-68　河口种树和种草现场

图 4-69　铁路桥种植的树木

图 4-70 购进丁香

图 4-71 栽植丁香现场

图 4-72 河滨带栽植树木现场

2）质量要求

① 河滨带区域内的各种植物，保证第二年存活不低于 80%，由修建方负责补种和日常维护，包括浇水和除杂草。

② 栽植穴、槽的规格主要根据苗木的土球和根幅大小再加大 40～60cm，确定为穴直径。穴深为穴径的 3/4～4/5，既保证苗木生长需要，也便于施工操作。

③ 苗木运输时要做到随运随栽，提高成活率。树木栽植后及时做围堪、支撑、浇水才能提高栽植成活率。树木浇水时，必须保持水质，东北地区树木栽植后，一般浇三遍水进行封穴。

④ 草坪、地被播种必须注意做好种子的处理、土壤处理、喷水等施工工艺，按照施工过程中的注意事项和质量控制的要求栽植花卉，必须首先进行定点放线，确定各种花卉栽植的位置，注意花卉的层次。

(4) 示范工程成效

经过河滨带生态恢复，在北安河入江口和铁路桥示范段已经初见成效，在连续三年的运行中植物实现了比较完好的越冬。施工效果及开展示范工程前后的河口及河滨带情况对比见图 4-73～图 4-79。在 2015 年进行的截留实验中，河滨带表现出优良的污染物截留能力。

图 4-73 栽植丁香效果

图 4-74 河滨带花卉

图 4-75 河滨带缓冲带中的树木

图 4-76　2014 年 3 月未开展河滨带示范的北安河河口

图 4-77　2015 年已开展河滨带示范的北安河河口

图 4-78　2014 年 4 月开展示范前的铁路桥段河滨带

图 4-79　2015 年已开展示范的铁路桥段河滨带

### 4.2.4 污水处理厂深度处理技术及中试示范

#### 4.2.4.1 主要研究方法和分析指标

（1）试验装置

该试验是在牡丹江城市污水处理厂进行的，反应器由预缺氧段、厌氧段、缺氧段、好氧段、二沉池构成，建成一体式反应器，反应器的进水流量为 0.5$m^3$/L，其他的设计参数见表 4-49。反应器由 8mm 钢板焊制而成，其中好氧段分三段，每段底部均设有微孔曝气盘，系统曝气由鼓风机提供，通过转子流量计调控曝气量，预缺氧段、厌氧段、缺氧段装有减速电机和搅拌桨，使反应器内液体混合均匀，每格反应器中部和下部均设有阀门以供取样，进水和反应器硝化液回流的动力均由潜污泵提供，污泥回流则通过污泥泵调控，进水流量、硝化液回流量、污泥回流量由超声波流量计计量。反应器装置见图 4-80。

表 4-49 设计参数

| 反应器构成 | 体积/$m^3$ | 停留时间/h |
|---|---|---|
| 预缺氧段 | 0.25 | 0.5 |
| 厌氧段 | 0.75 | 1.5 |
| 缺氧段 | 1.00 | 2.0 |
| 好氧段 | 2.25 | 4.5 |
| 二沉池 | 1.00 | 2.0 |

图 4-80 反应器装置图

反应器是根据传统 $A^2/O$ 工艺和牡丹江的水质设计而成，反应器的设计理念是在低碳氮比水质的条件下实现同步脱氮除磷。进水按比例进入预缺氧段和厌氧段，其中二沉池污泥回流的一部分进入预缺氧段，预缺氧段的设立主要是降低回流污泥中硝态氮的影响，避免进入厌氧段，使反硝化细菌和聚磷菌对碳源进行竞争，影响释磷，厌氧段主要完成磷的释放以及部分 COD 的去除。污水经过前两段的处理后流入缺氧段，缺氧段内主要完成的是 TN 的去除，使反硝化细菌发挥作用，硝化液回流至此。好氧段的进水来源于前三阶段处理后的污水，同时接受二沉池的另一部分回流污泥，好氧段主要完成的是氨氮的去除和磷的吸收，经过这一阶段的处理，污水水质已经达标。反应器出水最后流入二沉池，二沉池主要完成的是泥水分离，上清液经过出水堰流出，下部的沉淀污泥一部分用于污泥回流，另一部分则作为剩余污泥排出系统。

(2) 反应器设备及连接

反应器所需设备型号及数量详见表 4-50。

**表 4-50　设备型号及数量一览表**

| 设备名称 | 数量 | 型号 | 厂家 |
|---|---|---|---|
| 进水泵 | 3(两用一备) | WQD5-15-0.75 | 浙江小龙 |
| 硝化液回流泵 | 2(一用一备) | WQD5-15-0.75 | 浙江小龙 |
| 污泥回流泵 | 2(一用一备) | 25WB3-8 | 浙江老百姓 |
| 电磁空气泵 | 3(两用一备) | ACO-818 | 浙江森森 |
| 减速电机 | 4 | 51K120RGU-CF | |
| 超声波流量计 | 4 | JYSHM25 | 北京京源 |
| 转子流量计 | 3 | LZB-15 | 北京坤天德创 |
| 转子流量计 | 1 | LZB-10 | 北京坤天德创 |
| 微孔曝气头 | 14 | $\phi$210mm | |

反应器由 8mm 的钢板焊制而成，并在内外层涂防腐漆。反应器的进水管道及污泥回流管道系统均采用 PPR 材料热熔而成，进水管和污泥回流管直径为 20mm。反应器的硝化液回流系统采用的是钢管焊接而成，直径为 50mm。出水管直径为 80mm，出水端通过尼龙水带连接，排出系统。反应器内部的曝气系统则是由 PPR 管材热熔连接，并固定在池底。污水管道阀门采用相应管径的闸阀连接，曝气管道采用球阀连接。

由于污水中的杂质较多易造成管路堵塞，同时会加大动力设备的损耗，所以在进水前段设计了体积为 $1m^3$ 的贮水箱，箱内设有潜水泵一台，贮水箱上覆有孔隙为 5mm 的钢丝网，原水经过过滤后通过污水泵进入反应器中。为了避免流量监测时，流量计前后堵塞造成的读数不准确，流量计量段采用并联管道，流量计前后设有阀门，另一管路在同一位置上也设有相同阀门，计量时开启流量计管道，另一管段阀门关闭，运行时开启另一管道，计量管道阀门关闭，使阀门开启度和计量段测量时保持一致。试验装置整体连接见图 4-81。

图 4-81 试验装置整体连接图

(3) 水质检测设备及分析仪器

试验所需水质检测设备及分析仪器的名称与型号详见表 4-51。

表 4-51 检测设备及分析仪器

| 仪器名称 | 型号 | 仪器名称 | 型号 |
|---|---|---|---|
| 化学耗氧量测定仪 | HH-5 | 离心机 | SIGMA3K15 |
| 分光光度计 | UV-2501 | 离心机 | Centrifuge5418 |
| 立式压力蒸汽灭菌器 | LDZX-30FB | 分析天平 | ME204 |
| 电热恒温鼓风干燥箱 | 101-1-B5 | 电子天平 | JM5102 |
| 凝胶图像分析系统 | Tanon-1600 | 溶解氧仪 | HQ30d |
| PCR 仪 | Vertiti96 | pH 计 | DELTA320 |
| 光学显微镜 | OLYMPUSBX51/52 | | |

(4) 试验水质及填料

本试验的试验基地以牡丹江城市污水处理厂为依托，试验进水取自该厂的粗格栅后出水，从 2013 年 8 月至 2013 年 12 月的进水水质的平均指标如表 4-52 所示。试验的接种污泥取自该厂二沉池回流污泥。根据反硝化脱氮理论，生物处理反硝化完全时 1kg 氮需要消耗 2.86kg BOD，在同步脱氮除磷工艺中，还要考虑微生物生长和磷的去除，所以当 $BOD_5/TN<5$ 时，难于同步脱氮除磷，不难看出，该水质为低碳氮比水质。

表 4-52 牡丹江城市污水厂 2013 年 8—12 月进水水质平均指标

| 指标 | 8 月 | 9 月 | 10 月 | 11 月 | 12 月 |
|---|---|---|---|---|---|
| COD/(mg/L) | 215 | 224 | 205 | 189 | 175 |
| $BOD_5$/(mg/L) | 86.5 | 93.5 | 81.4 | 73.5 | 70.5 |
| $NH_4^+$-N/(mg/L) | 22.12 | 25.61 | 23.25 | 21.77 | 20.94 |

续表

| 指标 | 8月 | 9月 | 10月 | 11月 | 12月 |
| --- | --- | --- | --- | --- | --- |
| TN/(mg/L) | 27.35 | 30.63 | 28.49 | 26.01 | 25.42 |
| TP/(mg/L) | 3.79 | 3.32 | 4.10 | 3.68 | 4.22 |
| SS/(mg/L) | 140 | 147 | 154 | 149 | 155 |
| pH | 7.00 | 7.07 | 7.05 | 7.02 | 6.98 |

根据前期调研资料及试验条件等因素，共选择5种填料进行对比试验，分别为组合填料、弹性立体填料、瓜片式悬浮球填料、填充软性填料的悬浮可拆球填料以及填充塑料条的悬浮可拆球填料，各填料性能参数详见表4-53。

**表4-53 试验填料性能参数**

| 填料名称 | 外形尺/mm | 单位重量/(kg/m³) | 比表面积/(m²/m³) |
| --- | --- | --- | --- |
| 组合填料 | $\phi$100×100 | 2.8 | 1600 |
| 弹性立体填料 | $\phi$150 | 2.0 | 310 |
| 瓜片式悬浮球填料 | $\phi$150 | 9.2 | 380 |
| 填充软性填料的悬浮可拆球填料 | $\phi$80 | 10.2 | 880 |
| 填充塑料条的悬浮可拆球填料 | $\phi$80 | 10.7 | 240 |

(5) 试验检测项目及分析方法

工艺处理的水质分析方法按照《水和废水监测分析方法》进行，具体检测项目及分析方法如表4-54所示。

**表4-54 试验检测项目及分析方法**

| 检测项目 | 检测方法 | 检测项目 | 检测方法 |
| --- | --- | --- | --- |
| COD | 库伦法 | $NH_4^+$-N | 分光光度法(纳氏试剂) |
| $NO_3^-$-N | 紫外分光光度法(麝香草酚) | TN | 紫外分光光度法(碱性过硫酸钾) |
| TP | 过硫酸钾氧化光度法 | MLSS | 重量法 |
| MLVSS | 重量法 | SV% | 30min沉降法 |
| DO | HQ30d | pH | DELTA320 |
| 微生物相 | 光学显微镜 | 微生物群落 | 高通量测序 |

### 4.2.4.2 低碳氮比城镇污水的强化脱氮除磷技术

(1) 技术原理

当污水中$BOD_5$/TN<5时，脱氮效率通常不会太高，此时的污水称为低C/N污水。对于低C/N污水，微生物可以用的碳源本身相对较少，还存在反硝化细菌和聚磷菌的碳源竞争，使得缺氧段反硝化碳源不足。同时，低温条件下，细菌生长缓慢，活性受到抑制，尤其是硝化作用，受影响程度更大。在北方高寒地区条件下，低C/N污水的处理格外困难，出水氮磷时常超标。对于该情况，使用悬浮填料增加单位微生物量，增强抗温度冲击能力。内部碳源利用的方法主要实现了碳源的再分配和利用。通过分段进水，使反硝化细菌能够得到

足够碳源，增强 TN 的去除率，硝化回流以及污泥回流调节增强好氧段的硝化速率，同时保证反硝化的顺利进行。对于磷的去除，加入混凝剂后，通过压缩双电层、吸附电中和、网捕卷扫、吸附架桥作用，使水中的胶体沉降，得以去除污染物。

(2) 工艺流程与主要参数

低 C/N 城镇污水的强化脱氮除磷技术以传统的 $A^2/O$ 为基础，通过组合填料的投加、分段进水等方式，实现氮磷的深度减排。其主要工艺参数为：MLSS 达到 3148mg/L，MLVSS 达到 2298mg/L，污泥龄确定为 12d，污泥回流至预缺氧段的比例为 15%，污泥回流至好氧段的比例为 50%，硝化液回流比为 250%。沉淀池中的高效混凝分三段进行，其中快速搅拌速度为 500r/min，快速搅拌时间为 30s，第一级絮凝转速 $n_1$ 为 150r/min，絮凝时间 $t_1$ 为 1min，第二级絮凝转速 $n_2$ 为 100r/min，絮凝时间 $t_2$ 为 8min，搅拌结束后静置沉淀 30min。混凝剂选用 PAC，投药量为 45mg/L，助凝剂选用阴离子型聚丙烯酰胺，投药量为 3.5mg/L。工艺流程为“进水—调节池—预缺氧段—厌氧段—缺氧段—好氧段—二沉池—沉淀池”。具体如下。

① 进水按比例进入预缺氧段和厌氧段，其中二沉池污泥回流的一部分进入预缺氧段，预缺氧段的设立主要是降低回流污泥中硝态氮的影响，避免进入厌氧段，使反硝化细菌和聚磷菌对碳源进行竞争，影响释磷，厌氧段主要完成磷的释放以及部分 COD 的去除。

② 污水经过前两段的处理后流入缺氧段，缺氧段内主要完成的是 TN 的去除，使反硝化细菌发挥作用，硝化液回流至此。好氧段的进水来源于前三阶段的处理后的污水，同时接受二沉池的另一部分回流污泥。

③ 好氧段主要完成的是氨氮的去除和磷的吸收，经过这一阶段的处理，污染物大部分去除。

④ 反应器出水最后流入二沉池，二沉池主要完成的是泥水分离，上清液经过出水堰流出，下部的沉淀污泥一部分用于污泥回流，另一部分则作为剩余污泥排出系统。

为了保证出水中磷的去除，二沉池的出水流经下一级沉淀池。同时，通过投加混凝剂，使 TP 去除。

(3) 填料挂膜启动

反应器启动试验是在 9 月上旬进行的，此时水温平均为 22℃，适宜微生物生长。反应器的接种污泥取自牡丹江城市污水处理厂的回流污泥，污泥浓度为 8500mg/L。由于二沉池的污泥活性偏低，所以采用闷曝启动的方式，好氧池的总容积为 $2.5m^3$，采用泥水比为 3∶7，人工向好氧池内添加接种污泥，然后使用污水泵向池内添加原水，闷曝启动，曝气时间为 21h，静沉时间为 1h，排水时间为 2h，以此为周期，循环运行。当反应池内生物量达到 3000mg/L 左右时，开始连续进水，预缺氧段和厌氧段进水比为 1∶1，二沉池的污泥通过回流泵泵入预缺氧段。一周时间左右，检测好氧段的氨氮指标和厌氧段的 TP 指标（见图 4-82）。发现系统内有明显的硝化作用和厌氧释磷作用，出水氨氮和 TP 稳定，且水质较好，取适当污泥混合液用光学显微镜观察发现活性污泥中出现较多的丝状菌以及浮游动物，标志反应器的初步启动成功。

反应器的初步启动成功后，在好氧段投加填料。填料采用悬浮型球形填料，填料材质为聚丙烯材料，直径为 150mm，比表面积为 $380m^2/m^3$。根据魏文涛的试验研究，选择填料的投配比为 40%时，填料的流动性和挂膜的成熟时间能够得到保证，且挂膜效果良好，所以确定填料投配比为 40%。在好氧段投加填料，使好氧段的硝化细菌能够附着，以期解决聚磷菌和硝化细菌污泥龄的矛盾。在连续进出水的条件下，运行 7d，好氧段的溶解氧维持在

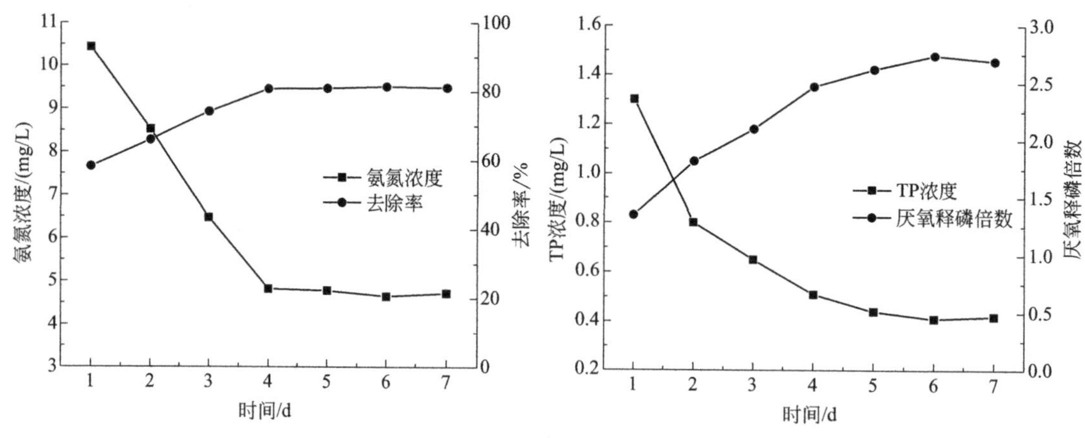


图 4-82 氨氮和 TP 变化曲线图

3mg/L 左右，观察填料表面，直至填料表面出现黄褐色的生物膜，用水冲洗不易脱落时为止，然后截取部分填料，用水清洗掉填料表面的黏附物质，测定生物膜重量。生物膜的重量测量采用烘干法，将截取的填料在 105℃的条件下，烘干 24h，称重。当生物膜的 MLSS 达到 4000mg/L 左右时认为生物膜挂膜成功。填料在挂膜前后的对比如图 4-83 所示。

图 4-83 填料挂膜前后对比图

填料挂膜成功后，试验时间进入到 10 月中旬，平均水温 14℃左右，水温开始逐步降低，此时的水温已不属于最适温度，水温偏低，在这段时间内出水氨氮的变化有一定的波动，TP 的变化并不明显，主要是因为硝化细菌大部分属于中温菌，对水温骤降会有一段的适应时间，而聚磷菌对于低温的适应能力明显偏强，具体的变化曲线见图 4-84 所示，待水质稳定后，开始进行工艺运行的参数调控，试验时间进入到 10 月下旬，水温在 13℃左右，可认为此时的水温条件为低温条件。

（4）悬浮填料强化硝化及反硝化技术

1）填料挂膜阶段的特性分析

① 各种填料的 SBBR 系统对 COD 和氨氮的去除效果　在挂膜启动试验的第一周，采用

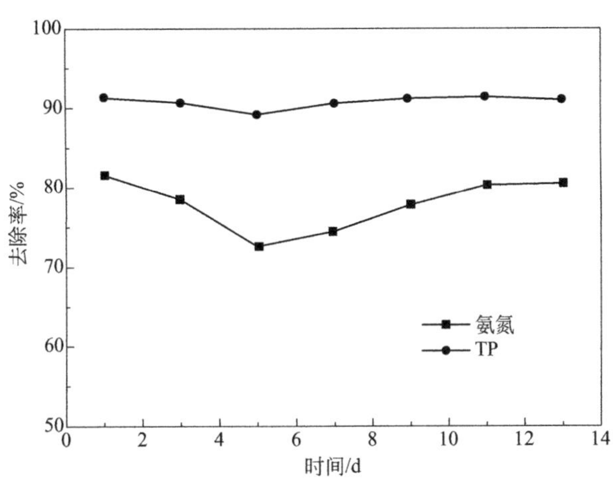


图 4-84 氨氮和 TP 去除率变化曲线图

试验进水考察各种填料组成的 SBBR 系统对 COD 和氨氮的去除效果，在临近曝气阶段结束时对各填料桶进行取样，离心后采用快速消解法进行测定，每天测定一次。

试验结果表明，在挂膜试验的第一周时间里，当进水 COD 浓度在 159～258mg/L 之间，进水氨氮浓度在 39～57mg/L 之间时，填充组合填料的 SBBR 系统对 COD 的去除率最高。填充组合填料与填充软性填料的悬浮可拆球填料组成的 SBBR 系统对于氨氮的去除率在第 6 天左右出现明显下降；在挂膜启动试验的第二周，保持进水水质，提高曝气量，控制 DO 在 5.5mg/L 左右，考察各种填料的 SBBR 系统在较高 DO 条件下对氨氮的去除效果，每天测定一次。结果显示，在挂膜试验的第二周时间里，当 DO 提高至 5.5mg/L 时，至挂膜试验的第 14 天，填充组合填料与填充软性填料的悬浮可拆球填料组成的 SBBR 系统对于氨氮的去除率从第 9 天开始出现明显上升的趋势，说明增大 DO 有利于提高生物膜上氧的传质效率。

② 各 SBBR 系统内悬浮污泥浓度的测定　在挂膜启动阶段，考察各种填料组成的 SBBR 系统内悬浮污泥的 MLSS 及 MLVSS 的变化，每两天测定一次。实验结果表明，在挂膜启动阶段，各种填料组成的 SBBR 系统内 MLSS 及 MLVSS 均呈上升的趋势。经过两周的培养，填充组合填料与填充软性填料的悬浮可拆球填料组成的 SBBR 系统内悬浮污泥的 MLSS 与 MLVSS 低于其他三种系统。

③ 填料的微生物相观察　在挂膜试验过程中，每天观察五种填料表面的变化情况。在填料挂膜实验启动两周后，利用光学显微镜对各 SBBR 系统中填料的微生物相进行观察，在进行镜检制片准备工作中发现，当用去离子水对各种填料表面的悬浮污泥进行淋洗后，只有组合填料与填充软性填料的悬浮可拆球填料的表面上依然附着有明显的生物膜。因此，仅对组合填料与填充软性填料的悬浮可拆球填料表面的生物膜进行镜检，结果如图 4-85 所示。

镜检结果显示，在组合填料与填充软性填料的悬浮可拆球填料上均已形成生物膜，两种填料上的生物膜中均可观察到以累枝虫、钟虫为代表的固着型纤毛虫以及预示水质稳定的轮虫，说明经过两周的挂膜培养后，此时生物膜已较为成熟。

④ 两种填料上生物膜浓度的测定　根据显微镜检的结果，确定挂膜成功的填料为组合填料与填充软性填料的悬浮可拆球填料。通过生物膜浓度测定的方法比较两种填料上生物膜附着污泥的微生物量大小，结果如表 4-55 所示。

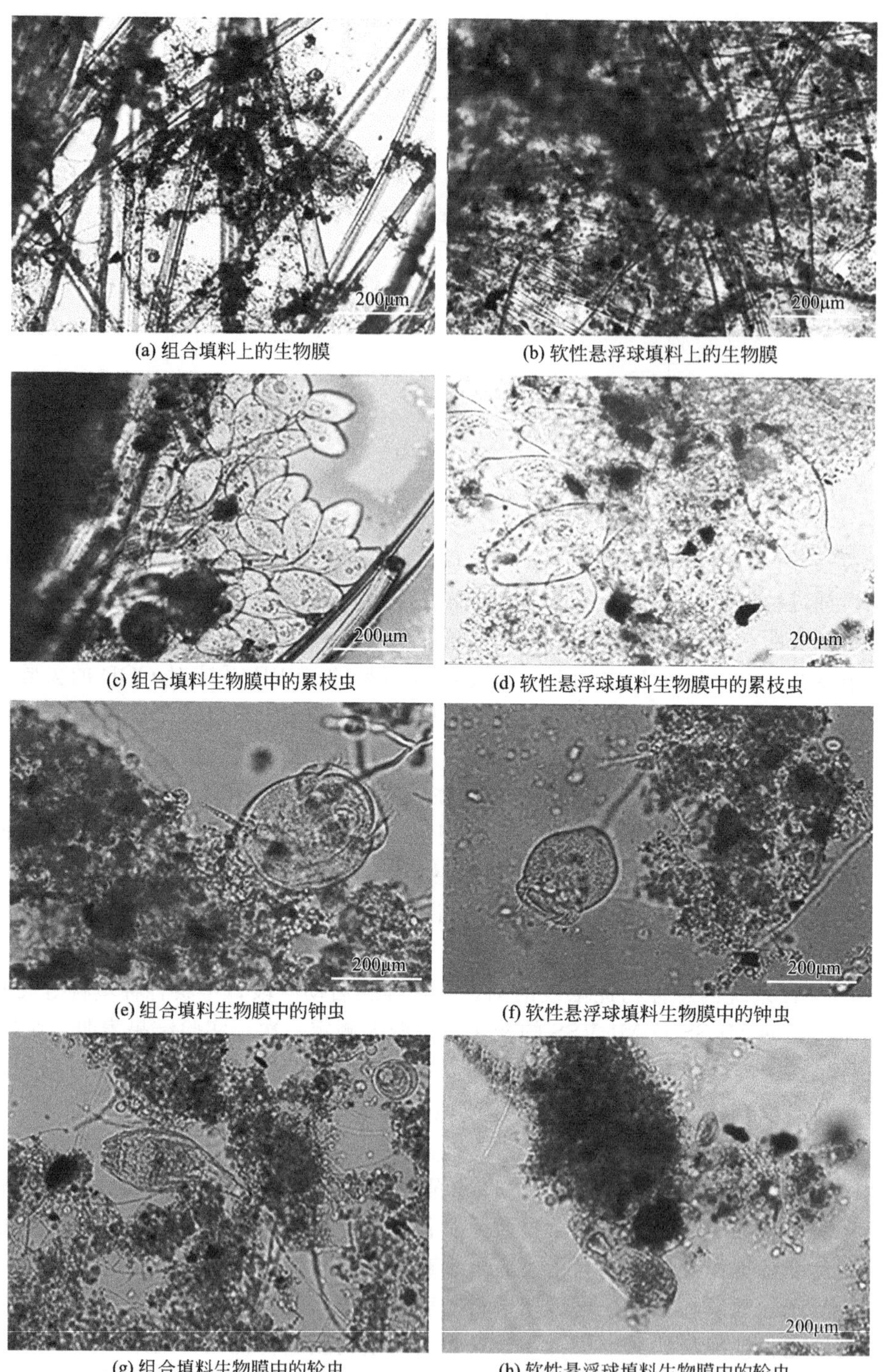

(a) 组合填料上的生物膜　(b) 软性悬浮球填料上的生物膜

(c) 组合填料生物膜中的累枝虫　(d) 软性悬浮球填料生物膜中的累枝虫

(e) 组合填料生物膜中的钟虫　(f) 软性悬浮球填料生物膜中的钟虫

(g) 组合填料生物膜中的轮虫　(h) 软性悬浮球填料生物膜中的轮虫

图 4-85　生物膜镜检照片

**表 4-55　两种填料的生物膜浓度大小比较**

| 种类 | 填料净重/g | 生物膜重量/mg | 生物膜浓度/(mg/g) |
| --- | --- | --- | --- |
| 悬浮可拆球填料 | 0.0352 | 9.4 | 267.05 |
| 组合填料 | 0.0246 | 25.3 | 1028.46 |

由表4-55可知，组合填料生物膜浓度约为填充软性填料的悬浮可拆球填料生物膜浓度的3.9倍，单位填料上的微生物量更大。在填料投加比例相同的条件下，组合填料上附着的生物量更大。

2）填料投加比对工艺处理效能的影响分析

将试验填料投加到好氧段第一格内，在反应器中培养两周后，填料表面出现生物膜，填料在反应器内挂膜成功。试验中控制厌氧段溶解氧＜0.2mg/L、（预）缺氧段溶解氧0.2～0.5mg/L、好氧段第一格溶解氧在4.5～5.5mg/L之间、好氧段后两格溶解氧范围在2.5～3.5mg/L，进水比采用1∶9，MLSS为3000～4000mg/L。在预缺氧段污泥回流比为15%，好氧段污泥回流比为30%，硝化液回流比为300%，SRT为12～15d条件下，设置了三种填料投加比例，研究不同投加比对工艺处理效能的影响。

研究结果表明，投加比为40%、60%、80%时，出水能满足《城镇污水处理厂污染物排放标准》（GB 18918—2002）一级A排放标准。COD去除率分别为80.77%、81.31%、78.08%；氨氮去除率分别为97.36%、97.39%、95.23%；TN去除率分别为87.11%、88.53%、86.01%；TP去除率分别为94.65%、93.34%、92.73%。由于投加比为60%时，COD、氨氮及TN的去除率最高，最终确定填料的最佳投加比为60%。

（5）基于内部碳源利用强化微生物脱氮技术

1）预缺氧段污泥回流比对污染物去除的影响分析

改良$A^2/O$工艺和传统$A^2/O$工艺相比，设置了预缺氧段，该段既接受一部分原水，又容纳了部分二沉池的回流污泥。它设置的主要功能是去除回流污泥中存在的部分硝态氮，避免其进入厌氧段影响聚磷菌的释磷作用。当预缺氧段和厌氧段进水分配比为1∶9时，回流污泥中的硝态氮能够在预缺氧段有效地得到去除，所以本试验固定预缺氧和厌氧的进水比为1∶9。预缺氧段污泥回流比分别设置了五组不同的参数来考察不同预缺氧段污泥回流比对污染物去除效能的影响。试验的运行条件如下：污泥回流至好氧段的比例为50%，好氧至缺氧段的内回流比例为200%，SRT为15d，DO控制水平：厌氧0.2mg/L以下，缺氧0.5mg/L左右，好氧2.5～3mg/L。

研究结果表明，反应器在10%、15%、30%、50%、70%五组不同的参数条件下运行时，对应的二沉池出水COD去除率分别为74.5%、80.43%、83.32%、84.67%、85.42%；氨氮去除率分别为73.61%、80.35%、82.38%、83.47%、83.79%；TN去除率分别为55.10%、65.39%、67.45%、69.32%、70.80%；TP去除率分别为86.06%、89.51%、91.71%、90.93%、86.62%。回流比在15%以上时，出水COD、TN和氨氮均满足《城镇污水处理厂污染物排放标准》（GB 18918—2002）一级A排放标准，出水TP在回流比为15%～50%之间达到了国家标准，考虑到回流比越大动力能耗越大，所以选定回流比15%时为最佳预缺氧污泥回流比。

2）好氧段污泥回流比对污染物去除的影响分析

本工艺和传统$A^2/O$工艺相比，二沉池污泥部分回流至好氧段，硝化细菌为自养菌群，它的世代时间较短，当好氧段的停留时间过短，超过其本身的世代时间，硝化细菌的流失率将大于净增殖率，硝化细菌的生物量将逐渐减少。本试验增设了好氧段的污泥回流，有助于增加好氧段的生物量，硝化细菌的硝化效果得到保证。污泥回流至好氧段的比例设置了五组不同的参数来考察不同好氧段污泥回流比对污染物去除效能的影响。试验的运行条件如下：预缺氧和厌氧进水分配比为1∶9，污泥回流至预缺氧段的比例为15%，好氧至缺氧段的内回流比例为200%，SRT为15d，DO控制水平：厌氧0.2mg/L以下，缺氧0.5mg/L左右，好氧 2.5～3mg/L。

研究结果表明，污泥回流至好氧段的比例分别为 15%、30%、50%、70%、85%时，反应器稳定运行后，出水 COD 去除率分别为 78.38%、79.60%、80.59%、81.30%、81.78%；氨氮去除率分别为 65.40%、76.07%、80.84%、82.63%、83.55%；TN 去除率分别为 50.60%、61.73%、64.81%、65.80%、66.23%；TP 去除率分别为 88.43%、89.34%、89.93%、90.31%、90.67%。回流比在范围内变换时，出水 COD、TP 均满足《城镇污水处理厂污染物排放标准》（GB 18918—2002）一级 A 排放标准，出水氨氮和 TN 在回流比为 30%及以上时达到了国家标准，考虑到回流比越大动力能耗越大，所以选定回流比 50%时为最佳好氧污泥回流比。

3）硝化液回流比对污染物去除的影响分析

低碳氮比水质中，碳源的利用是关键。缺氧段存在着反硝化细菌，主要完成生物脱氮，同时还存在着聚磷菌，聚磷菌有两种，一种是以氧气为电子受体，另一种既能利用氧气又能利用硝态氮，后者被称为反硝化聚磷菌。反硝化聚磷菌利用内碳源进行反硝化除磷，当回流的硝化液硝态氮含量较高时，反硝化细菌开始发挥作用，同时节省了碳源。因此，硝化液回流对缺氧段反硝化除磷的作用明显。硝化液回流比分别设置了五组不同的参数来考察不同好氧段污泥回流比对污染物去除效能的影响。试验的运行条件：预缺氧和厌氧进水分配比为 1∶9，污泥回流至预缺氧段的比例为 15%，污泥回流至好氧段的比例为 50%，SRT 为 15d，DO 控制水平：厌氧 0.2mg/L 以下，缺氧 0.5mg/L 左右，好氧 2.5～3mg/L。

试验结果表明，回流比例分别为 150%、200%、250%、300%、350%时，反应器运行稳定后，出水 COD 去除率分别为 77.90%、78.78%、80.83%、81.68%、81.95%；氨氮去除率分别为 79.17%、79.60%、80.03%、80.30%、80.65%；TN 去除率分别为 54.49%、61.76%、66.47%、67.22%、60.05%；TP 浓度去除率分别为 88.57%、90.48%、92.25%、91.60%、89.01%。在五组不同的回流比条件运行时，出水 COD、TP、TN、氨氮均满足《城镇污水处理厂污染物排放标准》（GB 18918—2002）一级 A 排放标准，其中回流比为 250%时各指标的去除率略微低于 300%的条件，但考虑到回流比加大动力能耗就会随之加大，所以选定回流比 250%时为最佳硝化液回流比。

4）分段进水比不同时的污染物去除影响分析

试验中设置了 3∶1、3∶2、1∶1、1∶2 四种分段进水比，将各指标的去除率分别以分段进水比为横轴作图，如图 4-86 所示。

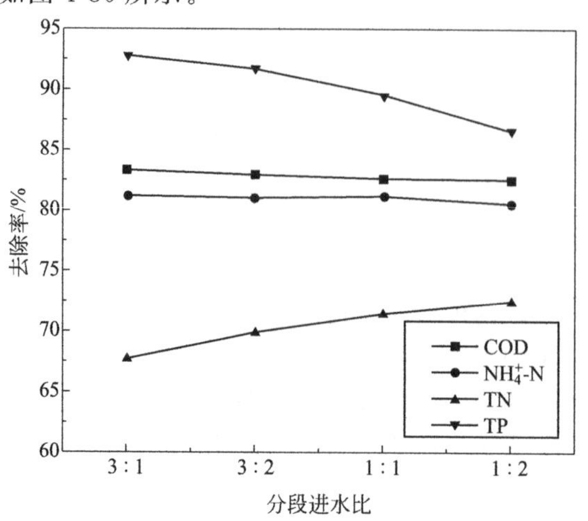


图 4-86　污染物指标去除率变化曲线

由图 4-86 可见，COD 的去除主要在厌氧段和缺氧段实现，由于污泥回流比的确定，两阶段的生物量基本确定，在碳源不变的情况下，COD 的去除不会有明显变化；在好氧段的污泥回流比、温度和溶解氧确定的情况下，不会有明显变化，厌氧段和缺氧段对氨氮的去除影响不大；TN 的去除率随着缺氧段进水量的增加而逐渐加大，增幅逐渐降低，这表明分段进水与系统 TN 去除有直接关系，缺氧段进水量的增加，使得缺氧段可供反硝化细菌利用的碳源量增加，在硝化液回流充足的情况下，反硝化效果得到进一步提升，尤其当污水中碳源不足时，避免了串联运行的反应器厌氧段对碳源的过度利用，使得反硝化碳源不足。所以适当的分段进水比，能够改善系统的 TN 去除率；TP 的去除率随着缺氧段进水量的增加而逐渐降低，下降速率逐渐增大，这表明分段进水和系统 TP 的去除有直接关系，缺氧段进水量的增加，势必使厌氧段可利用的进水碳源降低，当回流比适当降低时，厌氧段的释磷效果会受到影响，但随着缺氧段可利用碳源的增加，使得反硝化除磷菌的吸磷量得到增加，出水 TP 的下降不会过大，但当缺氧段进水量进一步增大时，厌氧段的释磷效果就会大打折扣，使得厌氧段贮存的 PHB 减少，后续好氧段的吸磷速率降低，反硝化除磷菌也会受到影响，所以需要选择适当的分段进水比，在 TP 去除率依旧较高的情况下，提高工艺的 TN 去除率。

综合试验结果，确定分段进水比为 3：2。

(6) 高效混凝沉降工艺试验研究

强化混凝试验搅拌仪器为 JJ-4 数显六联电动搅拌器，烧杯有效容积为 1.0L。试验所用混凝剂为硫酸铝、氯化铁、聚合氯化铝和聚合氯化铁四种无机混凝剂，硫酸铝和氯化铁为分析纯试剂，聚合氯化铝为液体或固体粉末，聚合氯化铁为实验室中合成液体。试验中聚合氯化铝的碱化度为 1.80，聚合氯化铁的碱化度为 0.70。在最佳投药量时，对不同的搅拌条件下絮体的粒径、粒度分布、分形维数、COD 去除率随着试验进程的变化进行分析，以期确定合理的工艺分级，并确定动力学指标、能耗与反应时间的比例关系。

高效混凝沉降处理效果试验研究条件：混凝剂投加量约 20～70mg/L，不同种类的无机混凝剂采用经验搅拌参数，快速搅拌速度为 500r/min，快搅时间为 30s，第一级絮凝转速 $n_1$ 为 150r/min，絮凝时间 $t_1$ 为 1min，第二级絮凝转速 $n_2$ 为 100r/min，絮凝时间 $t_2$ 为 8min，搅拌结束后静置沉淀 30min，测定上清液的浊度、COD、SS、TP、TN。

1）混凝剂处理效果研究

考察了硫酸铝、氯化铁、聚合氯化铝（PAC）和聚合氯化铁（PFS）四种无机混凝剂强化混凝的处理效果。研究结果表明，当 PAC 投加量为 40mg/L 时，沉淀后水浊度最低；PFS 等无机高分子类混凝剂的除浊效果稍差；而硫酸铝和氯化铁的除浊效果最差，不适合以单独混凝剂的形式进行深度处理。按照混凝剂对 COD 去除率的效果排列：PAC>PFS>氯化铁>硫酸铝。TP 的去除率随着投药量的增加而增大，铁盐除磷效果稍优于铝盐。

2）助凝剂处理效果研究

投加最优混凝剂 PAC，投加量为 40mg/L，并选择阴离子型聚丙烯酰胺、阳离子型聚丙烯酰胺和非离子型聚丙烯酰胺作为助凝剂。考察助凝剂类型对强化混凝深度处理的影响。投药量为 4mg/L，在絮凝阶段开始 1.5min 后投加，为突出效果，静置沉淀时间设置为 10min。试验结果显示，阴离子型聚丙烯酰胺明显好于其他两种，在阴离子型聚丙烯酰胺投加量为 2～8mg/L 时，COD、TP 的去除率都很高，且变化不大，从矾花大小来看，投加助凝剂后，矾花明显增大，并且在 3mg/L 时，就已经形成比较大的矾花。值得注意的是，当投药量继续升高时，由于助凝剂过量，上清液中存在聚丙烯酰胺的残留，导致 COD 上升。

综合考虑经济运行的原则，取阴离子型聚丙烯酰胺的投加量为3mg/L。

3）混凝工艺优化试验研究

由于混凝试验主要涉及搅拌强度、搅拌时间、混凝剂种类、混凝剂用量。根据1）和2）试验结果，选择投加PAC 40mg/L为设定的混凝剂的控制条件，选定的搅拌强度共4个级别，为$n_1=60r/min$、$n_2=80r/min$、$n_3=100r/min$、$n_4=120r/min$。开始每隔2min取样测定COD浓度，之后时间间隔延长，即搅拌时间分别为2min、4min、6min、8min、10min、15min、20min、30min。

试验结果表明，进行一级搅拌试验时，随着时间的变化，烧杯中形成的絮体的df、Df[❶]、COD浓度变化较大。在混凝试验的整体时间段落进行考察，混凝的前15min对絮体的成长影响较大，后期则趋于平缓，絮体的粒径增加速率不快；对于颗粒的粒径，在试验中得到结论是，通过延长反应时间可以增加絮体的df，但当反应时间超过15min后，变化不明显。对于絮体的Df，在一个固定转速时，随着搅拌时间的延长，絮体的Df呈缓慢下降的趋势。由于低搅拌强度下剪切强度Fr较低，有助于絮体的凝结。因此，颗粒的df随着转速的变大逐渐减少。随着转速的增大，颗粒的Df却大幅上升，表明絮体的孔隙率大幅减小，矾花密实。随着转速的减少，上清液的COD亦发生较大变化，在$n=80r/min$时达到最小值。絮体的df随着转速的增加而降低，但Df分维却呈增大趋势，而浊度却经历了最佳转速的反弹，表明低剪切时大的絮体不密实，沉降性能较差。而在转速为$n=80r/min$时，混凝体的df与Df达到了一级搅拌的最佳值。一级试验表明，当$n=80r/min$时，在反应进行到15min后显示出优势。

在一级搅拌试验中，当$n=80r/min$达到了理想的效果，因此在二级试验中以$n=80r/min$作为第一级转速，并确定混凝时间为15min，在此条件下，确定二级转速分别为$n_{21}=60r/min$、$n_{22}=50r/min$、$n_{23}=40r/min$。

试验结果表明，在进入二级搅拌后，10～18min时絮体的df较大，后期趋于平缓，增加速率不快；絮体的Df则呈缓慢下降的趋势，进入二级搅拌10min后，Df基本在稳定值附近波动。同时，二级搅拌能进一步降低COD浓度，提高COD的去除率，在二级搅拌10min后COD浓度基本不变。另外，随着二级转速的减少，颗粒的粒径逐渐变大，颗粒的分维下降，COD缓慢上升，表明絮体的孔隙率大幅增加，矾花大但不密实、易破碎，进而使其不易静沉，测定上清液COD时会导致数据变高，在40r/min的搅拌强度下，最终COD浓度与单纯一级搅拌稳定后COD浓度相近甚至略有上升。

综上，确定两级的转速与混凝时间分别为：$n_1=80r/min$、$t_1=15min$，$n_2=40r/min$、$t_2=10min$。

助凝剂投加时间点试验结果表明，助凝剂阴离子聚丙烯酰胺（投加量3mg/L）于絮凝开始后10～12min投加效果较好。即在第二级絮凝开始阶段投加助凝剂，在絮凝结束后形成的絮凝体较为密实，有利于后续的沉降过程。

（7）污水处理厂下游水质变化规律及水质模型应用

牡丹江污水处理厂排放口位于牡丹江下游段江滨大桥断面至柴河铁路桥断面之间，主要污染源集中在江滨大桥至污水处理厂上游之间，污水处理厂下游与柴河铁路桥之间工业与生活污染源较少。为了建立牡丹江污水处理厂下游段氮磷稀释扩散模型，必须将该河段污染物迁移转化的详细情况考察清楚。因此，需要对该河段枯水期数据进行现场监测，设置了7个

---

❶ df、Df为絮凝体的分形维数，df为一维拓扑空间下，Df为二维拓扑空间下。

监测断面，断面位置信息见表4-56。监测断面的设置主要依据为：以污水处理厂上游作为背景断面；以污水处理厂断面作为污染物排入牡丹江后的初始断面；在下游2km处设置桦林反修桥断面作为混合过程段中的断面；而桦林镇上游与下游断面设置主要是考虑到该段可能存在新的污染源汇入；最后设置柴河铁路桥与柴河大桥断面作为完全混合段断面。

**表4-56　水样监测断面及其经纬度**

| 监测点 | 污水处理厂上游(1＃) | 污水处理厂(2＃) | 桦林反修桥(3＃) | 桦林镇上游(4＃) | 桦林镇下游(5＃) | 柴河铁路桥(6＃) | 柴河大桥(7＃) |
|---|---|---|---|---|---|---|---|
| 经度 | 129°40.02′ | 129°39.10′ | 129°39.67′ | 129°39.76′ | 129°41.29′ | 129°40.05′ | 129°39.12′ |
| 纬度 | 44°38.14′ | 44°38.64′ | 44°39.72′ | 44°40.91′ | 44°41.66′ | 44°44.25′ | 44°45.77′ |

采用水质模拟模型中的一维、二维水质预测模型，对污水处理厂下游河段进行合理划分，并根据监测数据对水质预测模型各项参数进行计算，最终获得牡丹江污水处理厂至柴河大桥段水质预测模型。

在距离排放口较近的区域，水厂排放的污染物无法达到完全混合的条件，因此，针对这种情况进行水质预测时需要选用二维稳态水质模型。牡丹江污水处理厂下游河段属于平直河流，并且水体预测指标为氮磷污染物浓度，存在易降解的有机污染物成分，因此，选用二维稳态混合衰减模式。

岸边排放见式(4-27)：

$$c(x,y)=\exp\left(-K_1\frac{x}{86400u}\right)\left\{c_h+\frac{c_pQ_p}{H(\pi M_y xu)^{1/2}}\left[\exp\left(-\frac{uy^2}{4M_y x}\right)+\exp\left(-\frac{u(2B-y)^2}{4M_y x}\right)\right]\right\} \tag{4-27}$$

非岸边排放见式(4-28)：

$$c(x,y)=\exp\left(-K_1\frac{x}{86400u}\right)\left\{\begin{array}{l}c_h+\dfrac{c_pQ_p}{H(\pi M_y xu)^{1/2}}\left[\exp\left(-\dfrac{uy^2}{4M_y x}\right)+\exp\left(-\dfrac{u(2a+y)^2}{4M_y x}\right)\right.\\ \left.+\exp\left(-\dfrac{u(2B-2a-y)^2}{4M_y x}\right)\right]\end{array}\right\} \tag{4-28}$$

式中，$c(x,y)$为污染物在河流任一点$(x,y)$的预测浓度，mg/L；$x$为敏感点到排污口纵向距离，m；$y$为敏感点到排污口所在岸边的横向距离，m；$c_h$为预测污染物在河流中的背景浓度或本底值，mg/L；$M_y$为河流纵向、横向的弥散系数，$m^2/s$；$u$为河流纵向、横向的平均流速，m/s；$K_1$为污染物的衰减速度常数，$d^{-1}$；$B$为河流水面宽度，m；$H$为河流平均水深，m；$c_p$为排污口污染物排放浓度，mg/L；$Q_p$为排污口流量，$m^3/s$；$a$为排污口与近岸水边的距离，m。

采用获得的模型进行水质预测，给出污水处理厂二期工程应用深度处理关键技术后相对于建成前及采用改良$A^2/O$工艺的氮磷减排效果，得出结论如下。

① 从实测的各断面污染物浓度变化趋势分析可以看出，TN、TP、氨氮在牡丹江污水处理厂至桦林镇上游断面、桦林镇下游至柴河大桥断面基本符合污染物迁移转化的规律，但在桦林镇上游至下游河段中尚存在工业废水、生活污水的氮磷排放源。因此，将河流水质模型分为三个计算单元，分别建立相应的水质模型，主要为牡丹江污水处理厂至桦林镇上游断面、桦林镇上游至桦林镇下游断面、桦林镇下游断面至柴河大桥断面。

② 根据牡丹江流域的实际情况，牡丹江污水处理厂下游氮磷稀释扩散模型主要分为：混合过程段、充分混合段（含污染源）、充分混合段（无污染源）。混合过程段选用二维稳态混合衰减模式，泰勒法估算综合弥散系数 $M_y$ 为 0.349，综合降解系数经现场观察采用两点法确定，$K_{TP}$ 为 1.847，$K_{TN}$ 为 3.292，$K_{NH_4^+-N}$ 为 4.007；充分混合段选用一维稳态水质模型，综合降解系数 $K_{TP}$ 范围为 0.1012～0.2702，$K_{TN}$ 范围为 0.1221～0.1641，$K_{NH_4^+-N}$ 范围为 0.1426～0.1555。

③ 污染物混合过程段，深度处理关键技术的应用，相对于污水处理厂未建成前及采用改良 $A^2/O$ 工艺的情况，对于下游各断面的污染物均有不同程度的削减。污染物浓度在纵向上距离岸边越近削减效果越明显，而河流流向方向上距离排放口越远削减效果越低。其中对于氨氮污染物，由于改良 $A^2/O$ 工艺低温条件下效果较差，而深度处理关键技术主要针对污水处理厂低温处理效果差的问题，因此，特别是在冬季低温条件下相对于采用改良 $A^2/O$ 工艺时削减效果更明显。

④ 污水处理厂二期工程建成前后各断面 TP 浓度低于Ⅲ类水体限值要求，应用深度处理关键技术后，柴河大桥断面 TP 浓度已较接近Ⅱ类水体限值，对于 TP 的控制主要是为了控制污染物在混合过程段的环境影响；污水厂处理厂二期工程建成前后氨氮浓度均接近Ⅲ类水体限值，而改良 $A^2/O$ 工艺在低温条件下氨氮处理效果存在一定局限性。因此，应用深度处理关键技术后，在气温较低时下游断面氨氮污染物浓度削减幅度增大。

牡丹江深度处理关键技术对下游地区氮磷污染物浓度水平的削减均起到一定作用。

（8）技术参数

组合填料投加比为 60%；预缺氧段污泥回流比为 15%；好氧段污泥回流比为 50%；消化液回流比为 250%；分段进水比为 3：2；污泥泥龄为 12d；两级絮凝转速与混凝时间分别为 $n_1=80$r/min、$t_1=15$min，$n_2=40$r/min、$t_2=10$min；助凝剂阴离子聚丙烯酰胺投加量为 3mg/L，于絮凝开始后 10～12min 投加。

### 4.2.5 北方污染河流生态恢复技术

（1）研发思路

北方寒冷地区重污染城市内河过量纳污、水生态恶化、河流自净能力大幅下降、河滨带净化功能缺失。底泥疏浚、截污控源和生态修复是控制内源和外源污染、改善河流水质、恢复河流健康的必要手段。其中，底泥疏浚和截污控源是对重污染河流进行生态修复的前提和基础，在北安河流域末段，由于牡丹江市污水处理厂进水 C/N 较低，使得污水处理厂截污处理后出水氨氮浓度较高，从北安河排入牡丹江干流，进而影响下游考核断面的水质达标。对具有北方季节性河流特点的北安河河道，生态修复的常规手段存在两个难点，一是城市内河截污后水量不稳，丰枯变化大，植被栽种难度较大；二是疏浚后的河底基质层表层受损，微生物活动受限，河流自净能力差。针对以上问题和难点，在底泥疏浚、截污控源的基础上，结合地域气候特点，从河道、底栖、河滨带以及入河污染源的治理等方面出发，按照生态系统整体恢复理念开展开放式河道植被多样性技术（改善河道基质，降低植物栽种难度，增大微生物活动空间)、河流底栖生态系统恢复技术（引进低级生产者和先锋种群，再引入初级消费者)、河滨带优化配置技术（构建近自然河滨带，提高植物越冬能力）的研发，使北安河生物类群多样化，解决常规生态修复方法存在的问题；对于北安河末段，通过污水处理厂深度处理技术的研发，提高脱氮除磷效率，保障下游考核断面的水质达标。

(2) 技术原理

针对北方寒冷地区受污染城市内河过量纳污、水生态恶化、河滨带净化功能缺失问题，在底泥疏浚、控源截污基础上，按照生态系统整体恢复理念开展技术研发，优化集成开放式河道植被多样性技术、河流底栖生态系统恢复技术、河滨带优化配置技术以及污水处理厂深度处理技术。采用火山岩生态滤床改善河底基质，轻微改变河床表层水力过程，降低流速，降低对植物根区的冲击，同时投放沉水植物，恢复河道植被多样性，使火山岩空隙中和植物根系周围富集的细菌去除污染物；通过增加食物链生产者数量带动食物链中消费者恢复，底栖种类有一定增加后再延长食物链，以维持整个生态系统稳定；利用北方寒温带植物近自然恢复方式，优选既耐寒又具有拦截面源污染作用的岸边本地乔、灌木等构建河滨带；通过内部碳源利用、分段进水、硝化回流以及污泥回流调节、强化混凝等方法提高脱氮除磷效果。从水中到岸上，全方位系统化治理内河污染，使河流恢复自然功能和自净能力。

(3) 工艺流程

城市内河经过截污控源和底泥疏浚的初步整治后，需要采取人工措施创造生态系统重建的条件，先对河道基质进行改造，增加生境多样性，降低水力冲击强度，再引进低级生产者和先锋种群，最后引入初级消费者，达到重建的系统能够进行自然演替的程度。生态恢复所用的动、植物均需要根据耐污、抗寒的原则选择寒冷地区本地物种。工艺流程见图 4-87。

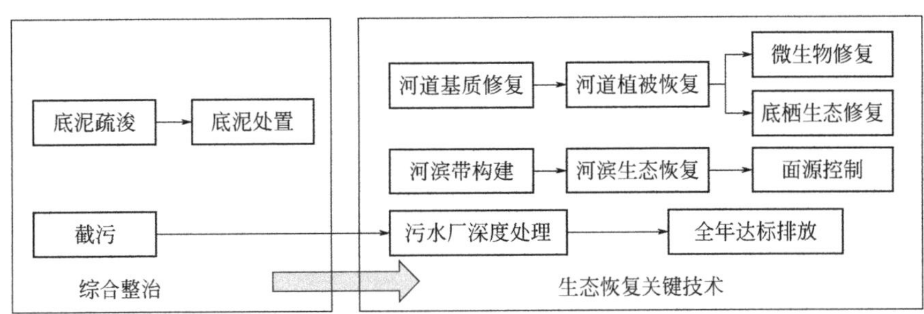


图 4-87 北方污染河流生态恢复集成技术工艺流程

(4) 技术创新点

北方污染河流生态恢复集成技术创新之处在于：按照生态系统整体恢复理念，从入河污染源、河道、底栖以及河滨带的治理和修复等方面出发，通过技术集成全方位系统化治理城市内河污染。一方面通过开放式河道植被多样性构建方法的创新，解决了寒冷地区季节性城市内河常规生态修复技术存在的两个主要问题：①城市内河截污后水量不稳，丰枯变化大，植被栽种难度较大；②河底基质层表层受损，微生物活动受限，河流自净能力差。另一方面创新了低 C/N 污水脱氮除磷技术和工艺，改善了污水处理厂出水水质。

① 研发了一种新型低 C/N 污水处理技术，利用内部碳源，弥补了反硝化不足，节省了运行成本。优化了低 C/N 污水处理絮凝动力学参数，相比于常规工艺，投药量减少了 30%，效率提高了 20%。

② 利用牡丹江本地出产的火山岩构建多层多孔材料河床，并在其中栽植挺水植物和沉水植物，恢复河道内植物多样性，底栖生物能够依附在植物群落周围生存，整个河道内生态系统得到初步恢复。

(5) 实际应用案例

应用单位：牡丹江市河道管理处。

实际应用案例介绍：北安河河道生态缓冲带的优化组合，近自然恢复方式的河滨带优化配置，结合北安河特征探索的底栖生态系统恢复模式，有效改善了寒冷地区城市内河污染状况。强化硝化反硝化悬浮填料、低 C/N 污水内部碳源高效利用及高效除磷技术，试验结果良好，硝化反硝化效果明显提高，得到了牡丹江城市污水厂的肯定，随着经济的发展，我国水环境污染严重，低 C/N 的水质条件越发普及，对于污水厂的同步脱氮除磷的要求越高，该集成技术为要求深度减排的污水厂工艺改进提供了一种行之有效的解决办法，势必会得到广泛应用。

牡丹江市在开展“三溪一河”综合整治工程实施期间，在规划的 12.25km 至 14.85km 处开展了近自然河滨带的构建，恢复了 $2\times10^4m^2$ 的河滨带生态环境。对规划的 12.25km，$2.69\times10^4m^2$ 的半硬质生态护坡的植被组成进行了优化，推荐使用固土截污能力更强的五叶枫和紫穗槐进行种植。为“三溪一河”治理和环境综合整治提供了技术支持，示范工程与依托工程相结合，全面提升了牡丹江市区溪、湖附近居民的生活质量和幸福指数，获得河道治理、环境改善、生态宜居和城市品位提升“四位一体”的同步效益。

## 4.3 面源污染型河流综合整治关键技术研究与示范

——海林农场牛尾巴河流域综合整治关键技术研究与示范

### 4.3.1 小城镇污水处理

#### 4.3.1.1 低温期稳定运行的小城镇污水处理技术

常规小城镇污水处理工艺存在投资运行费用高、操作管理难度大、寒冷地区运行效果差的问题。考虑牡丹江海林农场当地水文地质特点和气候气象特点以及厂址条件，降低处理系统的改造难度，同时满足处理后出水水质好，抗冲击负荷能力强，运行可靠，技术含量高，占地小，节省运行成本，节省初始投资等条件，选择操作要求低且适合寒冷地区农村和小城镇的“接触氧化＋人工湿地”组合工艺对生活污水进行处理，污水处理工艺流程见图 4-88。

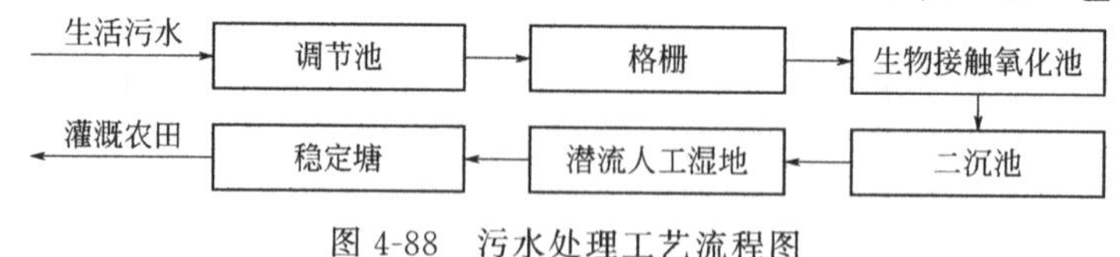


图 4-88 污水处理工艺流程图

(1) 试验研究

1) 生物接触氧化-人工湿地工程运行效果

试验水质常规指标分析主要参考《水和废水监测分析方法》(第四版) 中规定的标准方法进行分析测试。

分别对格栅进水、接触氧化池出水、潜流人工湿地出水、潜流人工湿地水样沿程变化情况进行取样分析。每个取样点每天取样 3 次 (时间间隔＝2h)，将 3 次所取样品分别混合，测定水质指标作为该取样点该指标的测定值，图 4-89 为人工湿地水流流向及取样点位置。每一单元出水水质视为下一单元的进水水质，各单元对污染物的去除率以该单元进、出水平均浓度计算。

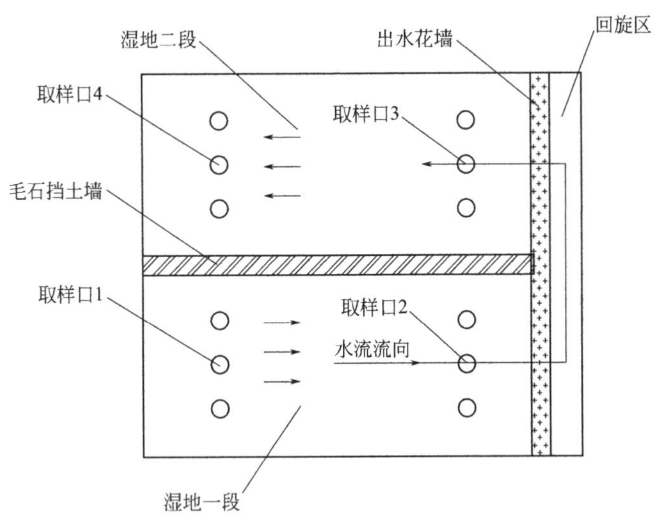

图 4-89 人工湿地水流流向及取样点示意图

① 运行调试

a. 生物接触氧化池的启动。为了加快启动速度，生物接触氧化池采用接种挂膜的方式进行启动。启动的具体步骤为：首先向生物接触氧化池中投入主要取自哈尔滨市某污水处理厂的污泥；待生活污水充满接触氧化池后停止进水，控制生物接触氧化池内溶解氧在 2～3mg/L，闷曝 8h 后停止曝气，静沉 2～3h，排出上清液。每天重复进出水两次，共进行 10d；10d 后改用小流量连续进出水的方式，并逐渐增大进水流量，对进出水 COD 进行测定。

b. 人工湿地的启动。湿地床于 2013 年春季建成，5 月中下旬开始在湿地床中种植了鸢尾、萱草、景天等植物，实景照片如图 4-90 所示。

图 4-90 人工湿地现场

湿地启动方式采用自然挂膜，原水依次进入调节池、生物接触氧化池、二沉池和潜流人工湿地。启动初期采用间歇进水的方式，间隔 24h 换水，将水位控制在填料以上运行 20d。

c. 组合工艺耦合运行效果。生物接触氧化、人工湿地单独启动成功后，对海林农场生活污水处理站组合工艺耦合运行的最终处理效果进行了监测。具体监测项目见表 4-57。

表 4-57　组合工艺运行效果监测结果

| 项目 | SS/(mg/L) | pH | COD/(mg/L) | BOD/(mg/L) | 氨氮/(mg/L) | TN/(mg/L) | TP/(mg/L) |
|---|---|---|---|---|---|---|---|
| 生活污水处理后 | 8 | 6.80 | 46.7 | 14.5 | 0.612 | 2.91 | 0.877 |

监测结果表明，生物接触氧化-潜流人工湿地组合工艺对 COD、BOD、pH、SS、氨氮、TP、TN 的处理效果达到《城镇污水处理厂污染物排放标准》(GB 18918—2002) 一级 A 的处理要求。

② 组合工艺处理效能分析

a. 对 COD 的去除效果。试验进水为海林农场场部生活污水，启动成功之后开始对系统的处理效果进行监测，监测期主要为 2014 年 10 月至次年 5 月，监测期间最低气温可达－30℃，因此，整个实验过程受温度的影响比较大，整体处理效果的分析都与当地气温变化密不可分。

图 4-91 为组合工艺进出水 COD 变化情况，进水 COD 在 80～310mg/L 之间，波动较大，其中 11 月至次年 4 月中旬进水 COD 浓度一直在 200mg/L 左右，4 月下旬至 5 月份由于进水水量的增大及当地雨水的增多，进水 COD 下降了约 50mg/L。生活污水经生物接触氧化池-人工湿地组合工艺处理后，出水 COD 一般在 15～45mg/L，出水 COD 变化受进水浓度变化影响不大，出水 COD 达到《城镇污水处理厂污染物排放标准》(GB 18918—2002) 一级 A 标准要求，且系统稳定性较好。

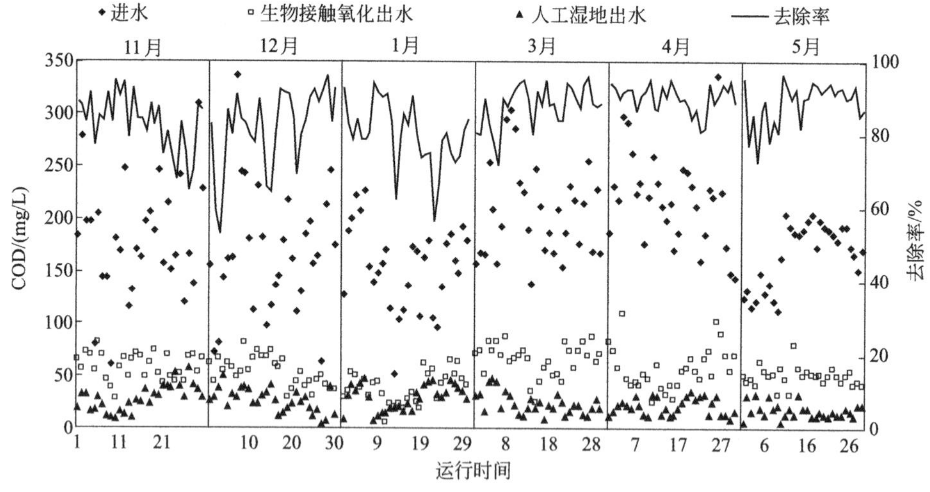


图 4-91　组合工艺进出水 COD 变化

另外，从图 4-91 中还可以看出，冬季进水 COD 浓度未见明显提高，究其原因，在整个工艺流程中，调节池的使用有效解决了农场生活污水早、晚排放量大，冬季排放浓度高等问题。组合工艺各处理单元对 COD 均有一定的去除效果，系统整体对 COD 的去除率基本维持在 80%以上。其中生物接触氧化池的水力停留时间 (HRT) 为 6h，其 COD 去除率可达 50%以上，当生物接触氧化池的 HRT 延长时，系统 COD 去除率可以进一步提高，但是能源消耗会相应提高，运行成本增加。因此，在达到出水标准的前提下，将生物接触氧化池的 HRT 控制在 6h 左右。

由于牡丹江冬季极端低温可达－30℃，为减缓水温的散失，保证进出水管道的畅通，人工湿地外部加盖了双层阳光板材料搭建的温室，内部布置了暖气，且进出水管道均埋于地下

1.0～1.5m 处。系统运行期间温室内温度一直位于 0℃以上，白天可达 8.0℃以上，夜间温度在 4℃以上。冬季湿地系统对 COD 的去除效率为 30.4%，较春季有所下降。分析湿地对 COD 的去除，主要是两个方面：一是湿地床基质和植物根系的拦截作用，二是植物根际表面及填料上大量的生物膜的降解作用；在填料吸附部分有机物并达到饱和后，生物膜上的微生物将成为 COD 去除效果的保证。

b. 对 $NH_4^+$-N 的去除效果。组合工艺对 $NH_4^+$-N 的去除效果如图 4-92 所示，除去 12 月中旬短暂出现出水的骤然升高外，去除率基本维持在 60%以上。从图中可以看出，组合工艺对 $NH_4^+$-N 的去除主要是生物接触氧化池通过曝气完成，12 月接触氧化池的曝气系统曝气量的降低导致出水 $NH_4^+$-N 的骤然升高，增大曝气量后去除率基本恢复稳定。1 月份组合工艺对 $NH_4^+$-N 的去除率有所下降，但仍保持在 60%左右。次年 3 月 $NH_4^+$-N 的去除效果恢复，出水 $NH_4^+$-N 浓度降低到 6mg/L 左右，去除率稳定在 80%。5 月份由于当地降雨量较大，进水 $NH_4^+$-N 浓度由 30mg/L 降至 15mg/L 左右，出水 $NH_4^+$-N 浓度进一步降低，$NH_4^+$-N 去除率基本保持稳定。

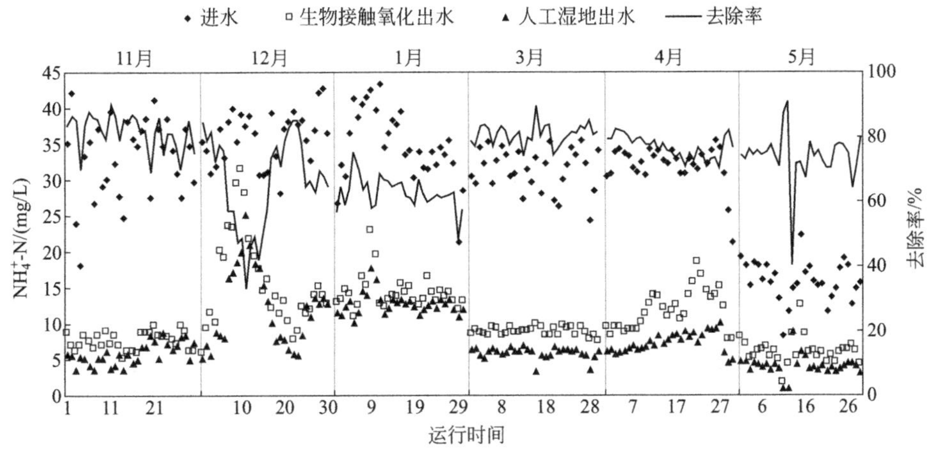


图 4-92　组合工艺进出水 $NH_4^+$-N 变化

生物接触氧化池将进水中的 $NH_4^+$-N 大量转化为 $NO_3^-$-N（并含少量 $NO_2^-$-N），$NO_3^-$-N 出现了一定程度的积累。$NO_3^-$-N 主要在潜流人工湿地去除，所以湿地进水中氮素的状态是氨氮和硝酸盐氮。潜流人工湿地对 $NH_4^+$-N 的去除效率相比生物接触氧化池较低，11 月湿地对 $NH_4^+$-N 的平均去除率为 10.8%并开始逐步降低，12 月至次年 1 月 $NH_4^+$-N 的去除率在 5%左右，3 月湿地对 $NH_4^+$-N 的去除率有了显著提高，3—5 月对 $NH_4^+$-N 的平均去除率达到了 33.7%。湿地内 $NH_4^+$-N 的去除途径主要是：湿地基质、植物根系对氨氮的截留、过滤作用，微生物对氨氮的硝化作用，湿地植物对氨氮的吸收等，其中微生物硝化反硝化作用是影响人工湿地系统脱氮的主要方面。

试验中发现，加盖保温材料可减弱植物的休眠作用，除萱草、鸢尾出现叶片枯黄外，景天、杂浆草等均能生长，其中对芦苇进行了收割，之后芦苇停止生长，植物对 $NH_4^+$-N 的去除效果随温度下降而逐渐降低。此外温度下降和湿地植物自身休眠都使得植物根际表面的好氧、厌氧环境受到破坏，并因此导致硝化、反硝化细菌活性的降低。已有研究发现，冬季的 $NH_4^+$-N 和 TN 去除率低于夏季，主要是由于湿地温度降低和湿地植物生长状况恶化所致，本试验也验证了这一说法。

c. 对 TN 的去除效果。组合工艺对 TN 的去除情况可以从有机氮、氨氮、亚硝酸盐氮和硝酸盐氮的转化过程中进行分析，如图 4-93 所示。

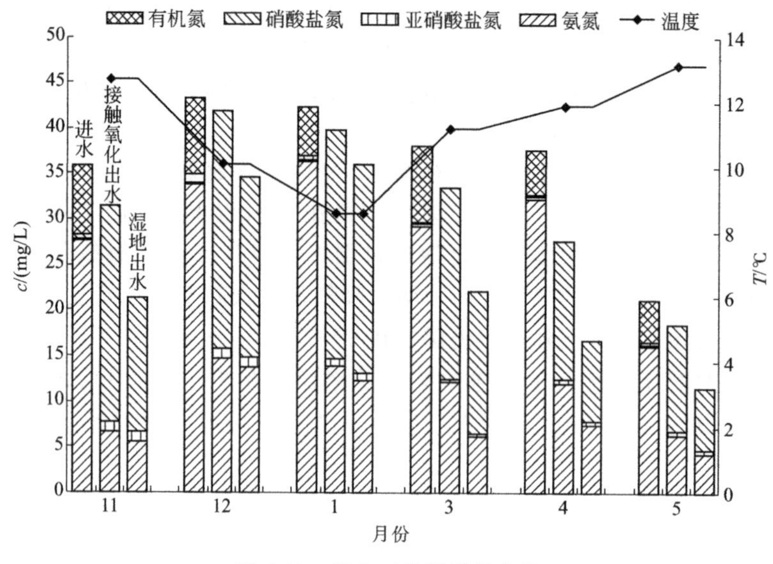


图 4-93　组合工艺氮素的变化

从图 4-93 中可以看出，进水氮素的组成主要是氨氮和有机氮，生物接触氧化池通过曝气将有机氮和大部分氨氮转化为硝酸盐氮，接触氧化池出水中氨氮和硝酸盐氮的比例大约为 1∶2，大量硝酸盐氮进入人工湿地。从图中可以看出，TN 的脱除是在人工湿地中完成的，生物接触氧化池只完成了氨氮向硝酸盐氮的转化，出水 TN 并没有显著降低，硝酸盐氮和氨氮进入人工湿地完成最终脱氮。整个试验期间，系统进水 TN 浓度先升后降，12 月与 1 月份进水 TN 浓度最高，基本稳定在 40～45mg/L，年后进水 TN 逐渐减低，5 月进水 TN 降至 20～25mg/L。组合工艺最终出水 TN 中硝酸盐氮的比例较高。因此，若提高 TN 的去除率，首先要增强湿地内反硝化细菌的活性，提高硝酸盐氮的去除率。与进水相对应，系统对 TN 的去除率也经历了一个相似的变化过程，如图 4-94 所示。

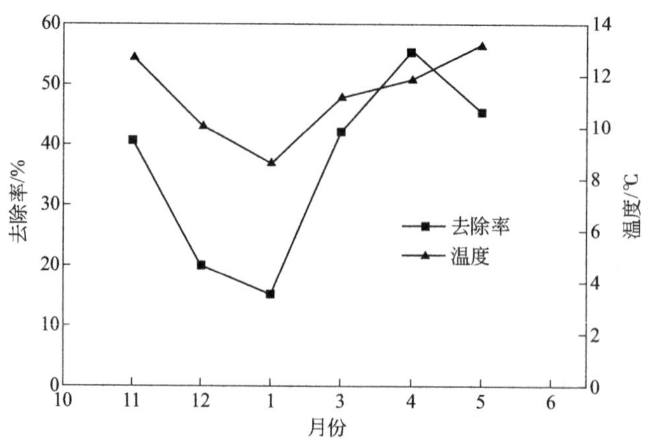


图 4-94　组合工艺 TN 去除率变化

从图 4-94 中可以看出，TN 的去除率与系统水温的变化情况基本一致，其中，11 月份 TN 去除率为 40%，随着温度的降低，TN 的去除率开始下降，1 月份最低为 15%左右，春季 TN 去除率得到了迅速提高，3 月份系统去除率达到了 40%，4 月份系统去除率达到最高接近60%，5月份系统去除率虽然有所降低，但是出水TN却在持续降低，这是由于5月当地降雨比较多，受雨水影响，系统进入TN有所降低，在出水TN未有明显波动时，系统去除率略有降低。

d.对TP的去除效果。组合工艺对TP的去除由生物接触氧化和人工湿地两个单元共同完成，去除效果如图4-95所示，整个试验期间系统出水TP浓度变化幅度是比较大的。11月至次年4月，进水TP基本维持在3.5mg/L左右，出水TP由1.0mg/L增长到2.5mg/L，并在1月份达到最高值，之后出水TP逐级降低，4月底TP浓度降低到1.5mg/L左右。5月份进水TP浓度有较大幅度的下降，进水TP平均值在1.5mg/L，出水TP降至1.0mg/L以下。整体来看，生物接触氧化池和潜流人工湿地对TP均有一定的去除效果，生物接触氧化池对TP的去除率在10%左右，潜流人工湿地对TP的去除率较高，接近30%，但是湿地除磷效果变化幅度比较大，11月、4月对TP的去除效果比较高，单级去除率接近40%，1月去除效果最低，单级去除率不到20%。

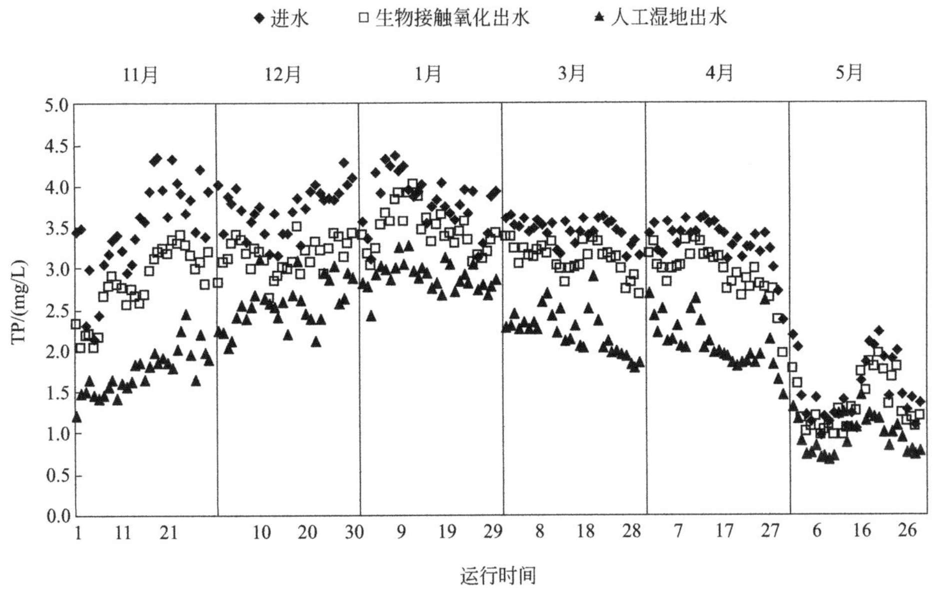

图4-95 组合工艺进出水TP变化

TP去除率的变化趋势与水温的变化有一定的关联，如图4-96所示，组合工艺的平均去除率变化与温度的变化趋势基本一致。11月初TP的平均去除率在50%左右，随着水温的降低，TP的去除效果迅速下降，1月份稳定在20%～30%，次年春季去除效果开始好转，4月份去除率基本接近40%，之后由于生活污水水量的增大，进水TP浓度迅速降低，出水TP浓度降至1.0mg/L之下，但是去除效率并未提高。从实验数据看，磷的去除率相对较高，但因为污水中TP含量较高（生活污水中洗涤剂所致），处理后仍然高于排放标准，所以仍然需要深入研究人工湿地对TP的去除效果变化，以提高系统整体的除磷效率。

关于湿地除磷机理目前还没有完全弄清楚，大多数学者持同一看法，即填料的吸附、化学作用、植物和藻类吸收、与有机物结合、微生物的正常同化和过量积累等，其中填料对磷的吸附被认为是最有效的机制。有研究表明，相比各种天然填料和人工填料，湿地内使用工业副产品作为填料去除磷的效果更好。

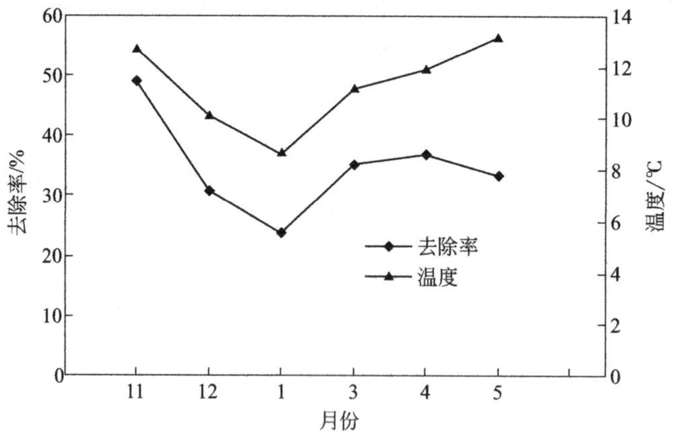


图 4-96　组合工艺 TP 去除率变化

此外，由于磷是植物所需的营养元素，通过植物将磷元素吸收后再对植物进行收割也是人工湿地除磷的途径之一。进水中的有机磷首先在微生物作用下被分解为无机磷，无机磷即可被植物吸收，之后在同化作用下磷被转化成植物的 DNA、RNA、ATP 等有机成分。与人工湿地填料对磷的吸附去除相比较，湿地植物虽然短时间内对磷的同化吸收作用不及填料的吸附作用，但是若经过长时间运行后对去除效果进行比对，则会发现湿地植物对磷的去除起着极其重要的作用。另一方面，湿地植物的使用也在无形中延长了湿地填料的使用年限。所以对湿地植物的合理选择常被认为是湿地达到稳定或成熟运行后进一步提高污染物去除率的有效方法。但受植物生长期的限制，湿地在各阶段的净化效果及稳定性相对不足，TP 去除效果会随着植物的生长状态发生相应的变化，从而造成去除率时高时低：在植物生长旺季如春夏，植物根系枝叶迅速生长，生物体生长时对磷的需求较大，磷被植物大量吸收，出水 TP 含量降低，而在植物停止生长甚至开始枯萎的季节如秋冬季，植物体对磷的吸收量会慢慢降低，某些植物死亡后残体还会释放出相应的磷元素，导致出水中 TP 浓度升高，去除率下降。

e. 各单元去除效能贡献率。试验期间各单元主要污染物去除率如图 4-97～图 4-99 所示。从图中可以看出，组合工艺中对 COD 去除贡献率最大的是生物接触氧化池，约 60%的有机物是在这一构筑单元去除的，其次是水平潜流人工湿地，去除率约为 12%，初沉池和二沉池对 COD 的去除也有一定的贡献。

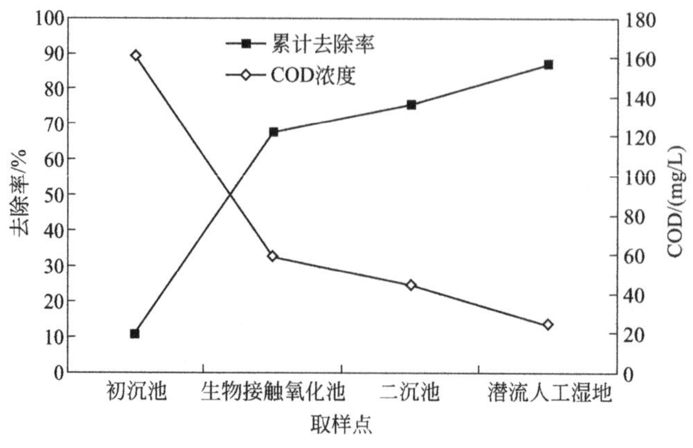


图 4-97　COD 各单元去除效率

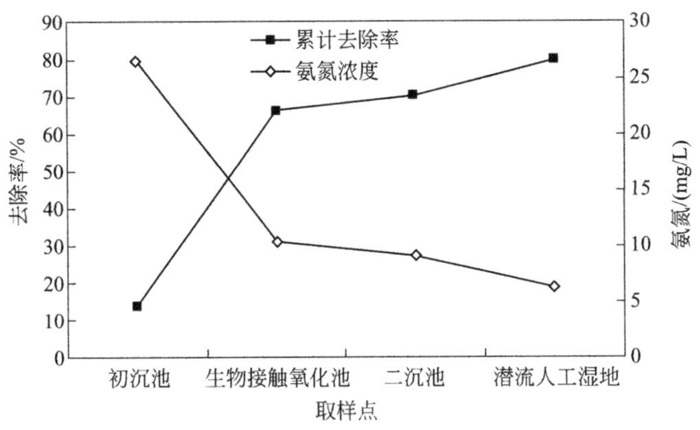


图 4-98 $NH_4^+$-N 各单元去除效率

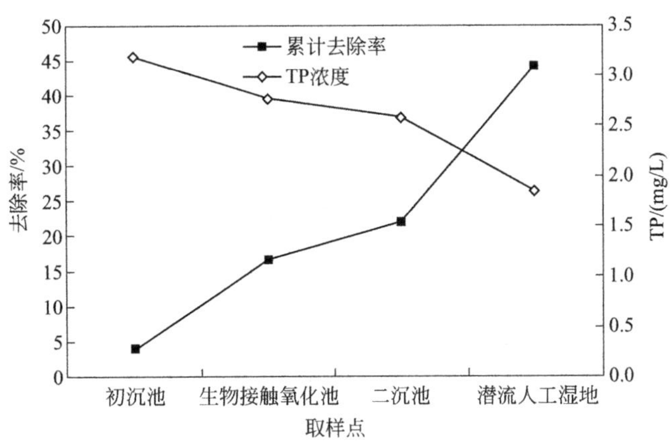


图 4-99 TP 各单元去除效率

氨氮的去除与 COD 有相似之处，约 52%的氨氮在生物接触氧化池中被去除，潜流人工湿地对氨氮的去除贡献较小，整个试验期间，氨氮的平均出水浓度约在 6.0mg/L（冬季出水氨氮平均浓度略有上升）。

TP 的去除主要是在潜流人工湿地中进行的，20%以上的磷在湿地中被去除，生物接触氧化池对 TP 也有将近 15%的去除率。试验期间进水 TP 平均浓度约为 3.32mg/L，出水 TP 平均浓度为 1.85mg/L，组合工艺对磷有一定的去除效果。

2）污染物在湿地的沿程变化规律

① 有机物沿程变化规律　水平潜流人工湿地进水 COD 在不同季节的沿程变化趋势如图 4-100、图 4-101 所示。

从图 4-100 和图 4-101 中可以看出：无论是春季或冬季，COD 的沿程降解均表现出了递减的趋势，且降解主要发生于湿地的前半段。其中冬季 COD 的沿程降解出现了一定程度的反复，在后半段出现了升高的态势，主要原因有两点：一是出水口处水流的扰动比较强烈，湿地后段有机物难以附着在填料上，水样比较浑浊，所含成分也比较复杂；二是冬季表层部分植物残体的存在，长期浸泡导致有机物的渗出，水流的扰动使这些物质进入水体之中。COD 的总体去除情况比较符合推流状态，COD 的降解基本接近一级动力学。

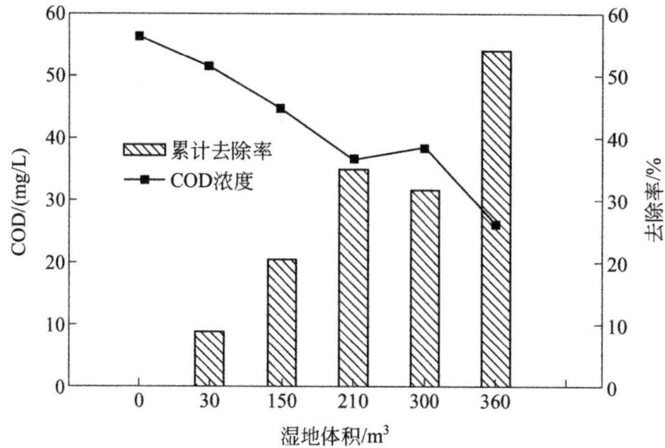


图 4-100 湿地 COD 沿程变化图（冬季）

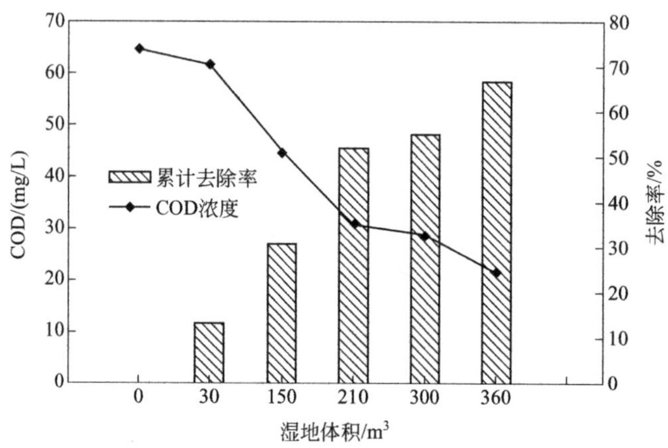


图 4-101 湿地 COD 沿程变化图（春季）

图 4-102 是潜流人工湿地在冬春不同月份进出水 COD 的变化情况，从图中可以看到，湿地冬季对 COD 的降解效果还是有所下降的，但其并未影响到其沿程变化规律。

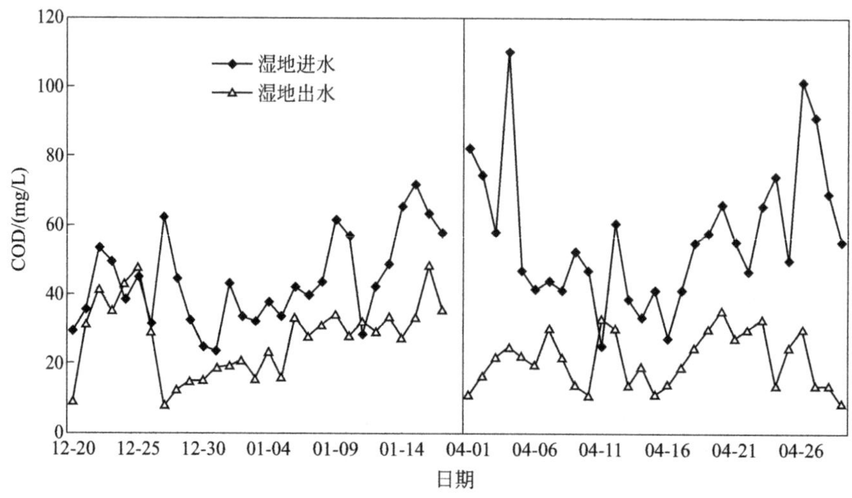


图 4-102 湿地 COD 进出水浓度变化

② 氮素沿程变化规律　水平潜流湿地内氮的转化去除趋势如图 4-103、图 4-104 所示。

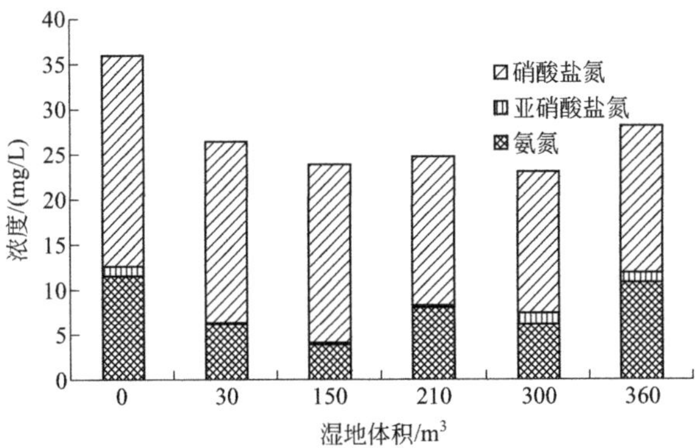


图 4-103　湿地氮素沿程变化（冬季）

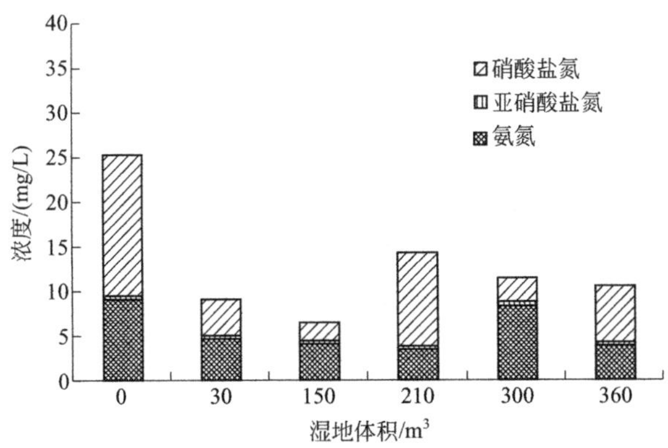


图 4-104　湿地氮素沿程变化（春季）

从图 4-103 和图 4-104 中可以看出氨氮、亚硝酸盐氮和硝酸盐氮的沿程变化情况，由于前处理中已经将有机氮基本转化为氨氮，所以湿地中此三种形式的氮之和即可认为是 TN，从图 4-103 和图 4-104 中亦能看到 TN 的沿程变化情况。

水平潜流人工湿地中氮素脱除的整体降解趋势基本相同：湿地进水中含有较高的氨氮和硝酸盐氮，虽然在沿程流态中三氮（氨氮、亚硝酸盐氮和硝酸盐氮）的降低并未呈现明显的逐级递减趋势，但是出水三氮均有一定程度的去除；此外，三氮在沿程流动的过程中经历了一个波峰，即在流经 0～200$m^3$ 时有明显的递减趋势，但是在湿地体积 200$m^3$ 左右处三氮浓度骤然升高。分析其原因：潜流人工湿地由两级串联组成，湿地水流在流至一级尽头时需要回旋进入二级湿地，当水力负荷比较大时，回旋造成了湿地水流流态的变化，水流的扰动在一定程度上改变了水体中污染物的浓度，潜流湿地的回旋区处位于 200$m^3$ 处左右，因而出现水体中三氮浓度产生了不降反升的现象。

图 4-105 是潜流人工湿地冬春两季 $NH_4^+$-N 进出水变化，对比可以看出，虽然冬季处理效果有所下降，但其对 $NH_4^+$-N 还是有一定的去除率的，而且 $NH_4^+$-N 在人工湿地中的沿程变化规律未受到明显的影响。

冬季时，湿地中氨氮的去除经历了一个由高到低、由低到高的变化。在湿地的前半段，氨氮的去除呈明显的逐级递减趋势，但是在回旋区及出水口处，氨氮的浓度都有一定程度的升高。氨氮浓度的忽高忽低可以解释为湿地中出现了有机氮的释放，有机氮造成了湿地水体

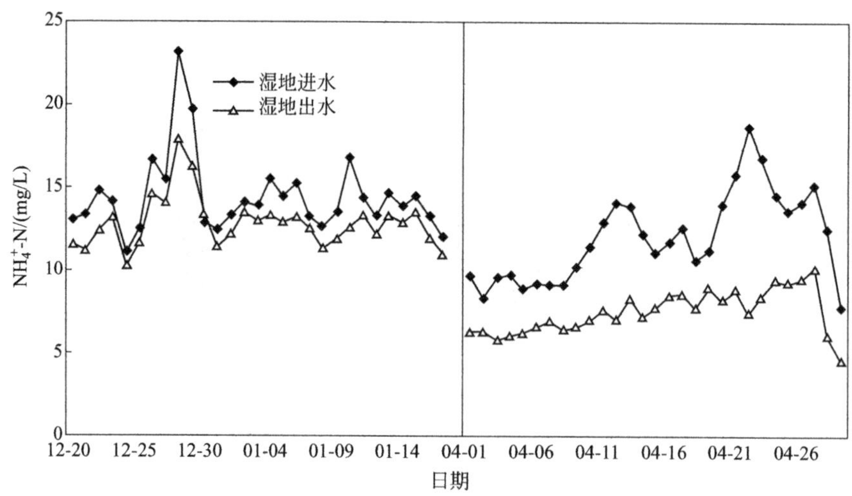


图 4-105　湿地 $NH_4^+$-N 进出水浓度变化

中三氮的平衡。造成这一现象的原因主要是此两处冬季偏低的温度，由于回旋区及出水口靠近温室两处门口，受外界冷空气的影响较大，水温保持效果不佳，难以保证湿地植物的正常生长状态，部分植物出现了死亡，湿地植物死亡会引起有机氮的释放，此外，微生物生长状态的恶化亦会严重影响到氨氮的去除。冬季时，虽然硝酸盐氮在沿程有一定程度的降低，但是整体去除效率不高，湿地内积累了大量的硝酸盐氮。整个冬季中，湿地对 TN 的去除率在 22%左右，且 TN 的去除主要是依靠硝酸盐浓度的降低。

春季时，水平潜流人工湿地的进出水三氮浓度较冬季均有了明显的降低。进水 TN 浓度由冬季时的 35mg/L 左右降至 25mg/L 左右。三氮的去除率比冬季时亦有较大提高，但在经过回旋区后，湿地的后半段三氮浓度变化还是出现了反复，分析其原因，一是水流流态变化产生的干扰造成氮素浓度的波动，二是潜流湿地沿程种植了不同类的湿地植物，湿地植物生长状态的不同造成了对氮素吸收效果的不同，这些都成为了干扰三氮浓度变化的原因。植物及微生物活性的恢复使湿地对 TN 的去除效率有了较大程度的提高，TN 的去除率在 60% 左右。

③ TP 沿程变化规律　水平潜流湿地对 TP 的沿程去除情况见图 4-106 和图 4-107。从图中可以看出：无论是春季还是冬季，TP 的去除都呈现出了递减的趋势，但是每一级的去除率相差较大。冬季时 TP 的整体去除率比较低，在 25%左右。TP 的去除主要是在潜流湿地的前半段完成的，经过回旋区后 TP 浓度没有进一步降低反而有所升高，主要原因在于水流的扰动造成湿地植物残体磷的释放。春季时 TP 的去除率得到了较大程度的恢复，去除率提高到 60%左右，进水 TP 平均浓度较冬季降低了 0.8mg/L 左右，出水 TP 浓度降到了 1.0mg/L 以下，TP 在湿地前半段有较大程度的降低，经过回旋区后 TP 浓度略有上升，但是在整个后段仍然呈现出递减的趋势。比较两条曲线可以看出：冬季 TP 的去除主要是依靠湿地床填料的吸附作用完成的，沿程受到湿地植物的影响和水流的扰动，出现了一定程度上磷的释放，导致沿程中 TP 浓度的波动；春季 TP 的去除是在湿地床填料、湿地植物及微生物的综合作用下完成的，去除率有了较大程度的提高。

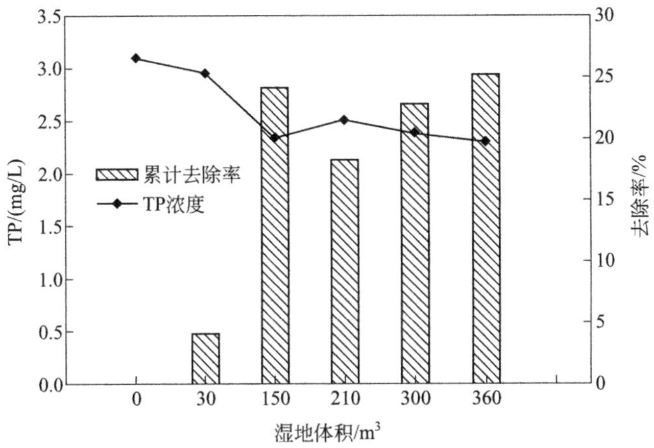


图 4-106 湿地 TP 沿程变化（冬季）

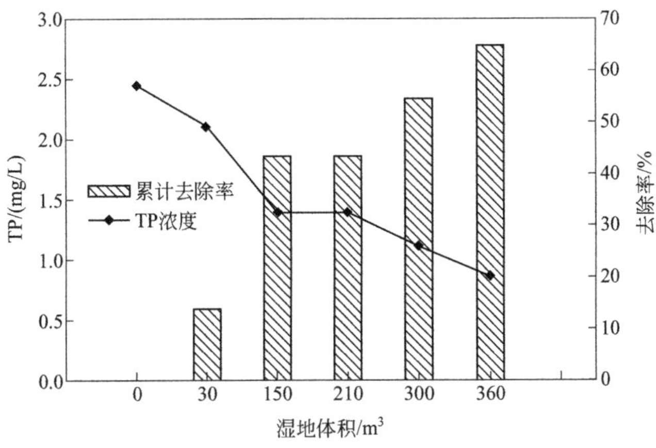


图 4-107 湿地 TP 沿程变化（春季）

从图 4-108 可以看到，潜流人工湿地冬季除磷效果虽然降低，但相对其他污染物的去除，TP 的去除受温度的影响不大。另外，TP 的沿程去除规律也未受到进出水浓度变化的影响。

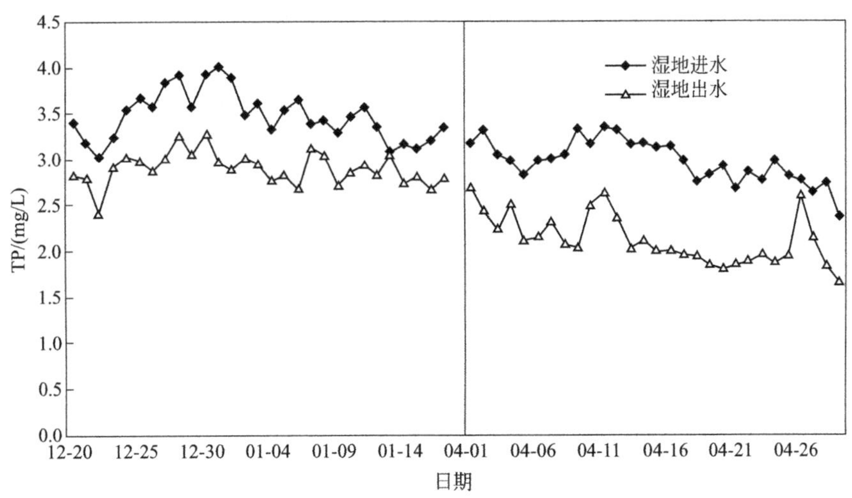


图 4-108 湿地进出水 TP 浓度

(2) 技术参数

接触氧化池：停留时间 6h，有效池容 120m$^3$，载体填充率 40%。二沉池：沉淀时间 2h。人工湿地：有效面积 600m$^2$，停留时间 30h。

#### 4.3.1.2 小城镇污水处理示范工程

(1) 技术依托

低温期稳定运行的小城镇污水处理技术。示范工程采用“生物接触氧化+温室结构潜流人工湿地”组合工艺处理小城镇废水，兼具活性污泥法和生物膜法的优点，抗冲击负荷能力强，负荷高，占地面积省，冬季运行时生物接触氧化段的曝气时间可以相对延长以保证出水效果，春秋两季可间歇曝气，充分利用潜流人工湿地系统对污水进行净化，以降低能源消耗，节约运行成本。采用温室及其他保温措施有效保证了冬季管路畅通，维持了较高的水温。出水达到一级 A 标准要求，处理后的废水还可以作为灌溉水和生态补充水。

(2) 建设规模及地点

建设地点：海林农场。

建设规模：处理生活污水 520m$^3$/d；潜流人工湿地占地 600m$^2$。

投资成本：0.31 万元/吨水。运行成本：0.42 元/吨水。

(3) 建设和运行情况

设计进水水质：SS≤250mg/L，COD≤400mg/L，BOD≤250mg/L，$NH_4^+$-N≤30mg/L，TN≤40mg/L，TP≤3mg/L。

废水首先经过格栅去除大块悬浮物，而后进入调节池，由于农场用水随时间变化较大，故而设计调节池调整水量保证后续工艺稳定运行，而后进入生物接触氧化池，生物接触氧化是一种好氧生物膜法工艺，池内设有填料，部分微生物以生物膜的形式固着生长在填料表面，充分利用了生物膜法的高污泥负荷，大大提高了系统的净化效果。污水经过生物处理后进入二沉池进行分离，上清液进入人工湿地，污泥部分外排、部分回流。污水最后进入深度处理段——人工湿地。利用基质-微生物-植物这个复合生态系统的物理、化学和生物的三重协调作用，通过过滤、吸附、共沉、离子交换、植物吸收和微生物分解来实现对废水的高效净化。污水中大量的有机物都在生物接触氧化工艺段去除，而生物接触氧化工艺段对氮磷的去除有限，人工湿地则可进一步去除氮磷。人工湿地主要种植美人蕉、芦苇、萱草等当地土著种、高效除氮磷植物。

在 2016 年 1 月 1 日到 2016 年 12 月 31 日期间，对污水站进水量和进出水 COD、氨氮、TN 等进行了逐日监测记录。建设情况见图 4-109～图 4-111。

图 4-109 二沉池

(a) 育苗期　　(b) 成熟期

图 4-110　人工湿地

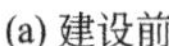

(a) 建设前　　(b) 建成后

图 4-111　稳定塘

(4) 示范工程成效

COD、氨氮、TP 出水平均浓度分别为 23.76mg/L、6.26mg/L 和 10.85mg/L，除磷外，出水达到《城镇污水处理厂污染物排放标准》(GB 18918—2002) 一级 A 标准要求；示范工程年削减 COD 56.94t(COD 进水 350mg/L，出水 50mg/L)；出水回用于农田灌溉，年回用水量约 $1.46\times10^5 m^3$，在一定程度上缓解了当地水资源短缺的状况；潜流人工湿地在使用阳光板进行隔离保温后冬季可以正常运行，温室及其他保温措施保证了管路的畅通，维持了较高的水温(8℃以上)。解决了小城镇污水处理工艺运行成本高、冬季运行效果差的问题。

湿地在春季可以育苗，其他时间可提供花卉供观赏(见图 4-112)，人工湿地和氧化塘系统为农村环境提供了很好的美化效果，具有可观的经济和环境效益。

(a) 鸢尾　　(b) 北黄花菜

图 4-112　湿地植物实景图

### 4.3.2 畜禽废弃物处置

#### 4.3.2.1 低温期畜禽废弃物处置技术

畜禽粪便厌氧发酵过程是在多种微生物相互作用下共同完成的，沼气发酵微生物通过代谢调节作用将大分子有机化合物分解为 $CO_2$、$CH_4$ 和 $H_2O$ 等，从而实现了农业有机废弃物的资源化处理。在沼气厌氧发酵中，微生物的代谢活性对厌氧发酵产气量及产甲烷效能具有重要影响。因此，能否获得高效、稳定的沼气发酵复合菌系对提高厌氧发酵效能至关重要。大量研究结果表明，在厌氧发酵初期，接种高效的沼气发酵复合菌系可有效提高产气速率，缩短发酵周期。

为解决畜禽粪便大量堆放，污染水源和土地以及常规畜禽发酵工艺冬季无法稳定运行的问题，采用“两段式厌氧处理+CSTR”冬季稳定运行工艺（工艺流程见图 4-113），“两段式厌氧处理”将酸化和甲烷化两个阶段分离，使产酸菌和产甲烷菌各自在最佳环境条件下生长，达到了提高容积负荷率，减少反应器容积，增加运行稳定性的目的。

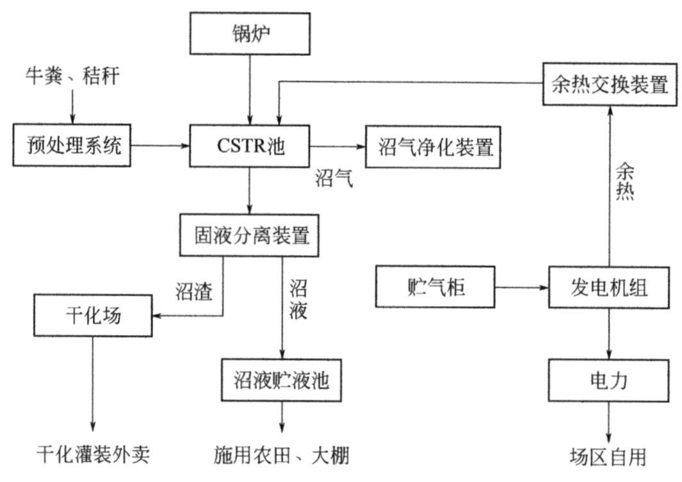

图 4-113 畜禽废弃物发酵工艺流程

（1）试验研究

1）沼气发酵复合菌系富集与培养条件优化

底物浓度（TS）是复合菌系在生长代谢过程中重要的影响因子，在一定范围内，增加物料浓度可为沼气发酵复合菌系提供充足的营养物质，可有效提高沼气发酵过程的产气速率及累计产气量。

通过调配使混合物料达到最优 C/N 水平，可使微生物更好地降解混合物中的难降解纤维成分，从而有效促进沼气厌氧发酵过程。

沼气发酵的最适 pH 值为 6.8～7.4，6.4 以下或 7.6 以上都对产气有抑制作用。pH 值在 5.5 以下，产甲烷菌的活动则完全受到抑制。pH 值上升至 8 甚至 8.5 时，仍能保持相当高的产气率。这是因为过高的氢离子浓度既不利于酸化菌产生有机酸，又不适于大多数产甲烷菌的活动。

以沼气发酵复合菌系的产气效能为指标，获得了 9 组实验的沼气变化，如图 4-114 所示，其中实验 3、实验 5 和实验 9 的日产气速率和累积产气量均较高，实验 9（TS 浓度为

12%、C/N 为 27∶1、pH 为 7）的日产气水平最高，在发酵第 4 天即达到 920mL/d 的日产气高峰值，累积产气量最高，其值为 13881mL；其次是实验 3（TS 浓度为 12%、C/N 为 25∶1、pH 为 7.5），在发酵第 6 天达到日产气峰值，为 865mL/d，累积产气量为 12157mL。而实验 1、实验 4 和实验 7 的日产气速率及累积产气量相对较低，其累计产气量均不足 8500mL，且产气峰值出现时间较晚，产气波动较明显。

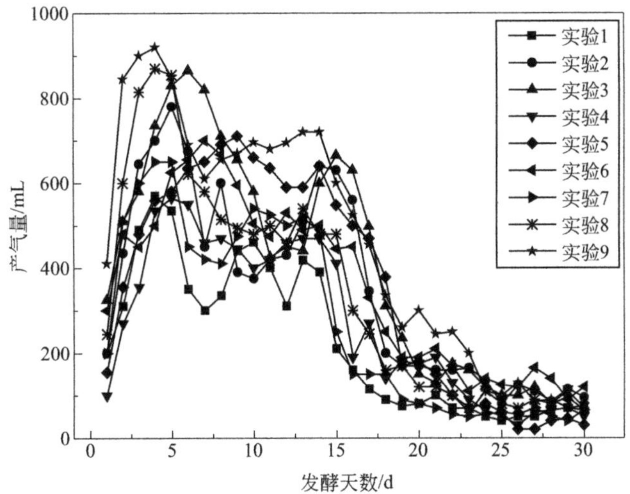


图 4-114　正交组合实验复合菌系日产气量

采用正交组合实验对沼气发酵复合菌系的培养条件进行显著性影响研究，考察 TS 浓度、C/N 和 pH 三种因素在影响沼气发酵复合菌系产气效能中的交互影响关系，确定沼气发酵复合菌系最优培养条件，见表 4-58。

**表 4-58　正交实验方差分析**

| 变差来源 | 平方和 | 自由度 | 均方 | $F$ 值 |
|---|---|---|---|---|
| A | 5053571 | 2 | 2529785 | 11.34 * |
| B | 801816 | 2 | 400908 | 1.8 |
| C | 42006 | 2 | 21003 | 0.09 |
| AB | 12204000 | 4 | 3051000 | 13.7 * |
| AC | 10684380 | 4 | 2671095 | 9.1 |
| BC | 2180872 | 4 | 545218 | 2.45 |
| 误差 | 5790140 | 26 | 222697 | |
| 总和 | 36756785 | | | |

注：1. A、B、C、AB、AC、BC 分别表示 TS 浓度、C/N、pH、TS 浓度和 C/N 的交互作用、TS 浓度和 pH 的交互作用、C/N 和 pH 的交互作用。
2. * 表示差异明显。

从表 4-58 正交实验方差分析结果可知，TS 浓度对沼气发酵复合菌系的产气效能影响显著（$p<0.05$），而 C/N 和 pH 对复合菌系的产气效能影响不大。可见，发酵体系具有一定的缓冲能力。同时，考虑各因素之间存在一定的交互作用，因此从各因素交互作用结果可知，TS 浓度和 C/N 的交互作用差异显著（$p<0.05$），而 TS 浓度和 pH 之间、C/N 和 pH

之间均无显著交互作用。各因素的影响显著性差异的大小为：TS 浓度＞C/N＞pH。

2）沼气发酵复合菌系对两段式厌氧发酵产甲烷特性影响

以牛粪和玉米秸秆混合原料作为沼气发酵复合菌系厌氧发酵的基础底物，通过静态实验获得沼气发酵复合菌系的最优培养条件来调控 CSTR 两段式厌氧反应系统，探究复合菌系对反应系统的有机物厌氧发酵特性的影响，并且通过梯度降温发酵实验分析温度变化对沼气发酵复合菌系发酵特性及产气效能的影响，从而实现复合菌系低温产气效能的提高及两段式厌氧发酵系统的高效稳定运行。

① 接种复合菌系对产酸相发酵特性的影响　通过静态试验得到的结论分析，在中温 35℃条件下启动运行牛粪和玉米秸秆共发酵 CSTR 产酸相，调节物料浓度为 12%、C/N 为 27∶1，pH 为 7.0，且接种 25%的经实验室优化培养的沼气发酵复合菌系，为产酸相提供丰富的产酸发酵微生物类群，进行序批式发酵，系统连续运行 65d，以沼气产量及挥发酸浓度等指标分析产酸相的发酵特性。

a. 接种复合菌系对产酸相产气量的影响。如图 4-115 沼气发酵复合菌系在牛粪与玉米秸秆混合共发酵产酸相的日产气变化趋势所示，产酸相在启动后的前 2 天无沼气产生，在运行第 3 天开始产气，产气量为 410mL/d，在运行第 8 天时达到产气高峰，其值为 720mL/d，在系统运行 14 天后产气量明显下降，在第 25 天时停止产气。分析产酸相的 pH 变化可知，产酸相开始运行至第 20 天，pH 迅速下降，由初始的 7.2 降至 6.4 以下。原因可能是在产酸相中复合菌系中的产酸发酵菌群处于优势状态，底物中的小分子化合物被水解酸化细菌迅速分解产生大量挥发性有机酸，使得 pH 迅速下降，且因为产酸系统缓冲能力较差，pH 过低不利于产甲烷菌的生长代谢，引起复合菌系中两大菌群的代谢失衡，所以导致产酸相的产气水平一直较低。

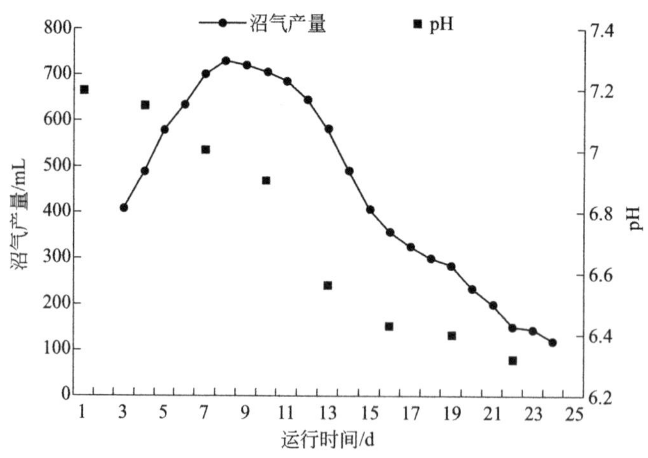


图 4-115　接种复合菌系后产酸相产气量及 pH

b. 接种复合菌系对产酸相 VFA（挥发性有机酸）浓度影响。由图 4-116 产酸相连续运行 65d 过程中 VFA 浓度变化情况可知，产酸相产生的挥发性脂肪酸主要有乙酸、丙酸、丁酸和戊酸，其中以乙酸为主要的末端挥发性脂肪酸。在产酸相运行前 45 天内，总挥发酸含量和乙酸含量呈线性增长趋势，在发酵第 45 天时，产酸相的总挥发酸含量高达 4401mg/L，其中乙酸浓度达到最高值，约占 VFA 总量的 77.1%，而丙酸含量仅占 VFA 总量的 13.1%，可见在此阶段产酸发酵菌群具有较高的水解酸化能力。在发酵第 45 天之后，总挥发酸含量及乙酸含量均逐渐降低，主要原因为反应逐渐进入产酸产甲烷混合阶段，产酸发酵菌群活性受到抑制，同时发酵液中的乙酸作为产甲烷菌群的可利用基质，可被产甲烷菌迅速代谢分解，因此挥发酸浓度呈下降趋势。此外，在产酸相运行期间丙酸浓度一直处于 620～850mg/L 的较低范围内，对复合菌系正常的生理代谢活动无明显毒害作用。

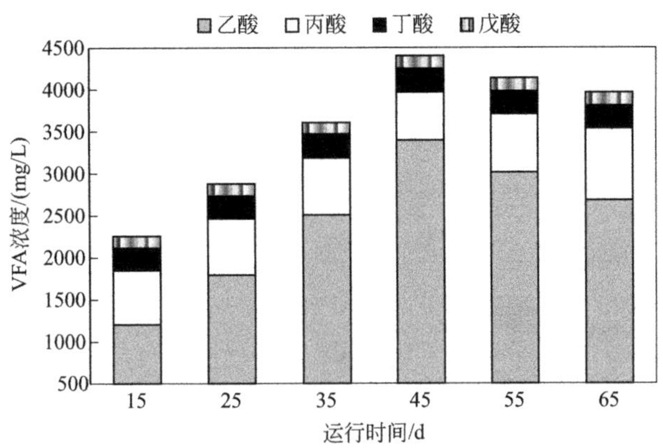


图 4-116　接种复合菌系后产酸相 VFA 浓度变化

c. 接种复合菌系对不同温度条件下产酸相发酵特性的影响。通过研究复合菌系代谢速率与温度变化的响应关系，可有效地调控两段式厌氧发酵系统高效稳定运行及产气量的提高。本研究在两段式厌氧发酵的产酸相进入稳定运行阶段后，将发酵温度分别控制在 35℃、30℃、25℃、20℃条件下，序批式发酵，各温度阶段分别运行 50d。通过监测 sCOD 和 VFA 浓度对复合菌系厌氧发酵特性进行分析。

由产酸相不同温度稳定运行期 sCOD 浓度的变化（见图 4-117）可知，产酸相在 35℃条件下的运行过程中，在发酵前 20 天内 sCOD 浓度逐渐增加，比初始浓度增加了 75.4%；在 30℃条件下运行过程中，sCOD 浓度在发酵前 23 天内增加了 72.1%，可见，在此温度范围内复合菌系的分解代谢速率较快，基质中的糖类、脂类、氨基酸等小分子易降解有机化合物可迅速被分解产生可溶性有机物。而在 25℃和 20℃条件下，sCOD 增长趋势缓慢，且增长幅度较小，可能是由于低温抑制复合菌系的代谢速率，导致有机物降解速率缓慢，且复合菌系对玉米秸秆和牛粪中的纤维素类等难降解有机物的降解能力有限，因此导致 sCOD 含量较低。

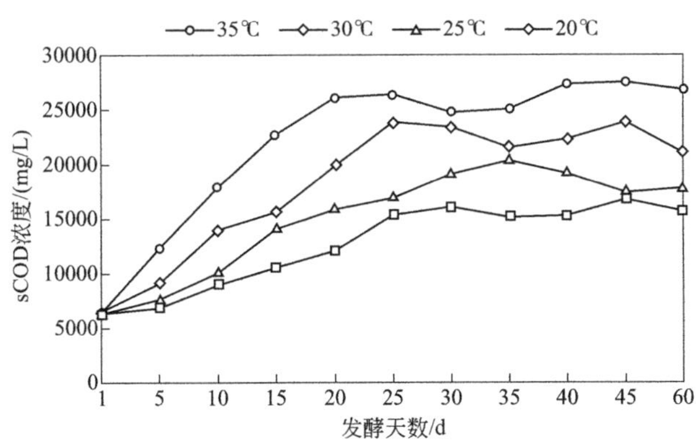


图 4-117　产酸相不同温度稳定运行期 sCOD 浓度的变化

由产酸相不同温度稳定运行期 VFA 浓度变化（见图 4-118）可知，不同温度条件下产酸相稳定运行阶段挥发酸主要包括乙酸、丙酸、丁酸和戊酸，发酵产酸过程始终以乙酸和丙酸为主要末端挥发性有机酸类型，而丁酸和戊酸含量很少。随着发酵温度递减，总挥发酸含量和乙酸含量逐渐降低，35℃时总挥发酸含量为4503mg/L，其中乙酸含量达到3320mg/L，约占VFA总量的74.9%，30℃和25℃的总挥发酸含量分别为3867mg/L和2913mg/L，乙酸含量分别为2635mg/L和1805mg/L，而20℃时挥发酸含量明显降低，其中乙酸含量仅占VFA总量的41.4%。而在各个温度稳定运行阶段丙酸含量均低于VFA总量的20%，因此不会对后续产甲烷过程产生抑制作用。另外，在4组温度条件下丁酸和戊酸的含量分别稳定在210～350mg/L和110～150mg/L范围内，并不随温度条件发生改变。

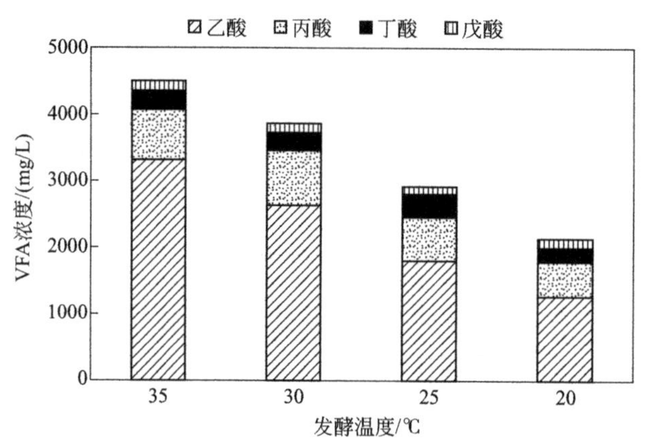


图4-118 产酸相不同温度稳定运行期VFA浓度变化

② 接种复合菌系对产甲烷相产气效能的影响

a. 接种复合菌系对产甲烷相沼气产量的影响。根据产甲烷相的运行特点，采用CSTR产酸相35℃条件下运行至45天时的牛粪和玉米秸秆酸化液作为产甲烷相启动所需的底物基质，接种经实验室驯化培养的复合菌系为接种物，酸化物料基本性质如表4-59所示，酸化物料的TS为11.8%，pH为6.4，乙酸浓度为3395mg/L，sCOD浓度为26039mg/L。可见，此酸化底物可为产甲烷复合菌系提供充足的营养物质。反应系统在35℃下半连续方式运行，直至产气趋于稳定。

**表4-59 产酸相发酵45d时酸化液的基本理化性质**

| TS/% | VS/% | 乙酸/(mg/L) | 丙酸/(mg/L) | 丁酸/(mg/L) | sCOD/(mg/L) | pH |
|---|---|---|---|---|---|---|
| 11.8 | 8.7 | 3395 | 573 | 284 | 26039 | 6.4 |

图4-119为接种复合菌系后产甲烷相沼气产量变化情况。

由图4-119可知，实验组（接种复合菌系的产甲烷相）在启动运行的第10天开始，沼气产量呈直线式增加，在运行至第16天时达到产气高峰，其峰值为4100mL/d，甲烷气体含量达到48%以上。此后沼气产量出现短时间的波动状态，在启动运行第23天后产气量逐渐趋于相对稳定的状态，沼气平均产量约3840mL/d，甲烷含量一直维持在58.7%以上。相比之下，对照组（不接种复合菌系的产甲烷相）在启动运行后沼气产量一直处于较低水平，在启动前23天内平均产气量不到1500mL/d。可见，复合菌系为产甲烷相提供了产气效能较高的产甲烷菌类群，可在一定程度上缩短产甲烷相的启动时间，提高系统的产气效能。但由于酸化底物中微生物菌群的结构组成复杂，因此，产甲烷相接种复合菌系后需要经过一定时间的微生物驯化适应期才可能实现高效、稳定运行。

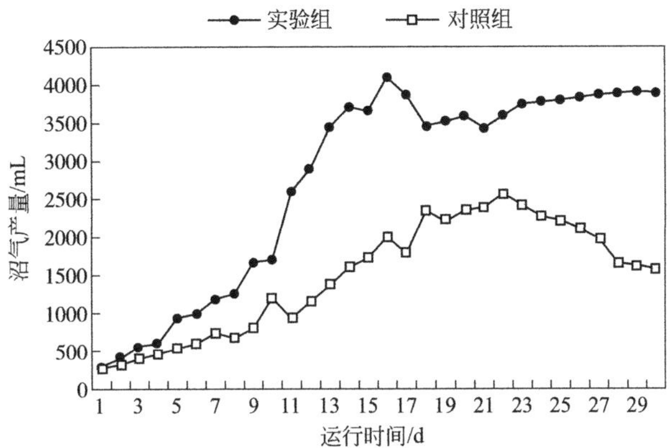


图 4-119 接种复合菌系后产甲烷相沼气产量变化

b. 接种复合菌系对不同温度条件下产甲烷相产气效能的影响。产甲烷菌群对温度变化更敏感，低温会显著抑制产甲烷菌群的生长和代谢活性，因此调控产甲烷相的温度条件以适应沼气发酵复合菌系的产甲烷效能至关重要。当产甲烷相接种复合菌系系统运行稳定后，将产甲烷相进行 30℃、25℃、23℃、20℃的梯度降温半连续式发酵，从 35℃开始降温，待产气达到稳定时进入下一个温度梯度，直至温度降到 20℃为止。

图 4-120 为产甲烷相梯度降温发酵过程中沼气产量变化情况。

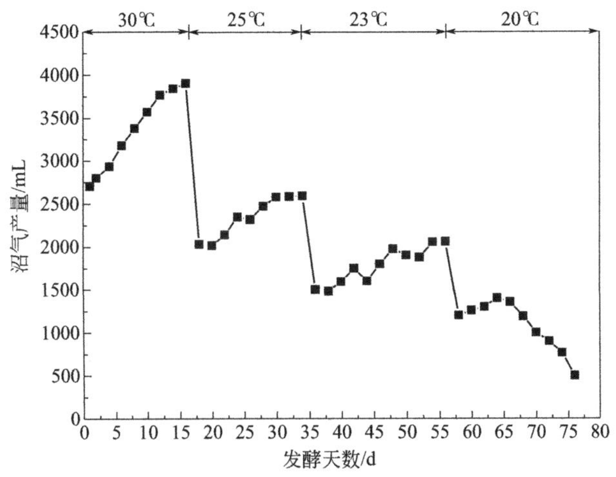


图 4-120 产甲烷相梯度降温发酵过程中沼气产量

由图 4-120 可知，随着温度的梯度降低，沼气产量呈现大幅下降，且温度波动越剧烈，产气量扰动越大。在 30℃产气稳定期沼气产量达 3900mL，随着温度降低，各温度稳定运行期沼气产量分别降低了 33.6%、47.2%和 69.4%，且产气量趋于稳定的运行时间逐渐延长，在 30℃、25℃和 23℃下产气趋于稳定的运行时间分别为 16d、17d、20d，而 20℃时整体产气效果不佳，运行 6d 后产气量急剧下降。另外，不同温度范围内沼气产量变化有所差异，在 25～30℃温度范围内产气量随运行时间的延长呈不断增加的趋势，且能够保持较高的产气水平，但当温度降至 23℃和 20℃时产气波动明显增强，且波动期和恢复稳定运行期所需时间均相对较长，尤其在 20℃时反应系统扰动更加明显，产气量呈现明显下降趋势，沼气产量增幅不到 15%。由此分析，当温度在 25℃以上时，产甲烷相中的产甲烷菌群具有一定的代谢活性，能够维持反应体系产气效果及运行稳定性。但当温度过低时，产甲烷菌的代谢活性减弱，反应体系的沼气产量明显降低。

由产甲烷相不同温度稳定运行期容积产气率与TS产气率（见图4-121）可知，TS产气率、容积产气率随温度降低呈现逐渐下降趋势。30℃平均容积产气率和TS产气率分别为725.1mL/(L·d)和213.0mL/g，随着温度降低至25℃，稳定运行期容积产气率平均为610.5mL/(L·d)；TS产气率平均为175.2mL/g，随着温度下降至23℃时，TS产气率与容积产气率相比30℃稳定运行期分别下降31.2%和38.3%。但温度降到20℃时，TS产气率和容积产气率受到显著扰动，整体产气效果不好，容积产气率不超过300mL/(L·d)，TS产气率仅为117.5mL/g。可见随着温度的梯度降低，产甲烷复合菌系的代谢活性受到明显的抑制作用，导致反应系统产气效能降低。

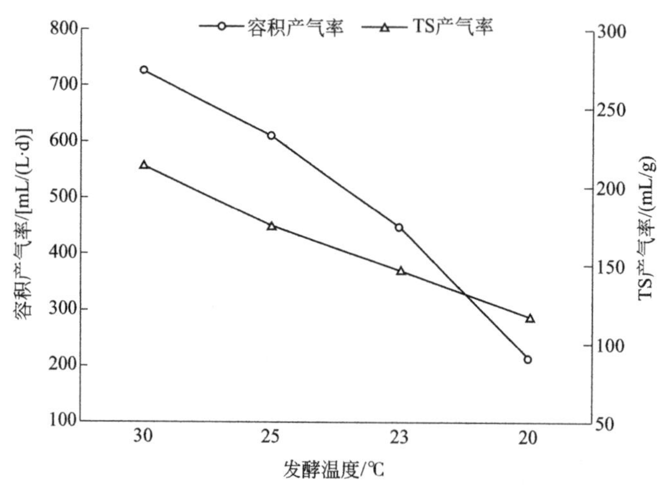


图4-121 产甲烷相不同温度稳定运行期容积产气率与TS产气率

由产甲烷相不同温度稳定运行期累积产气量与甲烷含量(见图4-122)可知，梯度降温对复合菌系的累计产气量及甲烷含量均有显著影响。当温度维持在30℃时，复合菌系的产气能力较强，其累计产气量为30075mL，随着温度的降低，累积产气量急剧下降，在25℃、23℃和20℃时累积产气量比30℃时分别下降了30.1%、38.2%和63.9%，可见温度降低至20℃时，复合菌系的产气量受扰动程度更显著，沼气产量难以再提高。对比各个温度梯度下的甲烷含量可知，30℃时甲烷含量最高为57.5%，可能由于此温度是复合菌系驯化培养的适宜温度，因此有利于提高产甲烷复合菌系的产气效能。在25～23℃范围内，伴随温度下降平均甲烷含量略有下降，其值分别为55.3%和50.1%，可见在此温度范围内复合菌系可维持一定水平的产甲烷效能，但当温度由23℃降至20℃时甲烷含量明显降低，仅为36.2%。

3）低温对产甲烷发酵特性的影响及稳定运行调控策略研究

近年来，世界各国都在广泛推广以厌氧消化技术处理各种废弃物产甲烷的应用，其意义已不仅是为满足人们生活所需能源或国家战略发展的需求，更在于其正逐步取代部分人类对于传统石化能源的依赖，影响和改变着人类能源消耗的结构。尽管这种技术已被广泛应用于中、高温条件下处理各种废弃物并取得了很好的成效。然而，各国面临的一个共同问题是在高寒地区较低的环境温度下，绝大多数的厌氧消化系统均表现出运行效率低、不稳定，甚至失效等现象。其根本原因还在于厌氧消化系统不适应低温条件运行工艺及缺乏有效的调控技术，更重要的是对于低温厌氧消化生物学过程缺乏深入的理论研究。

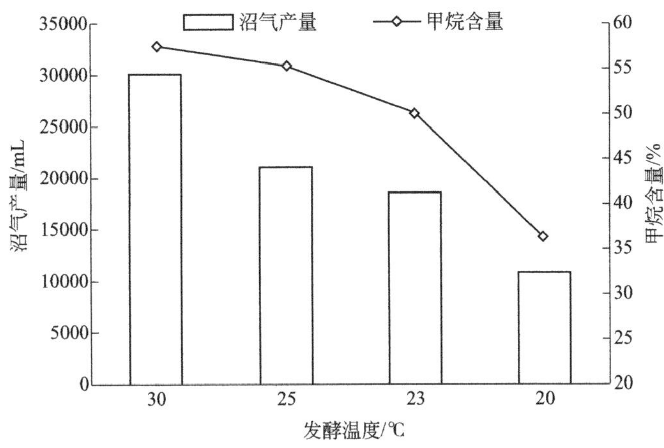

图 4-122 产甲烷相不同温度稳定运行期累积产气量与甲烷含量

大量研究表明嗜冷产甲烷菌广泛存在于低温生境中，并以可利用有机物为基质完成产甲烷过程，在低温条件下具有产甲烷活性与其长期在极端环境下的生物进化有直接关系，有其独特的生物嗜冷代谢机制。Franzmann 等利用分离于 Ace（冰湖）的产甲烷菌 *Methanogenium frigidum* 研究得出最适合的生长温度是 15℃，在 18℃时失去生长活性。Nozhevnikova 等利用 Baldegg（巴尔代格湖）底的沉积底物研究在不同温度下的产甲烷能力，表明其产甲烷的温度范围很广，然而甲烷产量最高时出现在中温 30℃时。因此，从低温生境中采集低温活性微生物，对于研究嗜低温机制及提高低温产甲烷效率是十分重要的。然而，在实际应用研究中，选择筛选高效低温产甲烷菌这一技术途径，应用于提高实际生产中低温甲烷产率仍存在很大困难。而选择选育低温复合产甲烷菌群技术途径，在实际应用研究中更容易实现提高沼气发酵系统的低温甲烷产量。此外，通过优化厌氧消化装置结构、运行工艺和调控手段等也可实现提高低温厌氧消化效率。

本节研究旨在针对低温对产甲烷特性的影响及稳定运行调控策略研究，分别以自然生境低温产甲烷混合菌群和两段发酵工艺的 IC 产甲烷相人工驯化低温菌群为研究对象，运用变性梯度凝胶电泳（DGGE）和 454 焦磷酸高通量测序技术分别考察低温运行的产甲烷效能及微生物群落结构的变化，并探讨与温度变化的响应关系及稳定运行的调控策略。

① 低温两段发酵系统产甲烷特性及稳定运行调控策略 无论是低温限制还是发酵温度波动的影响，其根本原因在于温度引起发酵系统内部微生物代谢活性及功能微生物群落结构的改变。目前，有关发酵温度因子导致微生物多样性及群落结构变化的相关深入研究还很少，还未有针对反应器发酵系统达稳定运行状态时，温度的变化尤其是低温时与微生物群落结构变化之间响应关系的相关研究报道。本研究将温度作为唯一限制因子，考察了两段式沼气发酵系统的 IC 产甲烷相，随着发酵温度的梯度降温，待进入稳定运行期的产甲烷效能，以及引起系统内微生物群落结构变化的响应。

a. 温度降低对 IC 产甲烷相产沼气效能的影响。利用混合产酸相运行 40d 的牛粪酸化物料为产甲烷相的底物基质。首先，中温 30℃驯化正常产气的以处理牛粪为主要原料的大型沼气池沼液，待 IC 产甲烷相进入稳定产沼气时期作为降温运行的初始状态。IC 产甲烷相以水力停留时间（HRT）为 30d、有机负荷率（OLR）为 $1.5kgVS_{add}/(m^3 \cdot d)$ 半连续工艺运行，分别以 25℃、22℃、20℃、18℃和 15℃的温度梯度降温方式连续运行，以 IC 产甲烷相达到稳定产沼气时作为下一个降温运行的起始点，直至产甲烷相随温度降低而最终停止产气。

图 4-123 为 IC 产甲烷相在不同温度稳定运行时的沼气产量变化情况。

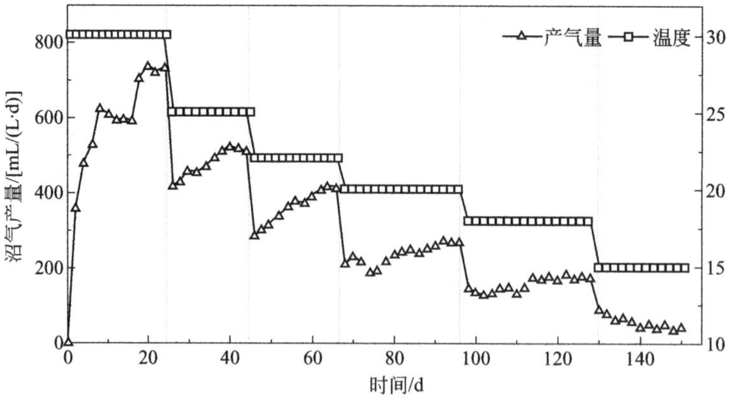

图 4-123　IC 产甲烷相在不同温度稳定运行时的沼气产量变化

图 4-123 显示了以温度为主要限制因子，IC 产甲烷相在温度梯度降低时的沼气产量与温度波动的对应关系。从整体变化趋势观察，随着发酵温度的降低，沼气产量呈非线性下降，但降温在不同的温度下对产甲烷相的沼气产量及扰动程度有很大差异。初始以 30℃启动反应器，经过 15d 的富集驯化期，IC 产甲烷相进入稳定运行期，沼气容积产量为（726.5±13.8）mL/(L・d)。此时将系统发酵温度降至 25℃，沼气产量迅速受到十分显著的扰动，比 30℃稳定运行期下降 42.9%，经过 14d 的产气波动和适应期后沼气产量又逐渐增加，在运行 38d 时再次进入稳定运行期，沼气容积产量为（511.2±15.5）mL/(L・d)。继续降低 IC 产甲烷相的发酵温度，以 22℃开始启动运行，沼气产量迅速下降 45.6%，经过 18d 的波动期逐渐进入稳定运行期，沼气容积产量为（410.1±10.8）mL/(L・d)。当发酵温度降低为 20℃时，IC 产甲烷相沼气产量下降 49.4%，产气受降温扰动更为显著，经过 24d 的波动和适应期，沼气产量在相对稳定运行时为（265.4±9.1）mL/(L・d)，产气量仅提高 19.2%。继续降温至 18℃运行时，沼气产量下降 44.4%，继续运行 24d 后沼气产量达到（177.5±6.5）mL/(L・d)。当 IC 产甲烷相发酵温度继续降低为 15℃运行时，沼气产量迅速下降至 90mL/(L・d)，经过 10d 左右的波动期后产气量降至 50mL/(L・d)，IC 产甲烷相在运行至 150d 后停止产气。在 IC 产甲烷相降温运行过程中，当温度降低至 20℃以下时，沼气产量相比受扰动程度更为显著，进入波动期与适应期的时间更长，更重要的是稳定运行后的沼气产量增幅小于 20%，系统运行效率难以再提高。

由 IC 产甲烷相在不同温度稳定运行时的沼气产量和甲烷含量（见图 4-124）可见，按照温度梯度降温从 30℃降至 15℃，沼气产量依次降低 29.6%、19.8%、35.4%、33.1%和 76.1%。在发酵温度降至 22℃以下运行时，沼气产量受温度扰动程度更加显著。由 IC 产甲烷相各温度运行下的甲烷气体含量发现，随着发酵温度降低甲烷含量稍有下降，但并不显著，甲烷气体含量仍在 48.6%以上。

b. 各温度稳定运行期产甲烷相细菌多样性分析。应用 454 高通量测序技术和 DGGE 技术，分析 IC 产甲烷相在不同温度梯度降温运行过程中达稳定产沼气时，系统内细菌和产甲烷古菌微生物多样性及群落结构的变化。

a）细菌多样性评价。分别提取 30℃、25℃、22℃、20℃、18℃和 15℃产甲烷相稳定运行期 6 个样品基因组 DNA，以唯一标识的引物对扩增细菌 16SrRNA 基因的 V3 高变区 454 测序后进行序列质量筛查，6 个样品分别获得有效序列数为 3892 条、1035 条、1272 条、

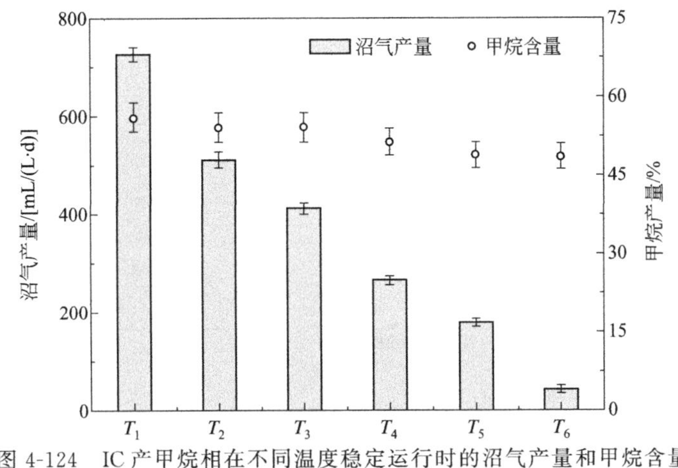


图 4-124　IC 产甲烷相在不同温度稳定运行时的沼气产量和甲烷含量

注：$T_1$～$T_6$ 分别为：30℃、25℃、22℃、20℃、18℃和 15℃。

3526 条、1495 条和 1027 条。应用 MOTHUR 软件计算操作分类单元（OTU）在各相似水平下的丰富度指数（ACE 和 Chao1）、多样性指数（Shannon index）以及覆盖率(Coverage)，对各温度运行下的产甲烷相细菌多样性进行评估。结果表明，不同温度运行时样品细菌多样性差异较大，由稀释曲线可知测序获得序列信息对样品微生物总量的覆盖率较高，在序列的同源性在 97%的水平时，30℃、25℃、22℃、20℃、18℃和 15℃时样品微生物序列 Coverage 分别可达到 85.2%、78.6%、78.9%、89.2%、84.1%和 88.7%，由此可见虽然各样品测序所获的序列数目差异很大，但获得的环境微生物信息总量的覆盖程度比较高，较大尺度上得到系统内所含的各细菌种类（见图 4-125，表 4-60）。

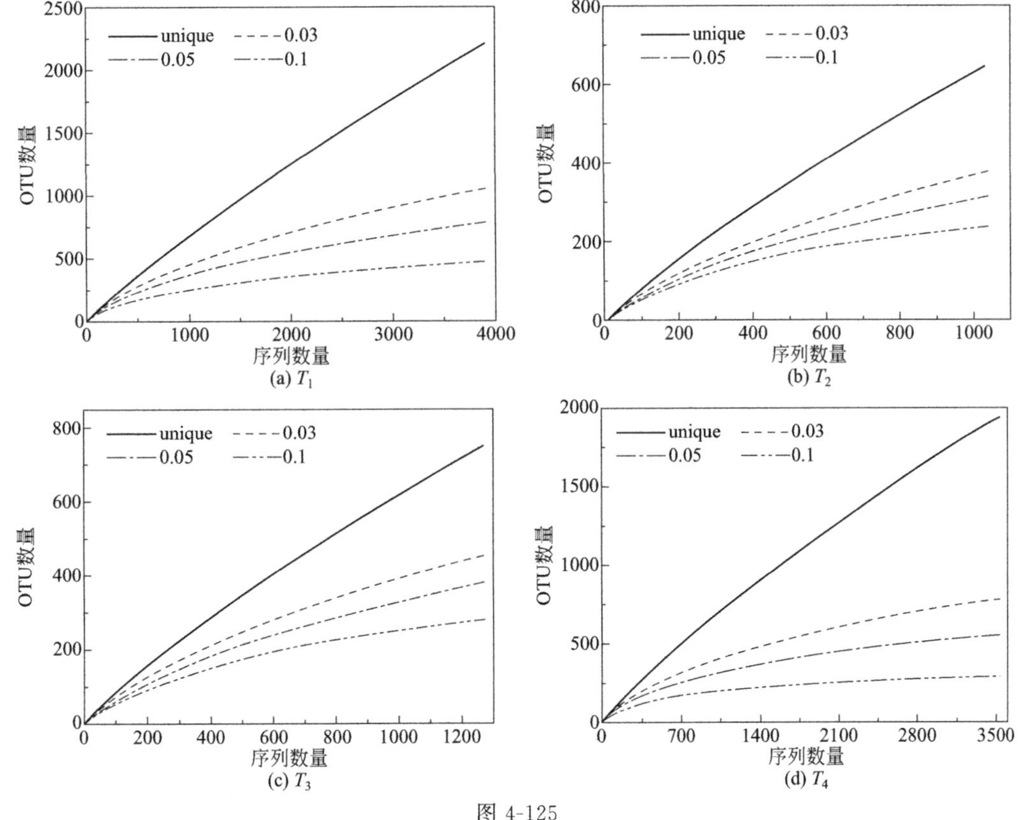


图 4-125

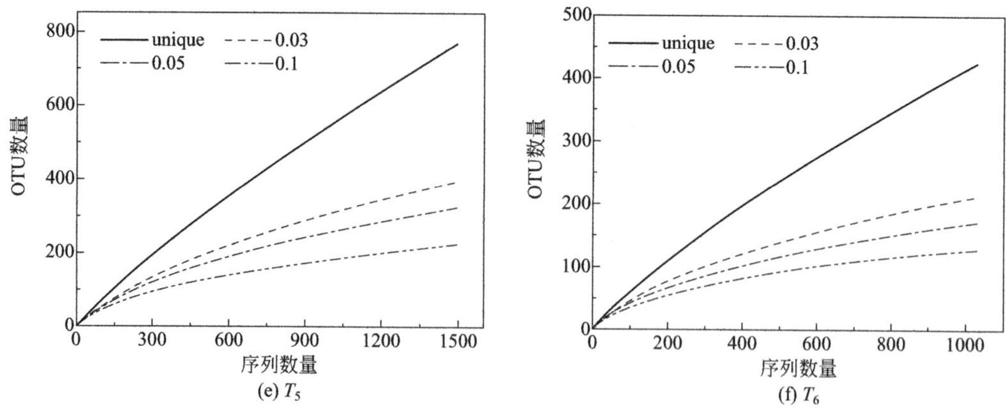


图 4-125 IC 产甲烷相在不同温度下稳定运行期样品细菌稀释曲线

注：$T_1$～$T_6$ 分别表示 30℃、25℃、22℃、20℃、18℃和 15℃。

**表 4-60 IC 产甲烷相在不同温度下稳定运行期样品多样性指数丰度统计**

| 样品名称 | 序列数 | 簇距离 | | | | | | | | |
|---|---|---|---|---|---|---|---|---|---|---|
| | | 0.03 | | | 0.05 | | | 0.10 | | |
| | | Shannon | ACE | Chaol | Shannon | ACE | Chaol | Shannon | ACE | Chaol |
| $T_1$ | 3892 | 5.979 | 2724 | 1949 | 5.553 | 1815 | 1353 | 4.908 | 887 | 741 |
| $T_2$ | 1035 | 5.297 | 1053 | 707 | 4.983 | 870 | 589 | 4.693 | 386 | 367 |
| $T_3$ | 1272 | 5.311 | 1388 | 913 | 5.030 | 1255 | 765 | 4.679 | 527 | 404 |
| $T_4$ | 3526 | 5.641 | 1742 | 1345 | 5.202 | 1032 | 839 | 4.481 | 372 | 383 |
| $T_5$ | 1495 | 4.719 | 1311 | 823 | 4.400 | 994 | 724 | 3.756 | 501 | 359 |
| $T_6$ | 1027 | 3.756 | 547 | 419 | 3.523 | 410 | 358 | 3.186 | 253 | 223 |

注：$T_1$～$T_6$ 分别表示 30℃、25℃、22℃、20℃、18℃和 15℃稳定运行时样品。

各样品在种的分类水平上获得的 OTU 数分别为 1054、379、449、769、396 和 211，表明中温 30℃稳定运行期样品细菌多样性显著高于低温运行期样品。尤其产甲烷相在 15℃运行时，覆盖率达 88%，但仅产生 211 个 OTU，细菌多样性显著降低，表明温度降低显著降低了系统内的细菌种类和丰富度。丰富度指数 ACE 和 Chao1 同样显示 30℃样品多样性显著高于各低温时样品多样性。在种分类水平下，30℃样品的 Shannon index 为 5.979，其他温度样品对应的 Shannon index 分别为 5.297、5.311、5.641、4.719 和 3.756，在其他分类水平下 30℃样品的 Shannon index 仍然最高。

b）细菌系统发育分析。对 30℃、25℃、22℃、20℃、18℃和 15℃稳定运行时 IC 产甲烷相的样品细菌群落结构进行系统发育分析，结果表明不同温度下细菌群落组成存在显著差异。在门的分类水平上主要分布在 10 个类群，分别为酸杆菌门（Acidobacteria)、候选糖化细菌门（TM7)、绿弯菌门（Chloroflexi)、软壁菌门（Tenericutes)、变形菌门(Proteobacteria)、放线菌门（Actinobacteria)、厚壁菌门（Firmicutes)、拟杆菌门(Bacteroidetes)、芽单胞菌门（Gemmatimonadetes）及未确定分类地位细菌（Unclassified _Bacteria)（见图 4-126)。IC 产甲烷相在 30℃、25℃和 22℃稳定运行期优势种群主要分布在 Proteobacteria、Firmicutes 和 Bacteroidetes，但相对丰度上存在差异；在 30℃时是 Proteobacteria（41.62%)、Bacteroidetes（30.07%）和 Firmicutes（16.71%)；25℃时是

Firmicutes（37.65%）、Bacteroidetes（25.30%）和 Proteobacteria（12.95%）；22℃时是 Firmicutes（41.0%）、Proteobacteria（14.93%）和 Bacteroidetes（12.51%）。随着发酵温度的梯度降温，细菌群落结构发生变化，与中温 30℃稳定运行期产甲烷相比，Proteobacteria 和 Bacteroidetes 两大菌群所占丰度降低，Firmicutes 所占相对丰度逐渐增加，以 Proteobacteria 和 Bacteroidetes 为绝对优势种群的结构转变为以 Firmicutes 为绝对优势种群的群落结构组成，Actinobacteria 在降温过程中丰度变化相对稳定，说明在此温度变化条件下未对 Actinobacteria 菌群产生显著影响。

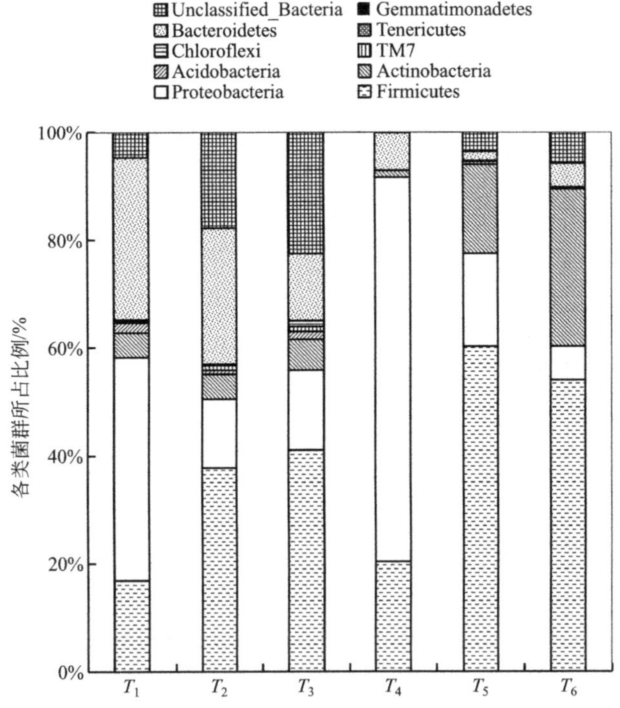


图 4-126　IC 产甲烷相不同温度下稳定运行期细菌在门分类水平上的分布

当产甲烷相发酵温度在 22℃进行入稳定运行状态后，继续梯度降至 20℃、18℃和 15℃时微生物群落结构组成发生显著改变。IC 产甲烷相在 20℃运行时，对沼气产量波动显著增加，且系统再次进入相对稳定运行期的时间明显延长。此时微生物群落转变为以 Proteobacteria 为绝对优势种群的群落，占微生物群落总数的 71.36%，Firmicutes 和 Bacteroidetes 丰度显著降低，分别为 20.31%和 7.03%。此时，对温度下降表现相对变化稳定的 Actinobacteria 丰度也显著下降。当 IC 产甲烷相温度降至 18℃和 15℃时，沼气产量波动显著，难以进入相对稳定运行状态，沼气产量低于 0.2L/(L·d)，但群落结构较为相似。相比 20℃时，Proteobacteria 丰度显著降低，Firmicutes 和 Actinobacteria 丰度增加，此时产甲烷系统处于低效和不稳定运行状态，随时可能导致运行失败。

图 4-127 为 IC 产甲烷相不同温度下稳定运行期细菌在纲分类水平上的分布。IC 产甲烷相 30℃稳定运行时细菌群落结构在纲分类水平与其他温度时有显著差别，其优势种群主要包括 α-变形菌纲（Alphaproteobacteria）（25.14%）、梭菌纲（Clostridia）（14.39%）、黄杆菌纲（Flavobacteria）（13.82%）和 β-变形菌纲（Betaproteobacteria）（11.73%）；其次为放线菌纲（Actinobacteria）（4.43%）和鞘氨醇杆菌纲（Sphingobacteria）（6.01%）。当发

酵温度降至 25℃和 22℃达到稳定运行期时，优势种群由 Alphaproteobacteria 转变为 Clostridia，25℃稳定运行期 Clostridia 占微生物群落总数的 32.12%，其次是 Sphingobacteria（7.83%）、δ-变形菌纲（Detaproteobacteria）（7.23%）和 Bacteroidetes（8.03%）；22℃稳定运行期 Clostridia 占微生物群落总数的 34.87%，其次是 Betaproteobacteria（5.33%）和 Actinobacteria（5.32%）。

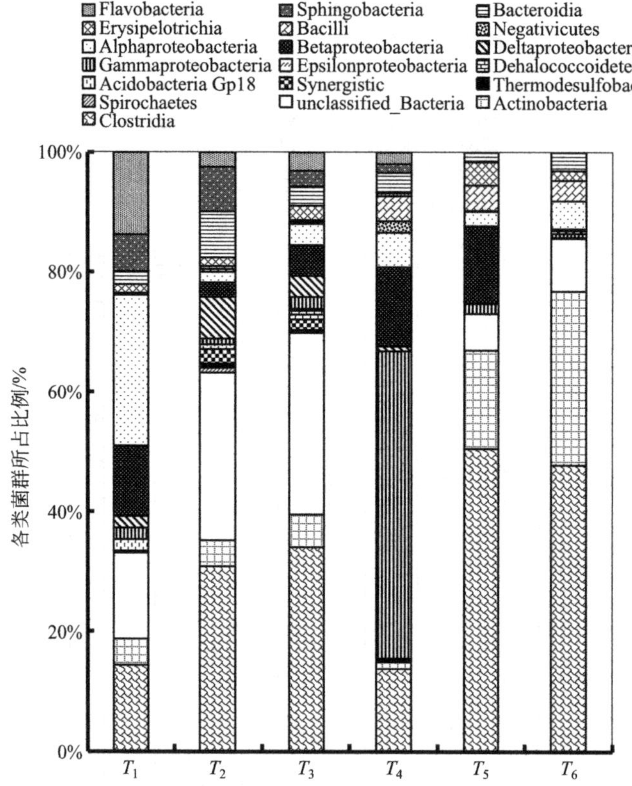


图 4-127　IC 产甲烷相不同温度下稳定运行期细菌在纲分类水平上的分布

当产甲烷相发酵温度继续降至 20℃并达到稳定运行期时，系统内优势种群由 Clostridia 转变为以 γ-变形菌纲（Gammaproteobacteria）为绝对优势种群的群落结构，占微生物群落总数的 51.16%，其次是 Clostridia（13.75%）、Betaproteobacteria（13.10%）和 Alphaproteobacteria（5.81%）。当产甲烷相发酵温度降至 18℃和 15℃时，优势种群由 Gammaproteobacteria 转变为 Clostridia 和 Actinobacteria，这两大微生物类群所占丰度超过微生物总数的 60%。

由梯度温度降温产甲烷相稳定运行期细菌群落在属分类水平上可确定分类地位的微生物种群及丰度研究结果可知，30℃稳定运行的 IC 产甲烷相细菌群落在属的分类水平上优势种群（相对丰度>2.0%）包括黄杆菌目（Flavobacteriales）未确定分类地位的黄杆菌科（unclassified_Flavobacteriaceae）（13.44%）、梭菌目（Clostridiales）消化链球菌科（Peptostreptococcaceae）的梭菌属（*Clostridium* Ⅺ sp.）（4.98%）、伯克氏菌目（Burkholderiales）产碱杆菌科（Alcaligenaceae）科极小单胞菌属（*Pusillimonas* sp.）（3.62%）、Clostridiales 目 unclassified_Peptostreptococcaceae 科（2.90%）、Burkholderiales 目 unclassified_Alcaligenaceae 科（2.57%）、柄杆菌目（Caulobacterales）未确定分类地位的柄杆菌科（unclassified_Caulobacteraceae）（2.11%）、放线菌目（Actinomycetales）未确定分类地位的微杆菌科

(unclassified_Microbacteriaceae)(2.03%)和鞘脂杆菌目(Sphingobacteriales)噬纤维菌科(Cytophagaceae)半月板属(*Meniscus* sp.)(2.03%)。当发酵温度降至25℃,产甲烷相进入稳定运行期时,*Clostridium* Ⅺ sp.(5.60%)和*Meniscus* sp.(5.41%)仍然为系统内的优势种群,其他还包括Closrtridiales目未确定分类地位的瘤胃菌科(unclassified_Ruminococcaceae)(3.48%)、Clostridiales目互营单胞菌科(Syntrophomonadaceae)科互营单胞菌属(*Syntrophomonas* sp.)(3.48%)、互养菌目(Synergistales)未确定分类地位的互养菌科(unclassified_Synergistaceae)(2.22%)、黄杆菌目Flavobacteriales目unclassified_Flavobacteriaceae科(2.13%)和拟杆菌目(Bacteroidales)紫单胞菌科(Porphyromonadaceae)科理研菌属(*Petrimonas* sp.)(2.03%)。当温度降至22℃进入稳定运行期时,*Clostridium* Ⅺ sp.(5.66%)和*Syntrophomonas* sp.(6.76%)仍在系统内处于优势种群地位,由此可见,这两种菌群是常温发酵过程中发挥主要作用的微生物类型,其他还有Clostridiales目unclassified_Ruminococcaceae科(5.42%)、Flavobacteriales目unclassified_Flavobacteriaceae科(2.36%)和Burkholderiales目未确定分类地位的从毛单胞菌科(unclassified_Comamonadaceae)(2.12%),优势种群群落结构与25℃稳定运行期非常相似。

当发酵温度降至20℃时从系统运行特性来看,一个最显著特点是沼气产量波动大,且进入稳定运行适应期长。达到沼气产量稳定时,细菌群落结构相比22℃运行时发生极显著改变。优势菌属由相对变化稳定的*Clostridium* Ⅺ sp.和Syntrophomonas sp.转变为肠杆菌目(Enterobacteriales)肠杆菌科(Enterobacteriaceae)埃希氏菌属(*Escherichia* sp.)(20.65%)为绝对优势种群,其他还包括Burkholderiales目从毛单胞菌科(Comamonadaceae)从毛单胞菌属(*Comamonas* sp.)(8.71%)、Enterobacteriales目unclassified_Enterobacteriaceae科(6.66%)、假单胞菌目(Pseudomonadales)莫拉氏菌科(Moraxellaceae)不动杆菌属(*Acinetobacter* sp.)(5.70%)、Clostridiales目unclassified_Ruminococcaceae科(4.25%)、黄单胞菌目(Xanthomonadales)黄单胞菌科(Xanthomonadaceae)污蝇解壳杆菌属(*Wohlfahrtiimonas* sp.)(3.83%)、Enterobacteriales目Enterobacteriaceae科志贺氏杆菌属(*Shimwellia* sp.)(2.13%)、Enterobacteriales目Enterobacteriaceae科摩根氏菌属(*Morganella* sp.)(2.10%)以及乳杆菌目(Lactobacillales)乳杆菌科(Lactobacillaceae)乳杆菌属(*Lactobacillus* sp.)(2.04%),说明在温度降至20℃时对微生物代谢方式和定向选择功能产生显著影响,菌群结构变化显著,代谢方式不再以厌氧有机物降解或产酸为主导,出现了其他方式的代谢途径,微生物群落发生了相应的选择驱动性改变以适应低温环境。当产甲烷发酵温度继续降低至18℃和15℃时,系统表现出产气量低、不稳定,甚至出现运行失败的可能。这两个时期细菌群落结构非常相似,但相比20℃时也发生显著改变,梭菌目Clostridiales目消化链球菌科Peptostreptococcaceae科梭菌属Clostridiun Ⅺ sp.为绝对优势种群,分别占微生物群落总数的28.96%和29.21%,共有的优势种群还包括Clostridiales目梭菌科(Clostridiaceae)厌氧杆菌属(*Anaerobacter* sp.),丰度分别为6.02%和7.40%,这时群落结构的改变与连续进料底物基质影响存在很大关系,但此时系统的运行已进入不稳定和低效率状态。

c) 温度变化与优势种群的演替关系。利用Mothur软件的Dendrogram程序,计算了不同温度稳定运行的IC产甲烷相微生物群落结构相似度的树状图[见图4-128(a)],基于Chao指数计算的各样品间的不同和共有群落丰富度。在30℃与20℃运行的产甲烷相,以及22℃和25℃运行的产甲烷相微生物的群落结构相似度最大。

图4-128(b)列举了IC产甲烷相各温度稳定运行期的优势细菌属,由优势菌群分析可知,

产甲烷相在各温度运行时主要还是以两大类功能微生物菌群为主，一类是有机物降解的微生物类群，另一类是产乙酸功能的微生物类群。产甲烷系统随温度降低，具有同型乙酸转化功能的微生物如 *Syntrophomonas* sp. 丰度增加，这也证实在低温厌氧发酵产甲烷过程中，乙酸的转化效率是决定产甲烷转化效率的关键限速因子，而中温发酵过程中有机物降解功能微生物的降解产酸，以及产酸相基质底物所含的产甲烷基质可提供产甲烷菌群利用较充足的产甲烷前体。而 20℃是群落结构变化最显著时期，一方面受温度降低的扰动，另一方面此时期底物基质的负荷冲击可能也造成了系统内微生物群落结构改变较大，此时产甲烷相的产气波动和不稳定性也最显著。

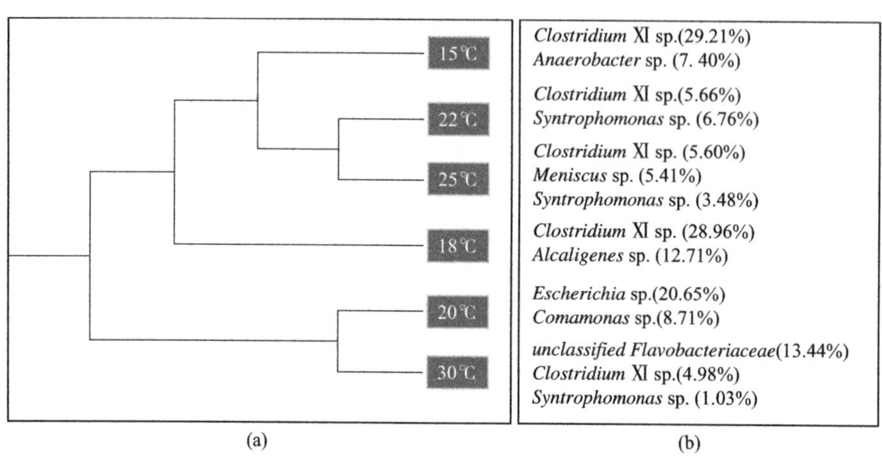


图 4-128　各温度稳定运行的 IC 产甲烷相微生物群落结构相似度树状图

c. 各温度稳定运行期产甲烷菌群落结构分析。图 4-129 为 IC 产甲烷相在温度梯度降温运行过程中，达到其稳定运行状态时产甲烷菌群落结构的变化。运用 PCR 扩增产甲烷古菌的 16S rRNA 基因的 V2-V3 区，进行变性梯度凝胶电泳，切割 DGGE 图谱中优势条带，进行基因克隆测序。

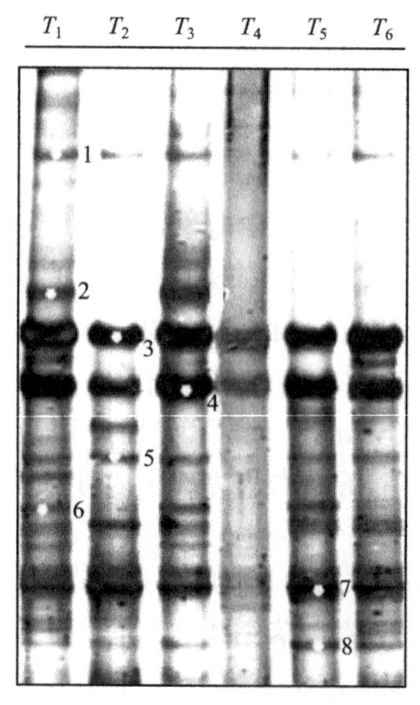


图 4-129　不同温度下 IC 产甲烷相稳定运行期产甲烷古菌 DGGE 图谱

注：$T_1$～$T_6$ 分别表示 30℃、25℃、22℃、20℃、18℃和 15℃稳定运行时样品。

DGGE 凝胶共切割回收 8 条有效优势条带，测序后与 NCBI 数据库进行比对，各条带的最相似匹配微生物及系统发育进化树分别如表 4-61 和图 4-130 所示。由 DGGE 图谱条带强度的差异可知，产甲烷相以 30℃稳定运行温度梯度降温过程中，在各温度稳定运行期 Band 3 和 Band 4 均为最优势种群，一直存在于整个降温的产甲烷过程。Band 7 也一直存在于各温度稳定产甲烷运行过程，但条带信号强度略低于 Band 3 和 Band 4。Band 2 在降温过程中强度逐渐减弱，在降至 20℃时消失。Band 8 在初始中温运行期强度较弱，但随温度降低，在温度降低至 18℃时条带强度增加，表明是适合在低温条件下存在的菌属。

**表 4-61 不同温度下 IC 产甲烷相稳定运行期产甲烷古菌优势种群的最相似序列**

| 条带编号 | Genebank 最相近序列 | 相似度/% | 来源 |
|---|---|---|---|
| Band 1 | 甲烷囊菌属 *Methanoculleus* sp. (AB288272) | 99 | 深层沉积物含水层 |
| Band 2 | 未确定分类地位的甲烷粒菌属 uncultured *Methanocorpusculum* sp. (GU475176) | 99 | 乳制品和家禽粪便的共同消化 |
| Band 3 | 甲烷八叠球菌属 *Methanosarcina* sp. (JF812255) | 100 | 西伯利亚永久冻土层 |
| Band 4 | 甲烷八叠球菌属 *Methanosarcina* sp. (AF020341) | 99 | 全氯乙烯 |
| Band 5 | 甲烷细菌属 *Methanobacterium formicicum* (HQ591420) | 99 | 地下储气库 |
| Band 6 | 未确定的古菌 uncultured archaeon (JQ668642) | 99 | 低温下的污水厌氧消化 |
| Band 7 | 甲烷杆菌属 *Methanobacterium* sp. (AJ550160) | 99 | 新的瘤胃产甲烷菌的分离 |
| Band 8 | 甲烷粒菌属的细小病毒 *Methanocorpusculum parvum* (AY260435) | 99 | 冰冷的地面的栖息地 |

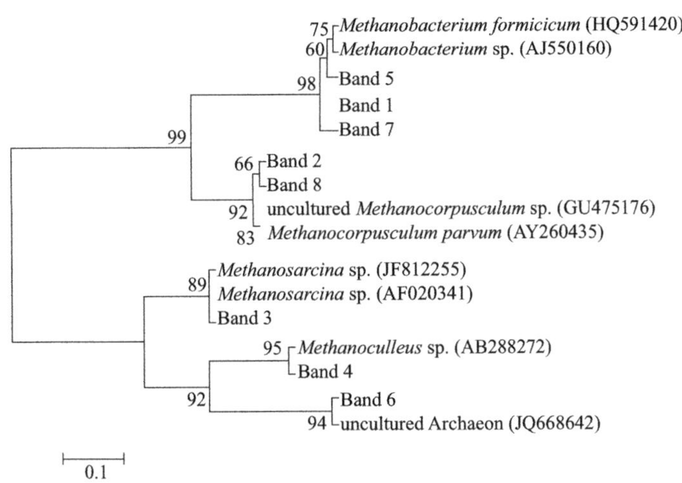


图 4-130 不同温度下 IC 产甲烷相稳定运行期产甲烷古菌系统发育进化树

序列比对结果显示，Band 3 和 Band 4 均属于 *Methanosarcina* sp.，与已知菌属相似度分别为 99%和 100%。*Methanosarcina* sp. 是专性以乙酸为代谢基质的产甲烷菌，与甲烷鬃菌属（*Methanosaeta* sp.）相比在乙酸利用尺度上更大，很多研究也证实其耐受有机负荷的冲击能力也较强。这说明在低温运行时 *Methanosarcina* sp. 显示出优势地位和主要代谢方式，在相对丰度上可以确定其处于优势地位，但实际运行过程表现为沼气产量下降，这说明低温可显著影响其代谢活性和乙酸的转化效率。分析其可能影响主要包括，低温时其他菌群对其产生的竞争抑制作用、产甲烷菌在低温时所表现的抗性作用与活性抑制以及运行工艺参数不适合其低温运行等。Band 7 属于 *Methanobacterium* sp.，也一直存在于各温度稳定运行期，是一类能以 $H_2+CO_2$ 为主要代谢途径的产甲烷菌属。Band 1 和 Band 2 在降温过程中变化极不稳定，有逐渐减弱和消失的趋势，分别属于甲烷微菌科（Methanomicrobiaceae）的 *Methanoculleus* sp. 和甲烷粒菌科（Methanocorpusculaceae）的甲烷粒菌属（*Methanocorpusculum* sp.），这两类产甲烷菌属在各类产甲烷反应器富集的过程中可经常发现。Band 8 在 30℃降至 20℃运行过程中条带强度始终较弱，后期 IC 产甲烷相进入 18℃和 15℃运行时，条带强度相对增强，序列比对结果与 *Methanocorpusculum parvum* 相似度为 99%，这种产甲烷菌曾在陆地寒冷生境被发现。

② 寒地低温沼气工程运行分析及产业化发展建议

黑龙江海林农场绿源沼气发酵系统位于圣澳奶牛场，沼气发酵系统总容积 $1920m^3$，内部共由 8 个分隔的池体组成，内置搅拌系统间歇式启动，生产沼气可供农场 1100 户居民炊事能耗，余能进行发电。目前，二期的升级改造项目总容积 $1000m^3$，沼气发酵系统以牛粪为主要原料，来自农场奶牛养殖场，单一底物或混合废水发酵，具体运行模式如图 4-131 所示。

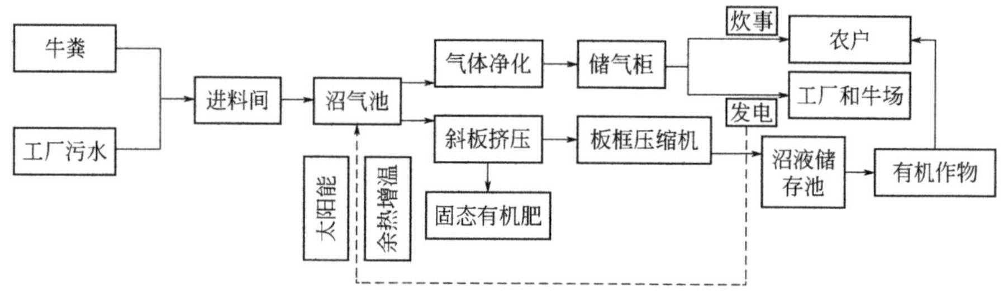


图 4-131 海林沼气发酵系统运行模式

海林沼气池是北方寒地运行规模最大的沼气发酵系统，夏季沼气池以中温半连续进料工艺运行，冬季辅助增温实现常温半连续发酵，其稳定高效运行对于实现寒地农村沼气能源的推广、废弃物资源化利用及推进农业循环经济的发展具有重要意义。

a. 海林沼气发酵系统运行特性。沼气池冬季和夏季稳定运行时沼气产量及 pH 变化如图 4-132 所示。

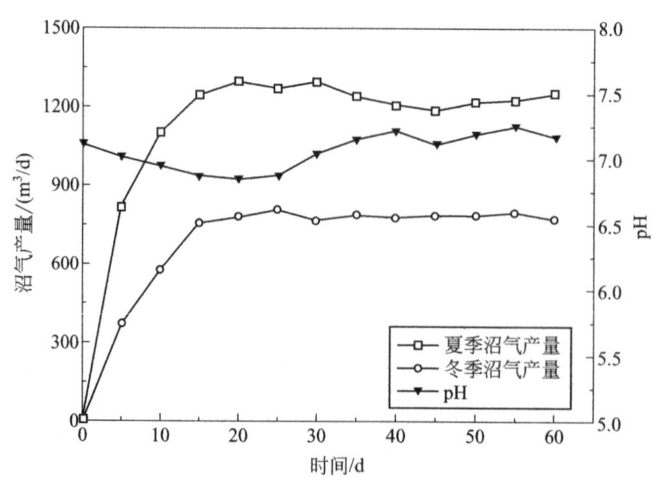


图 4-132 海林农场厌氧消化系统稳定运行期沼气产量及 pH 变化

沼气池冬（25℃）、夏（30℃）均以半连续混合发酵工艺运行，有机负荷与停留时间分别为 2.0kg VS/($m^3$·d) 和 50d。夏季稳定运行期沼气产量约为 $1200m^3/d$，容积产气率为

0.625$m^3/(m^3_{digester}\cdot d)$；冬季稳定运行期沼气产量约为 700$m^3/d$，容积产气率为 0.35$m^3/(m^3_{digester}\cdot d)$。由于是单相混合发酵工艺，产酸过程和产甲烷过程同时进行，因此，两大功能菌群的代谢平衡是决定系统稳定运行的关键。此外，产甲烷菌群活性受温度、pH 变化影响非常敏感，温度的波动常会导致产气不稳定，破坏系统内部产酸菌群和产甲烷菌群的代谢平衡。尤其绝大多数产甲烷菌可适应生长的 pH 为 6.5～7.5，最适宜范围为 7.0～7.2。沼气发酵系统稳定运行时期 pH 变化比较平稳，并未出现明显波动，这对于获得稳定的原料转化率和产气量是十分有利的。同时，由于牛粪物料 C/N 为 25∶1，比较适合厌氧发酵产甲烷的底物营养配比要求，不易于出现挥发性有机酸的过度积累。

b. 海林沼气发酵系统微生物群落结构分析。取海林农场沼气发酵系统夏季稳定运行期发酵液样品，利用 454 高通量测序技术结合 PCR-DGGE 技术，对系统内发酵细菌及产甲烷古菌群落多样性进行了分析。

a）细菌多样性评价。应用 454 焦磷酸高通量测序技术，分析海林沼气池夏季稳定运行期细菌群落结构。测序结果共获得 1297 条高质量细菌 16S rRNA 基因序列，应用 MOTHUR 软件计算基于不同 OTU 相似水平下丰富度指数（ACE 和 Chao1）及多样性指数（Shannon index）。如表 4-62 所示，在属和种的分类水平上（cutoff＝0.03 和 cutoff＝0.05）时，分别产生 666 个 OTU 和 581 个 OTU，说明沼气池内至少存在 666 个细菌种，在属和种分类水平的覆盖率分别为 66.8%和 60.4%。丰富度指数 ACE 在属和种的分类水平上分别为 4991.5 和 3744.9，Chao1 为 2417.7 和 1937.4，多样性指数为 5.534 和 5.826。

**表 4-62　多样性指数丰度统计**

| 多样性指数 | 簇距离 | | | | |
|---|---|---|---|---|---|
| | unique | 0.01 | 0.03 | 0.05 | 0.1 |
| OTU | 934 | 807 | 666 | 581 | 445 |
| ACE | 23867.6 | 9078.6 | 4991.5 | 3744.9 | 1867.5 |
| Chao 1 | 8612.7 | 3991.9 | 2417.7 | 1937.4 | 1187.6 |
| Shannon | 6.429 | 6.169 | 5.826 | 5.534 | 5.155 |

多样性评价结果显示，测序结果获得了沼气池细菌群落较好的覆盖率，相比传统的分子生物学手段更能全面准确地反应系统环境内微生物群落结构和组成。

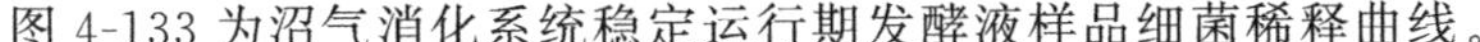

图 4-133 为沼气消化系统稳定运行期发酵液样品细菌稀释曲线。

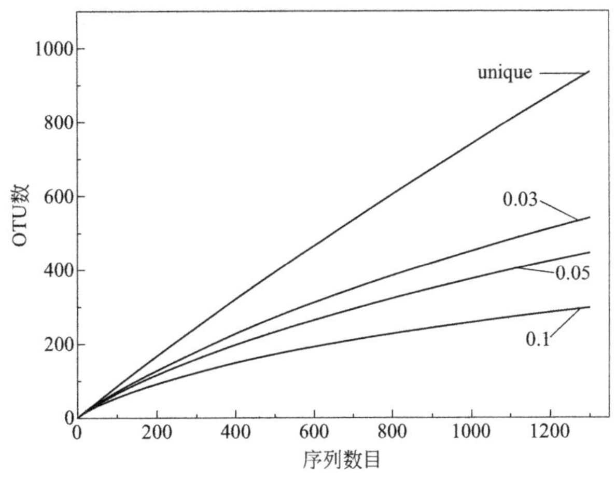


图 4-133　沼气消化系统稳定运行期发酵液样品细菌稀释曲线

如图 4-133 所示，细菌群落序列在不同相似水平下的稀释曲线越平滑表明对环境样品微生物信息的覆盖率越高，随着测序数量增加，曲线逐渐出现平缓趋势。稀释曲线同样表明，在 cutoffs 非相似水平为 0.05 和 0.10 时曲线逐渐出现趋于平滑趋势，有较高的覆盖率。

b）细菌系统发育分析。图 4-134 为沼气池细菌在门和纲分类水平上的分布。

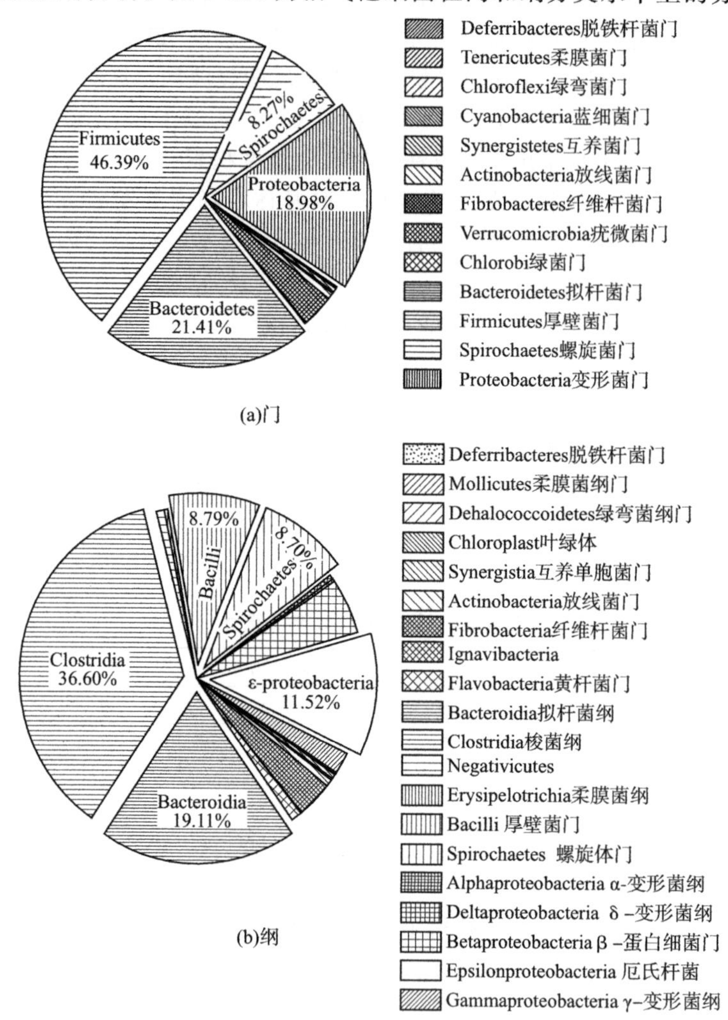


图 4-134　沼气池细菌在门和纲分类水平上的分布

由图 4-134（a）可知，沼气池发酵液细菌群落结构丰富，在门分类水平上可分为 13 个类群，包括 Deferribacteres，Tenericutes，Chloroflexi，Cyanobacteria，Synergistetes，Actinobacteria，Fibrobacteres，VerrucomiCrobia，Chlorobi，Bacteroidetes，Firmicutes，Spirochaetes，Proteobacteria。其中优势种群构成为 Firmicutes（46.39%），Bacteroidetes（21.41%）和 Proteobacteria（18.98%），占微生物序列总数的 86%以上。很多研究已证实，Bacteroidetes 包括很多具有降解长链脂肪酸功能的微生物菌群，表明这类菌群在将长链脂肪酸转化为短链脂肪酸过程中具有重要作用。一些常见的长链脂肪酸，如十二烷酸、油酸、辛酸和豆蔻酸等，尤其是十二烷酸是毒害作用最强的长链脂肪酸。此外，Wang 等在利用 CSTR 厌氧消化单一底物牛粪、牛粪与少量秸秆混合底物产甲烷过程中，以及处理一些富含糖类物质的废弃物产甲烷时，发现 Bacteroidetes 为优势菌群，当有机负荷增加时 Clostridiaceae 一类菌群增加。

Lee 等在应用焦磷酸通量测序技术对大规模混合及两相工艺(3700～9900 $m^3$)中温(36～51℃)处理剩余污泥产甲烷研究时发现优势种群为 Proteobacteria(20.5%)、Bacteroidetes(19.7%)、Firmicutes(17.8%)和 Chloroflexi(4.8%)。Godon 等研究应用蒸酒废物产甲烷时发现，最优势种群为 Firmicutes，其次为 Bacteroidetes 和 Proteobacteria。这一结论与海林沼气池系统内微生物优势群落结构相似，Bacteroidetes 在很多中温发酵产甲烷的系统中都为优势种群，表明与有机物降解的水解酸化过程紧密相关。如图 4-134(b)所示，在纲分类水平上包括 20 个微生物类群，其中优势种群主要包括 Clostridia(36.60%)、Bacteroidetes(19.11%)、Epsilonproteobacteria(11.52%)、Bacilli(8.79%)、Spirochaetes(8.70%)、Betaproteobacteria(5.29%)、Fibrobacteria(3.50%)和 Gammaproteobacteria(2.05%)。在属的分类水平上可分为 22 个微生物类群(见表 4-63)。优势种群主要包括 *Proteiniphilum*(7.33%)、*Spirochaeta*(6.78%)、*Wolinella*(5.86%)、*Coprococcus*(4.16%)、*Arcobacetr*(3.86%)、*Fibrobacter*(3.47%)、*Tetrathiobacter*(2.93%)、*Lysinibacillus*(2.47%)、*Bacillus*(2.24%)、*Bacteroides*(2.16%)和 *unclassified_Bacteria*(3.47%)。

**表 4-63　沼气池样品细菌在属分类水平的统计**

| 目 | 科 | 属 | 相对丰度/% | OTU 数目 |
|---|---|---|---|---|
| Bacteroidales<br>拟杆菌目 | Porphyromonadaceae<br>紫单胞菌科 | *Proteiniphilum*<br>产乙酸嗜蛋白质菌 | 7.33 | 95 |
| Spirochaetales<br>螺旋体目 | Spirochaetaceae<br>螺旋体科 | *Spirochaeta*<br>螺旋体菌 | 6.78 | 88 |
| Camphlobacterales<br>弯曲菌目 | Helicobacteraceae<br>螺杆菌科 | *Wolinella*<br>沃林菌属 | 5.86 | 76 |
| Clostridiales<br>梭菌目 | Lachnospiraceae<br>毛螺菌拉 | *Coprococcus*<br>粪球菌属 | 4.16 | 54 |
| Campylobacterales<br>弯曲菌目 | Campylobacteraceae<br>拟杆菌科 | *Arcobacter*<br>弓形杆属 | 3.86 | 50 |
| Bacteroidales<br>拟杆菌目 | Porphyromonadaceae<br>紫单胞菌科 | unclassified<br>未分类 | 3.47 | 45 |
| Fibrobacterales<br>纤维杆菌目 | Fibrobacteraceae<br>纤维杆菌科 | *Fibrobacter*<br>纤维杆菌属 | 3.16 | 41 |
| Burkholderiales<br>伯克霍尔德氏菌目 | Alcaligenaceae<br>产碱杆菌科 | *Tetrathiobacter*<br>连四硫酸盐 | 2.93 | 38 |
| Bacillales<br>芽孢杆菌目 | Bacillaceae<br>芽孢杆菌科 | *Lysinibacillus*<br>赖氨酸芽孢杆菌属 | 2.47 | 32 |
| Bacillales<br>芽孢杆菌目 | Bacillaceae<br>芽孢杆菌科 | *Bacillus*<br>芽孢杆菌 | 2.24 | 29 |
| Bacteroidales<br>拟杆菌目 | Bacteroidaceae<br>拟杆菌科 | *Bacteroides*<br>拟杆菌属 | 2.16 | 28 |
| Clostridiales<br>梭菌目 | Incertae Sedis XI | *Sedimentibacter* | 1.39 | 18 |
| Clostridiales<br>梭菌目 | Lachnospiraceae<br>毛螺菌科 | *Anaerosporobacter*<br>厌氧芽孢菌属 | 1.23 | 16 |
| Clostridiales<br>梭菌目 | Ruminococcaceae<br>疣微菌科 | *Oscillibacter*<br>颤杆菌克 | 1.08 | 14 |
| Spirochaetales<br>假单胞菌目 | Spirochaetaceae<br>莫拉氏菌科 | *Treponema*<br>不动杆菌属 | 1.00 | 13 |
| Pseudomonadales<br>螺旋体目 | Moraxellaceae<br>螺旋体科 | *Acinetobacter*<br>密螺旋体属 | 0.93 | 12 |
| Bacteroidales<br>拟杆菌目 | Porphyromonadaceae<br>紫单胞菌科 | *Parabacteroides*<br>狄氏副拟杆菌 | 0.85 | 11 |

续表

| 目 | 科 | 属 | 相对丰度/% | OTU 数目 |
|---|---|---|---|---|
| Clostridiales<br>梭菌目 | Peptostreptococcaceae<br>消化链球菌科 | *Sporacetigenium*<br>嗜中温生孢产醋杆状菌 | 0.62 | 8 |
| Flavobacteriales<br>黄杆菌目 | Flavobacteriaceae<br>黄杆菌目 | *Capnocytophaga*<br>嗜二氧化碳嗜细胞菌 | 0.54 | 7 |
| Clostridiales<br>梭菌目 | Ruminococcaceae<br>莫拉氏菌科 | *Acetivibrio*<br>醋弧菌属 | 0.54 | 7 |
| Lactobacillales<br>乳酸杆菌目 | Enterococcaceae<br>肠球菌科 | *Enterococcus*<br>肠球菌属 | 0.54 | 7 |
| Bacteroidales<br>拟杆菌目 | Porphyromonadaceae<br>毛螺菌科 | *Petrimonas*<br>易降解碳水化合物发酵菌 | 0.46 | 6 |

c）产甲烷古菌 DGGE 分析。应用 PCR-DGGE 对沼气池产甲烷古菌群落结构进行分析，凝胶切割共获得 12 条优势 16S rRNA 序列，克隆测序并与 NCBI 核酸数据库 Nucleotide blast 比对，序列比对结果如图 4-135 所示。Band 2、Band 3 和 Band 12 为优势种群属沼气池内优势产甲烷古菌。主要分布在 3 个目，Methanosarcinales、Methanomirobiales 和 Methanobacteriales；4 个科分别为 Methanosarcinaceae、Methanosaetaceae、Methanocorpusculaceae 和 Methanobacteriaceae。4 个属产甲烷古菌包括 *Methanocorpusculum parvum*、*Methanobacterium* sp.、*Methanobacterium formicicum*、uncultured *Methanosaeta* sp.。其中，*Methanosaeta* sp. 和 *Methanosarcina* sp. 是沼气池内最优势产甲烷古菌类群。Methanosarcinales 为乙酸营养型产甲烷古菌，因此，可知沼气池主要的产甲烷途径为利用乙酸产甲烷。利用 $H_2$ 及甲酸盐为电子供体的 Methanomirobiales 以及 *Methanocorpusculum* 在维持乙酸营养型产甲烷系统稳定运行中也具有重要作用，但在池内并不是甲烷转化主要途径。Rastogi 等研究夏季以牛粪为发酵底物产沼气系统中产甲烷菌群多样性时发现，优势产甲烷古菌为 Methanomirobiales，Methanosarcinales 和 Methanobacteriales，分别占 41.7%，30% 和 19%。此外，*Methanosarcina* sp. 稳定存在于厌氧发酵系统也十分有利于低温条件下维持稳定产气。

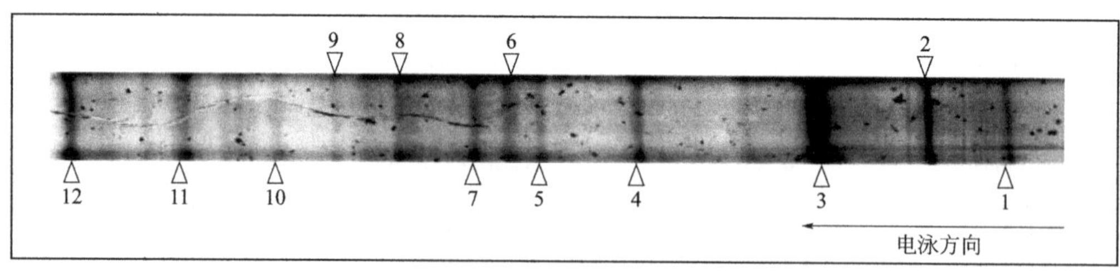


图 4-135 沼气池产甲烷古菌 V2-V3 区 DGGE 图谱

c. 基于厌氧发酵系统微生物群落与运行效能关系分析。厌氧发酵产甲烷系统运行效率的根本决定因素是系统内完成产甲烷过程的一系列各功能微生物种群。

有机底物厌氧发酵产甲烷过程是由水解类细菌、产酸类细菌、产乙酸类细菌以及产甲烷菌等众多混合菌群共同作用的微生物代谢过程。如何调控好各功能菌群的协同代谢作用是提高底物转化效率，提高甲烷产量的核心。实际沼气工程运行中运行参数的调控、改进发酵工艺以及生物相分离技术的应用，目的都是为系统内微生物群落创造优越的微环境，使具有各功能的微生物类群高效、稳定代谢，参与产甲烷过程。

本研究开展了两段厌氧发酵工艺利用单一底物牛粪及水稻秸秆和糖浆废水混合底物中温

发酵产甲烷研究，并获得了较高效稳定的甲烷产率。此外，针对低温对产甲烷效能的影响，进行了低温对两段发酵系统的产甲烷相运行效能影响的研究。针对寒地典型沼气工程代表的海林沼气发酵系统运行特性，基于发酵系统内微生物的群落结构差异，探讨产生的运行效能差异，为北方低温沼气工程升级改造工艺制订及调控技术建立提供科学依据及理论参考。

由海林沼气池冬、夏季容积沼气产量与两段厌氧发酵系统利用不同底物的沼气产量对比（见图 4-136）可知，沼气池夏季运行效率为 0.625 $m^3/m^3_{digester}$，两段发酵系统中温利用牛粪和混合底物稳定运行时沼气产量同比分别提高 93.6%和 66.4%。沼气池冬季运行效率约为 0.35$m^3/m^3_{digester}$，两段发酵系统的 IC 产甲烷相在 25℃稳定运行时同比提高 45.7%，22℃稳定运行容积沼气产量为 0.41$m^3/m^3_{digester}$。两段厌氧发酵系统的沼气产率在中温及常温下相比海林沼气池均有显著提高，造成运行效能显著差异的直接原因除由于工艺上改进采用的相分离发酵，根本在于系统内微生物群落结构差异所致。

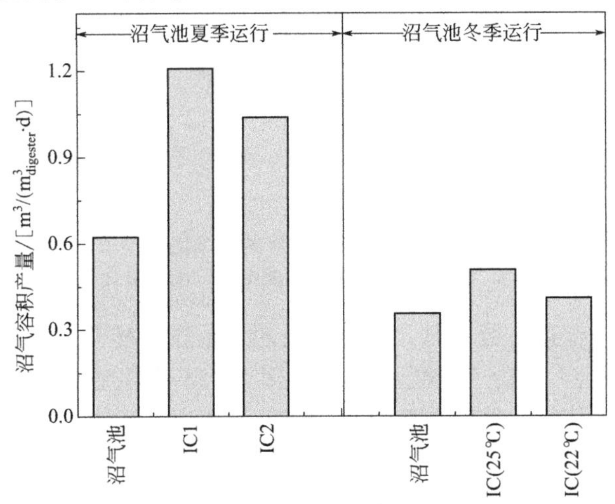


图 4-136　海林沼气池与两段厌氧发酵系统沼气产量对比图

注：IC1—牛粪底物；IC2—混合底物。

图 4-137 为沼气池与两段发酵产酸系统优势细菌对比图。将海林沼气池夏季运行池内细菌通量测序结果，与高效运行的两段厌氧发酵工艺的产酸相优势细菌群落结构进行对比，结果表明，海林沼气池内发酵细菌群落优势种群主要为 *Proteiniphilum* sp.(7.33%)、*Spirochaeta* sp.(6.78%) 及 *Wolinella* sp.(5.86%)，与两段式发酵系统产酸相的细菌群落结构明显不同，这三大类微生物类群多发现于动物的消化系统内，这表明以 OLR 和 HRT 为 2.0 kg VS/（$m^3$·d）和 50 d 运行的沼气池内优势功能细菌主要来自牛的消化系统内的产酸降解菌群。以牛粪为底物的两段发酵产酸系统，优势细菌种群为 *Acinetobacter* sp.(20.48%)、*Pseudomonas* sp.(4.63%) 和 unclassified _ Anaerolineaceae (3.79%)。以糖浆废水混合水稻秸秆为底物的两段式发酵产酸系统，优势细菌种群为 *Syntrophomonas* sp.(13.85%)、*Clostridium* Ⅺ sp.(7.58%) 和 unclassified _ Syntrophomonadaceae (6.84%)。显著特点是两段发酵的产酸系统内优势细菌群落（*Acinetobacter* sp. 和 *Clostridium* Ⅺ sp.）均为降解纤维类物质能力较强的菌群，*Syntrophomonas* sp. 具有很好的乙酸转化能力，这些都属于有利于产酸系统底物高效降解及乙酸转化的微生物种群。由于沼气池单相发酵，产酸及产甲烷过程同时进行，产酸效率既是产甲烷效率的限速阶段，又是维持各功能菌群代谢平衡的关键。沼气池内发酵细菌并未过渡为高效降解及产酸菌群，一方面限制了底物的降解和挥发性有机酸的转化，另一方面也是产甲烷代谢平衡的要求，反馈作用抑制了产酸速率提高。

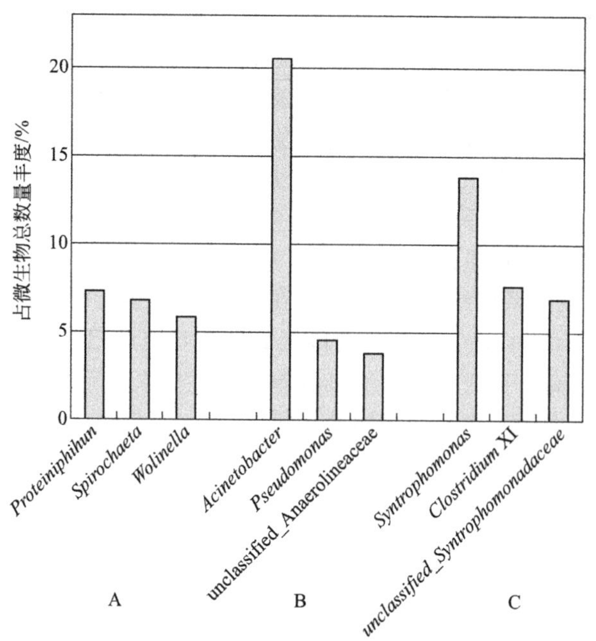


图 4-137　沼气池与两段发酵产酸系统优势细菌对比图

注：A—沼气池；B—牛粪底物产酸相；C—混合底物产酸相。

在评价实际沼气工程运行效率时，甲烷产量的理论能量转化值通常以 kW·h 为计量单位，其转化系数为 $1.087\times10^{-2}$ kW·h/$m^3$。图 4-138 为牛粪底物两段发酵产甲烷效率（A）、水稻秸秆和糖浆废水混合底物两段发酵产甲烷效率（B）以及海林沼气池夏季甲烷效率（C）能量转化效益的对比与分析。海林农场沼气池夏季稳定运行时甲烷产量对应的理论能量转化产值为 6412.8 kW·h/d，本研究以牛粪为单一底物及以水稻秸秆和糖浆废水混合底物进行两段发酵，稳定运行时甲烷产量对应的理论能量转化产值相比海林沼气池实际工程运行效率均提高 90%以上，按照现有工程规模计算年产能至少可增加 $2.1\times10^6$kW·h，折合标准煤年增产至少达到 $2.3\times10^5$kg 以上。本研究运行结果基于实验室的小型反应装置，运行条件及参数可较精确控制，但工艺的改进及参数的调控可显著提高甲烷产率及系统内微生物种群的活性。因此，在针对北方寒地大型沼气工程升级改造及稳定运行研究时，可充分考虑工艺的改进、运行参数的优化及微生物种群的调控等，以达到稳定、高效运行的目的。

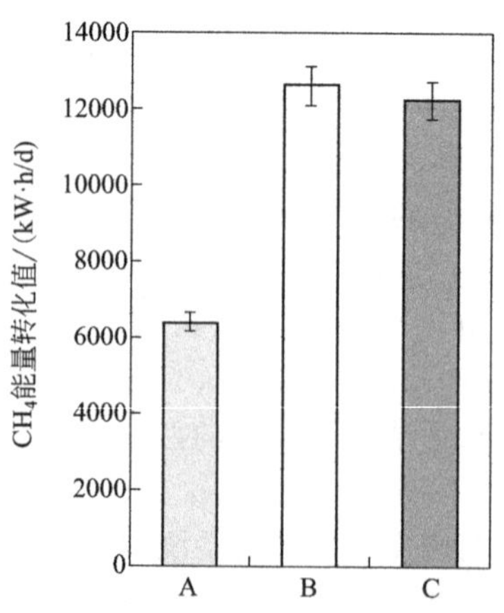


图 4-138　不同底物和工艺运行下产甲烷能量转化对比

注：A、B 和 C 分别代表以牛粪为底物两段发酵产甲烷能量转化效率，混合底物两段发酵产甲烷能量转化效率，海林沼气池夏季稳定运行时产甲烷能量转化效率。

（2）技术参数

牛粪和玉米秸秆混合发酵的最佳参数为：温度 35℃；碱处理秸秆，TS 为 15%，C/N 为 27∶1，中温 35℃下，产酸相以静态试验得到的最佳参数进料，利用两相 CSTR 发酵系统，序批式运行 60d，通过分析各指标变化情况确定第 24—48 天时发酵液的 pH 最低，VFA 和 SCOD 浓度最高，为产甲烷最适底物基质；预处理（一级水解）停留时间 24h，有效池容 $50m^3$；CSTR 体积 $1000m^3$，停留时间 20d；储气柜 $600m^3$。

#### 4.3.2.2 畜禽废弃物发酵示范工程

（1）技术依托

低温期畜禽废弃物处置技术。示范工程采用两段式厌氧工艺，主体装置为完全混合式厌氧反应器（CSTR），这种消化器是在常规厌氧消化器内安装了搅拌装置，使发酵原料和微生物处于完全混合状态，与常规厌氧消化器相比使活性区遍布整个消化器，因而其效率有明显提高；通过太阳能补温、运行调控，并辅以低温高效菌剂，使 CSTR 一年四季能高效稳定运行。

（2）建设规模及地点

建设地点：牡丹江海林农场。

建设规模：处理畜禽废弃物 25t/d；建设 $1000m^3$ 厌氧池，$600m^3$ 储气柜。

投资成本：20.8 万元/吨粪便。

（3）建设和运行情况

将粪便投入调配池，进料物质浓度达到 10%，加水经搅拌均匀后定时定量按照工艺要求输送到 CSTR 厌氧消化器；厌氧消化器内设置出渣、搅拌、换热等装置，保证消化器稳定的发酵条件。

在 2015 年 1 月 1 日到 2015 年 12 月 31 日期间，对畜禽粪便运行处理设施的进料时间、进料量、搅拌器启动时长、进料泵启动时间、沼液回流量、水解池 pH、罐内温度、产气量进行了逐日监测记录。建设情况见图 4-139 和图 4-140。

图 4-139 水解工艺段

图 4-140 沼气气柜

(4) 示范工程成效

示范工程可以全年稳定产沼气，不受外界温度影响，有效节约热源，处置牛粪及其他混合物 25t/d（最大处理量可以达到 30t/d）；每天可产生沼液 10～20t，产生沼渣 3～8t，产生沼气 600～1000$m^3$，沼气可供厂区居民做饭和热水使用；后续产生的沼液和沼渣可供大田、大棚使用，减少化肥施用量；畜禽废弃物发酵示范工程年削减 COD 91.25t。

### 4.3.3 化肥减量及绿色替代

#### 4.3.3.1 化肥减量及绿色替代技术

沼渣中含有一定量的腐殖质，由于腐殖质中含有氨基和羧基，所以腐殖质又是一种良好的缓冲剂，同时沼渣还可以起到缓释肥的效果；沼渣中有丰富的微生物，可以增加土壤中的微生物量，直接或者间接有利于植物生长。利用沼渣替代传统化肥可以有效减少农用化学品的施用量，缓解土壤及水污染的状况。

(1) 试验研究

1) 沼气沼液渣对大棚土壤的影响

选择土质、土壤肥力等自然条件基本一致的相邻四个大棚，规格均为长 60m，宽 7.5m，四个大棚分别用 A，B，C，D 表示，大棚中供试作物为茄子，密度 2000 株/亩，在四个大棚中统一茄子品种、统一密度、统一移栽、统一施肥、统一田间管理。四个大棚采用不同的施肥方式：A 大棚不施用沼液沼渣；B 大棚施用沼液沼渣；C 大棚施用沼渣；D 大棚施用沼液。

沼渣作基肥施用方法：每个大棚施用 500kg，耕田时施入。

沼液施用方法：在坐果初期和果实膨大期分别淋浇追施沼液 2 次，每次每个大棚用量为 500kg。

其他管理措施按常规大棚管理进行，各试验区一致。

在施用沼液沼渣之前，对四个温室大棚的基础土样进行了理化性状分析。见表 4-64。

**表 4-64 土壤基础养分含量**

| 大棚编号 | pH | 有机质/% | 速效氮/(mg/kg) | 速效磷/(mg/kg) | 速效钾/(mg/kg) | 土壤容重/(g/$m^3$) |
|---|---|---|---|---|---|---|
| A | 7.10 | 1.126 | 67.44 | 57.46 | 153.45 | 1.24 |
| B | 7.17 | 1.128 | 67.75 | 57.25 | 154.50 | 1.23 |
| C | 7.15 | 1.125 | 67.65 | 57.57 | 150.30 | 1.23 |
| D | 7.04 | 1.126 | 67.54 | 57.36 | 155.55 | 1.24 |

由表 4-64 可以看出，选择的相邻四个温室大棚基础养分基本一致，符合试验要求，其中有机质含量、氮磷钾含量可以保障茄子的正常生长及开花坐果。同时在茄子收获以后，对四个温室大棚的基础土样进行了理化性状分析。见图 4-141～图 4-146。

图 4-141 通过对比施加沼液沼渣实验情况发现，沼液沼渣富含有机质、腐殖酸、微量营养元素、多种氨基酸、酶类和有益微生物，质地疏松、保墒性能好、酸碱度适中，能起到很好的改良土壤的作用，尤其对盐碱地修复有着较好的作用。施用沼液、沼渣的大棚 pH 上升；联合施用沼液沼渣的 pH 略有下降，但总的变化范围都较小，故而施加沼液沼渣的土壤 pH 比较稳定。

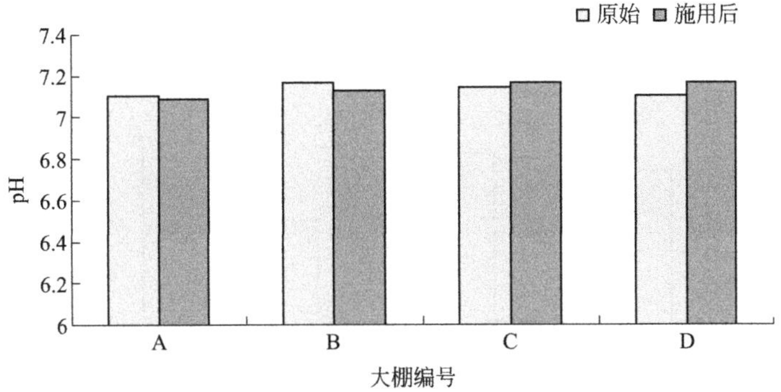


图 4-141 沼液沼渣对土壤 pH 的影响

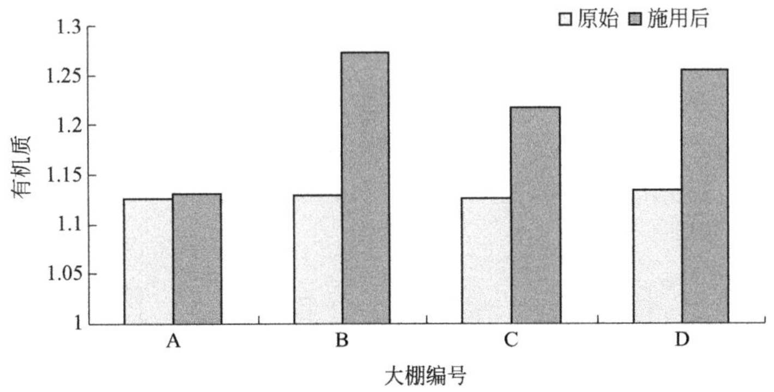


图 4-142 沼液沼渣对土壤有机质的影响

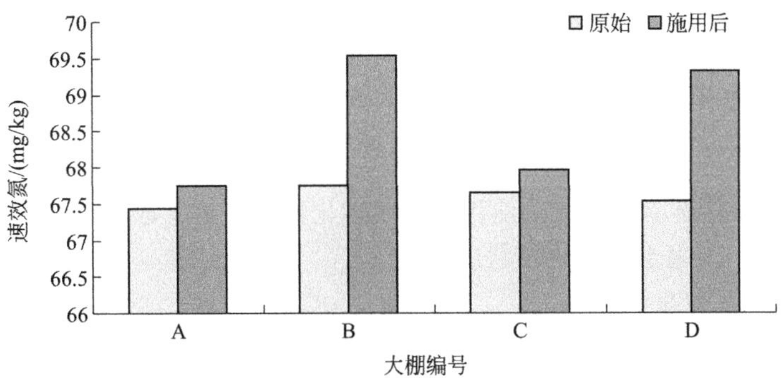


图 4-143 沼液沼渣对土壤速效氮的影响

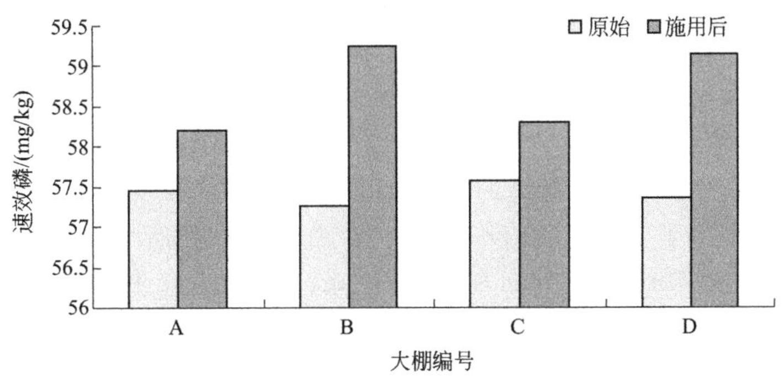


图 4-144 沼液沼渣对土壤速效磷的影响

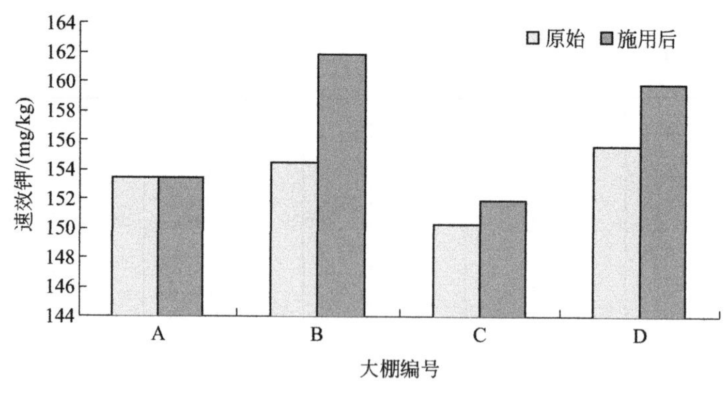


图 4-145　沼液沼渣对土壤速效钾的影响

如图 4-142～图 4-145 所示，通过比较使用沼液沼渣之后的土壤，有机质、速效氮、速效磷、速效钾的变化发现，A 组在试验前后土壤养分含量变化很小，而其他组试验前后土壤养分含量有所变化，特别是 B 组和 D 组，土壤养分含量提高较明显。沼液沼渣含有氮、磷、钾等元素，可以补充土壤内有机质和氮磷。同时沼液沼渣其固体物含量在 20%以下，其中部分未分解的原料和新生的微生物菌体，施入农田会继续发酵，释放肥分。

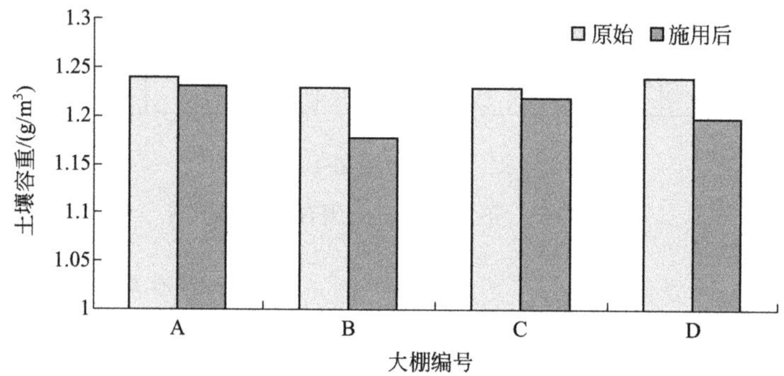


图 4-146　沼液沼渣对土壤容重的影响

由图 4-146 可以看出沼液沼渣的使用使土壤理化性状得到了改善。说明施用沼液沼渣有提高土壤养分含量，改善土壤理化性状的作用。

2）沼渣堆肥产品效果试验

① 土壤酶活性试验

a. 不同肥料种类对土壤脲酶活性的影响。经施加有机肥处理的各实验组，土壤脲酶活性都有明显的提高（见图 4-147），在试验进行的前 5 天，各实验组的过氧化氢酶活性迅速增加，D-1、D-2 和 D-3 分别相对提高了 151%、116%和 163%；之后土壤脲酶活性继续升高，但变化速率明显降低；D-1、D-2 在第 20 天出现最大值，最大值分别是 1.42mg/kg、1.48mg/kg，第 40 天实验结束时，各实验组的土壤脲酶活性分别为 0.92mg/kg、1.18mg/kg 和 1.44mg/kg。

由图 4-148 可知，经施加尿素处理的各实验组，在试验进行到第 5 天时有显著提高，E-1、E-2 和 E-3 分别相对提高了 179%、313%和 317%；之后土壤脲酶活性迅速降低，第 40 天实验结束时，各实验组的土壤脲酶活性分别为 0.52mg/kg、0.66mg/kg 和 0.75mg/kg。

随着肥料浓度的升高，土壤脲酶活性有增高趋势，且当肥料达到一定浓度时，土壤脲酶活性趋于平衡，这是因为沼渣有机肥与尿素无机肥中含有大量的 N 元素，土壤 N 含量随着

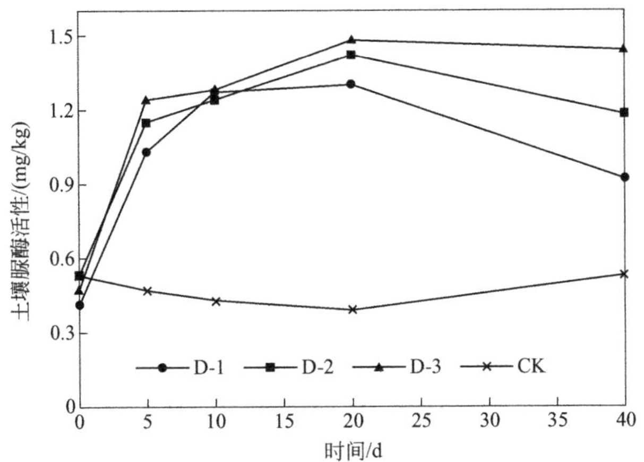


图 4-147 有机肥的施加量对土壤脲酶活性的影响

D-1—施加有机肥 2.5g/kg；D-2—施加有机肥 10g/kg；D-3—施加有机肥 25g/kg；CK—空白

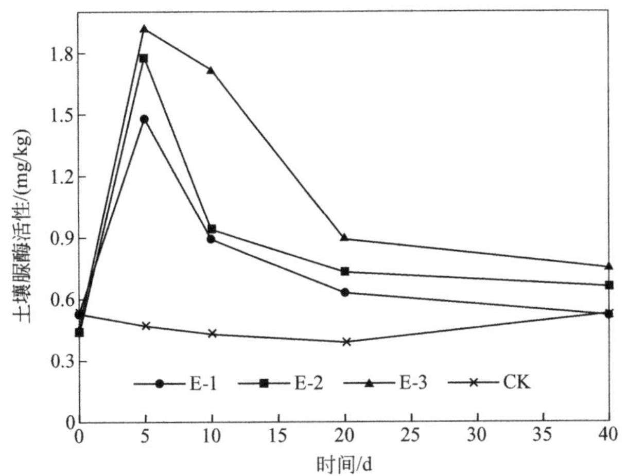


图 4-148 化学肥料的施加量对土壤脲酶活性的影响

E-1—施加尿素 0.1g/kg；E-2—施加尿素 0.4g/kg；E-3—施加尿素 1.0g/kg；CK—空白

肥料浓度的增加而增加，在微生物的作用下，导致土壤脲酶活性增加，但土壤脲酶活性还与土壤微生物量有关，当土壤中肥料达到一定程度时，土壤微生物量成为了土壤脲酶活性的限制性因素。添加沼渣肥的土壤能够维持长时间的较高土壤脲酶活性，这是因为堆肥的施加增加了微生物生长繁殖所利用的营养物质，增加了土壤中微生物的群体数量，另外有机肥是一种缓释型肥料，可以缓慢释放 N，使脲酶活性长时间维持较高水平。

b. 不同肥料种类对土壤过氧化氢酶活性的影响。经施加有机肥处理的各实验组，土壤过氧化氢酶活性都有明显的提高（见图 4-149），在试验进行的前 5 天，各实验组的过氧化氢酶活性迅速增加，D-1、D-2 与 D-3 分别相对提高了 32.5%、50.3%和 54.2%；之后 D-2 过氧化氢酶活性不断降低，D-1、D-3 过氧化氢酶活性升高到最大值后不断降低，实验结束时各实验组的过氧化氢酶活性分别是 2.32mg/kg、2.47mg/kg 和 2.53mg/kg；随着沼渣肥浓度的升高，土壤过氧化氢酶活性有增高趋势，均高于 CK 组。

经施加尿素处理的各实验组，与空白值相比，过氧化氢酶变化不大（见图 4-150）。添加沼渣肥的土壤能够维持长时间的较高土壤过氧化氢酶活性，说明添加有机肥的土壤具有较强的抗氧化能力，有利于解除过氧化氢对微生物、植物和土壤等的毒害作用。

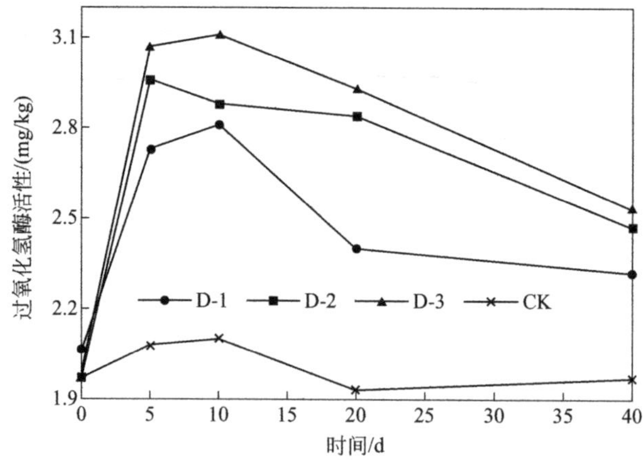


图 4-149　有机肥的施加量对土壤过氧化氢酶活性的影响

D-1—施加有机肥 2.5g/kg；D-2—施加有机肥 10g/kg；D-3—施加有机肥 25g/kg；CK—空白

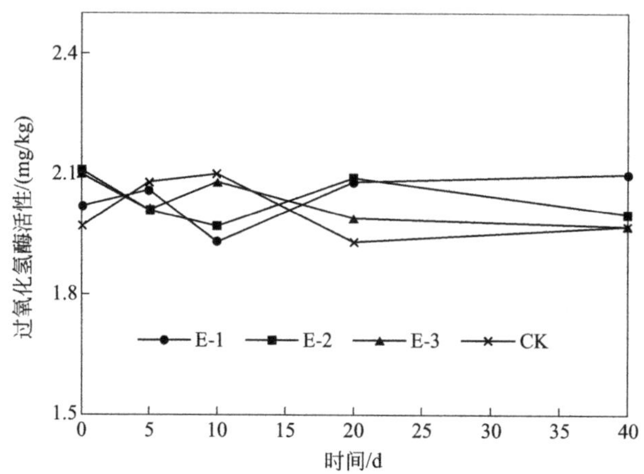


图 4-150　化学肥料的施加量对土壤过氧化氢酶活性的影响

E-1—施加尿素 0.1g/kg；E-2—施加尿素 0.4g/kg；E-3—施加尿素 1.0g/kg；CK—空白

② 不同施肥对植物生理性状的影响

a.植物实景图。图 4-151 为小麦图片。

图 4-151　小麦图片（从左向右依次为空白组、复合肥、沼渣肥）

b. 小麦发芽率。小麦的发芽率分别是 94.2%、89.2%与 96.8%，施加沼渣肥的小麦与空白组发芽率相差不大，施加复合肥的小麦发芽率最低（见图 4-152）。说明施加沼渣肥在提高土壤肥力的同时，又会提高种子的发芽率，从此角度考虑，沼渣肥是一种更为优越的肥料。

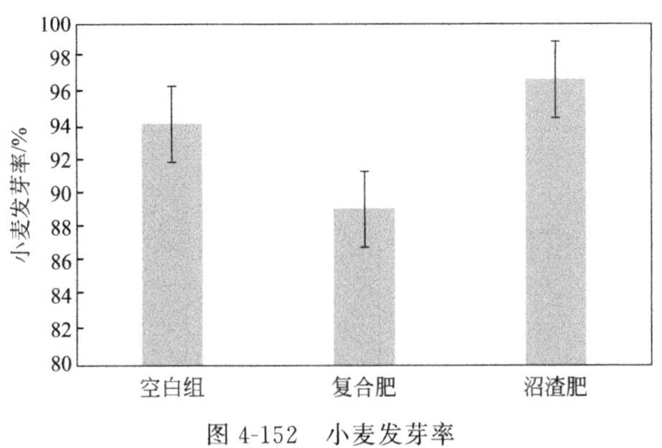


图 4-152 小麦发芽率

c. 植物生长状况。图 4-153 为小麦生长状况。

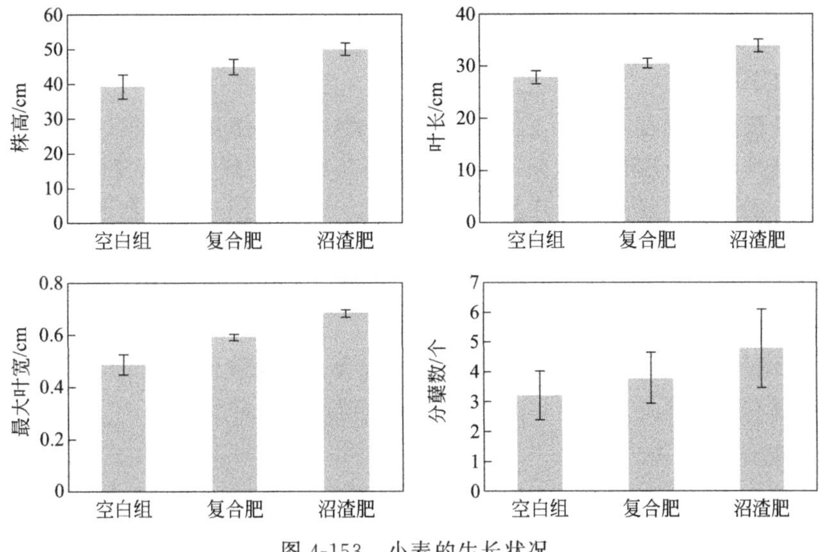


图 4-153 小麦的生长状况

株高、叶长、叶宽与分蘖数直接决定小麦的产量。如图 4-153 所示，各实验组的株高分别是 39.4cm、45.0cm 和 50.2cm，各实验组叶长分别是 27.8cm、30.4cm 和 34.0cm，各实验组的叶宽分别是 0.49cm、0.59cm 和 0.68cm，各实验组的平均分蘖数分别是 3.2 个、3.8 个和 4.8 个；由此可以看出施加沼渣肥的小麦的株高、叶长、叶宽和分蘖数明显高于未施加沼渣的，施加相同克数（6g）沼渣肥的小麦长势明显好于施加复合肥的小麦，说明在同一氮水平下施加沼渣肥与复合肥，沼渣肥具有明显的优越性。

d. 不同施肥对小麦产量的影响。如图 4-154 所示，各实验组鲜重分别是 5.10g、8.87g 与 9.83g，干重分别是 0.78g、1.33g 与 1.45g，其中施加沼渣肥的鲜重与干重都是最大值，进一步说明在同一氮水平下，沼渣肥更能促进植物生长，增加小麦的产量。

(2) 技术参数

每年4—5月整地期间，向农田施用沼渣肥代替复合肥2～3t/亩。在6—8月追肥，采用沼液作为追肥，替代复合肥。根据种植类型，考虑需要，可在9月份追加一次沼液。

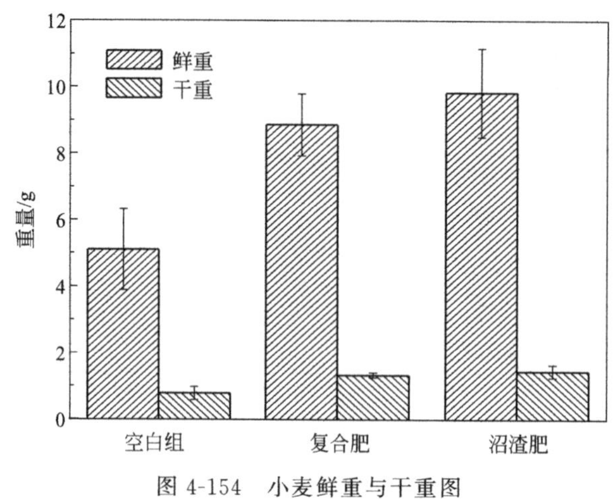


图4-154 小麦鲜重与干重图

### 4.3.3.2 化肥减量及绿色替代技术示范区

(1) 技术依托

化肥减量及绿色替代技术。沼渣作为厌氧残余物可直接施用于农田，有助于提高土壤肥力，改善土壤结构，使土壤保持水分；能够促进有机物的分解，提高氮磷钾等养分的供给。施加沼渣肥的小麦长势明显好于施加复合肥的小麦，说明在同一氮素水平下施加沼渣肥具有明显的优越性。施加沼渣肥可明显增大小麦的饱和光合速率，降低小麦的蒸腾作用，减少了水分损失，提高了水分的利用率；同时，添加沼渣有利于增大植物的气孔导度，提高植物的呼吸作用，强化植物与环境中其他气体的交换。

化肥减量及绿色替代关键技术在海林农场进行大田示范工程，通过各类数据采集证明，施加沼渣肥可以有效提高玉米株高，并且不会造成亩产显著降低。

(2) 建设规模及地点

建设地点：牡丹江海林农场。

建设规模：示范区面积1000亩。

(3) 建设和运行情况

使用沼渣替代化肥种植玉米等作物，具体实施方式为在播种前用沼渣为底肥，一亩地施用2～3t，随后还会根据情况灌施沼液1～2次。

1) 做底肥

施用量：做底肥每亩施用量为1500～2000kg左右。

施用时间：每年春耕前3～5天。

施用方法：通过拖拉机或者人工方式将其均匀直接散施田面，立即耕翻，以利沼肥入土，提高肥效。

2) 追肥

施用量：玉米用量300～500kg/亩，黄豆500～800kg/亩，其他经济作物200～

300kg/亩。

施用时间：每年7—8月份进行追肥，一般在玉米的灌浆期，黄豆挂荚期。

施用方式：可以直接开沟挖穴集中在作物根部周围，可以扬撒并覆土以提高肥效。

3）示范区运行情况

2014年10月20日，化肥减量及绿色化肥替代示范区检测土壤质量，对土壤肥力、土层厚度及有效组分进行检测，见图4-155。

图4-155　土壤质量检测

2015年4月26日，化肥减量及绿色化肥替代示范区土壤土质泛黄，有机质含量偏低，见图4-156，沼渣堆放区见图4-157。

图4-156　土壤土质外观

图4-157　沼渣堆放区

2015年4月29日，用铲车和拖拉机将沼渣运到示范区，按照每亩地2t堆在地中央，见图4-158。

图4-158　沼渣运送和堆放

2015年4月30日，在耕地同时将沼渣同时耕入土地，作为底肥，见图4-159。

图4-159　沼渣施用

2015年7月31日，在示范田灌溉沼液，见图4-160。

图4-160　灌溉沼液

(4) 示范区成效

沼液沼渣的施用可以有效减少化肥施用量，根据不同种类作物每亩可减少50～80kg化肥用量；有效促进了植物发芽和生长，减少了病虫害；基本不造成减产。示范效果见图4-161和图4-162。

(a) 沼渣施用前

(b) 沼渣施用后

图4-161　沼渣施用前后土地状况对比

图 4-162 沼渣施用后作物生长状况

## 4.3.4 雨水高效截污

### 4.3.4.1 雨水高效截污技术

海林降水量集中在 5—9 月，占年雨量的 95%以上，10 月至次年 4 月雨量不足 5%。降水量集中在夏季 6—9 月，占年雨量的 79.6%，其中 7—8 月两月降水量占夏季降水量的 62.9%，所以 7 月下旬到 8 月上旬为降雨高峰，这期间降水不仅集中，而且常常以暴雨形式出现。

雨水冲刷是造成农业非点源污染的重要原因，氮素和磷素等营养物质、农药以及其他有机或无机污染物质通过雨水形成的地表径流造成水环境污染。雨水造成的环境污染涉及随机变量和随机影响，农作物的生产会受到天气的影响，因为降雨的强度、空气温度、空气湿度的变化会直接影响化学制品（农药、化肥等）对水体的污染程度。故而研发农田雨水截留处置系统能够很好地遏制农田面源污染，减少氮磷污染。

采用砾石床截留系统，通过截留、过滤以及植物处置，可以解决雨水带来的大量泥沙以及化肥中氮磷污染的问题。

（1）试验研究

1）水平潜流型人工湿地试验装置

为了解决潜流型人工湿地床内溶解氧浓度较低等重点关键问题以及人工湿地堵塞问题，采用不同级配配置填料层；为了模拟冲击负荷造成进水量过大，采用三个不同深度出水管的设计；同时为了避免湿地床内部出现死角，在湿地床转角处进行抹圆角处理。解决了构造上的关键问题后，水平潜流型人工湿地可具有良好的水力条件、无堵塞问题以及复氧良好的优点。

试验的主体装置为水平潜流型人工湿地床，床体墙用砖和水泥砂浆砌成，床底用混凝土打底，用高标号水泥抹面作为防渗处理。水平潜流型人工湿地装置简图见图 4-163 和图 4-164。

由图 4-163 可见，水平潜流型人工湿地由进水井、潜流型人工湿地床、出水井三部分组成。进水井和出水井均为边长 0.80m 的正方形，主体潜流型湿地床分三条沟槽组成，每条沟槽的有效宽度为 0.80m，湿地床总长度为 19.4m，湿地里面填料高 0.60m，超高 0.4m，总高度为 1.0m，三条沟槽分别由两个 0.2m×0.2m 的过水孔相连通。进水井以跌水方式进水，以提高水中溶解氧浓度，同时进水井还起到均匀布水和再次沉淀悬浮物的作用。整个湿地装置有效面积为 16.80m$^2$，最大有效容积为 10.08m$^3$。本试验为了能在有限的时间内完成试验所需的各种工况，比较完整地考察各因素对处理效果的影响。因此，本试验共设置了两组完全相同的试验装置。

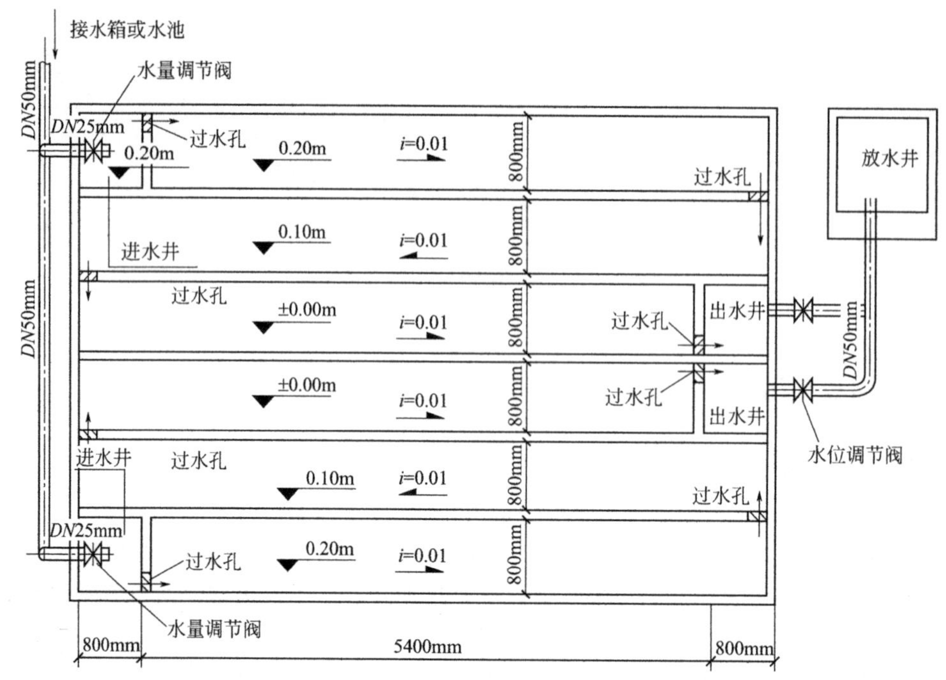


图 4-163 人工湿地装置平面示意图

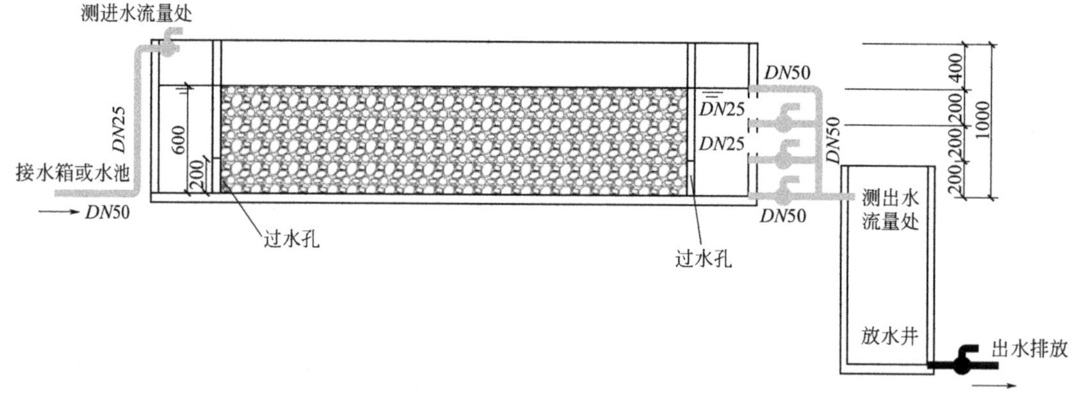


图 4-164 人工湿地装置剖面图（单位：mm）

2）填料的选择

为了综合发挥各填料优势，人工湿地床往往采用多种填料。填料级配十分重要，以有效去除各种污染物质，同时有效避免堵塞，延长运行周期。经试验表明，在常用粒径范围内，粒径略大或略小些，对过滤效果没有明显的影响。以下是对几种滤料的比较。

① 砾石　砾石是指粒径大于等于 2mm 的矿物颗粒，早在古代，我国就有利用不同粒径的砾石过滤雨水回用的记录。现在水处理工艺中使用的砾石都是机械加工型的，由石英矿石破碎、水洗、筛分得来，用作滤料承托层使用的还要经过球磨加工。

砾石有一定的离子交换能力，表现出较强的除磷能力，Grady 等指出：砾石滤池与用塑料填料的滤池相比，当施加同等的低有机负荷率［低于 1.0kg $BOD_5/(m^3 \cdot d)$］时，其性能相似。同时，砾石结构稳定，价格便宜，来源广泛，经机械加工后粒径均匀，比表面积大，在城市径流的分散处理中有着其他滤料所不能比拟的优势。

② 沸石　沸石是一种架状构造的含水铝硅酸盐矿物，主要化学成分是 $SiO_2$，其内部有着宽阔的空洞和孔道，占据着 $K^+$、$Ca^{2+}$ 等阳离子和水分子，当经过烘烧脱水后，结晶格架不会被破坏，从而形成了表面很大的孔穴。因此，沸石具有高效吸附性能，此外还有很高的离子交换性能、耐酸性和热稳定性。

目前，沸石被广泛用在工业废水处理上，也有一些采用沸石做人工湿地填料处理生活污水的研究，结果表明：沸石填料脱氮有比较明显的优势，但除磷效果很差，远不如砾石填料，此外沸石填料价格较高，约为砾石填料的 5～7 倍。

③ 轻质填料　轻质填料最早由 OTV 公司的 BIOSTYR 演化而来，填料为聚苯乙烯发泡塑料粒子，相对密度在 0.02 左右，最初主要是为污水的二级和三级处理中实现硝化、反硝化而开发的，并由此形成了一系列的工艺特点。轻质填料对污水中 $NH_4^+$-N 的去除效果很好，平均去除率维持在 90%以上。但是轻质填料的反冲洗问题尚未得到很好的解决，不适宜用在大型工程中。

经过调研，目前人工湿地用得较多的填料有砾石、炉渣、掺混的砖块和陶瓷棕色土壤及钢渣等，在经济、简便、就地取材的原则下，考虑到进水水质的特点以及有效防止堵塞的情况，本试验选择粒径为 10～30mm 的砾石和 60～120mm 的鹅卵石为人工湿地的基质填料。主要原因在于砾石中石灰石含量丰富，对磷具有较好的吸附能力与化学沉积能力。尽管煤渣、粉煤灰这类基质磷素吸附容量很大，且磷素释放量很低，是很好的净化磷素的基质材料，但是其碱性较大，不适合植物的生长；土壤具有比表面积大、吸附容量大的特点，除磷效果非常好，但是土壤的渗透系数小，容易发生淤堵导致湿地系统失效。鹅卵石主要化学成分是二氧化硅，其次是少量的氧化铁和微量的锰、铜、铝、镁等元素及化合物，表面光滑，表面光洁度 98%，抗压强度在 $600kg/m^2$ 以上，通过级配可以达到防堵的目的。具体的滤料使用情况见表 4-65。

**表 4-65　滤料使用情况**

| 填料位置 | 滤料材质 | 粒径/mm | 孔隙率/% | 近似比表面积/($m^2/m^3$) |
|---|---|---|---|---|
| 0.2m | 鹅卵石 | 60～120 | 20 | 40 |
| 0.2～0.7m 高湿地前 10m 处 | 砾石 | 20～30 | 43 | 80 |
| 0.2～0.7m 高湿地 10m 处至出水池 | 砾石 | 10～20 | 49 | 100 |

为了避免系统内过滤截留的有机污染物出现厌氧反应，填料不宜充填过高，为满足本次试验的要求，填料高度定为 0.6m。试验区暴雨径流污染物浓度不高，降雨时间有限，本试验的滤床并不是连续运行的，截留的污染物在雨后有一个较长的生化降解过程，污染物的截留和吸附性能有一定程度的恢复。

3）植物的选择

人工湿地的植物主要包括两大类：水生维管束植物和高等藻类。水生维管束植物具有发达的机械组织，植物个体较大，通常具有四种生活型（见表 4-66）：挺水型、漂浮型、浮叶型和沉水型。

目前在国外已有许多水生植物种类被用于人工湿地废水处理系统。国外最常用的植物种类是芦苇、风车草、香蒲和灯心草。此外，凤眼莲、黑三棱、水葱等植物也比较常用。国内湿地植物种类的应用主要借鉴了国外的经验，最常用的植物种类与国外基本一致。除了上面提到的植物种类以外，国内采用的植物还有香根草、茭白、苔草、大米草、小叶浮萍、菹草、池杉等。本试验选用菖蒲和芦苇作为湿地植物。

表 4-66 大型水生植物四种生活型

| 生活型 | 生长特点 | 代表种类 |
|---|---|---|
| 挺水植物 | 茎生于底泥中，植物上部挺出水面 | 芦苇、香蒲 |
| 漂浮植物 | 植物体完全漂浮与水面，具有特定的适应漂浮生活的组织结构 | 凤眼莲、浮萍 |
| 浮叶植物 | 根茎生于底泥，叶漂浮于水面 | 睡莲、荇菜 |
| 沉水植物 | 植物完全沉于水气界面以下，根扎于底泥或漂浮于水中 | 狐尾藻、金鱼藻 |

菖蒲：天南星科。为多年生挺水型草本植物。全株有特殊香气。具横走粗壮而稍扁的根状茎，上多数生有须根。叶基生，叶片剑状线形，长 50～120cm，端渐尖，中部宽 1～3cm，叶基部成鞘状，对折抱茎。中脉明显，两侧均隆起，平行脉每侧 3～5 条。肉穗花序狭圆柱状，长 3～8cm；花两性，淡黄绿色，密生；花被片 6，倒卵形；雄蕊 6，稍长于花被；子房长圆柱形。浆果长椭圆形，花柱宿存。花期 6—9 月，果期 8—10 月。最适宜温度为 18～23℃，10℃以下停止生长，以地下茎越冬，喜水湿，常生于池塘、沼泽、河流、湖泊岸边浅水处及水稻田边。

芦苇：多年水生或湿生的高大禾草，生长在灌溉沟渠旁、河堤沼泽地等，世界各地均有生长，芦叶、芦花、芦茎、芦根、芦笋均可入药。芦茎、芦根还可以用于造纸行业，以及生物制剂。经过加工的芦茎还可以做成工艺品。芦苇茎秆直立，植株高大，迎风摇曳，野趣横生。由于芦苇的叶、叶鞘、茎、根状茎和不定根都具有通气组织，所以它在净化污水中起到重要的作用。芦苇茎秆坚韧，纤维含量高，是造纸工业中不可多得的原材料，在湖边长得比较多。

4）处理效果影响因素试验

处理效果试验在 2015 年 6 月 15 日至 10 月 10 日进行。试验前观察到人工湿地内植物生长情况良好，芦苇平均高度已经达到 1300～1600mm，菖蒲平均高度为 350～400mm，可以判断植物已经完全适应了湿地的生长环境，根据经验，人工湿地已经满足雨水径流污染处理试验的条件。评价指标为浊度、COD、$NH_4^+$-N、TP、TN。

按正交试验以及对特定因素的考察进行试验，本试验得出特征污染物处理效果的试验结果，见表 4-67。本试验主要考察水力停留时间、水深变化、人工湿地运行天数及温度对处理效果的影响。试验结果发现，出水感官性状良好，没有明显的、令人厌恶的色、嗅，试验出水水质 COD 10.33～31.25mg/L；TP 0.040～0.240mg/L；$NH_4^+$-N 0.79～3.36mg/L；TN 1.15～3.80mg/L；浊度 1.51～22.13NTU，pH 7.49～7.93。

图 4-165 为雨水处理后效果图，水质清亮，感官效果好，达到雨水截留处置的目的。

图 4-165 处理效果图

**表 4-67　特征污染物处理效果**

| 试验号 | COD | | | TP | | | $NH_4^+$-N | | |
|---|---|---|---|---|---|---|---|---|---|
| | 进水/(mg/L) | 出水/(mg/L) | 去除率/% | 进水/(mg/L) | 出水/(mg/L) | 去除率/% | 进水/(mg/L) | 出水/(mg/L) | 去除率/% |
| 1 | 53～116<br>72.25 | 6～22<br>13.50 | 62.07～92.41<br>81.31 | 0.072～0.164<br>0.11 | 0.038～0.107<br>0.07 | 16.41～57.69<br>36.36 | 1.13～5.57<br>2.77 | 0.66～0.97<br>0.79 | 14.16～88.15<br>71.48 |
| 2 | 52～76<br>65.13 | 6～16<br>10.38 | 75.38～91.30<br>84.06 | 0.086～0.153<br>0.12 | 0.057～0.082<br>0.07 | 20.39～59.03<br>41.67 | 1.18～3.50<br>2.63 | 0.82～1.25<br>1.04 | 36.84～72.70<br>60.46 |
| 3 | 68～121<br>95.4 | 32～56<br>41.4 | 51.47～59.32<br>56.6 | 0.156～0.259<br>0.2 | 0.115～0.122<br>0.12 | 33.53～55.21<br>40 | 2.81～5.50<br>4.3 | 0.94～2.30<br>1.49 | 44.13～81.71<br>65.35 |
| 4 | 61～118<br>81.5 | 5～20<br>12.38 | 73.33～93.02<br>84.81 | 0.139～0.251<br>0.17 | 0.031～0.168<br>0.1 | 15.92～80.86<br>41.18 | 1.61～5.84<br>2.8 | 0.62～1.04<br>0.84 | 58.06～87.84<br>70 |
| 5 | 69～111<br>85.83 | 4～35<br>19.67 | 62.37～96.40<br>77.08 | 0.112～0.203<br>0.17 | 0.068～0.092<br>0.08 | 17.86～60.92<br>52.94 | 1.31～8.95<br>4.2 | 0.71～1.47<br>1.08 | 35.31～83.58<br>74.29 |
| 6 | 117～134<br>124.5 | 21～65<br>51.25 | 44.92～82.05<br>58.84 | 0.236～0.387<br>0.3 | 0.082～0.296<br>0.18 | 23.51～62.25<br>40 | 3.47～5.34<br>4.65 | 1.68～2.43<br>2.1 | 45.46～66.40<br>54.84 |
| 7 | 57～142<br>87.17 | 8～25<br>16.33 | 71.59～94.37<br>81.27 | 0.174～0.315<br>0.23 | 0.036～0.049<br>0.04 | 76.44～86.44<br>82.61 | 1.56～3.72<br>2.45 | 0.56～1.52<br>1.02 | 33.33～72.58<br>58.37 |
| 8 | 58～128<br>83.14 | 25～43<br>35.14 | 39.44～67.97<br>57.73 | 0.249～0.389<br>0.32 | 0.170～0.304<br>0.24 | 4.70～46.20<br>25 | 1.62～6.70<br>3.81 | 1.26～2.06<br>1.69 | 22.22～69.25<br>55.64 |
| 9 | 69～93<br>79.86 | 18～41<br>29.27 | 51.28～75.34<br>63.35 | 0.153～0.379<br>0.25 | 0.052～0.074<br>0.06 | 55.56～81.16<br>76 | 2.12～4.86<br>3.62 | 1.13～2.51<br>1.81 | 4.72～76.75<br>50 |
| 10 | 96～125<br>112.67 | 24～30<br>27.67 | 68.75～80.80<br>75.44 | 0.226～0.373<br>0.28 | 0.118～0.168<br>0.14 | 43.81～54.96<br>50 | 4.34～9.04<br>6.47 | 1.70～2.34<br>2.02 | 46.08～77.65<br>68.78 |
| 11 | 77～127<br>106.6 | 32～55<br>44 | 28.57～74.50<br>58.72 | 0.301～0.377<br>0.34 | 0.104～0.261<br>0.14 | 21.62～72.41<br>58.82 | 5.12～7.84<br>6.28 | 2.66～3.89<br>3.36 | 29.10～38.44<br>46.5 |

5）冲击负荷试验

① 试验结果　冲击负荷是雨水人工湿地的常见现象，本次试验模拟了两场不同强度的降雨对人工湿地处理效果的影响试验。人工湿地进出水浓度见表 4-68。

**表 4-68　不同冲击负荷下污染物平均去除效果**

| 试验时间 | COD | | | TP | | | $NH_4^+$-N | | |
|---|---|---|---|---|---|---|---|---|---|
| | 进水/(mg/L) | 出水/(mg/L) | 去除率/% | 进水/(mg/L) | 出水/(mg/L) | 去除率/% | 进水/(mg/L) | 出水/(mg/L) | 去除率/% |
| 3h | 98.42 | 25.86 | 73.71 | 0.260 | 0.095 | 63.51 | 2.37 | 2.02 | 14.78 |
| 5h | 97.29 | 41.50 | 57.34 | 0.245 | 0.113 | 53.91 | 2.34 | 2.18 | 6.99 |

注：表中数据均为平均值。

从表 4-68 可以看出，冲击负荷下，对 COD 和 TP 具有一定的处理效果，氨氮的去除效果并不明显。主要的原因除了与水力负荷因素造成的污染物负荷突增有关外，与在冲击负荷下人工湿地流态趋于非串联 CSTR 的弥散模型也有很大的关系。同时可以看出，5h 的冲击负荷下的处理效果明显比 3h 的冲击负荷情况差，这现象表明冲击强度越高，人工湿地的处理能力越差。

② 试验结果分析

a. COD 去除效果分析。图 4-166 为两种负荷下 COD 进出水浓度变化过程。

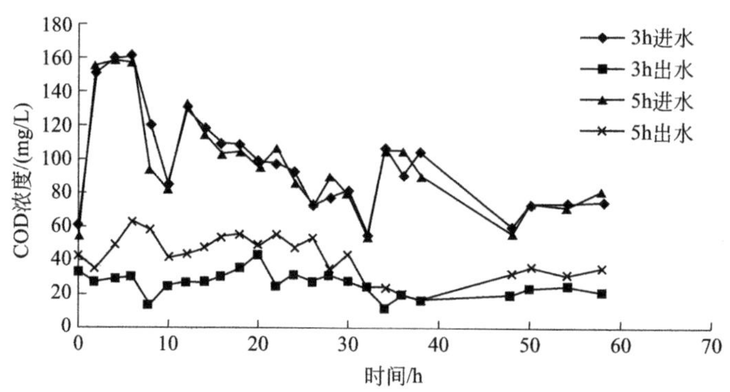


图 4-166　不同强度冲击负荷 COD 进出水浓度变化

由表 4-68 和图 4-166 可以看出，在两组试验进水浓度基本一致的情况下，两组试验对 COD 的去除均有一定的效果，出水 COD 浓度变化幅度不大，说明湿地系统对 COD 具有较好的耐冲击负荷能力。同时也看出，5h 冲击负荷试验的 COD 出水浓度高于 3h 冲击负荷试验的 COD 出水浓度。5h 冲击负荷试验出水 COD 峰值的出现早于 3h 冲击负荷试验。这两个现象表明，5h 冲击负荷相对于 3h 冲击负荷对湿地的影响要大。两组试验在 30h 后的出水浓度变化较小，基本能维持在较低水平，表明湿地所受到的冲击负荷影响逐渐被消化，湿地的自我修复功能较好。

b. TP 去除效果分析。图 4-167 为两种负荷下 TP 进出水浓度变化过程。

由表 4-68 和图 4-167 可以看出，湿地除磷有一定的效果，3h 冲击负荷和 5h 冲击负荷的除磷率分别为 63.51%和 53.91%。5h 高负荷下的处理率比 3h 冲击负荷的处理率低 9.6%。5h 的高冲击负荷引起系统对 TP 的去除率明显下降，分析其原因是磷在潜流湿地中主要依靠吸附和沉淀作用得以去除，较高的水力负荷会对填料表面产生冲刷作用，同时也缩短了颗

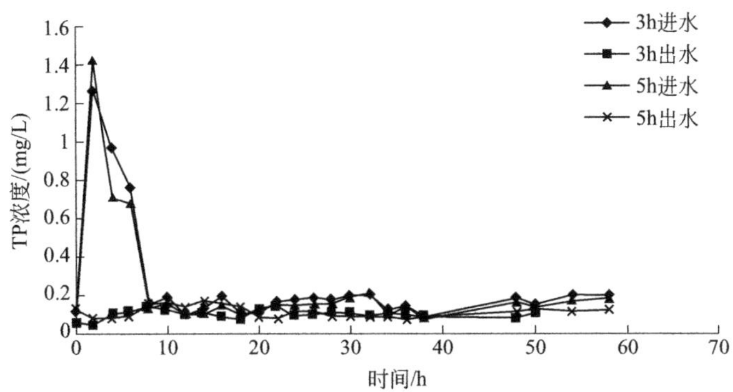


图 4-167 不同强度冲击负荷 TP 进出水浓度变化

粒的沉淀时间，故在高负荷时磷的去除率下降较大。同时也发现 5h 冲击负荷下，出水 TP 浓度在 20h 以前的波动较大，极差为 0.098mg/L，20h 后的出水浓度变化较小，出水浓度维持在 0.120mg/L 左右；3h 冲击负荷下，出水 TP 浓度在 28h 以前的波动较为剧烈，极差为 0.085mg/L，28h 后的出水浓度变化较小，维持在 0.100mg/L 左右。说明了湿地系统对除磷效果的耐冲击负荷能力一般，但是系统的自我修复能力较强。

c. 氨氮去除效果分析。图 4-168 为两种负荷下氨氮进出水浓度变化过程。

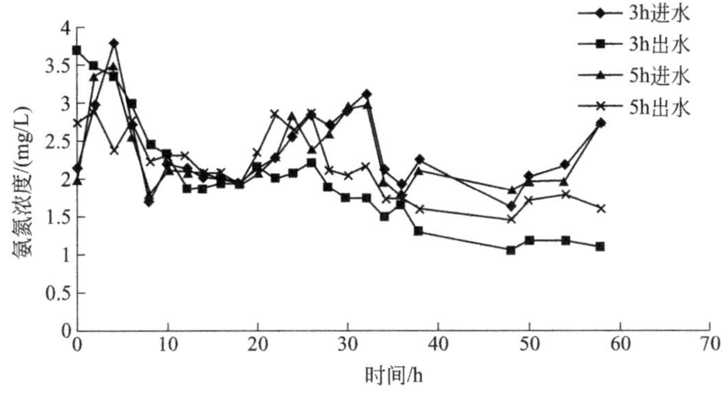


图 4-168 不同强度冲击负荷氨氮进出水浓度变化

由表 4-68 和图 4-168 可以看出，湿地系统在受到了 3h 和 5h 两种不同程度的冲击负荷情况下，系统对氨氮的去除率分别仅为 14.78%和 6.99%，系统对氨氮的耐冲击负荷能力较差。分析其原因可能是在做本次的冲击负荷试验前系统用自来水做了示踪剂流态试验，系统内部的微生态环境（主要指对氨氮起作用的硝化菌和反硝化菌）没有完全恢复和成熟；同时冲击负荷对基质的冲刷作用也可能是导致氨氮去除效果不理想的原因之一。

（2）技术参数

人工湿地采用水平潜流型人工湿地（见图 4-169），由进水区、潜流型人工湿地床、出水区三部分组成。选择粒径为 10～30mm 的砾石和 60～120mm 的鹅卵石为人工湿地的基质填料；雨水截留砾石床截留湿地边坡 30°～45°，砾石床厚度 0.5～0.6m，三层颗粒级配，宽度随河道变化，根据田地分布设置；粒径级配按下层 0.2m 高铺设鹅卵石，0.2～0.7m 高铺设砾石；采用不同级配砾石，从上到下依次是 5～8cm、15～20cm；砾石级配顺序由前到后依次减小，在人工湿地前段，距进水井 10m 的范围内铺设粒径为 20～30mm 的砾石，其孔隙率约为 49%；人工湿地最后 10m 处至出水池铺设粒径为 5～10mm 的砾石，其空隙率约为

43%，填料高度为 0.6m。选择芦苇和菖蒲为主要湿地植物。

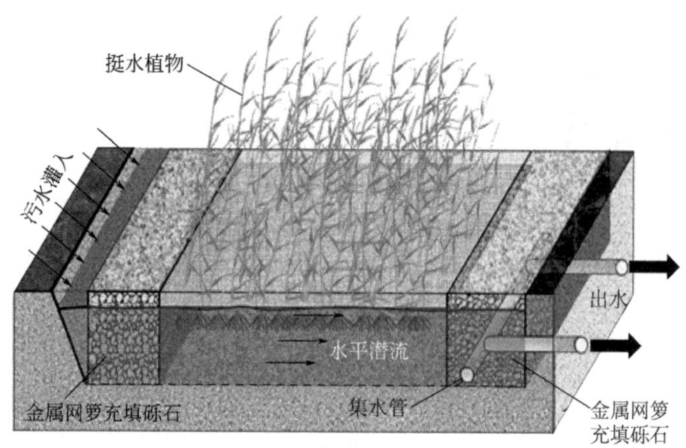


图 4-169 水平潜流型人工湿地系统

#### 4.3.4.2 雨水高效截污潜流人工湿地砾石床示范工程

(1) 技术依托

雨水高效截污技术。示范工程选用的主体工艺为“排水沟＋沉淀区＋砾石床＋湿地植物”，对于浊度的去除主要是在截留沟和砾石床处完成，人工湿地对 TP、TN 的去除主要是在前 1/2 段的湿地床中完成的。雨水高效截污关键技术处理水量大，每公顷每天可处理 20000t 污水，设置地点灵活，运营维护成本低。

(2) 建设规模及地点

建设地点：牡丹江海林农场。

建设规模：在海林农场厂区牛尾巴河上游农田周边，建立 2km 长的雨水截流沟，现有河道宽度，设计约 600m$^2$ 砾石床人工湿地。

(3) 建设和运行情况

1) 截流沟

截流沟的作用是将雨水从农田周边截留输送至人工湿地砾石床。根据农田情况建设 0.5m×0.8m×200m 左右截流沟。

2) 滞留沟

滞留沟用于去除大颗粒的悬浮物及砂砾等。在人工湿地前端尺寸为 6m×2m×2.5m，根据情况定时清淤。

3) 砾石床人工湿地

人工湿地建设包括沉淀区、砾石床和湿地植物。根据现有河道宽度，设计约 600m$^2$ 砾石床人工湿地。砾石采用不同级配砾石，从上到下依次是 5～8cm、15～20cm，深度各 30cm。本工程中主要采用芦苇、菖蒲等挺水植物作为主要湿地植物。

4) 运行情况

2015 年 4 月 16 日，雨水截流湿地拟建地概况见图 4-170，可以看出周边土壤暴露，水体浑浊。

图 4-170 雨水截流湿地拟建地

2015 年 4 月 30 日，通过机械及人工向水中投入不同颗粒级配的砾石，按照要求铺设砾石床，见图 4-171。

图 4-171 砾石床建设

2015 年 5 月 10 日，砾石床建设完成，见图 4-172。

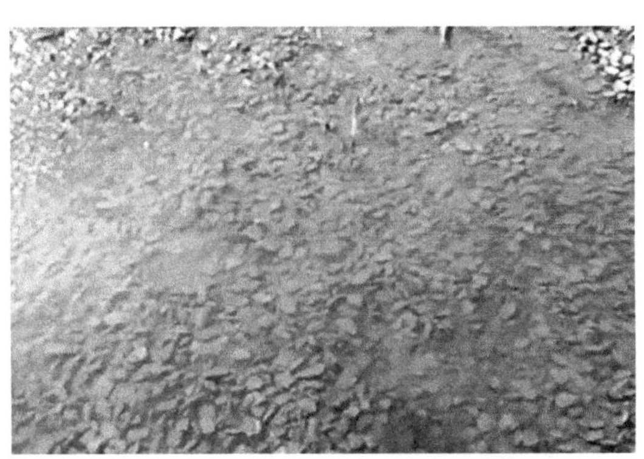

图 4-172 已经建设完成的砾石床

2015 年 5 月 11 日，在污水处理厂人工湿地中挖取部分芦苇根茎，种植在已经建设好的砾石床中，见图 4-173。

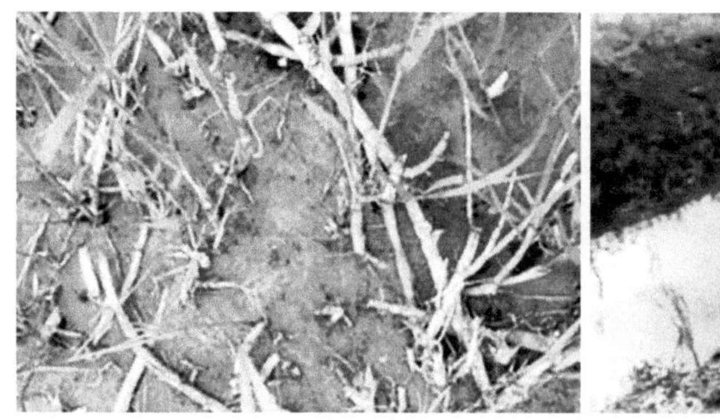

图 4-173　移植的芦苇

2015 年 5 月 26 日，种植在砾石床上的芦苇开始生长，见图 4-174。

图 4-174　芦苇开始生长

2015 年 7 月 11 日，种植在砾石床上的芦苇大量生长，见图 4-175。

图 4-175　芦苇大量生长

2015 年 8 月 30 日，人工砾石床植物生长良好，稳定运行，出水清澈，悬浮物大量减少，见图 4-176。

图 4-176 稳定运行的人工湿地砾石床

(4) 示范工程成效

雨水带来的大量泥沙可以在沉淀区沉淀，COD 和悬浮物在砾石床过滤去除，氮磷等污染物被湿地植物去除。砾石床对 COD 的去除效果较好，平均去除率达到 48.4%；浊度去除率达到 80%～95%；人工湿地对 TP、TN 的去除效果为 20%～50%、30%～55%。随着雨水径流量的增大，TN 的去除效果明显下降，TP 和浊度去除率基本保持不变。经过两年运行可以有效降低雨水带来的悬浮物和氮磷的入河量。示范效果见图 4-177。

(a) 沉淀区　(b) 砾石床

(c) 建成前　(d) 建成后

图 4-177 雨水截流湿地

### 4.3.5 面源污染综合防控体系

（1）研发思路

北方寒冷地区农村面源污染型河流存在的环境问题是：①小城镇常规污水处理工艺投资运行费用高、操作管理难度大、低温运行效果差；②畜禽粪便大量堆放，污染水源和土地，常规畜禽发酵工艺冬季无法稳定运行；③农用化学品大量使用、利用效率低、流失率高，通过农田径流加重了水体的有机污染和富营养化；④雨水带来大量泥沙以及肥料中的氮、磷。常规的面源治理技术则存在末端治理对低温期适应能力差、化肥减量推广难度大、生态化模式不健全等问题。针对以上问题，结合地域气候特点，秉承全系统循环的治理思路开展技术研发，根据能流、物流循环设计生态化农业面源污染控制方法，研发低温期稳定运行的小城镇污水处理技术和低温期畜禽废弃物处置技术，保障污水处理站与畜禽粪便处置在冬季稳定运行。同时，研发化肥减量及绿色替代技术、雨水高效截污技术。将污水处理、畜禽粪便处置、化肥减量、雨水截留融合在一起形成一个有机系统。

（2）技术原理

针对黑龙江省农场众多、农业种植面积大、农村环境基础设施落后、农业生产生活面源污染的问题，基于低温期稳定运行的小城镇污水处理技术、低温期畜禽废弃物处置技术、化肥减量及绿色替代技术、雨水高效截污技术构建牡丹江典型支流面源污染综合防控体系。采用“两段式厌氧处理+CSTR”工艺处置畜禽废弃物，通过太阳能补温、运行调控，并辅以低温高效菌剂，实现 CSTR 冬季稳定运行。沼液沼渣含有腐殖质，可以起到缓释肥作用；沼渣可增加土壤中微生物量，直接或者间接利于植物生长。雨水径流中携带的氮、磷经过“排水沟+沉淀区+砾石床+湿地植物”的截留、过滤以及植物处置，减少雨水污染。生活污水采用“接触氧化+温室结构潜流人工湿地”工艺处理，兼具活性污泥法和生物膜法的特点，抗冲击负荷能力强。面源污染综合防控体系通过畜禽废弃物资源化利用削减污染源，通过污染源治理控制污染途径，通过雨水末端截留保护受纳水体，形成了系统化解决方案。

（3）工艺流程

工艺流程为“首端减量—中段治理—末端截留”，见图 4-178。

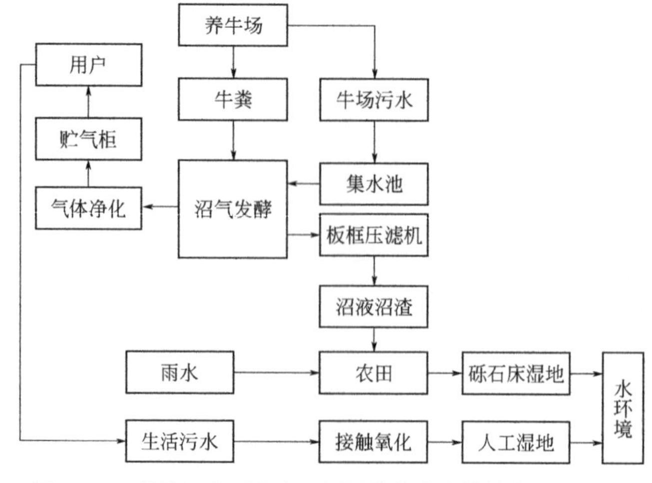


图 4-178 牡丹江典型支流面源污染综合防控技术工艺流程

① 通过畜禽粪便发酵，将获得的沼渣作为有机肥施用在田地中取代部分化肥，沼液可作为液体肥料用于追肥；通过该过程有效减少化肥的施用，做到源头减量。

② 通过接触氧化-人工湿地工艺处理农村污水，可以大幅度减少水中污染物的污染，出水可以做生态用水。

③ 对畜禽粪便采用两段式厌氧发酵工艺，大幅度削减污染的同时，产生的沼气和沼液沼渣都作为后续资源利用。

④ 通过截流沟—砾石床—湿地连用处置雨水，减少水中氮磷污染，此部分为末端截留。

(4) 技术创新点

结合北方地域气候特点，秉承系统治理、循环利用的治理思路开展技术研发，根据能流、物流循环设计生态化农业面源污染控制方法，有针对性地研发了适合北方低温期的面源污染治理技术。解决了常规面源治理技术存在的末端治理对低温期适应能力差、化肥减量推广难度大、生态化模式不健全等问题，突破了甲烷菌在20℃条件下无法产气这一瓶颈。将污水处理、畜禽粪便处置、化肥减量、雨水截留融合在一起，形成源头减量、过程截留、后续修复三位一体的有机系统。

(5) 实际应用案例

应用单位：黑龙江省牡丹江市海林农场。

实际应用案例介绍：牡丹江典型支流面源污染综合防控技术在牡丹江流域面源综合整治关键技术示范区成功应用，该技术将农田、污水、雨水、畜禽粪便结合在一起形成一个有机系统，解决了小城镇污水处理工艺运行成本高、冬季运行不稳定的问题，生活污水经组合工艺处理后用于农田灌溉，在一定程度上缓解了当地水资源短缺的状况，组合工艺处理过程中产生的污泥和湿地植物均可以回收利用；生活垃圾、畜禽粪便稳定产沼气及梯级循环利用技术突破了秸秆和畜禽养殖业废物含水量高、成粒难等关键技术，沼气站每天可生产600$m^3$高质量的便宜的绿色能源——清洁甲烷，24h供应当地居民，方便了居民生活，提高了职工生活的用能品位；化肥减量及绿色化肥替代技术可以有效减少化肥用量、改善土壤条件，使农业生产逐步向生态化方向转变；雨水高效截污潜流人工湿地砾石床工程经过两年运行大幅度减少了雨水带来的悬浮物和氮磷物质进入水体。面源污染综合防控技术为垦区经济和社会可持续发展开辟了一条新路，应用前景广阔。

## 4.4 梯级电站建设的生态补偿关键技术研究

### 4.4.1 减缓调峰水流生态影响的应对措施及效果分析

由3.4可知，梯级电站调峰水流对牡丹江水文过程产生了较显著的影响，水文过程的变化导致了牡丹江的水生态退化。为减轻调峰水流对生态环境造成的不良影响，Moog曾提出12条针对调峰水流的防控措施，这些防控措施归纳分类为以下三类：

① 运行调度类措施　通过控制水电站的运行，直接控制调峰水流，以减轻它的直接危害。如对产生调峰的水电站，控制其流量的大小、流量增减的速率、调峰的持续时间等；或者与电网中的其他电站相互配合，合理安排发电量，改变所需的调峰水流。这类措施的操作最为简单，不需要进行工程建设，但是由于电站的运行受到限制，不能完全按照使经济效益最大的方式运行，会造成一定的经济损失。

② 工程补偿类措施　通过建设水工建筑物，改变水流的流态，从而缓解调峰水流的影

响。常用于此目的的水工建筑物包括储水池、地下水库、水库中的人工鱼礁、引水渠道、各种泄水建筑物等。这类措施通常修建在进行调峰的水电站下游，对水电站的调度影响不大；但由于需要另外修建水工建筑物，因此通常造价较高。

③ 河道整治类措施　通过进行河道整治或针对河流中生物栖息地的破坏采取补偿性措施，对河道内的生态环境进行补偿和维护。常用的措施包括拓宽河道、放置碎石和沉积物、植树植草、修建恢复性建筑物如导流板、堰等。这类措施的成本较低，相应的使用年限也较短；应用的地理范围较小。因此，作用范围也较为有限。

选择合适的防控措施需要考虑多方面的因素，如受影响河流的形态、季节变化、水电站的使用年限、投资的数额等，其选择取决于目标在于改善生态的哪些方面。这些防控措施的效果目前仍无定论，如目前广泛采用更接近天然流量的经验流量来替代“控制最小流量法”，然而 C. Finch 等对小科罗拉多河中弓背鲑幼鱼的研究表明，当控制流量为更接近天然状态的稳定流时，幼鱼的生长率反而低于其受调峰水流影响时的生长率。N. E. Jones 指出，只采取单一的防控措施难以取得良好的效果。因此，我们有必要对防控措施的效果进行科学的评价，据此重新审视各种措施的适用范围和实际效果，从而合理地将多种防控手段结合起来。

图 4-179　断面位置示意图

#### 4.4.1.1　通过电站调节，减小流量的变化幅度

调峰水流是电站调峰引起的，通过电站调节减小流量的变化幅度，可以改善下游的水环境条件。为了定量研究石岩电站日调节引起的下游河段水力参数的变化，取石岩电站至柴河大桥断面之间的牡丹江江段为研究对象，在海浪河上游、下游各取 3 个实测地形的断面进行分析，断面的位置为上、下游河段的四等分点左右。见图 4-179 和图 4-180。

进行数值模拟时，以 2013 年 10 月的平均流量为干流出口的平均流量并保持不变，海浪河流量按照流域面积比等于分水比的原则，参考牡丹江水电站的实测数据推算。根据石岩电站实际日调度规律，假设石岩电站出流流量发生增长和减少的时长为 1h，以最大流量运行时长为 2h，改变最大流量比，设计 4 组工况，各工况下最大流量、最小流量如表 4-69 所示。

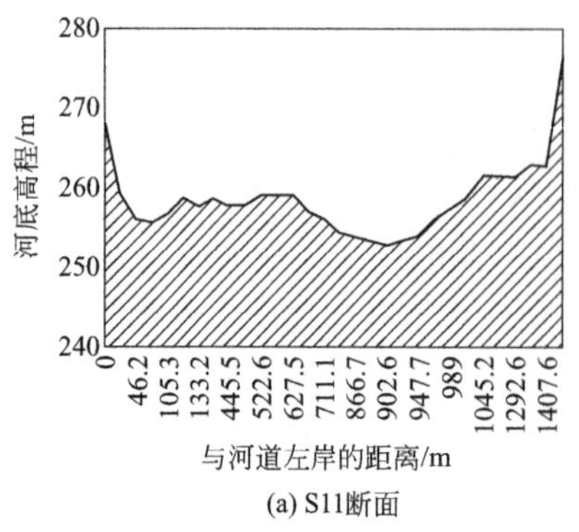

(a) S11断面

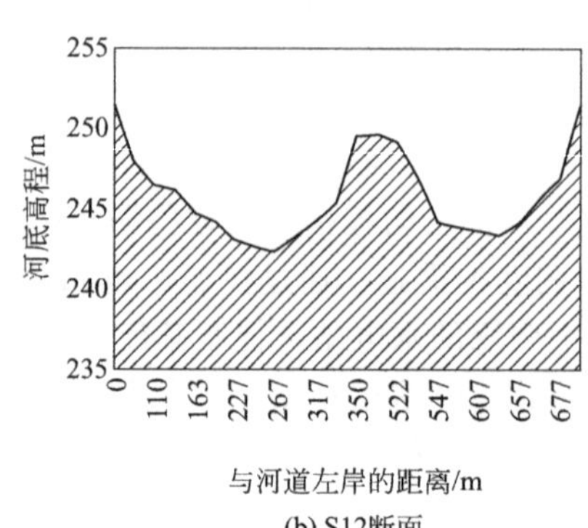

(b) S12断面

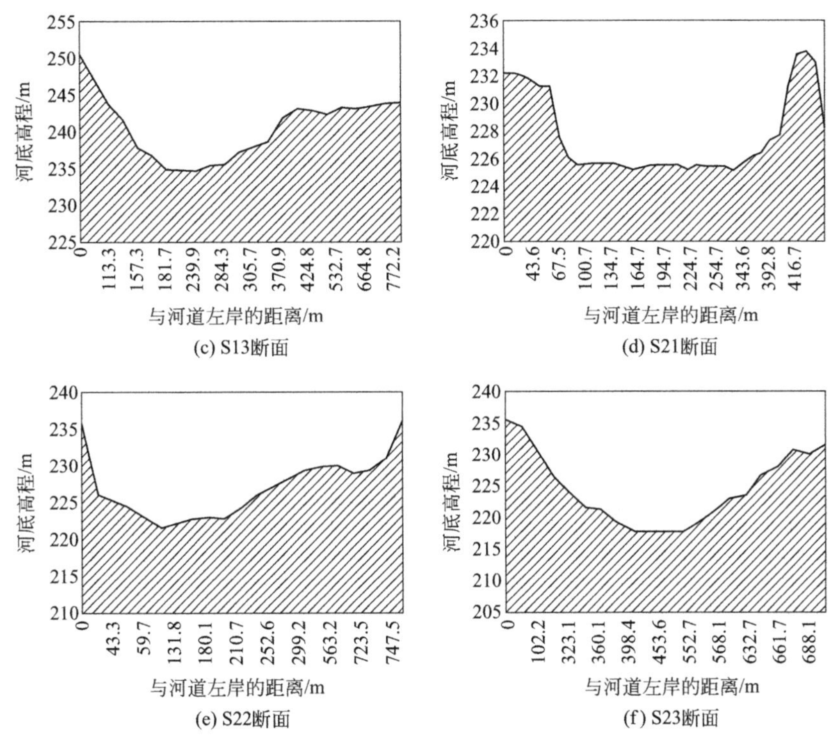


(c) S13断面 (d) S21断面

(e) S22断面 (f) S23断面

图 4-180 选取的各断面形状

**表 4-69 各工况下的取值**

| 工况 | 最大、最小流量比 | 最大流量/($m^3$/s) | 最小流量/($m^3$/s) |
|---|---|---|---|
| 1-1 | 2 | 119.63 | 59.81 |
| 1-2 | 10 | 316.66 | 31.67 |
| 1-3 | 20 | 398.76 | 19.94 |
| 1-4 | 40 | 458.14 | 11.45 |

模拟的总时长为7d。对同一断面，水面宽度同时也反映了过流面积的大小，其变化与水生生物的搁浅密切相关。因此，对各工况下的水面宽度进行比较分析。靠近下游的断面变化出现在靠近上游的断面变化之后，相距37.9km的S11断面和S13断面的流量达到最大值的时间相差18h；各工况下，各断面流量上涨和下落的时长均大于1h，且越靠近下游，调峰水流的流量峰的宽度越大，亦即调峰阶段的时长越长。流量增加的速率大于流量下降的速率。流量变化的周期在上游断面表现得更加明显，各次峰值之间的时间间隔均为24h；下游的3个断面由于受到海浪河无周期入流影响，流量达到峰值的时间间隔不一，没有统一的周期。

水电站日调度带来的水流变化不仅影响流态和水质，水位的快速上涨和下落会令水生生物难以在水位下降时及时回到主河道中，发生搁浅。仅考虑过流面积则还会受到断面形状的影响，不易进行比较；而水面宽度与水生生物搁浅的相关性更高。因此，以下对各工况下的水面宽度进行比较分析。

如图4-181～图4-184所示，水面宽度的变化受流量的影响很大。以流量变化较大的上游3个断面为例进行说明，随着从工况1-1至工况1-4最大流量比逐渐增大，各断面的水面宽度变化的幅度也在增大。其中S11、S12断面的水面宽度变化的幅度更加明显，在流量增大时其水面宽度的变化超过 200m。另一方面，流量的变化并非水面宽度的决定性影响因素。即使是在流量变化最大的工况 1-4，S13 断面水面宽度变化的幅度也仅为 0.6m，仅为水面宽度的 0.4%左右；同一工况下，调峰期间 S11 断面的最大流量比 S12 断面更大，但在工况 1-2、工况 1-3 的情况下，S12 的最大水面宽度大于 S11 的最大水面宽度，排除时间差的影响，同一相位时 S12 的水面宽度也大于 S11 的水面宽度。这说明水面宽度的变化不仅与流量有关，还与断面的形状有着密切的关系。而与上游断面不同的是，下游断面的水面宽度变化十分不明显。以工况 1-4 为例，最大流量比达到 40 的情况下，下游各断面的水面宽度变化均不超过 10m。

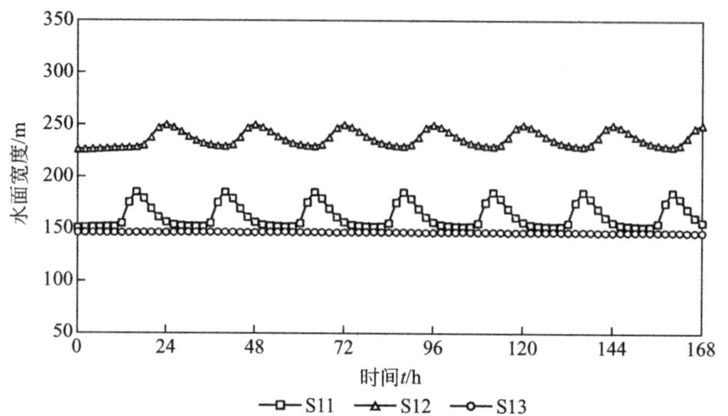


图 4-181 工况 1-1 上游断面的水面宽度变化

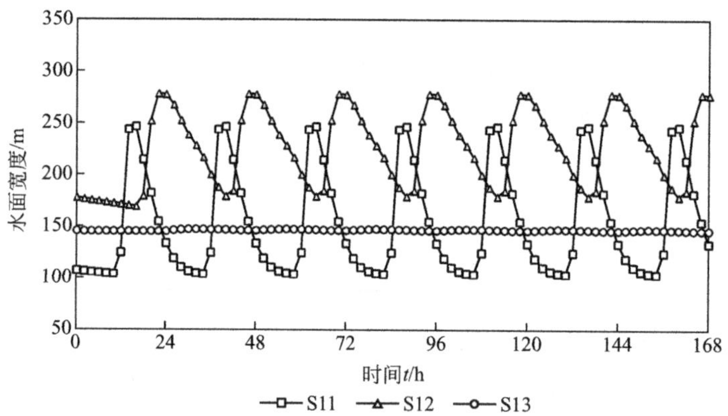


图 4-182 工况 1-2 上游断面的水面宽度变化

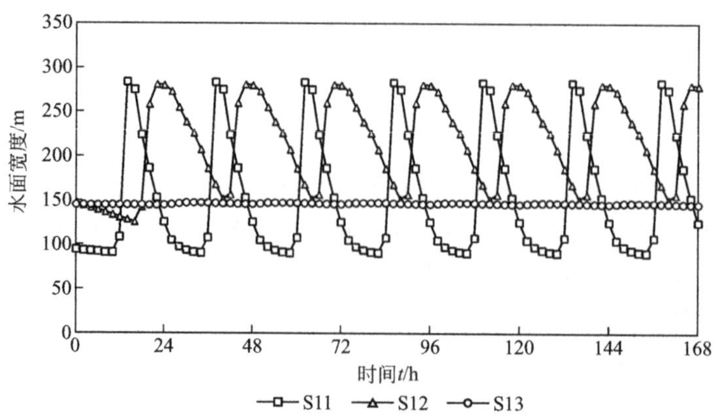


图 4-183 工况 1-3 上游断面的水面宽度变化

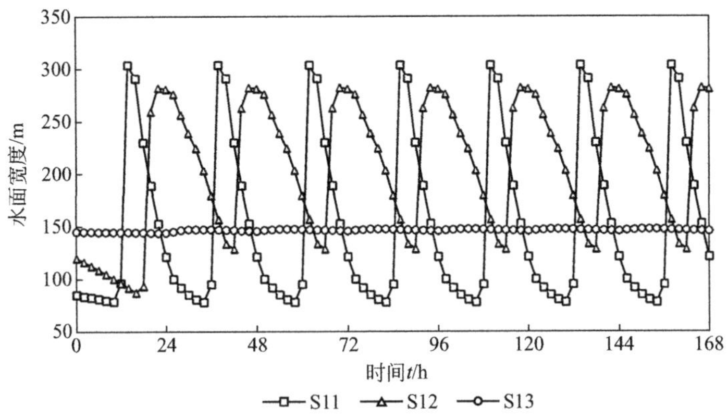


图 4-184 工况 1-4 上游断面的水面宽度变化

#### 4.4.1.2 通过工程补偿，减小调峰水流变化幅度

调峰水流会造成生物栖息地水动力学条件的变化，如栖息地的流速会对水生生物的生命活动造成影响。适当的工程措施能够缓解此类变化，如建设丁坝或简易挡水墙，增大过流断面上的水头损失。为探究工程补偿对调峰水流的影响，在石岩电站断面下游的 4.9km 处设置简易水工建筑物，各断面与上游 500m 处的江段的水头损失系数 $KE$ 取 99，以模仿下游减少透水坝的效果，以表 4-69 中所述工况 1-1～工况 1-4 进行模拟，模拟时长为 7d。观察石岩电站下游 5.9km 处的断面水面高程与断面平均流速的变化情况，模拟结果如图 4-185 和图 4-186、表 4-70 和表 4-71 所示。

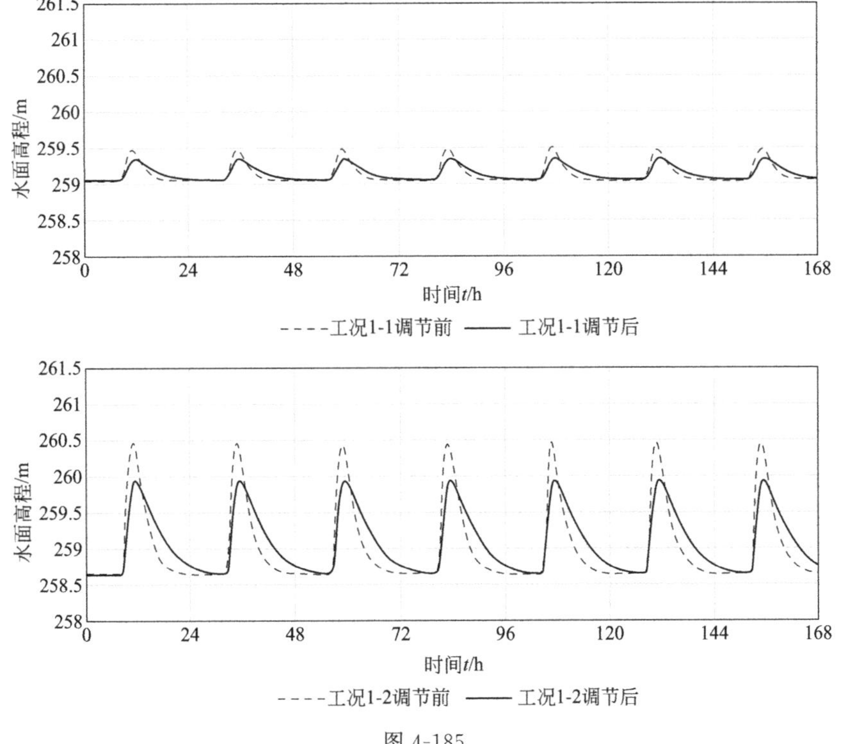


图 4-185

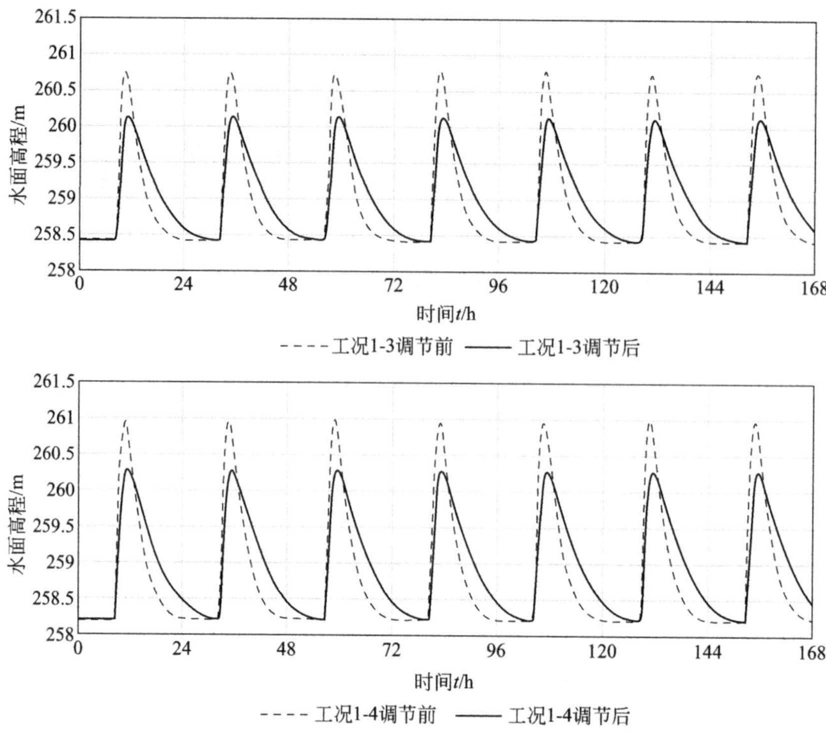


图 4-185 各工况下石岩电站下游 5.9km 断面的水面高程变化

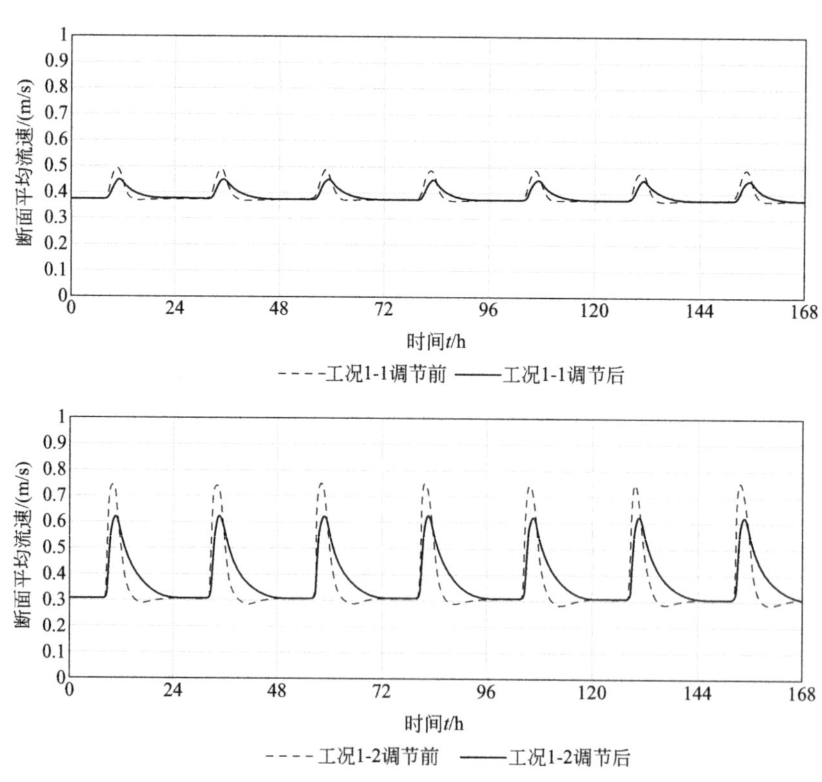

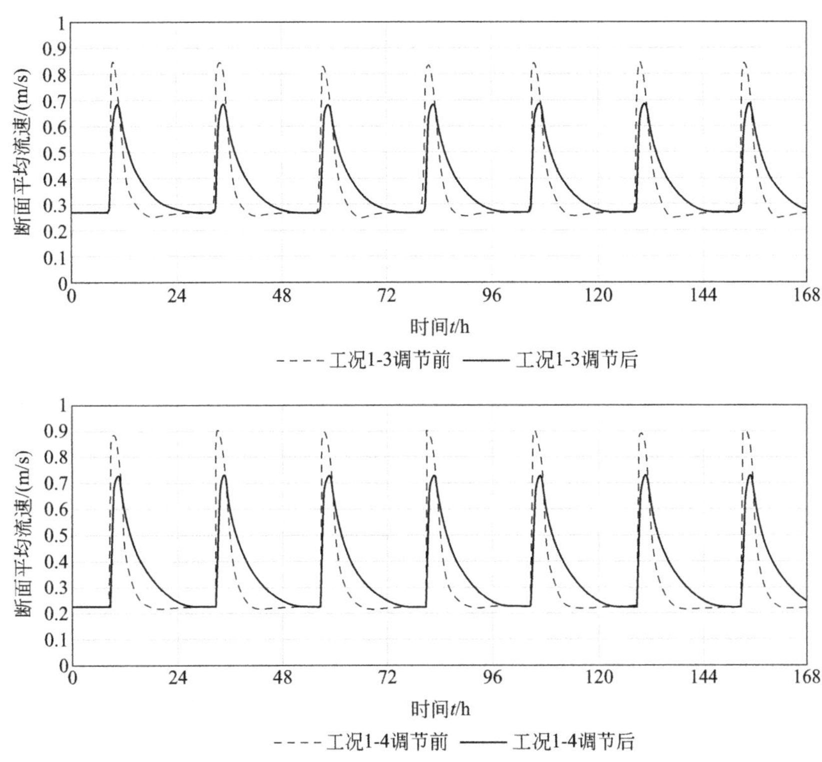


图 4-186 各工况下石岩电站下游 5.9km 断面的平均流速变化

**表 4-70 各工况下石岩电站下游 5.9km 断面水面高程的调节效果**

| 项目 | 工况 1-1 | | 工况 1-2 | | 工况 1-3 | | 工况 1-4 | |
|---|---|---|---|---|---|---|---|---|
| | 调节前 | 调节后 | 调节前 | 调节后 | 调节前 | 调节后 | 调节前 | 调节后 |
| 调峰期间最大水面高程差/m | 0.437 | 0.292 | 1.809 | 1.293 | 2.349 | 1.725 | 2.769 | 2.07 |
| 与调节前相比减小 | 33.2% | | 28.5% | | 26.6% | | 25.2% | |

**表 4-71 各工况下石岩电站下游 5.9km 断面平均流速的调节效果**

| 项目 | 工况 1-1 | | 工况 1-2 | | 工况 1-3 | | 工况 1-4 | |
|---|---|---|---|---|---|---|---|---|
| | 调节前 | 调节后 | 调节前 | 调节后 | 调节前 | 调节后 | 调节前 | 调节后 |
| 调峰期间最大流速差/(m/s) | 0.120 | 0.076 | 0.466 | 0.315 | 0.594 | 0.420 | 0.690 | 0.502 |
| 与调节前相比减小 | 37.1% | | 32.3% | | 29.4% | | 27.3% | |

经过上游工程补偿后，下游断面在调峰时段的最低水位基本不变，最大水面高程明显下降，减小幅度均超过 25%；水流发生变化的时间也有所增加，流速的变化减缓。随着水头损失的增加，最大流速差的减小幅度也在增大，减小幅度超过 27%。因此，可以通过在需要减小水流变化幅度处的上游一段距离处设置一系列小型水工建筑物以增加断面的水头损失，从而减小调峰水流的变化幅度。

由表 4-70 和表 4-71 可知，随着调峰时最大流量比增加，工程补偿的调节能力下降；如需继续提高对调峰水流的调节能力，可以适当在上游继续增加水工建筑物以增大水头损失。在距离石岩电站 5.9km、9.9km、14.9km 处设置简易水工建筑物，各断面与上游 500m 处的江段的水头损失系数 $KE$ 取 99，以表 4-69 中所述工况 1-1 进行模拟，模拟时长为 7d。观察各设置水工建筑物的断面下游 1km 处（即石岩电站下游 5.9km、10.9km、15.9km 处）断面水面高程与断面平均流速的变化情况，模拟结果如图 4-187 和图 4-188、表 4-72 和表 4-73 所示。研究结果表明，增加多个透水坝，能够提高工程对调峰水流影响的调节能力。

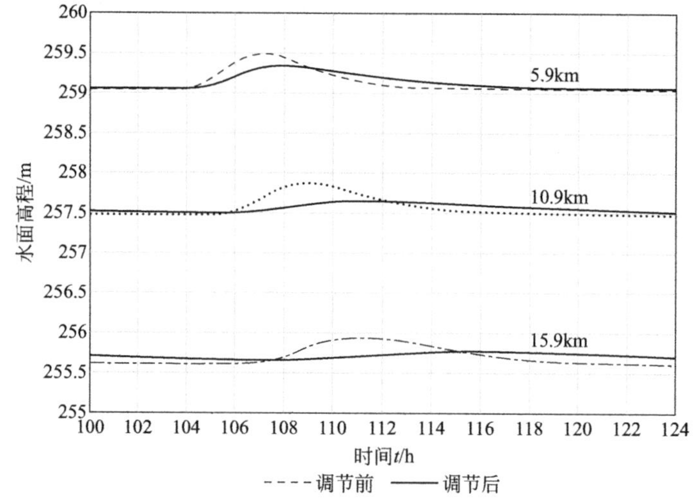


图 4-187　工况 1-1 石岩电站下游 5.9km、10.9km、15.9km 处断面的水面高程变化

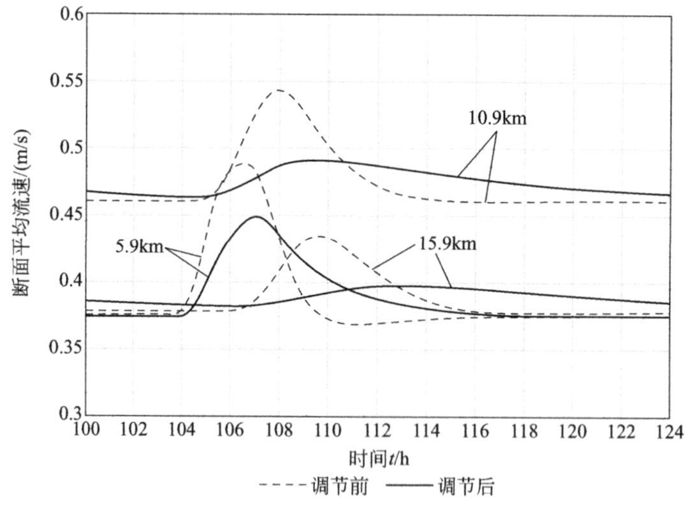


图 4-188　工况 1-1 石岩电站下游 5.9km、10.9km、15.9km 处断面的流速变化

**表 4-72　工况 1-1 石岩电站下游 5.9km、10.9km、15.9km 处断面最大水面高程差变化幅度**

| 项目 | 5.9km | | 10.9km | | 15.9km | |
|---|---|---|---|---|---|---|
| | 调节前 | 调节后 | 调节前 | 调节后 | 调节前 | 调节后 |
| 调峰期间最大水面高程差/m | 0.437 | 0.292 | 0.402 | 0.176 | 0.324 | 0.147 |
| 与调节前相比减小 | 33.1% | | 56.2% | | 54.6% | |

表 4-73 工况 1-1 石岩电站下游 5.9km、10.9km、15.9km 处断面最大流速差变化幅度

| 项目 | 5.9km | | 10.9km | | 15.9km | |
|---|---|---|---|---|---|---|
| | 调节前 | 调节后 | 调节前 | 调节后 | 调节前 | 调节后 |
| 调峰期间最大流速差/(m/s) | 0.120 | 0.076 | 0.084 | 0.031 | 0.058 | 0.019 |
| 与原始相比减小 | 37.1% | | 63.6% | | 67.7% | |

### 4.4.1.3 通过河道整治，减小鱼类的搁浅率

为了模拟河岸砾石的透水性，选择了海绵作为模拟浅滩的材料。在自然界中，由于砾石的自然堆积，可能在浅滩上形成洼地，对鱼类搁浅可能有较大影响，因此在实验模型中也考虑了这一点。实验模型如图 4-189 所示。

图 4-189 鱼类搁浅现象实验模型

选 3 个抽水泵进行实验，通过多次实验重复测得其实际流量如表 4-74 所示。

表 4-74 实验流量参数

| 编号 | 实测流量 | | $Q_{max}$ |
|---|---|---|---|
| | $cm^3/s$ | L/h | L/h |
| 1 | 51.37118 | 184.9362 | 800 |
| 2 | 101.0928 | 363.9342 | 2000 |
| 3 | 67.15957 | 241.7744 | 800 |

在实验中为观察不同水位下降速度下鱼类的反应，采用不同泵的组合，1 号（流量 51.37$cm^3/s$，水位下降速度 0.0436cm/s）、1＋3 号（流量 118.53$cm^3/s$，水位下降速度 0.0921cm/s）、1＋2＋3 号（流量 219.62$cm^3/s$，水位下降速度 0.1864cm/s）。

实验主要考虑水位下降速度的影响和有无洼地的影响。当无洼地时，低洼处用有机玻璃填平。有无洼地情况下各采用 3 种泵的组合，共有 6 组不同条件的实验，每组实验重复 3 次。

具体操作方法：将 10 条鱼放入鱼缸，在深水区安置泵，抽水前将鱼集中于浅水区，用有机玻璃隔开。开始抽水同时将隔板取出，抽水到海绵最高处为止，观察有无搁浅现象。实验结果如图 4-190 所示。

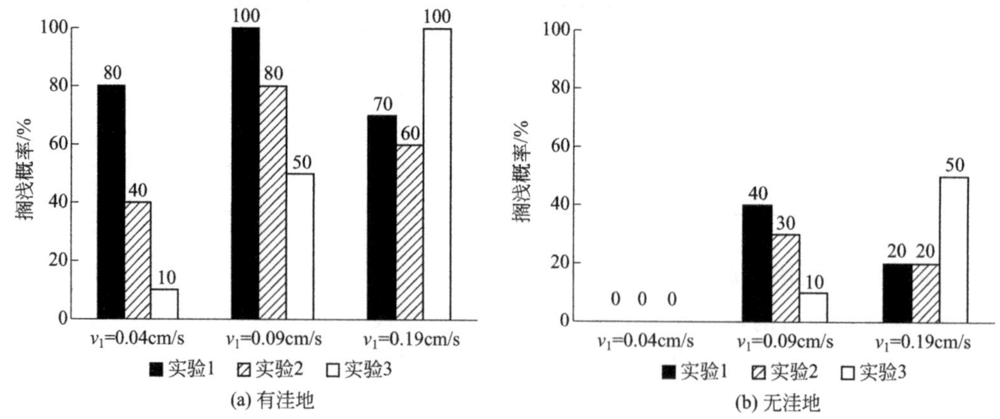


图 4-190 有无洼地的鱼类搁浅实验研究

实验过程中观察到以下现象：在水位刚开始下降时，鱼类并无明显反应，游动有很大随机性，但鱼类分布实验表明，在无干扰情况下，鱼类更倾向于在水位较深的地方分布。因此，不论水位是否下降，在将隔板取出后，都有较大一部分鱼游向更深水位的区域。

在水位下降到与鱼身体同高时，鱼露出脊背，此时鱼类开始有明显反应，显得焦躁不安，有胡乱游走、撞击鱼缸壁现象，试图在周围寻找能够淹没过脊背的较深水位，此时鱼类并不能有目的性地寻找安全区域，只是盲目地跳动，故是否会搁浅有一定随机性。

水位下降速度相同时，相对于在无洼地的情况下，鱼类在有洼地的情况下更容易搁浅。主要原因是，当水位下降到接近脊背高度时，鱼类开始寻找安全区域，在无洼地情况下，这样的反应会逐渐引导它们到达深水位安全区；而在有洼地情况下，有一部分一直处于洼地，并未感受到水位下降，直至洼地与深水安全区隔开，水位继续下降至搁浅；另一部分起初处于浅滩，当水位下降到脊背高度，由于反应的盲目性，鱼类只会在周围很小范围内寻找更深水位的区域，这样的反应有可能将他们引导到洼地，也有可能引导到深水安全区，但是随着水位继续下降，处于洼地内的鱼类必将搁浅。

为了验证这样的现象，加做了一组实验，起初将鱼类全部集中于浅滩，在一定水位下降速度的情况下，其搁浅率处于有洼地和无洼地之间。

在不同水位下降速度下，鱼类搁浅率存在很大不同。不论有无洼地，搁浅率均随降速增大而增大。原因是在水位下降速度较大时，鱼类仍然只对下降到脊背高度的水位有反应，但此时降速过快，鱼类来不及寻找安全区域，导致较大的搁浅率。

因此，处于浅滩的鱼类在水位下降初期没有反应，直到水位下降到鱼类的脊背高度时开始有反应，其反应带有盲目性和随机性，它们会在自己身体周围寻找高于所处水位的区域，这样的反应可能将它们引导至洼地而搁浅，也有可能将它们引导至深水安全区。而一开始处于洼地的鱼类不会对水位下降有反应，直至搁浅。水位下降速度加快将使鱼类更容易搁浅，原因是鱼类来不及寻找到安全区域，而水位已经下降至滩地以下。

### 4.4.2 减缓调峰水流生态影响的补偿方案

基于现场调查、数值模拟和水槽实验，分析了调峰水流的变化特征，以及水流变化的生态影响，并通过情景模拟，确定了缓解调峰水流及其影响的方法和途径。通过国外案例的对比分析，提出了减缓牡丹江调峰水流生态影响的补偿方案。

#### 4.4.2.1 瑞士 Hasliaare 河水电站调峰水流的补偿方案

(1) 工程背景

Inn1 水电站是瑞士 Gadmerwasser 河上的一座水电站，它的尾水通过 1330m 长的尾水渠排入支流 Gadmerwasser 河，然后再流经 50m，进入 Hasliaare 河（图 4-191）。这样，下游河道经历电站调峰引起流量的巨大变动，流入 Haslliaare 河的最小流量为 $3m^3/s$，最大流量为 $39m^3/s$。另外，Inn1 水电站尾水口附近还建有水电站 Inn2，最大流量为 $30m^3/s$，经由 40m 的尾水渠进入 Hasliaare 河，可能产生更大的流量变动。

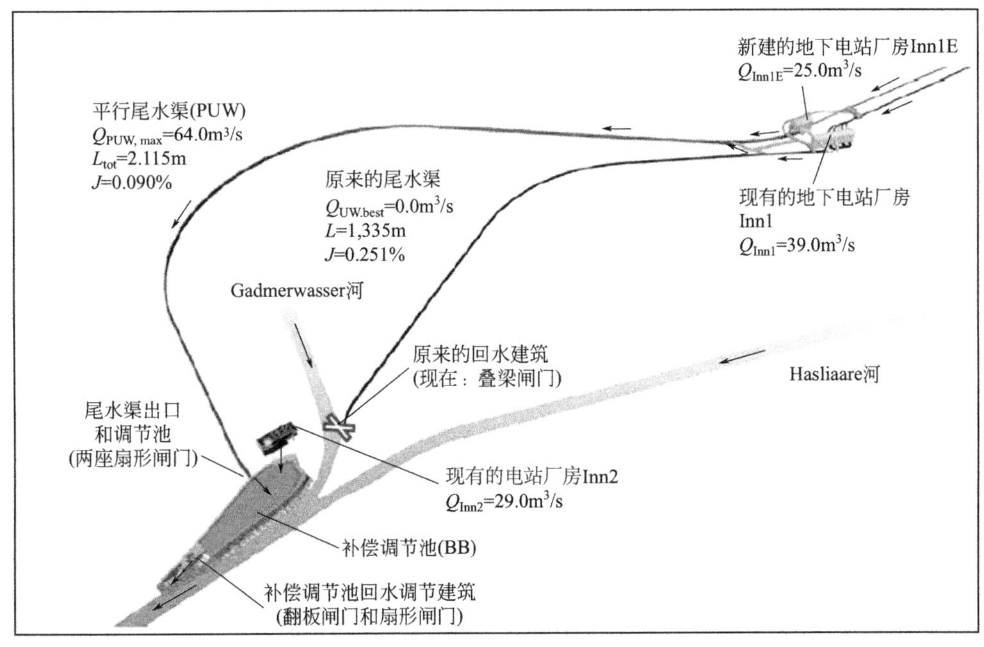


图 4-191 Hasliaare 河及 Inn1 电站和 Inn2 电站布置图

水电站的运营公司对 Inn 水电站进行改造，增强水电站的运行性能，并减小水电站调峰水流的影响。Inn1 水电站的改造工程称作 Inn1E 工程，包括在原有厂房旁边 50m 处再建一座新的厂房，水轮机组的设计流量为 $25m^3/s$，装机容量为 150MW。如果不采取补偿措施，新增机组将导致 Hasliaare 河产生更大的流量波动。根据瑞士法律，需要对调峰水流的生态影响进行补偿。为此，电站业主——Krafwerke Oberhasli 有限公司修建了新的 2.1km 长的尾水渠和调节池，以减小 Inn1 机组和 Inn1E 机组的调峰水流的影响。

(2) 补偿对象和目标

根据预可研的水文预测，估算了改造前和改造后河流流量的上升速率和下降速率，进而确定了调节池的容积。结果表明，调节池的容积为 $50000 \sim 100000m^3$ 时，可明显改善现状或者 Inn2 运行后的生态调节。其后，根据成本收益分析，由环境专家、工程专家、联邦和州代表、业主共同组成的专家团经过反复协商，确定调节池的设计容积为 $80000m^3$。

现状和改造后，各运行条件下的流量增加和减小速率的参数如表 4-75 所示。一般来说，冬天的河流流量低，受调峰水流的影响更大，表 4-75 的结果是在 95% 的保证率下，计算了连续 4 个冬天的日最大流量得到的。

表 4-75 改造前和改造后的流量上升速率、下降速率和冬季条件的下降速率

| 电站运行情景 | 调峰水流变化速率/[$m^3/(s \cdot min)$] | | |
|---|---|---|---|
| | 上升速率(+) | 下降速率(−) | $Q<8.1m^3/s$ 的下降速率 |
| 改造前 | 1.36 | 1.21 | 0.70 |
| 只增加 Inn2 | 1.43 | 1.35 | 0.70 |
| 系统改造后 | 0.70 | 1.33 | 0.14 |

根据下游河道的水位上升速率，确定影响河道的流量上升速率为 $0.70m^3/(s \cdot min)$，最大不超过 $2.50m^3/(s \cdot min)$。对于流速下降过程，如果基流大于 $8.1m^3/s$，流速下降速率控制为 $-1.33m^3/(s \cdot min)$；如果基流流量小于 $8.1m^3/s$，流量下降速率控制为 $-0.14m^3/(s \cdot min)$，以保证幼鱼的正常生长条件。

(3) 调峰水流的补偿分析

1) 工程条件

Inn1 水电站所处江段为高山峡谷，受空间所限，调节池的容积只有 $20000m^3$。为此，在调节池和 Inn1E 厂房间修建了 2.1km 长，宽断面的尾水渠道，以补偿所需的剩余容积。原有的尾水渠道接入新建的尾水渠道，其尾端不再通水。这样，已有的 Inn1 机组和新的 Inn1E 机组所有的尾水通过新建尾水渠道排泄掉。这个方案的另外一个优点是，当其中一个机组由于大修停止运行时，另外一个机组仍可正常使用。

在详细设计中，利用一维数值模型对不同方案进行了对比，并对尾水渠和调节池组合系统的液压功能等参数进行了优化。蓄水容量的管理策略通过自适应调节算法进行了优化，优化过程不仅考虑了初始设计中规定的临界升降速度，而且对电站运行所需要的安全和操作要求进行了规划。比如，既不允许整个系统也不允许单个蓄水单元的水位过高或者过低。另外，突然增大流量或者短时停掉水轮机组时必须能保证发电的灵活调节性能。管理滞留体积的调节算法中优先考虑系统安全性、最大和期望流量升降速率以及运行的灵活性。

2) 新建尾水渠

新建尾水渠，起初假定无压明渠条件，设计出一种宽 $B_{PUW}=7.42m$，高 $H_{PUW}=6m$，坡度斜率仅为 0.09%的水渠方案。这种尺寸下，水流深度约为 4.50m，水轮机的剩余水头约为 3.40m。在无压流条件下，通过初步结果可以判断出新建尾水渠连同调节池可以提供的最大蓄水量 $V_{PUW}=60000m^3$。然而，进一步分析显示，如果保证安全和电站灵活运转，新建尾水渠需要采用十分复杂的调整策略。

为了实现对水轮机流量变化的有效补偿，尾水渠安装了两个宽 6m 的弧形闸门调节，根据瞬时系统排泄能力进行调节，蓄水能力最大增加到 $73000m^3$。这种条件下，系统临界点特别是水轮机的尾水深度仍然符合要求，只是，瞬态流动现象中需要新的通风设备确保掺气。

3) 补偿调节池

所改造系统调节池的最下游呈"瓶口"形状（如图 4-192）。一方面，水从尾水渠流向调节池，另一方面，从 Inn2 机组流出的水不再直排 Hasliaare 河，而是进入调节池。在详细设计中，调节池可以提供最大蓄水量 $19800m^3$，末端分别由宽 12.5m 的翻板闸门和宽 10.0m 的弧形闸门调节。

图 4-192 瑞士 Hasliaare 河调节池影像图

注：右上方为 Inn2 水电站发电厂房。中间为 PUW 出口与调节池。左下方为流入 Hasliaare 河的补偿调节池。可在图片的右侧看到 Gadmerwasser 河以及在铁路桥上游原来的回水建筑。

调节闸门的容量、消力池几何形状以及排泄到 Hasliaare 河天然河段的水的影响已经在室内的水工模型上进行了研究和优化。实验结果显示，Hasliaare 河正常流量情况下两个排水口结构可以承受的排水能力为 100m$^3$/s。因此，可以保证调节闸门的冗余能力。洪水来临时，下游水位过高引起不完全溢流，需要提高调节池的水位以保证水电站最大泄洪能力。考虑到防洪安全，河道段并没有因调节池的建设而改变。

(4) 调节系统

1) 调节难点

制订详细调节算法过程中遇到最大的难点是面对一系列约束条件和系统组成，详情如下：

电站运行方面，排入调节池的 Inn1 电站和 Inn1E 电站的尾水变化范围为 0～64m$^3$/s，Inn2 水电站的流量变化范围达 0～29m$^3$/s。理论上，调节池的入流流量变化率相当于 $\Delta Q=$ 93m$^3$/(s·15min)，或者 $\Delta Q=6.2$m$^3$/(s·min)。通过调节池的调节，回流到 Hasliaare 河的水，其目标变化速率需要降低一个数量级。

尾水渠系统和调节池相互影响，会引起水位的波动，调节系统应该抑制这种波动，而不是扩大这种波动。

必须保证水轮机出口的水位。难点在于，尾水渠下游调节闸门根据变化水位进行调整的效果可以即刻观察到，而尾水渠上游部分的调整效果需要几分钟后才能观察到。

根据实测水位和闸门位置计算瞬时容量和排水量。系统中只有少数的位置能为所需要的操作提供可靠的数据。

2) 调节方法

水轮机下泄流量的变化会导致水位的波动，因此，需要对流量变化进行预先估算，通过优化调节，得到合理的流量上升或下降速率。因此，流量的预测是调节系统的关键，辅以缓慢地冲入和下泄，维持调节池的缓慢变化。

调峰水流源自电网负荷的变化。电网负荷的预测有几小时的时间富裕，为调节池的事先准备提供了可能，然而，这种预测伴随着多种不确定性。具体到水电站内部具体哪台机组开关需要人为干预，具有不确定性，因此，不知道哪条渠道的流量会发生巨大变化。另外，电力市场存在短期行为，会引起预测期不到 15min 的流量变化。

3）调控实现

系统调控的基础是尾水渠、调节池以及整个系统的流量平衡。系统调控的保障是瞬时水位的测量以及地形尺寸的确定。对于流量的变化，需要提前 60min 预测目标流量，以便在入流流量巨幅变化的条件下，能比较平缓地下泄到 Hasliaare 河。

流量的预测依赖于现有电站的控制系统。将控制系统参数和电站的名义发电负荷、实际发电负荷输入预测系统，在约束条件的限制下，预测最优的流量控制模式。在流量的预测过程中，要考虑系统的安全、预测的不确定性，甚至水电站的误操作等因素。

调节池的下泄流量实际由末端的弧形闸门和翻转闸门控制。为了控制闸门，需要有精确的水位-流量曲线和快速的闸门调节系统；并在水轮机出口、沿着尾水渠道和调节池安装水位传感器，随时获取水位的变化，估算流量的变动。

流量预测、水量平衡、闸门启闭等均实现自动计算和控制，整个系统集成到电站的运行系统，减小人工误操作的影响。

#### 4.4.2.2 牡丹江水电站调峰水流的补偿方案

(1) 补偿目标分析

瑞士的 Hasliaare 河位于北纬 46°12′，年均流量约 30～40$m^3/s$，枯水期最小流量约 8$m^3/s$，和牡丹江中游段条件相似（北纬 44°32′，镜泊湖入库年均流量 50～100$m^3/s$，枯水期最小流量约 16$m^3/s$）。瑞士 Hasliaare 河的水流变化控制目标为，河道流量上升速率为 0.70$m^3/(s \cdot min)$，最大不超过 2.50$m^3/(s \cdot min)$；对于流速下降过程，如果基流大于 8.1$m^3/s$，流速下降速率控制为－1.33$m^3/(s \cdot min)$；如果基流流量小于 8.1$m^3/s$，流量下降速率控制为－0.14$m^3/(s \cdot min)$。影响鱼类搁浅的因素主要跟水位的变化有关，具体设计需要更详细的数据结合更详细的调查取得，初步规划可以根据瑞士 Hasliaare 河的目标，控制流量适当调大进行考虑。

在研究江段，镜泊湖水电站是龙头电站，下游包括红卫、红农、阿堡、渤海、石岩等数座小型电站，其中石岩电站相对较大。这些水电站的流量变化既受到上游镜泊湖水电站的影响，也受各自运行方式的影响。石岩电站是一处径流式水电站，运行方式为日调节。每年 9 月之后，上游来流骤减，并在 11 月至次年 4 月伴有河流封冻现象。为了满足用电需求，提高发电效率，石岩电站采用日内间歇式的运行方式进行调节，枯水期通常白天蓄水，晚上用电高峰时段进行发电。研究江段设有石头水文站和牡丹江水文站，石头水文站设在石岩水电站的下游，可以代表电站的流量变化。根据石头水文站的数据，9 月份的最大流量变化率为 15.1$m^3/(s \cdot 10min)$，折合为 1.51$m^3/(s \cdot min)$，与河流的流量变化率控制阈值相当。在研究过程中，尽管发现了调峰水流对底栖动物的影响，但没有发现鱼类或者底栖动物搁浅的情况。另外，石岩电站的装机容量较小，通过调度适当控制流量的变化即可达到要求。

镜泊湖水电站为流域的龙头电站，并承担着黑龙江省电网的调峰任务。2014 年 9 月，在镜泊湖下游的三陵桥和五七大桥断面，观测到调峰水流引起的退水潭和鱼类搁浅的现象。镜泊湖电站设计水头 46.5m，设计流量 154$m^3/s$，总装机容量 96000kW；如果水电站的启闭时间按照 15min 计算，镜泊湖水电站的理论调峰水流变化达到 10.3$m^3/(s \cdot min)$，远远高于调峰水流的控制阈值。然而，镜泊湖水电站是黑龙江电网少数几个承担调峰的水电站，需要增加工程措施减缓调峰水流的影响。

(2) 石岩电站的调度补偿

根据石岩电站的调峰水流特征，9 月份的最大流量变化率为 15.1$m^3/(s \cdot 10min)$，折合为 1.51$m^3$/(s·min)，与河流的流量变化率控制阈值相当。在研究过程中，尽管发现了调峰水流对底栖动物的影响，但没有发现鱼类或者底栖动物搁浅的情况。另外，石岩电站的装机容量较小，通过调度适当控制流量的变化即可达到要求。因此，推荐石岩电站根据上游来流和自身库容情况，实施调度补偿。

(3) 镜泊湖水电站的工程补偿

镜泊湖水电站建在多山地区，电站尾水的上下游建有红卫一、红卫二、红农、阿堡等多个水电站；可以选择在水电站出口附近，并结合红农或者阿堡水电站建造调节池，调整镜泊湖水电站的调峰水流。瑞士的 Hasliaare 河的理论调峰水流 $\Delta Q=93m^3/(s\cdot 15min)$，需要修建的调节池库容 $V=50000\sim100000m^3$，镜泊湖水电站的理论调峰水流 $\Delta Q=154m^3/(s\cdot 15min)$，相应的调节库容需要 $V=80000\sim160000m^3$。具体数值需要根据数值模型具体演算。

为了使补偿系统有效运行，需要建立有效的控制运行系统，具体包括：

① 水库、调节池、尾水渠（管）的水位/压力监测系统，以随时掌握水电站各部位的水位变化。

② 电网负荷的预测系统，以便提前预测电网负荷的变化，事先做好水量变化的准备。

③ 闸门自动控制系统，以便根据流量的变化需要，快速启闭闸门，调整流量变化。

④ 流量-水位变化的预测系统，流量变化，尾水渠、调节池的流量会呈现非线性的波动，需要提前知晓流量改变的水位变化，保障系统的运行安全。

⑤ 系统运行优化系统，综合电网负荷、流量变化、河道需要等条件，优化闸门控制等，在保障水电站安全的前提下，获得系统调整的最优方式。

(4) 河道整治补偿

牡丹江的鱼类分为冷水性鱼类和非冷水性鱼类，根据冷水性鱼类产卵场特点分析，牡丹江的产卵场主要分布在牡丹江干流中上游及支流，这些水域水质优良，水温低、流急、水浅，河底为鹅卵石、石砾，极适于冷水性鱼类的生长、繁殖。水电站修改后，这些产卵场遭到破坏，但仍有少数产卵场存在。非冷水性鱼类大部分产黏性卵，其产卵场均沿河分布，分布范围相对广泛，且主要分布在栖息水域周边，如河流的江湾、江汊等水生维管束植物分布广、数量多的浅水水域。河流沿岸浅水区均可作为鱼类索饵、育肥场，多分布在海浪河下游水域。干流深潭、深坑均可作为鱼类适宜的越冬场所。在这些产卵场附近，需要整治地形，既有利于鱼卵的孵化，也防止幼鱼由于水位快速下降而搁浅。

### 4.4.3 北安河汇流污染混合区的监测与模拟

#### 4.4.3.1 北安河排污口的现场监测

北安河是穿过牡丹江市城区的天然河流，日排入污水 $9\times10^4$t 左右，是牡丹江市的主要排污受纳水体。由于大量未经处理的工业废水和生活污水的排入，北安河及其支流金龙溪、银龙溪和青龙溪实际已成为各类废水集中的污水河。北安河已是造成牡丹江污染和水质安全受到威胁的重要原因之一。牡丹江主要支流水质评价结果显示，北安河水体各污染指标超标严重，属于劣Ⅴ类水体。到冬季时，北安河的河流冰封期可长达 5 个月。在河流冰封期间河流中污染物的扩散性质发生改变，在北安河汇入牡丹江河口的下游处可能出现局部的污染物集中；且河流冰封时为枯水期，河流流量往往较小，使牡丹江相应江段水质更差。图 4-193

为北安河与牡丹江汇口前约 100m 实地图。

北安河排污口位于牡丹江江段左岸。江段中心地形总体较平稳，排污口下游区域岸坡地形相对复杂，有一定起伏。在模拟河段靠近下游处存在一小岛，目前正在挖沙。

2014 年 9 月末，对牡丹江北安河河口段进行了水质的采样监测。此次监测共布设了六个监测断面：排污口上游约 400m 处（断面Ⅰ）；下游约 50m 处（断面Ⅱ）、100m 处（断面Ⅲ）、150m 处（断面Ⅳ）、250m 处（断面Ⅴ）、400m 处（断面Ⅵ）共计 6 个断面。除断面Ⅵ布置 6 条垂线外，其余断面均布置 5 条垂线。由于监测时水深较小（平均水深约 2m），每条垂线处只布置 1 个测点。此外，在排污口处也布置有 1 个测点。测点详细布置情况见图 4-194。

图 4-193　北安河与牡丹江汇口前约 100m 实地图

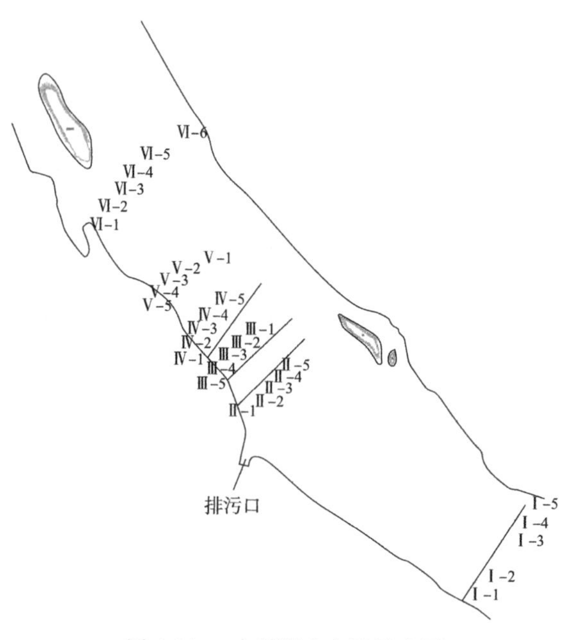


图 4-194　水质测点布置示意图

水样检测项目包括 pH、氨氮、高锰酸盐指数、生化需氧量、阴离子洗涤剂、粪大肠菌群等。具体结果如表 4-76 所示。

**表 4-76　排污口监测结果**

| 样品编号 | pH | COD /(mg/L) | $COD_{Mn}$ /(mg/L) | BOD/ (mg/L) | $NH_4^+$-N /(mg/L) | TP /(mg/L) | TN /(mg/L) | 阴离子洗涤剂 /(mg/L) | 粪大肠菌群 /(个/L) | 流速 /(m/s) |
|---|---|---|---|---|---|---|---|---|---|---|
| Ⅰ-1 | 7.33 | 14.6 | 4.2 | 2L | 0.396 | 0.227 | 1.28 | 0.05L | 80 | 0.082 |
| Ⅰ-2 | 7.28 | 14.2 | 4.2 | 2L | 0.301 | 0.192 | 1.02 | 0.05L | 90 | 0.106 |
| Ⅰ-3 | 7.22 | 14.4 | 4.2 | 2L | 0.330 | 0.209 | 1.22 | 0.05L | 330 | 0.169 |
| Ⅰ-4 | 7.40 | 14.6 | 4.3 | 2L | 0.364 | 0.212 | 1.27 | 0.05L | 110 | 0.109 |
| Ⅰ-5 | 7.32 | 15.1 | 4.4 | 2L | 0.404 | 0.208 | 1.43 | 0.05L | 630 | 0.1 |
| Ⅱ-1 | 7.27 | 16.8 | 4.9 | 2L | 15.7 | 0.412 | 18.4 | 0.05L | 3500 | 0.05 |
| Ⅱ-2 | 7.57 | 17.2 | 5.0 | 2L | 16.1 | 0.436 | 19.2 | 0.05L | 5400 | 0.09 |

续表

| 样品编号 | pH | COD /(mg/L) | $COD_{Mn}$ /(mg/L) | BOD/ (mg/L) | $NH_4^+$-N /(mg/L) | TP /(mg/L) | TN /(mg/L) | 阴离子洗涤剂 /(mg/L) | 粪大肠菌群 /(个/L) | 流速 /(m/s) |
|---|---|---|---|---|---|---|---|---|---|---|
| Ⅱ-3 | 7.52 | 14.6 | 4.3 | 2L | 0.416 | 0.285 | 1.74 | 0.05L | 50 | 0.085 |
| Ⅱ-4 | 7.50 | 14.2 | 4.2 | 2L | 0.209 | 0.237 | 1.48 | 0.05L | 20L | 0.055 |
| Ⅱ-5 | 7.47 | 13.9 | 4.0 | 2L | 0.267 | 0.241 | 0.95 | 0.05L | 20 | 0.1 |
| Ⅲ-1 | 7.26 | 14.3 | 4.2 | 2L | 0.226 | 0.201 | 0.97 | 0.05L | 20L | 0.05 |
| Ⅲ-2 | 7.30 | 13.9 | 4.1 | 2L | 0.335 | 0.225 | 1.17 | 0.05L | 20 | 0.095 |
| Ⅲ-3 | 7.29 | 15.3 | 4.5 | 2L | 0.301 | 0.231 | 1.08 | 0.05L | 20 | 0.055 |
| Ⅲ-4 | 7.31 | 14.6 | 4.3 | 2L | 0.255 | 0.223 | 0.99 | 0.05L | 210 | 0.08 |
| Ⅲ-5 | 7.35 | 17.0 | 5.0 | 2L | 12.6 | 0.298 | 16.5 | 0.05L | 1800 | 0.082 |
| Ⅳ-1 | 7.38 | 16.8 | 5.0 | 2L | 7.76 | 0.324 | 13.5 | 0.05L | 5400 | 0.072 |
| Ⅳ-2 | 7.41 | 14.6 | 4.9 | 2L | 7.18 | 0.320 | 12.4 | 0.05L | 3500 | 0.077 |
| Ⅳ-3 | 7.44 | 14.1 | 4.1 | 2L | 0.639 | 0.257 | 1.64 | 0.05L | 790 | 0.078 |
| Ⅳ-4 | 7.45 | 13.3 | 3.9 | 2L | 0.152 | 0.177 | 0.96 | 0.05L | 80 | 0.08 |
| Ⅳ-5 | 7.41 | 13.5 | 4.0 | 2L | 0.175 | 0.197 | 1.01 | 0.05L | 1800 | 0.09 |
| Ⅴ-1 | 7.43 | 14.1 | 4.1 | 2L | 0.290 | 0.206 | 1.11 | 0.05L | 20L | 0.085 |
| Ⅴ-2 | 7.39 | 14.1 | 4.2 | 2L | 0.146 | 0.199 | 1.00 | 0.05L | 40 | 0.052 |
| Ⅴ-3 | 7.37 | 13.9 | 4.1 | 2L | 0.140 | 0.195 | 0.94 | 0.05L | 20 | 0.065 |
| Ⅴ-4 | 7.30 | 14.6 | 4.3 | 2L | 1.42 | 0.324 | 3.60 | 0.05L | 170 | 0.108 |
| Ⅴ-5 | 7.39 | 15.2 | 4.4 | 2L | 6.55 | 0.354 | 9.37 | 0.05L | 170 | 0.07 |
| Ⅵ-1 | 7.46 | 14.2 | 4.2 | 2L | 8.10 | 0.375 | 14.2 | 0.05L | 80 | 0.026 |
| Ⅵ-2 | 7.17 | 14.6 | 4.3 | 2L | 8.47 | 0.382 | 15.3 | 0.05L | 40 | 0.05 |
| Ⅵ-3 | 7.30 | 14.8 | 4.3 | 2L | 4.54 | 0.281 | 9.82 | 0.05L | 20L | 0.078 |
| Ⅵ-4 | 7.29 | 14.8 | 4.4 | 2L | 1.50 | 0.324 | 3.86 | 0.05L | 20 | 0.055 |
| Ⅵ-5 | 7.33 | 15.4 | 4.5 | 2L | 0.920 | 0.280 | 2.16 | 0.05L | 20L | 0.055 |
| Ⅵ-6 | 7.35 | 15.6 | 4.6 | 2L | 0.226 | 0.245 | 1.88 | 0.05L | 20L | 0.028 |
| 排污口 | 7.72 | 52.8 | 14.0 | 2L | 18.4 | 0.473 | 19.3 | 0.05L | $3.5\times10^4$ | |

注：监测结果后加“L”表示此结果低于该项目方法检出限，“L”前数值为该项目方法检出限。

检测结果显示，氨氮、高锰酸盐指数、化学需氧量为检测江段主要的污染指标，其中，氨氮指标在排污口下游较之排污口上游上升尤为明显。在排污口下游距离较远的Ⅵ号断面的$NH_4^+$-N值较Ⅴ号断面明显上升，分析其原因，可能是在Ⅴ号和Ⅵ号断面间存在未注意到的小排污点。因此，在之后的模拟及结果对比分析中，只取Ⅰ号到Ⅴ号断面水样的$NH_4^+$-N浓度模拟值与实测值进行比较。取排污口上游Ⅰ号断面水样$NH_4^+$-N的平均值为$NH_4^+$-N的背景浓度。注意到排污口下游几个断面出现了几个明显小于背景浓度的浓度值，其原因可能是测定过程存在一定误差，差值的绝对值也属正常范围。

#### 4.4.3.2 北安河排污口的模拟分析

采用平面二维水流水质模型模拟排污口附近水流和污染物的变化。计算域主要根据图4-195地形图确定，水位取223.78m。计算域长度约1000m（上游约400m，下游约600m），详见图4-196。

图4-195 计算域示意图

计算域的网格划分是模拟过程中非常重要的一步。一方面，建立精度更高、质量更好的网格，可以使模拟计算的精度也相应提高；另一方面，网格精度的提高可能会大大增加模型计算的负担。因此，需要在网格精度和计算量间寻找一个较好的平衡。在排污问题的数值模拟中，由于排污口附近物理几何尺寸及污染区的横向尺度远小于整个江面宽度；同时，排污口附近的污染物浓度梯度也更大，流速状况更复杂，计算要求精度高。而在远离排污口的一些区域，实际不需要很精细的网格。因此，为了在提高模拟精度的同时尽量减少计算负担，一般的处理方法是将排污口附近区域的网格进行局部的加密。

使用ANSYS ICEM进行网格的划分，ICEM能画出高质量的结构/非结构网格，在计算流体力学领域有较广泛的应用。其网格划分的基本流程是先创建反应实体特征的块（block），再将块与实体的点线面进行关联，建立映射关系。对本文计算域block的划分见图4-196。在排污口附近的区域，采用特有的C型块来实现局部的网格加密。在排污口处，网格尺寸精度约为1.5m，河段其他区域的最大网格尺寸为15m，具体的网格划分见图4-197。将建立的网格输出为fluent格式，再通过OpenFOAM的fluentMeshToFoam功能将网格转化为OpenFOAM能识别的格式，以供模型求解使用。

模型计算时长设置为72h，以保证河流流场达到充分稳定。流场模拟结果图见图4-198。

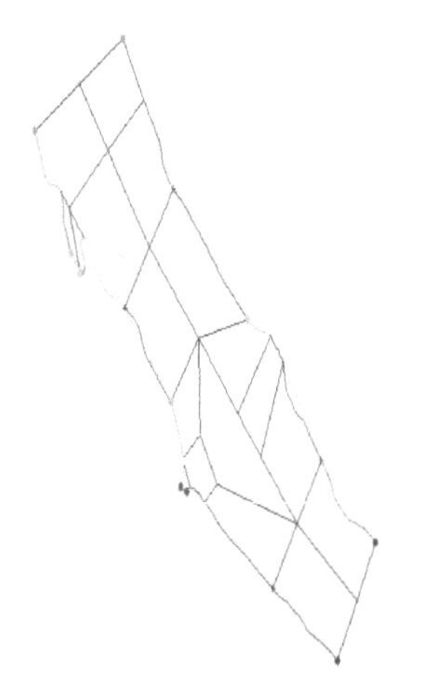

图4-196 计算域block划分图

图4-197 计算域网格划分

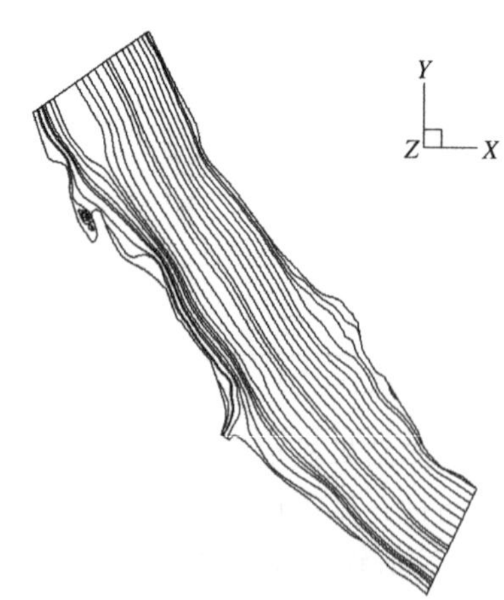


图4-198 流场模拟结果图

可以看到，河段水流总体顺畅。在排污口出口处，排污口水流在上游来流作用下向下游一侧弯曲，并很快变为顺河流流向。地形对水流的影响也得到了较好的反映。可以看到岸边的流线随着河岸的弯曲趋势而变化。在左岸接近下游处存在一处凹向岸边的地形，在该区域可观察到回流漩涡，可以猜测该处水体流动相对缓慢，有可能发生污染物的集聚。在之前提及的下游出口边界处的小岛，水流明显分流并绕小岛流动。为更详细地观察小岛附近区域的水流情况，图 4-199 给出了小岛附近区域的流速矢量图。

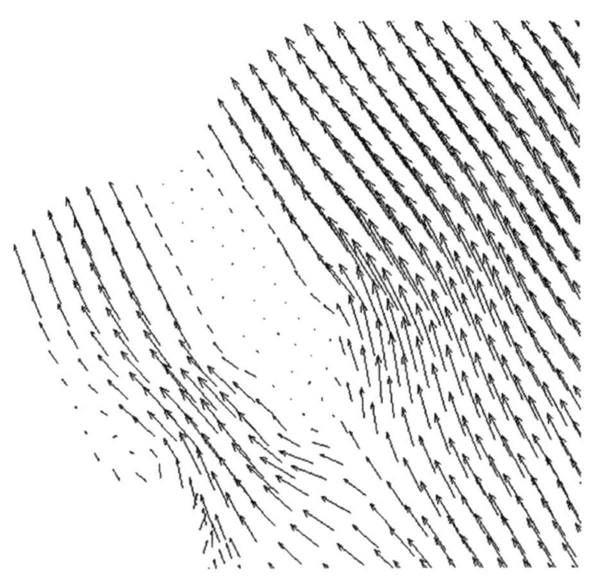

图 4-199　下游出口小岛附近区域流速矢量图

可以看到在小岛前方，水流主流明显分开绕小岛流动。但在小岛所在区域，并非完全没有水流，而是存在极小的水流矢量，代表水流穿过小岛的渗流。

污染物浓度场模拟选择的指标为 $NH_4^+$-N，模拟时长同样为 72h。模拟计算的结果见图 4-200。

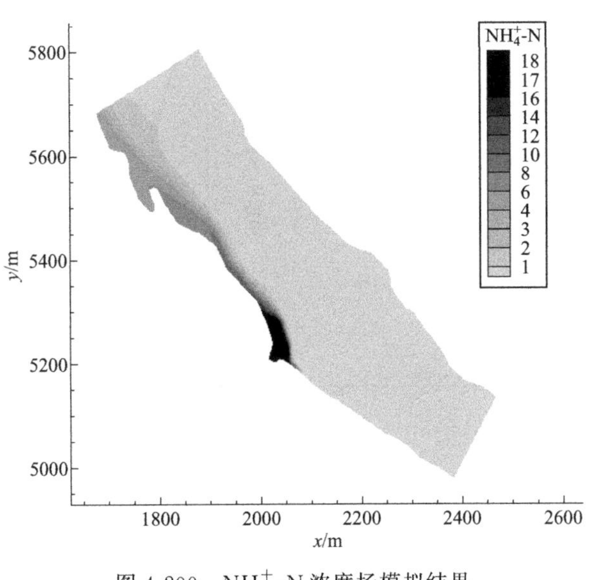


图 4-200　$NH_4^+$-N 浓度场模拟结果

从图 4-200 中可以看到，氨氮从排污口排出后，在主流作用下主要沿着岸边向下游扩散，因为紊动扩散的作用也会向上游扩散一小段距离。形成的污染带范围横向的尺度远小于纵向，且横纵比越往下游越大。由于模拟时间接近枯水期，流量较小（$50.6m^3/s$），污染带的扩散范围相对较大。在模拟河段下游边界靠近岸边的区域，$NH_4^+$-N 浓度仍高达 5mg/L 左右，为地表水环境质量标准Ⅱ类水标准（0.5mg/L）的 10 倍。而在排污出口附近，水深非常浅（不足 20cm），$NH_4^+$-N 出现了较大区域的集聚，其浓度到排污口下游 50m 左右才开始有较明显的下降。模拟结果说明，在流量较低的枯水期，模拟河段的污染状况较为严重，污染区域较大，需要引起重视。

为验证流场模拟精度，对前面介绍的Ⅱ～Ⅴ断面 $NH_4^+$-N 浓度的模拟值与实测值进行比较，见图 4-201。

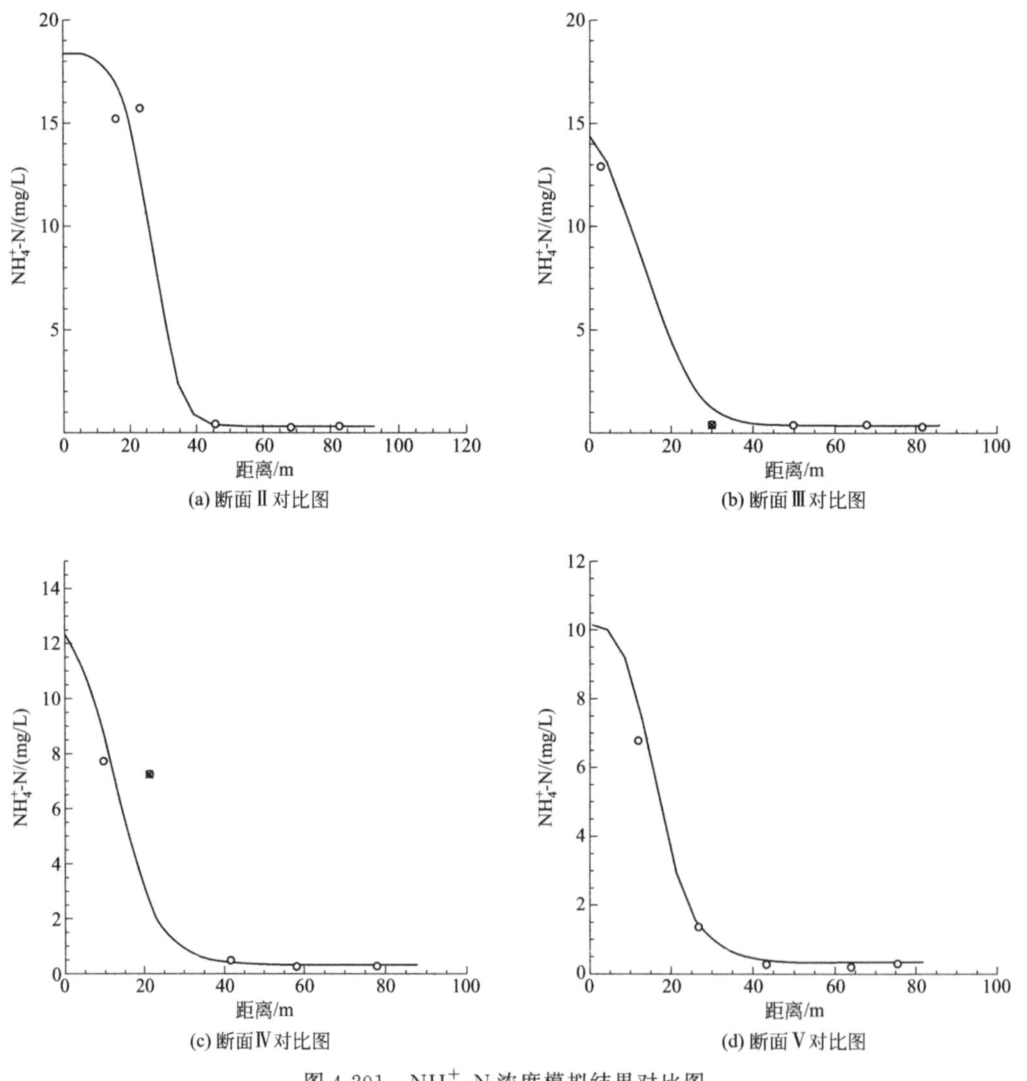


图 4-201 $NH_4^+$-N 浓度模拟结果对比图

注：实线代表模拟值，"○" 代表实测值，"◙" 代表将该测点从后续分析中排除。

可以看到，模型模拟的浓度值与实测点在整体上验证结果较好，但也有个别水样出入较大，特别是Ⅳ-2 水样［图 4-201(c) 沿 $x$ 轴第二个点］和Ⅲ-4 水样［图 4-201（b）图沿 $x$ 轴第二个点]。Ⅲ、Ⅳ号断面相距不远，Ⅲ-4水样与Ⅳ-2水样离岸边的距离也相近，且Ⅲ号断面距排污口更近，但Ⅳ-2水样的$NH_4^+$-N浓度测量值却为Ⅲ-4水样的几十倍，其原因很难用污染物扩散的基本规律进行解释，可能来自测量的误差。因此，在统计误差时，不将这两个水样考虑在内。除去Ⅲ-4测点水样与Ⅳ-2测点水样后，浓度实测值小于等于浓度背景值的水样所在测点处模拟所得的浓度值也都为背景值。其余测点模拟值与实测值误差的平均值为14.85%，模拟精度总体较好。

#### 4.4.3.3 北安河污染混合范围

污染混合区是指排污口附近污染物浓度超过水质控制标准的水域。在水环境管理中，污染物浓度超标的区域是允许存在的，但是它必须满足以下要求：①混合区的存在不能影响水域的整体水质；②混合区的存在不能影响相邻水域的功能需求；③混合区的存在不能对人类和其他水生生物造成危害。因此，在控制柴河断面达标的同时，也应该控制污染混合区的范围。

由于不同水域生态环境的多样性，污染混合区的控制范围没有统一的标准，美国环境保护局甚至建议不同的排污口应常常采用不同的控制范围，在水环境实际管理中，某一水域的污染混合区采取同一控制范围。张玉清等建议湖泊和海湾的混合区允许面积为1～3km$^2$，河口和大江大河的混合区允许面积为1～2km$^2$。卢映东给出的参考标准为污染混合区的宽度不超过河宽的1/3，长度尽可能短，以免影响鱼类的洄游；美国爱达荷（Idaho）环保部门规定，汤普森河（Thompson Creek）中的污染混合区的长度限制在排污口下游100m以内，而斯阔河（Squaw Creek）和鲑鱼河（Salmon）中的污染混合区的长度限制在排污口下游50m以内；华盛顿州的环保部门规定了本州的污染混合区的控制范围为排污口下游300ft[❶]，上游100ft，而宽度不超过河宽的25%。在进行三峡水库的研究中，三峡库区河段的混合区范围建议为排污口上游50m，下游100m，横向尺度不超过100m或水面宽度的1/3。据此，我们建议牡丹江回流口污染混合区的控制范围为长度不超过100m，宽度不超过河宽的1/3。根据计算结果，在测量的条件下，北安河污染混合区的范围长度为140m，超过了控制长度，需要加强北安河的治理。

#### 4.4.3.4 北安河污染混合区生物分布

北安河河口布满黑色淤泥，无法采用踢网法进行采样，2014年使用1/16m$^2$的彼得森采泥器进行采样。样品取出后用40目分样筛去除泥沙，在解剖盘中逐一将大型底栖动物拣出，寡毛类用10%福尔马林固定，软体动物和水生昆虫等用75%的酒精固定，带回实验室分类鉴定和计数。数据分析后，和牡丹江干流其他采样点进行比较。

对采集的大型底栖动物进行分类鉴定和计数后，采用多样性Shannon-Wiener指数［见式（2-1）］、BI生物指数［见式（4-25）］和Goodnight-Whitely指数［见式（4-26）］进行分析。

北安河污染混合区的底栖动物分布如表4-77所示。混合区内，生物量很高，生物密度达4521.8个/m$^2$，生物量达23.35g/m$^2$；但生物种类很少，仅发现霍甫水丝蚓、中华拟颤蚓、粗腹摇蚊三种，而且霍甫水丝蚓占绝对优势。

根据评价指数，多样性Shannon-Wiener指数为0.57，低于1。GI指数（95.63%）显示颤蚓科的个体数占底栖生物总个体数的90%以上，其中中华拟颤蚓（*Rhyacodrilus sinicus*）占底栖生物总密度的5%～10%左右，其余均为霍甫水丝蚓；另有耐污能力较强的

❶ 1ft=0.3048m，下同。

水生昆虫粗腹摇蚊（*Tanypodiinae* spp.），占总密度的5%～10%左右。北安河的主要物种均为耐污值高的物种，BI指数超过9.3。

表4-77 污染混合区内底栖生物比较

| 评价指标 | 混合区内 | 混合区外 |
|---|---|---|
| 平均密度/(个/$m^2$) | 4521.8 | 64 |
| 生物量/(g/$m^2$) | 23.35 | 5.26 |
| $H'$ | 0.57 | 1.44 |
| BI | 9.56 | 6.42 |
| GI/% | 95.63 | 20.3 |

对比牡丹江干流的海浪河河口采样点的底栖动物数据，共采集到6种底栖生物，生物量为5.26g/$m^2$，优势物种包括霍甫水丝蚓（*Limnodrilus*）、觿螺科（Hydrobiidae）、摇蚊亚科（Chironominae），分别占总密度的20.3%、48.4%和12.5%。该采样点的Shannon-Wiener指数为1.44，BI指数为6.42，GI为20.3%，总体为水质较好的水体。因此，北安河污染混合区的生物分布显示，牡丹江干流的水质较好，但污染混合区的水质极差。

## 4.5 牡丹江水环境质量监测预警体系研究

### 4.5.1 基于生物与理化指标的牡丹江流域水环境监控体系研究

在分析现有水质监测站网布设的基础上，根据国家和行业相关规范规程要求，结合流域水环境特点，结合牡丹江流域水环境监测站网布设现状及牡丹江流域水环境管理信息化建设的需求，对现有的监测站网进行全面的优化，从而提高管理水平与管理效率，为流域水环境管理部门提供更有效的管理与决策依据。

#### 4.5.1.1 牡丹江流域水环境监测站网布设现状

(1) 河流湖库水环境监测站点布设现状

目前，牡丹江流域河道共布设了13处水质监测断面（表4-78）。其中，牡丹江干流布设8处，包括大山咀子、西阁、温春大桥、海浪、江滨大桥、柴河大桥、花脸沟和牡丹江口内；支流海浪河布设3处，分别为长汀、海林桥和海浪河口内；支流乌斯浑河布设2处，分别为龙爪和东关。流域内水库设有水质监测断面的包括镜泊湖水库和莲花水库，分别设有3处断面。其中，镜泊湖水库所设断面分别为老鹄砬子、电视塔和果树场；莲花水库所设断面分别为群力、三道和大坝。

上述各断面监测项目为《地表水环境质量标准》(GB 8383—2002) 所规定的23项基本项目，包括：pH、溶解氧、高锰酸盐指数、化学需氧量、生化需氧量、氨氮、TP、TN、铜、锌、氟化物、硒、砷、汞、镉、六价铬、铅、氰化物、挥发酚、石油类、阴离子表面活性剂、硫化物、粪大肠菌群等。

监测频次：1月、2月、5月、6月、7月、8月、9月、10月八个月每月监测一次。

表 4-78 牡丹江流域水质监测断面布设表

| 编号 | 水域名称 | 断面名称 | 断面性质 | 监测项目 | 监测频次 |
| --- | --- | --- | --- | --- | --- |
| 1 | 牡丹江干流 | 大山咀子 | 省控断面 | pH、溶解氧、高锰酸盐指数、化学需氧量、生化需氧量、氨氮、TP、TN、铜、锌、氟化物、硒、砷、汞、镉、六价铬、铅、氰化物、挥发酚、石油类、阴离子表面活性剂、硫化物、粪大肠菌群等 | 1月、2月、5月、6月、7月、8月、9月、10月八个月每月监测一次 |
| 2 | | 西阁 | 市控断面 | | |
| 3 | | 温春大桥 | 市控断面 | | |
| 4 | | 海浪 | 省控断面 | | |
| 5 | | 江滨大桥 | 省控断面 | | |
| 6 | | 柴河大桥 | 国控断面 | | |
| 7 | | 花脸沟 | 省控断面 | | |
| 8 | | 牡丹江口内 | 国控断面 | | |
| 9 | 海浪河 | 长汀 | 研究断面 | | |
| 10 | | 海林桥 | 市控断面 | | |
| 11 | | 海浪河口内 | 省控断面 | | |
| 12 | 乌斯浑河 | 龙爪 | 市控断面 | | |
| 13 | | 东关 | 市控断面 | | |
| 14 | 镜泊湖水库 | 老鹄砬子 | 国控断面 | | |
| 15 | | 电视塔 | 国控断面 | | |
| 16 | | 果树场 | 国控断面 | | |
| 17 | 莲花水库 | 群力 | 市控断面 | | |
| 18 | | 三道 | 市控断面 | | |
| 19 | | 大坝 | 市控断面 | | |

(2) 饮用水水源地监测断面布设状况

目前，牡丹江流域内集中式饮用水水源地共有 6 处（见表 4-79）。牡丹江市有西水源、铁路水源 2 处，宁安市有西阁水源地 1 处，海林市有海浪河水源地 1 处，这 4 处水源地均属河流型饮用水水源地；林口县有小龙爪水库水源地和高云水库水源地，均属水库型饮用水水源地，其中高云水库为备用水源地。上述 6 处饮用水水源地每月监测一次，每年进行一次全分析，执行《地表水环境质量标准》（GB 3838—2002）Ⅲ类标准限值。全分析共 109 项，目前牡丹江市环境监测站可测 89 项，其中例行监测 28 项，有机监测项目 61 项。

表 4-79 牡丹江流域内集中式饮用水水源地水质监测断面一览表

| 序号 | 所在河流 | 断面名称 | 监测断面位置 |
| --- | --- | --- | --- |
| 1 | 牡丹江 | 西水源 | 牡丹江市 |
| 2 | 牡丹江 | 铁路水源 | 牡丹江市 |
| 3 | 牡丹江 | 西阁水源地 | 宁安市 |
| 4 | 海浪河 | 海林市水源地 | 海林市 |
| 5 | 乌斯浑河 | 林口县小龙爪水库 | 林口县 |
| 6 | 乌斯浑河 | 林口县高云水库 | 林口县(备用水源) |

（3）水功能区监测断面布设状况

牡丹江水系水功能一级区 7 个，分别为：牡丹江镜泊湖自然保护区、牡丹江宁安市开发利用区、牡丹江牡丹江市开发利用区、牡丹江莲花湖自然保护区、牡丹江依兰县保留区、海浪河海林市源头水源保护区、海浪河海林市开发利用区。水功能二级区 5 个：牡丹江牡丹江市饮用水水源、工业用水区；牡丹江渤海镇农业用水区；牡丹江牡丹江市过渡区；牡丹江柴河工业用水区；海浪河海林市饮用水水源、工业用水区。各功能区对应监测断面见表 4-80。

**表 4-80　牡丹江水功能区监测断面一览表**

<table>
<tr><th>序号</th><th>监测断面</th><th>河流</th><th>水功能一级区</th><th>水功能二级区</th></tr>
<tr><td>1</td><td>老鹊砬子<br>电视塔<br>果树场</td><td>牡丹江</td><td>牡丹江镜泊湖自然保护区</td><td></td></tr>
<tr><td>2</td><td>西阁</td><td>牡丹江</td><td>牡丹江宁安市开发利用区</td><td>牡丹江渤海镇农业用水区</td></tr>
<tr><td>3</td><td>温春大桥<br>海浪</td><td>牡丹江</td><td rowspan="3">牡丹江牡丹江市开发利用区</td><td>牡丹江牡丹江市饮用水水源、工业用水区</td></tr>
<tr><td>4</td><td>江滨大桥</td><td>牡丹江</td><td>牡丹江牡丹江市过渡区</td></tr>
<tr><td>5</td><td>柴河大桥</td><td>牡丹江</td><td>牡丹江柴河工业用水区</td></tr>
<tr><td>6</td><td>群力<br>三道<br>大坝</td><td>牡丹江</td><td>牡丹江莲花湖自然保护区</td><td></td></tr>
<tr><td>7</td><td>花脸沟<br>牡丹江口内</td><td>牡丹江</td><td>牡丹江依兰县保留区</td><td></td></tr>
<tr><td>8</td><td>长汀</td><td>海浪河</td><td>海浪河海林市源头水源保护区</td><td></td></tr>
<tr><td>9</td><td>海林桥<br>海浪河口内</td><td>海浪河</td><td>海浪河海林市开发利用区</td><td>海浪河海林市饮用水水源、工业用水区</td></tr>
</table>

由表 4-80 可以看出，牡丹江流域内各水功能区均有水质监测断面布设，部分水功能区有 2 个以上（包含 2 个）监测断面。

（4）水生生物监测点布设状况

通过水生生物的调查，可以评价水体被污染的状况。牡丹江流域的水生生物监测工作开展得较早。早在 20 世纪 80 年代，牡丹江市环境监测中心站就开展了水生生物的监测工作，是全国较早进行生物监测的监测站之一。“十五”期间，环境监测部门对牡丹江开展了水生生物监测，以硅藻的种类和数量为最多，优势种均为指示轻-中度污染的各种硅藻。“十二五”期间，从 2014 年开始增加了大量监测断面，布设断面 31 个，几乎覆盖了牡丹江流域干流和所有较大支流，同时监测频次也与日常水质监测频次保持一致，即每年的 1 月、2 月、5 月、6 月、7 月、8 月、9 月、10 月份每月监测一次。其中，除小石河、沙河与珠尔多河 3 个断面位于吉林省境内外，其余 28 个断面均位于黑龙江省境内。监测项目包括浮游植物、浮游动物以及底栖动物等。具体监测断面见表 4-81。

表 4-81 牡丹江流域水生生物监测断面、监测项目及监测频次

| 序号 | 水体名称 | 断面名称 | 监测项目 | 监测频次 |
|---|---|---|---|---|
| 1 | 牡丹江干流 | 大山咀子 | 浮游植物<br>浮游动物<br>底栖动物 | 1月、2月、5月、6月、7月、8月、9月、10月每月监测一次 |
| 2 | 镜泊湖 | 老鹄砬子 | | |
| 3 | 镜泊湖 | 电视塔 | | |
| 4 | 镜泊湖 | 果树场 | | |
| 5 | 牡丹江干流 | 西阁 | | |
| 6 | 牡丹江干流 | 温春大桥 | | |
| 7 | 海浪河 | 海林桥 | | |
| 8 | 海浪河 | 海浪河口内 | | |
| 9 | 牡丹江干流 | 海浪 | | |
| 10 | 牡丹江干流 | 江滨大桥 | | |
| 11 | 牡丹江干流 | 桦林大桥 | | |
| 12 | 牡丹江干流 | 柴河大桥 | | |
| 13 | 莲花水库 | 群力 | | |
| 14 | 莲花水库 | 三道 | | |
| 15 | 莲花水库 | 大坝 | | |
| 16 | 龙爪水库 | 龙爪 | | |
| 17 | 乌斯浑河 | 东关 | | |
| 18 | 牡丹江干流 | 花脸沟 | | |
| 19 | 小石河 | 小石河 | | |
| 20 | 沙河 | 沙河 | | |
| 21 | 珠尔多河 | 珠尔多河 | | |
| 22 | 大小夹吉河 | 大小夹吉河 | | |
| 23 | 尔站西沟河 | 尔站西沟河 | | |
| 24 | 马连河 | 马连河 | | |
| 25 | 蛤蟆河 | 蛤蟆河 | | |
| 26 | 北安河 | 北安河 | | |
| 27 | 五林河 | 五林河 | | |
| 28 | 头道河子 | 头道河子 | | |
| 29 | 二道河子 | 二道河子 | | |
| 30 | 三道河子 | 三道河子 | | |
| 31 | 乌斯浑河 | 乌斯浑河 | | |

(5) 入河排污口监测点布设状况

牡丹江沿江排污口布设现状见 3.5.1.2。

#### 4.5.1.2 水质监测站网优化设计

(1) 河流湖库监测站网优化布设

对河流湖库、饮用水水源地、水功能区、水生态、入河排污口的监测断面布设原则、要求等进行了研究。目前，牡丹江流域所布设的 19 处水质监测断面基本覆盖了干流、牡丹江第一大支流海浪河、第二大支流乌斯浑河、镜泊湖水库和莲花水库，基本满足流域水环境监测监控和评价要求，能够客观反映控制河道自然变化趋势和人类活动对水环境质量的影响。然而，随着流域开发程度的加大，除海浪河与乌斯浑河外，其他的一些较大的支流也受到了不同程度的污染，这些支流的汇入对牡丹江干流水质带来一定影响。牡丹江较大支流基本情况见表 4-82，可考虑在流域面积大于 400km$^2$ 以上的支流布设水质监测断面。按照相应原则，需要布设监测断面的支流有海浪河、尔站河、松乙河、蛤蟆河、五林河、头道河、二道河、三道河、乌斯浑河以及小北湖河。

表 4-82 牡丹江较大支流基本情况统计表

| 序号 | 支流名称 | 支流长度/km | 流域面积/km$^2$ | 水利工程 | 监测断面 |
|---|---|---|---|---|---|
| 1 | 海浪河 | 218.8 | 5251 | | 长汀、海林桥、海浪河口内 |
| 2 | 尔站河 | 74 | 1010 | 无 | 无 |
| 3 | 松乙河 | | 492 | 无 | 无 |
| 4 | 大夹吉河 | | 153 | 无 | 无 |
| 5 | 房身沟河 | | 206 | 无 | 无 |
| 6 | 马莲河 | 53 | | 无 | 无 |
| 7 | 蛤蟆河 | 90 | 1805 | 桦树川水库 | 无 |
| 8 | 五林河 | 52.1 | 1356 | 无 | 无 |
| 9 | 头道河 | 63 | 859 | 无 | 无 |
| 10 | 二道河 | 67 | 727 | 无 | 无 |
| 11 | 三道河 | 80 | 1370 | 大青水库 | 无 |
| 12 | 乌斯浑河 | 141 | 4176 | 龙爪水库 | 龙爪、东关 |
| 13 | 小北湖河 | | 422 | 小北湖 | 无 |

根据表 4-82，海浪河设有 3 处监测断面，可以满足布设要求，无须新增监测断面。乌斯浑河在龙爪和东关设有 2 处监测断面，而东关监测断面距乌斯浑河入干流处约 100km，沿岸有众多乡镇和大面积农田，农田退水携带大量化肥、农药进入河道，入牡丹江干流水质较龙爪和东关断面已发生较大变化。因此，可在乌斯浑河入牡丹江干流处（河口内，下同）新增监测断面 1 处。尔站河、松乙河、蛤蟆河、五林河、头道河、二道河、三道河以及小北湖河 8 个子流域内较大城镇较少，工业污染较小，污染物主要来源于农业面源污染。因此，可在这 8 条支流入牡丹江干流处各新增 1 处监测断面。此外，蛤蟆河上游建有大型水利工程桦树川水库，控制流域面积 505km$^2$，总库容 $1.19\times10^8$m$^3$，是以灌溉为主，结合防洪、发电、养鱼等综合利用的水库。因此，可在桦树川水库坝前增设断面 1 处。新增监测断面具体位置见表 4-83。

新增监测断面监测项目和监测频次与现有监测断面相同，为《地表水环境质量标准》(GB 8383—2002)所规定的 23 项基本项目，1 月、2 月、5 月、6 月、7 月、8 月、9 月、10

月八个月每月监测一次。

表 4-83 牡丹江流域水质监测断面增设表

| 序号 | 设站河道 | 经度 | 纬度 | 站名 | 附近村镇名 |
|---|---|---|---|---|---|
| 1 | 尔站河 | 128°43′41.36″ | 43°58′7.53″ | 尔站河口内 | 尔站屯西 |
| 2 | 松乙河 | 128°57′53.89″ | 43°46′42.50″ | 松乙河口内 | 松乙桥村南 |
| 3 | 蛤蟆河 | 129°26′21.34″ | 44°17′25.54″ | 蛤蟆河口内 | 明星村西北 |
| 4 | 五林河 | 129°41′0.22″ | 44°47′17.37″ | 五林河口内 | 柴河镇北 |
| 5 | 头道河 | 129°34′25.92″ | 44°53′18.56″ | 头道河口内 | 长龙村东南 |
| 6 | 二道河 | 129°31′10.93″ | 45°6′35.03″ | 二道河口内 | 永兴村西南 |
| 7 | 三道河 | 129°35′27.08″ | 45°21′52.00″ | 三道河口内 | 板桥林场东 |
| 8 | 乌斯浑河 | 129°49′3.20″ | 45°49′25.41″ | 乌斯浑河口内 | 八女投江纪念地 |
| 9 | 小北湖河 | 128°43′52.15″ | 44°5′33.06″ | 小北湖 | 小北湖坝头 |
| 10 | 桦树川水库 | 129°39′54.64″ | 44°6′2.36″ | 桦树川水库大坝 | 水库坝头 |

(2) 饮用水水源地监测站网优化布设

目前，牡丹江市西水源、铁路水源、宁安市西阁水源地、海林市海浪河水源地、林口县小龙爪水库和高云水库水源地 6 处集中式饮用水水源地每月监测一次，每年进行一次全分析，站网布设满足《全国集中式生活饮用水水源地水质监测实施方案》相关要求，无须再新增监测站点。全分析共 109 项，目前牡丹江市环境监测站可测 89 项，因此需要提升指标监测能力，完善监测项目。

(3) 水功能区监测站网优化布设

根据表 4-80，目前牡丹江水系 7 个一级水功能区和 5 个二级水功能区均布设有水质监测断面。其中，牡丹江镜泊湖自然保护区和牡丹江莲花湖自然保护区分别在湖（库）入口、核心区和大坝附近布设 3 处监测断面，分别代表入湖（库）水质、湖（库）水质和出湖（库）水质，此外，莲花水库下游布设有花脸沟监测断面，代表牡丹江市出境水质，符合水功能区监测断面基本要求和保护区监测断面布设方法，无须新增监测断面。

牡丹江宁安市开发利用区布设西阁 1 处监测断面，代表西阁水源地水质，断面布设满足开发利用区监测断面布设要求及方法，此功能区无须再新增监测断面。

牡丹江牡丹江市开发利用区设有温春大桥、海浪、江滨大桥和柴河大桥 4 处监测段面，其中，温春大桥代表牡丹江市区来水水质，海浪断面代表海浪河与牡丹江混合水质，江滨大桥代表工业用水控制断面，柴河大桥代表牡丹江市区出水水质。根据水功能区监测断面基本要求，水功能区内有较大支流汇入时，在汇入点支流的河口上游处及充分混合后的干流下游处分别布设监测断面，而在现状江滨大桥和柴河大桥之间有北安河汇入牡丹江干流。北安河承纳牡丹江市区大量排水，因此，需要在北安河河口下游布设监测断面，以监测北安河与牡丹江混合水质。需要在桦林大桥布设水质监测断面 1 处。

牡丹江依兰保留区内布设有牡丹江口内 1 处监测断面，代表牡丹江入松花江水质。根据保留区监测断面布设方法，保留区内水质稳定的，应在保留区下游区界处布设一个监测断面。因此，该功能区监测断面满足要求，无须新增监测断面。

海浪河共布设有长汀、海林桥和海浪河口内 3 处监测断面，其中长汀监测断面代表海浪河海林市源头水源保护区水质，海林桥和海浪河口内监测断面分别代表海林市水源地水质和海浪河入牡丹江水质。监测断面布设满足水功能区监测断面基本要求和布设方法，无须新增监测断面。

(4) 水生生物监测站网布设

“十二五”期间，在牡丹江流域（黑龙江境内）布设水生生物监测断面 28 个，几乎覆盖了牡丹江流域干流和所有较大支流，同时监测频次也与日常水质监测频次保持一致，每年达到了 8 次，高于规定的水生态环境质量监测频次。监测项目包括浮游植物、浮游动物以及底栖动物等。从表 4-81 可以看出，目前在牡丹江干流、海浪河以及乌斯浑河上所布设的水生生物监测断面与日常水质监测断面布设保持一致，满足水生态环境质量监测断面“尽可能沿用历史观测点位”以及“生物监测点位应与水文测量、水质理化指标监测站位相同，尽可能获取足够信息，用于解释观测到的生态效应”的布设要求。在其他较大支流上，同样也布设了水生生物监测断面，而这些断面尚未布设常规监测断面。因此，本研究建议在这些较大支流中布设常规监测断面，并且综合考虑取样的方便性与代表性，尽量将水生生物监测断面与日常水质监测断面布设在同一位置。

为进一步完善流域水生生物监测站网，在日常工作中可在尚未布设断面的较大支流松乙河、小北湖河、大型水利工程桦树川水库以及林口县备用水源地高云水库新增 4 处水生生物监测断面；马莲河与大小夹吉河流域面积较小，且上游开发利用强度不大，可删减 2 个监测断面。详细增删断面见表 4-84。

**表 4-84　牡丹江流域建议水生生物监测断面增删情况**

| 序号 | 水体名称 | 断面名称 | 断面增删 |
|---|---|---|---|
| 1 | 大小夹吉河 | 大小夹吉河 | 删减断面 |
| 2 | 马莲河 | 马莲河 | |
| 3 | 松乙河 | 松乙河口内 | 新增断面 |
| 4 | 小北湖河 | 小北湖坝头 | |
| 5 | 桦树川水库 | 桦树川水库坝头 | |
| 6 | 高云水库 | 高云水库坝头 | |

(5) 入河排污口水质监测站网布设

2014 年，牡丹江沿江监测的主要排污口共 13 处，其中宁安市 4 个，牡丹江市区 5 个，海林市 3 个，林口县 1 个。13 处排污口中，污水排放量最大的为牡丹江市污水处理厂，占到监测排污口排污总量的一半以上，达 58.81%，牡丹江市污水处理厂主要接纳和处理牡丹江市区的生活污水，处理后的生活污水排放量占该排放口废水排放量的 99%；其余排污量较大的排污口有宁安城市污水处理厂、海林市污水处理厂、林口县总排口以及恒丰纸业等，分别占监测排污口排污总量的 10.07%、9.46%、8.74%、4.85%；剩余排污口污水排放量相对较小，所占比例介于 0.05%～2.39%之间。各排污口每季度监测一次，分别在 2 月、5 月、8 月和 10 月进行，监测项目为化学需氧量和氨氮。

从监测的排污口排污量来看，2014 年入牡丹江的污水排放量为 $6.18\times10^7$t，而该年度全市污水排放总量为 $8.51\times10^7$t。如果扣除穆棱市、东宁市和绥芬河市的污水排放量，初步估算，目前沿江布设的排污口监测断面能够控制牡丹江流域 80%以上的污水排放量，能较全面、真实地反映牡丹江流域污水排放总量和入河排放规律，满足对入河排污口监测断面布设的要求。

从监测频次来看，目前各排污口每年均监测 4 次，即每季度监测一次，满足“列为国家、流域或省级年度重点监测入河排污口，每年不少于 4 次”的要求。

近年来，牡丹江沿岸城市加大了排污口综合整治力度，原来部分直排的污染企业纳入市政污水管网，经处理后再排入牡丹江干支流，此外，还有部分直排企业也已停产，取消水质监测。

综合来看，目前的入河排污口监测断面布设现状能够满足监控要求。因此，无须再新增监测断面。

### 4.5.2 水环境质量预警模型研究

#### 4.5.2.1 模型简介

EFDC 模型主要包括六个部分：①水动力模块；②水质模块；③底泥迁移模块；④毒性物质模块；⑤风浪模块；⑥底质成岩模块。EFDC 水动力学模型包含六个方面：水动力变量、示踪剂、温度、盐度、近岸羽流和漂流。水动力学模型输出变量可直接与水质、底泥迁移和毒性物质等模块耦合。

#### 4.5.2.2 模型构建

根据牡丹江季节特点，分水期对牡丹江城市江段水质输移扩散规律进行研究。

模型构建主要包括网格划分、建立模型、参数率定和模型验证等内容。根据研究需要，对牡丹江干流城市段和镜泊湖水库分别构建二维水动力-水质模型。牡丹江流域主要污染因子为氨氮和 COD。因此，重点对这两项水质指标进行模拟预测。

通过对干流河道、镜泊湖、海浪河河道地形等水文特征研究，结合已有的资料情况，牡丹江干流模拟时段选择流量和水质资料较为完整的 2012—2014 年时段，镜泊湖模拟时段选择流量和水质资料较为完整的 2010—2012 年时段。

考虑牡丹江干流每年有 5 个月左右的时间处于冰封状态，受冰盖影响，其冰封期水动力学参数、污染物综合衰减速率和糙率均有较大差异。因此，模型根据现有实测流量和污染物浓度资料，分冰期与非冰期进行模拟。干流城市段模拟期内冰期和非冰期时段见表 4-85。镜泊湖水库模型中，考虑到镜泊湖水体流动缓慢，水体较深，深水区水温变化幅度较小，不同水期衰减系数变化不大。因此，不做分期模拟。

**表 4-85 牡丹江干流水动力-水质模型模拟时段**

| 模拟时段 | 天数/d | 水期 | 模拟时段 | 天数/d | 水期 |
|---|---|---|---|---|---|
| 1-106 | 106 | 冰期 | 107-335 | 229 | 非冰期 |
| 336-468 | 133 | 冰期 | 469-698 | 230 | 非冰期 |
| 699-828 | 130 | 冰期 | 829-1050 | 222 | 非冰期 |

（1）模型文件构成

EFDC 模型由可执行程序、输入文件、结果输出文件组成。其中，可执行程序是模型的核心，执行模型的模拟运算；输入文件由主文件和一系列辅助文件构成，主要用于模型功能选择和初始条件、边界条件的设置；输出文件用于存储模型模拟结果，如流速、流量、污染物浓度等。

结合牡丹江流域特点，构建牡丹江干流城市段（西阁至柴河大桥）二维水动力-水质模型和镜泊湖二维水动力-水质模型，用于日常和突发污染事故模拟和预测。

牡丹江干流城市段模型及镜泊湖模型包括的文件见表4-86。

**表4-86　牡丹江干流城市段二维水质模型及镜泊湖模型输入输出文件**

| 文件名 | 文件类型 | 文件功能 | 文件路径 |
| --- | --- | --- | --- |
| efdc. exe | 可执行程序文件 | 模型运行过程中指定单元格的屏幕输出控制文件 | 一级目录\ |
| efdc. inp | 模型主控文件 | 该文件包括运行控制参数、输出控制参数和模型物理信息的描述等功能，是EFDC的主要控制文件 | 一级目录\ |
| cell. inp | 单元格信息文件 | 将水体轮廓数字化。所有网格均赋予整型变量以表征其类型。例如：5代表湖面，0代表陆地，9代表水陆交界。程序计算时根据不同的数值辨认水体或陆地 | 一级目录\ |
| celllt. inp | 单元格信息文件 | 用以申明cell. inp的一部分。通常是不包括入湖口和出湖河口的湖泊的湖面轮廓数字矩阵。这样当入湖口和出湖河口发生变化时，用户只需将注意力集中在修改cell. inp上 | 一级目录\ |
| dxdy. inp | 单元格信息文件 | 指定水平单元格间距、水深、库底高程、库底粗糙度和植被类型 | 一级目录\ |
| lxly. inp | 单元格信息文件 | 存放网格中心坐标和旋转矩阵 | 一级目录\ |
| corners. inp | 单元格信息文件 | 存放单元格中心点坐标和四角坐标 | 一级目录\ |
| qser. inp | 时间序列文件 | 存放流量的时间序列 | 一级目录\ |
| dser. inp | 时间序列文件 | 存放污染物浓度的时间序列 | 一级目录\ |
| dye. inp | 初始浓度文件 | 存放污染物初始浓度 | 一级目录\ |
| show. inp | 运行显示控制文件 | 程序运行过程中的显示控制文件 | 一级目录\ |
| DYEDMPF. ASC | 水质模拟结果输出文件 | 污染物模拟结果 | 一级目录\ |
| UUUDMPF. ASC | 流速模拟结果输出文件 | *X*方向流速模拟结果 | 一级目录\ |
| VVVDMPF. ASC | 流速模拟结果输出文件 | *Y*方向流速模拟结果 | 一级目录\ |
| DYEDMPF. ASC | 污染物浓度输出结果文件 | 污染物模拟结果（与DYECONH. OUT输出结果一致） | 一级目录\ |
| SELDMPF. ASC | 水位输出结果文件 | 水位模拟结果 | 一级目录\ |

（2）牡丹江干流模型构建

1）干流段网格划分

牡丹江城市段（西阁断面—柴河大桥）绝大部分江段顺直、河床稳定，且部分江段穿城而过，城区沿岸修筑了大量堤防工程，江岸已经固化。从模拟江段历史遥感影像资料来看，绝大部分江段不同水期的水面宽度变化不大。根据历史遥感影像资料，选取河段典型断面，统计不同时期的水面宽度，见表4-87。由表4-87可知，不同水期内各典型断面水面宽度变化不大。因此，模拟江段水体网格不再分水期进行划分。

**表 4-87 模拟江段典型断面不同水期水面宽度统计表**

| 序号 | 断面名称 | 水面宽度/m | | | |
|---|---|---|---|---|---|
| 1 | 宁安工农兵大桥下游 100m | 2014/4/30 | 2014/7/4 | 2010/11/1 | 2009/9/17 |
| | | 257 | 255 | 256 | 255 |
| 2 | 鹤大高速跨江大桥上游 230m | 2014/9/13 | 2014/6/1 | 2013/8/13 | 2010/11/1 |
| | | 168 | 178 | 179 | 178 |
| 3 | 绥满高速跨江大桥上游 120m | 2014/10/28 | 2014/6/1 | 2012/8/7 | 2009/5/28 |
| | | 100 | 103 | 97 | 102 |
| 4 | 宁安镇长江村 | 2014/9/13 | 2014/4/30 | 2010/11/1 | 2012/8/7 |
| | | 152 | 157 | 163 | 157 |
| 5 | 西三条路江桥下游 300m | 2014/10/28 | 2014/9/1 | 2010/6/4 | 2011/8/26 |
| | | 564 | 563 | 563 | 567 |
| 6 | 北安河入江口上游 700m | 2014/10/28 | 2012/8/7 | 2010/6/14 | 2012/11/4 |
| | | 174 | 172 | 172 | 170 |
| 7 | 亮子河入江口下游 500m | 2014/10/28 | 2013/9/30 | 2012/11/4 | 2012/8/7 |
| | | 172 | 168 | 175 | 171 |
| 8 | 柴河大桥上游 200m | 2011/12/4 | 2013/9/22 | 2011/10/12 | 2010/10/27 |
| | | 175 | 184 | 174 | 187 |

根据遥感影像勾绘牡丹江干流城市段水面轮廓线，采用 Delft3D 网格划分工具对模拟河段进行网格划分，其网格矩阵为 864 行×5 列，共计 4207 个单元格。单元格尺度介于 24m×43.6m～176.9m×241.3m 之间，模拟江段江底高程由西阁断面的 245.7m 降至柴河大桥断面的 215.1m。单元格信息存储于 cell. inp、dxdy. inp、lxly. inp 和 corners. inp 文件中。

2）初始条件设置

初始条件即模型启动模拟时的初始状态，包括初始水深和初始浓度。

① 初始水深条件设置　因模拟江段（西阁断面—柴河大桥）内仅有牡丹江水文站实测水位和流量资料，因此，以牡丹江水文站监测断面为参考断面来设置模拟江段初始水深，即假设其他断面初始水深与牡丹江水文站监测断面初始水深相等。对牡丹江水文二站流量监测资料进行水文频率分析，并根据流量水位曲线图反推相应水位，再根据图 4-202 计算河道初始水深。江面宽度取多年平均水位 224.74m 条件下的宽度，为 172.7m。相应水位及初始水深计算结果见表 4-88。初始水深值存储于 dxdy. inp 文件中。

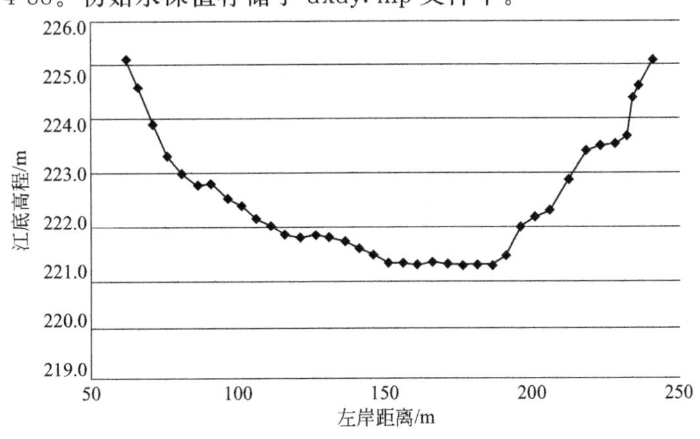


图 4-202　牡丹江水文二站横断面图

表 4-88　牡丹江水文站监测断面不同水期不同保证率流量下初始水深计算结果

| 水期 | 保证率 | 流量/($m^3$/s) | 相应水位/m | 断面面积/$m^2$ | 初始水深/m |
|---|---|---|---|---|---|
| 枯水期 | 90% | 18.94 | 224.15 | 323 | 1.87 |
| | 75% | 28.78 | 224.23 | 336 | 1.95 |
| | 50% | 45.81 | 224.34 | 355 | 2.06 |
| | 25% | 73.80 | 224.50 | 381 | 2.21 |
| 平水期 | 90% | 49.53 | 224.36 | 358 | 2.07 |
| | 75% | 82.18 | 224.54 | 388 | 2.25 |
| | 50% | 143.21 | 224.79 | 430 | 2.49 |
| | 25% | 239.6 | 225.11 | 487 | 2.82 |
| 丰水期 | 90% | 59.72 | 224.42 | 368 | 2.13 |
| | 75% | 100.81 | 224.62 | 402 | 2.33 |
| | 50% | 174.56 | 224.90 | 450 | 2.61 |
| | 25% | 284.64 | 225.23 | 508 | 2.94 |

② 初始浓度条件设置　模型启动模拟时，需要设定模拟水质指标在各个单元格的初始浓度值。目前，模拟江段上设有西阁、温春大桥、海浪、江滨大桥、桦林大桥和柴河大桥 6 个水质监测断面，除桦林大桥为研究断面外，其余 5 个均为常规监测断面。因此，初始浓度由这 5 个水质监测断面的实测数据插值获得。插值方法采用线性插值，即首先确定五个已知水质断面所在单元格的浓度值，然后采用线性插值法将污染物浓度值插值到其他单元格，计算得出所有单元格的浓度值。污染物初始浓度值存储于 dye. inp 文件中。

3）边界条件设置

边界条件即指模型在运算过程中输入的流量、水位、污染物等时间序列资料。

① 流量边界条件　流量边界条件包括模拟江段上游来水量、下游出水量、支流汇水量、沿江取水口取水量以及排污口排污量，即为西阁断面上游来水流量、柴河大桥断面向下游泄水量、海浪河汇入干流流量、沿江取水口取水量以及沿江排污口污水排放量。由于模拟河段内仅在海浪断面处设有水文监测站——牡丹江水文二站，而西阁断面和柴河大桥断面均为水质监测站。因此，西阁断面和海浪河的来水流量根据牡丹江水文二站的流量实测资料进行推算。按照西阁断面上游控制流域面积和海浪河子流域控制面积所占比例，将牡丹江水文二站实测流量资料分配到西阁断面和海浪河入口处。其中，西阁断面流量为牡丹江水文二站流量的 2/3，海浪河入牡丹江流量为牡丹江水文二站流量的 1/3。对于柴河大桥边界条件，为防止模型计算溢出而造成运行终止，该断面采用开边界条件，即水位条件。其水位数据通过牡丹江水文二站实测水位减去水文站所在断面河底高程与柴河大桥断面河底高程之差计算得出。干流排污口排污流量为实测流量数据。

模拟江段从西阁水质监测断面至柴河大桥断面，长约 77.7km。主要入流包括西阁水质监测断面上游来水、支流海浪河来水以及沿岸各排污口排污量；主要出流包括柴河大桥水质监测段面下泄流量、西水源取水和铁路水源取水，多数排污口无实测流量和污染物浓度数据，仅在流量较大和重点排污企业排污口有监测资料，且排污口无连续流量监测数据，仅有全年排污总量数据。因此，排污口的流量采用恒定值。流量时间序列值存储于 qser. inp 文件中。

② 浓度边界条件　浓度边界条件包括西阁断面上游来水污染物浓度、海浪河来水污染物浓度以及沿江各排污口污染物浓度。模型验证断面包括温春大桥、海浪、江滨大桥以及柴河大桥 4 个水质监测断面。通常情况下，各水质监测断面于每年 1 月、2 月、5—10 月的月初进行监测。其中，1 月份和 2 月份代表冰封期水质，其余月份代表非冰封期水质。干流模拟段内排污口众多，但有实测浓度资料的排污口有 9 个，这些排污口每季度监测一次，浓度边界条件采用实测值。污染物浓度时间序列值存储于 dser. inp 文件中。

4）水动力过程验证

糙率系数是表征河流水体所受阻力大小的重要参数，反映了河床粗糙程度对水流作用的影响，是进行水流模拟和计算的关键参数之一。在天然河道的非均匀流条件下，它是一个包括水流平面形态、河道水力因素、断面几何尺寸和形态、床面特征及组成等因素综合作用的系数。计算河道糙率多采用经验公式或半经验公式。非冰封期的河道，其糙率主要考虑河床影响；而对于冰封河流而言，受冰盖影响，河流的自由水面边界条件变成了冰盖固壁边界条件，冰盖通过糙率作用改变了流速在垂向上的分布，河道糙率加大，流速因此也相应减小。本研究中所采用的糙率采用王玫等的研究结果，即冰封期为 0.043，非冰封期 0.035。除糙率系数外，水动力过程还需要率定的参数主要包括水平扩散系数、垂向紊动黏滞系数和垂向紊动扩散系数。本模型中，参考陈水森、龙腾锐、Huang、HydroQual Inc. 等研究成果，水平扩散系数取 1.0$m^2/s$，垂向紊动黏滞系数取 $1.0\times10^{-7}m^2/s$，垂向紊动扩散系数取 $1\times10^{-8}m^2/s$。

根据表 4-85 确定的模拟时段，对牡丹江干流城市段冰期及非冰期水动力过程进行模拟，并将牡丹江水文二站断面处水位模拟结果与实测水位进行对比，见图 4-203。

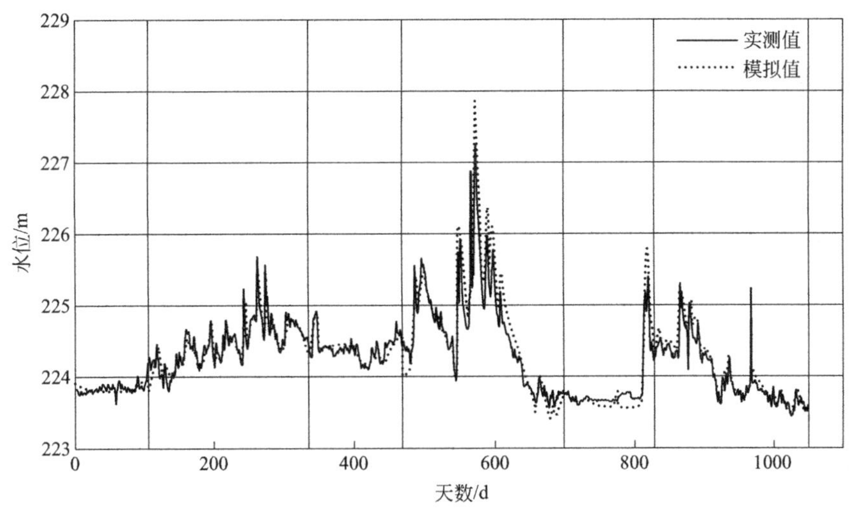


图 4-203　牡丹江水文二站水位实测值与模拟值结果比较

从图 4-203 可以看出，无论是在冰封期还是非冰封期，模型计算结果都能够很好地与实测值相吻合，可以反映模拟河段水位变化过程。对冰期和非冰期模拟值与实测值对比结果进行分析，冰封期实测平均水位 224.04m，相应的水深为 0.90m，模拟平均水位 224.03m，相应的水深为 0.89m，平均仅误差 0.01m，平均水深相对误差 1.11%；非冰封期实测平均水位 224.39m，相应的水深为 1.25m，模拟平均水位 224.42m，相应的水深为 1.28m，平均误差 0.03m，平均水深相对误差 2.40%，模型模拟精度较高。从不同水期流速模拟结果来看，由于非冰封期的来水量大于冰封期来水量。因此，非冰期的流速明显大于冰期流速，

图 4-204 很好地反映了这一实际情况。图 4-204 为局部河段第 187 天（丰水期）和第 370 天（枯水期）流场模拟结果示意图。从流场分布特点来看，由于河道沿西阁至柴河大桥平缓下降，因此，水流方向基本与河道断面垂直。在河道中心岛屿附近，水流受岛屿阻挡，方向有所变化。图中，1、4 断面河宽分别为 320m 和 181m，第 187 天流速分别为 0.43m/s 和 0.51m/s，第 370 天流速分别为 0.29m/s 和 0.35m/s；2、3 断面河宽分别为 813m 和 903m，第 187 天流速分别为 0.19m/s 和 0.12m/s，第 370 天流速分别为 0.14m/s 和 0.09m/s。结果显示，狭窄河段的流速大于宽阔河段的流速，模拟结果符合实际情况。

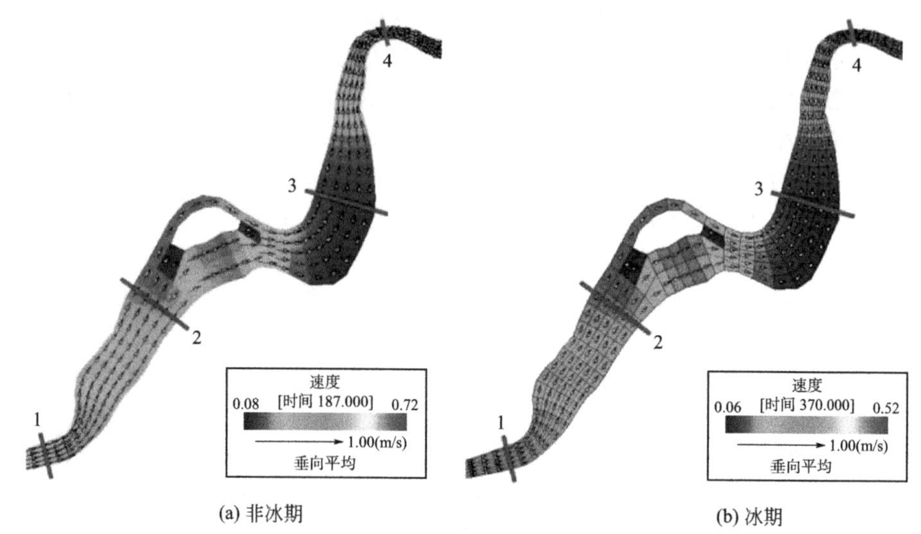


图 4-204　牡丹江干流城市段流场示意图(局部)(见文后彩图 4-204)

5）水质模拟结果验证

① 参数率定结果分析　污染物进入河流在输移过程中通过物理、化学及生物作用发生浓度衰减，其衰减速率反映了污染物在水体作用下降解速度的快慢。目前，大多数水质模型需要率定的参数为衰减速率。郭儒通过对中国部分河流 COD 和 $NH_4^+$-N 衰减速率研究成果进行总结得出：中国河流 COD 的衰减速率为 0.009～0.470$d^{-1}$，$NH_4^+$-N 的衰减速率为 0.071～0.350$d^{-1}$。这些河流多数处于温暖地区，河流没有冰期或冰期很短。

根据表 4-85 确定的模拟时段，对模拟河段冰期及非冰期 COD 和 $NH_4^+$-N 输移过程进行模拟。经计算，非冰封期内 COD 与 $NH_4^+$-N 的衰减速率分别为 0.03$d^{-1}$ 和 0.05$d^{-1}$；冰封期内，COD 与 $NH_4^+$-N 的衰减速率分别为 0.01$d^{-1}$ 和 0.02$d^{-1}$。与国内其他河流的衰减速率相比，牡丹江的 COD 和 $NH_4^+$-N 衰减速率无论是冰期还是非冰期，都处于较低水平，特别是 $NH_4^+$-N 的衰减速率，均比郭儒所总结的最低值要小。这可能与牡丹江所处的地理位置比其他河流更靠北、多年平均气温更低有关。

从模拟结果来看，COD 和 $NH_4^+$-N 在冰封期的衰减速率均小于非冰封期的衰减速率，其主要原因：一是冰封期水温较低，过低的水温导致微生物对污染物的降解作用降低；二是冰封期河道上游来水量减少，加之受冰盖阻力影响，水体流动性变差，导致污染物的物理、化学和生物反应过程受到影响；三是冰封期冰层将水体与大气隔绝，使得自然曝气形成的复氧过程停止，溶解氧浓度处于低值状态，有机物降解过程所需要的溶解氧来源受到限制，降解速率随之下降。

② 模拟结果分析　将不同时段内模拟结果与实测值进行比较并对其误差进行统计分析，

其结果见图 4-205～图 4-208 和表 4-89、表 4-90。

图 4-205 为牡丹江干流 COD 实测值与模拟值对比图。

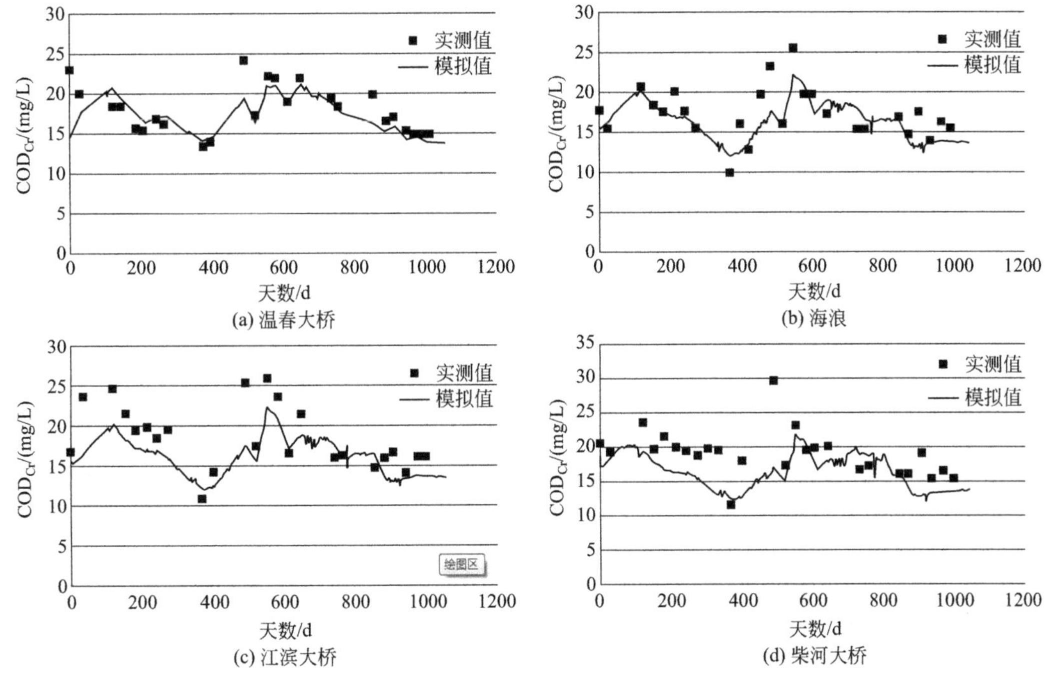


图 4-205 牡丹江干流 COD 实测值与模拟值对比图

从图 4-205 可以看出，COD 模拟值与实测值的变化趋势能够较好地吻合。表 4-89 为牡丹江干流模型 COD 模拟值与实测值统计分析结果。

**表 4-89 牡丹江干流模型 COD 模拟值与实测值统计分析结果**

| 模拟时期 | 温春大桥 | | 海浪 | | 江滨大桥 | | 柴河大桥 | |
|---|---|---|---|---|---|---|---|---|
| | 样本数 | 平均相对误差/% | 样本数 | 平均相对误差/% | 样本数 | 平均相对误差/% | 样本数 | 平均相对误差/% |
| 冰期 | 6 | 11.56 | 8 | 14.23 | 6 | 13.18 | 7 | 15.89 |
| 非冰期 | 18 | 7.68 | 18 | 8.82 | 18 | 14.13 | 19 | 16.52 |
| 总计 | 24 | 8.65 | 26 | 10.49 | 24 | 13.89 | 26 | 16.24 |

整体来看，四个验证断面中，柴河大桥断面的平均相对误差最大，为 16.24%，温春大桥断面平均相对误差最小，为 8.65%。从不同模拟时期来看，非冰期的模拟效果较冰期的好。其中，江滨大桥和柴河大桥冰期与非冰期的模拟误差基本接近，分别为 13.18%和 14.13%以及 15.89%和 16.52%。温春大桥和海浪断面冰期与非冰期的模拟误差较大，分别为 11.56%和 7.68%以及 14.23%和 8.82%。造成冰期模拟效果差于非冰期模拟效果的主要原因是冰期内的实测值（样本数）较少（表 4-89），未测月份浓度信息的缺失对冰期的模拟效果产生一定的影响。

图 4-206 为牡丹江干流 $NH_4^+$-N 实测值与模拟值对比图。

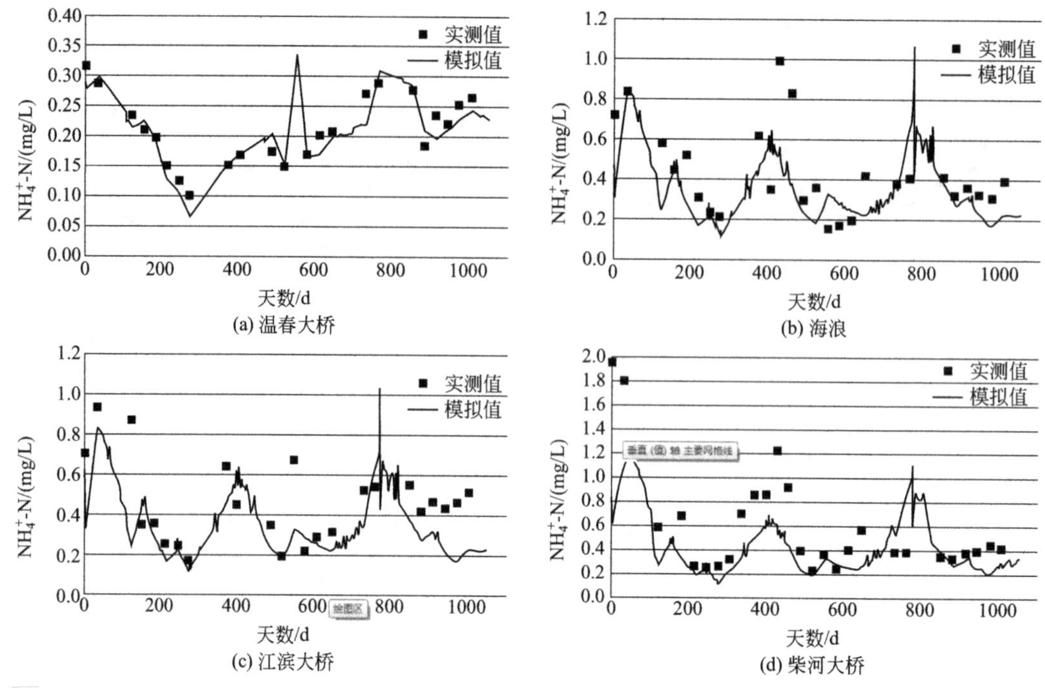

(a) 温春大桥
(b) 海浪
(c) 江滨大桥
(d) 柴河大桥

图 4-206 牡丹江干流 $NH_4^+$-N 实测值与模拟值对比图

从图 4-206 可以看出，$NH_4^+$-N 模拟值同样也可以大致反映实际的变化情况。表 4-90 为牡丹江干流模型 $NH_4^+$-N 模拟值与实测值统计分析结果。

**表 4-90 牡丹江干流模型 $NH_4^+$-N 模拟值与实测值统计分析结果**

| 模拟时期 | 温春大桥 | | 海浪 | | 江滨大桥 | | 柴河大桥 | |
|---|---|---|---|---|---|---|---|---|
| | 样本数 | 平均相对误差/% | 样本数 | 平均相对误差/% | 样本数 | 平均相对误差/% | 样本数 | 平均相对误差/% |
| 冰期 | 6 | 10.92 | 8 | 35.94 | 6 | 21.66 | 9 | 55.15 |
| 非冰期 | 17 | 16.28 | 17 | 33.42 | 18 | 35.35 | 19 | 32.32 |
| 总计 | 23 | 14.88 | 25 | 34.23 | 24 | 31.93 | 28 | 39.58 |

四个验证断面中，柴河大桥断面平均相对误差最大，为 39.58%，温春大桥断面平均相对误差最小，为 14.88%。与 COD 模拟效果不同，四个验证断面非冰期的模拟效果各有差异。其中，温春大桥和江滨大桥冰期模拟效果优于非冰期的模拟效果，而海浪和柴河大桥非冰期模拟效果比冰期的好。总体而言，该模型用于牡丹江干流的 $NH_4^+$-N 模拟也是可行的，但模拟精度没有 COD 的模拟效果好。造成这一现象的主要原因是 COD 的污染源主要来自工业排污，其污染物浓度和排污量有连续监测的数据，这些数据为模型模拟提供了支撑；对于 $NH_4^+$-N 而言，其污染源主要来自流域内的面源污染和生活污水，因缺少面源污染的监测资料，导致 $NH_4^+$-N 浓度边界条件准确度下降，进而影响到模型模拟精度。

图 4-207 和图 4-208 分别为 COD 和 $NH_4^+$-N 模拟结果在冰期和非冰期内的空间浓度分布图。

(a) 2014-1-7(冰期)

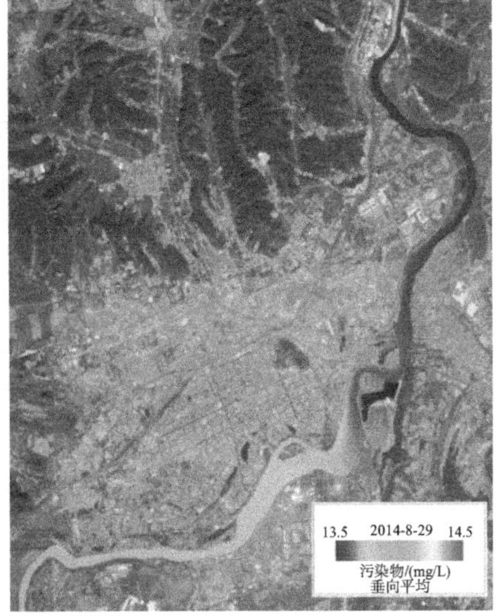

(b) 2014-8-29(非冰期)

图 4-207 牡丹江干流 COD 浓度分布图（城区段）（见文后彩图 4-207）

(a) 2014-1-7(冰期)

(b) 2014-8-29(非冰期)

图 4-208 牡丹江干流 $NH_4^+$-N 浓度分布图（城区段）（见文后彩图 4-208）

由图 4-207 和图 4-208 可以明显看出，污染物从排污口处排入牡丹江，污染物浓度在稀释和扩散的作用下，经过一段距离后在下游河道中充分混合，断面浓度基本达到一致。经计算，COD 或 $NH_4^+$-N 浓度从排污口排出后，大约经过 3～5km 后即达到基本混合。当排污口下游一段河道较为平直时，浓度达到基本混合的距离较长，而当排污口下游一段河道走向蜿蜒曲折时，受湍流影响，浓度达到基本混合的距离较短。

(3) 镜泊湖模型构建

1) 镜泊湖网格划分

镜泊湖水库库型狭长，南北长 45km，东西最宽处 6km，最窄处仅 300 多米，属于典型的河道型水库。水库两岸山坡坡度较陡，水库正常范围内的涨落引起的水面面积变化不大。因此，镜泊湖水库水体边界采用多年平均水位 347.95m 时的边界线，如图 4-209 所示。

采用 Delft3D 网格划分工具对镜泊湖水库进行网格划分，其网格矩阵为 211 行×128 列，共计 4958 个水体单元格。单元格平均尺度 150.6m×145.4m，单元格划分情况见图 4-210。由于缺少镜泊湖水库库底高程实测资料，采用水体边界高程、牡丹江入库口高程和水库大坝下游附近河底高程粗略计算水库库底高程，库底高程介于 293～346.3m 之间（见图 4-211）。

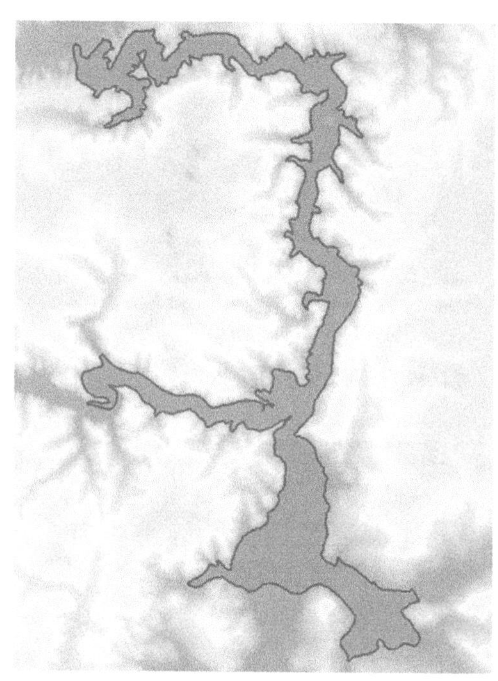

图 4-209　镜泊湖水库水体边界示意图

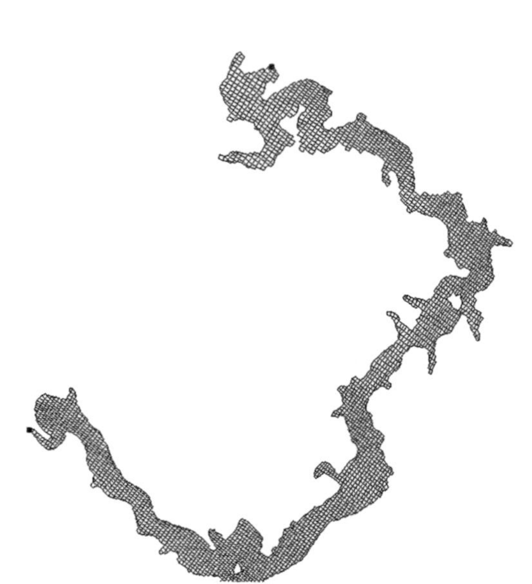

图 4-210　镜泊湖水库水体网格划分示意图（局部）

图 4-211　镜泊湖水库库底高程图（见文后彩图 4-211）

2）初始条件设置

① 初始水深设置　取 2010 年 1 月 1 日零时的水深。首先确定初始时刻的水位为 347.5m，再由初始水位减去库底高程便可得到每个水体单元格的水深，见图 4-212。

② 初始浓度设置　镜泊湖水库目前的水质监测断面包括大山咀子、老鹊砬子、电视塔和果树场，因此，初始浓度由这 4 个水质监测断面 2010 年 1 月的实测数据插值获得。插值方法与干流采用的方法相同。

3）边界条件设置

① 入、出库流量设置　入库流量边界条件设置。镜泊湖水库入库流量边界条件包括大山咀子流量、尔站河流量和松乙河流量（见表 4-91）。其中，大山咀子流量采用模拟期内实测流量资料，尔站河流量和松乙河流量采用流域面积同比例缩放法推算求得。

出库流量边界条件设置。采用流域面积同比例缩放法，根据石头水文站实测流量数据推算得到镜泊湖水库出库流量数据。

图 4-212　镜泊湖水库初始水深
（见文后彩图 4-212）

**表 4-91　镜泊湖流量边界条件所在单元格位置**

| 序号 | 断面名称 | 流量类型 | 所在单元格 |
|---|---|---|---|
| 1 | 大山咀子(干流入湖口) | 入流 | 67,23;68,23 |
| 2 | 尔站河入湖口 | 入流 | 8,78 |
| 3 | 松乙河入湖口 | 入流 | 126,25 |
| 4 | 大坝泄流 | 出流 | 10,202 |

② 浓度边界条件设置　镜泊湖水库的污染源主要分为三类：一是生活污水，主要来自湖区内各宾馆、饭店、疗养院及沿湖村屯居民生活排放的生活污水；二是入湖的江水及河水，主要来自大山咀子的牡丹江干流上游的江水、尔站河入湖的河水、松乙河入湖的河水以及山涧小溪的溪水；三是面源，主要是湖区周围的农田、林区因降雨而导致的地表径流水以及沿湖林区及村屯居民的生活垃圾、畜禽粪便等。

镜泊湖浓度边界条件主要为大山咀子断面水质指标监测浓度时间序列。

4）水动力过程验证

由于镜泊湖水库无流速、流量等实测资料，仅有坝前水位实测资料，因此，镜泊湖水库的水动力过程通过水位来进行验证。受镜泊湖水库水位实测资料限制，水位验证采用有实测水位资料的时段来进行对比分析。如图 4-213，对 2012 年 6 月 1 日至 2012 年 9 月 30 日时段的模拟水位与实测水位进行对比，由图 4-213 可以看出，水库水位在 348～350m 区间变化时，模拟值与实测值能够较好地吻合；当水位超过 350m 时，模拟值与实测值误差变大，这与库底高程概化精度有关。

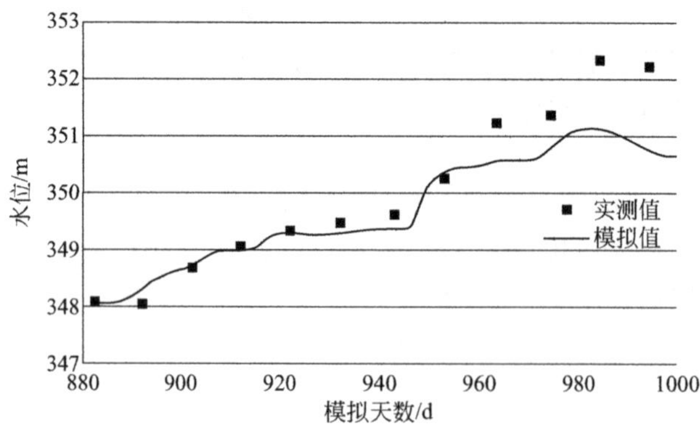


图 4-213 镜泊湖水库 2012 年 6 月 1 日至 2012 年 9 月 30 日水位模拟结果

5）水质模拟结果验证

对 2010 年 1 月 1 日至 2012 年 12 月 31 日镜泊湖水库 $COD_{Mn}$ 和 $NH_4^+$-N 进行模拟。库底糙率取 0.035，水平扩散系数取 1.0$m^2/s$，垂向紊动黏滞系数取 $1.0\times10^{-7}m^2/s$，垂向紊动扩散系数取 $1\times10^{-8}m^2/s$。$COD_{Mn}$ 综合衰减速率和 $NH_4^+$-N 综合衰减系数均取 $0.002d^{-1}$。各水质监测断面 $COD_{Mn}$ 和 $NH_4^+$-N 模拟结果分别见图 4-214 和图 4-215。

图 4-216～图 4-221 为 $COD_{Mn}$ 和 $NH_4^+$-N 模拟结果浓度分布图。

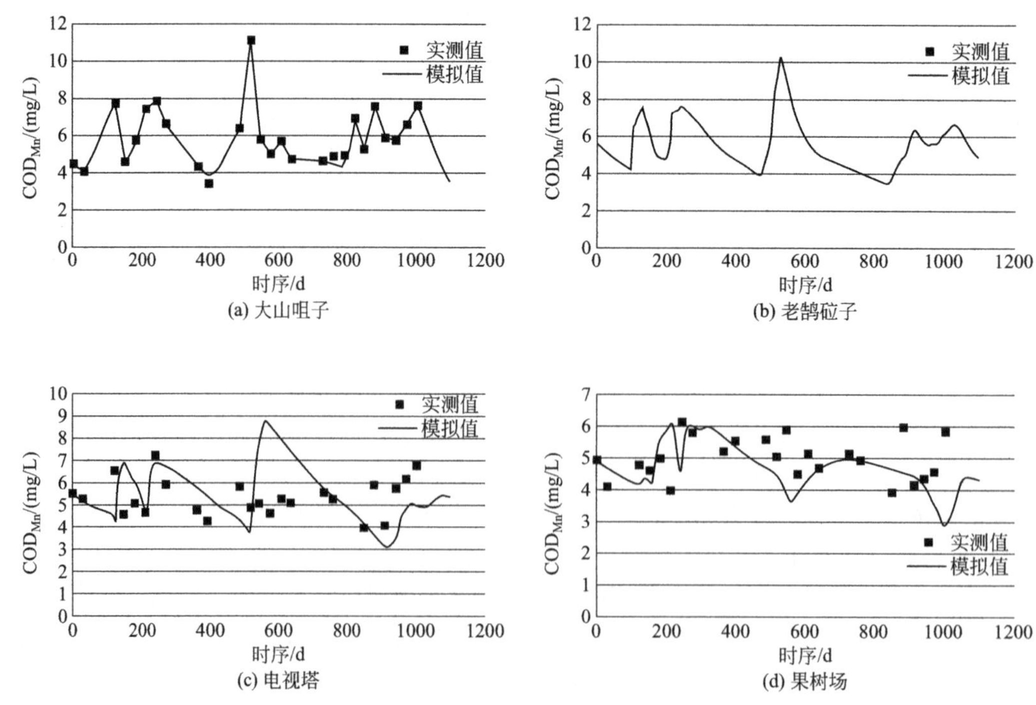


图 4-214 各水质监测断面 $COD_{Mn}$ 模拟值与实测值对比图

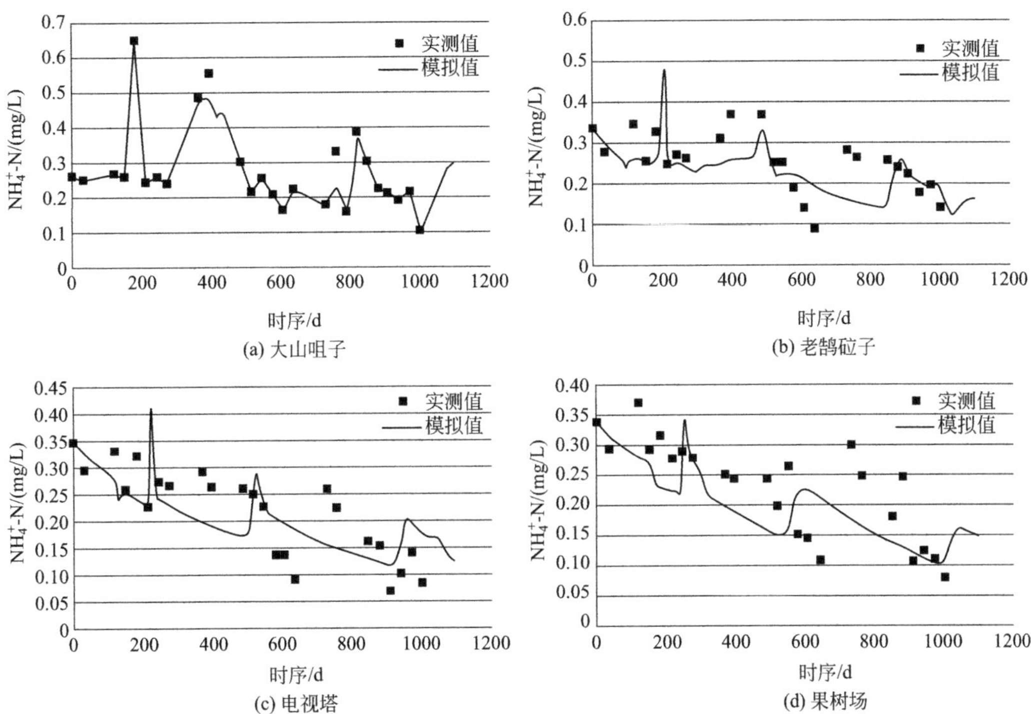


图 4-215 各水质监测断面 $NH_4^+$-N 模拟值与实测值对比图

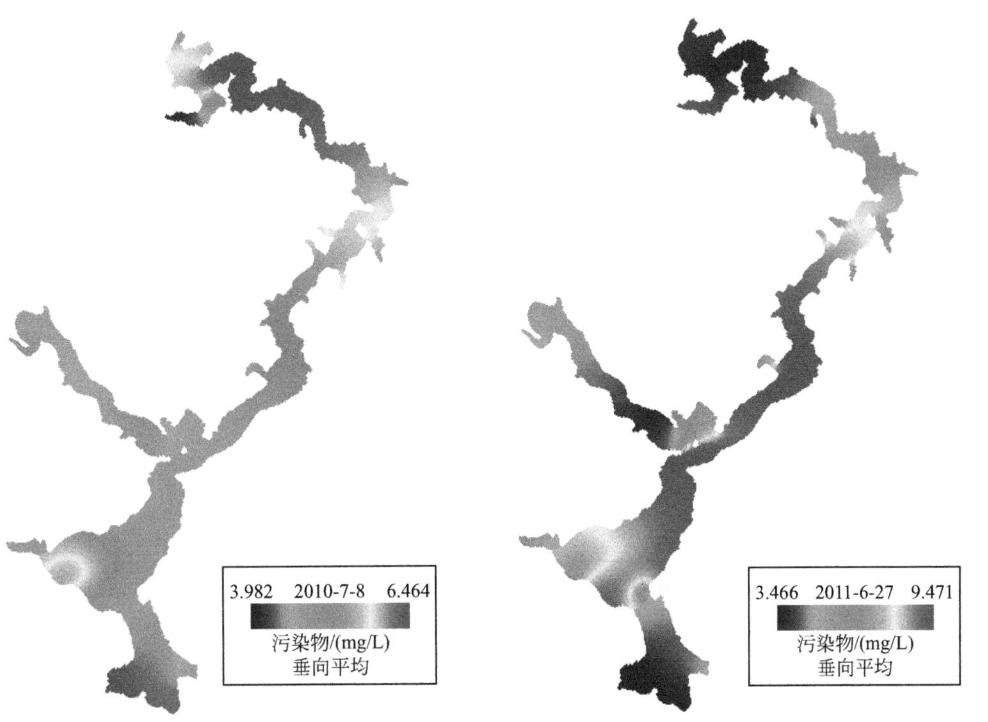


图 4-216 $COD_{Mn}$ 浓度分布图（2010-7-8）（见文后彩图 4-216）

图 4-217 $COD_{Mn}$ 浓度分布图（2011-6-27）（见文后彩图 4-217）

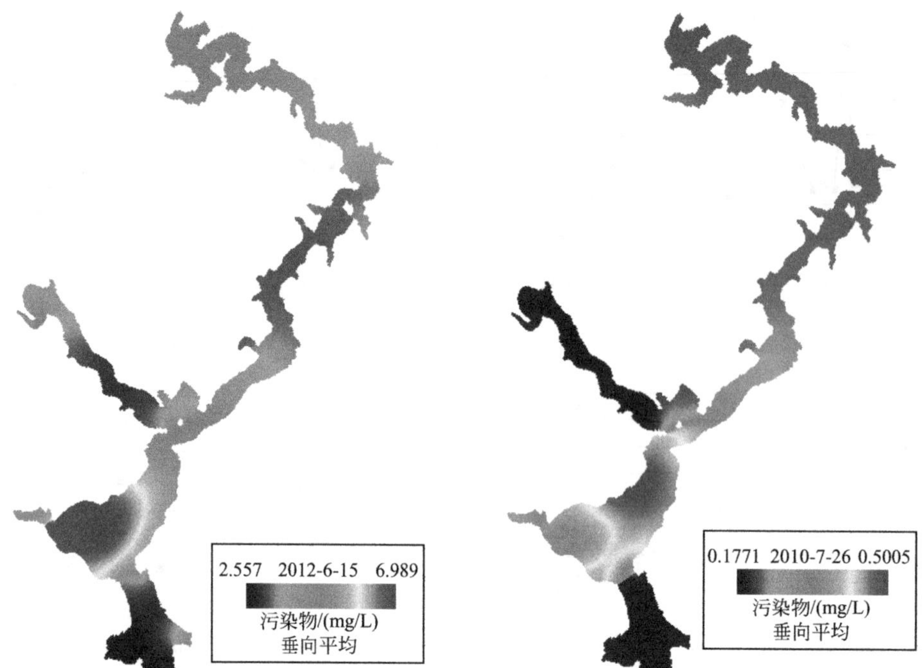


图 4-218 $COD_{Mn}$ 浓度分布图（2012-6-15）
（见文后彩图 4-218）

图 4-219 $NH_4^+$-N 浓度分布图（2010-7-26）
（见文后彩图 4-219）

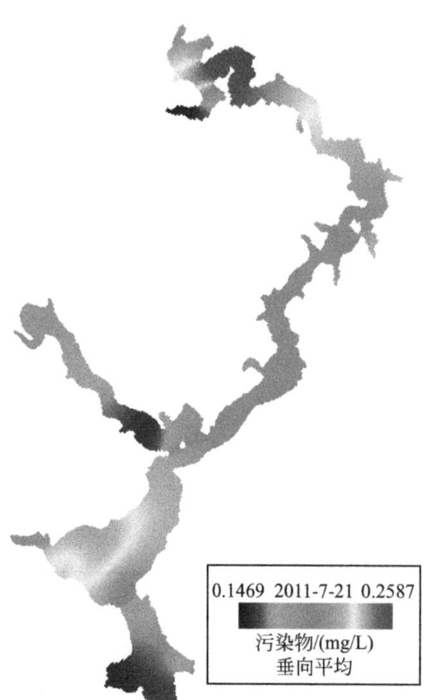


图 4-220 $NH_4^+$-N 浓度分布图（2011-7-21）
（见文后彩图 4-220）

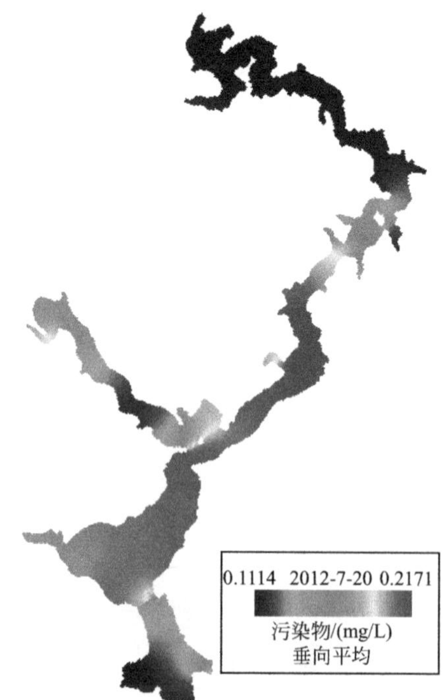


图 4-221 $NH_4^+$-N 浓度分布图（2012-7-20）
（见文后彩图 4-221）

由图 4-216 和图 4-221 可见，镜泊湖污染物迁移扩散过程与干流基本类似，同样随水流向下游稀释扩散，污染物大致在老鹄砬子断面附近混合均匀。但有一点不同的是，镜泊湖水体受大坝的控制，水流因大坝下泄流量的不同而不同。当大坝下泄流量大时，污染物到达大坝的速度就快；反之，大坝下泄流量小时，污染物到达大坝的时间就长。

对各水质断面模拟结果和实测值进行对比分析，大山咀子、老鹄砬子、电视塔和果树场断面 $COD_{Mn}$ 模拟结果平均相对误差分别为 1.83%、19.97%、25.83%和 15.27%；$NH_4^+$-N 模拟结果平均相对误差分别为 2.76%、21.86%、32.02%和 26.92%；全库 $COD_{Mn}$ 模拟结果平均误差为 20.36%，$NH_4^+$-N 为 26.92%，详细统计分析数据见表 4-92。从统计结果数据来看，$COD_{Mn}$ 模拟误差由大到小排列为电视塔＞老鹄砬子＞果树场＞大山咀子；$NH_4^+$-N 模拟误差由大到小排列为电视塔＞果树场＞老鹄砬子＞大山咀子。$COD_{Mn}$ 模拟精度高于 $NH_4^+$-N 模拟精度。总体来看，镜泊湖水库水动力-水质模型能够较为客观地反映实际浓度变化趋势，所建模型和率定参数可以应用于镜泊湖水库水质模拟。

**表 4-92　镜泊湖水库模型模拟值与实测值统计分析**

| 模拟指标 | 大山咀子 | | 老鹄砬子 | | 电视塔 | | 果树场 | | 平均误差①/% |
|---|---|---|---|---|---|---|---|---|---|
| | 样本数 | 平均相对误差/% | 样本数 | 平均相对误差/% | 样本数 | 平均相对误差/% | 样本数 | 平均相对误差/% | |
| $COD_{Mn}$ | 26 | 1.83 | 24 | 19.97 | 24 | 25.83 | 24 | 15.27 | 20.36 |
| $NH_4^+$-N | 26 | 2.76 | 24 | 21.86 | 24 | 32.02 | 24 | 26.87 | 26.92 |

① 这里的平均误差指除大山咀子外其他三个断面平均相对误差之均值。因大山咀子作为边界条件，故不列入平均误差统计。

### 4.5.3 牡丹江水环境质量保障预警决策支持系统研究

#### 4.5.3.1 系统框架设计

牡丹江水环境质量保障预警决策支持系统采用 C/S 模式构建，具体架构设计如图 4-222 所示。

服务器端由主服务器、任务节点集群、数据库和服务器文件系统几部分组成。主服务器负责完成任务调度，即通过任务调度机制，选择处理能力最强、相对空闲的任务节点反馈给客户机。

任务节点集群由一至多个任务处理节点组成。任务处理节点负责完成客户机提交的任务请求，包括数据查询、数据操作、文件管理等任务。任务节点定时向主服务器发出当前处理能力信息，以实现主服务器的负载均衡调度。

在服务器端，部署数据库和服务器文件系统。数据库存储牡丹江流域水环境评估及预警决策支持系统数据库。该数据库负责执行任务节点的数据查询和数据操作任务；服务器文件系统存储水环境管理相关文档。以任务节点为中间件，完成服务器与客户端之间的文档传输。

在客户机上部署了业务人员使用的牡丹江流域水环境评估及预警决策支持系统。该系统可实现水环境质量评估、污染预警与信息发布等主要功能。

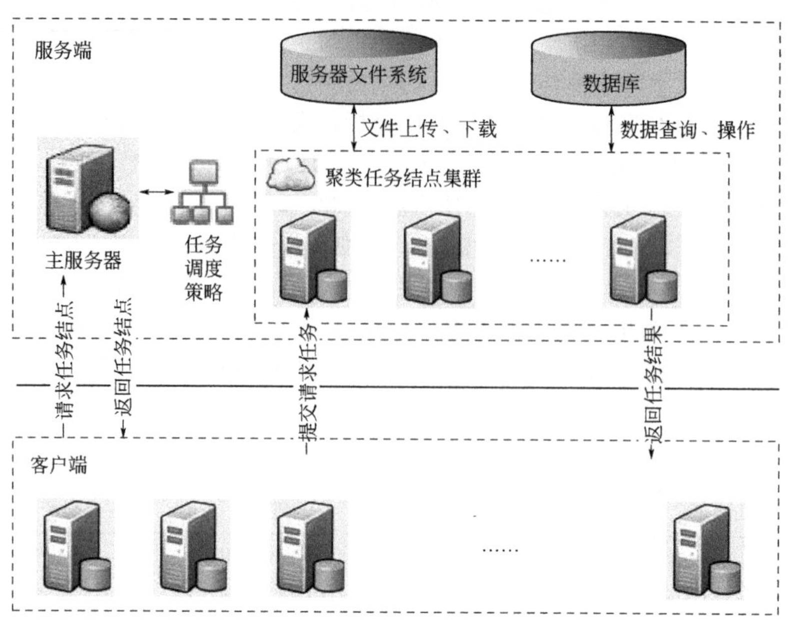


图 4-222　牡丹江水环境质量保障预警决策支持系统框架设计图

#### 4.5.3.2　数据库表设计

(1) 基本信息表

1) 流域结构表 mss _ waterline

| 字段名 | 类型 | 描述 | 备用键 | 允许空 |
|---|---|---|---|---|
| ID | guid | 主键,组织机构唯一标识符 | | |
| Name | nvchar(50) | 组织机构名称 | √ | |
| Parent | guid | 上级机构 ID,NULL 表示根 | √ | √ |
| Parents | nvchar(500) | 上级组织机构树 | | √ |

2) 管理人员表 mss _ charger

| 字段名 | 类型 | 描述 | 备用键 | 允许空 |
|---|---|---|---|---|
| ID | char(18) | 主键,管理人员唯一 ID | | |
| Name | char(50) | 管理人员姓名 | | |
| IID | char(36) | 管理人员身份证 | | |
| Sex | char(2) | 管理人员性别 | | |
| Phone | char(15) | 管理人员电话 | | |
| Email | nvarchar(50) | 管理人员 Email | | √ |
| Pic | varbinary(MAX) | 管理员照片 | | |

3）系统中的枚举 mss _ code _ dic

| 字段名 | 类型 | 描述 | 备用键 | 允许空 |
| --- | --- | --- | --- | --- |
| CO | int | 主键，自动增量 | | |
| CN | int | 序号 | | |
| Code_CHI_Name | nvchar(20) | 枚举名 | | |
| Code_Data_Type | nvchar(03) | 枚举类型 | | |
| Code_Type_CHI_Name | nvchar(20) | 枚举类型名 | | |
| Code_DISCN | int | 枚举值 | | |

4）系统登录用户 mss _ admin

| 字段名 | 类型 | 描述 | 备用键 | 允许空 |
| --- | --- | --- | --- | --- |
| ID | uniqueidentifier | 主键，登录用户唯一 ID | | |
| Name | nchar(50) | 登录人员真实姓名 | | |
| UserName | nchar(50) | 登录名，数据库中不允许重复 | | |
| AdminRegion | nchar(36) | 管理流域 | | √ |
| Password | nchar(50) | 使用 MD5 加密 | | |
| Role | nchar(2) | 用户角色，枚举 | | |

（2）水质监测数据

1）水质监测断面信息表 mss _ profile

| 字段名 | 类型 | 描述 | 备用键 | 允许空 |
| --- | --- | --- | --- | --- |
| ID | char(5) | 主键，水质监测断面唯一 ID | | |
| Name | nvarchar(50) | 水质监测断面名称 | | |
| AName | nvarchar(50) | 水质监测断面别名 | | √ |
| ptype | nvarchar(2) | 断面性质 | | √ |
| Lon | numeric(8,3) | 水质监测断面经度 | | √ |
| Lat | numeric(8,3) | 水质监测断面纬度 | | |
| waterline | char(36) | 所属流域 | | |
| meaning | nchar(50) | 断面含义 | | √ |
| ftype | char(1) | 水功能区类别 | | √ |
| address | nchar(255) | 地址 | | √ |
| desp | nvarchar(2000) | 水质监测断面描述 | | √ |

2）水质监测指标 mss _ item

| 字段名 | 类型 | 描述 | 备用键 | 允许空 |
| --- | --- | --- | --- | --- |
| ID | smallint | 主键，水质监测指标 ID | | |
| PNAME | nchar(20) | 水质监测指标名称 | | |

续表

| 字段名 | 类型 | 描述 | 备用键 | 允许空 |
|---|---|---|---|---|
| ENAME | nchar(20) | 水质监测指标别名 | | |
| unit | nchar(10) | 计量单位 | | |
| V1 | numeric(15,5) | 监测标准值 1 | | |
| V2 | numeric(15,5) | 监测标准值 2 | | √ |
| V3 | numeric(15,5) | 监测标准值 3 | | √ |
| V4 | numeric(15,5) | 监测标准值 4 | | √ |
| V5 | numeric(15,5) | 监测标准值 5 | | √ |
| state | char(1) | 监测指标所属类型 | | |
| ptype | char(1) | 监测项目类型,枚举 | | |

3）水质监测断面数据 mss _ profile _ ddata

| 字段名 | 类型 | 描述 | 备用键 | 允许空 |
|---|---|---|---|---|
| ID | uniqueidentifier | 主键,断面数据唯一 ID | | |
| SID | char(5) | 所属断面 ID | | |
| DTime | date | 监测时间 | | |
| D_0 | numeric(15,5) | 监测指标 D_0 | | √ |
| D_1 | numeric(15,5) | 监测指标 D_1 | | √ |
| D_2 | numeric(15,5) | 监测指标 D_2 | | √ |
| D_3 | numeric(15,5) | 监测指标 D_3 | | √ |

4）水质监测断面监测指标分配表 mss _ profile _ assign

| 字段名 | 类型 | 描述 | 备用键 | 允许空 |
|---|---|---|---|---|
| ID | uniqueidentifier | 主键,水质监测断面的唯一 ID | | |
| SID | char(5) | 监测断面 ID | | |
| DID | smallint | 断面数据 ID | | |

5）水文监测断面信息表 mss _ hydro

| 字段名 | 类型 | 描述 | 备用键 | 允许空 |
|---|---|---|---|---|
| ID | guid | 主键,水文监测断面唯一 ID | | |
| Name | nvchar(50) | 水文监测断面名称 | √ | |
| Lon | numeric(8,3) | 水文监测断面经度 | | |
| Lat | numeric(8,3) | 水文监测断面纬度 | | |
| Num | int | 监测断面编号 | √ | |
| riverlake | guid | 所属河流或湖泊,外码 | | |
| desp | nvchar(2000) | 水文监测断面描述 | | √ |

6）水文监测断面数据 mss _ hydro _ ddata

| 字段名 | 类型 | 描述 | 备用键 | 允许空 |
|---|---|---|---|---|
| ID | uniqueidentifier | 主键，唯一 ID | | |
| hid | char(3) | 水文监测站 ID | | |
| hdate | date | 监测时间 | | |
| z | numeric(7,3) | 水位 | | √ |
| q | numeric(9,3) | 流量 | | √ |
| xsa | numeric(9,3) | 断面过水面积 | | √ |
| xsavv | numeric(5,3) | 断面平均流速 | | √ |
| xsmxv | numeric(5,3) | 断面最大流速 | | √ |
| flowcharcd | char(1) | 河水特征码 | | √ |
| wptn | char(1) | 水势 | | √ |
| msqmt | char(1) | 测流方法 | | √ |
| msamt | char(1) | 测积方法 | | √ |
| msvmt | char(1) | 测速方法 | | √ |

7）排污口基本信息表 mss _ drainout

| 字段名 | 类型 | 描述 | 备用键 | 允许空 |
|---|---|---|---|---|
| ID | char(5) | 排污口编号 | | |
| Name | nvarchar(50) | 站名 | | |
| Lon | numeric(8,3) | 排污口经度 | | |
| Lat | numeric(8,3) | 排污口纬度 | | |
| waterline | char(36) | 所属流域 | | |
| meaning | nchar(50) | 断面含义 | | √ |
| ftype | char(1) | 预警等级 | | √ |
| address | nchar(255) | 排污口地址 | | √ |
| desp | nvarchar(2000) | 排污口描述 | | √ |

8）排污口水质监测天数据表 mss _ drainout _ ddata

| 字段名 | 类型 | 描述 | 备用键 | 允许空 |
|---|---|---|---|---|
| ID | uniqueidentifier | 主键，排污口水质监测天数据唯一 ID | | |
| SID | char(5) | 所属排污口 ID | | |
| DTime | date | 监测时间 | | |
| D_1 | numeric(15,5) | 监测指标 D_1 数据 | | √ |
| D_2 | numeric(15,5) | 监测指标 D_2 数据 | | √ |
| D_3 | numeric(15,5) | 监测指标 D_3 数据 | | √ |
| D_4 | numeric(15,5) | 监测指标 D_4 数据 | | √ |
| D_5 | numeric(15,5) | 监测指标 D_5 数据 | | √ |

9）排污口水质监测指标分配表 mss _ drainout _ assign

| 字段名 | 类型 | 描述 | 备用键 | 允许空 |
|---|---|---|---|---|
| ID | uniqueidentifier | 主键，唯一 ID | | |
| SID | char(5) | 所属 | | |
| DID | smallint | 监测指标 ID | | |

10）排污口水文数据表 mss _ drainout _ hydro

| 字段名 | 类型 | 描述 | 备用键 | 允许空 |
|---|---|---|---|---|
| ID | uniqueidentifier | 主键，唯一 ID | | |
| SID | char(5) | 所属排污口 ID | | |
| DTime | datetime | 监测时间 | | |
| Flow | numeric(15,5) | 流量 | | √ |

11）取水口基本信息表 mss _ intake

| 字段名 | 类型 | 描述 | 备用键 | 允许空 |
|---|---|---|---|---|
| ID | char(5) | 取水口 ID | | |
| Name | nvarchar(50) | 取水口名称 | | |
| Lon | numeric(8,3) | 经度 | | |
| Lat | numeric(8,3) | 纬度 | | |
| waterline | char(36) | 所属流域 | | |
| meaning | char(50) | 断面含义 | | √ |
| ftype | char(1) | 预警等级 | | √ |
| address | nchar(255) | 地址 | | √ |
| desp | nvarchar(2000) | 描述 | | √ |

12）水闸基本信息表 mss _ sluice

| 字段名 | 类型 | 描述 | 备用键 | 允许空 |
|---|---|---|---|---|
| ID | char(5) | 主键、水闸 ID | | |
| Name | nvarchar(50) | 名称 | | |
| FullFlow | numeric(9,3) | 最大流量 | | √ |
| waterline | char(36) | 所属流域 | | √ |
| Lon | numeric(8,3) | 经度 | | √ |
| Lat | numeric(8,3) | 纬度 | | √ |

13）水库水情表 mss _ lake _ ddata

| 字段名 | 类型 | 描述 | 备用键 | 允许空 |
|---|---|---|---|---|
| ID | uniqueidentifier | 主键、ID | | |

续表

| 字段名 | 类型 | 描述 | 备用键 | 允许空 |
|---|---|---|---|---|
| SID | char(5) | 水库 ID,外码 | | |
| DTime | date | 监测时间 | | |
| rz | numeric(15,5) | 库水位 | | √ |
| inq | numeric(15,5) | 入库流量 | | √ |
| w | numeric(15,5) | 蓄水量 | | √ |
| otq | numeric(15,5) | 出库流量 | | √ |
| rwcharcd | numeric(15,5) | 库水特征码 | | √ |
| tepth | numeric(15,5) | 库水水势 | | √ |
| inqdr | numeric(15,5) | 入流时段长 | | √ |
| msqmt | numeric(15,5) | 测流方法 | | √ |

14）水生生物监测站点结构表 yss _ mprofile

| 字段名 | 类型 | 描述 | 备用键 | 允许空 |
|---|---|---|---|---|
| ID | Char(5) | 监测站编号 | | |
| Name | nvarchar(50) | 监测站名称 | | |
| AName | nvarchar(50) | 监测断面名称 | | √ |
| Ptype | nvarchar(2) | 断面性质 | | √ |
| Lon | numeric(8,3) | 监测站经度 | | |
| Lat | numeric(8,3) | 监测站纬度 | | |
| Waterline | char(36) | 监测站所在水功能区 | | |
| Meaning | nchar(50) | 断面含义 | | √ |
| Ftype | char(1) | 水功能区类别 | | |
| Address | nchar(255) | 水生生物监测站地址 | | |
| desp | nvarchar(2000) | 水生生物监测站描述 | | √ |

15）水生生物详细监测数据表 yss _ microbe _ ddata

| 字段名 | 类型 | 描述 | 备用键 | 允许空 |
|---|---|---|---|---|
| ID | uniqueidentifier | 监测站唯一码 | | |
| SID | nchar(5) | 监测站码 | | |
| DTime | datetime | 监测时间 | | |
| M_1 | numeric(15,5) | 水生生物 1 | | √ |
| M_2 | numeric(15,5) | 水生生物 2 | | √ |
| M_3 | numeric(15,5) | 水生生物 3 | | √ |
| M_4 | numeric(15,5) | 水生生物 4 | | √ |

16）水生生物分类表 yss _ microbe

| 字段名 | 类型 | 描述 | 备用键 | 允许空 |
|---|---|---|---|---|
| microbe_ID | int | 水生生物 ID 号 | | |
| microbe_phylum | nvarchar(50) | 水生生物门 | | √ |
| microbe_class | nvarchar(50) | 水生生物纲 | | √ |
| microbe_order | nvarchar(50) | 水生生物目 | | √ |
| microbe_family | nvarchar(50) | 水生生物科 | | √ |
| microbe_genus | nvarchar(50) | 水生生物属 | | √ |
| microbe_species | nvarchar(50) | 水生生物中文名 | | √ |
| microbe_latin | nvarchar(100) | 水生生物拉丁文 | | √ |
| microbe_type | Char(10) | 水生生物类别 | | √ |

(3) 排污企业基本信息表 mss _ enterp

| 字段名 | 类型 | 描述 | 备用键 | 允许空 |
|---|---|---|---|---|
| ID | char(5) | 主键，企业 ID | | |
| Name | char(50) | 企业名称 | | √ |
| coorp | char(50) | 法定代表人 | | |
| coorp_code | char(20) | 单位法人代码 | | |
| limber | char(1) | 排污类型，枚举 | | |
| desp. | nvarchar(2000) | 企业简介 | | |
| Lon | numeric(8,3) | 企业经度 | | |
| Lat | numeric(8,3) | 企业纬度 | | |
| Address | nvarchar(200) | 通信地址 | | |
| People | nchar(50) | 联系人 | | |
| Phone | char(15) | 联系电话 | | |
| email | nvarchar(50) | 电子邮件 | | √ |
| risk_level | char(1) | 风险等级 | | |
| risk_Zone | nvarchar(200) | 敏感区域 | | |
| LinkInfo | nvarchar(200) | 应急联络信息 | | |
| outlet | char(50) | 所属排污口 | | |
| codnh3l | real | COD/$NH_3$ 比值下限 | | √ |
| codnh3u | real | COD/$NH_3$ 比值上限 | | √ |

(4) 水功能区

| 字段名 | 类型 | 描述 | 备用键 | 允许空 |
|---|---|---|---|---|
| ID | Char(5) | 主键，冰情唯一 ID | | |
| Name | nvarchar(50) | 测站 ID，外码 | | |

续表

| 字段名 | 类型 | 描述 | 备用键 | 允许空 |
|---|---|---|---|---|
| waterline | char(36) | 监测时间 | | |
| ftype | char(1) | 气温 | | √ |
| len | real | 水温 | | √ |
| area | real | 面积 | | |
| fromlon | numeric(8,3) | 起始断面经度 | | |
| fromlat | numeric(8,3) | 起始断面纬度 | | |
| tolon | numeric(8,3) | 终止断面经度 | | |
| tolat | numeric(8,3) | 终止断面纬度 | | |

#### 4.5.3.3 功能设计

牡丹江水环境质量保障预警决策支持系统客户端为系统的主要部分，是面向用户的应用系统。目前，已经根据牡丹江水环境质量保障预警决策支持系统设计的要求开发了客户端功能，功能模块见表4-93。

**表4-93 牡丹江水环境质量保障预警决策支持系统客户端主要功能**

| 模块名称 | 主要功能 |
|---|---|
| 水质数据采集 | 水质监测基础设施编辑与输入;水质监测数据导入 |
| 水质监测预警预报 | 水质监测断面超标分析 |
| 污染溯源分析 | 根据超标污染因子实现污染源的排查 |
| 污染事故模拟 | 模拟基础网格;水质模拟方案管理;水质模拟 |
| 统计查询 | 水质监测断面信息查询;地表水质量标准查询;水质数据查询;水文数据查询 |
| 数据库管理 | 数据库还原与备份 |
| 智能报表 | 水质公报“自动化”智能报表输出 |
| 系统管理 | 登录用户管理;负责人管理;系统帮助 |
| 三维展示 | 水质污染三维展示 |

（1）客户端系统界面设计

系统界面由菜单、任务列表、任务文档等几部分构成。为简化系统结构，系统菜单与任务列表使用相同的列表结构。任务列表和任务文档之间为驱动和被驱动关系；用户点击任务列表中的一个子任务，在主窗口中增加一个处理该任务的子文档，从而构成多文档的系统结构。

（2）水质数据采集

水质数据采集功能主要负责监测站、水质数据、水生生物数据、水文数据的录入和编辑功能。具体由水质监测基础设施的编辑与输入、水质水文监测数据导入两部分组成。

1）水质监测基础设施编辑与输入

系统中的水质监测基础设施主要指水质监测断面、水生生物监测断面、水文监测断面、排污口、取水口、水闸和水功能区等。在这些基础设施中，除水功能区为线状要素外，其余均为点状要素。

水质监测基础设施编辑与输入的功能界面按照一般的地图窗口设计模式设计，即由工具栏、地图窗口、基础设施列表几部分组成。工具栏中，可实现地图的浏览、添加或移除在线地图服务、切换基础设施显示的设施类型等操作。基础设施的编辑录入采用人性化方式设计。在地图页面中，以突出的点状要素符号或线状要素符号显示设施，并在右侧的基础设施列表中分页罗列各基础设施。为使用户快速获取、编辑指定的基础设施，分类显示不同的基础设施，即在同一时刻，用户只能在基础设施列表中查看一种类型的基础设施，如水质监测站、水文监测站等。对水质监测站、水生生物监测站、水文监测站等基础设施的编辑功能主要通过右侧各设施属性列表下侧的按钮实现。按钮用于定位监测断面，按钮用于编辑断面信息，按钮用于设置该断面监测指标，按钮用于删除断面。

图 4-223 为水质监测断面编辑页面。

该页面可为水质监测断面和排污口提供水质监测指标的设定接口。对于水质监测断面和排污口，需要依据监测数据对断面进行水质评价。因此，在通用的属性数据编辑的基础上，提供设定水质监测指标的接口。用户选定的水质监测指标，被用于断面水质等级评价的基本依据。点击水质监测断面和排污口的按钮后，弹出水质评价的参与指标对话框，如图 4-224 所示。对于打钩的监测指标，将作为该水质监测断面和排污口水质评价的依据。

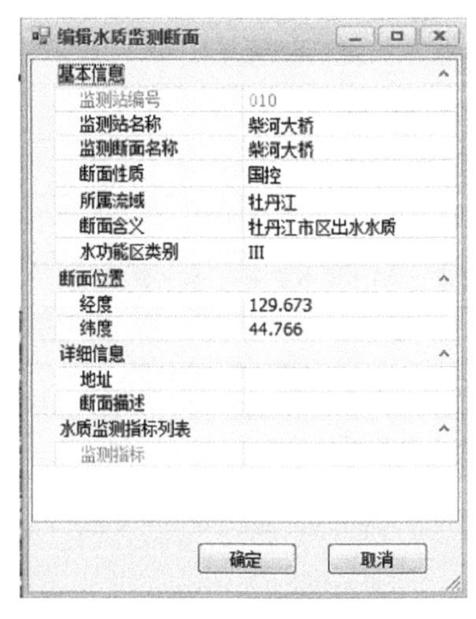


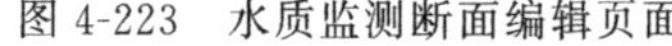
图 4-223　水质监测断面编辑页面

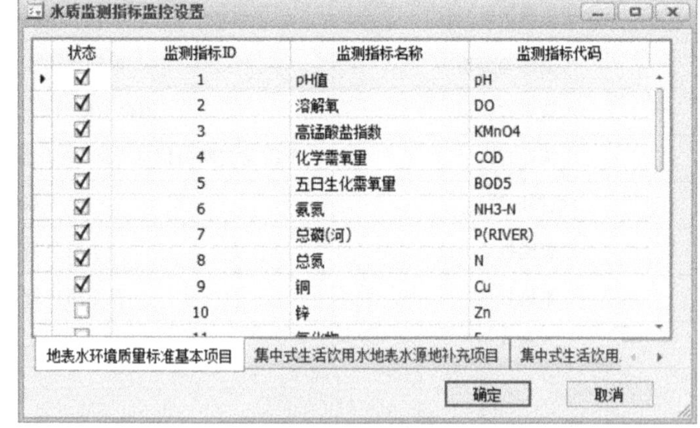


图 4-224　水质监测断面参评指标设定页面

系统中，在线地图服务允许用户通过互联网获取天地图免费的地图服务。通过工具栏中的在线地图服务下拉框，用户可以切换是否显示在线地图或显示何种在线地图。

2）水质水文监测数据导入

水质水文监测数据录入以 Excel 为数据源对象，将待录入数据项与 Excel 字段人为关联，自动读取 Excel 每一行数据到数据库中。水质水文监测数据导入将系统中水质水文数据分类管理，设置不同的功能，主要的导入功能见表 4-94。

表 4-94 水质监测数据导入功能列表

| 栏目 | 功能 |
| --- | --- |
| 水质监测数据导入 | 水质监测日数据导入 |
| | 水质监测小时数据导入 |
| | 水生生物监测月数据导入 |
| 取水口监测数据导入 | 水文监测日数据导入 |
| | 水文监测小时数据导入 |
| 排污口监测数据导入 | 水质监测日数据导入 |
| | 水质监测小时数据导入 |
| | 水文监测日数据导入 |
| | 水文监测小时数据导入 |
| 水库水情监测数据导入 | 水库水情日数据 |
| | 水库水情小时数据 |

水质水文数据导入对导入逻辑进行抽象，采用统一规范化设计。这里，以水质监测日数据导入功能为例，描述数据导入过程。通过选择 Excel 工作簿和工作表，进入数据库与 Excel 字段匹配页面。为提高数据导入效率，引入自动关联机制，即当 Excel 字段和待导入字段名称一致时，则自动绑定。图 4-225 为水质监测预警数据库与 Excel 字段匹配页面。

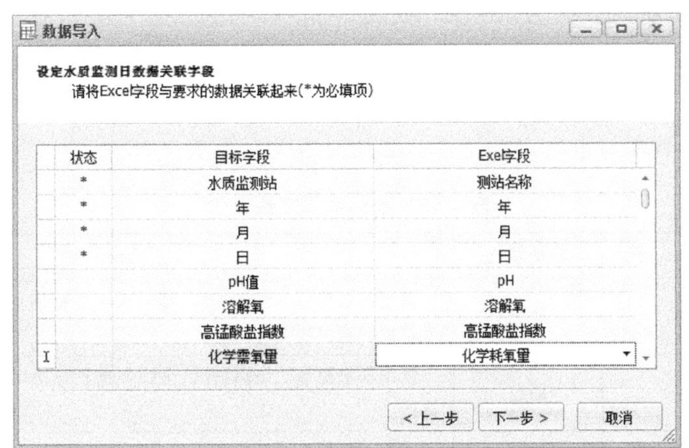


图 4-225 水质监测预警数据库与 Excel 字段匹配页面

由于 Excel 数据可能存在一定的错误，或与数据库希望的数据格式不一致，不能直接导入。在接下来的数据导入列表窗口中不仅显示即将导入的数据列表，还在下侧罗列存在的错误和警告。用户在修正所有错误后，才允许向数据库导入数据。数据导入列表窗口如图 4-226 所示。

在图 4-226 所示窗口的工具栏中，按钮可手动添加一条监测数据记录，点击按钮，可对需上传的数据进行验证。选中一行或多行记录按“Delete”键，即可删除选中记录。

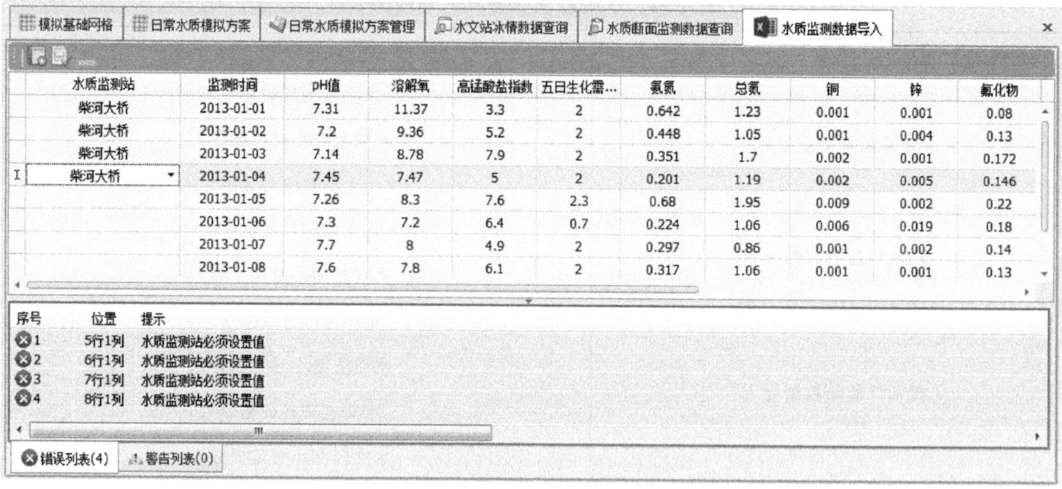

模拟基础网格 日常水质模拟方案 日常水质模拟方案管理 水文站冰情数据查询 水质断面监测数据查询 水质监测数据导入

| 水质监测站 | 监测时间 | pH值 | 溶解氧 | 高锰酸盐指数 | 五日生化需... | 氨氮 | 总氮 | 铜 | 锌 | 氟化物 |
|---|---|---|---|---|---|---|---|---|---|---|
| 柴河大桥 | 2013-01-01 | 7.31 | 11.37 | 3.3 | 2 | 0.642 | 1.23 | 0.001 | 0.001 | 0.08 |
| 柴河大桥 | 2013-01-02 | 7.2 | 9.36 | 5.2 | 2 | 0.448 | 1.05 | 0.001 | 0.004 | 0.13 |
| 柴河大桥 | 2013-01-03 | 7.14 | 8.78 | 7.9 | 2 | 0.351 | 1.7 | 0.002 | 0.001 | 0.172 |
| 柴河大桥 | 2013-01-04 | 7.45 | 7.47 | 5 | 2 | 0.201 | 1.19 | 0.002 | 0.005 | 0.146 |
|  | 2013-01-05 | 7.26 | 8.3 | 7.6 | 2.3 | 0.68 | 1.95 | 0.009 | 0.002 | 0.22 |
|  | 2013-01-06 | 7.3 | 7.2 | 6.4 | 0.7 | 0.224 | 1.06 | 0.006 | 0.019 | 0.18 |
|  | 2013-01-07 | 7.7 | 8 | 4.9 | 2 | 0.297 | 0.86 | 0.001 | 0.002 | 0.14 |
|  | 2013-01-08 | 7.6 | 7.8 | 6.1 | 2 | 0.317 | 1.06 | 0.001 | 0.001 | 0.13 |

| 序号 | 位置 | 提示 |
|---|---|---|
| 1 | 5行1列 | 水质监测站必须设置值 |
| 2 | 6行1列 | 水质监测站必须设置值 |
| 3 | 7行1列 | 水质监测站必须设置值 |
| 4 | 8行1列 | 水质监测站必须设置值 |

错误列表(4) 警告列表(0)

图 4-226 水质日数据导入列表窗口

(3) 水质数据评价

水质数据评价按照功能分为断面水质评价和流域水质评价。断面水质评价是监测断面水质评价；流域水质评价则是对流域内所有断面综合，判断流域的水质状况。

系统中，断面水质评价和流域水质评价均按国家水质评价标准进行。这里首先给出系统中使用的水质评价方法。

1) 水质评价方法

① 断面水质评价　河流断面水质类别评价采用单因子评价法，即根据评价时段内该断面参评的指标中类别最高的一项来确定。描述断面的水质类别时，使用“符合”或“劣于”等词语。断面水质类别与水质定性评价分级的对应关系见表 4-95。

**表 4-95 断面水质定性评价**

| 水质类别 | 水质状况 | 表征颜色 | 水质功能类别 |
|---|---|---|---|
| Ⅰ～Ⅱ类水质 | 优 | 蓝色 | 饮用水水源地一级保护区、珍稀水生生物栖息地、鱼虾类产卵场、仔稚幼鱼的索饵场等 |
| Ⅲ类水质 | 良好 | 绿色 | 饮用水水源地二级保护区、鱼虾类越冬场、洄游通道、水产养殖区、游泳区 |
| Ⅳ类水质 | 轻度污染 | 黄色 | 一般工业用水和人体非直接接触的娱乐用水 |
| Ⅴ类水质 | 中度污染 | 橙色 | 农业用水及一般景观用水 |
| 劣Ⅴ类水质 | 重度污染 | 红色 | 除调节局部气候外，使用功能较差 |

② 河流、流域（水系）水质评价　当河流、流域（水系）的断面总数少于 5 个时，计算河流、流域（水系）所有断面各评价指标浓度算术平均值，然后按照断面水质评价方法评价，并按表 4-95 指出每个断面的水质类别和水质状况。

当河流、流域（水系）的断面总数在 5 个（含 5 个）以上时，采用断面水质类别比例法，即根据评价河流、流域（水系）中各水质类别的断面数占河流、流域（水系）所有评价断面总数的百分比来评价其水质状况。河流、流域（水系）的断面总数在 5 个（含 5 个）以上时不作平均水质类别的评价。

河流、流域（水系）水质类别比例与水质定性评价分级的对应关系见表 4-96。

**表 4-96 河流、流域（水系）水质定性评价分级**

| 水质类别比例 | 水质状况 | 表征颜色 |
| --- | --- | --- |
| Ⅰ～Ⅲ类水质比例≥90% | 优 | 蓝色 |
| 75%≤Ⅰ～Ⅲ类水质比例<90% | 良好 | 绿色 |
| Ⅰ～Ⅲ类水质比例<75%，且劣Ⅴ类比例<20% | 轻度污染 | 黄色 |
| Ⅰ～Ⅲ类水质比例<75%，且 20%≤劣Ⅴ类比例<40% | 中度污染 | 橙色 |
| Ⅰ～Ⅲ类水质比例<60%，且劣Ⅴ类比例≥40% | 重度污染 | 红色 |

③ 主要污染物的确定　对于断面主要污染指标，在评价时段内，断面水质为“优”或“良好”时，不评价主要污染指标。断面水质超过Ⅲ类标准时，先按照不同指标对应水质类别的优劣，选择水质类别最差的前三项指标作为主要污染指标。当不同指标对应的水质类别相同时，计算超标倍数，将超标指标按其超标倍数大小排列，取超标倍数最大的前三项为主要污染指标。当氰化物或铅、铬等重金属超标时，优先作为主要污染指标。

确定了主要污染指标的同时，应在指标后标注该指标浓度超过Ⅲ类水质标准的倍数，即超标倍数，如“高锰酸盐指数（1.2）”。对于水温、pH 值和溶解氧等项目不计算超标倍数。

2）水质评价功能设计与实现

鉴于水质评价的两种不同类型，这里仍然以断面水质评价和流域水质评价分别阐述。

① 断面水质评价　断面水质评价以各水质监测站参评因子为依据，对于五类水质的评价指标，计算水质等级，记录超过规定水质等级的评价指标；对于阈值型评价指标，超过阈值则记录该评价指标。计算不合格评价指标的超标倍数，从大到小依次排列，作为最终水质评价的依据。

图 4-227 为水质监测断面评价界面。该页面中，用户可以按近 6h、近 12h、天、周、旬、月、年等时间间隔方式评价水质。其中，近 6h、近 12h、天读取水质小时数据表；其余的则读取水质日数据表。根据时间段内的均值评价监测断面。

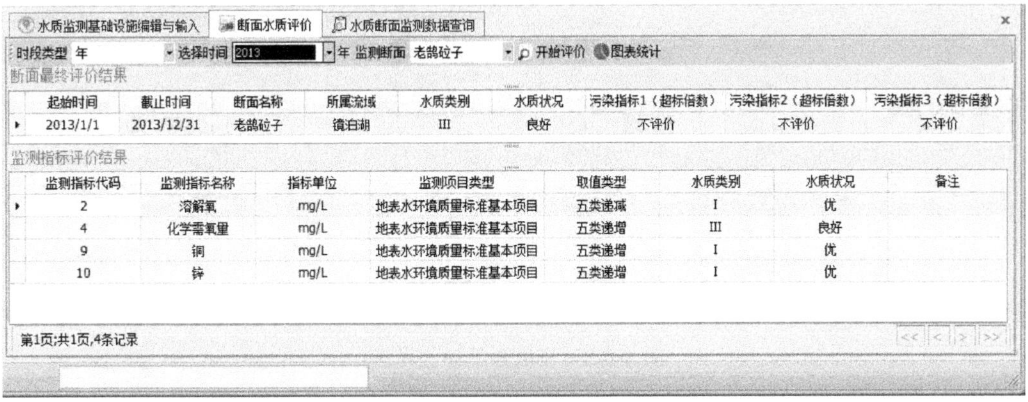

图 4-227　断面水质评价界面

断面水质评价不仅可以以表格方式展现，还能按照直方图、统计图等方式展现。图 4-228 为断面水质评价图表，图中以直方图的方式展现了监测断面各评价指标的评价等级。

水质监测基础设施编辑与输入
水质监测断面超标分析
断面水质评价
老鹄砬子2013/1/1—2013/12/31监测指标观测值
观测值
化学需氧量
溶解氧
评价等级统计
监测指标统计
说明：该监测断面各监测指标值对比
返回

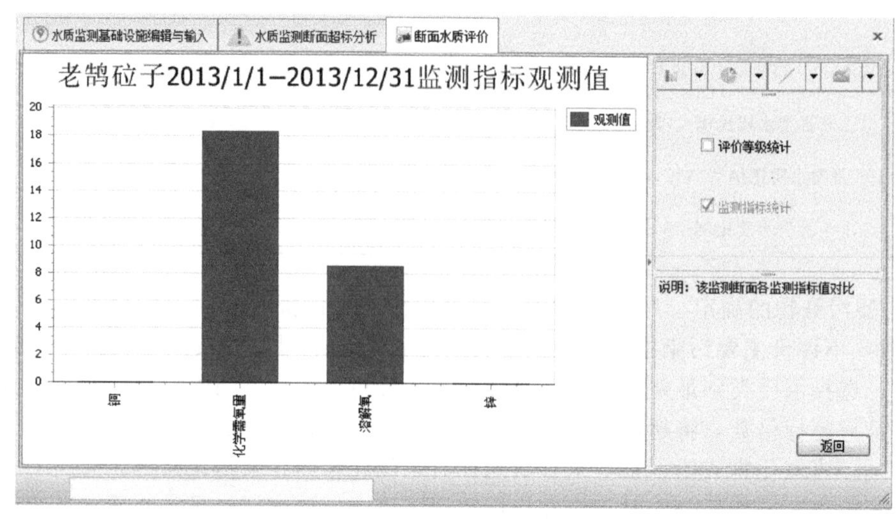

图 4-228　断面水质评价图表展示

② 河流、流域（水系）水质评价　河流、流域（水系）水质评价类似于断面评价。区别在于这里以流域为评价对象，利用流域内所有监测断面来评价。图 4-229 为流域水质评价界面，该界面中，可按天、周、旬、月、年等时间间隔方式对指定流域进行评价。评价结果在上侧的“流域最终评价结果”中列出；在下侧表格中，则展示流域内各断面的评价结果。

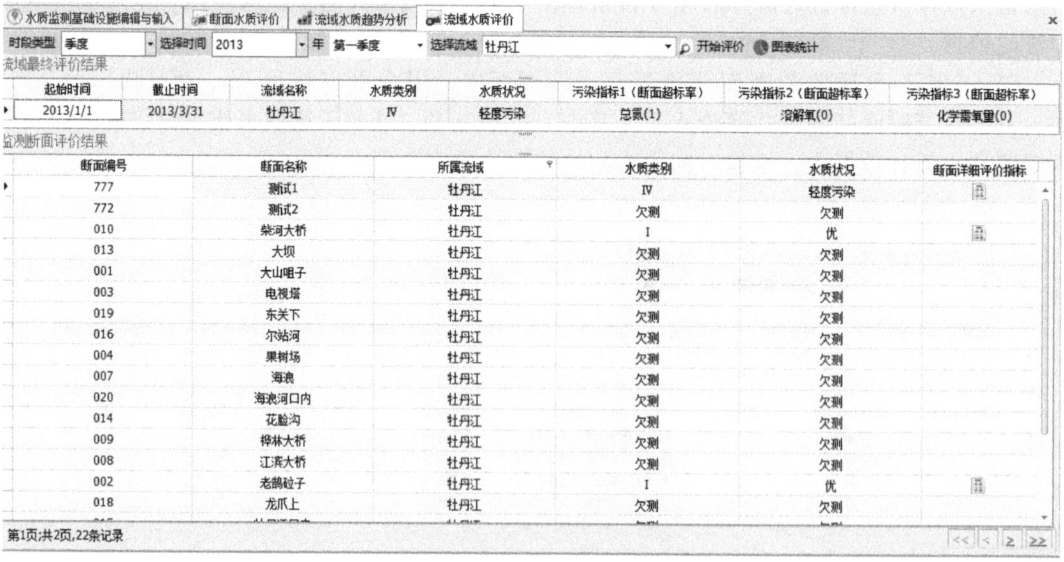

水质监测基础设施编辑与输入
断面水质评价
流域水质趋势分析
流域水质评价
时段类型 季度 选择时间 2013 年 第一季度 选择流域 牡丹江 开始评价 图表统计
流域最终评价结果
起始时间 截止时间 流域名称 水质类别 水质状况 污染指标1（断面超标率） 污染指标2（断面超标率） 污染指标3（断面超标率）
2013/1/1 2013/3/31 牡丹江 Ⅳ 轻度污染 总氮(1) 溶解氧(0) 化学需氧量(0)
监测断面评价结果
断面编号 断面名称 所属流域 水质类别 水质状况 断面详细评价指标
777 测试1 牡丹江 Ⅳ 轻度污染
772 测试2 牡丹江 欠测 欠测
010 柴河大桥 牡丹江 Ⅰ 优
013 大坝 牡丹江 欠测 欠测
001 大山咀子 牡丹江 欠测 欠测
003 电视塔 牡丹江 欠测 欠测
019 东关下 牡丹江 欠测 欠测
016 尔站河 牡丹江 欠测 欠测
004 果树场 牡丹江 欠测 欠测
007 海浪 牡丹江 欠测 欠测
020 海浪河口内 牡丹江 欠测 欠测
014 花脸沟 牡丹江 欠测 欠测
009 桦林大桥 牡丹江 欠测 欠测
008 江滨大桥 牡丹江 欠测 欠测
002 老鹄砬子 牡丹江 Ⅰ 优
018 龙爪上 牡丹江 欠测 欠测
第1页,共2页,22条记录

图 4-229　流域水质评价界面

和断面监测功能类似，流域水质评价也提供了图表统计方式，图 4-230 为流域水质评价图表，以直方图方式显示了各断面某监测指标的观测结果对比。

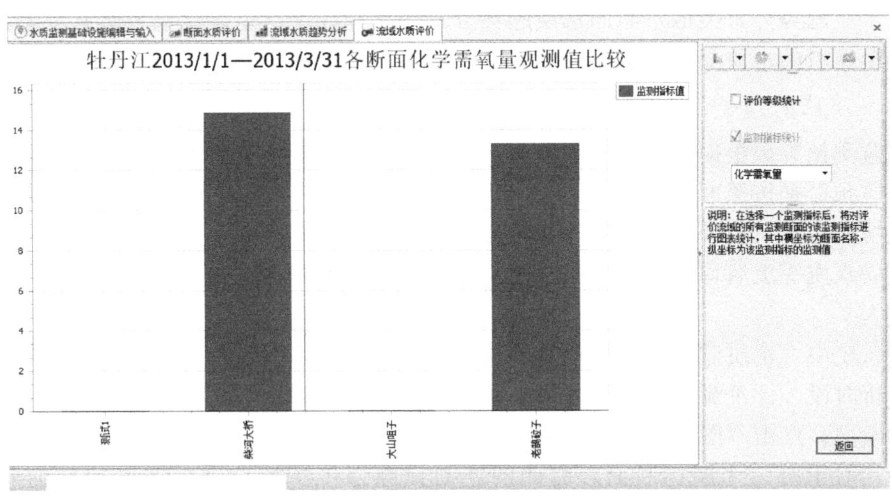


图 4-230 流域水质评价图表展示

(4) 水质趋势分析

水质趋势分析分为断面水质趋势分析和流域水质趋势分析。它将评价时段按一定标准等分为一定数量的子区间，各子区间分别评价水质状况，然后以时间轴的方式展现水质的时间变换状况。在一个子区间所在的时间段内，评价方法和前面的断面水质评价、流域水质评价相同。这里，分别对断面水质趋势分析和流域水质趋势分析进行阐述。

1) 断面水质趋势分析

断面水质趋势分析的研究对象为一个监测断面，按日、周、旬、月、季度、年等间隔方式评价。图 4-231 为断面水质趋势分析页面，该页面中，用户可以设定评价时间间隔方式、评价时间段、监测断面等。评价结果以表格方式对各时间段的水质状况分别描述。

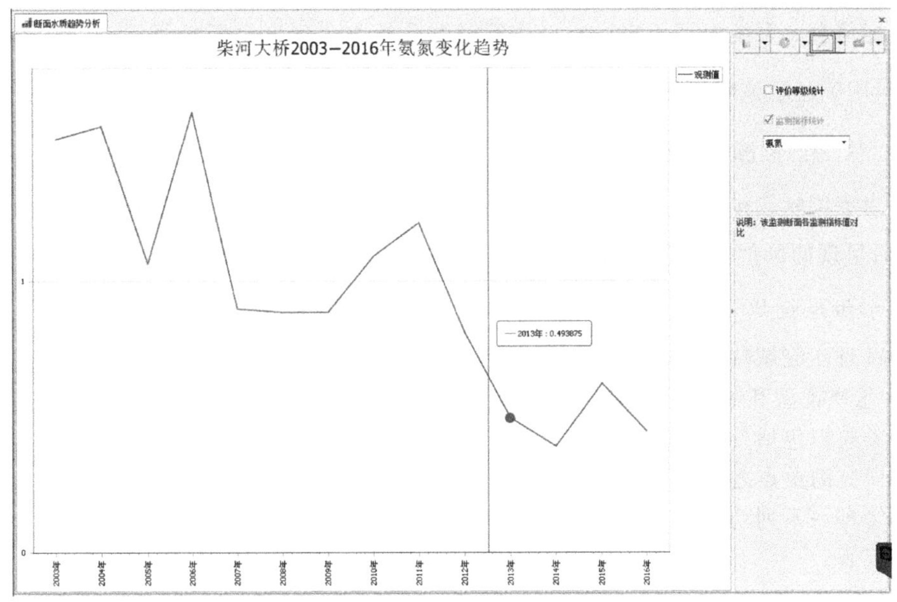


图 4-231 断面水质趋势分析页面

2）流域水质趋势分析

流域水质趋势分析类似于断面水质趋势分析，区别在于这里以流域为研究对象，按时间段分析整个流域的水质变化趋势。因此，这里不再赘述。

（5）水质监测预警预报

水质监测预警预报提供了两种预警预报方法，即水功能区水质预警和等级目标预警。水功能区水质预警是按照断面设定的水质等级预警，等级目标预警是设定全局水质等级的预警。在水功能区水质预警中，水质等级超过了水功能区水质目标、等级目标预警中任一断面超过了全局水质等级后均认为是超标断面。超标断面以列表方式给出，并支持邮件方式通知相关负责人。

执行系统中“水质监视预警预报”功能后，页面如图 4-232 所示。图 4-232 中，用户可以设置分析时段、评价流域、预警方法。通过点击“开始评价”则对目标断面进行评价，并列出超标断面；点击“图表统计”则将评价结果以图表方式显示；点击“实时预警”进入相应页面中；对于每一个超标断面，右侧的断面详细评价指标点击后列出超标的监测指标详情。

分析时段：2013年01月01日 至 2013年01月25日 选择流域 牡丹江 预警方法：水功能区水质预警 开始评价 图表统计 实时预警

| 断面编号 | 断面名称 | 所属流域 | 水质类别 | 水质状况 | 断面详细评价指标 |
|---|---|---|---|---|---|
| 007 | 海浪 | 牡丹江 | Ⅳ | 轻度污染 | |

图 4-232 水质监视预警预报页面

（6）污染溯源分析

污染溯源分析是针对断面水质超标的情况，反向沿上游追踪上游排口，根据河段距离，利用水污染扩散模型，反推超标断面的 COD/$NH_4^+$-N 比例，判断候选排口，并从候选排口中根据企业排放的 COD/$NH_4^+$-N 上下限筛选出疑似排污企业的一种分析方法。

点击“污染溯源分析”功能后，出现污染溯源分析页面。用户需要在工具栏中设定分析时间、超标倍数。系统根据用户设定，按照溯源分析方法列出超标断面；用于在地图上定位；用于显示该断面的上游候选排污口。

图 4-233 为污染溯源分析界面中点击后呈现的页面。在该列表有三个按钮，依次为定位候选排污口、疑似排污企业、返回超标断面页面功能，图 4-234 为图 4-233 点击后呈现的疑似排污企业列表页面。

（7）水污染模拟

结合牡丹江流域特点，利用 EFDC 模型构建牡丹江干流城市段（西阁至柴河大桥）二维水动力-水质模型和镜泊湖二维水动力-水质模型，用于日常和突发污染事故模拟和预测。

水污染模拟包括日常水质模拟和突发性水质模拟两大功能模块，也是牡丹江水环境监控预警体系研究的重点之一。系统在水污染模拟中，设计了从模拟基础网格、模拟方案制作到模拟方案管理一系列功能，基本实现了 EFDC 模型操作的本地化。表 4-97 给出了水污染模型的功能列表。

图 4-233 候选排污口列表

图 4-234 候选企业列表

**表 4-97 水污染模型主要模块**

| 模块名称 | 功能 |
| --- | --- |
| 模拟基础网格 | 水污染使用的基础网格。该模块支持用户设定模拟网格;能导入已经存在的模拟方案中的网格 |
| 日常水质模拟方案 | 日常水质模拟方案列表。支持模拟方案的创建、服务器与客户端数据交换等 |
| 日常水质模拟 | 支持日常水质模拟的进度管理;模拟结果的动态展示 |
| 突发事故水质模拟方案 | 突发水质模拟方案列表。支持模拟方案的创建、服务器与客户端数据交换等 |
| 突发事故水质模拟 | 支持突发水质模拟的进度管理;模拟结果的动态展示 |

这里，首先介绍水污染模拟所涉及的关键技术，然后介绍水污染模拟的功能设计。

1）水污染模拟的关键技术

水质模拟涉及的关键技术主要是模拟网格自动生成技术。EFDC 模型将区域划分为相互连接的网格单元，每一个网格为一个四边形，相邻网格单元之间共享两个角点。模拟网格根据模拟水体性质不同而有所差异，对于湖泊、水库或复杂分叉的水体区域，多使用矩形网格划分方式；对于线性河流，则沿河道对水体区域进行划分。这里，分别讨论面状水域和线性河流网格自动生成技术。

① 面状水域的网格自动生成

a. 面状水域模拟网格的划分。面状水域的网格划分相对简单。首先确定面状水域外边界，该边界默认为一个矩形范围。通过人工交互的方式，由网格制作人员根据面状水域的形状特征手工修改初始范围的四个角点，形成一个不规则的四边形，如图 4-235 示意。

设定外边界后，输入要生成的网格行数和列数。将网格边界的左右边，按照网格行数将其划分为长度相等的直线段，将网格边界的上下边，按照网格列数将其划分为长度相等的直线段。将这些直线段的端点按行和列分别使用直线段连接起来，就形成了面状水域的模拟网格，将图 4-235 划分为 10 行 10 列的模拟网格，效果如图 4-236 所示。

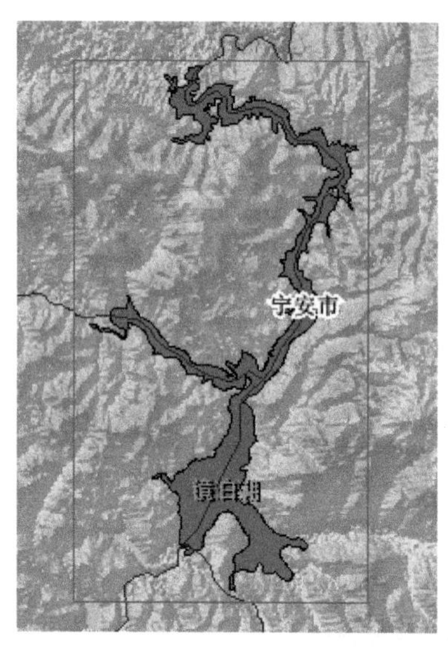


图 4-235　面状水域外边界的设定图

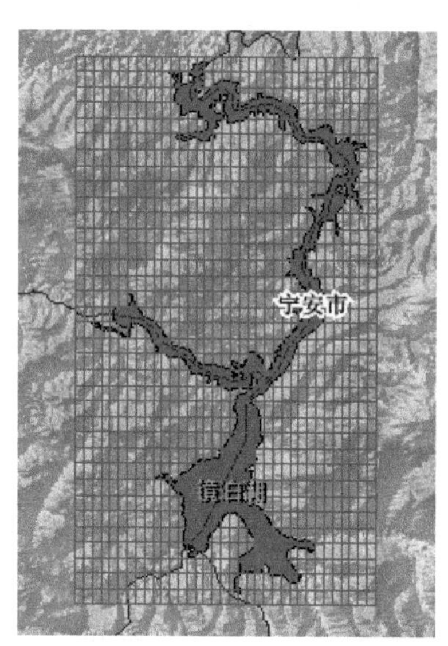


图 4-236　面状水域的模拟网格划分

b. 模拟网格单元属性的自动设定。在 EFDC 中，每一个网格单元需要设定属性，属性值 0、5、9 分别表示陆地、水陆边界、水体。传统 EFDC 划分工具需要手动设定网格单元的属性，费时费力。利用水体空间坐标与模拟网格单元坐标之间的空间关系，能实现网格属性的自动设定。

a）模拟网格单元的编号。为完成模拟网格单元属性的设定，需要按一定的规则对模拟网格单元进行编号。将左上角第一个网格单元序号设为 1，然后按照从左向右、从上到下的顺序对其余网格单元依次编号。设模拟网格的行数和列数分别为 $R$ 和 $C$，则整个模拟网格的单元个数为 $T$，见式（4-29）。

$$T = C \tag{4-29}$$

设网格单元序号为 $N$，则该网格单元的行号 $r$ 和列号 $c$ 按式（4-30）、式（4-31）计算：

$$c = N\%C \tag{4-30}$$

$$r = (N - c)/C \tag{4-31}$$

b）水体网格单元的确定。水体网格单元的外围为水陆边界，水陆边界的外围为陆地。因此，水体网格单元的确定是整个模拟网格属性设定的关键。按照 EFDC 的规范要求，在一个网格单元内，若水体面积占总面积的 50%以上，该网格单元为水体。为快速完成水体网格单元的确定，采用栅格化方法设定水体网格单元。

首先，以模拟网格最外接矩形范围为分析范围，将其划分为细粒度的网格矩阵。该矩阵中的每一个矩形单元应该比模拟网格单元平均边长小，矩形单元粒度越小，提取精度越高，但运算量越大，因此一般取平均边长的 1/4。该矩阵为栅格分析的大小和范围。

然后，将水体范围和模拟网格分别转换为栅格数据，该栅格数据的分辨率等于网格矩阵的边长。对于模拟网格，将网格单元的编号作为转换后对应栅格像元的值；对于水体，水体范围内的栅格像元值设为 1，否则设为 2。

最后，新建两个大小等于网格单元总数的数组，分别存储对应网格单元的栅格总数和水体栅格总数。遍历转换后的两个栅格数据，获取栅格像元对应网格单元序号，将该网格单元的栅格总数加 1；如果水体栅格像元取值为 1，同时将该网格单元的水体栅格总数加 1。遍历完成后，得到了每一个模拟网格的栅格像元总数和水体像元总数，从而计算出其水体比例，若比例大于 50%，将该网格单元的属性设为 5。水体网格单元设定流程如图 4-237 所示。

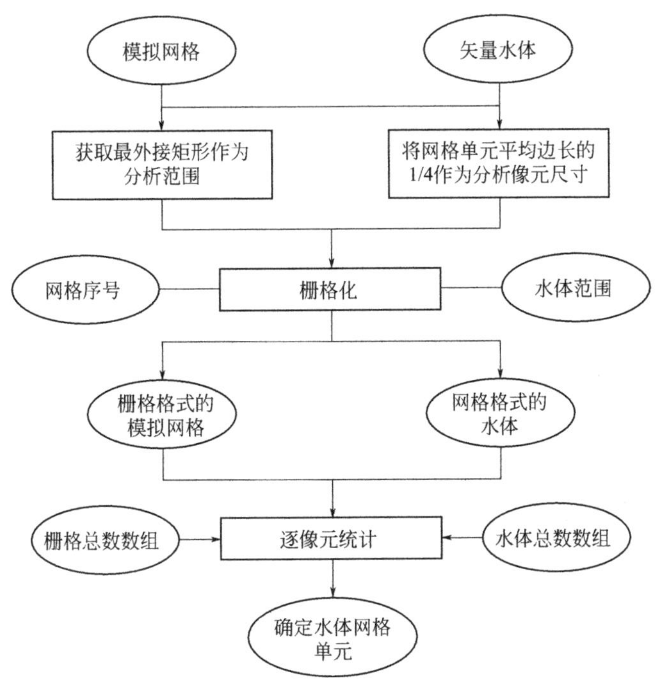


图 4-237　水体网格单元设定流程

c）水陆边界和陆地网格单元的确定。水体网格单元设定后，获取边界水体网格单元，与该网格单元相邻的非水体单元即为陆地网格单元。边界水体网格单元判定规则为：对于水体网格单元，遍历其 8 邻域网格单元。如果在 8 邻域网格单元中，至少有一个网格单元为非水体属性，则该网格单元为边界水体网格单元。

当水体网格单元和水陆边界网格单元设定完成后，其余未设定属性的网格单元即为陆地。遍历所有模拟网格单元，若该网格单元属性值不为 5 和 9，则将其设定为 0。

②线性河流的网格自动生成　线性河流的网格单元生成需要按照河流的走向，对水体范围进行网格划分。线性河流网格划分效果如图 4-238 所示。

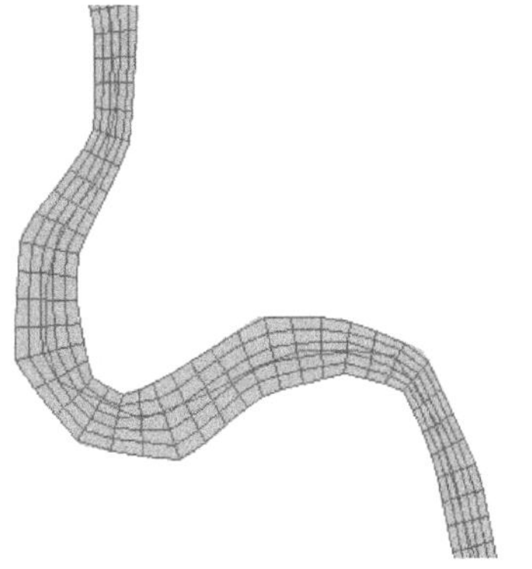

图 4-238　线性河流网格划分示意

线性河流的网格自动生成相对复杂。本研究采用“中心线提取-沿中心线划分网格”的思路实现线性河流的网格生成。

a. 中心线提取。河流中心线提取首先将河流栅格化形成二值栅格数据；然后对河流栅格细化形成河流的骨架；最后对骨架线追踪并去掉短线和毛刺形成最终的河流中心线。中心线提取流程如图 4-239 所示。

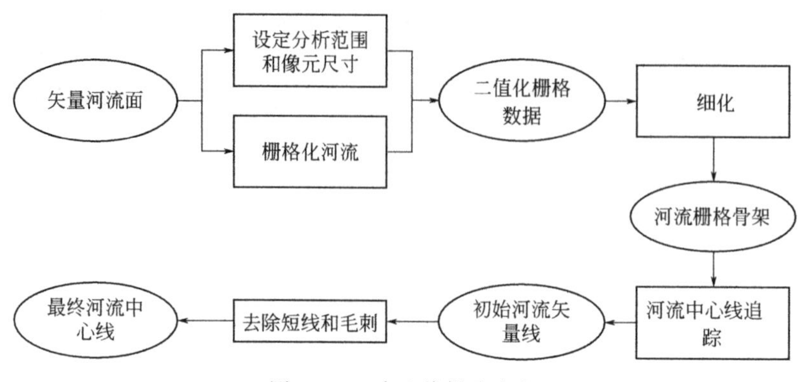


图 4-239　中心线提取流程

第一步：设定分析范围和像元尺寸

依据需要划分模拟网格的河流段，设定分析范围，该范围为河流段的最外接矩形。根据河流的平均宽度，设定适当的分析像元尺寸。最佳的像元尺寸为河流平均宽度的 1/10 左右。对于较长河段的网格划分，为避免分析尺寸过小导致栅格数据行列数过大，适当减小分析尺寸。

第二步：二值化栅格河流

依据分析范围和分析尺寸，对矢量河流进行栅格化，产生二值化栅格河流。在该栅格中，河流像元取值为 1，其他像元取值为 0。

第三步：细化

细化是一种数学形态变换。细化是对河流栅格的外层像元逐层剥蚀，并保证河流栅格的连通性保持不变。细化后，得到河流栅格的骨架线，该骨架线位于河流的中心位置。

第四步：初始河流中心矢量线的形成

对细化后的河流骨架线采用栅格像元追踪技术完成河流中心的矢量化。栅格像元追踪以河流起点为源点，按照顺时针或逆时针方向所有像元 8 邻域，得到第二个河流栅格。通过循环，最终得到河流的矢量线。

第五步：最终河流中心线的获取

在第四步中，由于河流的宽度变化，细化后可能会在中心线两侧产生一些小的短线和毛刺。这些短线和毛刺去掉后，才能得到最终的河流中心线。设定线的长度阈值，将长度小于该阈值的、河流中心线两侧的短线和毛刺去掉。产生的河流中心线如图 4-240 示意。

b. 沿中心线划分网格。在获取河流中心线之后，沿中心线每隔一定距离，作一条与中心线该点垂直的直线，该直线与水体多边形产生一系列交点。按照最邻近原则，分别获取中心线两侧距离最近的两个交点，这两个交点为模拟网格在该位置上的外边界。将所有的外边界封闭，构成了河流的模拟网格边界，对其均分，形成最终的河流模拟网格。

c. 河流模拟网格属性的设定。由于河流模拟网格是依据河流形状划分的，因此，得到的河流网格均为水体网格单元。但在 EFDC 中，水体网格单元必须有水陆边界包围。因此，在水体网格单元划分完成后，对划分后的单元向外扩展一层网格单元，并且设置这些单元的属性为 9。

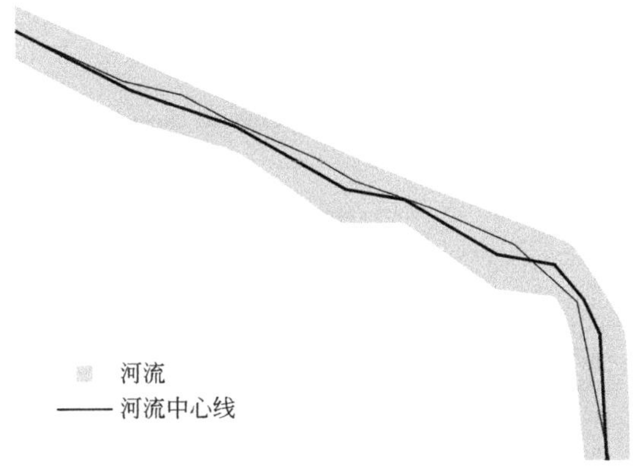


图 4-240 中心线提取示意

2）水污染模拟的功能设计

① 模拟基础网格 模拟基础网格在系统中被认为是水污染模拟的基础。日常水质模拟方案、突发事故模拟方案在创建时均需要指定模拟的基础网格。根据 EFDC 模型的运行需求和特征，将模拟基础网格进行抽象，分为“面域断面”和“单河流型断面”两类。“面域断面”主要针对水库、湖泊、复杂河流区域等，以设定网格行数、列数的方式划分区域网格；“单河流型断面”主要针对河流干流的面状区域，提供了通过河流面状轮廓的网格划分方法。

模拟基础网格存储了网格坐标、网格高程、网格属性、监测断面网格位置、排污口网格位置、水闸位置及属性等基本信息。为减少方案存储体积，方便服务器和客户端的数据交换，以二进制流方式存储网格文件。图 4-241 为模拟基础网格列表页面。

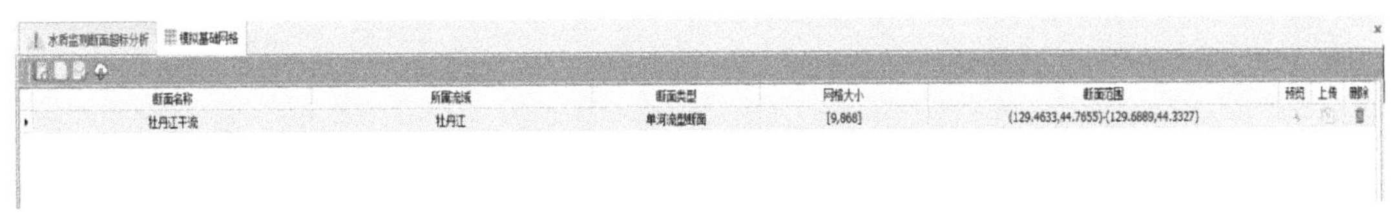


图 4-241 模拟基础网格列表页面

在该页面中，工具栏上 用于新建模拟网格； 用于打开存在的模拟网格文件； 用于从 EFDC 模拟方案中装载模拟网格； 用于同步服务器模拟网格文件。

模拟网格按照本地方案列表和服务器方案列表分别显示。列表中每一个模拟网格可以执行网格所在行的 在地图上预览模拟网格； 用于将本地模拟网格上传到服务器共享； 用于删除模拟网格。

这里，以 为例，简要描述模拟网格的创建过程。图 4-242 为“从已有 EFDC 方案装载网格”的初始页面。该页面中，上侧为 EFDC 方案文件目录选择区，用户通过点击“浏览”选择 EFDC 方案目录后，自动在网格文件列表中列出 EFDC 关键文件所在路径，如 cell. inp、corners. inp、dxdy. inp、lxly. inp。如果所选目录不是 EFDC 方案目录，则 EFDC 关键文件所在路径被置空。

用户选择 EFDC 模拟方案目录后，在“模拟断面类型”中选择方案中网格的类型及方案网格坐标所属坐标系统。点击“确定”后进入图 4-243 所示的模拟网格制作向导第一个页面。需要注意的是，对于前述的新建模拟网格，直接进入的是该向导，而不会经过图 4-242 所示的设定页面。

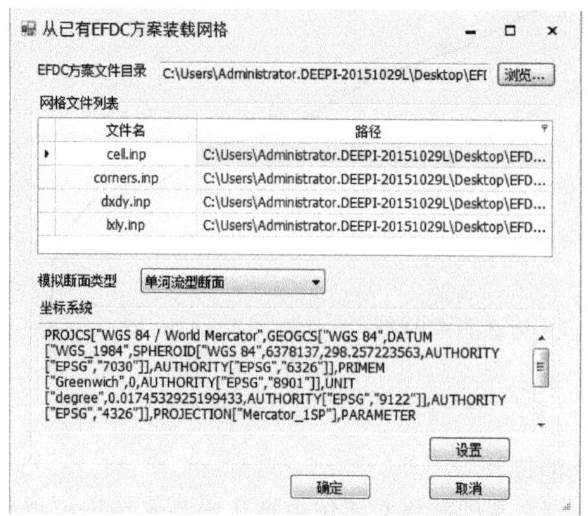


图 4-242　导入已有 EFDC 模拟网格

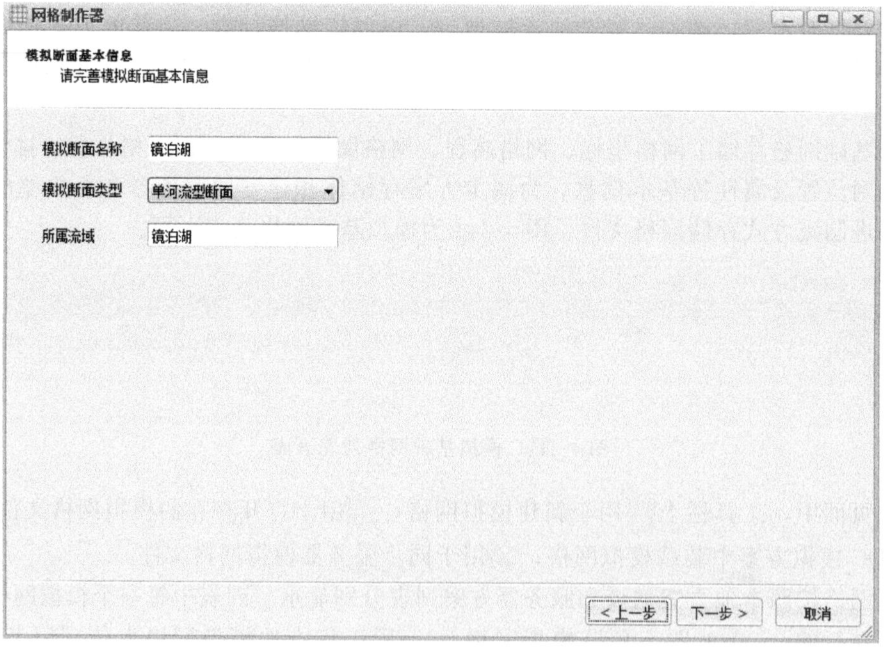

图 4-243　模拟断面基本信息页面

图 4-243 中，需要用户填写模拟断面名称、模拟断面类型和所属流域等基本信息。点击“下一步”后，进入向导的第二个页面——“模拟断面空间范围设定”页面。

在此页面中，用户可以设定模拟网格的矩形范围，网格的生成按照该范围。但是，对于已有 EFDC 方案装载网格，系统会自动依据模拟网格计算外接矩形，请勿在此页面重新设定范围，否则方案中的网格被重置。点击“下一步”后，依据模拟断面类型的差异而有所不同，进入单河流型网格划分页面或面域网格划分页面。

系统将GIS技术引入到网格划分中，以提高模拟网格划分的自动化。如单河流型网格划分，支持依据河流的轮廓自动提取中心线，按中心线划分网格行，按指定网格列数或列距自动生成单河流型模拟网格；也可以依据河流的轮廓半自动划分模拟网格；对于已划分的模拟网格，支持网格坐标的移动、网格行的删除等操作。图4-244为依据河流中心线，自动生成模拟网格的放大效果图。

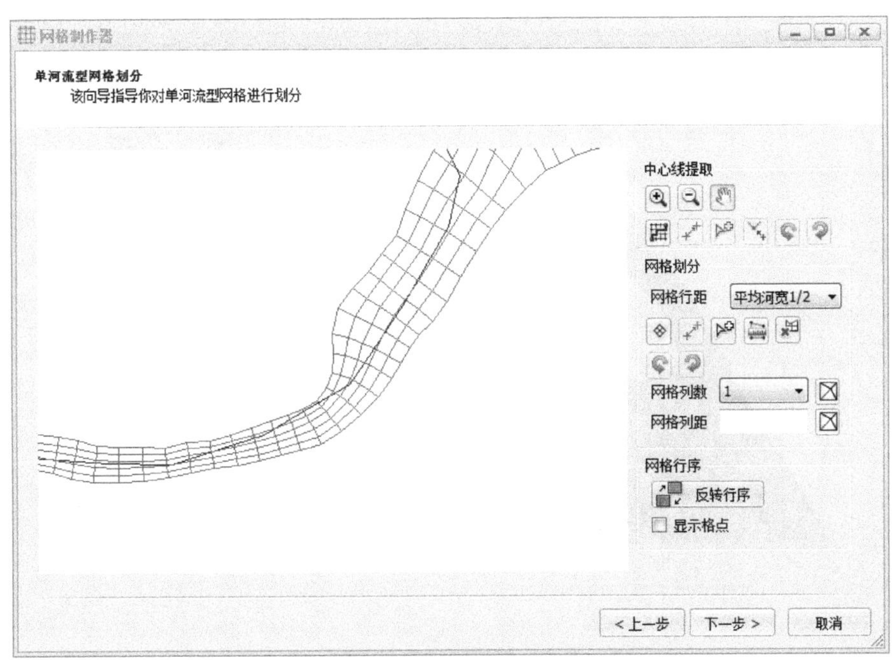


图4-244　单河流型网格自动划分示意

面域网格算法相对简单，用户通过修改初始模拟范围矩形四个角点，可重新设定模拟网格外边界；通过设定网格列数、网格行数，按照均分方法对网格边界进行网格细分；对于已细分的网格，仍然支持对网格角点的拖曳。

虽然网格划分页面能方便、快速地对模拟区域进行网格划分，但如果从EFDC方案中加载模拟网格，而不是新建模拟网格，请勿对模拟网格进行行列数设定等会导致模拟网格重置的功能。

系统不仅能利用GIS空间分析功能快速、智能地对网格进行自动、半自动划分，也能依据模拟网格和已有水域空间范围自动计算模拟网格单元的属性，即自动判定模拟网格属于水体、陆地还是水陆交界。图4-245为模拟网格属性获取页面。该页面中，可以自动获取模拟网格属性，也可以通过依据区域DEM自动分配网格地面高程。如果DEM存在误差，支持利用有限的单元格高程插值得到整个模拟网格的高程属性。

在模拟网格属性获取页面之后的几个向导页面，主要用于设定模拟网格中的水质监测站、水文监测站、排污口、出水口、水闸等单元格和属性。图4-246为水闸单元格及属性设定页面。

② 水质模拟方案管理　由于日常水质模拟方案管理和突发性水质模拟方案管理采用相同的机制设计，这里仅以日常水质模拟方案为例进行阐述。执行“日常水质模拟方案”功能后，出现图4-247所示的“日常水质模拟方案管理页面”。该页面由工具条和方案列表两部分组成。在页面工具条中，用于新建模拟方案；用于打开存在的模拟方案文件；用

于同步服务器模拟网格文件。

方案列表列出了本机或服务器上存在的模拟方案，它们均以二进制文件方式存储。本地列表中每一行均有“预览”“上传”“删除”；服务器列表则支持下载、删除等功能。

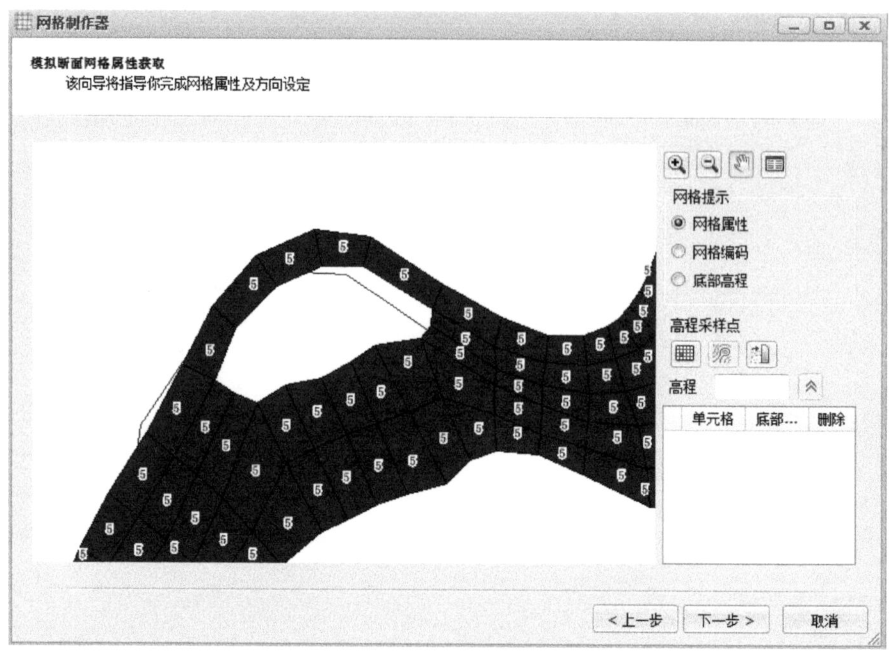


图 4-245　模拟网格属性获取页面

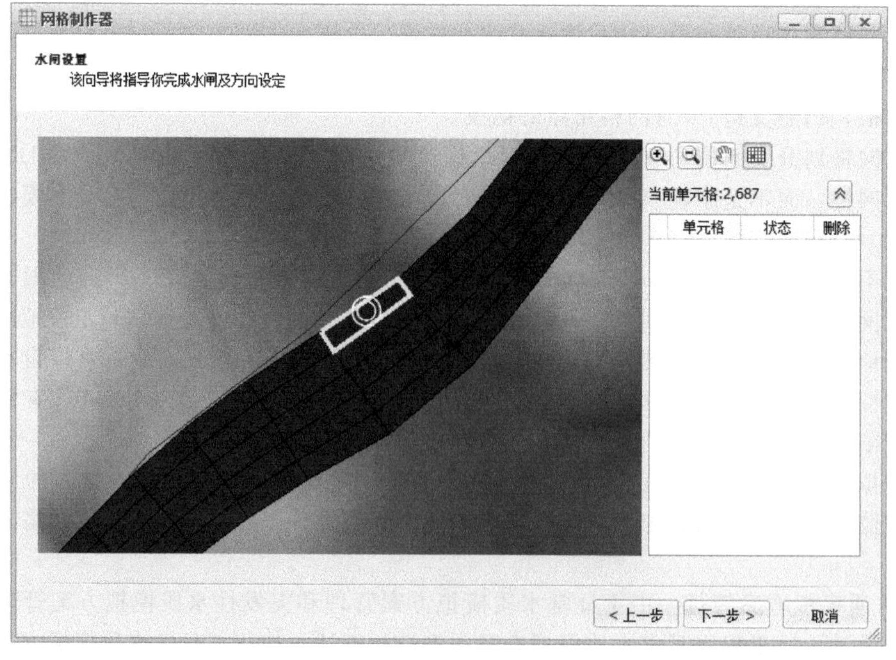


图 4-246　水闸单元格及属性设定页面

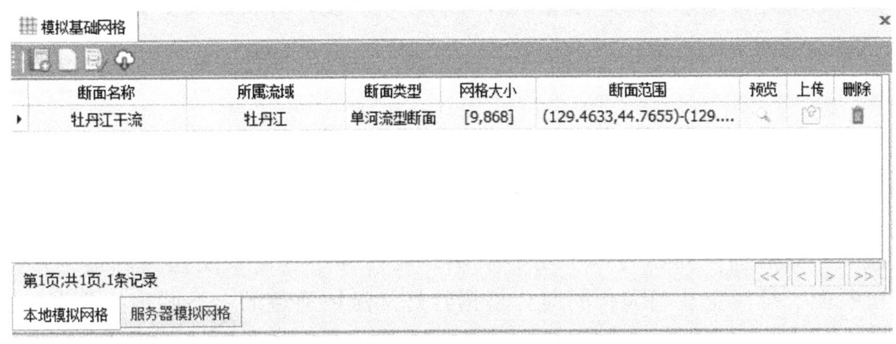


图 4-247 日常水质模拟方案管理页面

执行、后，以向导方式弹出模拟方案编辑向导，在该向导中，设定模拟方案名称、污染物指标、模拟时间、模拟步长、模拟网格污染物初始浓度和水深等信息。设定完成后，在本地创建一个二进制的模拟方案文件。导出的 EFDC 方案可以在本地试运行，如图 4-248 所示。

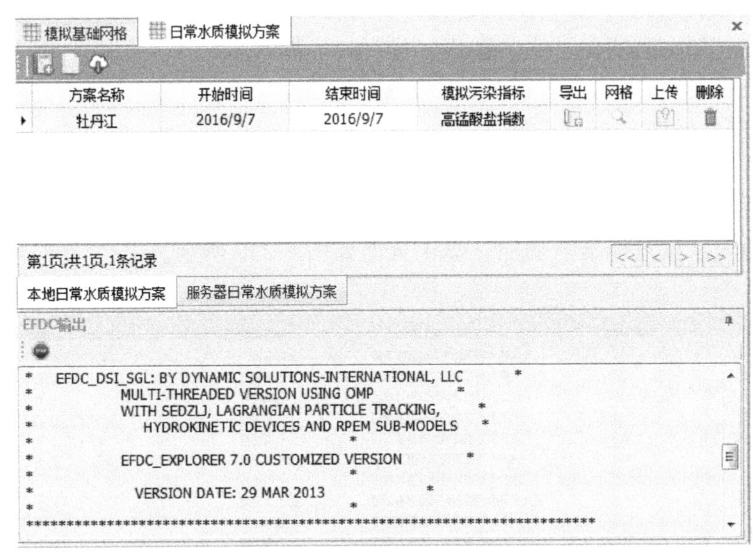


图 4-248 模拟方案客户端试运行界面

③ 水质模拟 水质模拟按功能划分，包括“日常水质模拟”和“突发事故水质模拟”。它们在方案运行角度上功能基本是类似的。因此，这里以日常水质模拟为例，阐述水质模拟的主要操作过程。

点击“日常水质模拟”功能后，出现日常水质模拟界面。在该页面中，上侧为常用工具栏、左侧为地图窗口、右侧为方案列表。常用工具栏用于对地图进行缩放、显示/隐藏在线地图、信息查询、量测等基本地理信息功能；地图窗口则用于动态显示污染扩散流程；方案列表以分页方式显示服务器所有的模拟方案，并记录模拟方案执行情况。对于未模拟的方案，点击可在服务器端模拟该方案，表示模拟方案正在服务器上运行；对于已模拟的方案，取而代之的是下载模拟方案。一旦模拟方案下载到本地，则可在地图窗口中查看污染物扩散过程。

当服务器水质模拟完成后，客户端该方案显示为下载图标。方案下载后，可以通过相关的操作对模拟结果进行动态播放、水量统计分析、水质统计分析以及重要节点、纵断面图表展示。

(8) 统计查询

统计查询是系统中对已有信息查询的功能，包括水质监测断面信息查询、地表水质量标准、水质数据查询几个子功能模块。

1) 水质监测断面信息查询

水质监测断面信息查询作为一个功能模块，能在其中查询水质监测断面、水文监测断面、排污口断面、排污企业列表；同时，根据牡丹江流域河道的上下游拓扑关系，智能判断水质监测断面、水文监测断面、排污口断面等上下游关系，如获取河道某处的所有上游水质监测断面。

水质监测断面上游追踪页面中，上侧为地图操作的工具栏，左侧为地图窗口，右侧为查询结果列表。工具栏中，下拉框用于设定查询类别，如水质断面、水文断面、排污口、取水口、水闸等。设定查询类别后，点击按钮显示相应断面列表；在右侧查询结果窗口中，以分页显示方式枚举所有的基础设施。

和作为拓扑查询功能，主要用于获取指定河道位置（用户鼠标点击）上游或下游所有的基础设施，如水质断面、水文断面、排污口、取水口、水闸等，取决于工具栏上下拉框设定的当前设施类别。

2) 地表水质量标准

地表水质量标准是按国家规范形成的各监测指标的水质标准值。该标准已经内置于系统之中，用于水质等级计算。“地表水质量标准”功能则提供用户查看国家规范的水质量标准接口。执行“地表水质量标准”功能，显示页面如图 4-249 所示。

地表水质量标准

| ID | 监测指标名称 | 指标单位 | 监测项目类型 | 取值类型 | Ⅰ类 | Ⅱ类 | Ⅲ类 | Ⅳ类 | Ⅴ类 |
|---|---|---|---|---|---|---|---|---|---|
| 1 | pH值 | | 地表水环境质量标准基本项目 | 区间 | 6 | 9 | | | |
| 2 | 溶解氧 | mg/L | 地表水环境质量标准基本项目 | 五类递减 | 7.5 | 6 | 5 | 3 | 2 |
| 3 | 高锰酸盐指数 | mg/L | 地表水环境质量标准基本项目 | 五类递增 | 2 | 4 | 6 | 10 | 15 |
| 4 | 化学需氧量 | mg/L | 地表水环境质量标准基本项目 | 五类递增 | 15 | 15 | 20 | 30 | 40 |
| 5 | 五日生化需氧量 | mg/L | 地表水环境质量标准基本项目 | 五类递增 | 3 | 3 | 4 | 6 | 10 |
| 6 | 氨氮 | mg/L | 地表水环境质量标准基本项目 | 五类递增 | 0.015 | 0.5 | 1 | 1.5 | 2 |
| 7 | 总磷(河) | mg/L | 地表水环境质量标准基本项目 | 五类递增 | 0.02 | 0.1 | 0.2 | 0.3 | 0.4 |
| 8 | 总氮 | mg/L | 地表水环境质量标准基本项目 | 五类递增 | 0.2 | 0.5 | 1 | 1.5 | 2 |
| 9 | 铜 | mg/L | 地表水环境质量标准基本项目 | 五类递增 | 0.01 | 1 | 1 | 1 | 1 |
| 10 | 锌 | mg/L | 地表水环境质量标准基本项目 | 五类递增 | 0.05 | 1 | 1 | 2 | 2 |
| 11 | 氟化物 | mg/L | 地表水环境质量标准基本项目 | 五类递增 | 1 | 1 | 1 | 1.5 | 1.5 |
| 12 | 硒 | mg/L | 地表水环境质量标准基本项目 | 五类递增 | 0.01 | 0.01 | 0.01 | 0.02 | 0.02 |
| 13 | 砷 | mg/L | 地表水环境质量标准基本项目 | 五类递增 | 0.05 | 0.05 | 0.05 | 0.1 | 0.1 |
| 14 | 汞 | mg/L | 地表水环境质量标准基本项目 | 五类递增 | 5E-05 | 5E-05 | 0.0001 | 0.001 | 0.001 |
| 15 | 镉 | mg/L | 地表水环境质量标准基本项目 | 五类递增 | 0.001 | 0.005 | 0.005 | 0.005 | 0.01 |
| 16 | 铬(六价) | mg/L | 地表水环境质量标准基本项目 | 五类递增 | 0.01 | 0.05 | 0.05 | 0.05 | 0.1 |
| 17 | 铅 | mg/L | 地表水环境质量标准基本项目 | 五类递增 | 0.01 | 0.01 | 0.05 | 0.05 | 0.1 |
| 18 | 氰化物 | mg/L | 地表水环境质量标准基本项目 | 五类递增 | 0.005 | 0.05 | 0.2 | 0.2 | 0.2 |
| 19 | 挥发酚 | mg/L | 地表水环境质量标准基本项目 | 五类递增 | 0.002 | 0.002 | 0.005 | 0.01 | 0.1 |
| 20 | 石油类 | mg/L | 地表水环境质量标准基本项目 | 五类递增 | 0.05 | 0.05 | 0.05 | 0.5 | 1 |
| 21 | 阴离子表面活性剂 | mg/L | 地表水环境质量标准基本项目 | 五类递增 | 0.2 | 0.2 | 0.2 | 0.3 | 0.3 |
| 22 | 硫化物 | mg/L | 地表水环境质量标准基本项目 | 五类递增 | 0.05 | 0.1 | 0.2 | 0.5 | 1 |
| 23 | 粪大肠菌群 | n/L | 地表水环境质量标准基本项目 | 五类递增 | 200 | 2000 | 10000 | 20000 | 40000 |
| 69 | 总磷(湖) | mg/L | 地表水环境质量标准基本项目 | 五类递增 | 0.01 | 0.025 | 0.05 | 0.1 | 0.2 |
| 24 | 硫酸盐 | mg/L | 集中式生活饮用水地表水源地补充项目 | 单值递增 | 250 | | | | |
| 25 | 氯化物 | mg/L | 集中式生活饮用水地表水源地补充项目 | 单值递增 | 250 | | | | |
| 26 | 硝酸盐 | mg/L | 集中式生活饮用水地表水源地补充项目 | 单值递增 | 10 | | | | |
| 27 | 铁 | mg/L | 集中式生活饮用水地表水源地补充项目 | 单值递增 | 0.3 | | | | |



图 4-249 地表水质量标准查询页面

3）水质数据查询

水质数据查询主要用于水质监测断面、水生生物监测断面、水文监测断面、排污口水质、取水口水质、取水口水文数据的查询。这些数据均为时间序列数据，在查询时，为用户提供了时间段的选择，系统依据设定的时间范围，自动从数据库中获取满足条件的记录，并分页显示。

这里，以水生生物断面监测数据查询为例，阐述基本功能设计。在图 4-250 中，首先选择监测流域/监测断面、监测指标、起始时间、终止时间，点击查询按钮，将查询结果显示在界面中。

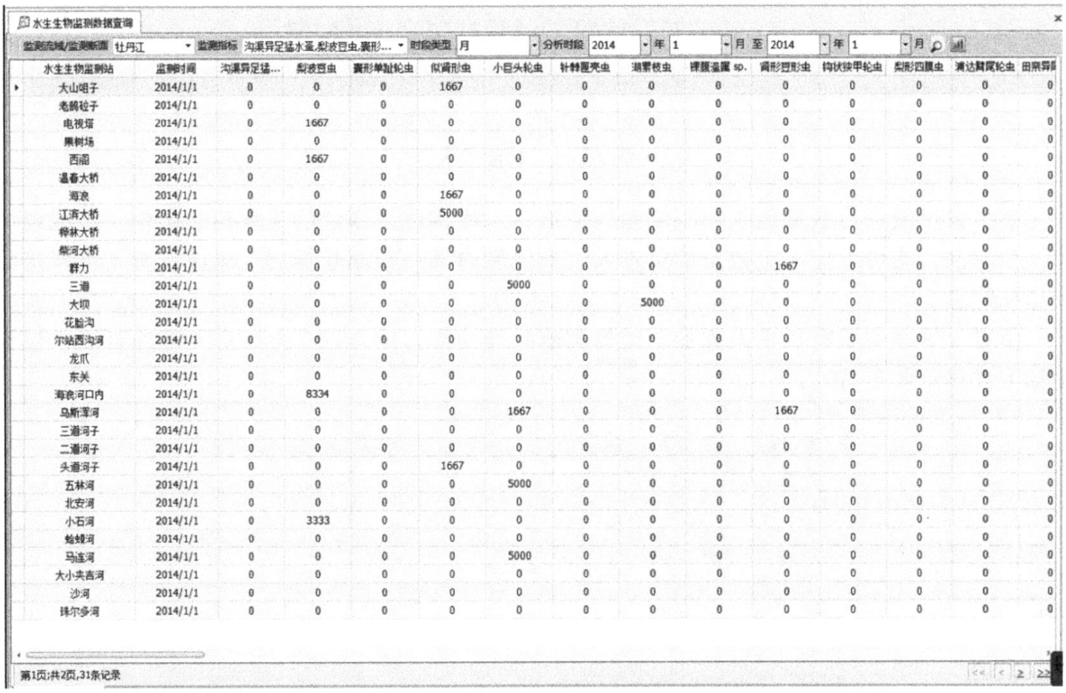

水生生物监测数据查询

监测流域/监测断面 牡丹江 监测指标 沟渠异足猛水蚤,梨波豆虫,囊形... 时段类型 月 分析时段 2014 年 1 月 至 2014 年 1 月

| 水生生物监测站 | 监测时间 | 沟渠异足猛... | 梨波豆虫 | 囊形单趾轮虫 | 似肾形虫 | 小巨头轮虫 | 针棘匣壳虫 | 湖累枝虫 | 裸腹溞属 sp. | 肾形豆形虫 | 钩状狭甲轮虫 | 梨形四膜虫 | 浦达臂尾轮虫 | 田奈异 |
|---|---|---|---|---|---|---|---|---|---|---|---|---|---|---|
| 大山咀子 | 2014/1/1 | 0 | 0 | 0 | 1667 | 0 | 0 | 0 | 0 | 0 | 0 | 0 | 0 | 0 |
| 老鹳砬子 | 2014/1/1 | 0 | 0 | 0 | 0 | 0 | 0 | 0 | 0 | 0 | 0 | 0 | 0 | 0 |
| 电视塔 | 2014/1/1 | 0 | 1667 | 0 | 0 | 0 | 0 | 0 | 0 | 0 | 0 | 0 | 0 | 0 |
| 果树场 | 2014/1/1 | 0 | 0 | 0 | 0 | 0 | 0 | 0 | 0 | 0 | 0 | 0 | 0 | 0 |
| 西阁 | 2014/1/1 | 0 | 1667 | 0 | 0 | 0 | 0 | 0 | 0 | 0 | 0 | 0 | 0 | 0 |
| 温春大桥 | 2014/1/1 | 0 | 0 | 0 | 0 | 0 | 0 | 0 | 0 | 0 | 0 | 0 | 0 | 0 |
| 海浪 | 2014/1/1 | 0 | 0 | 0 | 1667 | 0 | 0 | 0 | 0 | 0 | 0 | 0 | 0 | 0 |
| 江滨大桥 | 2014/1/1 | 0 | 0 | 0 | 5000 | 0 | 0 | 0 | 0 | 0 | 0 | 0 | 0 | 0 |
| 桦林大桥 | 2014/1/1 | 0 | 0 | 0 | 0 | 0 | 0 | 0 | 0 | 0 | 0 | 0 | 0 | 0 |
| 柴河大桥 | 2014/1/1 | 0 | 0 | 0 | 0 | 0 | 0 | 0 | 0 | 0 | 0 | 0 | 0 | 0 |
| 群力 | 2014/1/1 | 0 | 0 | 0 | 0 | 0 | 0 | 0 | 0 | 1667 | 0 | 0 | 0 | 0 |
| 三道 | 2014/1/1 | 0 | 0 | 0 | 0 | 5000 | 0 | 0 | 0 | 0 | 0 | 0 | 0 | 0 |
| 大坝 | 2014/1/1 | 0 | 0 | 0 | 0 | 0 | 0 | 5000 | 0 | 0 | 0 | 0 | 0 | 0 |
| 花脸沟 | 2014/1/1 | 0 | 0 | 0 | 0 | 0 | 0 | 0 | 0 | 0 | 0 | 0 | 0 | 0 |
| 尔站西沟河 | 2014/1/1 | 0 | 0 | 0 | 0 | 0 | 0 | 0 | 0 | 0 | 0 | 0 | 0 | 0 |
| 龙爪 | 2014/1/1 | 0 | 0 | 0 | 0 | 0 | 0 | 0 | 0 | 0 | 0 | 0 | 0 | 0 |
| 东关 | 2014/1/1 | 0 | 0 | 0 | 0 | 0 | 0 | 0 | 0 | 0 | 0 | 0 | 0 | 0 |
| 海浪河口内 | 2014/1/1 | 0 | 8334 | 0 | 0 | 0 | 0 | 0 | 0 | 0 | 0 | 0 | 0 | 0 |
| 乌斯浑河 | 2014/1/1 | 0 | 0 | 0 | 0 | 1667 | 0 | 0 | 0 | 1667 | 0 | 0 | 0 | 0 |
| 三道河子 | 2014/1/1 | 0 | 0 | 0 | 0 | 0 | 0 | 0 | 0 | 0 | 0 | 0 | 0 | 0 |
| 二道河子 | 2014/1/1 | 0 | 0 | 0 | 0 | 0 | 0 | 0 | 0 | 0 | 0 | 0 | 0 | 0 |
| 头道河子 | 2014/1/1 | 0 | 0 | 0 | 1667 | 0 | 0 | 0 | 0 | 0 | 0 | 0 | 0 | 0 |
| 五林河 | 2014/1/1 | 0 | 0 | 0 | 0 | 5000 | 0 | 0 | 0 | 0 | 0 | 0 | 0 | 0 |
| 北安河 | 2014/1/1 | 0 | 0 | 0 | 0 | 0 | 0 | 0 | 0 | 0 | 0 | 0 | 0 | 0 |
| 小石河 | 2014/1/1 | 0 | 3333 | 0 | 0 | 0 | 0 | 0 | 0 | 0 | 0 | 0 | 0 | 0 |
| 蛤蟆河 | 2014/1/1 | 0 | 0 | 0 | 0 | 0 | 0 | 0 | 0 | 0 | 0 | 0 | 0 | 0 |
| 马连河 | 2014/1/1 | 0 | 0 | 0 | 0 | 5000 | 0 | 0 | 0 | 0 | 0 | 0 | 0 | 0 |
| 大小夹吉河 | 2014/1/1 | 0 | 0 | 0 | 0 | 0 | 0 | 0 | 0 | 0 | 0 | 0 | 0 | 0 |
| 沙河 | 2014/1/1 | 0 | 0 | 0 | 0 | 0 | 0 | 0 | 0 | 0 | 0 | 0 | 0 | 0 |
| 珠尔多河 | 2014/1/1 | 0 | 0 | 0 | 0 | 0 | 0 | 0 | 0 | 0 | 0 | 0 | 0 | 0 |

第1页;共2页,31条记录

图 4-250 水生生物监测数据查询页面

(9) 数据库管理

数据库管理主要用于对水环境数据库进行备份与还原操作。备份文件按指定目录存储在服务器上，支持备份文件的删除、用户选择性的数据文件还原等功能。

(10) 智能报表

提供“自动化”智能报表输出功能，报表图文并茂，包括季度报表、年度报表等。既可以包含水质的统计图表信息，也可以包括水质分析评价、污染模拟专题地图信息。如图 4-251 所示。

(11) 系统管理

系统管理功能模块分为“负责人管理”“登录用户管理”“系统帮助”几个子功能模块。

1）负责人管理

在水质监视预警预报中，当断面水质超标后，需要邮件联系相关负责人。负责人的管理则在“系统管理”——“负责人管理”中实现。

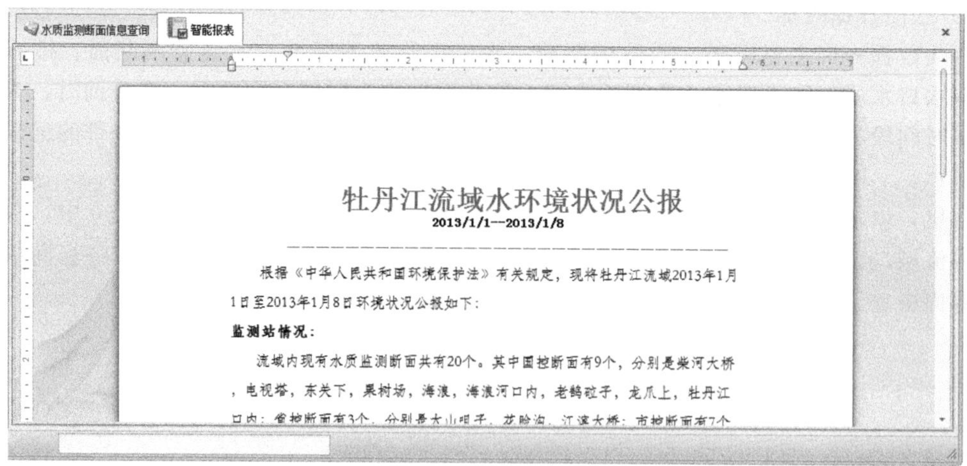


图 4-251 智能报表

系统以流域进行数据组织，不同等级河流、水库构成了系统的流域树状结构。流域树的每一个层次，均可设定一定数量的负责人。当流域内某一断面超标后，对应负责人可以接收到超标信息。

负责人管理主要有负责人添加、编辑和删除等功能。图 4-252 为负责人管理页面，以大图标方式显示各负责人。

图 4-252 负责人管理

2）登录用户管理

系统将用户权限分为管理员和一般用户，并以流域为单位进行多层级权限管理。管理员可完成监测数据维护、数据输入与导入、查询统计、水质监测、水污染预警、应急预案等所有功能，各管理员仅能查看和编辑他所在流域的相关数据；一般用户仅能完成数据查询统计、水质监测、水污染预警等基本功能。各用户权限见表 4-98 所示。

**表 4-98 用户类型与权限**

| 用户类型 | 权限描述 |
| --- | --- |
| 管理员 | 监测数据维护、数据输入与导入、查询统计、水质监测、水污染预警、应急预案 |
| 一般用户 | 查询统计、水质监测、水污染预警等基本功能 |

3）系统帮助

系统帮助以 PDF 格式显示系统使用操作手册。用户执行“系统帮助”功能后，用户操作手册的 PDF 页面内嵌于系统子文档之中，方便用户查看，如图 4-253 所示。

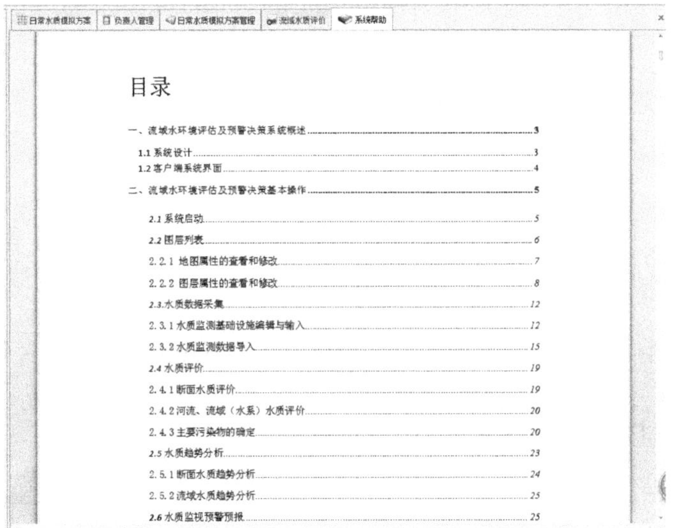


图 4-253　系统帮助页面

（12）三维展示

系统基于 GPU，实现了地形三维显示功能、监测点三维符号显示功能。在地形显示时，基于 LOD 技术进行了算法优化，能高分辨率地显示牡丹江全流域。目前，三维显示功能主要嵌于水质预警预报中。当水质断面超标后，三维场景中水质监测站三维闪烁显示，并配合语音朗读，以更形象直观地查看预警预报情景。三维展示如图 4-254 所示。

图 4-254　三维展示功能示意图

# 5

# 示范区建设

构建了北安河生态恢复关键技术示范区和牡丹江流域面源综合整治关键技术示范区，示范区面积共 $500km^2$。结合规划项目实施，使得 35.7km 的河段水质得到了改善，柴河大桥断面水质达到规划目标要求。示范区清单见表 5-1。

**表 5-1　示范区清单**

| 序号 | 示范区名称 | 建设地点 | 工程类型 |
| --- | --- | --- | --- |
| 1 | 北安河生态恢复关键技术示范区 | 牡丹江市北安河 | 生态修复 |
| 2 | 牡丹江流域面源综合整治关键技术示范区 | 牡丹江市海林农场 | 污染源治理 |

## 5.1 北安河生态恢复关键技术示范区

### 5.1.1 概况

综合示范区选择北安河，原因是示范区段内接纳大量生活和工业废水，水质污染严重。给牡丹江下游乃至松花江的水质安全带来了威胁。通过前期调研，选择北安河进行示范区建设，提出了北安河至柴河大桥段生态恢复的方案。确定了开放式河道植被多样性的构建及结构优化方案，研发了河流底栖生态系统恢复关键技术及污水处理厂深度处理关键技术，进行了河滨带的优化配置及初步构建，形成了北安河生态恢复集成技术等。

建设规模：建设 $300km^2$ 示范区。

关键技术：开放式河道植被多样性技术(见 4.2.1.1)；河流底栖生态系统恢复技术(见 4.2.2.1)；河滨带的优化配置技术(见 4.2.3.1)；污水处理厂深度处理技术(见 4.2.4)。

示范工程：河道植被多样性工程（见 4.2.1.2)；河滨带优化配置工程（见 4.2.2.2)，底栖生态系统恢复工程（见 4.2.3.2)。

依托工程：牡丹江市“三溪一河”综合整治工程和污水处理厂二期工程。

### 5.1.2 依托工程建设情况

(1) 污水处理厂二期工程

污水处理厂二期工程（图 5-1）增加污水处理能力 $1\times10^5$t/d，建成污水截流管线

19.17km，泵站5座，实际截留生活污水 $7\times10^5$ t/d。

图 5-1 运行中的牡丹江市污水处理厂（二期）

(2)"三溪一河"综合整治工程

图 5-2 "三溪一河"工程景观效果

《牡丹江市环境保护"十二五"发展规划》提出加强江河水域治理工程并开展了"三溪一河"综合整治工程的建设，规划水土流失治理面积 407.46hm$^2$。新建截污管道 19.17km，河道清淤 14.85km，建生态河道护坡 14.85km，面积 $2.69\times10^4$ m$^2$，绿地缓冲带面积 30.5hm$^2$。

目前"三溪一河"综合治理基本完成（图 5-2），实际工程治理长度为 12.25km。其中累计完成河道堤防 8.7km，河道清淤 3.5km，建生态河道护坡 12.25km，面积 2.7hm$^2$；建绿地植物缓冲带面积 32.3hm$^2$，铺设截污管线 19.17km，金龙溪上游水土流失治理 6542hm$^2$。

工程实施期间，通过引调水泵站的设计和计算，解决了金龙溪截污后水量不足的问题，为 14.85km 的生态修复工程提供了技术支持。在规划的 12.25～14.85km 处开展了近自然河滨带的构建，恢复了 $2\times10^4$ m$^2$ 的河滨带生态环境。对规划的 12.25km，$2.69\times10^4$ m$^2$ 的半硬质生态护坡的植被组成进行了优化，推荐使用固土截污能力更强的五叶枫和紫穗槐进行种植。

### 5.1.3 示范区成效

针对柴河大桥断面氨氮和COD达不到规划标准的问题，研发寒冷地区河道生态恢复技术。通过筛选适应于北方寒冷地区的乔、灌、草等植物，并进行复配，开展近自然方式河滨带的构建，通过改善河流底质，保证挺水植物和沉水植物的稳定生长，开展河道多样性建设。为了规范北安河入江口至柴河大桥范围内的牡丹江干流内的采砂活动和加强对牡丹江市河道内具有环境影响的其他活动的管理，协助牡丹江市河道管理处制订了《牡丹江市河道采砂监督管理制度》《牡丹江市河道采砂现场管理制度》《牡丹江市河道巡查制度》等管控措施。依托污水厂二期工程和"三溪一河"综合整治工程等进行示范，形成北安河水质改善和生态修复模式（见图5-3）。即上中游为以近自然方式构建河道多样性植被缓冲带，防控面源污染；中游通过对工业废水及生活污水的截流和处理，集中控污，特别强化污水处理厂的深度处理；下游对江岸边采砂场和农业等活动进行管控，促进河道采砂规范化，市内段河道巡查制度化，保障北安河和牡丹江的水质安全，防止水质被破坏，全流域建设美观耐寒的河滨带。

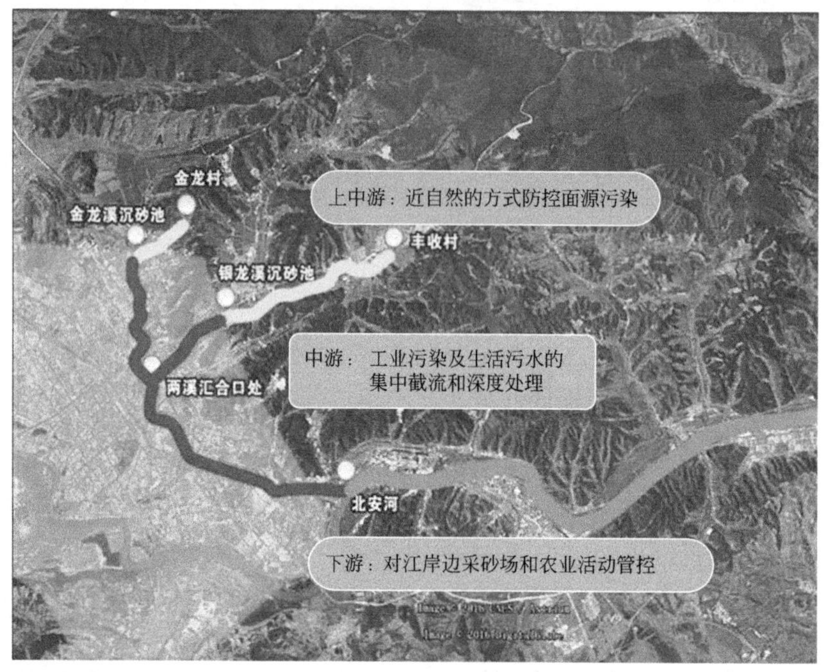


图5-3 北安河水质改善和生态修复模式

在示范工程上游和下游、北安河口、柴河大桥设置监测点位，截至目前，金龙溪市内段净生物量由60g/m$^2$提高到919.8g/m$^2$，Shannon-Wiener多样性指数由0.66提高到1.52，北安河流域的水质有了明显的改善。

北安河生态恢复关键技术示范工程的实施以及“十二五”规划项目的开展，使得北安河至柴河大桥断面长度25.7km水质得到改善，柴河大桥断面水质2016年度达到水环境功能区划的要求。

### 5.1.4 示范工程的后续维护和保障

（1）日常维护工作

① 当栽植的水生植物建立优势后，定期检查植物的健康状况和清理河道垃圾。

② 当种植的挺水植物形成大范围的单优群落后，对其进行规模控制。

③ 如火山岩生物滤床因剧烈水力作用松动，表层火山岩被冲向下游，将其收集并重新铺设。

④ 河滨带的杂草清除工作。

（2）后续运行方案

① 组建管理队伍。

② 加强示范工程的保护，河滨带植物的维护，杂草的清除和收割，确保不受周围放牧及开荒的影响。

③ 定期对北安河环境进行管理，打捞固体废物、示范工程中枯死植物等。

④ 定期进行水质检验检测，确保景观水体安全，保障周围群众生活环境。

(3) 运行维护概算

北安河生态恢复关键技术研究与示范工程运行维护费用，预计 6.4 万元/a。

① 人员费用 每年 4—11 月，火山岩生态滤床和水生植物日常维护共需 2 人，费用为 1500 元/(月·人)，小计 2.4 万元/a。每年 3—11 月，河滨带的植物日常维护共需 1 人费用为 1000 元/(月·人)，小计 0.9 万元/a。

② 维护修葺材料费 生态缓冲带和水生植物每年会有一定的损失，维护修葺材料费用约 $2\times10^4$ 元/a。河滨带面临两岸农民开荒破坏的风险，维护修葺材料费用约 $1.1\times10^4$ 元/a。

## 5.2 牡丹江流域面源综合整治关键技术示范区

### 5.2.1 概况

综合示范区建立在黑龙江省海林农场内，海林农场位于素有“林海雪原”之称的海林市长汀镇附近，南临著名旅游区镜泊湖，北依中国雪乡双峰林场。总占地面积 26.3 万亩，其中耕地 13.1 万亩，总人口 7300 人，农场下辖三个农业管理区、10 个作业点，1 个合作牛场、12 个奶牛饲养小区，是一个典型的具有农田污染源、生活污染源、畜禽粪便污染源的农场，同时也是海浪河周边农场的典型代表。海林农场位于海浪河中上游，对海浪河水质有较大的影响。通过前期调研，选择在海浪河上游支流牛尾巴河流域进行工程示范。

建设规模：建设 200km² 示范区。

关键技术：低温期稳定运行的小城镇污水处理技术（见 4.3.1.1）；低温期畜禽废弃物处置技术（见 4.3.2.1）；化肥减量及绿色替代技术（见 4.3.3.1）；雨水高效截污技术（见 4.3.4.1）。

示范工程：小城镇污水处理工程（见 4.3.1.2）、畜禽废弃物发酵工程（见 4.3.2.2）、化肥减量及绿色化肥替代示范区（见 4.3.3.2）、雨水高效截污潜流人工湿地砾石床工程（见 4.3.4.2）。

依托工程：黑龙江省海林农场奶牛养殖场沼气工程和黑龙江省海林农场污水处理回用工程。

### 5.2.2 依托工程建设情况

(1) 黑龙江省海林农场奶牛养殖场沼气工程

为了减少海林农场养殖废弃物（牛粪）的污染，海林农场建设完成黑龙江省海林农场奶牛养殖场沼气工程项目。项目建成 1000m³ 沼气池，24000m³ 储液池，600m³ 储气柜及配套设备。每天处理牛粪 25t，产生沼液 10～20t，产生沼渣 3～8t，产生沼气 600～1000m³。很好地改善了周边环境，减少了畜禽废弃物的污染。

(2) 黑龙江省海林农场污水处理回用工程

为改善环境，海林农场建设完成黑龙江省海林农场污水处理及回用项目。项目建成曝气池、二沉池、600m$^2$ 人工湿地、氧化塘以及配套设备。每天处理生活污水 520t。减少了生活污水带来的污染，同时人工湿地和氧化塘也美化了农场景观。

### 5.2.3 示范区成效

海浪河支流（牛尾巴河）污染综合治理工程取得了如下成效：

① 解决了小城镇污水处理工艺运行成本高的问题；在使用阳光板进行隔离保温后，潜流人工湿地在冬季可以维持 8℃水温，能够保证冬季正常运行；出水回用于农田灌溉，年回用水量约 $1.46\times10^5 m^3$，在一定程度上缓解了当地水资源短缺的状况。

② 利用畜禽粪便厌氧发酵可以全年稳定产沼气，不受外界温度影响，有效节约热源，处置牛粪及其他混合物最大处理量可以达到 30t/d；每天可产生 600～1000m$^3$ 沼气，沼气可供厂区居民做饭和热水使用；后续产生的沼液和沼渣可供大田、大棚使用，减少化肥施用量。

③ 化肥减量及绿色化肥替代技术根据不同种类作物每亩可减少 30kg 化肥用量；有效促进植物发芽和生长，减少病虫害；基本不造成减产。

④ 雨水高效截污潜流人工湿地砾石床工程经过两年运行可以有效减少雨水带来的悬浮物和氮磷物质进入水体。

在牛尾巴河入海浪河河口设置采样点，第三方监测结果见表 5-2 和表 5-3。

通过示范工程建设前、后牛尾巴河入海浪河河口断面的水质数据的比较分析和计算，可得示范工程的建设运行共削减 COD 148.19t/a，牛尾巴河源头到海浪河口 10km 水质得到改善。

表 5-2　牛尾巴河入海浪河口断面水质变化情况

| 采样时间 | 水质指标 6 个月均值/(mg/L) | |
|---|---|---|
| | $COD_{Mn}$ | $NH_4^+$-N |
| 2013 年 5—10 月 | 5.59 | 1.318 |
| 2016 年 5—10 月 | 4.75 | 1.036 |

表 5-3　牛尾巴河入海浪河口断面污染负荷削减情况

| 水质指标 | 削减率/% |
|---|---|
| $COD_{Mn}$ | 15.03 |
| $NH_4^+$-N | 21.40 |

### 5.2.4 示范工程的后续维护和保障

（1）运行保障

小城镇污水处理工程，畜禽废弃物发酵工程均已建成运行，且一直以来管理运行都由海林农场技术人员负责，故而后续运行可以得到良好的保障。化肥减量及绿色化肥替代示范区已经实施 2 年，对农作物生长有着极好的促进作用，能够提高产量和质量，一年最多只需两次施肥，没有技术难度，后续运行基本无问题。雨水高效截污潜流人工湿地砾石床工程没有动力，只在雨后起到处置作用，除超大雨量造成破坏外，无须后续运行保障。

(2) 资金保障

雨水高效截污潜流人工湿地砾石床工程、化肥减量及绿色化肥替代示范区无须资金保障运行，畜禽废弃物发酵工程属于有收入性项目，故而无须考虑后续运行经费。小城镇污水处理工程按照现阶段运行费用计算处置费用为0.42元/吨水，每年运行费用约为7.8万元，为保障运行农场每年会从畜禽粪便处置工程收入中拨出此项经费。

(3) 后续维护

后续维护计划包括：设备、仪器、固定资产卡；部件记录、维修保养时间表；全年维修保养预算及开支。具体步骤如下：

① 建立完善的日常保养、定期维护和大修三级保养制度。

② 维修人员必须熟悉机电设备、处理设施的维修保养技术及检查验收制度。

③ 锅炉、压力容器等设备重点部件的检修，应由安全劳动部门认可的当地维修单位负责。

④ 厂内的建构筑物的避雷、防爆装置的维修应符合气象和消防部门的规定，并申报当地有资质的相关检测机构定期测试。

⑤ 维修人员应按设备使用要求定期检查和更换安全消防等防护设施、设备。

⑥ 定期检查、紧固设备连接件，定期检查电动阀门的控制元件、手动与电动的连锁装置。

⑦ 构筑物之间的明渠等应定期清理，确保畅通无阻。

⑧ 涂饰不同颜色油漆或涂料的各种工艺管线，按要求定期保养涂饰，不得擅自更改颜色。

⑨“沼气工程”的设施、设备完好率均应达95%以上。

# 6

# 结　论

## 6.1 研究成果

本书结合牡丹江流域特点，通过技术研发与应用，形成了以下 5 项研究成果：①通过北方污染河流生态恢复关键技术研究与示范，形成了北方污染河流生态恢复集成技术，使北安河至柴河大桥断面水质得以改善，保障柴河大桥断面水质达规划目标；②建立了牡丹江典型支流——海浪河水污染综合防控技术与方法体系，形成了面源污染综合防控体系，通过示范，实现了示范区水体单位污染负荷削减；③形成了适合牡丹江流域特点的产业结构调整方案和牡丹江主要支流水质保障方案；④揭示了石岩电站至莲花湖水库江段翔实的牡丹江水生生物分布规律，建立了干支流耦合的梯级电站水流水质模型，确定了牡丹江干流局部污染混合区的生物分布及影响范围，形成了适合牡丹江梯级电站影响的生态补偿方案；⑤建立了牡丹江流域水环境质量监测预警体系。

(1) 成果一：北方污染河流生态恢复集成技术

北方污染河流生态恢复集成技术解决了北方季节性河流生态修复过程中植被栽种难度大、越冬困难、污染物降解速度慢的难题，使北安河生物类群多样化，改善了北安河至柴河大桥断面水质，保障柴河大桥断面水质达规划目标要求。

北方污染河流生态恢复集成技术通过底泥疏浚消除了内源污染，通过污水厂截污控制了外源污染，并通过生物强化填料载体以及相应配套装置的研制，改进污水处理厂深度脱氮除磷工艺，中试试验结果表明，改进后的工艺可降低污水处理厂出水对干流—柴河大桥考核断面的影响。在消除内、外源污染的基础上，对城市内河进行生态修复，在生态修复过程中，特别针对寒冷地域特点以及北方河流水量丰枯变化大的特征，优选狭叶香蒲、芦苇、黄菖蒲、眼子菜等挺水植物和沉水植物，采用当地富产的火山岩构建生态滤床保护植物根系，提高其抗水力冲击能力；引进土著生产者和先锋种群，再引入初级消费者，促进河流底栖生态系统恢复；借鉴自然保护区河滨带植物的分布，优选既耐寒又兼具截污与水土保持作用的五叶枫、紫穗槐等土著植物，构建近自然河滨带。北方污染河流生态恢复集成技术（见图 6-1）按照生态系统整体恢复理念从入河污染源、河道、底栖以及河滨带的治理和修复等方面出发，通过技术集成全方位系统化治理城市内河污染。一方面通过开放式河道植被多样性构建方法的创新，解决了寒冷地区季节性城市内河常规生态修复技术存在的两个主要问题：①城市内河截污后水量不稳，丰枯变化大，植被栽种难度较大；②河底基质层表层受损，微生物活动受限，河流自净能力差。另一方面创新了低 C/N 污水脱氮除磷技术和工艺，改善了污水处理厂出水水质。

北方污染河流生态恢复集成技术在北安河生态恢复关键技术示范区成功应用，并产生了1+1大于2的效果，使河流恢复了因人类活动的干扰而丧失或退化的自然功能和自净能力。

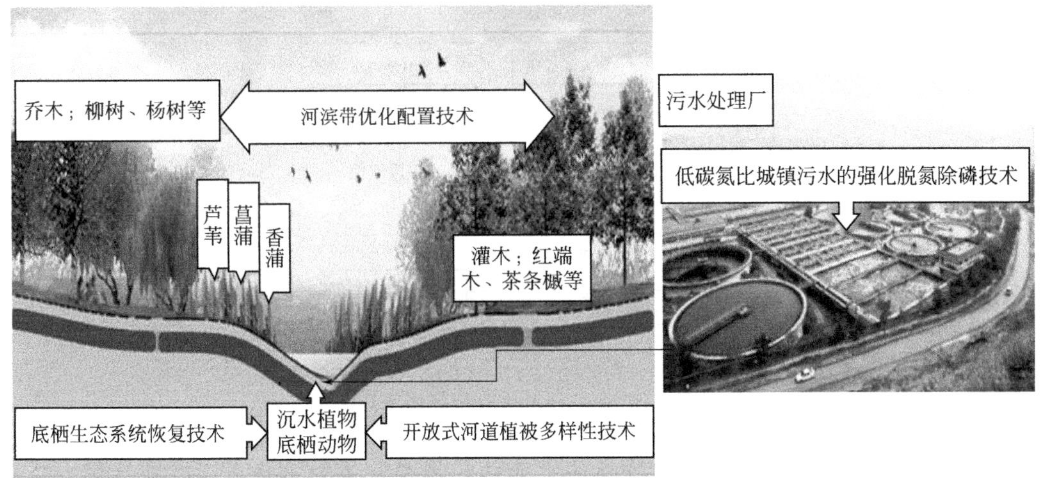


图 6-1 北方污染河流生态恢复集成技术示意图

(2) 成果二：牡丹江典型支流面源污染综合防控体系

面源污染综合防控体系突破了寒地农业面源污染处理技术受到温度和地域限制的瓶颈和局限，建立了牡丹江典型支流——海浪河水污染综合防控技术与方法体系，实现了示范区水体单位污染负荷削减。

北方寒冷地区农村生活污水处理的技术瓶颈在于冬季处理效率低，不能达标排放。基于寒冷地区小城镇污水排放现状和特点，研发了低温期稳定运行的小城镇污水处理技术，采用“接触氧化+温室结构潜流人工湿地”工艺，兼具活性污泥法和生物膜法的优点，抗冲击负荷能力强，负荷高，占地面积省，运行费用低，操作要求低。采用阳光板隔离保温使潜流人工湿地在冬季可以维持8℃水温，保证冬季正常运行。出水可达一级A标准。为解决常规畜禽发酵工艺冬季无法稳定运行的问题，研发了低温期畜禽废弃物处置技术，采用“两段式厌氧处理+CSTR”工艺，使产酸菌和产甲烷菌各自在最佳环境条件下生长，达到提高容积负荷率的目的；通过两相调控、低温菌群驯化以及配套太阳能补温技术，突破甲烷菌在20℃条件下无法产气这一瓶颈，使CSTR实现冬季稳定运行。利用畜禽废弃物处置过程中产生的含有腐殖质的沼渣替代化肥，既可起到缓释肥作用，又可增加土壤中微生物量，直接或者间接有利于植物生长，形成化肥减量及绿色替代技术。针对雨水携带大量泥沙以及肥料中的氮磷进入水体的问题，研发了雨水高效截污技术，采用三层颗粒级配砾石床过滤去除COD和悬浮物，利用湿地植物去除氮磷等污染物。通过形成以沼气为核心的畜禽废弃物资源化体系，形成源头减量、过程截留、后续修复三位一体面源污染综合防控体系。

面源污染综合防控体系在牡丹江流域面源综合整治关键技术示范区成功应用，将农田化肥减量、污水处理、雨水截留、畜禽粪便处置结合在一起形成一个有机系统（见图6-2），解决了小城镇污水处理工艺运行成本高、冬季运行不稳定的问题；生活垃圾、畜禽粪便稳定产沼气及梯级循环利用技术突破了秸秆和畜禽养殖业废物含水量高，成粒难等关键技术；化肥减量及绿色化肥替代技术可以有效减少化肥用量；雨水高效截污潜流人工湿地砾石床工程经过两年运行大幅度减少了雨水带来的悬浮物和氮磷物质进入水体。示范工程共削减 COD 148.19t/a，牛尾巴河源头到海浪河口 10km 水质得到改善。

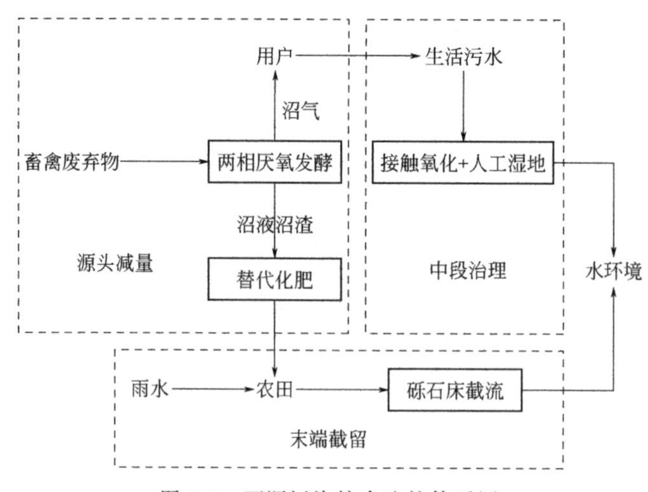


图 6-2　面源污染综合防控体系图

(3) 成果三：适合牡丹江流域特点的产业结构调整方案和主要支流水质保障方案

将调整产业结构作为“十二五”牡丹江流域治污减排的突破口和重要抓手，提出了适合牡丹江流域特点的产业结构调整方案和主要支流水质保障方案，实现了污染物的源头削减。

牡丹江流域经济发展对水环境影响的研究结果表明，第二产业对环境影响最大。因此，重点针对牡丹江不合理的工业布局及粗放型的经济增长模式，对工业产业结构进行了调整优化。基于产业结构偏水度评价和产业结构分析，明确了牡丹江经济发展与水环境质量之间的关系。采用多目标决策方法，构建环境、资源约束下产业结构调整优化模型，运用理想点法进行多目标线性规划求解，对牡丹江工业产业结构进行模拟分析，形成“污染控制＋工业结构优化”的最优解决方案。同时，结合国家及地方相关文件要求，提出牡丹江流域发展特色农业、推进工业结构优化、提升现代服务业的产业结构调整建议。对水污染贡献较大的 21 个工业行业经产业结构调整优化模型优化后，2020 年和 2025 年新鲜用水量分别减少 35.71％和 54.72％，COD 排放量分别减少 7.47％和 1.26％，氨氮排放量分别减少 3.48％和 17.74％。除化工行业外，其他行业在产业结构调整后工业总产值均有所增加，各行业 COD 排放量及氨氮排放量均有不同程度的减少。研究成果已被地方相关规划吸纳，在总量减排工作方面给予了建设性技术支持，牡丹江流域 2011—2016 年减排企业在 2010 年（国家认可）基础上削减 COD 9112.02t，为缓解牡丹江经济发展与水环境保护的矛盾提供了基础技术支撑。

依据牡丹江市城市发展目标和总体规划及《优先控制单元水污染防治综合治理方案技术要点》要求，结合牡丹江主要支流污染现状，在牡丹江市区、海林市、宁安市、林口县四个控制单元中选取北安河等 5 条典型支流进行水质保障方案研究。基于 5 条典型支流的社会经济发展、产业结构状况、水环境状况、污染源结构特征等分析结果，解析了各支流的主要水环境问题，按照“划分保护、分区施策、重在修复”的思路，提出加快城镇环保设施建设，减少生活污水和垃圾排放；提高污染排放门槛，狠抓工业企业减排；开展农村环境综合整治，控制面源污染、保障饮水安全；实施河道综合整治，改善流域水生态环境；全方位加强环境管理，巩固提升综合整治效果五项任务。实施“一河一策”治污模式，针对每条支流的特点，分别制订治理措施和规划，重点开展产业结构调整及工业企业污水治理工程、生活垃圾治理工程、农村生活污水治理工程、农业面源治理工程、畜禽养殖污染治理工程、生态恢复工程、环境监管能力建设七项治理工程。通过企业提标改造、城镇污水处理厂建设、农业面源污染治理等重点工程的实施，入河污染物总量在现有基础上将大幅削减，水体水质将实现大幅度改善，支流水质得到保障。

适合牡丹江流域特点的产业结构调整方案和主要支流水质保障方案为牡丹江减排工作提供了技术指导，从源头上解决了牡丹江流域工业源污染问题，对于其他流域水质保障具有一定的借鉴意义。

（4）成果四：梯级电站生态环境影响补偿方案

建立了牡丹江干流石岩电站至莲花湖水库的水生生物电子资料库，确定了牡丹江干流局部污染混合区的生物分布及影响范围，形成了梯级电站影响的生态补偿方案，为解决梯级电站调峰水流引发的生态退化问题提供了技术手段。

镜泊湖水电站等梯级电站承担着黑龙江电网的调峰功能，频繁的日调节是其重要的运行方式。针对水电站调峰运行导致的水文变异和生态退化的问题，开展研究区域（主要为石岩电站至莲花湖水库）水生生物状况的调查和评价，综合考虑三间房水电站的叠加影响，建立了适用于水流高频、快速、大幅变化的干支流耦合的水流水质模型，在模拟研究的基础上，确定了不影响牡丹江整体生态功能的污染混合区范围；揭示了水电站日调节的生态影响机制，提出了相应的补偿技术措施，形成了相应的生态环境影响补偿方案。在方案中明确了补偿目标，通过调蓄工程的建设、调控系统的建立和产卵场河道地形的整治对水电站的调峰水流影响进行补偿。

在水生态退化研究方面，近年来，我国一些学者在不同流域开展了底栖动物的调查研究工作，利用典范对应分析（CCA）等方法，分析论证了环境变量与底栖动物群落结构之间的相关关系，这些研究工作主要集中于水环境因子（如水化学因子、有机质等）对底栖动物的影响，水动力条件、底质等其他栖息地环境因子的涉及较少。生态系统具有复杂性，不同流域中底栖动物群落与栖息地环境因子之间并没有普适的对应关系，本研究针对牡丹江流域的特征，进行特定的生态采样和栖息地环境因子调查，通过 CCA 分析系统研究了底栖动物群落与栖息环境（包括水环境因子、水动力条件、底质等）的关系，研究方法为流域生态保护和生态修复提供了支撑。

研究成果在牡丹江市水务科学研究院的工程设计、科学研究和现场调查工作中得到广泛应用，为流域水电工程开发和水生态安全提供了技术支撑，可很好地服务于牡丹江流域的生态保护。

（5）成果五：牡丹江流域水环境质量监测预警体系

研发了流域水环境精细化管理和水环境质量保障预警决策支持系统，建立了可业务化运行的水环境质量监测预警体系，解决了牡丹江流域监测预警能力薄弱的问题。

针对牡丹江流域环境监测预警能力薄弱的问题，以流域水质理化和生物指标为研究对象，在充分考虑牡丹江流域因地处我国北方寒冷地区而存在水体季节性冰封特点的基础上，全面分析评价了牡丹江流域水环境污染特征；采用国际广泛使用的 EFDC 模型构建了具有较强地域特色的、适用于中国北方寒冷地区河流与湖库的水动力-水质模型，分冰封期与非冰封期两种水文情形确定了适用于牡丹江水体的水动力-水质模型参数体系，分别模拟了牡丹江冰封期和非冰封期的污染物迁移扩散过程。在此基础上，综合利用分布式数据库、地理信息系统组件、环境流体动力学以及计算机分布式网络等多种技术，将 EFDC 模型和 GIS

系统深度集成，构建了流域精细化预警管理系统和水环境质量保障预警决策支持系统。实现了牡丹江流域水质数据采集、水质数据评价、水质数据趋势分析、水质监测预警预报、水污染模拟和智能报表等功能。

目前，我国在河流（湖库）冰封期和非冰封期水动力与水质过程，以及构建适用的水动力-水质模型方面的研究成果非常少，因此，对冰封期水质的模拟研究具有重要的意义和应用价值。牡丹江流域水环境质量保障预警决策支持系统于 2016 年 7 月在牡丹江市环境宣教信息中心安装部署，并进行业务化试运行，提高了水环境质量监测监控能力、水污染预警能力和精细化管理能力，为市政府在水污染防治与水质管理方面提供了重要的决策支持信息。

## 6.2 成果应用

（1）成果应用一：助力黑臭水体整治，受污染城市内河旧貌换新颜

针对北安河部分河道生态退化的情况，在生态恢复用水生植物种类、种植密度、固定植物所用材料及其施工方法等方面进行了示范工程研究，利用火山岩生态滤床与水生植物组合在北安河上游金龙溪开展了 4km 长，$2.4\times10^4m^2$ 的河道植被恢复，并针对金龙溪截污后水量不足的问题与河道管理处合作完成了引调水泵站的设计和计算，其研究成果应用到 14.85km 的生态修复工程。

针对北方寒冷地区的特点，筛选了适合牡丹江地区河滨带的柳树、杨树、红端木、茶条槭、暴马丁香等乔木、灌木、草木，并进行了配置和组合，在 12.25～14.85km 处开展了近自然河滨带的构建，恢复了 $2\times10^4m^2$ 的河滨带生态环境。另外，对规划的 12.25km，$2.69\times10^4m^2$ 的半硬质生态护坡的植被组成进行了优化，推荐使用故土截污能力更强的五叶枫和紫穗槐进行种植，还初步重建了北安河底栖生态系统。

《牡丹江市环境保护“十二五”发展规划》提出加强江河水域治理工程并开展了“三溪一河”综合整治工程的建设，本研究成果为“三溪一河”治理和环境综合整治提供了技术支持，使得牡丹江市“三溪一河”工程得以顺利完工，示范工程与依托工程相结合，全面提升了牡丹江市区溪、湖附近居民的生活质量和幸福指数，获得河道治理、环境改善、生态宜居和城市品位提升“四位一体”的同步效益。北安河水质明显改善。污水横流、臭气熏天的河道已焕然一新，昔日的“龙须沟”已经成为历史。目前，北安河已成为牡丹江市民休闲、健身、娱乐的理想活动场所。

（2）成果应用二：通过示范带动，引领农村环境生态化综合治理

面源污染综合防控体系及相关工程示范成果在黑龙江海林农场成功应用，且相关技术已推广应用到青冈县排水管理处。其中在海林农场污水处理及回用项目中，采用低温期稳定运行的小城镇污水处理技术处理小城镇污水达到一级 A 标准，出水用作灌溉及回用，年可节约用水 $1.46\times10^5t$，在一定程度上缓解了当地水资源短缺的状况，人工湿地植物中的花卉可以出售。低温期畜禽废弃物处置技术在海林农场奶牛养殖场沼气工程中得以应用，并且在冬季保障稳定运行，全年均可产沼气，将奶牛场产生的牛粪处理，产生的沼液沼渣加以后续利用，产生的沼气部分用于农户，部分用于厂区发电，有着很好的经济价值。化肥减量及绿色化肥替代技术用于海林农场部分农田，采用沼液沼渣取代部分化肥，节省了大量化肥和农药、改善了土壤条件，使农业生产逐步向生态化方向转变。在沼气生产中，农作物生长所需要的氮、磷、钾和微量元素等仍然留在残渣和废液中，发酵可使缓效肥变成速效肥。沼气站每年生产沼渣肥、沼液肥 $3\times10^4t$，农场 2016 年利用沼渣肥、沼液肥种植了 1 万亩有机蔬菜

和 6000 亩有机水稻。沼气工程通过发展绿色蔬菜和有机水稻的生产及鱼蟹养殖，增加了职工的收入。沼气站每天可生产 $600m^3$ 高质量的便宜的绿色能源——清洁甲烷气，24h 供应当地居民，极大地方便了人民生活。沼气燃烧值比液化气高，使用沼气能源比液化气经济，一个三口之家平均每天生活消耗沼气成本相当于使用液化气成本的 70%。提高了职工生活的用能品位，改善了环境，为职工生产生活提供了良好的环境空间。可见，沼气工程有效利用生物质能源，为垦区经济和社会可持续发展开辟了一条新路，前景广阔。雨水处置系统可以减少流入的 SS 和氮、磷等其他污染物。通过技术的研发集成以及示范区的建设，在海林农场形成了循环经济产业链，对小城镇水环境污染治理和生态农村建设提供了有力的技术支持。

(3) 成果应用三：促进污染物减排，支撑地方规划的编制或实施

“适合牡丹江流域特点的产业结构调整方案”被牡丹江市环境保护局、牡丹江市政府应用于“十二五”期间水环境管理、牡丹江市环境保护“十二五”规划的实施等工作中，在牡丹江总量减排工作方面给予了建设性的技术支持，牡丹江流域 2011—2016 年减排企业在 2010 年（国家认可）基础上削减 COD 9112.02t，并为流域产业发展方向提供了良好建议，为缓解牡丹江经济发展与水环境保护的矛盾提供了基础技术支撑，对于其他流域水质保障具有一定借鉴意义。

“牡丹江主要支流水质保障方案”被应用到牡丹江市小流域环境综合整治工作中，尤其是在牡丹江“三溪一河”综合整治工作中提供了有力技术支撑，有效保障了牡丹江支流水质。

此外，相关研究成果已被《牡丹江市生态环境保护“十三五”规划》《牡丹江市水污染防治工作方案》《牡丹江市创建国家环境保护模范城市规划》吸纳，在 2014 年、2015 年牡丹江市政府工作报告、《牡丹江市国民经济和社会发展计划》（2013 年、2014 年、2015 年）中均有清晰表述和体现，并形成了牡丹江流域水源地污染防治、工业污染防治、区域水环境综合整治等项目集成；向牡丹江市政府提交了《关于优化产业结构，促进牡丹江造纸行业清洁化发展的建议》，牡丹江副市长作了“该建议具有借鉴参考价值”的批示。

(4) 成果应用四：依托技术研发，减缓牡丹江水电工程开发带来的生态压力

梯级电站生态环境影响补偿技术方案可通过河流的水质状况、水质改善目标、生态保护目标，为水库的调度提出要求。研究成果对于牡丹江流域的管理部门进行环境规划、水库调度等方面具有借鉴价值。建立的适用于冰封河流梯级电站的一维水动力-水质模型，明确了底栖动物的空间分布特征，揭示了电站运行对水生生物的影响机制，形成了减缓生态环境不利影响应对技术。同时，本书详细调查了牡丹江的鱼类、底栖动物，重点分析了底栖动物的分布受电站日调度、河流底质、溶解氧、河流级别的影响；分析了电站日调度对生物生境的影响。研究成果在牡丹江市水务科学研究院的工程设计、科学研究和现场调查的相关工作中得到广泛应用，支撑了牡丹江的工程开发和生态环境保护，减缓了梯级电站带来的生态压力。

(5) 成果应用五：建立监测预警体系，为管理者提供重要的决策支持信息

牡丹江水环境质量监测预警决策支持系统于 2016 年 7 月在牡丹江市环境宣教信息中心安装部署，并进行业务化试运行，通过对部分问题的修改，目前系统运行稳定。水环境质量监测预警决策支持系统的运行提高了牡丹江市对牡丹江流域的水环境质量监测能力、水污染预警和精细化管理能力，为牡丹江市水环境管理工作及《牡丹江市生态环境保护“十三五”

规划》《牡丹江市水污染防治工作方案》《牡丹江市环境保护“十二五”规划》等的编制实施提供了有力的技术支持。直接为市政府在牡丹江水污染防治与水质管理方面提供决策支持服务。牡丹江水环境质量监测预警决策支持系统的建设运行在黑龙江地区尚属首次，地域特色突出，具有推广价值。

## 参考文献


[1] 李兆前. 发展循环经济是实现区域可持续发展的战略选择 [J]. 中国人口. 资源与环境，2002，12 (4) ：51-56.

[2] 金乐琴，刘瑞. 低碳经济与中国经济发展模式转型 [J]. 经济问题探索，2009，1 (5) ：84-87.

[3] 曾嵘，魏一鸣，范英，等. 人口，资源，环境与经济协调发展系统分析 [J]. 系统工程理论与实践，2000，20 (12) ：1-6.

[4] 吴玉萍，董锁成，宋键峰. 北京市经济增长与环境污染水平计量模型研究 [J]. 地理研究，2002，21 (2) ：239-246.

[5] 王西琴. 水环境保护与经济发展决策模型的研究 [J]. 自然资源学报，2001，16 (3) ：269-274.

[6] 王西琴，周孝德. 区域水环境经济系统优化模型及其应用 [J]. 西安理工大学学报，1999，15 (4) ：80-85.

[7] Grossman G M，Krueger A B. Environmental Impacts of A North American Free Trade Agreement . Woodrow Wilson School，Princeton，NT. 1992.

[8] Shafik N，Bandyopadhyay S. Economic Growth and Environmental Quality：Time Series and Cross-country Evidence. Background Paper for World Development Report 1992，World Bank，Washington，DC. 1992.

[9] 沈锋. 上海市经济增长与环境污染关系的研究——基于环境库兹涅茨理论的实证分析 [J]. 财经研究，2008，34 (9) ：81-90.

[10] 王宜虎，崔旭，陈雯. 南京市经济发展与环境污染关系的实证研究 [J]. 长江流域资源与环境，2006，15 (2) ：142-146.

[11] 苏伟，刘景双. 吉林省经济增长与环境污染关系研究 [J]. 干旱区资源与环境，2007，21 (2) ：37-41.

[12] 徐建新，张巧利，雷宏军，等. 基于情景分析的城市湖泊流域社会经济优化发展研究 [J]. 环境工程技术学报，2013，3 (2) ：138-146.

[13] 杨珂玲，张宏志. 基于产业结构调整视角的农业面源污染控制政策研究 [J]. 生态经济，2015，31 (3) ：89-92.

[14] 李娜. 山东省淮河流域经济发展与水环境耦合关系研究 [D]. 南京：南京大学，2012.

[15] 李明. 详解在最有哈计算中的应用 [M]. 北京：电子工业出版社，2011.

[16] 李娜，王腊春，谢刚，等. 山东省辖淮河流域河流水质趋势的灰色预测 [J]. 环境科学与技术，2012，35 (2) ：195-199.

[17] 刘耀彬. 城市化与生态环境耦合机制及调控研究 [M]. 北京：经济科学出版社，2007.

[18] 邱健. 产业结构演变的环境效应及其优化研究 [D]. 长沙：湖南大学，2008.

[19] 卫蓉. 水资源约束下的产业结构优化研究 [D]. 北京：北京交通大学，2008.

[20] 龚琦. 基于湖泊流域水污染控制的农业产业结构优化研究——以云南洱海流域为例 [D]. 武汉：华中农业大学，2011.

[21] 孙颖. 水环境约束下洱海流域产业结构优化研究 [D]. 武汉：华中师范大学，2016.

[22] 赵海霞，王梅，段学军. 水环境容量约束下的太湖流域产业集聚空间优化 [J]. 中国环境科学，2012，32 (8) ：1530-1536.

[23] 徐鹏，高伟，周丰，等. 流域社会经济的水环境效应评估新方法及在南四湖的应用 [J]. 环境科学学报，2013，33 (8) ：2285-2295.

[24] 彭亚辉，周科平. 东江湖流域产业结构变迁与水环境响应研究 [J]. 江西农业大学学报，2014，36 (5) ：1152-1158.

[25] 赵海霞，董雅文，段学军. 产业结构调整与水环境污染控制的协调研究——以广西钦州市为例 [J]. 南京农业大学学报(社会科学版)，2010，10 (3) ：21-27.

[26] 戴越. 基于产业部口视角的经济增长结构变迁效应研究 [J]. 统计与决策，2014，5：146-148.

[27] 王西琴，高伟，张家瑞. 区域水生态承载力多目标优化方法与例证 [J]. 环境科学研究，2015，28 (9) ：1487-1494.

[28] 孙颖，朱丽霞，丁秋贤，等. 多目标决策模型下巧海流域产业结构优化 [J]. 农业现代化研究，2016，37 (2) ：247-254.

[29] 王丽君. 我国产业结构变迁对经济增长影响的区域差异化研究 [D]. 上海：上海师范大学，2015.

[30] 刘继展，李萍萍. 江苏太湖地区多目标的农业结构优化设计 [J]. 农业现代化研究，2009，30 (2) ：175-178.

[31] Yoshimura C，Omura T，Furumai H，et al. Present state of rivers and streams in Japan [J]. River Research and Applications，2005，21 (2-3) ：93-112.

[32] Landers J. Environmental engineering：Los Angeles aims to combine river restoration，urban revitalization [J]. Civil Engineering，2007，77 (4) ：11-13.

[33] Nakamura K，Tockner K，Amano K. River and wetland restoration：lessons from Japan [J]. BioScience，2006，56 (5) ：419-429.

[34] Bernhardt E S，Palmer M，Allan J，et al. Synthesizing US river restoration efforts [J]. Science，2005，308 (5722) ：636-637.

[35] Nienhuis P，Buijse A，Leyven R，et al. Ecological rehabilitation of the lowland basin of the river Rhine (NW Europe) [J]. Hydrobiologia，2002，478 (1) ：53-72.

[36] Toth L A，The ecological basis of the Kissimmee River restoration plan [J]. Florida Scientist，1993，56 (1)：25-51.

[37] Admiraal W，Van Der Velde G，Smit H，et al. The rivers Rhine and Meuse in the Netherlands：present state and signs of ecological recovery [J]. Hydrobiologia，1993，265 (1) ：97-128.

[38] NRC. 1992. Restoration of Aquatic Ecosystems Nat Acad Press，Washington DC，1-552.

[39] 孙东亚，董哲仁，等. 生态水利工程原理与技术. 北京：中国水利水电出版社，2007.

[40] 董哲仁. 生态水工学——人与自然和谐的工程学 [J]. 水利水电技术，2003，34 (1) ：14-16.

[41] 张震宇，陈强富，张展羽，等. 农村河道生态治理模式研究 [J]. 中国农村水利水电，2009，10：55-56.

[42] 张振兴. 北方中小河流生态修复方法及案例研究 [D]. 长春：东北师范大学，2012.

[43] 郑天捏，周建仁，王超. 污染河道的生态恢复机理研究 [J]. 环境科学，2002，23 (12) ：115-117.

[44] 廖先容，王翠文，蒋文琼. 城市河道生态修复研究综述 [J]. 天津科技，2009 (6) ：31-32.

[45] 曹仲宏，刘春光，徐泽. 现代城市河道综合治理与生态恢复 [J]. 城市道桥与防洪，2010 (1) ：70-72.

[46] 李占华. 山东省海钢流域生态环境恢复及生态河道建设研究 [D]. 济南：山东大学. 2006.

[47] 王文君，黄道明. 国内外河流生态修复研究进展 [J]. 水生态学杂志，2012.

[48] 牛德东，牛政. 城市河道生态化治理的设计方法 [J]. 水利科技与经济，2013.

[49] 濮培民，王国祥，李正魁，等. 健康水生态系统的退化及其修复——理论、技术及应用 [J]. 湖泊科学，2001 (03) ：193-203.

[50] 夏朋，刘蒨. 国外水生态系统保护与修复的经验及启示 [J]. 水利发展研究，2011 (06) ：72-78.

[51] 刘颖，张成娟. 浅谈现代城市生态河道整治 [J]. 中国水运 (下半月) ，2012 (08) ：131-132.

[52] 应聪慧，韩玉玲. 浅论植被措施在河道整治中的应用 [J]. 浙江水利科技，2005 (05) ：49-50.

[53] 储昭升，碧碧，田桂平，等. 洱海沉水植物空间分布及生物量估算 [J]. 环境科学研究，2014 (01) ：1-5.

[54] 王圣瑞，金相灿，赵海超，等. 沉水植物黑藻对上覆水中各形态磷浓度的影响 [J]. 地球化学，2006 (02) ：179-186.

[55] 唐丽红，马明睿，韩华，等. 上海市景观水体水生植物现状及配置评价 [J]. 生态学杂志，2013 (03) ：563-570.

[56] 郭万喜，侯文华，缪静，等. 不同水生植物对系统中磷分配的影响 [J]. 北京化工大学学报：自然科学版，2007，34 (1) ：1-4.

[57] 薛莲. 黑臭水体生物治理与生态修复的实践探讨 [J]. 水资源开发与管理，2017 (03) ：38-41.

[58] 欧文伟. 城市河流水环境生态治理探究 [J]. 资源节约与环保，2017 (01) ：30-31.

[59] 徐玉良，张剑刚，蔡聪，等. 昆山市凌家浜黑臭水体生物治理与生态修复 [J]. 中国给水排水，2015，31 (12) ：76-81.

[60] 杨清海，李秀艳，赵丹，等. 植物-水生动物-填料生态反应器构建和作用机理 [J]. 环境工程学报，2008 (06) ：852-857.

[61] 钱璨，黄浩静，曹玉成. 河道水质强化净化与水生态修复研究进展 [J]. 安徽农业科学，2017，45 (34) ：44-46.

[62] 水生态修复技术之一：微纳米曝气—固化微生物水生态修复技术 [J]. 浙江水利科技，2016，44 (06) ：85-86.

[63] 韩华杨. 伊乐藻-固定化脱氮微生物联用技术对河道沉积物脱氮效果及机理研究 [D]. 南京：南京大学，2016.

[64] Li X N，Song H L，Li W，et al. An integrated ecological floating-bed employing plant，freshwater clam and biofllm carrier for purification of eutrophic water [J]. Ecol. Eng.，2010，36 (4) ：382-390.

[65] 窦勇，唐学玺，王悠. 滨海湿地生态修复研究进展 [J]. 海洋环境科学，2012，31 (04) ：616-620.

[66] 卫明，冯坤范，赵政，等. 应用微生物技术对城市黑臭河道实施生态修复的试验研究 [J]. 上海水务，2006 (01) ：18-21.

[67] 陈世明，姜夕奎，张景来. 人工湿地在河道生态修复应用中的进展及优化 [J]. 污染防治技术，2009，22 (5) ：

63-66.

[68] 梁开明，章家恩，赵本良，等. 河流生态护岸研究进展综述 [J]. 热带地理，2014，(01)：116-122+129.

[69] 楼琳，何凡，王向东，等. 河道生物护岸技术研巧进展与思考 [J]. 中国水土保持科学，2009，(03)：119-122.

[70] 诸葛亦斯，刘德富，黄钰铃. 生态河流缓冲带构建技术巧探 [J]. 水资源与水工程学报，2006，17 (2)：63-67.

[71] 吴建强. 不同坡度缓冲带滞缓径流及污染物去除定量化 [J]. 水科学进展，2011，(01)：112-117.

[72] 韩玉玲，李贺鹏，岳春雷，等. 应用植物措施进行河道生态建设技术的研究现状 [J]. 浙江林业科技，2008，(04)：95-100.

[73] Li Bin Yang，Qiang Huang，Yu Wang，et al. Analysis of Ecological Water Demand and Measures of Ecological Comprehensive Management in the Downstream of Heihe River [J]. Advanced Materials Research，2012.

[74] 莫文锐，黄建洪，田森林，等. 氧化塘-浮石床湿地系统处理城市污染河水 [J]. 环境工程，2012，30 (02)：13-16.

[75] 江栋，李开明，刘军，等. 黑臭河道生物修复中氧化塘应用研究 [J]. 生态环境，2005 (06)：822-826.

[76] 董良德，张民，陆上岭，等. 我国氧化塘废水处理的现状简述 [J]. 污染防治技术，1995 (01)：52-56.

[77] 王薇，李传奇. 河流廊道与生态修复 [J]. 水利水电技术，2003，(09)：56-58.

[78] Katarzyna Bernat，Dorota Kulikowska，Magdalena Zielinska，et al. Simultaneous Nitrification and Denitrification in an SBR with a Modified Cycle During Reject Water Treatment [J]. Archives of Environmental Protection，2013，39 (1)：83-91.

[79] Ziye Hu，Tommaso Lotti，Merle de Kreuk，et al. Nitrogen Removal by a Nitritation-Anammox Bioreactor at Low Temperature [J]. Appl. Environ. Microbiol. 2013，79 (8)：2807-2812.

[80] Evina Katsou，Nicola Frison，Simos Malamis，et al. Controlled Sewage Sludge Alkaline Fermentation to Produce Volatile Fatty Acids to be Used for Biological Nutrients Removal in WWTPs [J]. Journal of Water Sustainability，2014，4 (1)：1-11.

[81] 彭永臻，王建华，陈永志. $A_2O$-BAF 联合工艺处理低碳氮比生活污水 [J]. 北京工业大学学报，2012，38 (4)：590-595.

[82] 王智鹏，董欣杨，蔚龙凤，等. 新型强化内源反硝化 MBR 工艺处理高氮、磷污水的研究 [J]. 湿法冶金，2013，32 (1)：55-57.

[83] Pradnya Kulkarni. Nitrophenol Removal by Simultaneous Nitrification Denitrifi-cation (SND) Using T. pantotropha in Sequencing Batch Reactors (SBR) [J]. Bioresource Technology，2013，128：273-280.

[84] Xin Zhang，Daijun Zhang，Qiang He，et al. Shortcut Nitrification-denitrification in a Sequencing Batch Reactor by Controlling Aeration Duration Based on Hydrogen ion Production Rate Online Monitoring [J]. Environmental Technology，2014，35 (12)：1478-1483.

[85] Bin Ma，Shuying Wang，Guibing Zhu，et al. Denitrification and Phosphorus Uptake by DPAOs Using Nitrite as an Electron Acceptor by Step-feed Strategies [J]. Frontiers of Environmental Science & Engineering，2013，7 (2)：267-272.

[86] Wei Zeng，Xiangdong Wang，Boxiao Li，et al. Nitritation and Denitrifying Phosphorus Removal via Nitrite Pathway from Domestic Wastewater in a Continuous MUCT Process [J]. Bioresource Technology，2013，143：187-195.

[87] Podedworna J，Zubrowska-Sudol M. Nitrogen and Phosphorus Removal in a Denitrifying Phosphorus Removal process in a Sequencing Batch Reactor with a Forced Anoxic Phase [J]. Environmental Technology，2012，33 (2)：237-245.

[88] Bahaa Mohamed Khalil，Ayman Georges Awadallah，Hussein Karaman，et al. Application of Artificial Neural Networks for the Prediction of Water Quality Variables in the Nile Delta [J]. Journal of Water Resource and Protection，2012，(4)：388-394.

[89] 王亚炜，杜向群，郁达伟，等. 温榆河氨氮污染控制措施的效果模拟 [J]. 环境科学学报，2013，02：479-486.

[90] 马正华，王腾，杨彦，等. BP 神经网络模型在太湖出入湖河流水质预测中的应用 [J]. 计算机应用与软件，2013，11：172-175.

[91] Liu Li，Zhou Jiangzhong，An Xue，et al. Using Fuzzy Theory and Information Entriopy for Water Quality Assessment in Three Gorges Region，China [J]. Expert，System with Application，2010，37 (3)：2517-2521.

[92] Ge Shijian，Peng Yongzhen，Wang Shuying. et al. Enhanced nutrient removal in a modified step feed process treating municipal wastewater with different inflow istribution ratios and nutrient ratios [J]. Bioresource Technology，2010 (101)：9012-9019.

[93] Wang Y F, Zhang F Q, Gu J D. Improvement of DGGE Analysis by Modifications of PCR Protocols for Analysis of Microbial Community Members with Low Abundance [J]. Applied microbiology and biotechnology, 2014: 1-9.

[94] Zhouying Ji, Yinguang Chen. Using Sludge Fermentation Liquid To Improve Wastewater Short-Cut Nitrification-Denitrification and Denitrifying Phosphorus Removal via Nitrite [J]. Environ. Sci. Technol., 2010, 44 (23) : 8957-8963.

[95] 刘钢,谌建宇,黄荣新,等. 新型后置反硝化工艺处理低 C/N (C/P) 比污水脱氮除磷性能研究 [J]. 环境科学学报, 2013, 33 (11) : 2979-2986.

[96] 桂丽娟,彭永臻,彭赵旭. 厌氧/好氧交替下 SBR 的短程硝化研究 [J]. 中国给水排水, 2013, 29 (9) : 20-23.

[97] Robertson L A, Kuenen J G. Kinetic Model for Biological Nitrogen Removal Using Shortcut NitrificationDenitrification Process in Sequencing Batch Reactor [J]. Environ. Sci. Technol., 2010, 44 (13) : 5015-5021.

[98] NANCY DIERSING F K N M S. Water Quality: Frequently Asked Questions [R]. Florida: Florida Keys National Marine Sanctuary, 2009.

[99] Wu Q, Zhao C, Zhang Y. Landscape river water quality assessment by Nemerow pollution indec [C] // Landscape river water quality assessment by Nemerow pollution index. Mechanic Automation and Control Engineering (MACE), 2010 International Conference on. IEEE: 2117-2120.

[100] 申震. 模糊数学在水质评价中的应用 [J]. 市政技术, 2017, 35 (06) : 104-106, 112.

[101] Liu L, Zhou J, An X, et al. Using fuzzy theory and information entropy for water quality assessment in Three Gorges region, China [J]. Expert Systems with Applications, 2010, 37 (3) : 2517-2521.

[102] 熊聘,楼文高. 基于投影寻踪分类的长江流域水质综合评价模型及其应用模型 [J]. 水资源与水工程学报, 2014, 25 (06) : 156-162.

[103] 崔永华,左其亭. 基于 Hopfield 网络的水质综合评价及其 matlab 实现 [J]. 水资源保护, 2007 (03) : 14-16, 32.

[104] 蒋佰权. 人工神经网络在水环境质量评价与预测上的应用 [D]. 北京: 首都师范大学, 2007.

[105] 薛建军,姚桂基. 人工神经网络在湟水水质综合评价中的应用 [J]. 青海环境, 1997 (01) : 25-28+43.

[106] 李如忠. 水质综合评价灰关联模型的建立与应用 [J]. 安徽建筑工业学院学报 (自然科学版), 2002 (01) : 46-49.

[107] 刘国东,黄川友,丁晶. 水质综合评价的人工神经网络模型 [J]. 中国环境科学, 1998 (06) : 35-38.

[108] 王琳, 宫兆国, 张炯, 等. 综合指标法评价城市河流生态系统的健康状况 [J]. 中国给水排水, 2007, (10) : 97-100.

[109] Lawrence A B. The Water Environment of Cities [M]. New York: Springer-Verlag New York Inc, 2010.

[110] 樊敏,顾兆林. 水质模型研究进展及发展趋势 [J]. 上海环境科学, 2010, 29 (6) : 265-271.

[111] US EPA. Guidance on the development, evaluation, and application of environmental models [Z]. US Environmental Protection Agency, 2009: 19-34.

[112] Wool T A, Ambrose R B, Martin J L, et al. The water quality analysis simulation program, WASP6, Draft Users' Manual [Z]. US Environmental Protection Agency, 2001: 1-3.

[113] 彭森. 基于 WASP 模型的不确定性水质模型研究 [D]. 天津: 天津大学, 2010.

[114] 杨平, 王童, 陶占盛. WASP 水质模型在河流富营养化问题中的应用 [J]. 世界地质, 2011, (2): 265-269.

[115] 田一梅, 刘扬, 王彬蔚. 不确定水质模型在城市河流水质模拟中应用 [J]. 土木建筑与环境工程, 2011, 33 (3) : 119-123.

[116] 侯君. 基于 BP 神经网络的湖泊水体富营养化的短期预测 [J]. 实验室研究与探索, 2009, 27 (6) : 38-40.

[117] Brown L C, Barnwell T O. The enhanced stream water quality models QUAL2E and QUAL2E-UNCAS: documentation and user manual [Z]. US Environmental Protection Agency, 1987.

[118] Brown J D, heuvelink G B M, Refsgaard J C. An integrated framework for assessing and recording uncertainties about environmental data [J]. Water Science and Technology, 2005, 52 (6) : 153-160.

[119] 孙泽萍, 付永胜. 不确定性方法耦合水质模型研究综述 [J]. 环境科学与管理, 2013, 38 (4) : 68-70.

[120] 崔平,王江,姜娜,等. 沼液沼渣综合利用的现代生态农业发展成效分析 [J]. 绿色科技, 2017 (13) : 143-144.

[121] 韩雯雯,滕少香. 人工湿地处理中小城镇污水的应用研究 [J]. 山东化工, 2017, 46 (13) : 174-175+178.

[122] 韩伟业. 北方寒冷地区小城镇污水处理技术 [J]. 中外企业家, 2017 (06) : 123.

[123] 庞长泷. 组合型潜流人工湿地净化效能及微生物强化作用分析 [D]. 哈尔滨: 哈尔滨工业大学, 2016.

[124] 高参,杜晓丽,李俊奇,等. 湿地技术在径流雨水调控中的应用 [J]. 湖北农业科学, 2016, 55 (17) : 4359-4361, 4374.

[125] 赵清民,曹荣华. 小城镇污水处理的现状及其工艺比较 [J]. 长江大学学报 (自科版), 2016, 13 (22) : 29-32, 5.

[126] 刘维. 小城镇污水处理工艺选择 [J]. 资源节约与环保, 2016 (06) : 61.

[127] 冀泽华,冯冲凌,吴晓芙,等.人工湿地污水处理系统填料及其净化机理研究进展 [J].生态学杂志，2016，35 (08) ：2234-2243.

[128] 刘臻.初期雨水径流多功能塘—梯级人工湿地高标准处理技术研究 [D].重庆：重庆大学，2016.

[129] 闵继胜,孔祥智.我国农业面源污染问题的研究进展 [J].华中农业大学学报 (社会科学版) ，2016 (02) ：59-66，136.

[130] 王翔宇,熊鸿斌,匡武.微动力 $A^2O$+ 潜流人工湿地工艺处理农村生活污水 [J].中国给水排水，2015，31 (16) ：80-84.

[131] 刘士清,徐进,郝雁军.人工快渗在北方寒冷地区农村污水处理的应用 [J].广东化工，2015，42 (14) ：173-174.

[132] 马贵永.农村生活污水处理无动力工艺分析 [J].北京农业，2015 (15) ：291.

[133] 魏营,周塘沂.农村水污染现状及污水处理模式分析 [J].安徽农业科学，2015，43 (11) ：243-245.

[134] 潘碌亭,吴坤,杨学军,等.我国农村污水现状及处理方法探析 [J].现代农业科技，2015 (05) ：223-225.

[135] 李希希,宋官勇,张伟,等.农村污水的厌氧-跌水-人工湿地组合处理 [J].西南大学学报 (自然科学版) ，2015，37 (03) ：139-144.

[136] 丁晓倩,刘贵毅,赵庆.小城镇污水生态处理技术研究 [J].科技风，2012 (17) ：13-14.

[137] 刘美霞.小城镇污水处理的现状及工艺选择 [J].市政技术，2012，30 (03) ：115-119.

[138] 李伟,徐国勋,鲁剑,等.小城镇污水处理设施的特点及对策 [J].中国给水排水，2012，28 (06) ：29-32.

[139] 邢延峰,姜波,王英.黑龙江省中小城镇污水处理现状分析 [J].黑龙江环境通报，2012，36 (01) ：80-83.

[140] 王玮,丁怡,王宇晖,等.湿地植物在人工湿地脱氮中的应用及研究进展 [J].水处理技术，2014，40 (03) ：22-26.

[141] 梁康,王启烁,王飞华,等.人工湿地处理生活污水的研究进展 [J].农业环境科学学报，2014，33 (03) ：422-428.

[142] 陶敏,贺锋,王敏,等.人工湿地强化脱氮研究进展 [J].工业水处理，2014，34 (03) ：6-10.

[143] 陈浩,崔康平,许为义,等.污水厂尾水的人工湿地处理工艺及植物筛选 [J].净水技术，2014，33 (01) ：50-53.

[144] 白少元,宋志鑫,丁彦礼,等.潜流人工湿地基质结构与水力特性相关性研究 [J].环境科学，2014，35 (02) ：592-596.

[145] 朱建春,张增强,樊志民,等.中国畜禽粪便的能源潜力与氮磷耕地负荷及总量控制 [J].农业环境科学学报，2014，33 (03) ：435-445.

[146] 吴伟祥,李丽劼,吕豪豪,等.畜禽粪便好氧堆肥过程氧化亚氮排放机制 [J].应用生态学报，2012，23 (06) ：1704-1712.

[147] 张田,卜美东,耿维.中国畜禽粪便污染现状及产沼气潜力 [J].生态学杂志，2012，31 (05) ：1241-1249.

[148] 鲍艳宇,周启星,颜丽,等.不同畜禽粪便堆肥过程中有机氮形态的动态变化 [J].环境科学学报，2008 (05) ：930-936.

[149] 鲍艳宇,周启星,颜丽,等.畜禽粪便堆肥过程中各种氮化合物的动态变化及腐熟度评价指标 [J].应用生态学报，2008 (02) ：374-380.

[150] 李帷,李艳霞,张丰松,等.东北三省畜禽养殖时空分布特征及粪便养分环境影响研究 [J].农业环境科学学报，2007 (06) ：2350-2357.

[151] 于明河,李林,王法东.沼液沼渣在玉米栽培上的应用 [J].现代农业科技，2013 (03) ：62.

[152] 管策,郁达伟,郑祥,等.我国人工湿地在城市污水处理厂尾水脱氮除磷中的研究与应用进展 [J].农业环境科学学报，2012，31 (12) ：2309-2320.

[153] 张锋.中国化肥投入的面源污染问题研究 [D].南京：南京农业大学，2011.

[154] 朱宝英,赵立辉,董婵,等.人工湿地雨水处理系统设计 [J].吉林建筑工程学院学报，2006 (01) ：6-8.

[155] Lenat D R，Barbour M T. Using benthic macroinvertebrate community structure for rapid，cost-effective，water quality monitoring：rapid bioassessment [M]. Biological monitoring of aquatic systems. Boca Raton，Florida：Lewis Publishers，1994：187-215.

[156] Wang Z，Lee J H，Cheng D，et al. Benthic invertebrates investigation in the East River and habitat restoration strategies [J]. Journal of Hydro-Environment Research，2008，2 (1) ：19-27.

[157] Blocksom K A，Kurtenbach J P，Klemm D J，et al. Development and evaluation of the lake macroinvertebrate integrity index (LMII) for New Jersey lakes and reservoirs [J]. Environmental Monitoring and Assessment，2002，77 (3) ：311-333.

[158] Bunn S E，Arthington A H. Basic principles and ecological consequences of altered flow regimes for aquatic biodiversity. Environmental management，2002，30 (4) ：492-507.

[159] Hart D D，Finelli C M. Physical-biological coupling in streams：the pervasive effects of flow on benthic

organisms. Annual Review of Ecology and Systematics, 1999: 363-395.

[160] Perry S A, Perry W B. Effects of experimental flow regulation on invertebrate drift and stranding in the Flathead and Kootenai Rivers, Montana, USA. Hydrobiologia, 1986, 134 (2) : 171-182.

[161] Suren A M, Jowett I G. Effects of floods versus low flows on invertebrates in a New Zealand gravel-bed river. Freshwater Biology, 2006, 51 (12) : 2207-2227.

[162] Boulton A J. Parallels and contrasts in the effects of drought on stream macroinvertebrate assemblages. Freshwater Biology, 2003, 48 (7) : 1173-1185.

[163] Dewson Z S, James A B, Death R G. Invertebrate responses to short-term water abstraction in small New Zealand streams. Freshwater Biology, 2007, 52 (2) : 357-369.

[164] Imbert J B, Perry J A. Drift and benthic invertebrate responses to stepwise and abrupt increases in non-scouring flow. Hydrobiologia, 2000, 436 (1-3) : 191-208.

[165] Lake P S. Ecological effects of perturbation by drought in flowing waters. Freshwater Biology, 2003, 48 (7) : 1161-1172.

[166] Pont D, hugueny B, Beier U, et al. Assessing River Biotic Condition at a Continental Scale: A European Approach Using Functional Metrics and Fish Assemblages. Journal of Applied Ecology, 2006, 43 (1) : 70-80.

[167] Belpaire C, Smolders R, Auweele I V, et al. An Index of Biotic Integrity characterizing fish populations and the ecological quality of Flandrian water bodies. Hydrobiologia, 2000, 434 (1) : 17-33.

[168] Karr R J, Dudley. Ecological perspective on water quality goals. Environmental Management, 1981, 5 (1) : 55-68.

[169] 董哲仁. 河流生态系统研究的理论框架. 水利学报, 2009 (2).

[170] 董哲仁. 生态水工学的理论框架. 水利学报, 2003 (01).

[171] 董哲仁, 孙东亚, 王俊娜, 等. 河流生态学相关交叉学科进展. 水利水电技术, 2009 (08).

[172] 陈求稳, 韩瑞, 叶飞. 水库运行对下游岸边带植被和鱼类的影响. 水动力学研究与进展: A 辑, 2010 (1) : 85-92.

[173] 陈求稳, 蔡德所, 吴世勇, 等. 水库调节对下游河道生态系统影响及水库生态友好调度. 中国科学院生态环境研究中心. 2010.

[174] 陈求稳, 李若男, 蔡德所, 等. 一维二维耦合模型研究水库运行对下游河道水环境的影响. 水利学报, 2010, 39 (Z2).

[175] 苏国欢, 沙永翠, 熊鹰, 等. 大坝截流前后金沙江观音岩水电站鱼类群落功能多样性的变化. 长江流域资源与环境, 2015, 24 (06) : 965-970.

[176] 杨青瑞. 漓江青狮潭水库运行对大型底栖动物栖息地的影响 [D]. 北京: 中国科学院大学 2011.

[177] 郭伟杰, 赵伟华, 王振华. 梯级引水式水电站对底栖动物群落结构的影响. 长江科学院院报, 2015, 32 (6) : 87-93.

[178] 陈凯, 李就好, 余长洪, 等. 广东省引水式梯级小水电生态环境效应评价. 水电能源科学, 2015, 33 (8) : 116-119.

[179] 王强, 袁兴中, 刘红, 等. 引水式小水电对重庆东河大型底栖动物多样性的影响. 淡水渔业, 2014, 44 (4) : 48-56.

[180] 陈浒, 李厚琼, 吴迪, 等. 乌江梯级电站开发对大型底栖无脊椎动物群落结构和多样性的影响. 长江流域资源与环境, 2010, 19 (12) : 1462-1470.

[181] 简东, 黄道明, 常秀岭, 等. 红水河干流梯级运行后底栖动物的演替. 水生态学杂志, 2010, 3 (6) : 12-17.

[182] 李斌, 申恒伦, 张敏, 等. 香溪河流域梯级水库大型底栖动物群落变化及其与环境的关系. 生态学杂志, 2013, 32 (8) : 2070-2076.

[183] 段学花, 王兆印, 徐梦珍. 底栖动物与河流生态评价 [M]. 北京. 清华大学出版社, 2010.

[184] 廖一波, 寿鹿, 曾江宁, 等. 三门湾大型底栖动物时空分布及其与环境因子的关系 [J]. 应用生态学报, 2011, 22 (9) : 2424-2430.

[185] 王伟莉, 闫振广, 何丽, 等. 五种底栖动物对优控污染物的敏感性评价 [J]. 中国环境科学, 2013, 33 (10) : 1856-1862.

[186] 汪星, 郑丙辉, 刘录三, 等. 洞庭湖典型断面底栖动物组成及其与环境因子的相关分析 [J]. 中国环境科学, 2013, 32 (12) : 2237-2244.

[187] 潘保柱, 王海军, 梁小民, 等. 长江故道底栖动物群落特征及资源衰退原因分析 [J]. 湖泊科学, 2008, 20 (6) : 806-813.

[188] 秦春燕, 张勇, 于海燕, 等. 不同类群水生昆虫群落间的一致性.

[189] 范晓娜, 李云鹏, 李环, 等. 松花江流域水循环水质监测站网设计与实践. 北京: 中国环境出版社, 2014.

[190] 中国环境监测总站. 流域水生态环境监测与评价技术指南（试行）. 2014.

[191] 马云, 李晶, 等. 牡丹江水质保障关键技术及工程示范研究. 北京: 化学工业出版社. 2015.

[192] 牡丹江市环保局，黑龙江省环境保护科学研究院. 松花江流域牡丹江市优先控制单元水污染防治“十二五”综合治污方案. 2011.

[193] 环境保护部. 全国集中式生活饮用水水源地水质监测实施方案. 2012.

[194] 黑龙江省环境保护厅. 松花江流域水生生物（国家）试点监测能力建设方案. 2012.

[195] 刘萍，金立卫，韩世斌. 牡丹江入河排污口水质评价报告. 黑龙江水利科技，2014，42 (7) ：99-100.

[196] Harmick，J M. A Three-dimensional Environmental Fluid Dynamics Computer Code：Theoretical and Computational Aspects [R]. The College of William and Mary，Virginia Institute of Marine Science，Special Report 317，1992.

[197] 左彦东，叶珍，马云. 牡丹江流域水质变化趋势及水环境污染特征研究. 环境科学与管理，2010，35 (12) ：65-70.

[198] 刘萍，孙冰心，金立卫. 牡丹江水功能区达标情况分析. 黑龙江水利科技，2014，42 (6) ：28-29.

[199] 王玫，李文杰，叶珍. 牡丹江西阁至柴河大桥江段水环境总量及其分配优化方案研究. 环境科学与管理，2013，38 (7) ：40-44.

[200] 陈水森，方立刚，李宏丽，等. 珠江口咸潮入侵分析与经验模型——以磨刀门水道为例. 水科学进展，2007，18 (5) ：751-755.

[201] 龙腾锐，郭劲松，冯裕钊，等. 二维水质模型横向扩散系数的人工神经网络模拟. 重庆环境科学，2002，24 (2) ：25-28.

[202] Huang W，Liu X，Chen X. Numerical modeling of hydrodynamics and salinity transport in Little Manatee River. Journal of Coastal Research，2008，Special Issue 52：13-24.

[203] HydroQual Inc. A Primer for ECOMSED，Version 1. 3，User's Manual. HydroQual Inc.，1 Lethbridge Plaza，Mahwah，NJ. 2002：188.

[204] Nares C，Subuntith N，Sukanda C. Empowering water quality management in Lamtakhong River basin，Thailand using WASP model. Research Journal of Applied Sciences：Engineering and Technology，2013，6 (23) ：4485-4491.

[205] Wool T A，Davie S R，Rodriguez H N. Development of three-dimensional hydrodynamic and water quality models to support total maximum daily load decision process for the Neuse River Estuary，North Carolina. Journal of Water Resources Planning and Management，2003，129 (4) ：295-306.

[206] Marcos von Sperling，André Cordeiro de Paoli. First-order COD decay coefficients associated with different hydraulic models applied to planted and unplanted horizontal subsurface-flow constructed wetlands. Ecological Engineering，2013，57 (2013) ：205-209.

[207] 郭儒，李宇斌，富国. 河流中污染物衰减系数影响因素分析. 气象与环境学报，2008，24 (1) ：56-59.

[208] Weiler R R，Rate of Loss of Ammonia from Water to Atmosphere. J. Fish Res. Board Can.，36：685-689.

[209] Sratton F E Asoe A M. 1969. Nitrogen Losses from Alkaline Water Impoundments. J. Sanit. Eng. Div. Am. Soc. Crv. Eng.，1979，95 (As2) ：223-231.

[210] Druon，J. N，Mannino A，Signorini S，et al.，Modeling the dynamics and export of dissolved organic matter in the Northeastern U. S. continental shelf. Estuar. Coast. Shelf Sci.，2010，88：488-507.

[211] Wright R M，Medonell A J. In-stream de-oxygenation rate prediction. Proc ASCE J Env，1979，105 (4) ：323-335.

[212] PU Xun-chi，LI Ke-feng，LI Jia，et al. The effect of turbulence in water body on organic compound biodegradation. China Environmental science，1999，19 (6) ：485-489.

[213] 王宪恩，董德明，赵文晋，等. 冰封期河流中有机污染物削减模式. 吉林大学学报（理学版），2003，40 (3) ：392-395.

[214] 王泽斌，马云，孙伟光. 牡丹江流域面源污染控制技术探讨. 环境科学与管理. 2011，36 (7) ：59-62.

[215] Fischerh B，Berger J I，List E J，et al. Mixing in inland and Coastal Water. New York：Academic Press，1979：50-116.

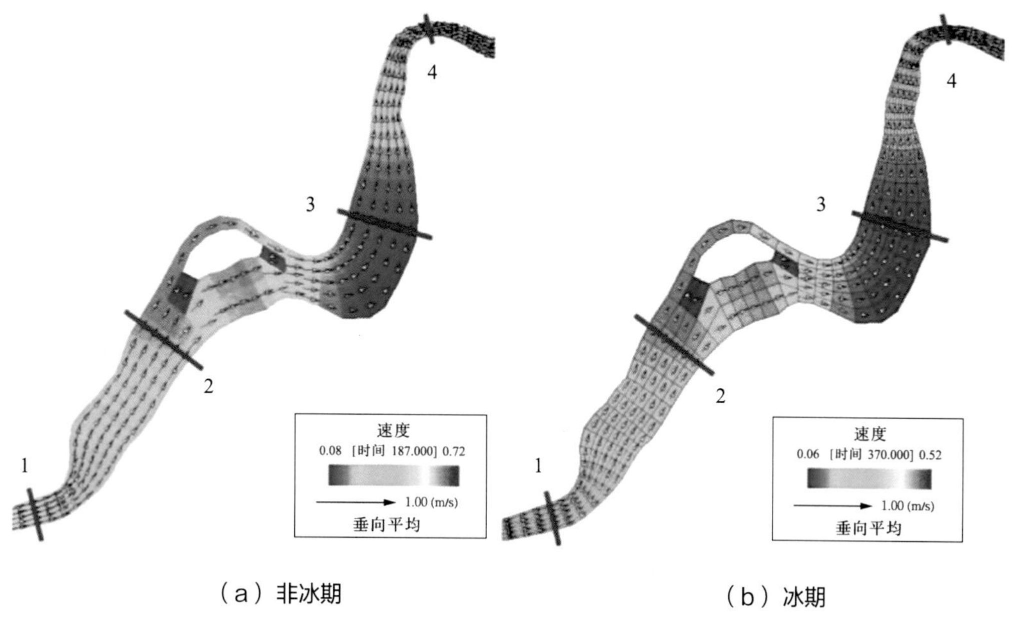


（a）非冰期　　（b）冰期

彩图4-204　牡丹江干流城市段流场示意图（局部）

（a）2014-1-7（冰期）

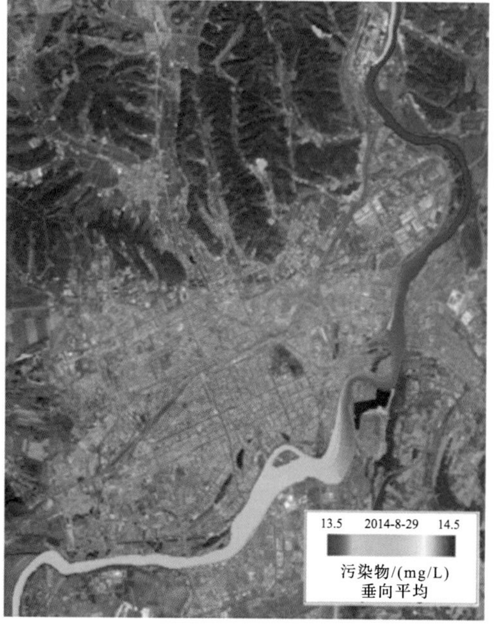


（b）2014-8-29（非冰期）

彩图4-207　牡丹江干流COD浓度分布图（城区段）

（a）2014-1-7（冰期）

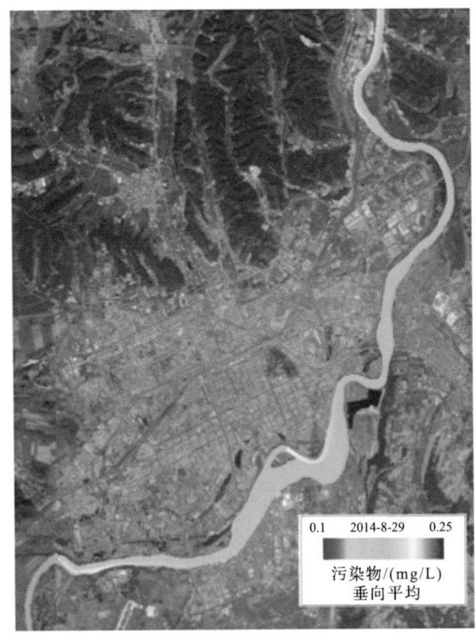


（b）2014-8-29（非冰期）

彩图4-208 牡丹江干流$NH_4^+$-N浓度分布图（城区段）

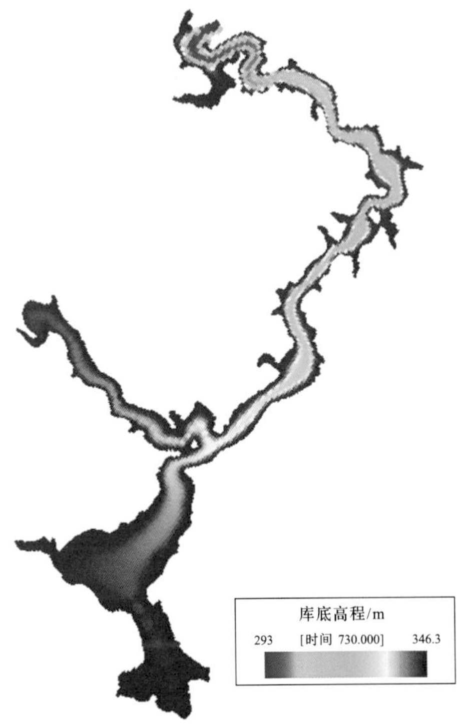


彩图4-211 镜泊湖水库库底高程图

彩图4-212 镜泊湖水库初始水深

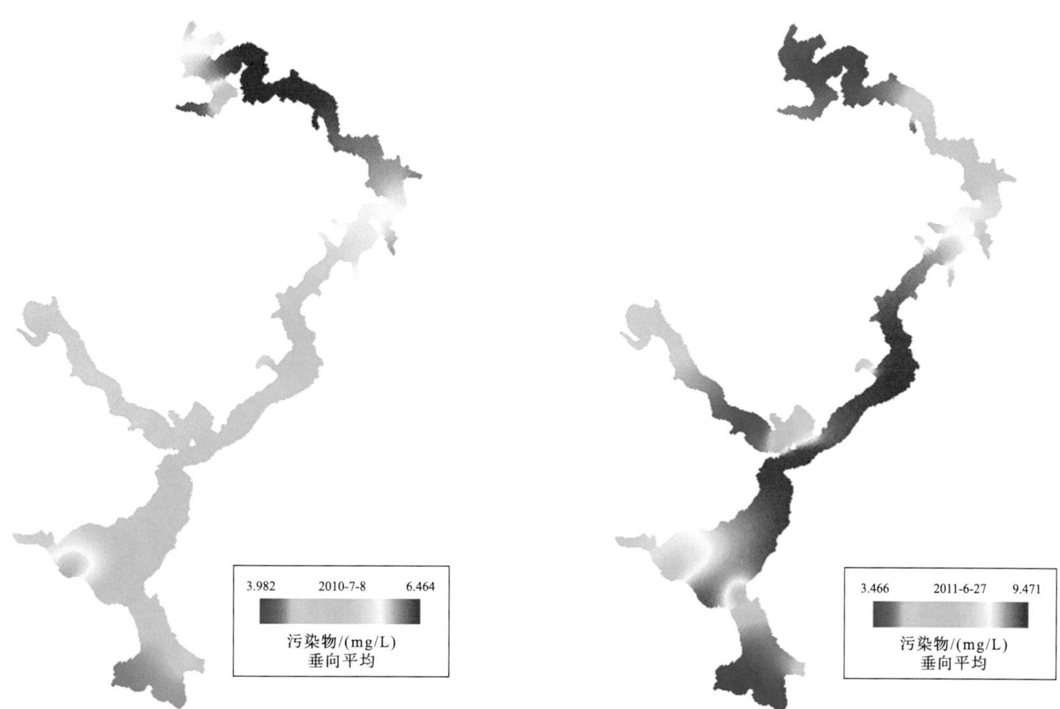


彩图4-216　$COD_{Mn}$浓度分布图
（2010-7-8）

彩图4-217　$COD_{Mn}$浓度分布图
（2011-6-27）

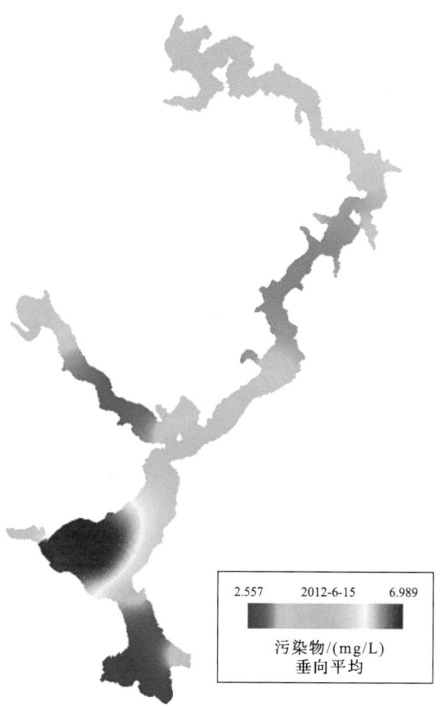


彩图4-218　$COD_{Mn}$浓度分布图
（2012-6-15）

彩图4-219　$NH_4^+$-N浓度分布图
（2010-7-26）

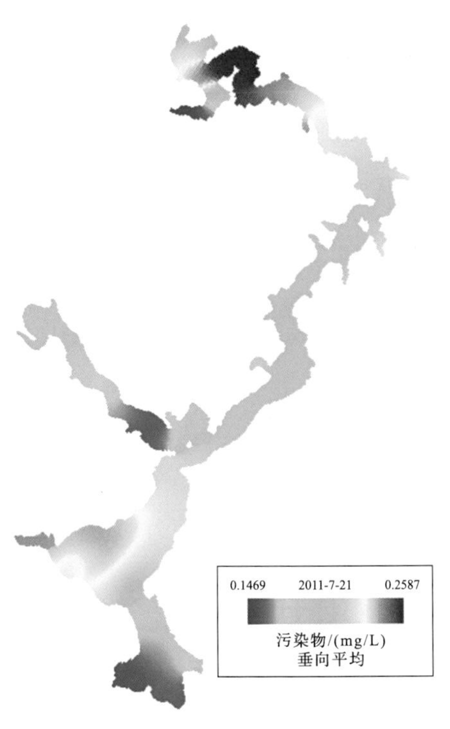


彩图4-220　$NH_4^+$-N浓度分布图
（2011-7-21）

彩图4-221　$NH_4^+$-N浓度分布图
（2012-7-20）